室内装饰装修构造图集

Drawing standards for interior decoration of buildings

高祥生　主编

中国建筑工业出版社

图书在版编目（CIP）数据

室内装饰装修构造图集/高祥生主编．—北京：中国
建筑工业出版社，2011.6（2023.7重印）
ISBN 978-7-112-12955-3

Ⅰ.①室… Ⅱ.①高… Ⅲ.①室内装饰-结构设计-
图集②室内装修-结构设计-图集 Ⅳ.①TU767-64

中国版本图书馆 CIP 数据核字（2011）第 026915 号

责任编辑：丁洪良
责任设计：董建平
责任校对：陈晶晶 刘 钰

室内装饰装修构造图集

Drawing standards for interior decoration of buildings

高祥生 主编

*

中国建筑工业出版社出版、发行（北京西郊百万庄）
各地新华书店、建筑书店经销
北京红光制版公司制版
天津翔远印刷有限公司印刷

*

开本：880×1230毫米 1/16 印张：30¾ 字数：745 千字
2011 年 10 月第一版 2023 年 7 月第十六次印刷
定价：**98.00** 元
ISBN 978-7-112-12955-3
（20186）

编 委 会

主 编：高祥生

参 编：潘 瑜 郁建忠

主 编 简 介

高祥生，现为东南大学建筑学院教授、博士生导师、江苏省人民政府参事、全国有成就资深室内建筑师。从事美术、建筑和室内外环境艺术的教育三十余年，先后为本科生、研究生、博士生开设了素描、色彩、中外美术史、室内设计、室内设计理论研究、室内陈设设计、室外景观设计、建筑装饰材料与构造等十余门课，培养的专业人才遍及海内外。

高祥生注重理论研究，二十余年来主编或合编的著作主要有《钢笔画技法》（南京工学院出版社，1988年），《国外现代建筑表现图技法》（中国文联出版社，1990年），《国外钢笔画技法》（江苏美术出版社，1989年），《小居室室内设计》（江苏美术出版社，1991年），《居室美·装饰篇》（江苏科学技术出版社，2000年），《现代建筑楼梯设计精选》（江苏科学技术出版社，2000年），《设计与估价》（江苏科学技术出版社，2001年），《室内设计师手册》（上、下）（中国建筑工业出版社，2001年），《装饰构造图集》（江苏科学技术出版社，2001年），《住宅室外环境设计》（东南大学出版社，2001年），《建筑环境更新设计》（中国建筑工业出版社，2001年），《现代建筑入口·门头设计精选》（江苏科学技术出版社，2002年），《现代建筑门·窗设计精选》（江苏科学技术出版社，2002年），《现代建筑环境小品设计精选》（江苏科学技术出版社，2002年），《现代建筑墙体、隔断、柱式》（江苏科学技术出版社，2003年），《装饰制图与识图》（中国建筑工业出版社，2002年），《西方古典建筑样式》（江苏科学技术出版社，2003年），《室内陈设设计》（江苏科学技术出版社，2004年），《全国二级建造师执业资格考试（装饰装修工程管理与实务）应试辅导与模拟题》（人民交通出版社，2005年4月），《高级室内装饰设计师》（中国机械工业出版社，2006年），《室内建筑师辞典》（人民交通出版社，2008年），《室内设计概论》（辽宁美术出版社，2009年）等专业书籍。发表的主要论文有《室内设计在建筑设计的早期介入》、《城市空间中的景观小品》、《居室室内设计中的健康观》、《办公空间中的绿色景观》、《谈室内陈设设计》《谈室内陈设设计中的视觉问题》、《室内异形空间的优化设计》、《室内空间中隔断的围合度》、《谈室内柱子的装饰形态设计》、《室内空间中材料肌理的表现方法》、《室内环境中的细部设计》、《场所精神的营造——谈室内专业的独立价值》等40余篇。

高祥生理论联系实际，重视工程实践，二十余年来主持过通州市城标设计、江苏省政协礼堂（老楼）室内设计、安徽青阳九华西街景观改造、南京火车站广厅的装饰设计、无锡嘉乐年华KTV室内设计、河南信阳红色纪念馆环境设计、江苏省旅游局办公楼室内设计、南京凤凰置业有限公司办公楼室内设计、江苏省工艺美术馆室内设计、无锡古韵轩酒店室内设计、南京德基广场二期工程部分商场设计、山东德州开发区十二里庄景观设计等两百余项室内设计工程和景观设计工程。

高祥生曾应邀主持过中央电视台教育台的室内设计讲座，并多次在数十所高等院校以及江苏、南京等各地级的电视台、电台做过艺术设计专题讲座；在北京、南京、海口、深圳、苏州、合肥、南昌等地作过多场专题讲座；完成社会科学国家研究课题一项；主持编制中华人民共和国住房和城乡建设部课题"房屋建筑室内装修设计制图标准"（建标〔2009〕88号）。主持编制江苏省住房和城乡建设厅发布的各种标准、规范六项。高祥生曾十余次获国家级和省级行业设计大奖赛奖项。

鉴于高祥生先生在行业内所作出的贡献，2005年中国建筑装饰协会授予其"全国有成就的资深室内设计师"，2007年中国建筑学会室内设计分会授予其"全国有成就的资深室内设计师"，2008年中国室内装饰协会授予其"中国室内设计杰出成就奖"等荣誉称号。

序

高祥生是东南大学建筑学院的教授、博士生导师。他早年学习建筑设计和美术，后来主要从事建筑室内装饰装修设计的教学和创作。他勤奋好学、善于总结，成果丰硕。最近他又有专著《室内装饰装修构造图集》出版，我表示祝贺，并应允为此专著写序。

编写构造图集是一项细致而复杂的工作。既需要有严谨的治学态度，又需要有编写图集的经验。《室内装饰装修构造图集》收集、编绘了四千多个构造图例，每个图例都需要认真考虑造型、用材、造价、环保和连接方式等问题。而图例的编制需要设计、收集、归类、筛选，需要考虑图例中的线型、图块、标注等制图问题。高祥生曾主编过二十余本专著，同时又主持编制过国家行业标准《房屋建筑室内装饰装修设计制图标准》，主持编写过江苏省住建厅颁布的《墙体、柱子装饰构造》、《装饰灯光构造》、《住房室内装修构造图》等多本标准图集……，这些工作都为高祥生主编《室内装饰装修构造图集》奠定了基础。

装饰装修构造大都与装饰装修工程做法有关。编写装饰装修构造图集，需要有工程设计的经验。高祥生是一位注重理论联系实践的学者，数十年来他在教学的同时，主持了数百项装饰装修设计工程。大量的工程设计使他熟悉装饰装修构造的各种形式。另外参与本图集编写的作者郁建忠、潘瑜也都是参加了近百项装饰装修工程设计的设计师，有着丰富的实践经验，这些无疑是对本图集编写质量的保证。

《室内装饰装修构造图集》基本涵盖了当前装饰装修工程中的构造内容，具有系统性强、可操作性强的特点。图例的收集既考虑了当前装饰装修仍有现场作业的现状，又充分体现了工厂化、工业化生产的发展趋势。《室内装饰装修构造图集》对于从事装饰装修设计人员、施工人员，以及高等院校相关专业的师生，是一本很有价值的专业书籍。

连同这次为《室内装饰装修构造图集》写序，我已两次为高祥生主编的专著写序了。第一次是为《室内建筑师辞典》。两部专著相比，有相同之处，亦有相异之处。不同之处，在于《室内建筑师辞典》从文字的角度规范了装饰装修设计专业中的语言问题，《室内装饰装修构造图集》以图示的形式表达了装饰装修设计中的做法问题。从专业建设的角度讲，两者都是设计师最基础、最重要的知识，对于提高装饰装修设计水平和施工质量具有重要的意义。多年来，我国装饰装修设计的从业人员水平参差不齐，究其原因，是由于不少设计人员没有受过严格的专业教育，他们缺乏对专业基础知识的了解和掌握。要改变这种状况，首先就要有人做好对专业基础知识的研究、整理，而要做这种工作，必须具有一种热爱专业、乐于奉献的精神。高祥生数十年如一日，勤勤恳恳、兢兢业业，在装饰装修领域中对专业的基础建设做了大量的研究、整理和开拓工作，成果斐然。我相信这些研究成果一定会对装饰装修专业的发展起到长远的作用。

我衷心祝贺《室内装饰装修构造图集》的出版成功。同时也期待高祥生，期待更多的学者在未来有更多更好的专著问世。

钟训正

2011 年 3 月

前　言

　　室内装饰装修构造是解决室内装饰装修材料、构件之间结合的方法和形式，它是实施室内装饰装修工程的措施，也是室内设计施工图的主要内容。

　　随着中国室内装饰装修行业的发展，从事室内装饰装修设计的人员多达数十万，但由于其中有许多人没有受过装饰装修构造知识的专门训练，以致出现装饰装修施工图或是缺乏深度或是错误百出，严重影响了室内装饰装修的工程质量。

　　为了提高广大室内设计人员施工图设计的水平，近十年来我一直在收集、整理、编撰有关装饰装修构造的图集、书籍。2001年和2005年我先后两次编著《装饰构造图集》于江苏省科学技术出版社出版，2005～2009年期间与郁建忠、潘瑜等设计师共同编制了江苏省建设厅的标准设计图集《建筑墙体、柱子装饰构造图集》、《室内照明装饰构造》和《住房室内装修构造》。这些图集介绍了室内不同部位的装饰装修构造设计方法和案例，得到社会的好评。2008年底中国建筑工业出版社约我组织编撰一本能系统反映室内各部位装饰装修构造的图集。我感到如能出版这本图集，将对室内设计人员有更多帮助，因此我欣然答应，并相约潘瑜、郁建忠两位设计师作为我的合作者参与本图集的编撰工作。

　　要编撰一本内容系统的室内装饰装修构造图集有许多碎琐的工作要做。在近两年内我们一方面整理、修改过去设计的构造图，另一方面又从全国三十余家著名设计单位的大量图纸中挑选合适的案例作为本图集的参考资料。由于本图集的图例有的来源于工程图，有的来源于不同的图册，因此，我们做了大量的归纳、梳理、补充、完善、统一工作。我们的做法是：

　　一、为了使图例具有标准性，在绘制中依据《房屋建筑制图标准》的规定执行并参照国家现行有关建筑装饰装修图集中的线型、图例、画法。

　　二、为了使图例更具有通用性，编撰中对材料名称，大多只标明大类名称，而不标注具体品牌、品名。另外不同的原始资料对同一种装饰装修材料、同一种工艺有不同的名称，编撰中采用了专业内普遍认同的名称。

三、为了使本图集的图例更具有系统性，编撰中将图例按空间的所属部位进行排列，如"顶棚"、"墙面"、"地面"等，而每一部位的图例又按先样式后做法的次序排列。

四、为了使本图集具有一定的教学意义，编撰中介绍了装饰装修构造设计的理论和方法，在图例中均配以简明的文字说明，以方便设计人员掌握设计的原理和方法。

在图例的编撰中我们注意到：

一、尽量收集一些体现工厂化生产的构造，以反映装饰装修行业产业化的发展趋势；

二、所选用的图例具有较高的审美价值，希望对装饰装修设计造型具有借鉴作用。另外我们还注意到室内装饰装修构造设计在满足功能合理、安全、坚固、美观大方，施工便捷，经济合理等要求的同时还应满足低碳、生态、防潮、防火、防水、隔热、保温、隔声、防震、防腐等要求。

本图集的编写和出版得到中国建筑工业出版社的大力支持，在图集完成初稿后，东南大学建筑学院钟训正院士对书稿提出了宝贵的意见，南京装饰工程有限公司的章明高级建筑师、南京盛旺装饰设计研究所的王勇设计师对图集进行了校核，南京盛旺装饰设计研究所的许琴、唐宏、侯杏轩、陈玥晨、陆嘉懿、李君英、鹿艳等设计师，南京装饰工程有限公司的成晓鹏、王晓娟、陈伟、华磊设计师、东南大学建筑学院研究生孙威、葛珂、陈赛赛，南京林业大学设计学院学生马捷、张楠、梁晓娜以及南京工业大学研究生陈赛飞绘制了本图集中的大量图例。南京盛旺装饰设计研究所的潘炜、李敏政、秦继虹参加了资料收集工作。正是这些设计师和同仁的支持、帮助，本图集才能在较短的时间内顺利完稿。在本图集即将出版之际，我谨向他们表示衷心的感谢！

由于水平有限，书中难免有疏漏和错误，请广大读者批评指正。

高祥生
2010 年 9 月

目　　录

概　　述

室内装饰装修构造是实施室内装饰装修工程中表现具体做法的方案，它对室内装饰装修工程的功能性、安全性、美观性、经济性等都有重要的作用。因此，装饰装修构造设计是室内装饰装修的不可或缺的内容。

一、室内装饰装修构造设计的一般要求

室内装饰装修构造设计的综合性强，涉及建筑主体、结构形式、设备设计、材料应用、施工方案以及视觉的美感等因素，室内装饰装修构造设计应在综合考虑上述因素的前提下做到：

1. 采取安全坚固的方案

装饰装修构造的连接点需要有足够的强度，以承受装饰装修构件与主体结构之间产生的各种荷载，此外，装饰装修构件之间、材料之间也需要有足够的强度、刚度、稳定性以保证构造本身的坚固性。还有当装饰装修构件对主体结构增加较大荷载或削弱结构受力状况时，应对结构进行重新验算。必要时应采取相应的加固措施，以保证主体结构的安全。

2. 选择合适的构造用材

装饰装修的构造用料是装饰装修构造设计的物质基础，选择合适的构造用材可以优化室内装饰装修的工程质量、工程投资和审美效果。现代装饰装修材料品种丰富且不断更新。设计人员应在熟悉各种装饰装修材料的基础上，认真选择绿色、环保、美观，安全性强，性价比高，物理、化学性能好且易于施工的装饰装修构造用材。

3. 适应装配化施工的需要

在室内装饰装修工程中实行工厂生产，工地装配，逐步淘汰现场制作的装饰装修模式，是我国装饰装修行业实行现代化、产业化的必然趋势。不同的装饰装修模式具有不同的构造形式。装配化装饰装修的构造形式，具有模数化、机械化、批量化、一体化等生产特点。因此，现代装饰装修构造设计必须了解和适应这种生产特点。

4. 协调相关专业的关系

装饰装修构造与建筑、结构、设备等专业关系密切。它们之间或相互连接、重叠或相互毗邻依存。因此，在装饰装修构造设计中既要考虑已有建筑、结构、设备的状态，又要向相关专业说明本专业的特点和要求。

5. 方便施工和维修

装饰装修构造设计应力求制作简便，同时便于各专业之间的协调配合。装配化构造要便于工厂化生产，便于与其他部品、部件的集成。

另外，装饰装修构造设计还必须认真考虑布置在装饰装修面层内部的各种管线所需要的空间。同时，应预备进出口的位置，以方便检修。

6. 降低工程造价

按预算标准完成室内装饰装修工程，是设计师应遵循的原则。因此，要力求在较低经济条件下，认真选择材料，设计出理想的构造形式，优化装饰装修功能和审美效果。

7. 力求构造形态美观

室内装饰装修构造的外表形态，对室内环境的视觉效果有很大的影响。因此，在解决安全、实用、经济等问题的同时设计出造型新颖、尺度适宜、色彩美观、质感适宜、工艺精湛的构造形态是装饰装修构造设计中必须考虑的问题。

二、装饰装修构造的类型和做法

室内装饰装修构造的类型按生产方式可分为现制构造法和装配构造法两种。现制构造法是指在施工现场制作安装的构造方法，它是传统装饰装修工程中采用的生产方式。装配构造法是指将装饰装修的成品部品、部件或成品饰面材料通过柔性或刚性的方法连接，这种构造方式是现代工业化装饰装修的生产方式。

装饰装修构造的形式多样，但基本原理都是将物体与物体组合起来。其方法主要有：

1. 吊挂构造法

吊挂构造法是用金属吊件将饰面板吊挂在龙骨下的方法，这种做法既可将饰面板悬吊在承载龙骨上，也可通过吊杆将饰面板直接挂在楼板的预埋吊点上（见图 0-1）。

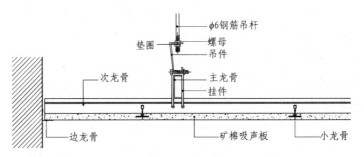

图 0-1　吊挂构造法

2. 干挂构造法

干挂构造法又称卡具固定法。它是用干挂件连接饰面板和基层的方法（见图 0-2）。用干挂构造施工简便，利于拆换和维修。干挂构造法主要用于石材、木材等饰面板的安装。

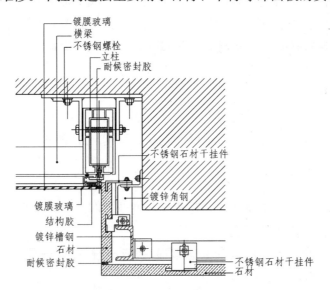

图 0-2　干挂构造法

3. 粘结构造法

它是利用各种胶粘剂将饰面板粘结于基层上。采用粘结构造时可将粘结法与钉接法结合使用，以增加构造牢度，从而使饰面板与基层的连接更为安全可靠。（见图0-3）。

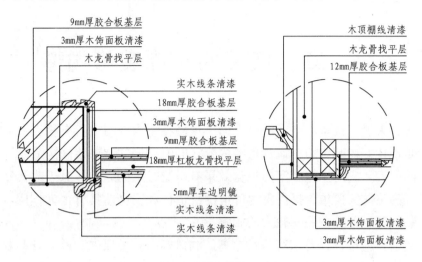

图 0-3　粘结构造法

4. 钉接构造法

它是用螺钉或金属钉将饰面板固定于基层上的构造方法。钉接构造可与粘结构造或榫接构造等构造方法结合使用。

5. 粘贴构造法

它是将成品或半成品的饰面材料用胶粘材料附着在基层上，如墙布、墙纸、面砖、微薄木等粘贴在装饰面层上。

6. 榫接构造法

它是中国传统木结构建造和家具制作的主要构造形式。其主要构件是榫头与榫孔两部分，构造方式是将这两部分连接组合，榫构造有燕尾榫、圆榫、方榫、开口榫、闭口榫、插入榫、贯通榫等多种形式。榫接构造法的连接方法对现代装饰装修中部品、部件的安装集成有借鉴作用。

7. 综合构造法

它是把两种以上的装饰装修构造的基本方法综合运用于一个构造上。这种构造在方法和用材上不固定，对施工方案很有利，因此，在装饰装修工程中广泛运用。

虽然装饰装修构造设计的基本原理不会改变，但是我国的建筑装饰装修业正朝着工业化的方向迈进，传统的现场制作将逐步被后场制作淘汰。建筑装饰装修工艺中将出现大量的模数化、标准化的装配式构造形式。因此，我们一方面需要掌握装饰装修构造设计的基本原理和方法，另一方面又需要不断探索和创造出新的工业化装饰装修工艺中的构造形式。

第一章 顶棚的装饰装修构造

顶棚又称天花、天棚，是室内空间的顶界面。顶棚在室内空间中占有相当大的面积，顶棚的装饰装修构造设计是现代室内装饰装修设计重要内容，同时顶棚的装饰装修构造设计是室内装饰装修设计中不可或缺的内容，它对于整个室内视觉效果有举足轻重的影响，对于改善室内的光环境、热工环境、声环境、满足防火要求、提高室内环境的舒适性和安全性具有很大作用，另外，顶棚的构造方式对于装饰装修工程的造价还有较大的影响。

顶棚龙骨安装前，应按设计要求对房间净高、洞口标高和吊顶内管道、设备及其支架的标高进行交接检验。安装饰面板前应完成顶棚内管道和设备的调试及验收。顶棚工程施工中应注意以下重要事项及相应规定：

1. 吊杆、龙骨的安装间距和连接方式，应符合设计要求。后置埋件、金属吊杆、龙骨应进行防腐处理。木吊杆、木龙骨、造型木板和木饰面板，应进行防腐、防火和防蛀处理。

2. 所用吊顶材料在运输、搬运、安装、存放时应采取相应措施，防止受潮、变形以及损坏板材的表面、边角。

3. 顶棚的吊杆距主龙骨端部尺寸不得大于 30mm，否则应增加吊杆。当吊杆长度大于 1.5m 时，应设置反支撑。当吊杆与设备相遇时，应调整并增加吊杆。

4. 顶棚上的重型灯具、电扇及其他重型设备，严禁安装在顶棚工程的龙骨上。

5. 顶棚内填充吸声、保温材料的品种和铺设厚度应符合设计要求，并应有防散落措施。

6. 饰面板上的灯具、烟感器、喷淋头、风口算子等设备的位置应合理、美观，与饰面板交接处应严密。顶棚与墙面、窗帘盒的交接，应符合设计要求。

7. 采用搁置式安装轻质饰面板时，应按设计要求设置压卡装置。

8. 工程中所用胶粘剂的类型，应按所用饰面板的品种配套选用。

一、顶棚装饰装修构造的类型

按装饰装修面与基层的关系分，有直接式顶棚和悬吊式顶棚。按饰面材料与龙骨的关系分，有活动装配式顶棚和固定式顶棚。按外观分，有平面式顶棚、井格式顶棚、分层式顶棚、构架式顶棚以及发光顶棚。按装饰面材分，主要有石膏板顶棚、矿棉板顶棚、金属板顶棚、木质顶棚以及玻璃顶棚等。按承载能力分，有上人顶棚和不上人顶棚。

二、直接式顶棚和悬吊式顶棚的构造与做法

1. 直接式顶棚的基本构造与做法

直接式顶棚是在屋面板或楼板等底面上直接进行装饰装修加工的，构造形式简单，饰面厚度小，因而室内高度可以得到充分的利用。同时，因其材料用量少，施工方便，工程造价较低。但这类顶棚造型简单且没有提供隐藏管线等设备、设施的内部空间。

直接式顶棚按施工方法分，有使用纸筋灰、石灰砂浆等材料的抹灰类；有使用石灰浆、大白浆、色粉浆、彩色水泥浆、乳胶漆等材料的喷刷类；有使用墙纸、墙布等卷材的裱糊类；还有使用

胶合板、石膏板等板材的装饰板材类。

直接式顶棚对屋面板或楼板表面平整度要求较高，此外如果采取喷刷工艺，要预先在板面涂抹一层胶粘剂。

抹灰类、喷刷类和裱糊类顶棚，在要求较高的房间，可在底板增设一层钢丝网，在钢丝网上再做抹灰，以增加牢固度，中间层、面层的构造及做法与墙面装饰类同。以上几种顶棚的构造见图1-1所示。

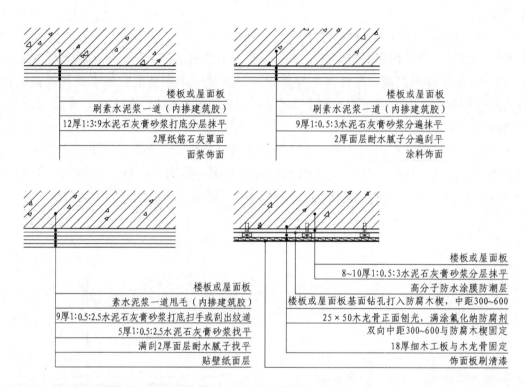

图 1-1 直接式顶棚基本构造

2. 悬吊式顶棚的基本构造与做法

悬吊式顶棚一般由预埋件及吊筋、基层、面层三个基本部分构成，如图1-2所示。

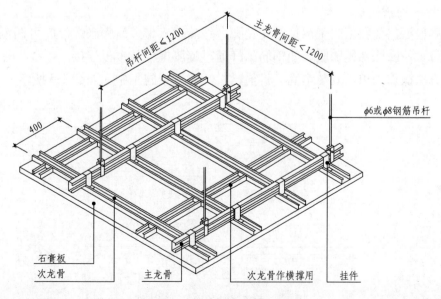

图 1-2 悬吊式顶棚基本构造

（1）顶棚的预埋件及吊筋

顶棚的预埋件是屋面板或楼板与吊杆之间的连接件，主要起连接固定、承受拉力的作用。

顶棚的吊杆主要用于传递顶棚的荷载，即将顶棚的载荷通过吊杆传递到屋面板或楼板等部位。吊杆可采用钢筋、型钢、木方、镀锌钢丝等材料。用于一般顶棚的钢筋直径应不小于 $\phi 6$，其间距在 900～1200mm 左右。吊杆与龙骨之间可采用螺栓连接；型钢吊杆用于重型顶棚或整体刚度要求很高的顶棚；木方吊杆一般用于木质基层的顶棚，常采用铁制连接件加固。另外，金属吊杆和预埋件都必须作防锈处理。

① 木方吊杆的连接固定方法

用木方吊杆固定在建筑顶面的角钢连接件上，作为吊杆的木方，应长于吊点与龙骨架之间的距离 100mm 左右，便于调整高度。吊杆与龙骨架固定后再截去多余部分。如木龙骨架截面较小，或钉接处有缺陷。则应在木龙骨的吊挂处钉上 200mm 长的加固短木方。如图 1-3 所示。

② 角钢（扁钢）的连接固定方法

角钢（扁钢）的长度应事先测量好，并且在吊点固定的端头，应事先打出两个调整孔，以便调整龙骨架的高度。角钢（扁钢）与吊点件用 M6 螺栓连接，角钢（扁钢）与主龙骨用两个螺栓固定。角钢（扁钢）端头不得伸出龙骨架下平面。如图 1-4 所示。

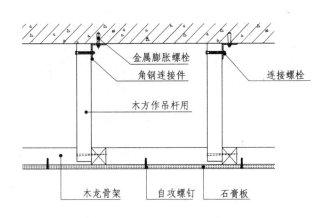

图 1-3　木方吊杆的连接固定方法

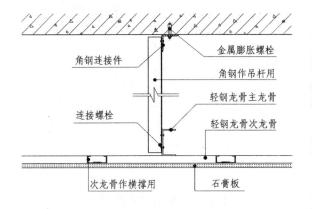

图 1-4　角钢（扁钢）的连接固定方法

③ 钢筋吊杆的连接固定方法

在楼板上先根据需要钻出膨胀螺栓的安装孔，然后插入带金属膨胀螺栓的可调钢筋吊杆，拧紧膨胀螺栓的螺母，使膨胀螺栓膨胀，使钢筋吊杆通过膨胀螺栓与楼板连接。

由于此种方法操作简单，安装牢固，目前已广泛应用于施工中。如图 1-5 所示。

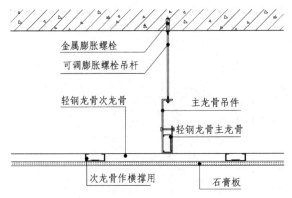

图 1-5　钢筋吊杆的连接固定方法

6

（2）顶棚的基层

顶棚的基层即骨架层，是一个包括由主龙骨、次龙骨（或称主搁栅、次搁栅、覆面龙骨）所形成的网格骨架体系，其作用主要形成找平、稳固的结构连接层，确保面层铺设安装，承接面层荷载，并将其荷载通过吊筋传递给屋面板或楼板的承重结构。

常用的顶棚基层有木质基层和金属基层两大类。

① 木质基层

木质基层由主龙骨、次龙骨、横撑龙骨三部分组成。其中，主龙骨通常为50mm×70mm木方，钉接或栓接在吊筋上，主龙骨间距一般为1.2～1.5m。次龙骨通常为50mm×50mm木方，次龙骨钉栓在主龙骨的底部，并用8号镀锌钢丝绑扎。次龙骨的间距，对抹灰面层一般为400mm，对板材面层依饰面板材规格及其拼缝大小确定，一般不大于600mm。

固定板材的次龙骨通常双向布置，其中一个方向的次龙骨为50mm×50mm木方，另一方向的次龙骨一般为30mm×50mm，可直接钉在50mm×50mm的次龙骨上。

木质基层多用于造型较复杂的顶棚，这类基层必须采取相应的防火措施和防腐措施。

② 金属基层

常见的金属基层材料有轻钢基层龙骨和铝合金基层龙骨两种。

轻钢基层龙骨，是由薄壁镀锌钢制成的型材，主要有U形、T形和C形。其中在顶棚装饰中最常用的为U形龙骨。

U形龙骨的尺寸、规格已形成了一定的系列。U形龙骨由主龙骨、次龙骨、间距龙骨、横撑龙骨及各种连接件组成。主龙骨按其荷载能力分，主要有38、50、60三个系列。其中38系列龙骨适用于吊杆间距不大于1.2m的不上人顶棚；50系列龙骨适用于吊杆间距不大于1.2m的不上人顶棚和上人顶棚，主龙骨可承受80kg的检修荷载；60系列龙骨适用于吊杆间距不大于1.2m的上人顶棚，可承受100kg检修荷载。但要注意龙骨的承重能力还与型材的厚度有关，当所承受的荷载较大时，必须选用厚型材料。

轻钢龙骨主次龙骨及配件可以拼装成多种组合系列。

轻钢龙骨石膏板吊顶有"单层龙骨"和"双层龙骨"两种做法。"单层龙骨"是指主次龙骨在同一水平面上垂直交叉相接，不设承载龙骨，比较简单、经济。"双层龙骨"是指覆面龙骨（次龙骨）挂在承载龙骨（主龙骨）下皮之下，双层龙骨吊顶的整体性较好，不易变形。直卡式轻钢龙骨石膏板吊顶做法为"双层龙骨"。

一般轻型灯具、风口罩，可吊挂在现有或附加的主次龙骨上。但重型灯具、消防水管和有振动的电扇、风道及其他重型设备等严禁安装在顶棚龙骨上，需直接吊挂在结构顶板上，不得与吊顶相连。

铝合金龙骨，是当前顶棚中用得最多的一种基层材料，常用的有T形、U形、LT形以及采用嵌条式构造的多种特制龙骨，其中最常见的是LT形龙骨。LT形龙骨主要由主龙骨、次龙骨、间距龙骨、边龙骨及各种连接件组成。主龙骨按承载能力可分为轻型、中型、重型三个系列，轻型系列龙骨高有30mm和38mm两种，中型系列龙骨高有45mm和50mm两种，重型系列龙骨高一般为60mm。中部中龙骨的截面为倒T形，边部中龙骨的截面为L形，中龙骨的截面高度为32mm和35mm。小龙骨的截面为倒T形，截面高度为22mm和23mm。

当顶棚需要承受较大荷载或悬吊点间距较大，或者在其他特殊情况下，应采用角钢、槽钢、工字钢等普通型钢做顶棚的二次结构层。当吊杆长度大于1.5m时，应设置反支撑，当吊杆与设备相遇时，应调整并增设吊杆。

在顶棚的基层设计中，需要考虑设备安装、检修上人的空间。上人的顶棚除能承受足够荷载外，还应设有检修走道（又称马道）和上人孔。

（3）顶棚面层

顶棚的面层，其主要作用是装饰室内空间，同时还兼有吸声、反射、保温等功能。面层所用材料多种多样，一般分为抹灰类、裱糊类和板材类三种，其中最常用的是板材类。

①石膏板顶棚

● 纸面石膏板顶棚

石膏板的特点是轻质、隔声、隔热、耐火、抗震性能好，可微调室内湿度，而且板材体块大、表面平，安装简便，是目前使用最广泛的顶棚板材。纸面石膏板分普通纸面石膏板、耐火纸面石膏板和装饰吸声纸面石膏板三种类型。前两者主要用作顶棚的基层，其表面还需再作饰面处理。常用的饰面做法有：抹灰并涂乳胶漆、喷涂、裱糊墙纸等，这些做法具有不同质感的装饰效果，应视具体情况选用。

纸面石膏板的安装固定，一般采用钉接、粘贴和插接三种方法。普通纸面石膏板和防火纸面石膏板作为基层板，目前在实际施工中多采用沉头螺钉固定方法。

石膏板的四边如无边龙骨或横撑时，需加与次龙骨相同型号的横撑龙骨。石膏板吊顶检修人孔，最好选用成品，所有开洞四边，均应有次龙骨或附加龙骨做成的框架。

如采用双层石膏板吊顶，上、下层石膏板应错缝放置，石膏板搭接处刷白乳胶。工程中如需作离缝处理时，只需相应调整龙骨和横撑的中距。

● 布面石膏板

与传统纸面石膏板相比具有柔韧性好、抗折强度高、接缝不易开裂、表面附着力强等优点。布面石膏板可用于做隔墙及吊顶。布面石膏板具有强度高、重量轻、产品品种规格多、质量稳定可靠、便于再加工等特点。普通布面石膏板适用于一般防火要求的各种工业和民用建筑，其燃烧性能可按 A 级对待，除能满足建筑防火、隔声、保温隔热、抗震等要求外，还具有施工速度快、不受环境温度的影响、装饰效果好等优点，其安装布置方法及节点构造与纸面石膏板基本相同。

● 吸声穿孔石膏板

石膏本身的吸声功能并不显著，而吸声穿孔石膏板上冲钻有贯通的孔眼，则可大大提高吸声性能。吸声穿孔石膏板，有吸声穿孔纸面石膏板和吸声穿孔装饰石膏板两种类型。其安装布置方法及节点构造与纸面石膏板基本相同，不同的是这类板材可直接作顶棚饰面，不需再作装饰处理。

②金属板顶棚

用作顶棚材料的金属板有铝合金板、不锈钢板、彩色钢板及复合装饰板等，其形式有方形和条形两种。金属板的优点：一是装饰效果好，以其特有的质感和纹理，可得到独特的装饰效果，此外因其具有良好的延展性，便于加工成各种凹凸形状，以适应不同造型的要求；二是防火、防潮性能优越，如在金属背面复合一层保温吸声材料，则可使顶棚增加保温、吸声性能；三是重量轻，一般多采用 0.5～0.8mm 厚的板材，从而可降低顶棚的自重；四是施工检修方便而且经久耐用。

● 金属条板顶棚

金属条板顶棚，根据条板的形状、龙骨的布置方法，可以有各种变化的效果。但总体上可分为两大类：一是开放型条板顶棚；二是封闭型条板顶棚。如图 1-6 所示。

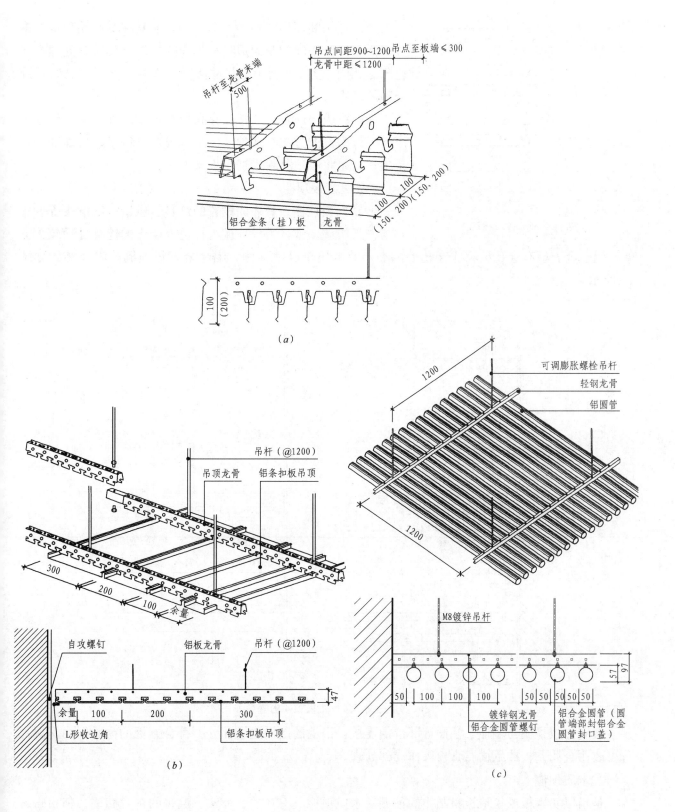

图 1-6 金属条板顶棚

(a) 开放型条板顶棚构造；(b) 封闭型条形顶棚构造；(c) 圆管型条形顶棚构造

条板与龙骨的连接一般采用卡固方法和钉接方法。卡固方法适用于板厚 0.8mm 以下，板宽 100mm 以下的板条，对板厚超过 1mm、板宽超过 100mm 的材料多采用螺钉等来固定。如采用卡固法，龙骨本身可兼卡具，在安装时压紧板条即可卡扣在龙骨上。

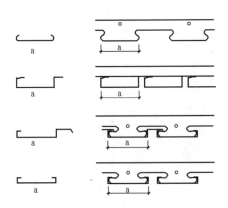

图 1-7　金属板条断面

金属板条断面形状很多（图 1-7），而其配套的品种也是多种多样，对于不同的断面形状和不同的配件，其端部处理方式也不尽相同。图 1-8 所示是几种常用的板条和配件组合时端部处理的基本方式。

为解决吸声问题，通常在穿孔板上敷设岩棉、玻璃棉等吸声材料。敷设的方法有两种：一是将吸声材料紧贴板面铺于板条内；二是将吸声材料满铺于板条上方。

●金属方板顶棚

金属方板顶棚，其表面设置的灯具、风口、喷淋头等设置易与方板协调一致，另外顶棚与柱边、墙边的连接处理较为方便。铝合金方板有穿孔型和非穿孔型两类，前者用于吸声顶棚。铝合金方板顶棚的安装结构如图1-9所示。

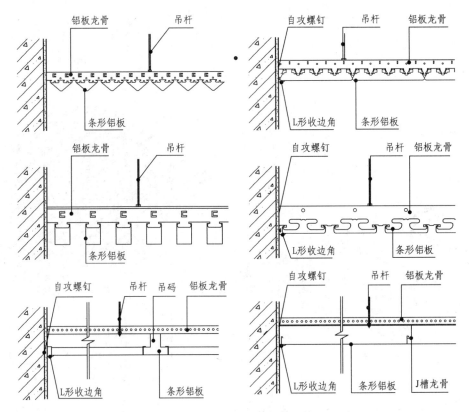

图 1-8　条形铝板顶棚构造

金属方板顶棚与墙体、柱面等部位的连接，当墙的四周边缘部分不符合方板的模数时，靠墙部分可改用金属条板或纸面石膏板等作局部处理。

③木质顶棚

是指以实木板或人造板材制作的顶棚。木质顶棚具有自然、朴实、温暖的视觉感受。但由于木材的防火能力较差，一般不大面积使用。通常在不规则或弧形吊顶中使用，但必须按消防规定进行制作施工。

④格栅式顶棚

格栅式顶棚又称开敞式顶棚。它是以顶棚的饰面敞开为特征，通过一定形状的单元体，有规律地排列组合，产生富有序列的美感，同时具有较强的通透感。格栅式顶棚与照明布置的关系极为密

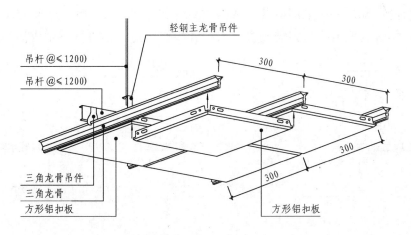

图 1-9 铝合金方板顶棚构造（仰视图）

切，通常将其构件与灯具的形状和布置结合起来，以此加强顶棚造型的装饰美。

格栅式顶棚的构造与安装：顶棚的单体连接构造，是开敞式顶棚安装中的重要问题。标准单体构件的连接，通常采用将预制的单体构件插接、挂接或榫接在一起的方法。这种方法一般适用于构件自身刚度不大、稳定性较差的情况。连接构造的另一种方法是，对于用轻质、高强度材料制成的单体构件，不用骨架，直接用吊杆与结构相连。这种安装结构比较简单，而且可集结构和装饰于一身。在实际工程中，为减少吊杆的数量，通常可先将单体构件连成整体，再通过长钢管与吊杆相连，这样可使施工更为简便，且节省材料，其安装构造如图 1-10 所示。

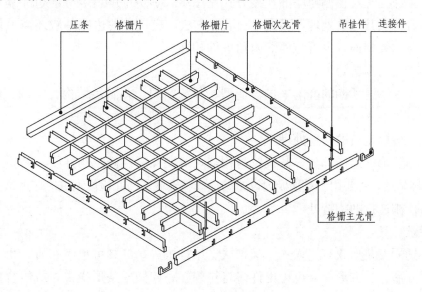

图 1-10 格栅式顶棚构造示意

⑤网架式顶棚

网架式顶棚一般采用不锈钢管、铜合金管、钢管等材料加工制作，它具有造型简洁、通透感强等特点。由于一般不需要承重，因此其杆件的组合形式主要根据装饰效果要求来设计。杆件之间的连接可用结点球连接，也可直接焊接后再用与杆件材质相同的薄板包裹。

⑥发光顶棚

发光顶棚的饰面采用有机灯光片、磨砂玻璃、彩绘玻璃、透光云石、薄膜等半透光材料，顶棚内部布置有灯具。这种顶棚整体通亮，光线分布均匀。装饰效果丰富多彩。当饰面材料为玻璃板时，应使用安全玻璃或采取可靠的安全措施。

面层透光材料的固定，一般采用搁置方式与龙骨连接（见图 1-11），这样便于检修及更换内部灯具。如果采用粘结等其他方式，则需设置进入孔和检修走道，并将灯座做成活动式。

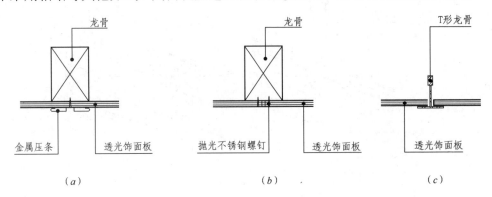

图 1-11 发光顶棚构造示意

（*a*）成型金属压条承托；（*b*）冒头螺钉固定；（*c*）T 形龙骨承托

因需支承面层透光板和灯座的顶棚骨架，必须双层设置，上下层之间通过吊杆连接。

顶棚骨架与主体结构的连接方法，一般是将上层骨架通过吊杆连接到主体结构上。具体构造同一般顶棚。

3. 顶棚与其他界面及特殊部位的连接构造

（1）顶棚与墙的固定及端部处理

顶棚端部的装饰处理及顶棚与墙的连接方式见图 1-12 所示。其中图③～⑪中使顶棚边缘凹入或凸出的做法，不需再做其他的处理，而图⑫所示的方法，交接处的边缘一般还需另做木质或金属压条处理。压条可与龙骨相连，也可与墙灯内预埋件相连。

（2）顶棚叠落处的构造处理

室内顶棚，可以通过顶棚的叠落来进行造型、限定空间，并满足结构、空调、消防、照明、音响等设备安装方面的要求。

（3）检修孔及检修走道的构造处理

检修孔是顶棚装饰的组成部分，其设置与构造，既要保障检修工作方便，又要力求隐蔽。

检修走道又称马道，主要用于对顶棚内设施的检修与安装，因此检修走道应靠近这些设施来布置。

（4）灯具与顶棚连接的构造处理

①顶棚面层设灯具

顶棚面层灯具的安装形式有嵌入式、吸顶式、吊挂式等。灯具可单组布置，也可成片布置。灯口可做成圆形、方形、长方形等，也可由许多灯排列在一起做成条形光带，或组合成方形、长方形的成片发光顶棚，灯口下可以覆盖透明或半透明玻璃，也可装上塑料或铝板制成的格栅片。

这类照明灯具与顶棚的连接构造，是在顶棚上开孔洞，四周用小格栅支托开孔洞的边框，边框内侧钉板围合成安装灯具的盒子，盒子两侧隔一定距离留一出气孔和检修口。为便于灯具的更换、修理和散热，以及使照度均匀，灯盒间距、光源与盒顶的距离均有一定要求。

②顶棚叠落处设灯槽

在有叠落的顶棚中，各层周边与顶棚相交处经常做灯槽，借顶棚或墙面反射光线。

（5）顶棚通风口及扬声器的连接构造

通风口与顶棚连接的构造处理见图 1-13。扬声器与顶棚的连接与其类同。

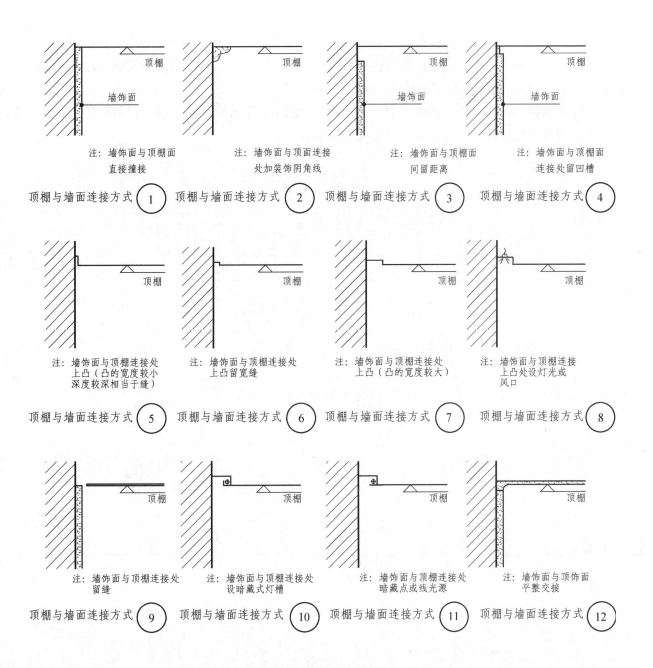

注: 墙饰面与顶棚面
直接撞接

顶棚与墙面连接方式 ①

注: 墙饰面与顶面连接
处加装饰阴角线

顶棚与墙面连接方式 ②

注: 墙饰面与顶棚面
间留距离

顶棚与墙面连接方式 ③

注: 墙饰面与顶棚面
连接处留凹槽

顶棚与墙面连接方式 ④

注: 墙饰面与顶棚连接处
上凸 (凸的宽度较小
深度较深相当于缝)

顶棚与墙面连接方式 ⑤

注: 墙饰面与顶棚连接处
上凸留宽缝

顶棚与墙面连接方式 ⑥

注: 墙饰面与顶棚连接处
上凸 (凸的宽度较大)

顶棚与墙面连接方式 ⑦

注: 墙饰面与顶棚连接
上凸处设灯光或
风口

顶棚与墙面连接方式 ⑧

注: 墙饰面与顶棚连接处
留缝

顶棚与墙面连接方式 ⑨

注: 墙饰面与顶棚连接处
设暗藏式灯槽

顶棚与墙面连接方式 ⑩

注: 墙饰面与顶棚连接处
暗藏点或线光源

顶棚与墙面连接方式 ⑪

注: 墙饰面与顶饰面
平整交接

顶棚与墙面连接方式 ⑫

图 1-12 顶棚与墙面连接方式

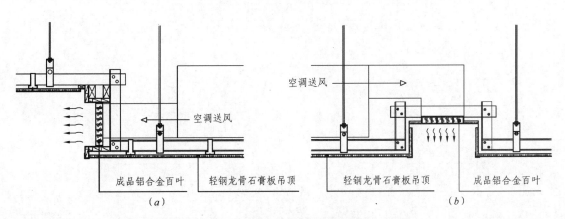

图 1-13 通风口与顶棚连接的构造

(a) 风口侧送风; (b) 风口下送风

（6）不同材质饰面板的交接构造

不同材质顶棚饰面板交接构造处理，主要有两种方法：一是交接处采用压条做过渡处理，做法如图 1-14a；二是采用高低差过渡处理，其做法如图 1-14b。

另外在顶棚的构造设计中还应考虑下列问题：对隔声和防火要求的处理，对荷载传递或温度变化产生开裂现象的处理，以及顶棚内设备管线的安装等。

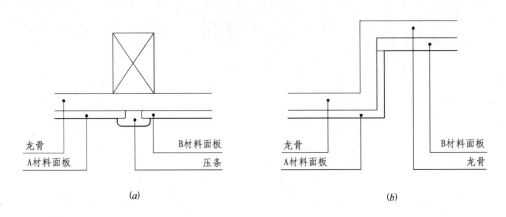

图 1-14　不同材质饰面板的交接构造示意
（a）用压条处理；（b）用落差处理

石膏板饰面

余量 2400

余量

石膏板
吊点
主龙骨
次龙骨

次龙骨作横撑用

≤300
≤1200
1200
1200
1200
1200
1230

余量 400 400 400 400 400 400 400 400 400 400

吊点间距≤1200 ≤1200 ≤1200

≤300

注：常用石膏板厚度
有9.5、12等。

轻钢龙骨石膏板吊顶构造

吊杆
主龙骨

石膏板 顶棚
墙饰

1-1剖面

木龙骨

石膏板 顶棚
墙饰

2-2剖面

吊杆间距≤1200 ≤1200

吊杆

400

石膏板
次龙骨 主龙骨 次龙骨作横撑用 挂件

轻钢龙骨石膏板吊顶构造示意

螺纹吊杆
主龙骨

顶棚

烤漆铝嵌条
墙体乳胶漆饰面 石膏板

墙与顶棚连接处加嵌条

螺纹吊杆
次龙骨

顶棚

成品压条
墙体乳胶漆饰面 石膏板

墙与顶棚连接处加阴角线

螺纹吊杆
主龙骨

顶棚

实木线条
墙体乳胶漆饰面 石膏板

墙与顶棚连接处设上凹缝

15

石膏板饰面

顶棚

吊杆转角连接件
膨胀螺栓
角龙骨作吊杆用
主龙骨
自攻螺钉
次龙骨
次龙骨作横撑用
石膏板

A

可调膨胀螺栓吊杆
次龙骨
主龙骨吊件
主龙骨
次龙骨作横撑用
石膏板

B

膨胀螺栓
吊杆转角连接件
主龙骨
角龙骨作吊杆用
次龙骨作横撑用
自攻螺钉
次龙骨
石膏板

1-1剖面

可调膨胀螺栓吊杆
主龙骨
次龙骨作横撑用
主龙骨吊件
次龙骨
石膏板

2-2剖面

木龙骨
石膏板
自攻螺钉

C

卡式龙骨
木工板
金属护角
30
50
135°
115
L形收边角
双层石膏板

D

注：1. 主龙骨自由末端与最近一根吊杆距离不大于300。

2. 次龙骨自由末端与最近一根主龙骨距离不大于300。

3. 墙面与第一根次龙骨间距不大于100。

4. 吊杆距离不大于1200。

16

石膏板饰面

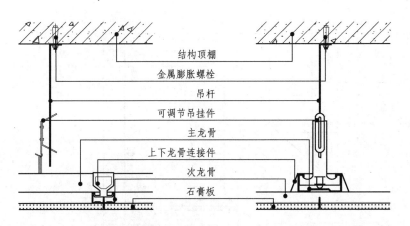

石膏板顶棚基本节点构造（一）

结构顶棚
金属膨胀螺栓
吊杆
可调节吊挂件
主龙骨
上下龙骨连接件
次龙骨
石膏板

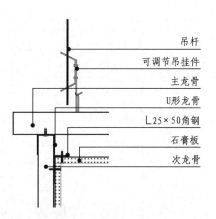

阶梯形吊顶及侧壁连接构造（一）

吊杆
可调节吊挂件
主龙骨
U形龙骨
L25×50角钢
石膏板
次龙骨

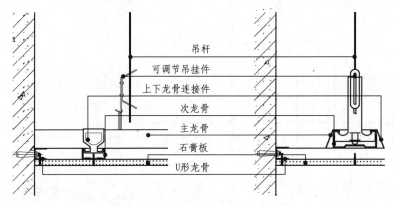

石膏板顶棚基本节点构造（二）

吊杆
可调节吊挂件
上下龙骨连接件
次龙骨
主龙骨
石膏板
U形龙骨

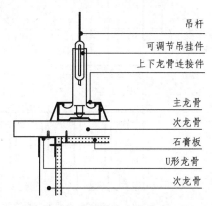

阶梯形吊顶及侧壁连接构造（二）

吊杆
可调节吊挂件
上下龙骨连接件
主龙骨
次龙骨
石膏板
U形龙骨
次龙骨

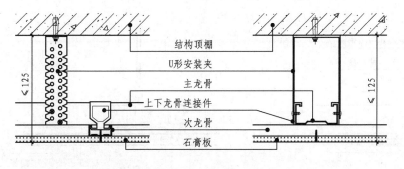

石膏板顶棚U形安装夹安装构造

结构顶棚
U形安装夹
主龙骨
上下龙骨连接件
次龙骨
石膏板

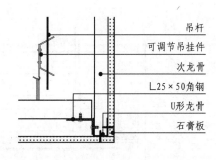

阶梯形吊顶及侧壁连接构造（三）

吊杆
可调节吊挂件
次龙骨
L25×50角钢
U形龙骨
石膏板

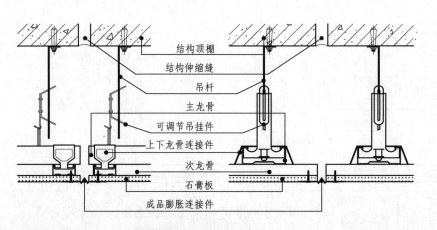

石膏板顶棚伸缩缝安装构造

结构顶棚
结构伸缩缝
吊杆
主龙骨
可调节吊挂件
上下龙骨连接件
次龙骨
石膏板
成品膨胀连接件

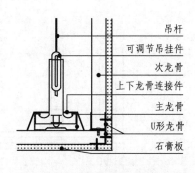

阶梯形吊顶及侧壁连接构造（四）

吊杆
可调节吊挂件
次龙骨
上下龙骨连接件
主龙骨
U形龙骨
石膏板

顶棚

17

双层石膏板饰面

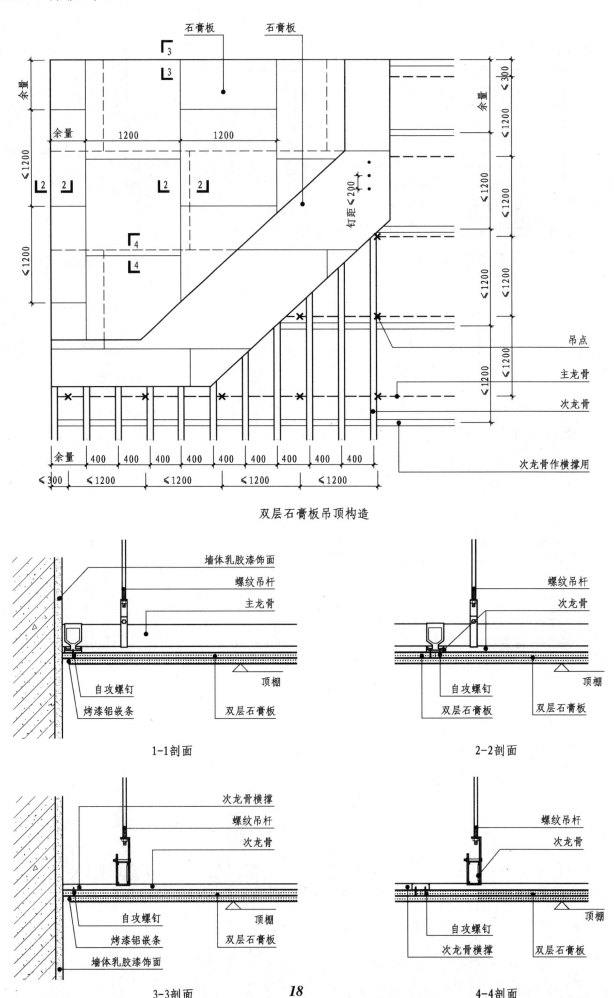

石膏板　　　石膏板

余量
余量　1200　1200
<1200
钉距<200
<1200
4
4

吊点
主龙骨
次龙骨

余量　400　400　400　400　400　400　400　400　400
<300　<1200　<1200　<1200　<1200

余量
<300
<1200
<1200
<1200
<1200

次龙骨作横撑用

双层石膏板吊顶构造

顶

棚

墙体乳胶漆饰面
螺纹吊杆
主龙骨

自攻螺钉
烤漆铝嵌条

顶棚
双层石膏板

1-1剖面

螺纹吊杆
次龙骨

自攻螺钉
双层石膏板

顶棚
双层石膏板

2-2剖面

次龙骨横撑
螺纹吊杆
次龙骨

自攻螺钉
烤漆铝嵌条
墙体乳胶漆饰面

顶棚
双层石膏板

3-3剖面

螺纹吊杆
次龙骨

自攻螺钉
次龙骨横撑

顶棚
双层石膏板

4-4剖面

18

石膏板、洁净装饰板饰面

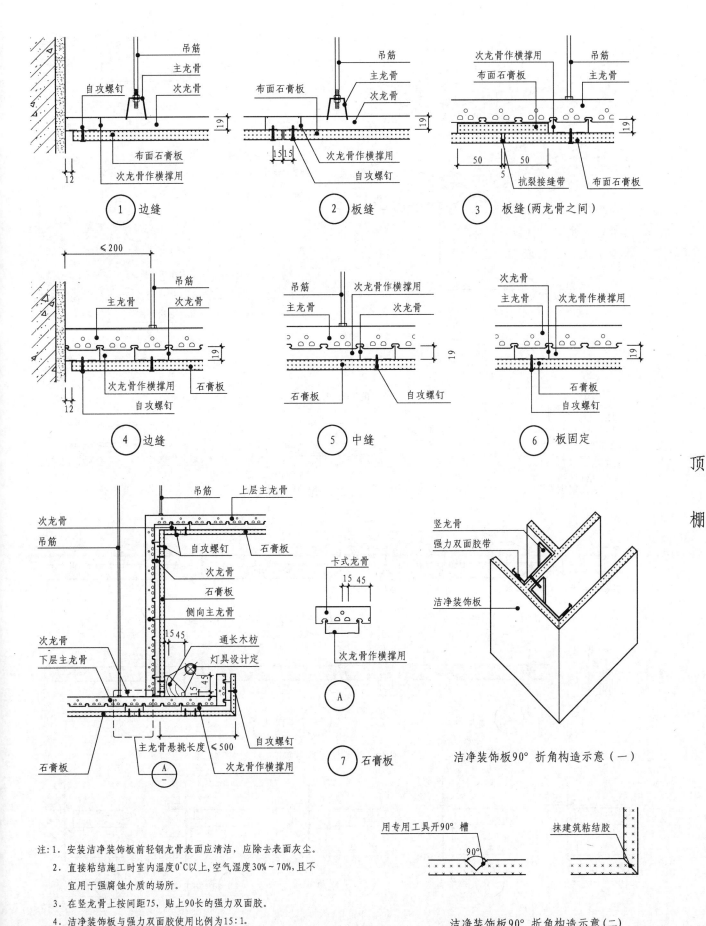

1 边缝

2 板缝

3 板缝(两龙骨之间)

4 边缝

5 中缝

6 板固定

7 石膏板

洁净装饰板90°折角构造示意(一)

洁净装饰板90°折角构造示意(二)

用专用工具开90°槽

抹建筑粘结胶

注:1. 安装洁净装饰板前轻钢龙骨表面应清洁,应除去表面灰尘。
   2. 直接粘结施工时室内温度0℃以上,空气湿度30%～70%,且不宜用于强腐蚀介质的场所。
   3. 在竖龙骨上按间距75,贴上90长的强力双面胶。
   4. 洁净装饰板与强力双面胶使用比例为15:1。
   5. 洁净装饰板应由底往上贴牢。
   6. 布面石膏板亦可按图示方法进行90°折角安装。

硅钙板饰面

吊杆
铝合金边龙骨
轻钢主龙骨

硅钙板
铝合金次龙骨
主吊钩

Ⓐ Ⓑ Ⓒ

轻钢龙骨硅钙板吊顶构造示意

铝合金主龙骨
铝合金次龙骨

Ⓐ 次龙骨 形式一（凹形）

铝合金主龙骨
铝合金次龙骨

Ⓑ 次龙骨 形式二（T形）

铝合金主龙骨
铝合金次龙骨

Ⓒ 次龙骨 形式三（开口式）

顶
棚

轻钢主龙骨　　主吊钩　　接长件

微调螺旋
螺杆
轻钢主龙骨
吊杆
主吊件
螺母
铝合金次龙骨

轻钢主龙骨剖面

接长件
轻钢主龙骨　　轻钢主龙骨

轻钢主龙骨剖面

T形龙骨

① 平面节点　　② 平面节点　　③ 平面节点

④ 平面节点　　⑤ 平面节点　　⑥ 平面节点

龙骨与硅钙板连接示意

边龙骨　边龙骨　边龙骨　边龙骨　边龙骨

⑦ 阴角节点　⑧ 阴角节点　⑨ 阴角节点　⑩ 阴角节点　⑪ 阴角节点

墙面与顶面硅钙板直角节点

20

矿棉板饰面（一）

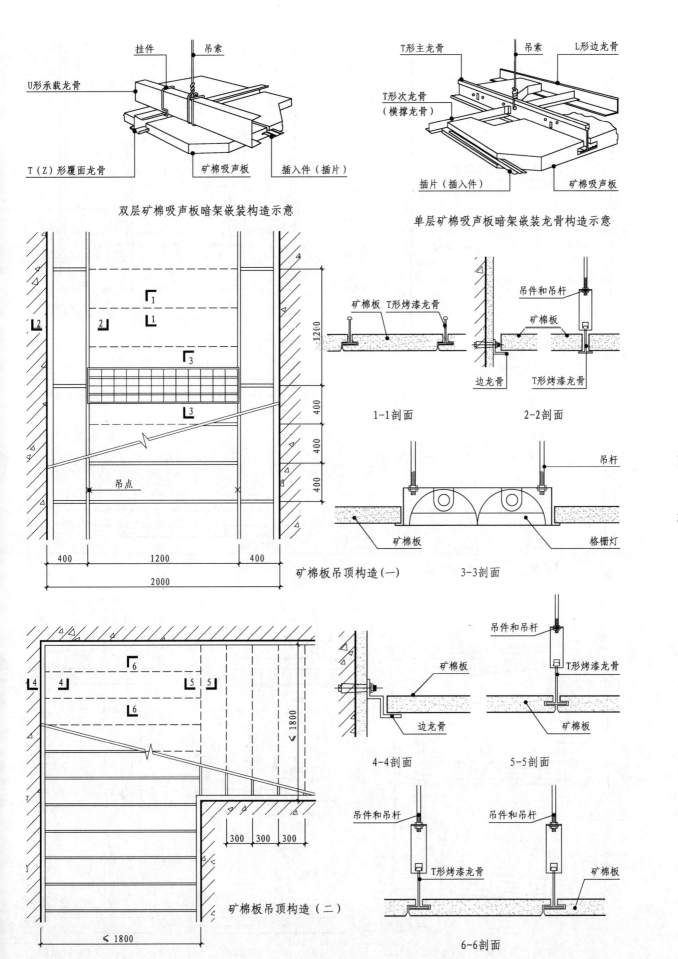

挂件　吊索

U形承载龙骨

T（Z）形覆面龙骨　　矿棉吸声板　　插入件（插片）

双层矿棉吸声板暗架嵌装构造示意

T形主龙骨　吊索　L形边龙骨

T形次龙骨
（横撑龙骨）

插片（插入件）　　矿棉吸声板

单层矿棉吸声板暗架嵌装龙骨构造示意

吊点

400　　1200　　400
2000

矿棉板　T形烤漆龙骨

1-1剖面

吊件和吊杆

矿棉板

边龙骨　T形烤漆龙骨

2-2剖面

吊杆

矿棉板　　格栅灯

3-3剖面

矿棉板吊顶构造（一）

矿棉板吊顶构造（二）

吊件和吊杆

矿棉板

边龙骨

4-4剖面

吊件和吊杆

T形烤漆龙骨

矿棉板

5-5剖面

吊件和吊杆　　吊件和吊杆

T形烤漆龙骨　矿棉板

6-6剖面

顶棚

矿棉板饰面（二）

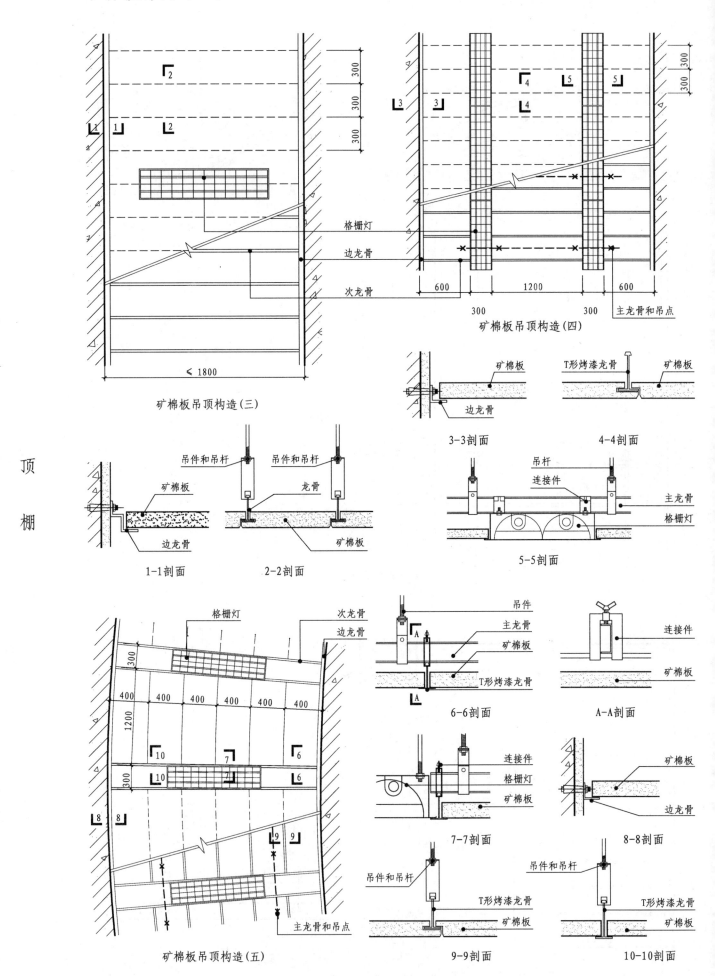

顶棚

矿棉板吊顶构造（三）

格栅灯
边龙骨
次龙骨

1800

矿棉板吊顶构造（四）

300 1200 600
300   300 主龙骨和吊点

格栅灯

吊件和吊杆
矿棉板
龙骨
边龙骨
矿棉板

1-1剖面   2-2剖面

矿棉板
边龙骨
3-3剖面

T形烤漆龙骨   矿棉板
4-4剖面

吊杆
连接件
主龙骨
格栅灯
5-5剖面

格栅灯
次龙骨
边龙骨

300 400 400 400 400 400 400
1200
300

10 7 6
10 7 6
8 8
9 9

主龙骨和吊点

矿棉板吊顶构造（五）

吊件
主龙骨
矿棉板
T形烤漆龙骨
6-6剖面

连接件
矿棉板
A-A剖面

连接件
格栅灯
矿棉板
7-7剖面

矿棉板
边龙骨
8-8剖面

吊件和吊杆
T形烤漆龙骨
矿棉板
9-9剖面

吊件和吊杆
T形烤漆龙骨
矿棉板
10-10剖面

22

矿棉板饰面（三）

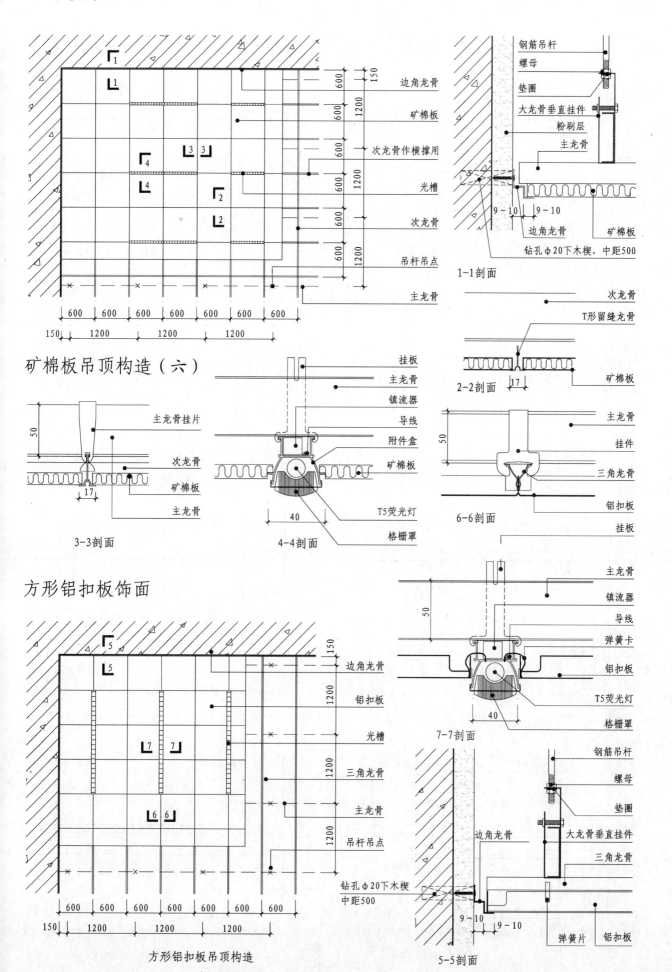

边角龙骨
矿棉板
次龙骨作横撑用
光槽
次龙骨
吊杆吊点
主龙骨

钢筋吊杆
螺母
垫圈
大龙骨垂直挂件
粉刷层
主龙骨
边角龙骨
矿棉板
钻孔φ20下木楔，中距500

1-1剖面

矿棉板吊顶构造（六）

主龙骨挂片
次龙骨
矿棉板
主龙骨

3-3剖面

次龙骨
T形留缝龙骨
矿棉板

2-2剖面

挂板
主龙骨
镇流器
导线
附件盒
矿棉板
T5荧光灯
格栅罩

4-4剖面

主龙骨
挂件
三角龙骨
铝扣板

6-6剖面

方形铝扣板饰面

边角龙骨
铝扣板
光槽
三角龙骨
主龙骨
吊杆吊点
钻孔φ20下木楔
中距500

方形铝扣板吊顶构造

挂板
主龙骨
镇流器
导线
弹簧卡
铝扣板
T5荧光灯
格栅罩

7-7剖面

钢筋吊杆
螺母
垫圈
大龙骨垂直挂件
三角龙骨
边角龙骨
弹簧片
铝扣板

5-5剖面

顶棚

23

方形铝扣板饰面

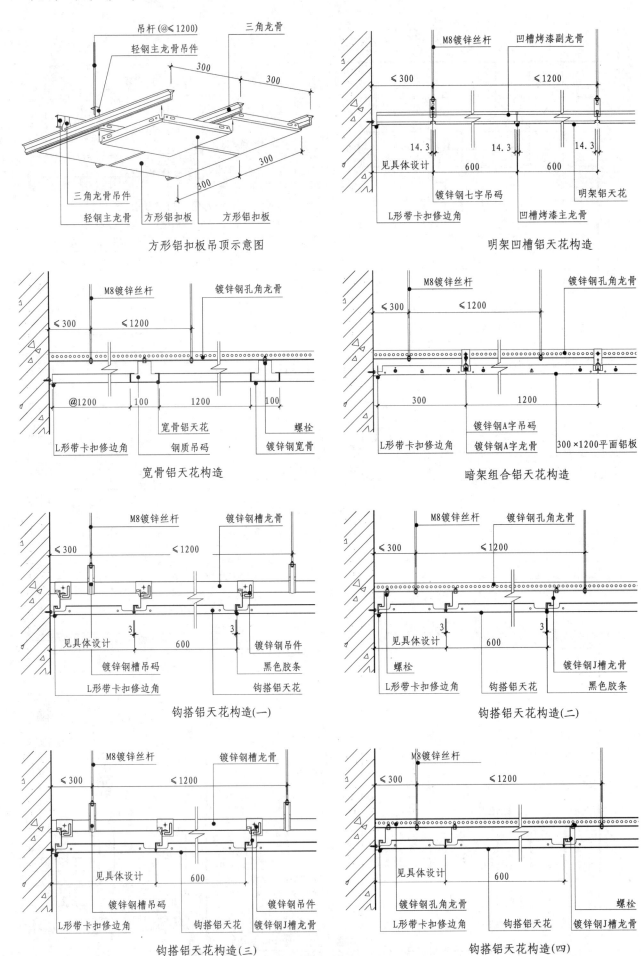

吊杆(@≤1200)　三角龙骨
轻钢主龙骨吊件
300　300
300
三角龙骨吊件
轻钢主龙骨　方形铝扣板　方形铝扣板

方形铝扣板吊顶示意图

M8镀锌丝杆　凹槽烤漆副龙骨
≤300　≤1200
14.3　14.3　14.3
见具体设计　600　600
镀锌钢七字吊码　凹槽烤漆主龙骨　明架铝天花
L形带卡扣修边角

明架凹槽铝天花构造

M8镀锌丝杆　镀锌钢孔角龙骨
≤300　≤1200
@1200　100　1200　100
宽骨铝天花　螺栓
L形带卡扣修边角　钢质吊码　镀锌钢宽骨

宽骨铝天花构造

M8镀锌丝杆　镀锌钢孔角龙骨
≤300　≤1200
300　1200
镀锌钢A字吊码
L形带卡扣修边角　镀锌钢A字龙骨　300×1200平面铝板

暗架组合铝天花构造

M8镀锌丝杆　镀锌钢槽龙骨
≤300　≤1200
见具体设计　3　3　600
镀锌钢槽吊码　镀锌钢吊件
L形带卡扣修边角　黑色胶条　钩搭铝天花

钩搭铝天花构造(一)

M8镀锌丝杆　镀锌钢孔角龙骨
≤300　≤1200
见具体设计　3　3　600
螺栓　镀锌钢J槽龙骨
L形带卡扣修边角　钩搭铝天花　黑色胶条

钩搭铝天花构造(二)

M8镀锌丝杆　镀锌钢槽龙骨
≤300　≤1200
见具体设计　600
镀锌钢槽吊码　镀锌钢吊件
L形带卡扣修边角　钩搭铝天花　镀锌钢J槽龙骨

钩搭铝天花构造(三)

M8镀锌丝杆
≤300　≤1200
见具体设计　600
镀锌钢孔角龙骨　螺栓
L形带卡扣修边角　钩搭铝天花　镀锌钢J槽龙骨

钩搭铝天花构造(四)

顶

棚

24

条形铝扣板饰面（一）

有承载龙骨的条形铝扣板吊顶构造

无承载龙骨的条形铝扣板吊顶构造

≤300
≤1500
≤1500
≤1500
≤1500

≤300
≤1200
≤1200
≤1200

≤1000　≤1000　≤1000　100

1200　1200　1200　≤150

吊点　　板用龙骨　　铝条扣板

≤1000　≤1000　≤1000　100

吊点　　板用龙骨　　铝条扣板

条形铝扣板吊顶构造（一）

16　16
80　80

条形铝扣板剖面

顶

棚

15
30

15
80

15
130

15
180

2
16　80

L形收边条　　主龙骨　　铝条扣板

1-1剖面

29
29
16
5

62

62

L形收边条　　主龙骨　　铝条扣板

2-2剖面　　　　主龙骨剖面

25

条形铝扣板饰面（二）

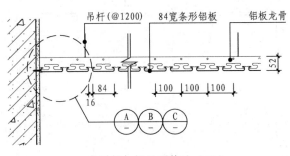

自攻螺钉　吊杆(@1200)铝板龙骨　300宽条形铝板

L形收边角

条形铝扣板吊顶构造（二）

吊杆(@1200)　84宽条形铝板　铝板龙骨

条形铝扣板吊顶构造（三）

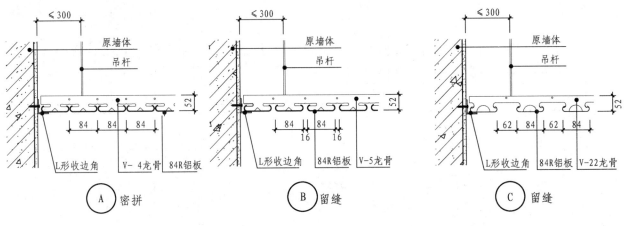

≤300　原墙体　吊杆

L形收边角　V-4龙骨　84R铝板

Ⓐ 密拼

≤300　原墙体　吊杆

L形收边角　84R铝板　V-5龙骨

Ⓑ 留缝

≤300　原墙体　吊杆

L形收边角　84R铝板　V-22龙骨

Ⓒ 留缝

顶

棚

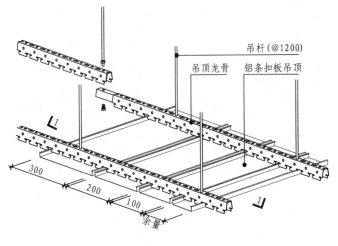

吊杆(@1200)　吊顶龙骨　铝条扣板吊顶

余量

条形铝扣板吊顶构造（四）

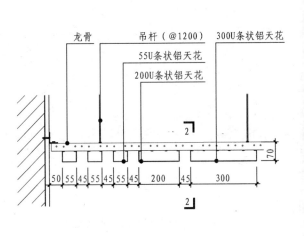

龙骨　吊杆(@1200)　300U条状铝天花　55U条状铝天花　200U条状铝天花

条形铝扣板吊顶构造（五）

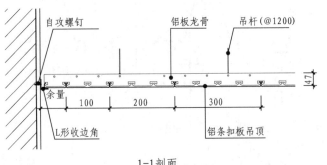

自攻螺钉　铝板龙骨　吊杆(@1200)

余量

L形收边角　铝条扣板吊顶

1-1剖面

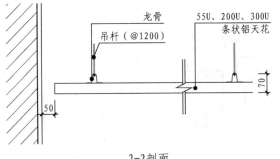

龙骨　55U、200U、300U条状铝天花

吊杆(@1200)

2-2剖面

铝挂片、铝圆管饰面

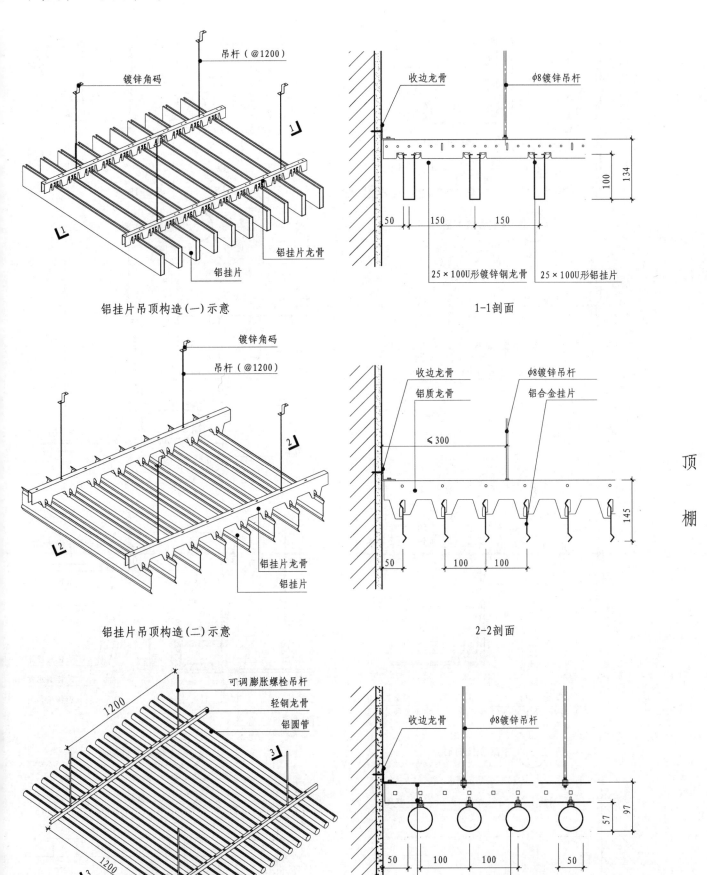

铝挂片吊顶构造(一)示意

1-1剖面

铝挂片吊顶构造(二)示意

2-2剖面

铝圆管吊顶构造示意

3-3剖面

顶棚

暗架方格饰面（一）

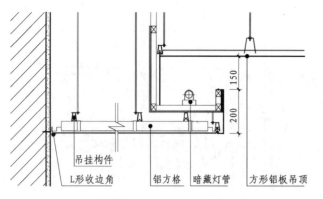

① 暗架方格剖面

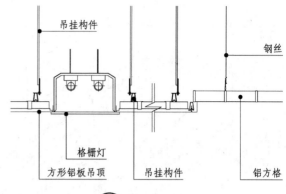

② 暗架方格剖面

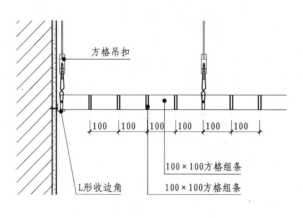

③ 暗架方格剖面

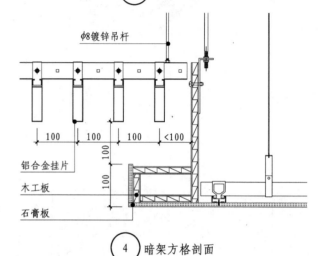

④ 暗架方格剖面

顶

棚

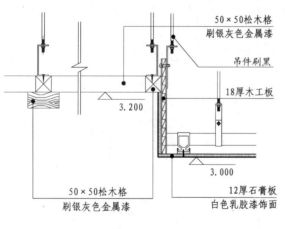

⑤ 暗架方格剖面

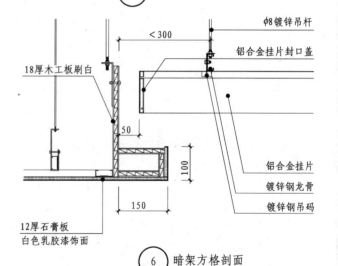

⑥ 暗架方格剖面

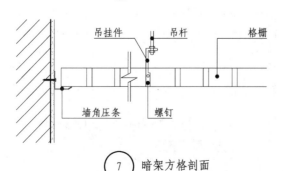

⑦ 暗架方格剖面

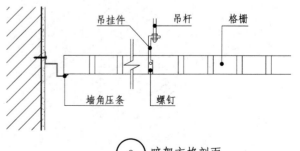

⑧ 暗架方格剖面

暗架方格饰面（二），穿孔金属板、金属花格栅、铝塑板等材料的饰面

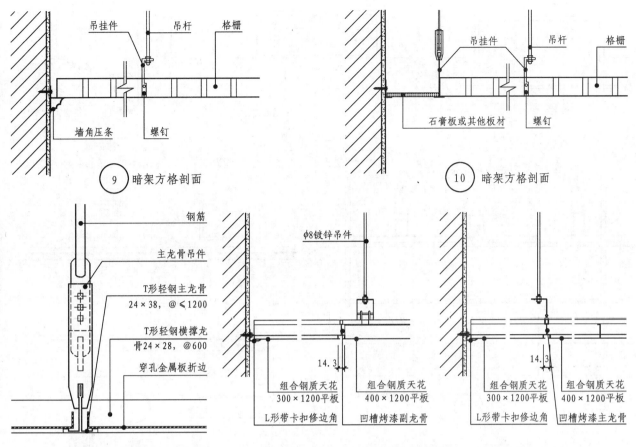

吊挂件　吊杆　格栅

墙角压条　螺钉

⑨ 暗架方格剖面

吊挂件　吊杆　格栅

石膏板或其他板材　螺钉

⑩ 暗架方格剖面

钢筋

主龙骨吊件

T形轻钢主龙骨
24×38，@≤1200

T形轻钢横撑龙
骨24×28，@600

穿孔金属板折边

穿孔金属板吊顶构造（一）

φ8镀锌吊件

14.3

组合钢质天花　组合钢质天花
300×1200平板　400×1200平板

L形带卡扣修边角　凹槽烤漆副龙骨

14.3

组合钢质天花　组合钢质天花
300×1200平板　400×1200平板

L形带卡扣修边角　凹槽烤漆主龙骨

穿孔金属板吊顶构造（二）

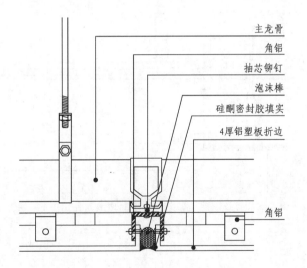

钢筋

T形轻钢次龙骨23×26，@1000

U形轻钢承载龙骨38×12，@≤1500

T形轻钢主龙骨23×32，@1000

预制金属花格栅

金属花格栅吊顶构造

主龙骨
角铝
抽芯铆钉
泡沫棒
硅酮密封胶填实
4厚铝塑板折边

角铝

铝塑板吊顶构造（二）

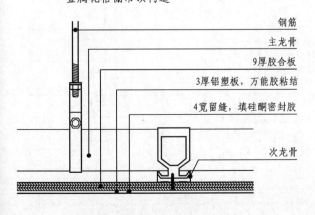

钢筋
主龙骨
9厚胶合板
3厚铝塑板，万能胶粘结
4宽留缝，填硅酮密封胶

次龙骨

铝塑板吊顶构造（一）

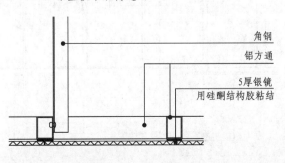

角钢
铝方通
5厚银镜
用硅酮结构胶粘结

顶面贴银镜构造

顶棚

29

透光板饰面（一）

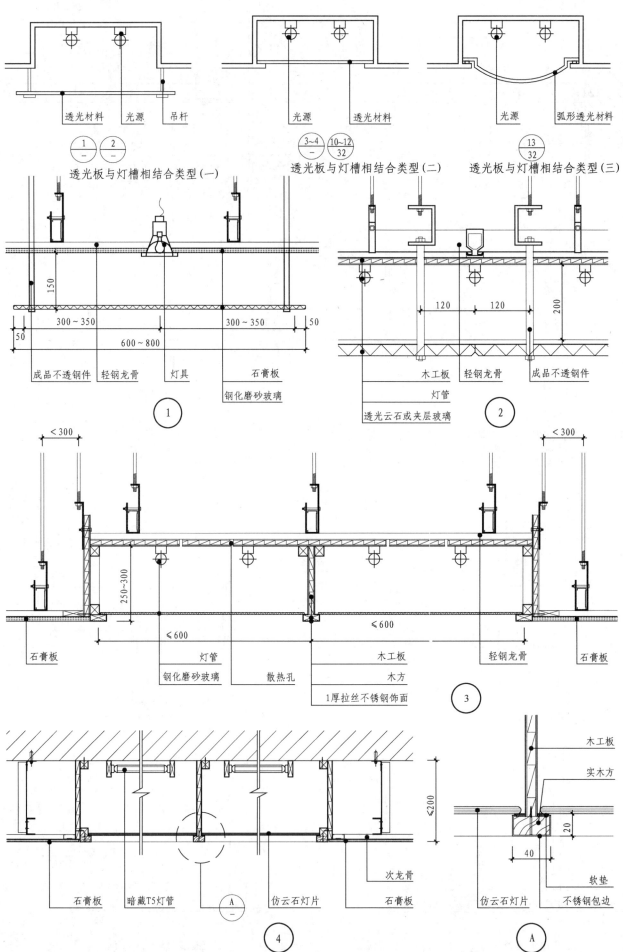

透光材料　光源　吊杆

透光板与灯槽相结合类型（一）

$\frac{1}{-}$　$\frac{2}{-}$

光源　透光材料

透光板与灯槽相结合类型（二）

$\frac{3\sim4}{32}$　$\frac{10\sim12}{32}$

光源　弧形透光材料

透光板与灯槽相结合类型（三）

$\frac{13}{32}$

成品不透钢件　轻钢龙骨　灯具　石膏板
钢化磨砂玻璃

①

木工板　轻钢龙骨　成品不透钢件
灯管
透光云石或夹层玻璃

②

顶
棚

石膏板
钢化磨砂玻璃　散热孔　木方
1厚拉丝不锈钢饰面
灯管　木工板　轻钢龙骨　石膏板

③

石膏板　暗藏T5灯管　$\frac{A}{-}$　仿云石灯片　次龙骨　石膏板

④

木工板
实木方
仿云石灯片　软垫　不锈钢包边

Ⓐ

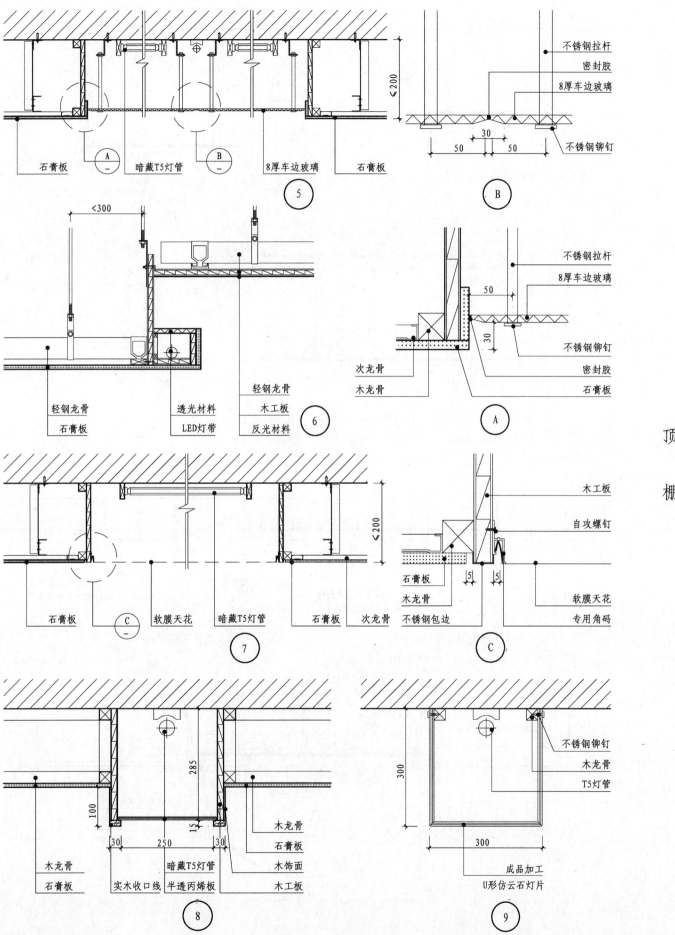

石膏板　　Ⓐ　　暗藏T5灯管　　Ⓑ　　8厚车边玻璃　　石膏板

⑤

不锈钢拉杆
密封胶
8厚车边玻璃
不锈钢铆钉

Ⓑ

轻钢龙骨　　透光材料　　轻钢龙骨
石膏板　　　LED灯带　　　木工板
　　　　　　　　　　　　反光材料

⑥

不锈钢拉杆
8厚车边玻璃
次龙骨
木龙骨
不锈钢铆钉
密封胶
石膏板

Ⓐ

石膏板　　Ⓒ　　软膜天花　　暗藏T5灯管　　石膏板　　次龙骨

⑦

木工板
自攻螺钉
石膏板
木龙骨
不锈钢包边
软膜天花
专用角码

Ⓒ

木龙骨　　　实木收口线　半透丙烯板　木工板
石膏板　　　暗藏T5灯管　　　石膏板　　木饰面

⑧

不锈钢铆钉
木龙骨
T5灯管
成品加工
U形仿云石灯片

⑨

顶
棚

31

透光板饰面（三）

顶

棚

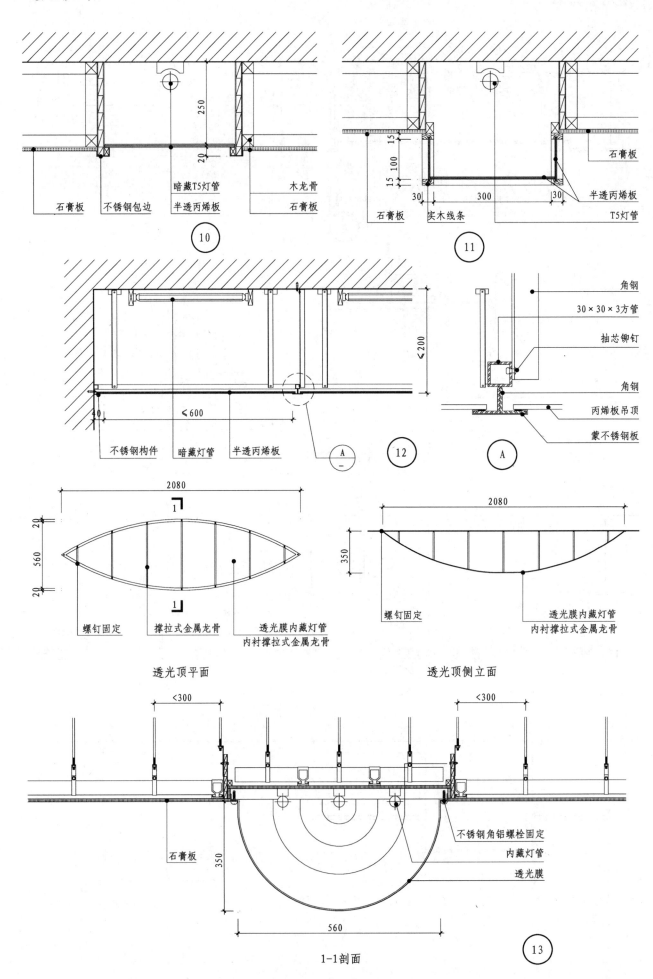

250

20

石膏板　不锈钢包边　半透丙烯板　石膏板

暗藏T5灯管　木龙骨

⑩

15

15　100

15

30　300　30

石膏板　实木线条

石膏板

半透丙烯板

T5灯管

⑪

≤200

40

≤600

不锈钢构件　暗藏灯管　半透丙烯板

Ⓐ

⑫

角钢

30×30×3方管

抽芯铆钉

角钢

丙烯板吊顶

蒙不锈钢板

Ⓐ

2080

20　560　20

螺钉固定　撑拉式金属龙骨　透光膜内藏灯管内衬撑拉式金属龙骨

透光顶平面

2080

350

螺钉固定

透光膜内藏灯管内衬撑拉式金属龙骨

透光顶侧立面

<300

<300

石膏板

350

560

不锈钢角铝螺栓固定

内藏灯管

透光膜

1-1剖面

⑬

木饰面（一）

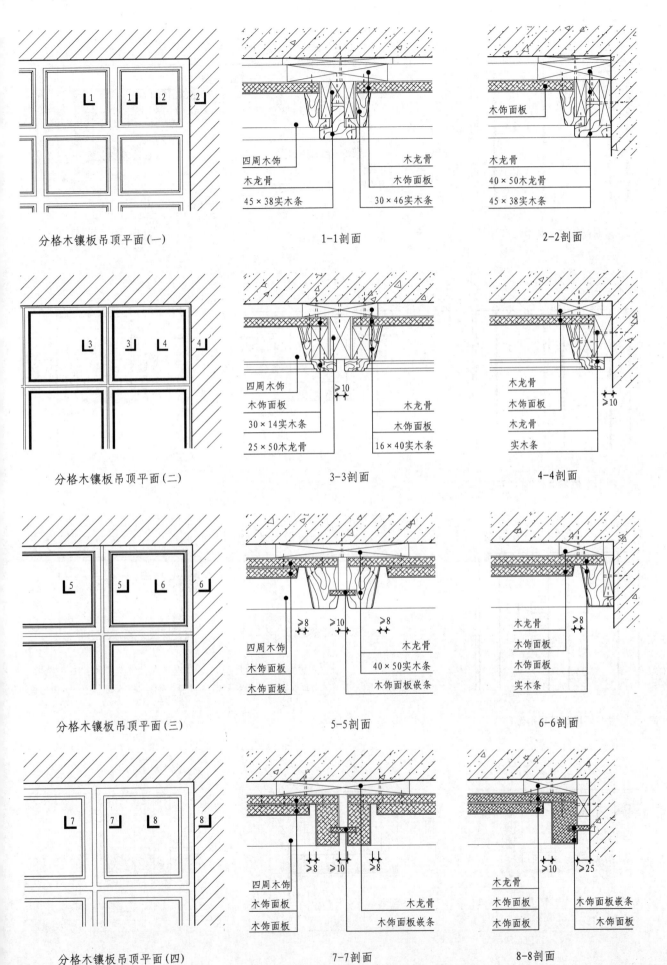

分格木镶板吊顶平面（一）

1-1剖面

四周木饰
木龙骨
45×38实木条

木龙骨
木饰面板
30×46实木条

2-2剖面

木饰面板
木龙骨
40×50木龙骨
45×38实木条

分格木镶板吊顶平面（二）

3-3剖面

四周木饰
木饰面板
30×14实木条
25×50木龙骨

≥10

木龙骨
木饰面板
16×40实木条

4-4剖面

木龙骨
木饰面板
木龙骨
实木条

≥10

分格木镶板吊顶平面（三）

5-5剖面

≥8 ≥10 ≥8

四周木饰
木饰面板
木饰面板

木龙骨
40×50实木条
木饰面板嵌条

6-6剖面

木龙骨
木饰面板
木饰面板
实木条

≥8

分格木镶板吊顶平面（四）

7-7剖面

≥8 ≥10 ≥8

四周木饰
木饰面板
木饰面板

木龙骨
木饰面板嵌条

8-8剖面

木龙骨
木饰面板
木饰面板

≥10 ≥25

木饰面板嵌条

顶棚

33

木饰面（二）

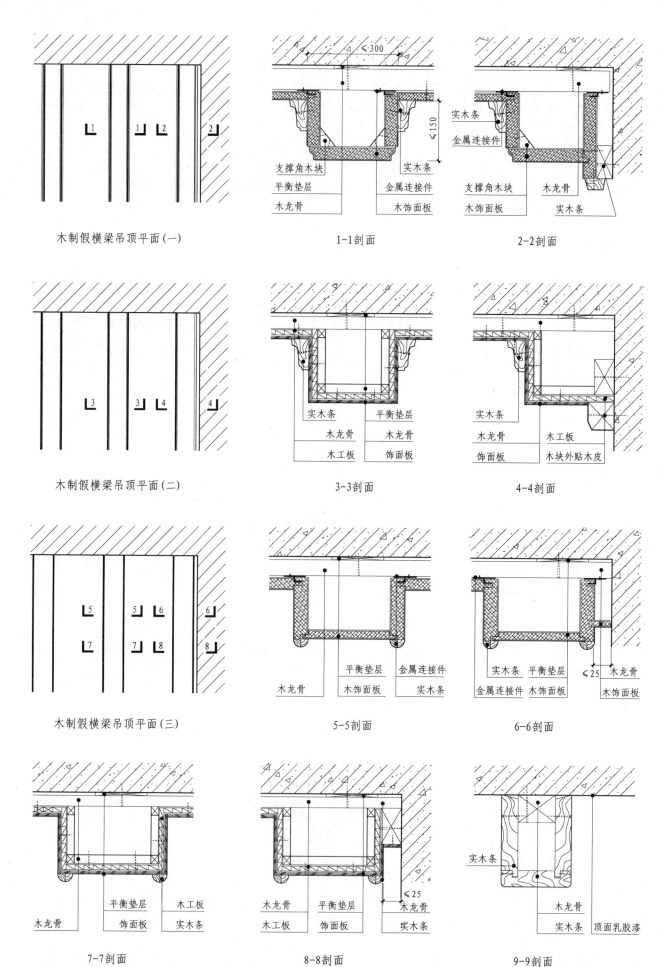

顶

棚

木制假横梁吊顶平面（一）

1-1剖面

2-2剖面

支撑角木块　实木条
平衡垫层　金属连接件
木龙骨　木饰面板

实木条
金属连接件
支撑角木块　木龙骨
木饰面板　实木条

木制假横梁吊顶平面（二）

3-3剖面

4-4剖面

实木条　平衡垫层
木龙骨　木龙骨
木工板　饰面板

实木条
木龙骨　木工板
饰面板　木块外贴木皮

木制假横梁吊顶平面（三）

5-5剖面

6-6剖面

平衡垫层　金属连接件
木龙骨　木饰面板
实木条

实木条　平衡垫层　木龙骨
金属连接件　木饰面板　木饰面板

7-7剖面

8-8剖面

9-9剖面

平衡垫层　木工板
木龙骨　饰面板　实木条

木龙骨　平衡垫层　木龙骨
木工板　饰面板　实木条

实木条
木龙骨
实木条　顶面乳胶漆

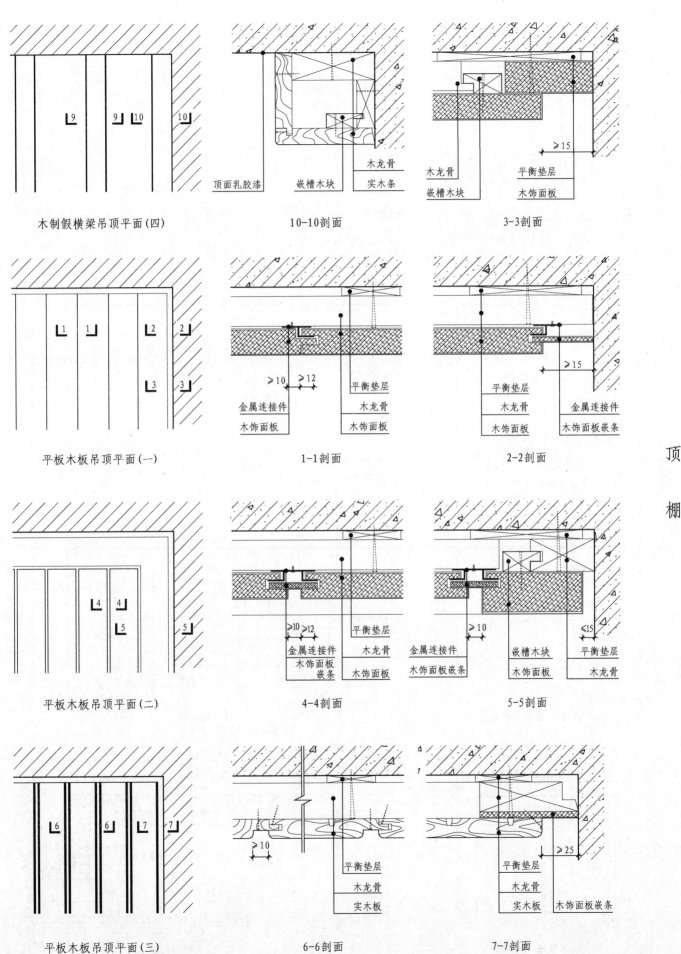

木制假横梁吊顶平面(四)

10-10剖面

顶面乳胶漆　嵌槽木块　木龙骨　实木条

3-3剖面

木龙骨　嵌槽木块　平衡垫层　木饰面板

≥15

平板木板吊顶平面(一)

1-1剖面

≥10　≥12

金属连接件　平衡垫层　木龙骨　木饰面板

木饰面板

2-2剖面

≥15

平衡垫层　木龙骨　木饰面板　金属连接件　木饰面板嵌条

平板木板吊顶平面(二)

4-4剖面

≥10　≥12

金属连接件　平衡垫层　木龙骨　木饰面板　嵌条　木饰面板

5-5剖面

≥10　≤15

金属连接件　嵌槽木块　平衡垫层　木饰面板嵌条　木饰面板　木龙骨

平板木板吊顶平面(三)

6-6剖面

≥10

平衡垫层　木龙骨　实木板

7-7剖面

≥25

平衡垫层　木龙骨　实木板　木饰面板嵌条

顶

棚

木饰面(四)

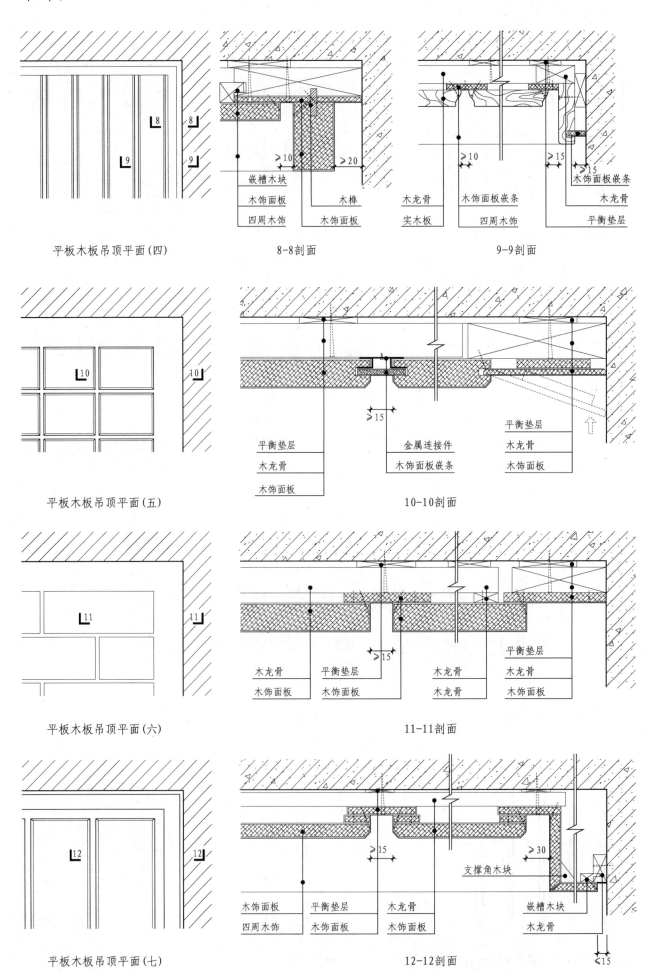

平板木板吊顶平面(四)

8-8剖面

9-9剖面

嵌槽木块
木饰面板
四周木饰
木榫
木饰面板
木龙骨
实木板
木饰面板嵌条
四周木饰
木饰面板嵌条
木龙骨
平衡垫层

≥10 ≥20

≥10 ≥15 ≥15

顶

棚

平板木板吊顶平面(五)

10-10剖面

≥15

平衡垫层
木龙骨
木饰面板
金属连接件
木饰面板嵌条
平衡垫层
木龙骨
木饰面板

平板木板吊顶平面(六)

11-11剖面

≥15

木龙骨
木饰面板
平衡垫层
木饰面板
木龙骨
木龙骨
平衡垫层
木龙骨
木饰面板

平板木板吊顶平面(七)

12-12剖面

≥15 ≥30

支撑角木块

木饰面板
四周木饰
平衡垫层
木饰面板
木龙骨
木饰面板
嵌槽木块
木龙骨

≤15

吸声板饰面(一)

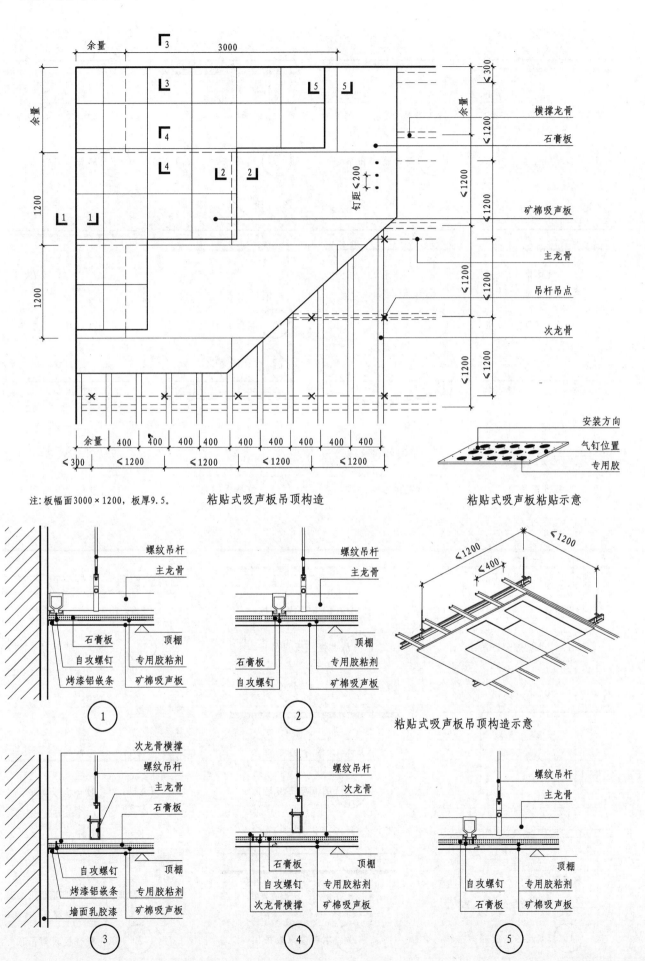

横撑龙骨
石膏板
矿棉吸声板
主龙骨
吊杆吊点
次龙骨

安装方向
气钉位置
专用胶

顶棚

注:板幅面3000×1200,板厚9.5。　　粘贴式吸声板吊顶构造　　　　粘贴式吸声板粘贴示意

螺纹吊杆
主龙骨
石膏板　顶棚
自攻螺钉　专用胶粘剂
烤漆铝嵌条　矿棉吸声板

①

螺纹吊杆
主龙骨
石膏板　顶棚
自攻螺钉　专用胶粘剂
矿棉吸声板

②

粘贴式吸声板吊顶构造示意

次龙骨横撑
螺纹吊杆
主龙骨
石膏板
自攻螺钉　顶棚
烤漆铝嵌条　专用胶粘剂
墙面乳胶漆　矿棉吸声板

③

螺纹吊杆
次龙骨
石膏板　顶棚
自攻螺钉　专用胶粘剂
次龙骨横撑　矿棉吸声板

④

螺纹吊杆
主龙骨
顶棚
自攻螺钉　专用胶粘剂
石膏板　矿棉吸声板

⑤

37

吸声板饰面(二)

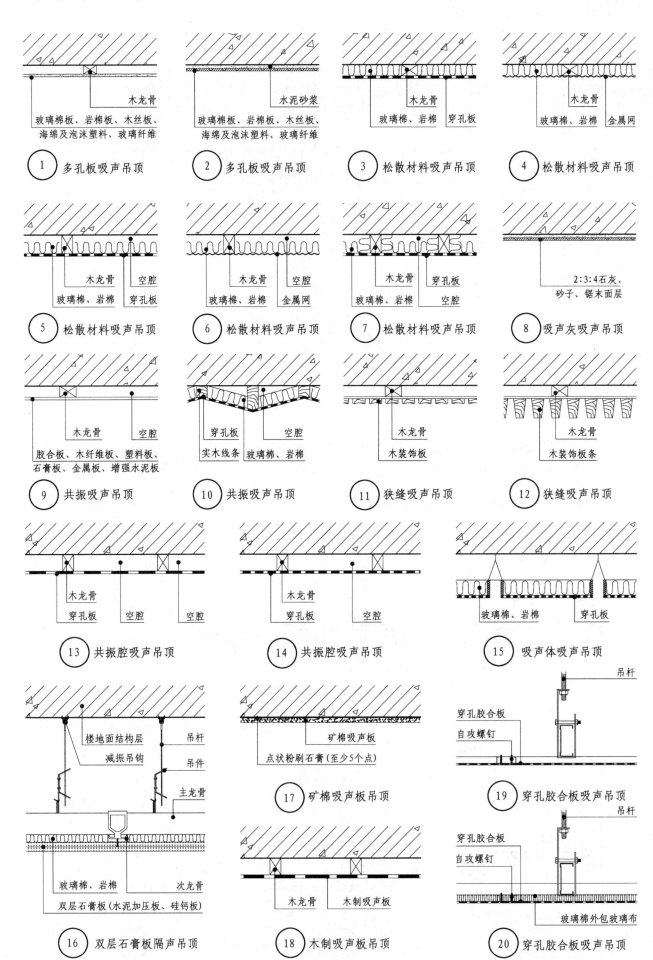

① 多孔板吸声吊顶 — 木龙骨 / 玻璃棉板、岩棉板、木丝板、海绵及泡沫塑料、玻璃纤维

② 多孔板吸声吊顶 — 水泥砂浆 / 玻璃棉板、岩棉板、木丝板、海绵及泡沫塑料、玻璃纤维

③ 松散材料吸声吊顶 — 木龙骨 / 玻璃棉、岩棉 / 穿孔板

④ 松散材料吸声吊顶 — 木龙骨 / 玻璃棉、岩棉 / 金属网

⑤ 松散材料吸声吊顶 — 木龙骨 / 空腔 / 玻璃棉、岩棉 / 穿孔板

⑥ 松散材料吸声吊顶 — 木龙骨 / 空腔 / 玻璃棉、岩棉 / 金属网

⑦ 松散材料吸声吊顶 — 木龙骨 / 穿孔板 / 玻璃棉、岩棉 / 空腔

⑧ 吸声灰吸声吊顶 — 2:3:4石灰、砂子、锯末面层

⑨ 共振吸声吊顶 — 木龙骨 / 空腔 / 胶合板、木纤维板、塑料板、石膏板、金属板、增强水泥板

⑩ 共振吸声吊顶 — 穿孔板 / 空腔 / 实木线条 / 玻璃棉、岩棉

⑪ 狭缝吸声吊顶 — 木龙骨 / 木装饰板

⑫ 狭缝吸声吊顶 — 木龙骨 / 木装饰板条

⑬ 共振腔吸声吊顶 — 木龙骨 / 穿孔板 / 空腔 / 空腔

⑭ 共振腔吸声吊顶 — 木龙骨 / 穿孔板 / 空腔

⑮ 吸声体吸声吊顶 — 玻璃棉、岩棉 / 穿孔板

⑯ 双层石膏板隔声吊顶 — 楼地面结构层 / 吊杆 / 减振吊钩 / 吊件 / 主龙骨 / 玻璃棉、岩棉 / 次龙骨 / 双层石膏板(水泥加压板、硅钙板)

⑰ 矿棉吸声板吊顶 — 矿棉吸声板 / 点状粉刷石膏(至少5个点)

⑱ 木制吸声板吊顶 — 木龙骨 / 木制吸声板

⑲ 穿孔胶合板吸声吊顶 — 吊杆 / 穿孔胶合板 / 自攻螺钉

⑳ 穿孔胶合板吸声吊顶 — 吊杆 / 穿孔胶合板 / 自攻螺钉 / 玻璃棉外包玻璃布

吸声板饰面(三)

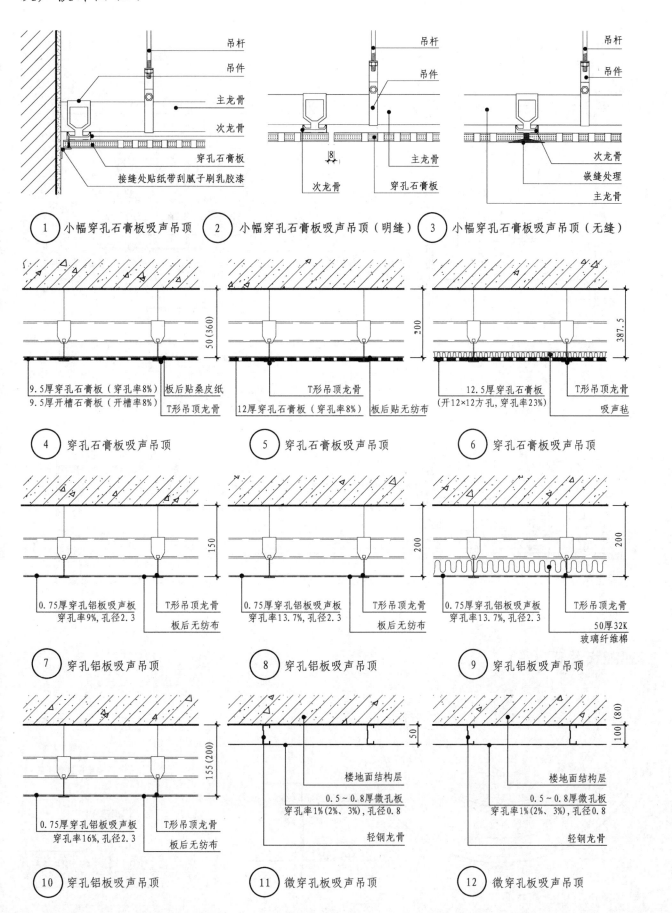

① 小幅穿孔石膏板吸声吊顶

吊杆
吊件
主龙骨
次龙骨
穿孔石膏板
接缝处贴纸带刮腻子刷乳胶漆

② 小幅穿孔石膏板吸声吊顶(明缝)

吊杆
吊件
主龙骨
次龙骨
穿孔石膏板

③ 小幅穿孔石膏板吸声吊顶(无缝)

吊杆
吊件
次龙骨
嵌缝处理
主龙骨

④ 穿孔石膏板吸声吊顶

9.5厚穿孔石膏板(穿孔率8%) 板后贴桑皮纸
9.5厚开槽石膏板(开槽率8%) T形吊顶龙骨

⑤ 穿孔石膏板吸声吊顶

T形吊顶龙骨
12厚穿孔石膏板(穿孔率8%) 板后贴无纺布

⑥ 穿孔石膏板吸声吊顶

12.5厚穿孔石膏板(开12×12方孔,穿孔率23%)
T形吊顶龙骨
吸声毡

⑦ 穿孔铝板吸声吊顶

0.75厚穿孔铝板吸声板
穿孔率9%,孔径2.3
T形吊顶龙骨
板后无纺布

⑧ 穿孔铝板吸声吊顶

0.75厚穿孔铝板吸声板
穿孔率13.7%,孔径2.3
T形吊顶龙骨
板后无纺布

⑨ 穿孔铝板吸声吊顶

0.75厚穿孔铝板吸声板
穿孔率13.7%,孔径2.3
T形吊顶龙骨
50厚32K玻璃纤维棉

⑩ 穿孔铝板吸声吊顶

0.75厚穿孔铝板吸声板
穿孔率16%,孔径2.3
T形吊顶龙骨
板后无纺布

⑪ 微穿孔板吸声吊顶

楼地面结构层
0.5~0.8厚微孔板
穿孔率1%(2%、3%),孔径0.8
轻钢龙骨

⑫ 微穿孔板吸声吊顶

楼地面结构层
0.5~0.8厚微孔板
穿孔率1%(2%、3%),孔径0.8
轻钢龙骨

顶 棚

注:微穿孔板的特点是结构简单,不需与吸声材料组合,易于清洁、耐高温,适合于高速气流、
高温潮湿环境。为达到更宽频带的吸收,常做成双层或多层的组合结构。

吸声体

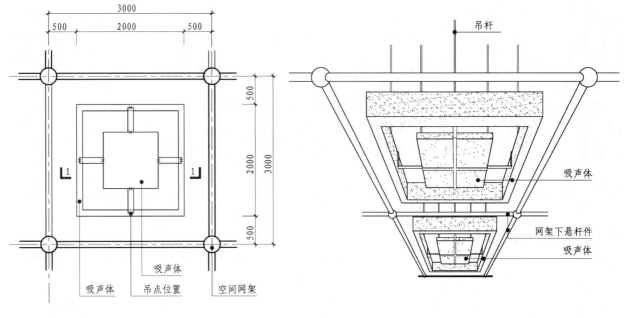

空间吸声体平面

空间吸声体构造示意

顶棚

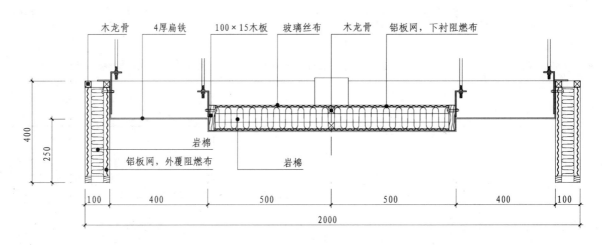

1-1剖面

GRG板饰面（一）

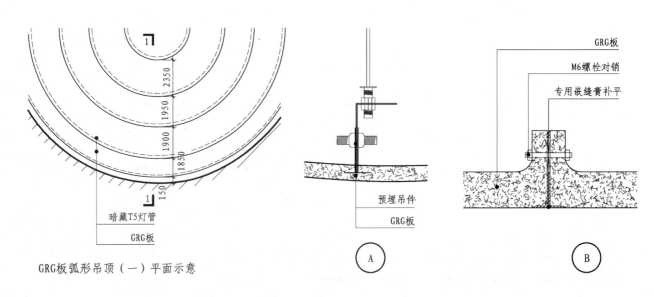

GRG板弧形吊顶（一）平面示意

GRG板饰面(二)

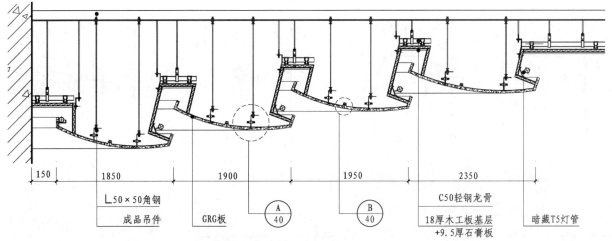

L50×50角钢
成品吊件
GRG板
$\overset{A}{40}$
$\overset{B}{40}$
C50轻钢龙骨
18厚木工板基层+9.5厚石膏板
暗藏T5灯管

GRG板弧形吊顶(一)1-1剖面

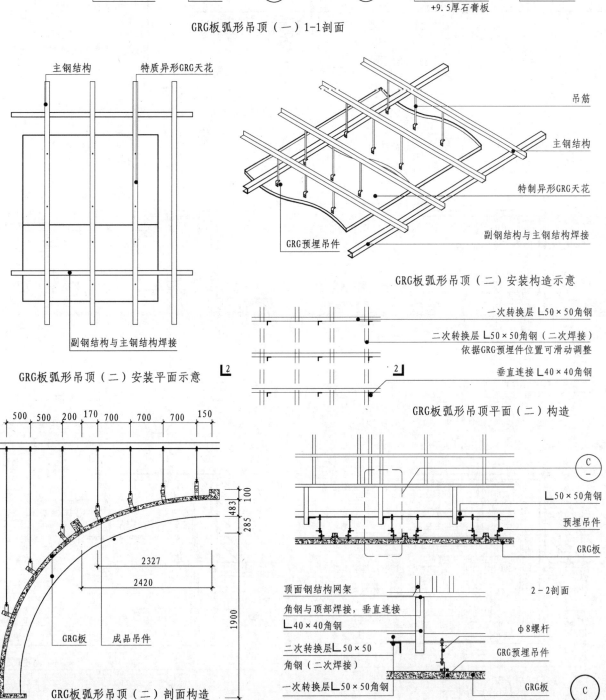

主钢结构
特质异形GRG天花

副钢结构与主钢结构焊接

GRG板弧形吊顶(二)安装平面示意

吊筋
主钢结构
特制异形GRG天花
副钢结构与主钢结构焊接
GRG预埋吊件

GRG板弧形吊顶(二)安装构造示意

一次转换层 L50×50角钢
二次转换层 L50×50角钢(二次焊接)依据GRG预埋件位置可滑动调整
垂直连接 L40×40角钢

GRG板弧形吊顶平面(二)构造

GRG板
成品吊件

GRG板弧形吊顶(二)剖面构造

$\overset{C}{-}$
L50×50角钢
预埋吊件
GRG板

2-2剖面

顶面钢结构网架
角钢与顶部焊接,垂直连接 L40×40角钢
二次转换层 L50×50角钢(二次焊接)
一次转换层 L50×50角钢

φ8螺杆
GRG预埋吊件
GRG板

C

41

窗帘轨及窗帘盒

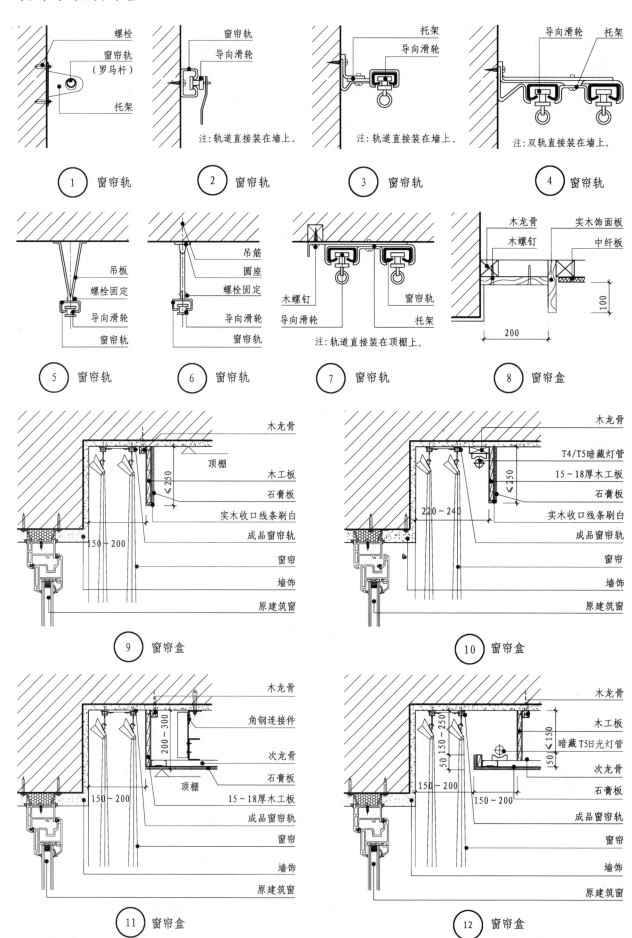

顶棚

① 窗帘轨　螺栓　窗帘轨（罗马杆）　托架

② 窗帘轨　窗帘轨　导向滑轮
注：轨道直接装在墙上。

③ 窗帘轨　托架　导向滑轮
注：轨道直接装在墙上。

④ 窗帘轨　导向滑轮　托架
注：双轨直接装在墙上。

⑤ 窗帘轨　吊板　螺栓固定　导向滑轮　窗帘轨

⑥ 窗帘轨　吊筋　圆座　螺栓固定　导向滑轮　窗帘轨

⑦ 窗帘轨　木螺钉　导向滑轮　窗帘轨　托架
注：轨道直接装在顶棚上。

⑧ 窗帘盒　木龙骨　木螺钉　实木饰面板　中纤板　100　200

⑨ 窗帘盒　木龙骨　顶棚　木工板　石膏板　实木收口线条刷白　成品窗帘轨　窗帘　墙饰　原建筑窗　≤250　150~200

⑩ 窗帘盒　木龙骨　T4/T5暗藏灯管　15~18厚木工板　石膏板　实木收口线条刷白　成品窗帘轨　窗帘　墙饰　原建筑窗　≤250　220~240

⑪ 窗帘盒　木龙骨　角钢连接件　次龙骨　石膏板　顶棚　15~18厚木工板　成品窗帘轨　窗帘　墙饰　原建筑窗　200~300　150~200

⑫ 窗帘盒　木龙骨　木工板　暗藏T5日光灯管　次龙骨　石膏板　成品窗帘轨　窗帘　墙饰　原建筑窗　≤150　50 150~250　150~200

风口 (一)

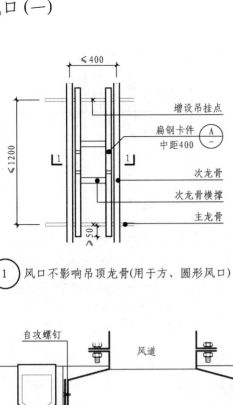

① 风口不影响吊顶龙骨(用于方、圆形风口)

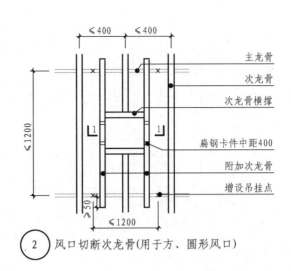

② 风口切断次龙骨(用于方、圆形风口)

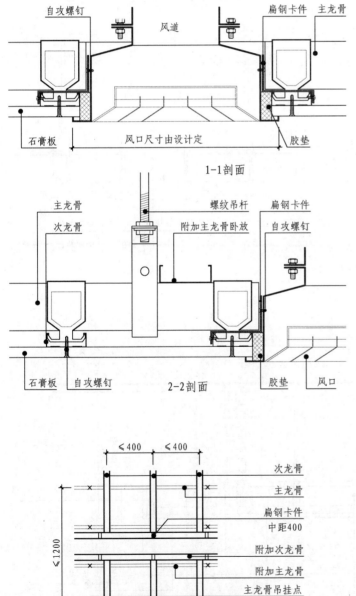

④ 风口切断次龙骨(用于条形风口)

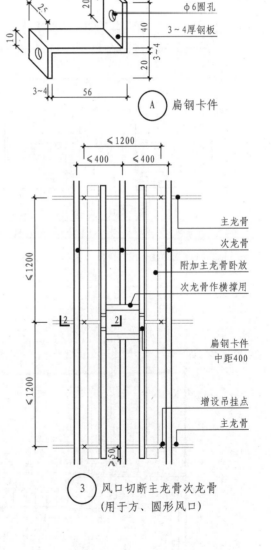

③ 风口切断主龙骨次龙骨
(用于方、圆形风口)

注:1.风口安装时应自行吊挂,与吊顶龙骨
　　不发生受力关系。
　　2.圆形风口安装时在板材上切割孔洞,
　　龙骨做法同方形风口。

顶棚

风口 (二)

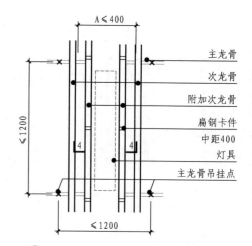

⑤ 风口平行次龙骨,切断主龙骨
(风口一边紧靠次龙骨) (用于条形风口)

⑥ 风口平行次龙骨,切断主龙骨
(用于条形风口)

顶

棚

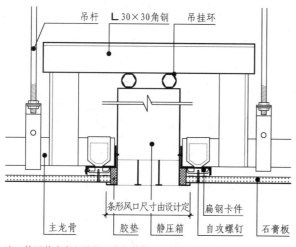

注:静压箱应自行吊挂于上部结构,吊挂方式应根据产品的不同由专业人员定。

3-3剖面

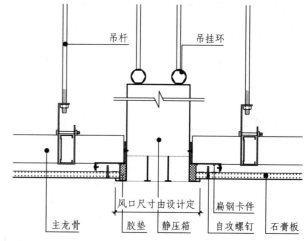

4-4剖面

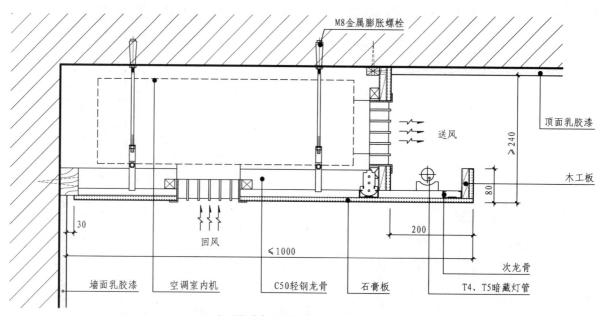

空调室内机吊装示意

马道(一)

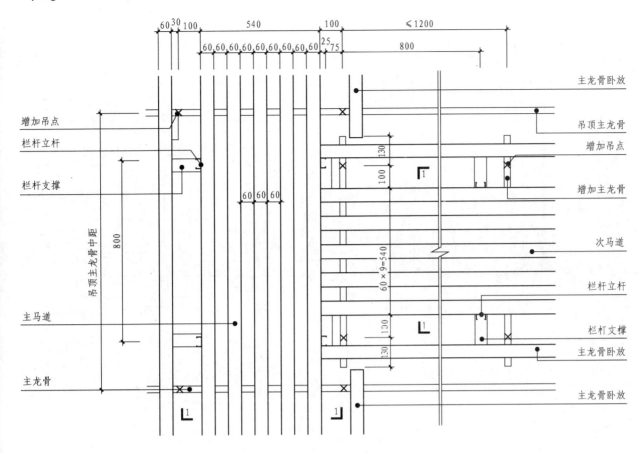

增加吊点
栏杆立杆
栏杆支撑

吊顶主龙骨中距

主马道

主龙骨

主龙骨卧放
吊顶主龙骨
增加吊点
增加主龙骨
次马道
栏杆立杆
栏杆支撑
主龙骨卧放
主龙骨卧放

马道(一)平面

顶
棚

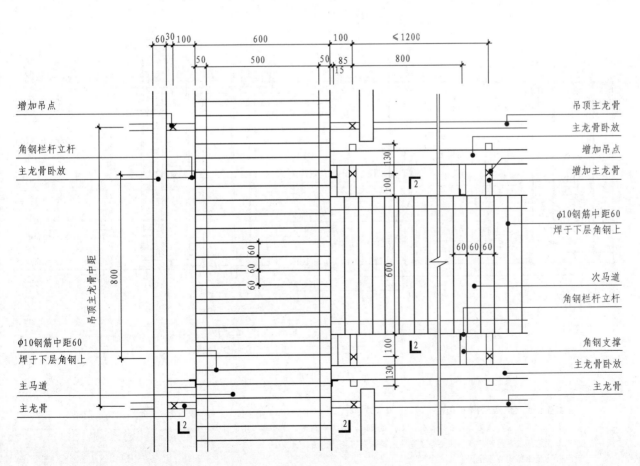

增加吊点
角钢栏杆立杆
主龙骨卧放

吊顶主龙骨中距

φ10钢筋中距60
焊于下层角钢上
主马道
主龙骨

吊顶主龙骨
主龙骨卧放
增加吊点
增加主龙骨
φ10钢筋中距60
焊于下层角钢上
次马道
角钢栏杆立杆
角钢支撑
主龙骨卧放
主龙骨

马道(二)平面

45

马道(二)

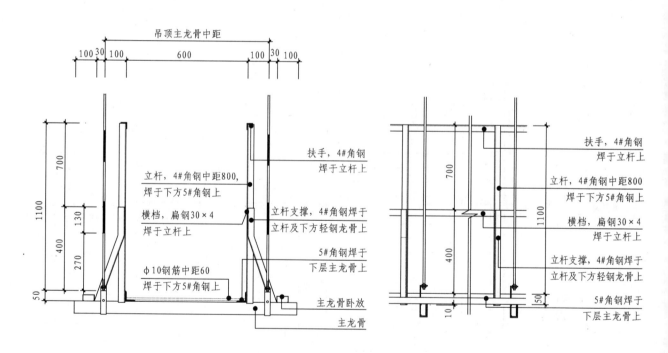

顶棚

吊顶主龙骨中距

100 30 100 540 100 30 100

1100 / 700 / 125 / 400 / 275

立杆,轻钢龙骨中距800
竖向焊于主龙骨上

马道,主龙骨卧放
焊于下层主龙骨上

立杆支撑,轻钢龙骨中距800焊于
立杆横档下及下方轻钢龙骨上

扶手,次龙骨卧放
焊于立杆上

横档,次龙骨
焊于立杆上

主龙骨卧放

主龙骨

马道(一)1-1剖面

800

700 / 400 / 1100

扶手,次龙骨卧放焊于立杆上

立杆,轻钢龙骨中距800
竖向焊于主龙骨上

横档,次龙骨焊于立杆上

马道,主龙骨卧放
焊于下层主龙骨上

立杆支撑,轻钢龙骨中距800焊于
立杆横档下及下方轻钢龙骨上

马道(一)栏杆立面

吊顶主龙骨中距

100 30 100 600 100 30 100

1100 / 700 / 130 / 400 / 270 / 50

立杆,4#角钢中距800,
焊于下方5#角钢上

横档,扁钢30×4
焊于立杆上

φ10钢筋中距60
焊于下方5#角钢上

扶手,4#角钢
焊于立杆上

立杆支撑,4#角钢焊于
立杆及下方轻钢龙骨上

5#角钢焊于
下层主龙骨上

主龙骨卧放

主龙骨

马道(二)2-2剖面

700 / 400 / 1100 / 50

扶手,4#角钢
焊于立杆上

立杆,4#角钢中距800
焊于下方5#角钢上

横档,扁钢30×4
焊于立杆上

立杆支撑,4#角钢焊于
立杆及下方轻钢龙骨上

5#角钢焊于
下层主龙骨上

马道(二)栏杆立面

注:1.上人主龙骨承受的集中荷载应≤80kg,荷载超重时,应自行吊挂在主体结构上,与吊顶系统完全分开。
2.马道布置应尽量避免与管道相交,无法避免时,可提高局部马道标高,由设计人定。
3.不常用简易马道可适当减小马道宽度或做一侧栏杆,由设计人定。
4.马道由结构专业出图。

检修孔（一）

次龙骨间距　次龙骨间距

≤1200

600

600

≤1200

附加主龙骨
增设吊挂点
主龙骨
附加次龙骨
次龙骨
预制主龙骨格框
焊于上部附加主龙骨底面上
主龙骨吊挂点

检修孔(用于上人吊顶)平面

附加次龙骨
次龙骨
吊杆
附加主龙骨
主龙骨
附加次龙骨
预制主龙骨格框
焊于上部附加主龙骨底面上

检修孔（用于上人吊顶）构造示意

吊杆
主龙骨
次龙骨
扁钢挂件 Ⓒ —
30×45木方
Ⓐ Ⓑ — —
自攻螺钉
石膏板
实木线条或铝合金压条
或T形铝合金龙骨

1-1剖面

扁钢挂件
预制主龙骨格框
附加次龙骨
吊杆
附加主龙骨
主龙骨
木方
实木线条
石膏板

2-2剖面

预制主龙骨格框
30×45木方
Ⓓ —
附加次龙骨
30×20木方

Ⓐ

龙骨体系同 ①
30×20木方
Ⓔ/48 铝合金压条或 T形铝合金龙骨
石膏板
饰面做法同吊顶板材

Ⓑ

42
14 14 14
15
22
12 30
2 4 9
Ⓓ 实木线条

2厚钢板
φ6圆孔
30
2 30
80(70)
15 15
15 15
Ⓒ 扁钢挂件

次龙骨间距　次龙骨间距

≤1200

500

500

≤1200

主龙骨吊挂点
次龙骨横撑
附加次龙骨
次龙骨
次龙骨横撑
主龙骨

检修孔（用于不上人吊顶）平面

吊杆
次龙骨横撑
主龙骨
次龙骨
附加次龙骨

检修孔（用于不上人吊顶）构造示意

47

检修孔(二)

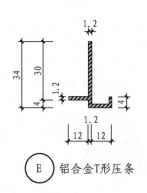

⒠ 铝合金T形压条

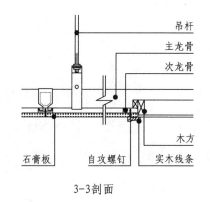

3-3剖面

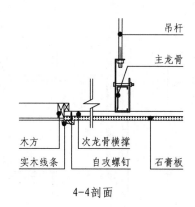

4-4剖面

龙骨上装灯具（一）

顶

棚

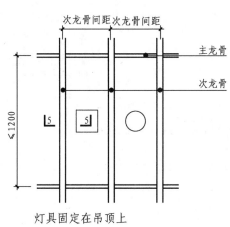

灯具固定在吊顶上

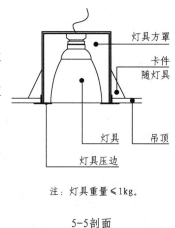

注：灯具重量≤1kg。

5-5剖面

灯具固定在次龙骨上

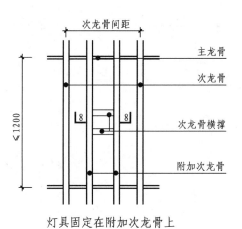

灯具固定在附加次龙骨上

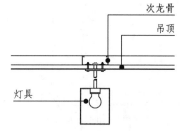

注：1.日光灯底座每边4个自攻螺钉固定
    在次龙骨或附加次龙骨上。
    2.灯具重量≤1kg。

6-6剖面

注：1.灯具底座用两个螺栓固定
    在次龙骨上。
    2.灯具重量≤2kg。

7-7剖面

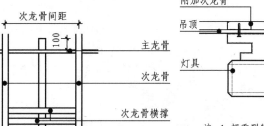

灯具固定在附加主龙骨上

注：1.超重型装饰灯具（≥8kg）以及有
    振动的电扇等，均需自行吊挂，
    不得与吊顶发生受力关系。
    2.灯具重量≤4kg。

8-8剖面

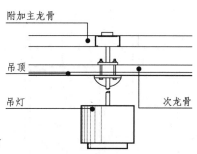

注：1.灯具底座与吊杆底座用两
    个螺栓固定。
    2.灯具重量≤2kg。

9-9剖面

次龙骨间距

主龙骨
次龙骨
≤1200
附加次龙骨
附加纵向主龙骨
（卧放）
附加横向主龙骨
（卧放）

条形灯具切断主龙骨

次龙骨间距 次龙骨间距

主龙骨
附加次龙骨
附加主龙骨
（横向）
附加主龙骨
（纵向）
次龙骨

条形灯具切断次龙骨（一）

次龙骨间距 次龙骨间距

主龙骨
次龙骨
附加横向主龙骨
次龙骨横撑
附加主龙骨
（纵向）

条形灯具切断次龙骨（二）

螺纹吊杆
附加纵向主龙骨(卧放)
与主龙骨焊接
附加横向主龙骨
主龙骨
石膏板
自攻螺钉
条形灯具
固定在次龙骨上

1-1剖面

附加纵向主龙骨
30×30木方
附加横向主龙骨
吊顶
自攻螺钉
附加次龙骨
条形灯具
固定在次龙骨上

2-2剖面

螺纹吊杆
附加纵向主龙骨
附加横向主龙骨
次龙骨
石膏板
自攻螺钉
条形灯具固定
在次龙骨上

3-3剖面

EQ
700
240
EQ

进出风口
应急用照明
铝格片

EQ 240 EQ
700

顶棚造型灯具（一）平面

进出风口
烟感器
透光板

EQ 240 EQ
700

顶棚造型灯具（二）平面

顶棚

灯管
方管架(K金)
米黄色透光树脂罩局部水草图案

20
900
700
20

20 700 20
900

顶棚造型灯具（三）平面

接线盒
灯管
方管架(K金)
米黄色透光树脂罩
局部水草图案

350
20 700 20
900

顶棚造型灯具（三）6-6剖面

49

造型灯具（二）

聚乙烯隔热材料
空气室
送风管

风向调整叶片铝

吊筋

⬇出风　灯座
装饰板　镇流器

回风⬆

顶棚造型灯具（一）4-4剖面

铝格片
铝格片　烟感器
装饰板
反射板
底板　透光板

顶棚造型灯具（二）5-5剖面

顶棚

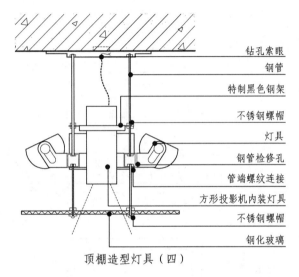

钻孔索眼
钢管
特制黑色钢架
不锈钢螺帽
灯具
钢管检修孔
管端螺纹连接
方形投影机内装灯具
不锈钢螺帽
钢化玻璃

顶棚造型灯具（四）

固定的白色普力克斯玻璃透镜
实木装饰条
木框上活动的白色普力克斯玻璃透镜
荧光灯照明装置

顶棚造型灯具（五）

不锈钢灯盘
钢丝
不锈钢灯盘
灯具
人造云石灯片
灯具

平面

灯盘底座
不锈钢杆件
不锈钢
钢丝
人造云石灯片
钢丝
水晶挂珠
不锈钢灯盘

立面

顶棚造型灯具（六）

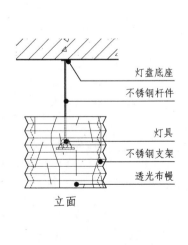

透光布幔
灯具

平面

灯盘底座
不锈钢杆件
灯具
不锈钢支架
透光布幔

立面

顶棚造型灯具（七）

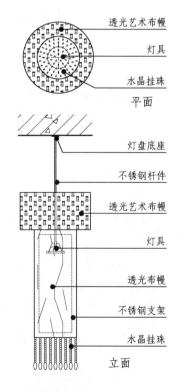

透光艺术布幔
灯具
水晶挂珠

平面

灯盘底座
不锈钢杆件
透光艺术布幔
灯具
透光布幔
不锈钢支架
水晶挂珠

立面

顶棚造型灯具（八）

造型灯具(三)

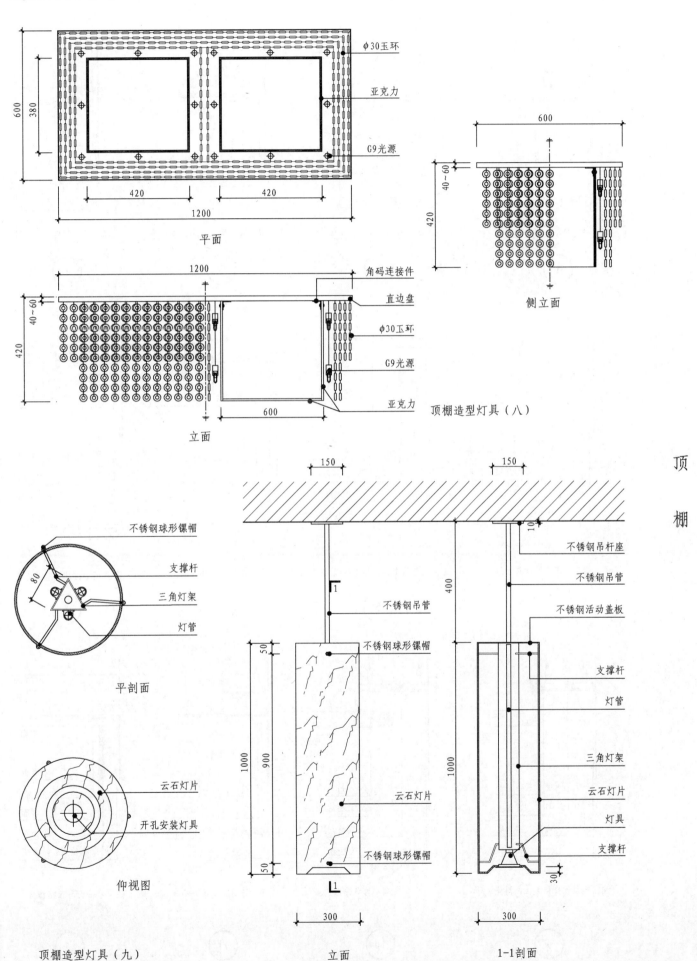

平面

φ30玉环

亚克力

G9光源

600
380
420
420
1200

侧立面

600
40~60
420

立面

1200
40~60
420
600

角码连接件

直边盘

φ30玉环

G9光源

亚克力

顶棚造型灯具(八)

不锈钢球形镙帽

支撑杆

三角灯架

灯管

80

平剖面

云石灯片

开孔安装灯具

仰视图

顶棚造型灯具(九)

150
150

不锈钢吊杆座

不锈钢吊管

不锈钢活动盖板

支撑杆

灯管

三角灯架

云石灯片

灯具

支撑杆

400
1000
10
30

不锈钢吊管

不锈钢球形镙帽

云石灯片

不锈钢球形镙帽

50
900
1000
50

300

立面

300

1-1剖面

51

墙与顶交接构造（一）

顶

棚

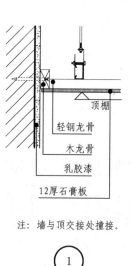

顶棚
轻钢龙骨
木龙骨
乳胶漆
12厚石膏板

注：墙与顶交接处撞接。

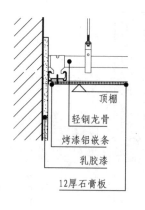

顶棚
轻钢龙骨
烤漆铝嵌条
乳胶漆
12厚石膏板

注：墙与顶交接处加嵌条。

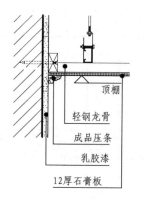

顶棚
轻钢龙骨
成品压条
乳胶漆
12厚石膏板

注：墙与顶交接处设阴角线。

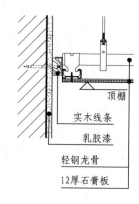

顶棚
实木线条
乳胶漆
轻钢龙骨
12厚石膏板

注：墙与顶交接处设上凸缝。

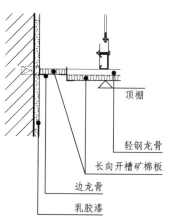

顶棚
轻钢龙骨
长向开槽矿棉板
边龙骨
乳胶漆

注：墙与顶交接处设向上凸槽。

吊扣
顶棚
轻钢龙骨
边角暗藏式龙骨
实木线条
乳胶漆

注：墙与顶交接处加实木线条。

顶棚
灯管
轻钢龙骨
12厚石膏板
乳胶漆

注：墙与顶交接处设暗藏灯带。

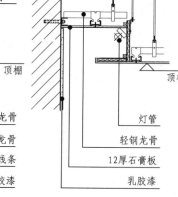

顶棚
灯管
木工板
12厚石膏板
乳胶漆

注：墙与顶交接处设暗藏灯槽。

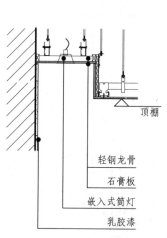

顶棚
轻钢龙骨
石膏板
嵌入式筒灯
乳胶漆

注：墙与顶交接处上凸灯光。

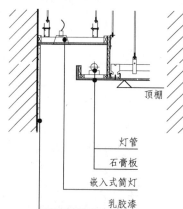

灯管
石膏板
嵌入式筒灯
乳胶漆

注：墙与顶交接处暗藏灯。

顶棚
胶合板
灯管
磨砂玻璃
乳胶漆
石膏板
30×30角铝
不锈钢饰条

注：墙与顶交接处暗藏灯。

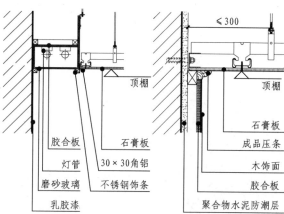

≤300
顶棚
石膏板
成品压条
木饰面
胶合板
聚合物水泥防潮层

注：木饰面与顶交接处设阴角线。

墙与顶交接构造（二）

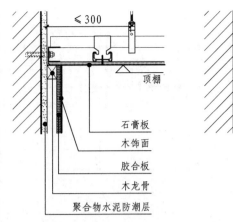

≤300

顶棚

石膏板
木饰面
胶合板
木龙骨
聚合物水泥防潮层

注：墙木饰面与顶交接。

⑬

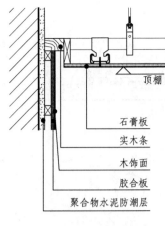

顶棚

石膏板
实木条
木饰面
胶合板
聚合物水泥防潮层

注：墙与顶交接处设上凸缝。

⑭

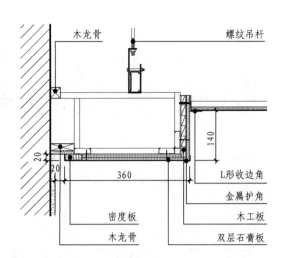

木龙骨　　　　　　　　螺纹吊杆

140
20
20
360

L形收边角
金属护角
木工板
双层石膏板

密度板
木龙骨

注：墙与顶交接处设上凸缝。

⑮

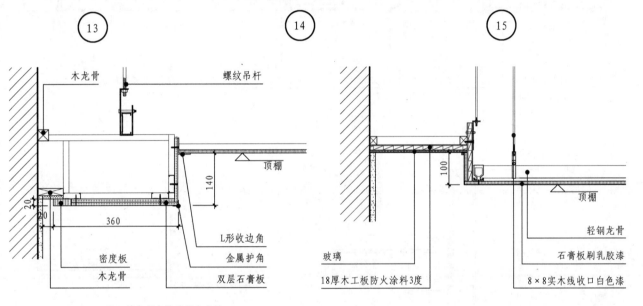

木龙骨　　　　　　　　螺纹吊杆

顶棚

140
20
20
360

L形收边角
金属护角
双层石膏板

密度板
木龙骨

注：墙与顶交接处设上凸缝。

⑯

100

顶棚

玻璃
18厚木工板防火涂料3度

轻钢龙骨
石膏板刷乳胶漆
8×8实木线收口白色漆

⑰

顶棚

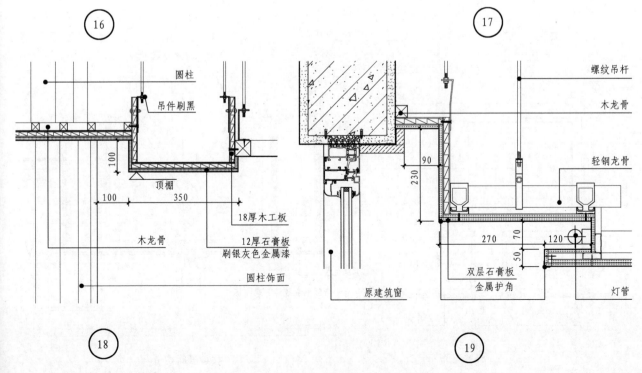

圆柱
吊件刷黑

100
顶棚
100　　350

18厚木工板
12厚石膏板
刷银灰色金属漆

木龙骨

圆柱饰面

⑱

螺纹吊杆

木龙骨

轻钢龙骨

90
230
270　70
120
50
原建筑窗
双层石膏板
金属护角
灯管

⑲

53

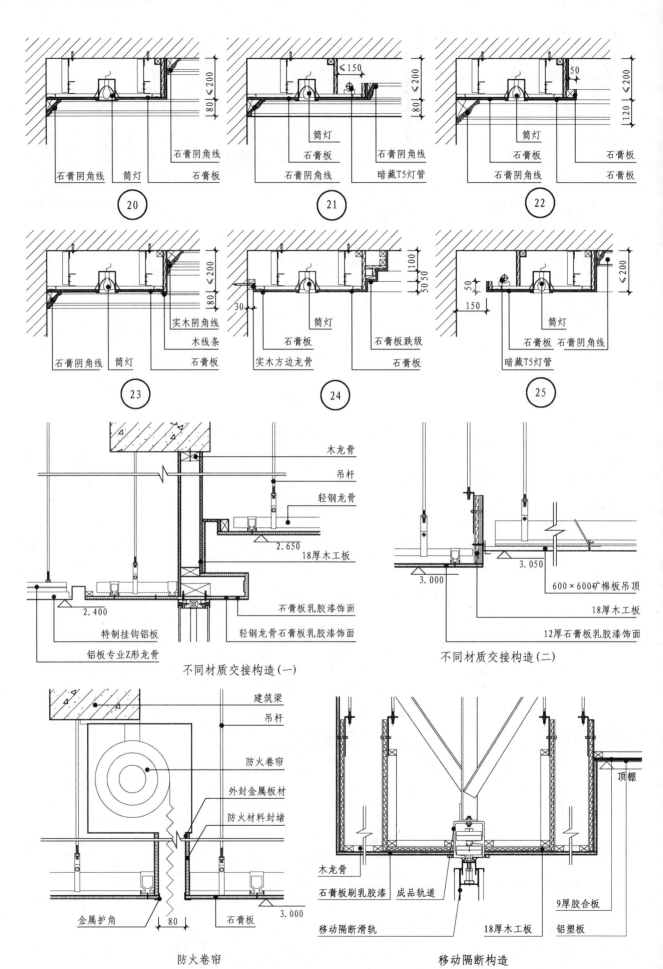

顶
棚

≤200
80

石膏阴角线　筒灯
石膏阴角线　筒灯
石膏板
⑳

<150
≤200
80

石膏板
石膏阴角线
石膏阴角线
暗藏T5灯管
㉑

50
≤200
120

筒灯
石膏板　石膏板
石膏阴角线　石膏板
㉒

≤200
80

实木阴角线
木线条
石膏阴角线　筒灯　石膏板
㉓

100
50 50

筒灯
石膏板
石膏板跌级
实木方边龙骨　石膏板
㉔

50
150
≤200

筒灯
石膏板　石膏阴角线
暗藏T5灯管
㉕

木龙骨
吊杆
轻钢龙骨
2.650
18厚木工板
2.400
特制挂钩铝板
铝板专业Z形龙骨
石膏板乳胶漆饰面
轻钢龙骨石膏板乳胶漆饰面

不同材质交接构造（一）

3.050
3.000
600×600矿棉板吊顶
18厚木工板
12厚石膏板乳胶漆饰面

不同材质交接构造（二）

建筑梁
吊杆
防火卷帘
外封金属板材
防火材料封堵
金属护角　80　石膏板　3.000

防火卷帘

木龙骨
石膏板刷乳胶漆　成品轨道
移动隔断滑轨
顶棚
9厚胶合板
18厚木工板　铝塑板

移动隔断构造

顶棚灯具安装示意（一）

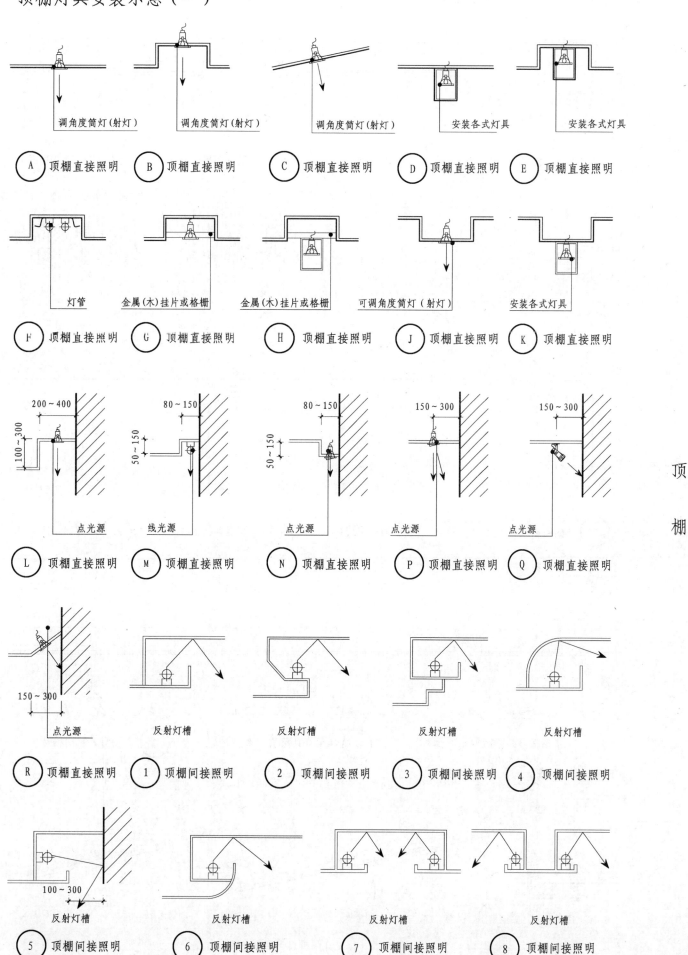

调角度筒灯（射灯） | 调角度筒灯（射灯） | 调角度筒灯（射灯） | 安装各式灯具 | 安装各式灯具

Ⓐ 顶棚直接照明　Ⓑ 顶棚直接照明　Ⓒ 顶棚直接照明　Ⓓ 顶棚直接照明　Ⓔ 顶棚直接照明

灯管 | 金属(木)挂片或格栅 | 金属(木)挂片或格栅 | 可调角度筒灯（射灯） | 安装各式灯具

Ⓕ 顶棚直接照明　Ⓖ 顶棚直接照明　Ⓗ 顶棚直接照明　Ⓙ 顶棚直接照明　Ⓚ 顶棚直接照明

点光源 | 线光源 | 点光源 | 点光源 | 点光源

Ⓛ 顶棚直接照明　Ⓜ 顶棚直接照明　Ⓝ 顶棚直接照明　Ⓟ 顶棚直接照明　Ⓠ 顶棚直接照明

点光源 | 反射灯槽 | 反射灯槽 | 反射灯槽 | 反射灯槽

Ⓡ 顶棚直接照明　① 顶棚间接照明　② 顶棚间接照明　③ 顶棚间接照明　④ 顶棚间接照明

反射灯槽 | 反射灯槽 | 反射灯槽 | 反射灯槽

⑤ 顶棚间接照明　⑥ 顶棚间接照明　⑦ 顶棚间接照明　⑧ 顶棚间接照明

顶
棚

顶棚灯具安装示意（二）

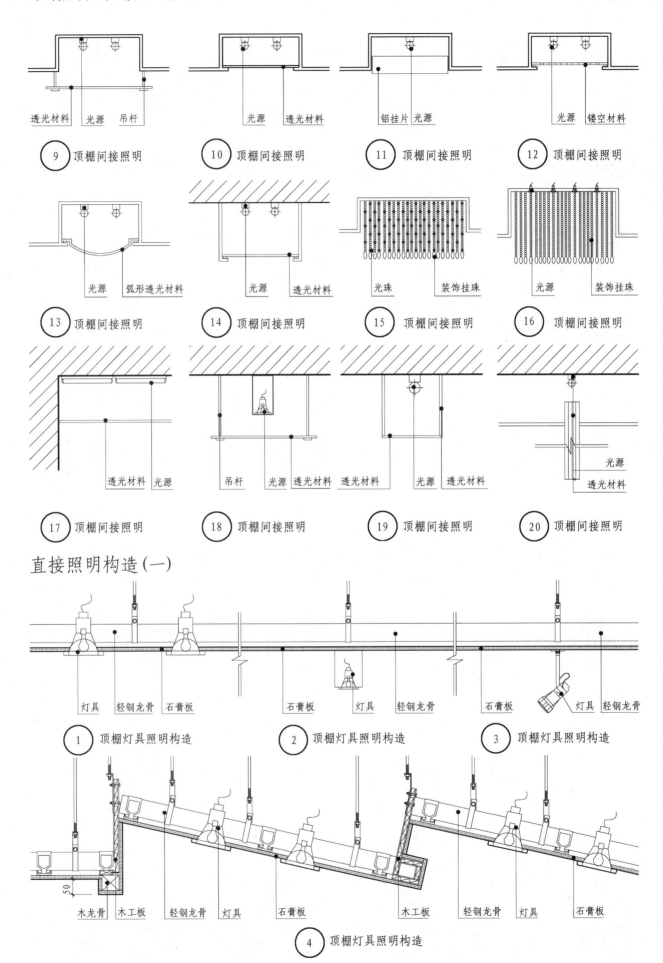

透光材料　光源　吊杆

⑨ 顶棚间接照明

光源　透光材料

⑩ 顶棚间接照明

铝挂片　光源

⑪ 顶棚间接照明

光源　镂空材料

⑫ 顶棚间接照明

光源　弧形透光材料

⑬ 顶棚间接照明

光源　透光材料

⑭ 顶棚间接照明

光珠　装饰挂珠

⑮ 顶棚间接照明

光源　装饰挂珠

⑯ 顶棚间接照明

透光材料　光源

⑰ 顶棚间接照明

吊杆　光源　透光材料

⑱ 顶棚间接照明

透光材料　光源　透光材料

⑲ 顶棚间接照明

光源
透光材料

⑳ 顶棚间接照明

顶棚

直接照明构造（一）

灯具　轻钢龙骨　石膏板

① 顶棚灯具照明构造

石膏板　灯具　轻钢龙骨

② 顶棚灯具照明构造

石膏板　灯具　轻钢龙骨

③ 顶棚灯具照明构造

木龙骨　木工板　轻钢龙骨　灯具　石膏板　　木工板　轻钢龙骨　灯具　石膏板

50

④ 顶棚灯具照明构造

直接照明构造（二）

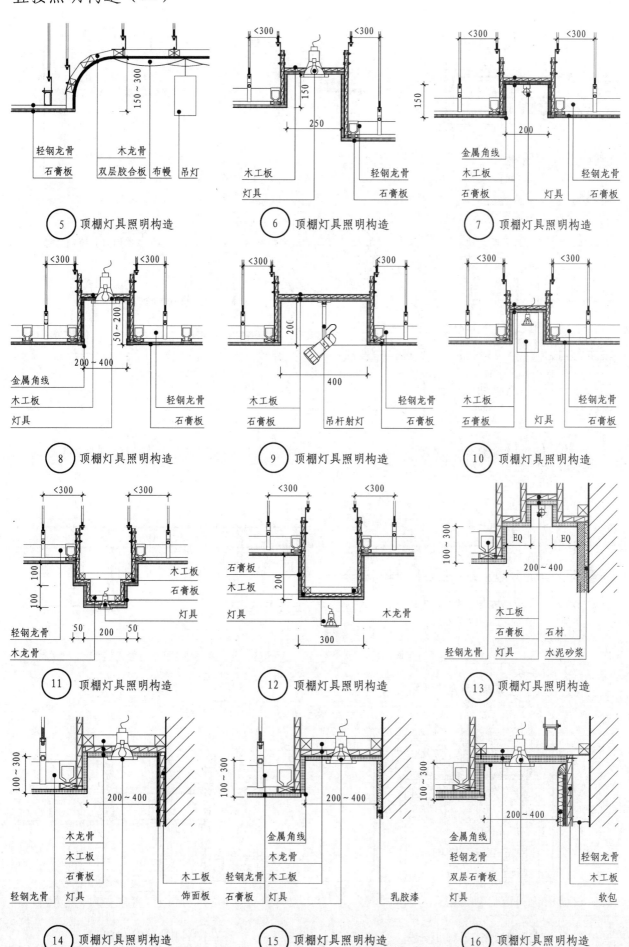

⑤ 顶棚灯具照明构造
- 轻钢龙骨
- 石膏板
- 木龙骨
- 双层胶合板
- 布幔
- 吊灯
- 150～300

⑥ 顶棚灯具照明构造
- 木工板
- 灯具
- 轻钢龙骨
- 石膏板
- 150
- 250

⑦ 顶棚灯具照明构造
- 金属角线
- 木工板
- 石膏板
- 灯具
- 轻钢龙骨
- 石膏板
- 150
- 200

⑧ 顶棚灯具照明构造
- 金属角线
- 木工板
- 灯具
- 轻钢龙骨
- 石膏板
- 50～200
- 200～400

⑨ 顶棚灯具照明构造
- 木工板
- 石膏板
- 吊杆射灯
- 轻钢龙骨
- 石膏板
- 200
- 400

⑩ 顶棚灯具照明构造
- 木工板
- 石膏板
- 灯具
- 轻钢龙骨
- 石膏板

⑪ 顶棚灯具照明构造
- 木工板
- 石膏板
- 灯具
- 轻钢龙骨
- 木龙骨
- 100 100 100
- 50 200 50

⑫ 顶棚灯具照明构造
- 石膏板
- 木工板
- 灯具
- 木龙骨
- 200
- 300

⑬ 顶棚灯具照明构造
- 木工板
- 石膏板
- 石材
- 轻钢龙骨
- 灯具
- 水泥砂浆
- 100～300
- 200～400
- EQ EQ

⑭ 顶棚灯具照明构造
- 木龙骨
- 木工板
- 石膏板
- 轻钢龙骨
- 灯具
- 木工板
- 饰面板
- 100～300
- 200～400

⑮ 顶棚灯具照明构造
- 金属角线
- 木龙骨
- 轻钢龙骨
- 木工板
- 石膏板
- 灯具
- 乳胶漆
- 100～300
- 200～400

⑯ 顶棚灯具照明构造
- 金属角线
- 轻钢龙骨
- 双层石膏板
- 灯具
- 轻钢龙骨
- 木工板
- 软包
- 100～300
- 200～400

顶棚

57

直接照明构造（三）

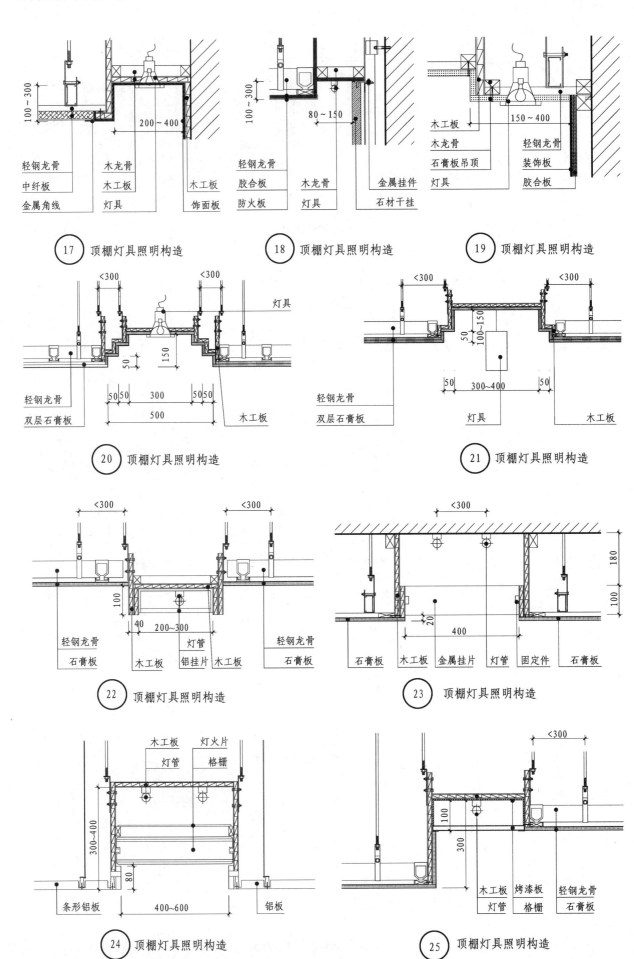

顶棚

图中标注文字：

17 顶棚灯具照明构造
- 轻钢龙骨 / 中纤板 / 金属角线
- 木龙骨 / 木工板 / 灯具
- 木工板 / 饰面板
- 100～300
- 200～400

18 顶棚灯具照明构造
- 轻钢龙骨 / 胶合板 / 防火板
- 木龙骨 / 灯具
- 金属挂件 / 石材干挂
- 100～300
- 80～150

19 顶棚灯具照明构造
- 木工板 / 木龙骨 / 石膏板吊顶 / 灯具
- 轻钢龙骨 / 装饰板 / 胶合板
- 150～400

20 顶棚灯具照明构造
- 灯具
- 轻钢龙骨 / 双层石膏板 / 木工板
- <300
- 50 / 150 / 50 50 / 300 / 50 50 / 500

21 顶棚灯具照明构造
- 轻钢龙骨 / 双层石膏板 / 灯具 / 木工板
- <300
- 50 / 100～150
- 50 / 300～400 / 50

22 顶棚灯具照明构造
- 轻钢龙骨 / 石膏板 / 木工板 / 铝挂片 / 灯管 / 木工板 / 轻钢龙骨 / 石膏板
- <300
- 100 / 40 / 200～300

23 顶棚灯具照明构造
- 石膏板 / 木工板 / 金属挂片 / 灯管 / 固定件 / 石膏板
- <300
- 180 / 100 / 20 / 400

24 顶棚灯具照明构造
- 木工板 / 灯火片 / 灯管 / 格栅
- 条形铝板 / 铝板
- 300～400 / 80 / 400～600

25 顶棚灯具照明构造
- 木工板 / 烤漆板 / 轻钢龙骨 / 灯管 / 格栅 / 石膏板
- <300
- 100 / 300

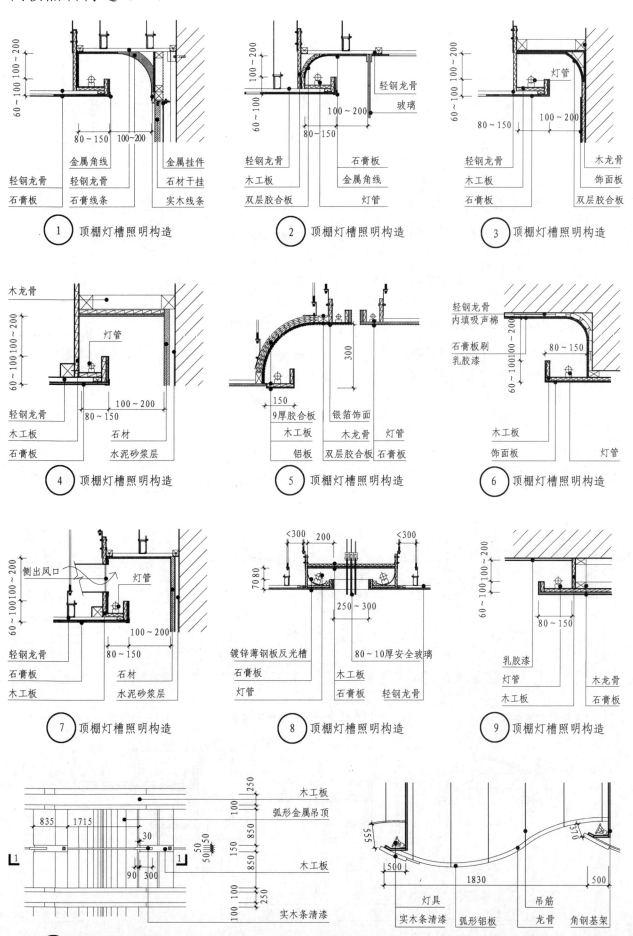

① 顶棚灯槽照明构造

金属角线
轻钢龙骨　轻钢龙骨　金属挂件
石膏板　石膏线条　实木线条
石材干挂

② 顶棚灯槽照明构造

轻钢龙骨
玻璃
轻钢龙骨
木工板　石膏板
双层胶合板　金属角线
灯管

③ 顶棚灯槽照明构造

灯管
轻钢龙骨
木工板　木龙骨
石膏板　饰面板
双层胶合板

④ 顶棚灯槽照明构造

木龙骨
灯管
轻钢龙骨
木工板　石材
石膏板　水泥砂浆层

⑤ 顶棚灯槽照明构造

300
150
9厚胶合板　银箔饰面
木工板　木龙骨　灯管
铝板　双层胶合板　石膏板

⑥ 顶棚灯槽照明构造

轻钢龙骨
内填吸声棉
石膏板刷
乳胶漆
木工板
饰面板　灯管

⑦ 顶棚灯槽照明构造

侧出风口　灯管
轻钢龙骨
石膏板　石材
木工板　水泥砂浆层

⑧ 顶棚灯槽照明构造

镀锌薄钢板反光槽　80～10厚安全玻璃
石膏板　木工板
灯管　石膏板　轻钢龙骨

⑨ 顶棚灯槽照明构造

乳胶漆
灯管　木龙骨
石膏板

⑩ 顶棚灯槽照明构造

木工板
弧形金属吊顶
木工板
实木条清漆

1-1剖面

灯具　弧形铝板
实木条清漆　龙骨　角钢基架
吊筋

顶
棚

顶

棚

120
80 120
120
900 900
200

木工板 金属角线 胶合板
木龙骨 灯管 石膏板 木龙骨

（11）顶棚灯槽照明构造

<300 <300
60～100 350～400
200～250
石膏板
轻钢龙骨
轻钢龙骨
石膏板
木工板
灯管

（12）顶棚灯槽照明构造

<300 <300
风口
灯管
木工板
150 100～150
送风
200～250
金属角线
双层石膏板 轻钢龙骨

（13）顶棚灯槽照明构造

<300 <300
100 1100
100
150～200 150～200
轻钢龙骨 灯具 水晶挂帘 木工板
石膏板
灯管

（14）顶棚灯槽照明构造

<300
300 120
180
90 90
120 60
轻钢龙骨
灯管
亚光不锈钢
吊杆射灯
22厚防爆玻璃
木工板
亚光不锈钢

（15）顶棚灯槽照明构造

<300 <300
60～100 100～150
150～200
石膏板
木工板
灯管
轻钢龙骨
金属角线

（16）顶棚灯槽照明构造

<300 <300
200 100 250
100
250 200 150 100
60～100
轻钢龙骨 灯管 木工板
石膏板 石膏板

（17）顶棚灯槽照明构造

<300
150
100
石膏板 木龙骨
木工板 双层3层胶合板
灯具 亚光不锈钢

（18）顶棚灯槽照明构造

<300 <300
50 150～200
150～200 300～500 150～200
木工板
灯管
轻钢龙骨 石膏板

（19）顶棚灯槽照明构造

60～100 100～150
100～150
150～200
轻钢龙骨
木工板
金属角线
灯管
石膏板

（20）顶棚灯槽照明构造

<300
200～250
灯具
灯管
木工板
轻钢龙骨
双层石膏板

（21）顶棚灯槽照明构造

<300 <300
100～150
50 100
50
200 200～250
石膏线条
石膏线条 灯管
石膏板
轻钢龙骨

（22）顶棚灯槽照明构造

间接照明构造（三）

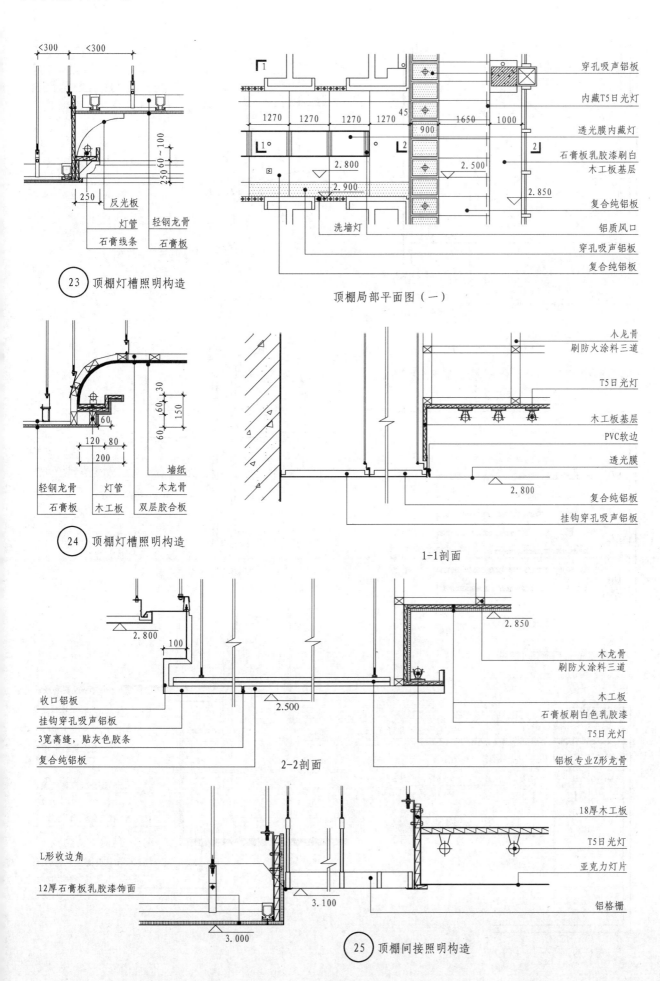

23 顶棚灯槽照明构造

反光板
灯管　轻钢龙骨
石膏线条　石膏板

24 顶棚灯槽照明构造

墙纸
轻钢龙骨　灯管　木龙骨
石膏板　木工板　双层胶合板

顶棚局部平面图（一）

穿孔吸声铝板
内藏T5日光灯
透光膜内藏灯
石膏板乳胶漆刷白
木工板基层
复合纯铝板
铝质风口
穿孔吸声铝板
复合纯铝板

洗墙灯

1-1剖面

木龙骨
刷防火涂料三道
T5日光灯
木工板基层
PVC软边
透光膜
复合纯铝板
挂钩穿孔吸声铝板

2-2剖面

收口铝板
挂钩穿孔吸声铝板
3宽离缝，贴灰色胶条
复合纯铝板

木龙骨
刷防火涂料三道
木工板
石膏板刷白色乳胶漆
T5日光灯
铝板专业Z形龙骨

25 顶棚间接照明构造

L形收边角
12厚石膏板乳胶漆饰面

18厚木工板
T5日光灯
亚克力灯片
铝格栅

顶棚

61

间接照明构造（四）

顶棚

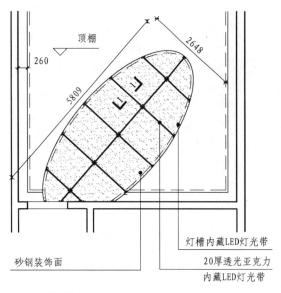

顶棚
2648
260
5809

砂钢装饰面
灯槽内藏LED灯光带
20厚透光亚克力
内藏LED灯光带

顶棚局部平面图（二）

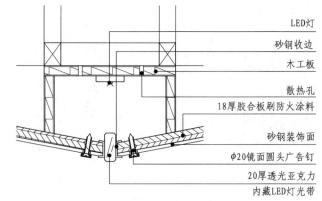

LED灯
砂钢收边
木工板
散热孔
18厚胶合板刷防火涂料
砂钢装饰面
φ20镜面圆头广告钉
20厚透光亚克力
内藏LED灯光带

顶棚（二）1-1剖面

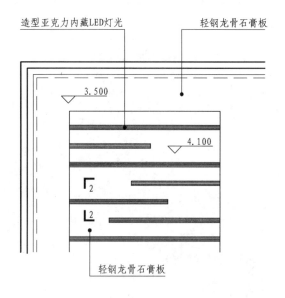

造型亚克力内藏LED灯光
轻钢龙骨石膏板
3.500
4.100
2
2

轻钢龙骨石膏板

顶棚局部平面图（三）

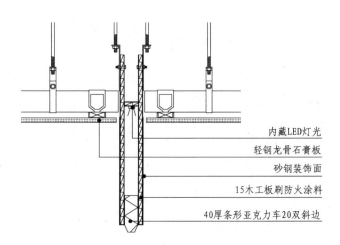

内藏LED灯光
轻钢龙骨石膏板
砂钢装饰面
15木工板刷防火涂料
40厚条形亚克力车20双斜边

顶棚（三）2-2剖面

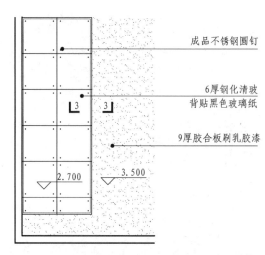

成品不锈钢圆钉
6厚钢化清玻
背贴黑色玻璃纸
9厚胶合板刷乳胶漆
3
3
2.700
3.500

顶棚局部平面图（四）

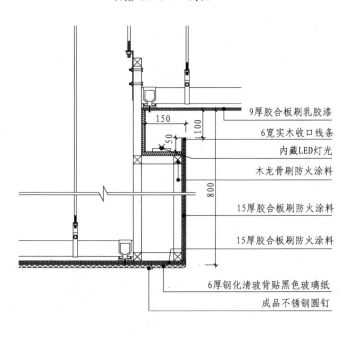

9厚胶合板刷乳胶漆
6宽实木收口线条
内藏LED灯光
木龙骨刷防火涂料
15厚胶合板刷防火涂料
15厚胶合板刷防火涂料
6厚钢化清玻背贴黑色玻璃纸
成品不锈钢圆钉
150
1100
50
800

顶棚（四）3-3剖面

间接照明构造（五）

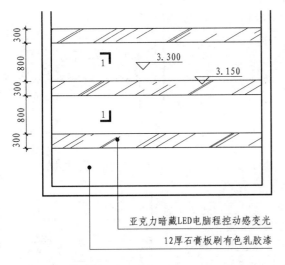

亚克力暗藏LED电脑程控动感变光

12厚石膏板刷有色乳胶漆

顶棚局部平面图（五）

1-1剖面

12厚石膏板刷有色乳胶漆
18厚木工板
LED电脑程控灯
5厚亚克力成品灯罩

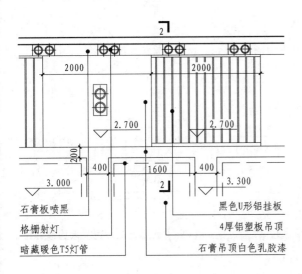

石膏板喷黑
格栅射灯
暗藏暖色T5灯管

黑色U形铝挂板
4厚铝塑板吊顶
石膏吊顶白色乳胶漆

顶棚局部平面图（六）

4厚铝塑板吊顶
暗藏暖色T5灯管
木工板覆石膏板白色乳胶漆

实木条刷漆
黑色U形铝挂板折直角
18厚木工板喷黑漆
格栅射灯

2-2剖面

顶
棚

暗藏暖色T5灯管
百叶帘

石膏吊顶白色乳胶漆
筒灯
暗藏暖色T5灯管

顶棚局部平面图（七）

φ8吊筋

10×10凹缝
双层9.5厚石膏板刷白色乳胶漆

暗藏暖色T5灯管
9.5厚石膏板刷白色乳胶漆
18厚木工板

百叶帘
12厚钢化玻璃隔断，局部喷砂

3-3剖面

软膜饰面（一）

顶棚

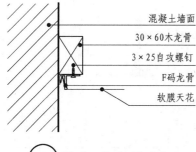

混凝土墙面
30×60木龙骨
3×25自攻螺钉
F码龙骨
软膜天花

① 软膜天花吊顶节点构造

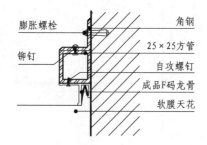

膨胀螺栓
铆钉
角钢
25×25方管
自攻螺钉
成品F码龙骨
软膜天花

② 软膜天花吊顶节点构造

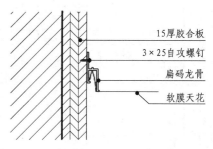

15厚胶合板
3×25自攻螺钉
扁码龙骨
软膜天花

③ 软膜天花吊顶节点构造

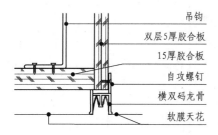

扁码龙骨
软膜扣边
界刀
软膜天花
灰刀

④ 软膜天花吊顶节点构造

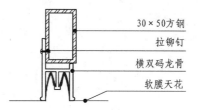

30×50方钢
拉铆钉
横双码龙骨
软膜天花

⑤ 软膜天花吊顶节点构造

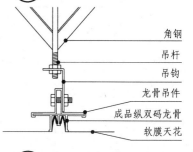

角钢
吊杆
吊钩
龙骨吊件
成品纵双码龙骨
软膜天花

⑥ 软膜天花吊顶节点构造

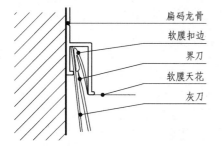

吊杆
铆钉
20×40方管
自攻螺钉
纵双码龙骨
软膜天花

⑦ 软膜天花吊顶节点构造

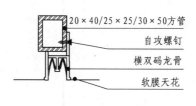

20×40/25×25/30×50方管
自攻螺钉
横双码龙骨
软膜天花

⑧ 软膜天花吊顶节点构造

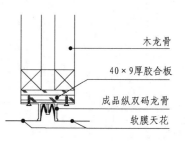

木龙骨
40×9厚胶合板
成品纵双码龙骨
软膜天花

⑨ 软膜天花吊顶节点构造

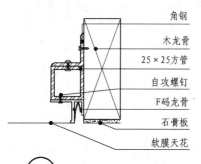

吊钩
双层5厚胶合板
15厚胶合板
自攻螺钉
横双码龙骨
软膜天花

⑩ 软膜天花吊顶节点构造

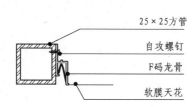

25×25方管
自攻螺钉
F码龙骨
软膜天花

⑪ 软膜天花吊顶节点构造

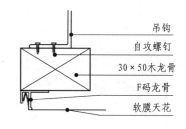

吊钩
自攻螺钉
30×50木龙骨
F码龙骨
软膜天花

⑫ 软膜天花吊顶节点构造

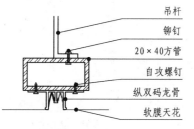

角钢
木龙骨
25×25方管
自攻螺钉
F码龙骨
石膏板
软膜天花

⑬ 软膜天花吊顶节点构造

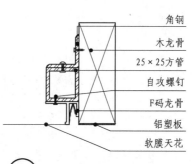

角钢
木龙骨
25×25方管
自攻螺钉
F码龙骨
铝塑板
软膜天花

⑭ 软膜天花吊顶节点构造

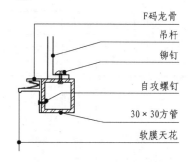

F码龙骨
吊杆
铆钉
自攻螺钉
30×30方管
软膜天花

⑮ 软膜天花吊顶节点构造

软膜饰面（二）

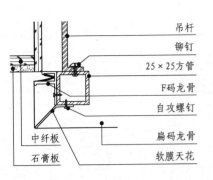

16　软膜天花吊顶节点构造

F码龙骨
吊杆
铆钉
30×30方管
扁码龙骨
软膜天花

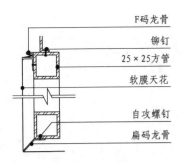

17　软膜天花吊顶节点构造

吊杆
铆钉
25×25方管
F码龙骨
自攻螺钉
扁码龙骨
软膜天花
中纤板
石膏板

18　软膜天花吊顶节点构造

F码龙骨
铆钉
25×25方管
软膜天花
自攻螺钉
扁码龙骨

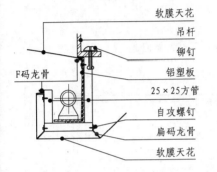

19　软膜天花吊顶节点构造

软膜天花
吊杆
铆钉
铝塑板
25×25方管
自攻螺钉
扁码龙骨
软膜天花
F码龙骨

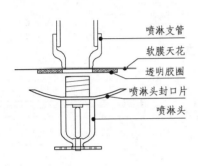

20　软膜天花吊顶节点构造

喷淋支管
软膜天花
透明胶圈
喷淋头封口片
喷淋头

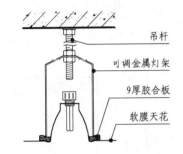

21　软膜天花吊顶节点构造

吊杆
可调金属灯架
9厚胶合板
软膜天花

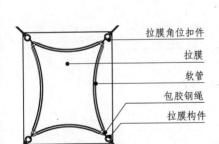

22　软膜天花吊顶顶视

拉膜角位扣件
拉膜
软管
包胶钢绳
拉膜构件

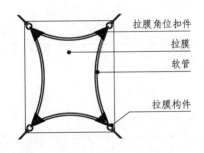

23　软膜天花吊顶俯视

拉膜角位扣件
拉膜
软管
拉膜构件

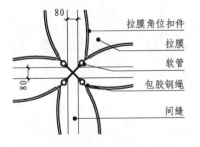

24　四块软膜天花拼接排布

拉膜角位扣件
拉膜
软管
包胶钢绳
间缝
80
80

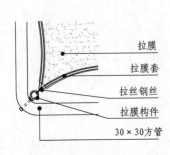

25　软膜天花吊顶接点构造

拉膜
拉膜套
拉丝钢丝
拉膜构件
30×30方管

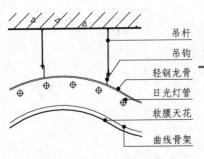

26　软膜天花与灯具示意

吊杆
吊钩
轻钢龙骨
日光灯管
软膜天花
曲线骨架

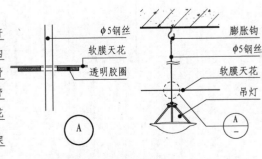

27　软膜天花与灯具节点

φ5钢丝
软膜天花
透明胶圈
膨胀钩
φ5钢丝
软膜天花
吊灯
A
A

顶棚

65

灯箱构造

顶棚

灯箱按照构造示意

- 透气孔
- 箱体
- 灯箱板面
- 自攻螺钉
- 固定支架

灯箱正面构造

- 30W日光灯管+灯角940
- 1000
- 30W日光灯管
- 箱体
- 灯具架
- 160
- 160
- 500

1-1 竖向剖面

- 箱体
- 30W日光灯管
- 镇流器
- 自攻螺钉
- 不锈钢包角
- 不锈钢包角
- 160
- 160
- 500
- 95
- 95
- 200

2-2 横向剖面

- 30W日光灯管+灯角940
- 1000
- 不锈钢包角
- 箱体
- 30W日光灯管
- 灯具架
- 95
- 95
- 200

灯箱表示板面（一）立体构造示意

- 透明板
- 刻制文字或图形
- 半透明板
- 粘合
- 粘合

灯箱内部构造示意

- 灯具架
- 箱体
- 透气孔
- 照明灯具

灯箱表示板面（二）立体构造示意

- 半透明板
- 图形与文字胶片
- 透明板
- 粘合
- 粘合

66

第二章　墙面与柱面的装饰装修构造

一、墙面装饰装修构造

室内墙面的装饰装修构造与墙面的装饰装修用材有关。墙面的装饰装修材料主要有：墙纸与墙布类、织物饰面类、木板类、金属板类、陶瓷类、石材类和涂饰类。

1. 墙纸与墙布类

墙纸是以各种彩色花纸装饰墙面，种类繁多。墙纸按材质分为塑料墙纸、织物墙纸、金属墙纸、植绒墙纸等。墙布是以纤维织物直接作为墙面装饰材料。墙纸、墙布均应粘贴在具有一定强度、表面平整、光洁、干净、不疏松掉粉的基层上，在粘贴时，对要求对花的墙纸或墙布在裁剪的尺寸上，其长度要比墙高出 100～150mm，以适应对花粘贴的要求。墙纸大致在抹灰基层、石膏板墙基层、阻燃型胶合板基层等三类墙体上粘贴（图 2-1）。

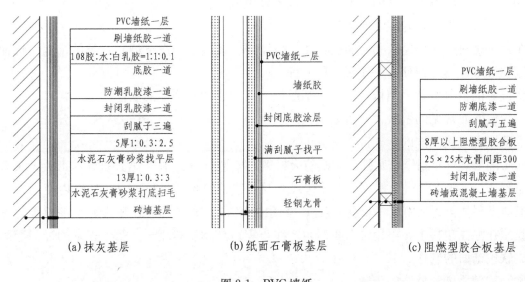

图 2-1　PVC墙纸

注：墙布、墙纸实际属同一类型，但人们习惯所称的墙布是指无纺贴墙布、装饰墙布、化纤装饰墙布、玻璃纤维墙
　　布等。墙布类的施工方法与墙纸类的施工方法相似，也是基层处理后用胶粘剂裱糊粘贴。

金属墙纸是以特种纸为基层，将金属箔或粉压合于基层表面加工而成的墙纸，其效果有金属闪烁之感，施工时对墙体基层平整度要求较高，一般裱糊在被打底处理过的阻燃胶合板或石膏板上（图 2-2）。

2. 织物饰面类

织物饰面一般分为两类：一类是无吸声层硬包墙面，另一类是有吸声层软包墙面。软包是指在墙面上用塑料泡沫、织物等覆盖构成装饰面层。软包墙面具有一定的吸声力、且触感柔软的优点。软包墙面的基本构造，可分为底层、吸声层和面层三大部分。

无吸声层硬包饰面基层构造，如图 2-3 所示。有吸声层软包饰面基本构造，如图 2-4 所示。

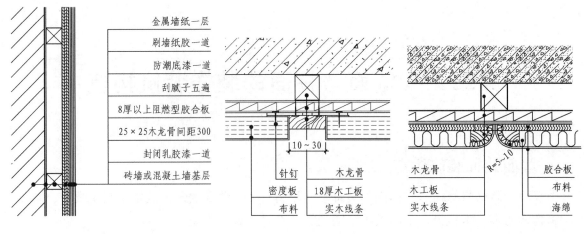

图 2-2　金属墙纸内墙装修基本构造　　　图 2-3　硬包墙面构造　　　图 2-4　软包墙面构造

（1）硬包墙面常见的做法，分述如下：

①做墙面找平层和基层，保证平整度。

墙面防潮处理──→制作木龙骨，涂刷防火材料后安装──→在木龙骨上铺钉木工板。

②用 12 厘密度板（或 9 厘密度板）裁割板料，尺寸可适当缩小 2～3mm。

③在木工板基层板上，试铺装饰板料，调整好位置。

④按顺序拆下板料，并在背面标号。

⑤在每个板料上，均匀涂刷万能胶，然后包墙纸（或墙布、皮革等）之类的饰面，饰面尺寸每边比板宽 50mm 左右，以便折贴于板料的后面。

⑥将包好的板料按顺序用枪钉，钉在基层板上，完成硬包饰面的制作。

（2）软包墙面常见的做法，分述如下：

①木基层上直接做法的步骤：

墙面防潮处理──→制作木龙骨，涂刷防火材料后安装──→在木龙骨上铺钉木工板、胶合板，完成木基层制作──→在木基层上按设计的软包尺寸及位置铺钉木质外框──→在外框内使用万能胶粘贴裁好的泡沫塑料块──→利用裁好长度并经 45°割角处理的压角木线将裁好的饰面布和作为保护层的塑料薄膜压在泡沫塑料上，再用枪钉将压角木线牢牢钉在木质板上──→裁下多余的饰面布和塑料薄膜，完成软包饰面的制作。

②预制软包块拼装做法的步骤：

按软包分块尺寸裁好胶合板──→在裁好的胶合板边部用钉接加乳胶的方式固定宽度为 20mm、厚度低于泡沫塑料块 1mm 左右的木条（木条外角可按设计要求刨出一定形式）──→在木条框内粘贴裁好的泡沫塑料块──→将裁好的饰面布覆盖在泡沫塑料上，卷到反面再用枪钉钉牢或胶粘牢，制成预制软包块──→用射钉枪将包好塑料薄膜的预制软包块镶钉在设计的位置上，四周按设计要求加钉装饰压条或饰面板。

3. 板材类

内墙装饰板材类很多，主要有木饰面板、金属饰面板、合成装饰板等。

（1）木饰面板

装饰施工中使用的木饰面板一般有两种类型：一种是 3mm 厚木饰面板，另一种是薄木饰面木饰面板。

①3 厚木饰面板（又称切片板）

木饰面板，俗称面板。是将实木板精密刨切成厚度为0.2mm的微薄木皮，以胶合板为基材，经过胶粘工艺制作而成的具有单面装饰作用的装饰板材，厚度为3mm。一般规格有1200mm×2400mm、1220mm×2440mm。

在施工现场，可以根据设计要求进行锯切、弯曲、拼接等。对木饰面可在装饰结构层完成以后，进行现场油漆罩光。

②薄木饰面木饰面板（也叫成品饰面板）

薄木饰面木饰面板，是在木制加工厂内，将0.3~0.6mm厚的木皮（或单板），粘贴在中密度板基层上，再通过热压机，压合成一定厚度的饰面板。普通木饰面板厚度一般为12~18mm。

薄木饰面木饰面板是工厂化生产并油漆好的成品板材，工厂加工出各种尺寸规格，到施工现场就能组装。一般应用在墙面、顶面的木饰面造型、成品木门窗及木框套以及成品木橱柜家具等部位。

常见为：0.6mm厚饰面木皮＋15mm厚中密度纤维板基层＋0.6mm厚普通木皮。

推荐使用厚度为12mm或18mm的中密度纤维板为基层材料，薄木饰面木饰面板内部构造示意图如图2-5所示。

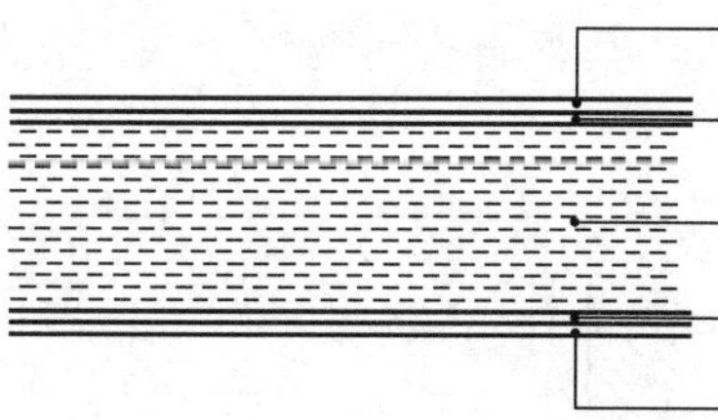

正面装饰涂层(PU、NC)
正面装饰木皮(0.45~0.6)
基层材(以MDF为主)
皮面平衡木皮(0.3普皮)
反面封闭(平衡)涂层(PU)

图2-5　薄木饰面木饰面板内部构造示意图

（2）金属装饰板

在现代建筑装饰中金属装饰因其耐磨、耐用、防腐蚀等优点，被广泛采用。常见的金属装饰板有：不锈钢装饰板、铝合金装饰板、烤漆钢板和复合钢板等。

复合铝塑板的内墙安装工艺：主要采用粘贴的方式将复合铝塑板固定于做好的底层上，底层常选用胶合板和木工板等。

（3）合成装饰板

①三聚氰胺板

三聚氰胺板，全称是三聚氰胺浸渍胶膜纸饰面人造板。它是将带有不同颜色或纹理的纸放入三聚氰胺树脂胶粘剂中浸泡，然后干燥到一定固化程度，将其铺装在刨花板、中密度纤维板或硬质纤维板表面，再经热压而成的装饰板。

三聚氰胺板，目前广泛应用于办公家具和墙面、台面装饰等部位。

②耐火板（防火板）

耐火板，是采用硅质材料或钙质材料为主要原料，与一定比例的纤维材料、轻质骨料、粘合剂和化学添加剂混合，经蒸压技术制成的装饰板材。是目前广泛使用的一种装饰材料。其使用目的不仅是因为耐火的因素，同时也因其能装饰墙面。耐火板的施工，一般采用万能胶，将耐火板直接粘贴在平整的木质基层面（胶合板、密度板和木工板等）上。

耐火板的厚度一般为0.8mm、1mm和1.2mm。

4. 陶瓷类

最常用的陶瓷贴面有：釉面砖（亦称瓷砖）、各类面砖、陶瓷锦砖（马赛克）等。它们的铺贴方法基本类同，在此重点介绍瓷砖的构造做法，其他材料的铺贴方法，可以此类推。

瓷砖的构造做法是：

（1）基层抹底灰。底灰为1:3的水泥砂浆，厚度15mm，分两遍抹平。

（2）铺贴面砖。先做粘结砂浆层，厚度应不小于10mm。砂浆可用1:2.5水泥砂浆，也可用

1：0.2：2.5 的水泥石灰混合砂浆，如在 1：2.5 水泥砂浆中加入 5％～10％的 108 胶，粘贴效果则更好。

（3）作面层细部处理。在瓷砖贴好后，用 1：1 水泥细砂浆填缝，再用白水泥勾缝，最后清理面砖的表面。

瓷砖铺贴墙面的转角部位的直角处理见本图集中有关图例。

5. 石材类

墙体饰面的石材，有花岗石、大理石、青石等天然石材和文化石、水晶石、微晶石等人造石材。天然石材和人造石材饰面的构造与做法，既有共同之处也有差异，现分述如下：

（1）天然石材类墙体饰面

天然石板材类饰面具有重量大的特点，因此在构造上有特定要求。目前构造与做法主要有以下几种：

①聚酯砂浆固定法。基本做法同陶瓷类墙砖，如图 2-6 所示。

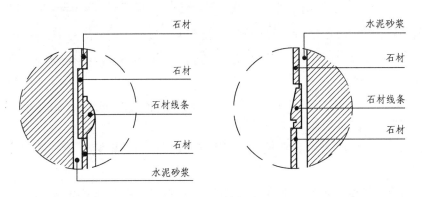

图 2-6　砂浆固定法

②树脂胶（云石胶、AB 胶）粘贴法。第一步在墙基层清理、打毛处理的基础上，将胶粘剂涂在板材的相应位置（用量应针对使用部位受力情况布置，以牢固结合为原则，尤其是对悬空的板材用胶量必须饱满）。第二步将带胶粘剂的板材粘贴，并挤紧、压平、扶直，随后即进行固定。第三步待胶粘剂固化，石材完全粘贴牢后，拆除固定支架。粘贴法示意如图 2-7 所示。

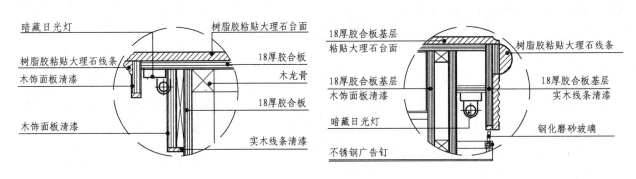

图 2-7　树脂胶（云石胶、AB 胶）粘贴法

以上的构造方法适用于小块面的石材粘贴。

③灌挂固定法。是一种"双保险"的做法，即在饰面安装时，既用水泥砂浆等作灌注固定，又通过各种钢件或配用的钢筋网，在板材与墙体之间、板材与板材之间进行加强连接固定。

这种固定方法，通常在板材与板材之间，是通过钢筋、扒钉等相连接的；在板材与墙体之间，

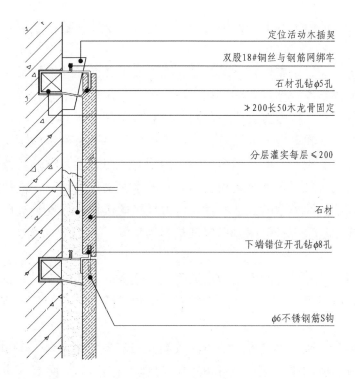

图 2-8　石材灌挂固定法

对厚板用系钢件等扁条连接件固定；对薄板则用预埋在墙体中的 U 形钢件固定，然后将配置的钢筋网用钢丝或铜丝扎紧板材。图 2-8 为锚固法的固定形式。为保证石材安装的牢固，凡大规格的板材或安装高度超过 1.2m 者，均应采取此方法。

④干挂法（又称螺栓和卡具固定法）。在基层的适当部位预留金属焊板，在饰面石材的底侧面上开槽钻孔，然后用干挂件和膨胀螺栓固定，另外也可用金属型材卡紧固定，最后进行勾缝和压缝处理。如图 2-9 所示。

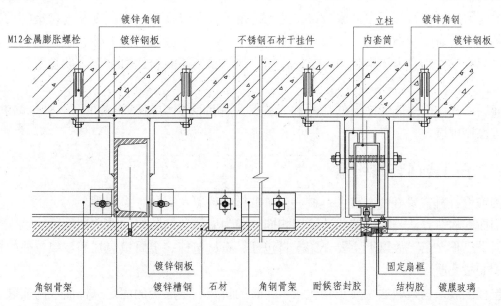

图 2-9　石材干挂法

（2）人造石材类墙体饰面

人造石材中，预制人造石材饰面板，因其性质与天然石材相近，因而饰面的构造做法与天然石材基本相同。人造大理石饰面板有不同的种类，其物理、化学性能各不相同，因此饰面固定的构造做法应区别对待。

①聚酯型人造石材，最好用有机胶粘剂粘贴，降低成本并保证装饰效果，可采用与天然石材施工中相同的不饱和聚酯树脂作胶粘剂，并可在树脂中掺入一定量的中砂。

②烧结型人造石材，因其性能接近陶瓷制品，可参见镶贴瓷砖的方法进行施工。

③无机胶结型人造石材和复合型人造石材，应依据板的厚度来确定施工工艺。对厚板宜采用聚酯砂浆粘贴的方法，为降低成本也可采用聚酯砂浆固定与水泥胶砂浆粘贴相结合的方法；对薄板可用水泥砂浆打底，以水泥石灰混合砂浆或加入108胶的水泥浆作胶粘剂，进行粘贴。

需要注意的是，无论何种类型的人造石材，对大规格的板材，或安装高度较高时，均应采用前述的灌挂固定法和干挂固定法进行铺贴，以保证足够的牢度。

6. 涂料类

用涂料作墙体饰面，是各种饰面做法中最为简便、经济的方法，它具有价格低、工期短、功效高、自重轻、便于维修更新等优点，尤其是涂料可以配置成装饰所需的各种颜色，在室内装饰中应用极广。

墙体涂料的种类很多，通常可以分为如下四大类：一是溶剂型涂料，多用于外墙装饰；二是乳液型涂料，有的可形成类似油漆漆膜的光滑表层，习惯上称为"乳胶漆"，因其性能良好、无毒、无污染且施工方便，在室内装饰中广为应用；三是水溶性涂料，即聚乙烯醇类内墙涂料，其中聚乙烯醇水玻璃内墙涂料的商品名是"106内墙涂料"，在室内装饰中也常应用；四是无机高分子涂料，是一种新发展起来的新型涂料。

墙体涂料的涂饰施工，有喷漆和滚漆两种方式。涂料的做法一般分为三层，即底层、中间层和面层。

（1）底层。俗称刷底漆，主要作用是增加墙基层与涂层之间的粘附力，同时底层还兼起墙基层防潮封闭剂的作用。

（2）中间层。是涂料饰面中的成型层。其工艺要求是形成具有一定厚度、均匀饱满的涂层，以达到保护基层和所需的装饰效果。质量好的中间层不仅可保证涂层的耐久性、耐水性和强度，同时对基层还可起补强作用。为了增强中间层的作用，往往采用厚涂料加白水泥、砂粒等材料配成中间层涂料。

（3）面层。其作用是体现涂层的色彩和光感。为保证涂层均匀，并满足耐久性、耐磨性要求，面层最少应涂刷两遍。

二、柱子的装饰装修构造

柱子的饰面材料主要有：木材、石材、金属板材、玻璃及织物、涂饰等。

柱子饰面的构造方法与墙体的构造原则相同。因为墙体装饰装修构造中对墙纸、墙布等织物饰面类和涂料类已作介绍，故以下主要介绍木材包柱、石材包柱、金属板包柱和玻璃包柱的构造。

1. 木材包柱构造

木材包柱的装饰构造做法主要步骤包括木龙骨的拼装、基层板的固定、饰面板的安装（如图2-10）。

（1）木龙骨的拼装

根据柱子的高度和大小，钉木龙骨架。基层木龙骨通常采用25mm×30mm、25mm×40mm、30mm×30mm截面的龙骨。龙骨须按分档尺寸开出凹槽后，进行整片或分片拼装。拼装后，直接

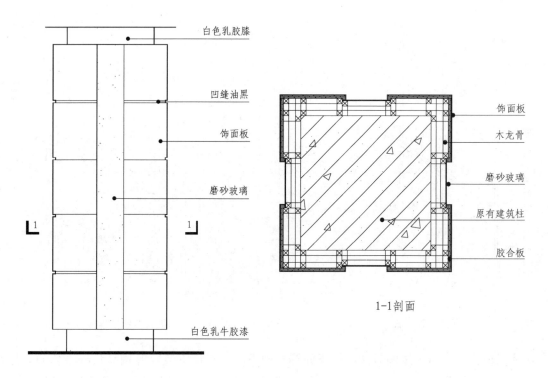

图 2-10　木装饰柱的构造示意

钉固在柱面上。

（2）基层板的固定

一般选用 9～18mm 厚的胶合板或木工板作为基层板，在固定好的木龙骨上钉牢。若柱面有造型需要，大多选用木工板作基层板。

（3）饰面板的安装

安装前应先挑选好合适的饰面板，将色泽、木纹相近或一致的板材拼装在一起。因为木纹对接是否协调、自然，会影响整个木质柱面的装饰效果。

封钉木质板材可用枪钉或圆钉，方法类似木质墙面的拼装。封钉前应调整好每块板的拼缝，不同厚度的板材要选择不同型号的钉子。

木质柱面饰面板的后期处理要根据所用的面层板而定。面层板已具有各种木纹肌理的，一般采用显露木纹的清漆进行后期处理，需要得到其他色彩效果的柱面，则可用混水漆饰面处理。

2. 石材包柱构造

石材包柱有钢筋网绑扎法、干挂法、粘贴法三种做法。其中钢筋网绑扎法加工较简便，但接缝处易产生泛碱问题；干挂法可以解决泛水问题，但成形后的体量较大；粘贴法则只适用于面积较小、厚度在 20mm 以下的板材和高度不高的基体上。

（1）钢筋网绑扎法

钢筋网绑扎法是一种传统的铺贴石材的施工方法。它的施工程序大体如下：设置钢筋网；试拼编号；板材背面开槽；绑扎板材；找平吊直并临时固定；灌浆；养护；嵌缝（如图 2-11）。

①设置钢筋网：如柱面上设有预埋件时，用铜丝或不锈钢丝按施工图大样将钢筋制成钢筋骨架，固定于基体上。当柱面没有预埋件时，可用电钻在柱面上钻孔，并于孔内安放膨胀螺栓，再用电焊将钢筋与螺栓焊牢。

②绑扎板材：用切割机在板材背面分别在四角开槽（如图 2-12），穿插和固定好铜丝或不锈钢丝。

73

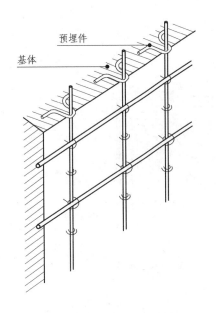

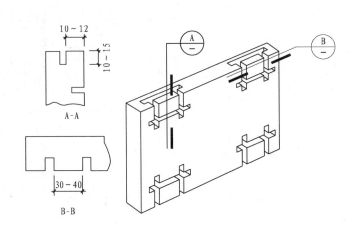

图 2-11　钢筋网的设置形式　　　　　　　图 2-12　板材背面槽口形式

③安装板材：安装时可按顺时针，从正面开始由下向上逐层安装，并用靠尺板找垂直，用水平尺找平整，用方尺找好阴阳角，紧固钢（铜）丝。板缝用石膏填塞，以防止板材移位和砂浆发生泌浆。灌浆时应根据板材颜色调制水泥砂浆，如浅色石材灌浆时应采用白水泥，以使板材底色不受影响。

④嵌缝：板材安装完毕后，应清除板缝间多余的粉尘，用与板材底色相近的水泥浆进行嵌缝。对于镜面石材，如面层光泽受到影响，应重新打蜡上光。

（2）干挂法

干挂法就是用特制的不锈钢挂件，将石材固定在基体上的一种施工方法。这种方法不需要用水泥砂浆灌注或水泥镶贴，方便简捷。方法是直接在石板上打孔、开槽，然后用不锈钢连接件、角钢与埋在柱体内的膨胀螺栓直接相连而成（如图 2-13）。

（3）粘贴法

粘贴法就是将板材用聚合物水泥砂浆或胶粘剂粘贴到基体表面的一种施工工艺。方法是用水泥砂浆在柱体上抹灰找平，用聚合物水泥砂浆或胶粘剂在找平层的表面和板材的背面铺摊饱满。按施工图纸要求将板材就位，并用临时工具进行顶卡固定（如图 2-14）。

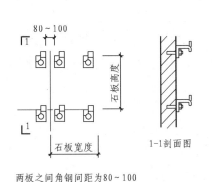

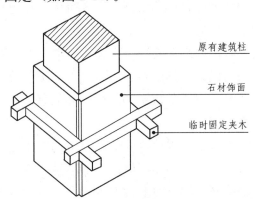

图 2-13　不锈钢挂件的布置　　　　　　　图 2-14　柱面板材的临时固定

3. 金属板包柱构造

金属板包柱由骨架、基层板和饰面板三部分组成。

（1）骨架的做法

骨架有木结构和钢结构两种。木结构骨架是用木方制成的，主要用于贴不锈钢板、钛合金板、铜合金板等饰面材料。钢结构骨架由角钢焊接或螺栓连接而成，主要用于贴铝合金板饰面。如混凝土方柱包圆柱，步骤为：通过预埋件对竖向骨架进行定位（如图 2-15a）→横竖骨架之间的连接及骨架支撑与柱体的固定（如图 2-15b、2-15d）→圆形包柱直径的确定（如图 2-15c）。

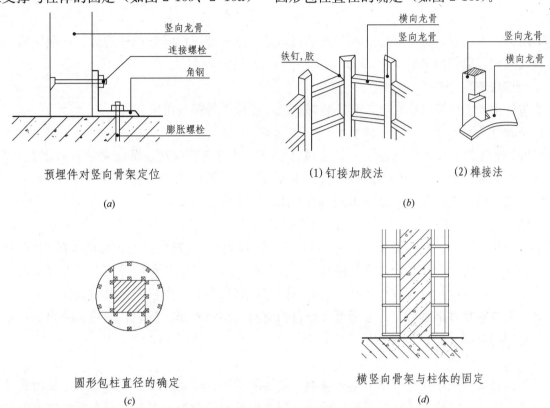

预埋件对竖向骨架定位

（a）

（1）钉接加胶法　　（2）榫接法

（b）

圆形包柱直径的确定

（c）

横竖向骨架与柱体的固定

（d）

图 2-15　混凝土方柱包圆柱做法示意

（2）竖向龙骨定位

①横向龙骨与竖向龙骨的定位（如图 2-15b）；

②方柱装饰成圆柱的定位（如图 2-15c）；

③骨架与柱体连接固定（如图 2-15d）。

（3）基层板的固定

基层板的作用是增加柱体骨架的刚度，便于铺贴饰面板。它一般由胶合板、木工板或密度板制成，基层板直接用铁钉或螺钉固定在骨架上。基层板必须有平滑的表面和较高的尺寸准确度，以保证饰面的安装质量。

（4）饰面板的安装

金属板饰面的安装固定，可采用胶粘、钉接和焊接三种方式。其中胶粘法操作简便，因而应用最广泛；焊接法技术要求高，后期还需进行磨光处理，所以应用较少；钉接法安装方便而且牢固，但饰面易出现较大缝隙。无论采取何种安装方式，都必须按需要准确切割饰面板。

安装金属饰面板的基层面形状有平面状和圆柱状两种。平面状多见于方形体或矩形柱上，在柱的大平面上可用胶粘法将金属板贴在基层板上，然后在转角处用成型角压边，再用少量密封胶封口。圆柱体或椭圆柱体的饰面，通常可以预先将圆柱的饰面板加工成几块金属曲面部件，然后在现场加以组装，也可以在现场根据需要将平板切割后弯曲、组装。

安装中的主要关键是各金属板之间的接口处理。当采用粘贴方式时，安装金属板对口主要有直接卡口式和嵌槽压口式两种。前者是在两块板对口处，安装一个不锈钢制的卡口槽，卡口槽用螺钉固定在柱体骨架的凹部，然后分别将两片金属板折边端压入槽内。后者是先将金属板在对口处凹部木骨架上用螺钉或铁钉固定，再把一条宽度小于凹槽的木条固定在凹槽中间，两边各留有 1mm 左右的空隙，在木条上刷万能胶并在上面嵌以金属槽条，然后将饰面板相接的两侧边分别压入木条的缝隙内。

当采用钉接方式时，将金属饰面板的两端折边通过连接件用螺钉与包柱钢骨架连接，然后用橡胶压条嵌入缝内，最后用密封胶封口。

4. 玻璃包柱装饰构造

玻璃包柱由预埋件及紧固件、骨架、装饰玻璃和连接件等部分组成。

（1）预埋件及紧固件

预埋件和紧固件的型号和规格必须符合设计要求，且要有相应产品的合格证和性能检测报告，在安装预埋件时应对预埋件的偏差进行检验，超过偏差的预埋件要进行适当的纠偏处理后方可进行下一步的施工。预埋件的安装一定要牢固，并作防锈处理。

（2）骨架

骨架主要分木结构骨架和金属结构骨架两种，骨架的制作与安装要有足够的承载能力与刚度。木结构骨架要作防腐、防火处理，钢结构骨架要作防锈处理。骨架和预埋件的连接方式要符合设计要求，骨架在安装与连接时应进行调整与及时的固定，安装误差不得累积。玻璃包柱中常有暗藏的照明灯具，故在安装骨架时要充分考虑电气设备的空间大小和检修、拆装、散热、防火的要求，以达到安全使用的效果。

（3）面层装饰玻璃

面层装饰玻璃应采用安全玻璃或有机玻璃，玻璃的花纹、图案要符合设计要求，玻璃的加工尺寸力求精确。面层的安装，通常在骨架上覆盖一层木工板或胶合板等木基层，在安装玻璃时可以采用胶、玻璃钉和卡条三种连接材料，其中玻璃钉应用最广泛。玻璃面板之间如没有卡条分格，应采用密封胶打实，密封胶质量必须符合规范要求，胶封外观应均匀、美观、顺直。

总之，玻璃包柱的构造要求是：用材合理、结构牢固、尺寸准确。

三、墙面其他部位的细部构造

1. 踢脚线的形式与构造

踢脚线是楼地面和墙面相交处的构造处理方式，在墙面装饰装修中，踢脚线的使用非常广泛，它是起到保护墙面装饰材质以及和墙地面收边的作用。从材质分类有：木质、陶瓷、石材、金属、塑料（PVC）等。

踢脚线与墙面构造方式有三种：

①与墙面相平。②凸出。③凹进。其高度一般为 120～150mm。当护墙板与墙之间距离较大时，一般宜采用凹式处理，踢脚板与地面之间宜平接。踢脚线一般在地面或墙裙完工后施工。

2. 窗套和窗台板的形式与构造，窗的构成见图 2-16

（1）窗框

窗框是由上槛、下槛、边框、中横框等组成。木质窗框须选用加工方便、不易变形的大料。为了增加窗框的严密性，须将窗框刨出宽略大于窗扇厚度，深约 12mm 的凹槽，称作铲口。也可采用钉木条的方法，叫钉口，但效果较差。

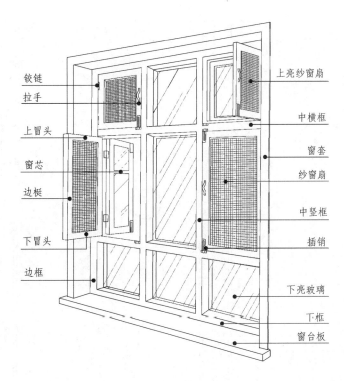

铰链
拉手
上冒头
窗芯
边梃
下冒头
边框

上亮纱窗扇
中横框
窗套
纱窗扇
中竖框
插销
下亮玻璃
下框
窗台板

图 2-16　窗的构成

（2）窗套和窗台板

室内窗套是指在窗框的内侧用板材将周边包裹形成窗套。窗口的左右和上方做成三个木阳角，窗口内侧全包，转过阳角向墙面延伸宽度一般在 60～200mm。窗套通常用层压板或纤维板和木线制作。设在窗套下部的窗台板多由窗扇材质配套，如是木框窗，窗台板多采用硬木制成，如是金属框窗，窗台板多采用大理石制成。

（3）窗扇

窗扇是由上冒头、下冒头、窗芯玻璃组成。为了使开启的窗扇与窗框间的缝隙不进风沙和雨水，应采用相应的密封性构造措施。如在框与扇之间做回风槽，用错口式或鸳鸯式铲口增加空气渗透阻力等。窗扇最主要的组成部分就是玻璃。窗用玻璃的品种繁多，包括平板玻璃、浮法玻璃、保温隔热玻璃、钢化玻璃、夹丝玻璃、磨砂玻璃、吸热玻璃、压花玻璃、中空玻璃、夹层玻璃、防爆玻璃等。

内墙涂料饰面

墙面

涂料饰面

15厚1:2.5石灰膏砂浆打底
分层抹平

刷素水泥浆一道甩毛
（内掺建筑胶）

① 1

涂料饰面

5厚1:0.5:2.5
水泥石灰膏砂浆找平

9厚1:0.5:2.5水泥石灰膏
砂浆打底扫毛或划出纹道

刷素水泥浆一道甩毛
（内掺建筑胶）

② 2

涂料饰面

5厚1:2.5水泥砂浆抹平

9厚1:3水泥砂浆打底扫毛
或刮出纹道

刷素水泥浆一道
（内掺建筑胶）

③ 3

5厚1:2.5水泥砂浆罩面压实赶光

素水泥浆一道

9厚1:3水泥砂浆（内掺防水剂）
打底扫毛或划出纹道

刷素水泥浆一道
（内掺建筑胶）

④ 4

涂料饰面

6厚1:0.5:3水泥石灰膏砂浆
找平拉毛

10厚1:0.5:4水泥石灰膏砂浆
打底扫毛或划出纹道

刷素水泥浆一道
（内掺建筑胶）

⑤ 5

涂料饰面

石膏拉毛

5厚1:0.5:2.5
水泥石灰膏砂浆找平

9厚1:0.5:3水泥石灰膏
打底扫毛或划出纹道

刷素水泥浆一道
（内掺建筑胶）

⑥ 6

涂料饰面

2厚面层专用粉刷石膏罩面

8厚粉刷石膏砂浆打底分遍抹平

刷素水泥浆一道（内掺建筑胶）

⑦ 7

涂料饰面

3厚面层专用粉刷石膏罩面

12厚1:3石灰膏砂浆
打底分层抹平

刷素水泥浆一道
（内掺建筑胶）

⑧ 8

涂料饰面

2厚面层耐水腻子分遍刮平

9厚1:0.5:3水泥石灰膏砂浆
分遍抹平

刷素水泥浆一道（内掺建筑胶）

⑨ 9

防水罩面涂料一道
仿石涂料二道
防潮底涂料一道
刮腻子三道
6厚1:0.3:2.5
水泥石灰膏砂浆找平层
10厚1:0.3:3水泥石灰膏
砂浆打底，扫毛
108胶素水泥（内掺水重
3%~5%的108胶）一道
混凝土墙

|10|6|

⑩ 10

合成树脂乳液内墙涂料一道
封闭底涂料一道
刮腻子三道
6厚1:0.3:2.5
水泥石灰膏砂浆找平层
10厚1:0.3:3水泥
石灰膏砂浆打底，扫毛
108胶素水泥（内掺水重
3%~5%的108胶）一道
混凝土墙

|10|6|

⑪ 11

合成树脂乳液内墙涂料一道
封闭底涂料一道
刮腻子三遍
6厚1:0.3:2.5
水泥石灰膏砂浆找平层
10厚1:0.3:3
水泥石灰膏砂浆打底，扫毛
108胶素水泥
（内掺水重3%~5%的108胶）一道
粗刮4厚1:1:6水泥石灰膏砂浆
（内掺3%~5%的108胶）一道
108胶素水泥浆一道
108胶水溶液一道
加气混凝土
或加气硅酸盐砌块墙

|4|10|6|

⑫ 12

吸声板饰面

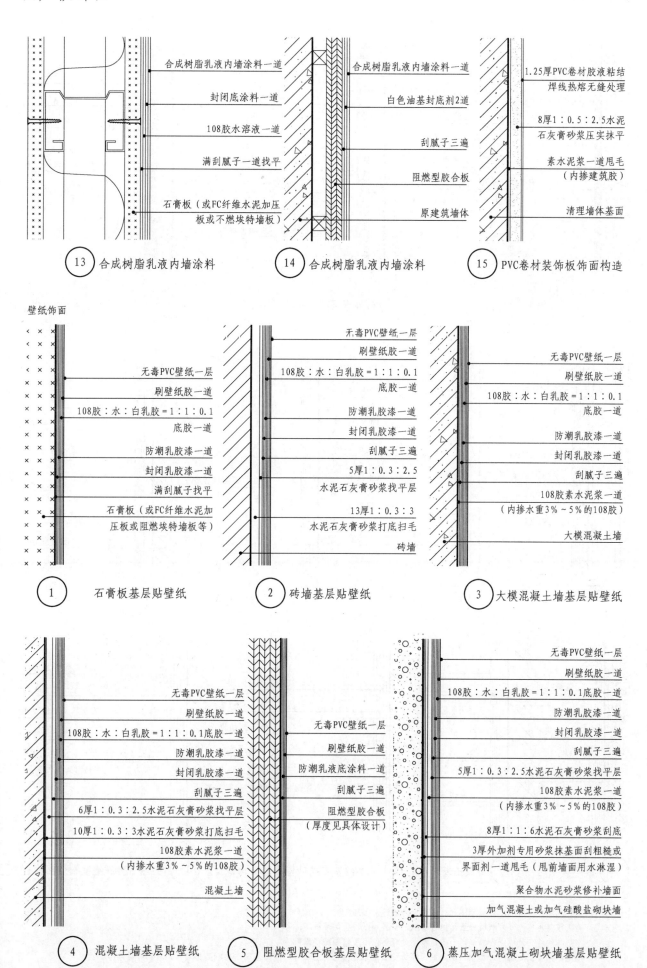

合成树脂乳液内墙涂料一道
封闭底涂料一道
108胶水溶液一道
满刮腻子一道找平
石膏板（或FC纤维水泥加压板或不燃埃特墙板）

⑬ 合成树脂乳液内墙涂料

合成树脂乳液内墙涂料一道
白色油基封底剂2道
刮腻子三遍
阻燃型胶合板
原建筑墙体

⑭ 合成树脂乳液内墙涂料

1.25厚PVC卷材胶液粘结焊线热熔无缝处理
8厚1：0.5：2.5水泥石灰膏砂浆压实抹平
素水泥浆一道甩毛（内掺建筑胶）
清理墙体基面

⑮ PVC卷材装饰板饰面构造

壁纸饰面

无毒PVC壁纸一层
刷壁纸胶一道
108胶：水：白乳胶＝1：1：0.1
底胶一道
防潮乳胶漆一道
封闭乳胶漆一道
满刮腻子找平
石膏板（或FC纤维水泥加压板或阻燃埃特墙板等）

① 石膏板基层贴壁纸

无毒PVC壁纸一层
刷壁纸胶一道
108胶：水：白乳胶＝1：1：0.1
底胶一道
防潮乳胶漆一道
封闭乳胶漆一道
刮腻子三遍
5厚1：0.3：2.5
水泥石灰膏砂浆找平层
13厚1：0.3：3
水泥石灰膏砂浆打底扫毛
砖墙

② 砖墙基层贴壁纸

无毒PVC壁纸一层
刷壁纸胶一道
108胶：水：白乳胶＝1：1：0.1
底胶一道
防潮乳胶漆一道
封闭乳胶漆一道
刮腻子三遍
108胶素水泥浆一道
（内掺水重3%～5%的108胶）
大模混凝土墙

③ 大模混凝土墙基层贴壁纸

无毒PVC壁纸一层
刷壁纸胶一道
108胶：水：白乳胶＝1：1：0.1底胶一道
防潮乳胶漆一道
封闭乳胶漆一道
刮腻子三遍
6厚1：0.3：2.5水泥石灰膏砂浆找平层
10厚1：0.3：3水泥石灰膏砂浆打底扫毛
108胶素水泥浆一道
（内掺水重3%～5%的108胶）
混凝土墙

④ 混凝土墙基层贴壁纸

无毒PVC壁纸一层
刷壁纸胶一道
防潮乳液底涂料一道
刮腻子三遍
阻燃型胶合板
（厚度见具体设计）

⑤ 阻燃型胶合板基层贴壁纸

无毒PVC壁纸一层
刷壁纸胶一道
108胶：水：白乳胶＝1：1：0.1底胶一道
防潮乳胶漆一道
封闭乳胶漆一道
刮腻子三遍
5厚1：0.3：2.5水泥石灰膏砂浆找平层
108胶素水泥浆一道
（内掺水重3%～5%的108胶）
8厚1：1：6水泥石灰膏砂浆刮底
3厚外加剂专用砂浆抹基面刮粗糙或界面剂一道甩毛（甩前墙面用水淋湿）
聚合物水泥砂浆修补墙面
加气混凝土或加气硅酸盐砌块墙

⑥ 蒸压加气混凝土砌块墙基层贴壁纸

墙

面

壁纸饰面

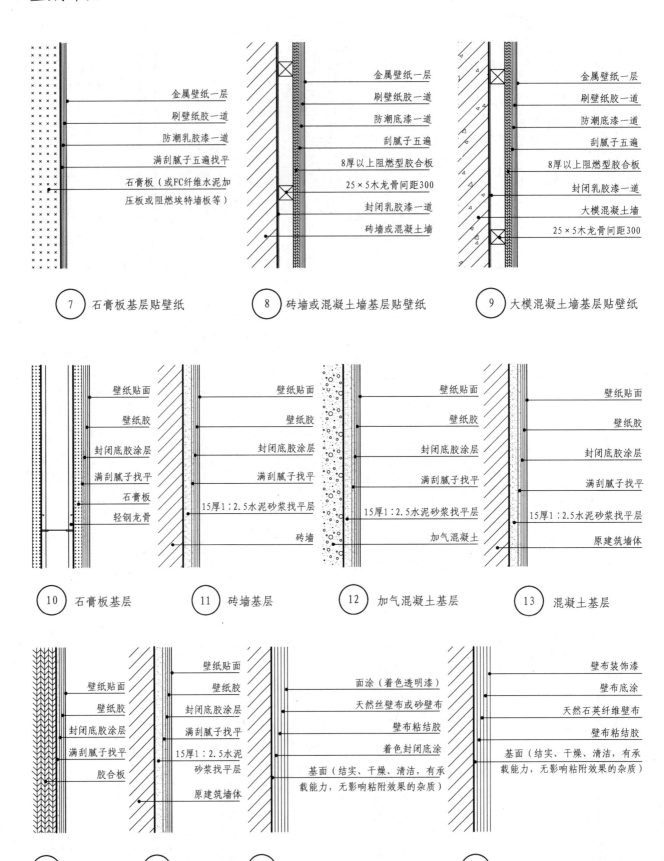

金属壁纸一层
刷壁纸胶一道
防潮乳胶漆一道
满刮腻子五遍找平
石膏板（或FC纤维水泥加
压板或阻燃埃特墙板等）

⑦ 石膏板基层贴壁纸

金属壁纸一层
刷壁纸胶一道
防潮底漆一道
刮腻子五遍
8厚以上阻燃型胶合板
25×5木龙骨间距300
封闭乳胶漆一道
砖墙或混凝土墙

⑧ 砖墙或混凝土墙基层贴壁纸

金属壁纸一层
刷壁纸胶一道
防潮底漆一道
刮腻子五遍
8厚以上阻燃型胶合板
封闭乳胶漆一道
大模混凝土墙
25×5木龙骨间距300

⑨ 大模混凝土墙基层贴壁纸

墙面

壁纸贴面
壁纸胶
封闭底胶涂层
满刮腻子找平
石膏板
轻钢龙骨

⑩ 石膏板基层

壁纸贴面
壁纸胶
封闭底胶涂层
满刮腻子找平
15厚1：2.5水泥砂浆找平层
砖墙

⑪ 砖墙基层

壁纸贴面
壁纸胶
封闭底胶涂层
满刮腻子找平
15厚1：2.5水泥砂浆找平层
加气混凝土

⑫ 加气混凝土基层

壁纸贴面
壁纸胶
封闭底胶涂层
满刮腻子找平
15厚1：2.5水泥砂浆找平层
原建筑墙体

⑬ 混凝土基层

壁纸贴面
壁纸胶
封闭底胶涂层
满刮腻子找平
胶合板

⑭ 胶合板基层

壁纸贴面
壁纸胶
封闭底胶涂层
满刮腻子找平
15厚1：2.5水泥
砂浆找平层
原建筑墙体

⑮ 混凝土基层

面涂（着色透明漆）
天然丝壁布或砂壁布
壁布粘结胶
着色封闭底涂
基面（结实、干燥、清洁，有承
载能力，无影响粘附效果的杂质）

⑯ 天然丝壁布或砂壁布墙面构造

壁布装饰漆
壁布底涂
天然石英纤维壁布
壁布粘结胶
基面（结实、干燥、清洁，有承
载能力，无影响粘附效果的杂质）

⑰ 天然石英纤维壁布墙面构造

注：1. 上列说明自下而上，为自墙体起，由里至外的逐层工序；
    2. 墙纸按其材质可分为塑料墙纸、织物墙纸、金属墙纸、植绒墙纸等；
    3. 墙纸类的施工做法比较简单，一般是基层处理后使用胶粘剂裱糊粘贴；
    4. 墙纸、墙布实际属同一类型，但人们习惯所称的墙布是指无纺贴墙布、装饰墙面、化纤装饰墙布、玻璃纤维墙布等。

装饰板饰面、GRG板饰面

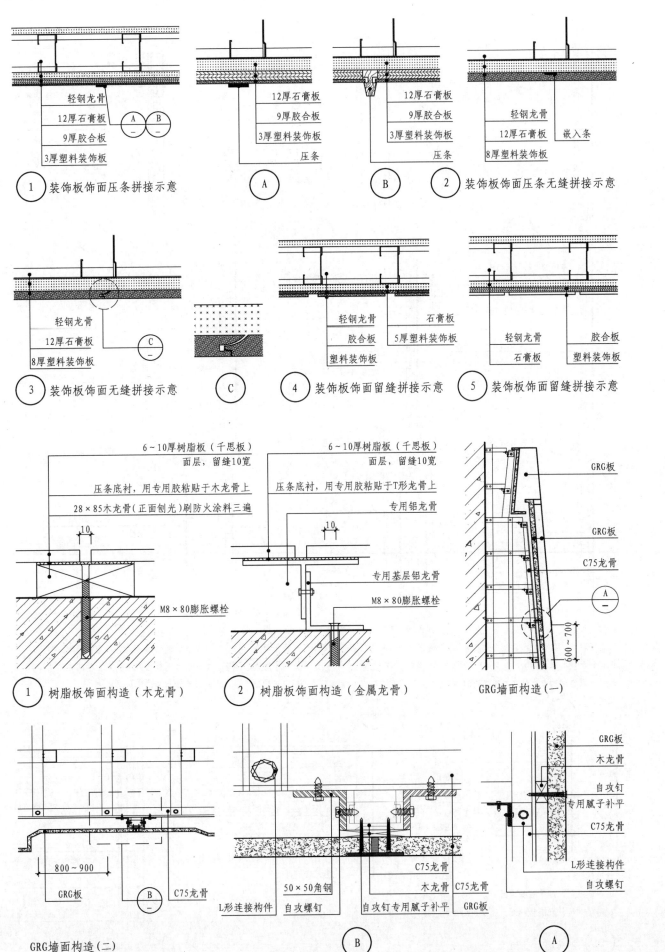

轻钢龙骨
12厚石膏板
9厚胶合板
3厚塑料装饰板

① 装饰板饰面压条拼接示意

12厚石膏板
9厚胶合板
3厚塑料装饰板
压条

Ⓐ

12厚石膏板
9厚胶合板
3厚塑料装饰板
压条

Ⓑ

轻钢龙骨
12厚石膏板
8厚塑料装饰板
嵌入条

② 装饰板饰面压条无缝拼接示意

轻钢龙骨
12厚石膏板
8厚塑料装饰板

Ⓒ

③ 装饰板饰面无缝拼接示意

Ⓒ

轻钢龙骨
胶合板
塑料装饰板
石膏板
5厚塑料装饰板

④ 装饰板饰面留缝拼接示意

轻钢龙骨
石膏板
胶合板
塑料装饰板

⑤ 装饰板饰面留缝拼接示意

墙面

6～10厚树脂板（千思板）
面层，留缝10宽
压条底衬，用专用胶粘贴于木龙骨上
28×85木龙骨（正面刨光）刷防火涂料三遍
10
M8×80膨胀螺栓

① 树脂板饰面构造（木龙骨）

6～10厚树脂板（千思板）
面层，留缝10宽
压条底衬，用专用胶粘贴于T形龙骨上
专用铝龙骨
10
专用基层铝龙骨
M8×80膨胀螺栓

② 树脂板饰面构造（金属龙骨）

GRG板
GRG板
C75龙骨
600～700
Ⓐ

GRG墙面构造（一）

800～900
GRG板
C75龙骨
Ⓑ

GRG墙面构造（二）

50×50角钢
L形连接构件
自攻螺钉
自攻钉
专用腻子补平
C75龙骨
木龙骨
C75龙骨
GRG板

Ⓑ

GRG板
木龙骨
自攻钉
专用腻子补平
C75龙骨
L形连接构件
自攻螺钉

Ⓐ

瓷砖饰面

墙

面

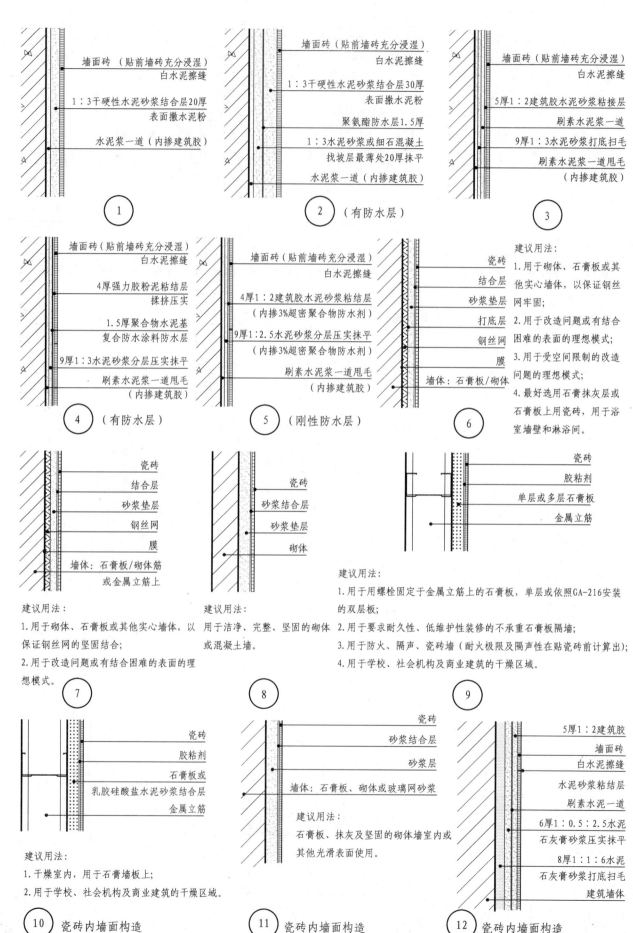

墙面砖（贴前墙砖充分浸湿）
白水泥擦缝
1：3干硬性水泥砂浆结合层20厚
表面撒水泥粉
水泥浆一道（内掺建筑胶）

①

墙面砖（贴前墙砖充分浸湿）
白水泥擦缝
1：3干硬性水泥砂浆结合层30厚
表面撒水泥粉
聚氨酯防水层1.5厚
1：3水泥砂浆或细石混凝土
找坡层最薄处20厚抹平
水泥浆一道（内掺建筑胶）

② （有防水层）

墙面砖（贴前墙砖充分浸湿）
白水泥擦缝
5厚1：2建筑胶水泥砂浆粘接层
刷素水泥浆一道
9厚1：3水泥砂浆打底扫毛
刷素水泥浆一道甩毛
（内掺建筑胶）

③

墙面砖（贴前墙砖充分浸湿）
白水泥擦缝
4厚强力胶粉泥粘结层
揉挤压实
1.5厚聚合物水泥基
复合防水涂料防水层
9厚1：3水泥砂浆分层压实抹平
刷素水泥浆一道甩毛
（内掺建筑胶）

④ （有防水层）

墙面砖（贴前墙砖充分浸湿）
白水泥擦缝
4厚1：2建筑胶水泥砂浆粘结层
（内掺3%超密聚合物防水剂）
9厚1：2.5水泥砂浆分层压实抹平
（内掺3%超密聚合物防水剂）
刷素水泥浆一道甩毛
（内掺建筑胶）

⑤ （刚性防水层）

瓷砖
结合层
砂浆垫层
打底层
钢丝网
膜
墙体：石膏板/砌体

建议用法：
1.用于砌体、石膏板或其他实心墙体，以保证钢丝网牢固；
2.用于改造问题或有结合困难的表面的理想模式；
3.用于受空间限制的改造问题的理想模式；
4.最好选用石膏抹灰层或石膏板上用瓷砖，用于浴室墙壁和淋浴间。

⑥

瓷砖
结合层
砂浆垫层
钢丝网
膜
墙体：石膏板/砌体筋
或金属立筋上

建议用法：
1.用于砌体、石膏板或其他实心墙体，以保证钢丝网的坚固结合；
2.用于改造问题或有结合困难的表面的理想模式。

⑦

瓷砖
砂浆结合层
砂浆垫层
砌体

建议用法：
用于洁净、完整、坚固的砌体或混凝土墙。

⑧

瓷砖
胶粘剂
单层或多层石膏板
金属立筋

建议用法：
1.用于用螺栓固定于金属立筋上的石膏板，单层或依照GA-216安装的双层板；
2.用于要求耐久性、低维护性装修的不承重石膏板隔墙；
3.用于防火、隔声、瓷砖墙（耐火极限及隔声性在贴瓷砖前计算出）；
4.用于学校、社会机构及商业建筑的干燥区域。

⑨

瓷砖
胶粘剂
石膏板或
乳胶硅酸盐水泥砂浆结合层
金属立筋

建议用法：
1.干燥室内，用于石膏墙板上；
2.用于学校、社会机构及商业建筑的干燥区域。

⑩ 瓷砖内墙面构造

瓷砖
砂浆结合层
砂浆层
墙体：石膏板、砌体或玻璃网砂浆

建议用法：
石膏板、抹灰及坚固的砌体墙室内或其他光滑表面使用。

⑪ 瓷砖内墙面构造

5厚1：2建筑胶
墙面砖
白水泥擦缝
水泥砂浆粘结层
刷素水泥一道
6厚1：0.5：2.5水泥
石灰膏砂浆压实抹平
8厚1：1：6水泥
石灰膏砂浆打底扫毛
建筑墙体

⑫ 瓷砖内墙面构造

内墙瓷砖饰面

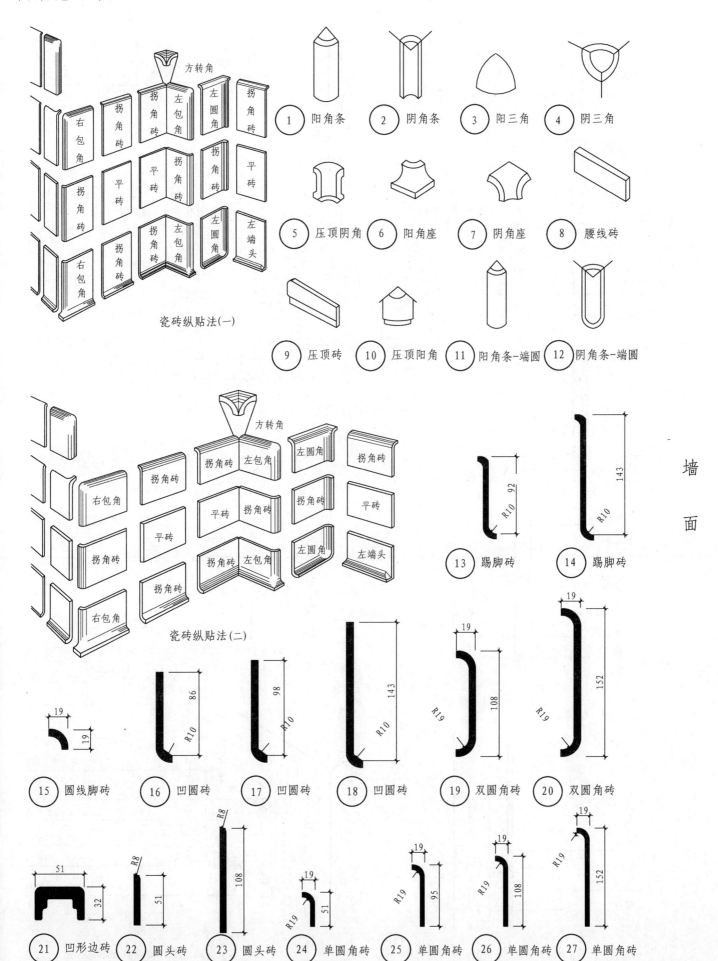

方转角

右包角 拐角砖 拐角砖 左包角 左圆角 拐角砖
拐角砖 平砖 平砖 拐角砖 拐角砖 平砖
右包角 拐角砖 拐角砖 左包角 左圆角 左端头

瓷砖纵贴法(一)

① 阳角条　② 阴角条　③ 阳三角　④ 阴三角

⑤ 压顶阴角　⑥ 阳角座　⑦ 阴角座　⑧ 腰线砖

⑨ 压顶砖　⑩ 压顶阳角　⑪ 阳角条-端圆　⑫ 阴角条-端圆

方转角

右包角 拐角砖 拐角砖 左包角 左圆角 拐角砖
拐角砖 平砖 拐角砖 拐角砖 平砖
右包角 拐角砖 拐角砖 左包角 左圆角 左端头

瓷砖纵贴法(二)

墙面

⑬ 踢脚砖　⑭ 踢脚砖

⑮ 圆线脚砖　⑯ 凹圆砖　⑰ 凹圆砖　⑱ 凹圆砖　⑲ 双圆角砖　⑳ 双圆角砖

㉑ 凹形边砖　㉒ 圆头砖　㉓ 圆头砖　㉔ 单圆角砖　㉕ 单圆角砖　㉖ 单圆角砖　㉗ 单圆角砖

83

瓷质砖饰面

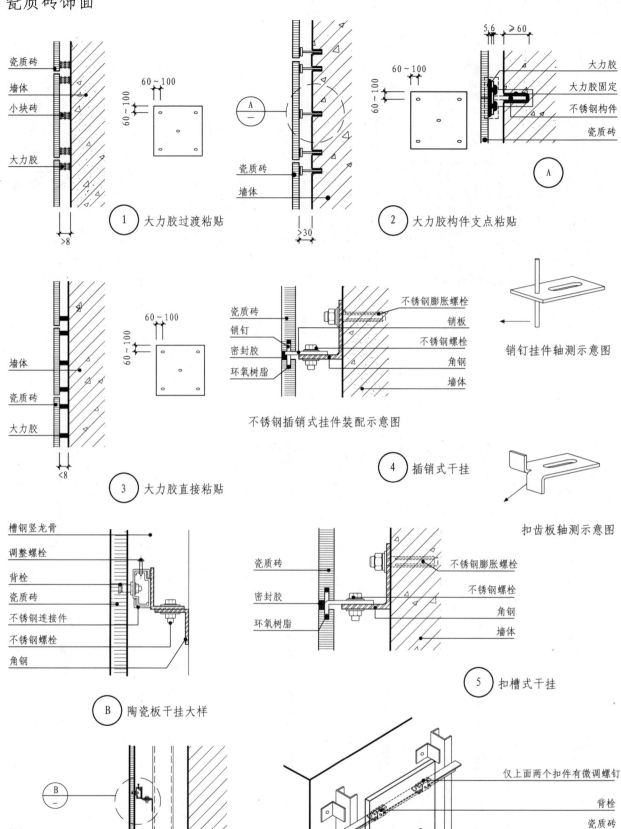

瓷质砖
墙体
小块砖

大力胶

60～100

>8

① 大力胶过渡粘贴

60～100

>30

瓷质砖
墙体

② 大力胶构件支点粘贴

5,6　≥60

大力胶
大力胶固定
不锈钢构件
瓷质砖

Ⓐ

墙体

瓷质砖

大力胶

60～100

<8

③ 大力胶直接粘贴

瓷质砖
销钉
密封胶
环氧树脂

不锈钢膨胀螺栓
销板
不锈钢螺栓
角钢
墙体

不锈钢插销式挂件装配示意图

销钉挂件轴测示意图

④ 插销式干挂

扣齿板轴测示意图

墙面

槽钢竖龙骨
调整螺栓
背栓
瓷质砖
不锈钢连接件
不锈钢螺栓
角钢

Ⓑ 陶瓷板干挂大样

瓷质砖
密封胶
环氧树脂

不锈钢膨胀螺栓
不锈钢螺栓
角钢
墙体

⑤ 扣槽式干挂

Ⓑ

槽钢
瓷质砖
背栓
角钢
槽钢

⑥ 通风式背栓陶瓷板干挂竖向剖面

仅上面两个扣件有微调螺钉
背栓
瓷质砖
槽钢
5#角钢
不锈钢连接件

⑦ 通风式背栓挂件装配示意

内墙瓷质砖饰面

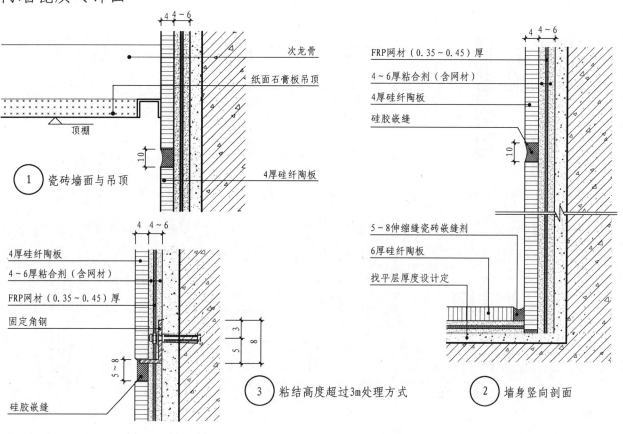

1 瓷砖墙面与吊顶

次龙骨
纸面石膏板吊顶
顶棚
4厚硅纤陶板

4 4~6

FRP网材（0.35~0.45）厚
4~6厚粘合剂（含网材）
4厚硅纤陶板
硅胶嵌缝

2 墙身竖向剖面

5~8伸缩缝瓷砖嵌缝剂
6厚硅纤陶板
找平层厚度设计定

4厚硅纤陶板
4~6厚粘合剂（含网材）
FRP网材（0.35~0.45）厚
固定角钢
硅胶嵌缝

3 粘结高度超过3m处理方式

墙
面

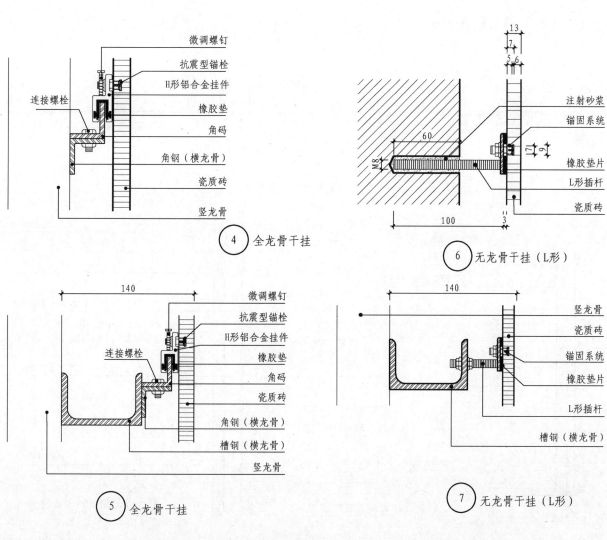

4 全龙骨干挂

微调螺钉
抗震型锚栓
H形铝合金挂件
橡胶垫
角码
角钢（横龙骨）
瓷质砖
竖龙骨
连接螺栓

6 无龙骨干挂（L形）

注射砂浆
锚固系统
橡胶垫片
L形插杆
瓷质砖

5 全龙骨干挂

微调螺钉
抗震型锚栓
H形铝合金挂件
橡胶垫
角码
瓷质砖
角钢（横龙骨）
槽钢（横龙骨）
竖龙骨
连接螺栓

7 无龙骨干挂（L形）

竖龙骨
瓷质砖
锚固系统
橡胶垫片
L形插杆
槽钢（横龙骨）

石材饰面湿贴（一）

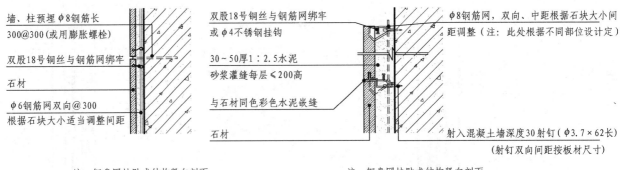

墙、柱预埋φ8钢筋长
300@300（或用膨胀螺栓）

双股18号铜丝与钢筋网绑牢

石材

φ6钢筋网双向@300
根据石块大小适当调整间距

双股18号铜丝与钢筋网绑牢
或φ4不锈钢挂钩

30~50厚1:2.5水泥

砂浆灌缝每层≤200高

与石材同色彩色水泥嵌缝

石材

φ8钢筋网，双向、中距根据石块大小间
距调整（注：此处根据不同部位设定）

射入混凝土墙深度30射钉（φ3.7×62长）
（射钉双向间距按板材尺寸）

注：钢盘网挂贴式结构竖向剖面。

注：钢盘网挂贴式结构竖向剖面。

Ⓐ 墙面石材湿贴构造

Ⓑ 墙面石材湿贴构造

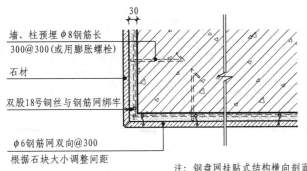

墙、柱预埋φ8钢筋长
300@300（或用膨胀螺栓）

石材

双股18号铜丝与钢筋网绑牢

φ6钢筋网双向@300
根据石块大小调整间距

注：钢盘网挂贴式结构横向剖面。

Ⓒ 墙面石材湿贴构造

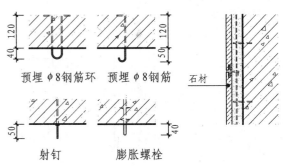

预埋φ8钢筋环　　预埋φ8钢筋

射钉　　　　　膨胀螺栓

石材

注：金属连接件。

注：锚固式结构竖向剖面。

Ⓓ 墙面石材湿贴构造

墙
面

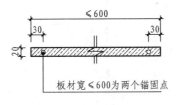

板材宽≤600为两个锚固点

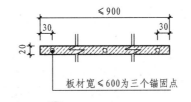

板材宽≤600为三个锚固点

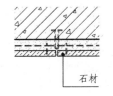

石材

Ⓔ 墙面石材湿贴构造

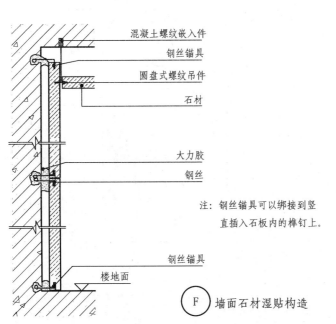

混凝土螺纹嵌入件

钢丝锚具

圆盘式螺纹吊件

石材

大力胶

钢丝

钢丝锚具

楼地面

注：钢丝锚具可以绑接到竖
直插入石板内的榫钉上。

Ⓕ 墙面石材湿贴构造

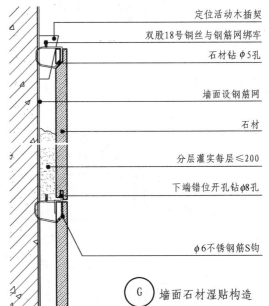

定位活动木插契

双股18号铜丝与钢筋网绑牢

石材钻φ5孔

墙面设钢筋网

石材

分层灌实每层≤200

下端错位开孔钻φ8孔

φ6不锈钢筋S钩

Ⓖ 墙面石材湿贴构造

石材饰面湿贴（二）

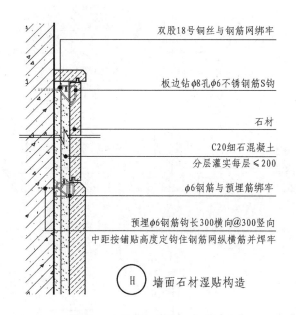

双股18号铜丝与钢筋网绑牢

板边钻φ8孔φ6不锈钢筋S钩

石材

C20细石混凝土
分层灌实每层≤200

φ6钢筋与预埋筋绑牢

预埋φ6钢筋钩长300横向@300竖向
中距按铺贴高度定钩住钢筋网纵横筋并焊牢

Ⓗ 墙面石材湿贴构造

双股18号铜丝与钢筋网绑牢

C20细石混凝土
分层灌实每层≤200
φ6不锈钢筋S钩
用1：2水泥砂浆填实
石材

板边钻φ8孔

φ6钢筋与预埋筋绑牢

预埋φ6钢筋钩长300横向@300竖向
中距按铺贴高度定钩住钢筋网纵横筋并焊牢

Ⓙ 墙面石材湿贴构造

常用微晶石饰面板的规格形状表（单位：mm）

规 格 形 状	厚 度	长 度	宽 度
平板面	18～20	1800	900
		1500	900
		1200	900
		900	900
		600	900
曲板面	18～20	母线	半径
		900	随设计要求变化

注：1. 内墙由于层高的限制，可挂石材的高度有限，可以采用湿挂法。外墙由于高度较高，一定要采用干挂法。

2. 本图以20厚石材为例，石材的品种、规格、颜色由设计定。

3. 本图石材铺贴采用钢筋网挂贴法或锚固法，高度≤4000。墙面布φ6钢筋网双向@300(可根据石块大小适当调整勾焊间距)，横、竖钢筋交接点与墙内预埋钢筋石材上端打孔后，用铜丝或不锈钢与钢筋网扎牢。

4. 为防止石材水斑、白华等产生，应使用石材专用防护剂进行防护处理。

5. 碰头缝石面应作磨光处理。

6. 施工中可根据现场酌情调整不同基层厚度。

墙
面

石材（砖）接缝形式

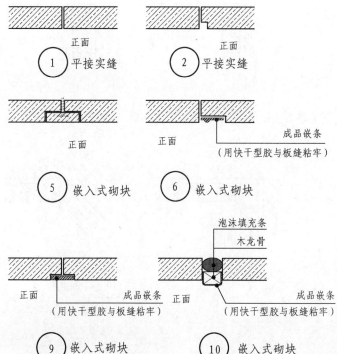

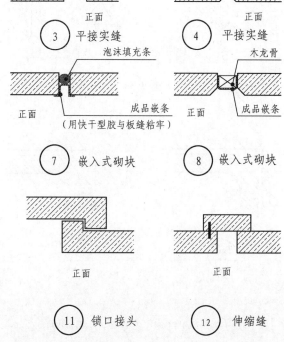

① 平接实缝　② 平接实缝　③ 平接实缝　④ 平接实缝

⑤ 嵌入式砌块　⑥ 嵌入式砌块　⑦ 嵌入式砌块　⑧ 嵌入式砌块

⑨ 嵌入式砌块　⑩ 嵌入式砌块　⑪ 锁口接头　⑫ 伸缩缝

正面
泡沫填充条
成品嵌条
（用快干型胶与板缝粘牢）
木龙骨

87

石材（砖）转角形式

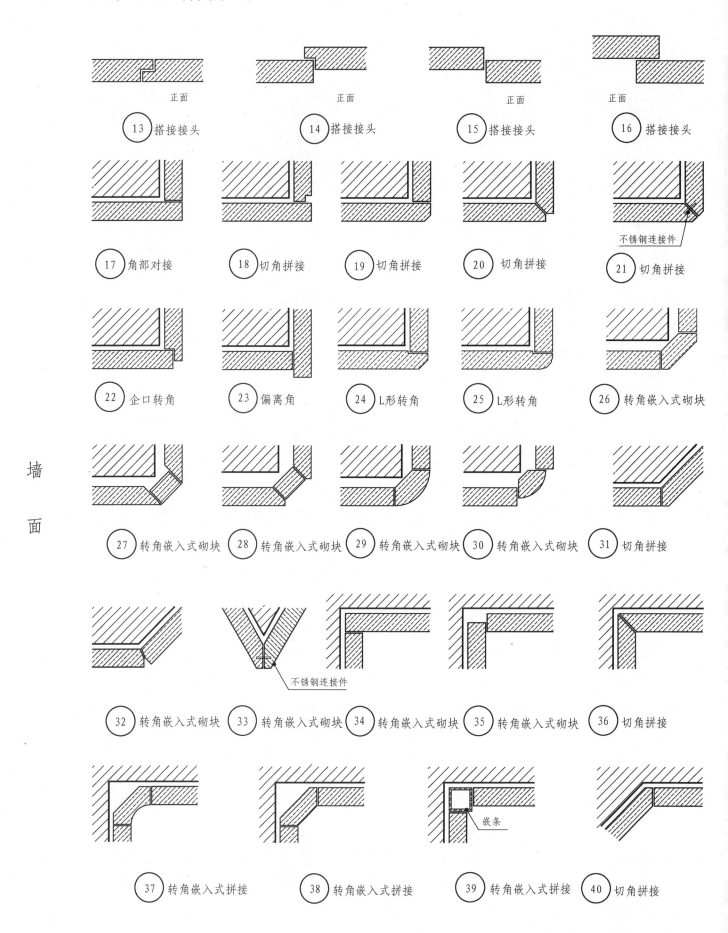

墙面

正面 ⑬ 搭接接头　正面 ⑭ 搭接接头　正面 ⑮ 搭接接头　正面 ⑯ 搭接接头

⑰ 角部对接　⑱ 切角拼接　⑲ 切角拼接　⑳ 切角拼接　㉑ 切角拼接（不锈钢连接件）

㉒ 企口转角　㉓ 偏离角　㉔ L形转角　㉕ L形转角　㉖ 转角嵌入式砌块

㉗ 转角嵌入式砌块　㉘ 转角嵌入式砌块　㉙ 转角嵌入式砌块　㉚ 转角嵌入式砌块　㉛ 切角拼接

㉜ 转角嵌入式砌块　㉝ 转角嵌入式砌块（不锈钢连接件）　㉞ 转角嵌入式砌块　㉟ 转角嵌入式砌块　㊱ 切角拼接

㊲ 转角嵌入式拼接　㊳ 转角嵌入式拼接　㊴ 转角嵌入式拼接（嵌条）　㊵ 切角拼接

注：⑰～㉝为阳角转角形式，㉞～㊵为阴角转角形式。

石材饰面干挂（一）

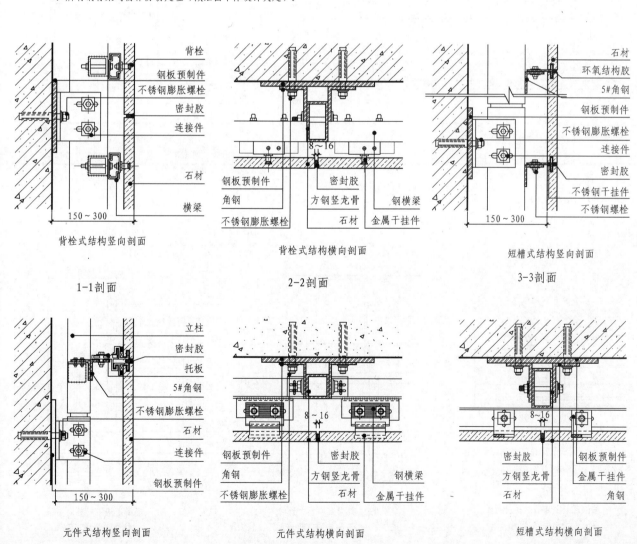

注：1. 此节点适用于结构承重墙，如建筑墙体为轻质隔墙则
    槽钢竖龙骨要至结构楼板底生根固定；
    2. 所有钢骨架均需作防锈处理（做法由个体设计决定）。

干挂石材墙面立面

墙面

背栓式结构竖向剖面

1-1剖面

背栓式结构横向剖面

2-2剖面

短槽式结构竖向剖面

3-3剖面

元件式结构竖向剖面

4-4剖面

元件式结构横向剖面

5-5剖面

短槽式结构横向剖面

6-6剖面

石材饰面干挂（二）

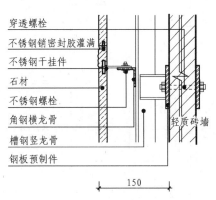

穿透螺栓
不锈钢销密封胶灌满
不锈钢干挂件
石材
不锈钢螺栓
角钢横龙骨
槽钢竖龙骨
钢板预制件

150

轻质砖墙

注：轻质砌体墙石材竖向剖面；
石材饰面距墙150左右。

7-7剖面

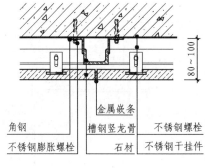

角钢
不锈钢膨胀螺栓
金属嵌条
槽钢竖龙骨
石材
不锈钢螺栓
不锈钢干挂件

注：混凝土墙石材横向剖面；
石材饰面距墙100左右。

8-8剖面

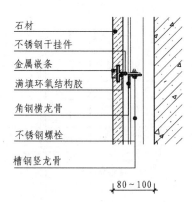

石材
不锈钢干挂件
金属嵌条
满填环氧结构胶
角钢横龙骨
不锈钢螺栓
槽钢竖龙骨

80～100

注：混凝土墙石材竖向剖面；
石材饰面距墙100左右。

9-9剖面

墙 面

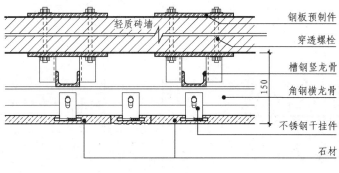
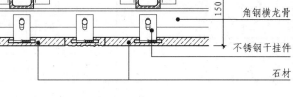

轻质砖墙
钢板预制件
穿透螺栓
槽钢竖龙骨
角钢横龙骨
不锈钢干挂件
石材

150

注：轻质砌体墙石材横向剖面；
石材饰面距墙150左右。

10-10剖面

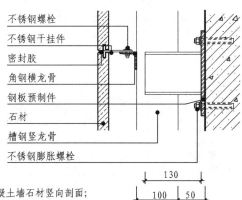

不锈钢螺栓
不锈钢干挂件
密封胶
角钢横龙骨
钢板预制件
石材
槽钢竖龙骨
不锈钢膨胀螺栓

130
100 50

注：混凝土墙石材竖向剖面；
石材饰面突出墙面距离较大。

11-11剖面

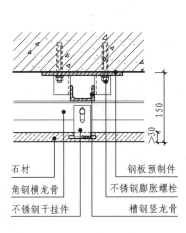

石材
角钢横龙骨
不锈钢干挂件
钢板预制件
不锈钢膨胀螺栓
槽钢竖龙骨

150
≥30

注：混凝土墙石材横向剖面；
石材饰面距墙150左右。

12-12剖面

石材
槽钢竖龙骨
不锈钢干挂件
钢板预制件
不锈钢膨胀螺栓
角钢横龙骨

50
130
100
50
≥30

注：混凝土墙石材竖向剖面；
石材饰面突出墙面距离较大。

13-13剖面

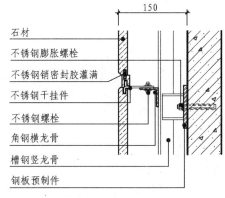

石材
不锈钢膨胀螺栓
不锈钢销密封胶灌满
不锈钢干挂件
不锈钢螺栓
角钢横龙骨
槽钢竖龙骨
钢板预制件

150

注：混凝土墙石材竖向剖面；
石材饰面距墙150左右。

14-14剖面

石材饰面干挂（三）

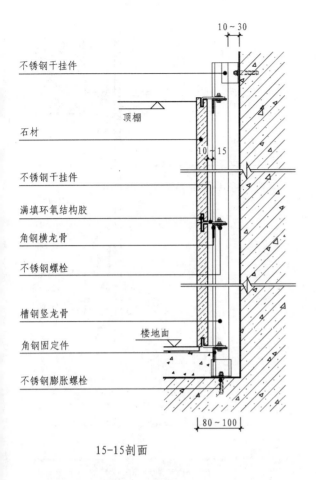

不锈钢干挂件
顶棚
石材
不锈钢干挂件
满填环氧结构胶
角钢横龙骨
不锈钢螺栓
槽钢竖龙骨
角钢固定件
楼地面
不锈钢膨胀螺栓

10～30
10～15
80～100

15-15剖面

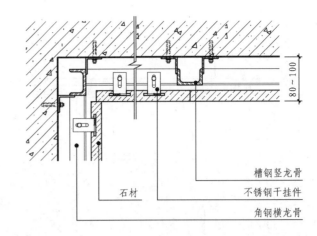

槽钢竖龙骨
不锈钢干挂件
角钢横龙骨
石材
80～100

18-18剖面

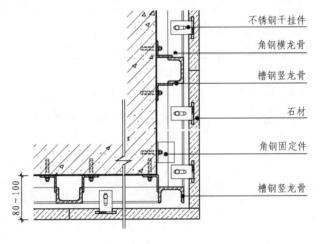

不锈钢干挂件
角钢横龙骨
槽钢竖龙骨
石材
角钢固定件
槽钢竖龙骨
80～100

19-19剖面

墙面

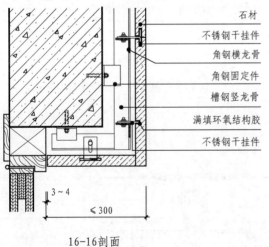

石材
不锈钢干挂件
角钢横龙骨
角钢固定件
槽钢竖龙骨
满填环氧结构胶
不锈钢干挂件

3～4
≤300

16-16剖面

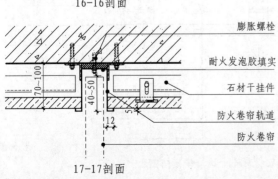

膨胀螺栓
耐火发泡胶填实
石材干挂件
防火卷帘轨道
防火卷帘

170～100
40～50
5
12

17-17剖面

注：1. 干挂石材钢骨架未表示；
2. 防火卷帘与结构墙体之间的空隙应用耐火发泡胶或其他耐火材料填实，耐火等级应不低于该处防火卷帘；
3. 高等级装修部位防火卷帘轨道的材料和表面处理应在个体设计中说明。

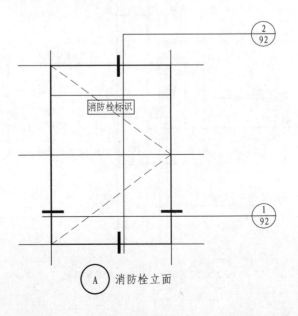

2
92

消防栓标识

1
92

A 消防栓立面

91

石材饰面干挂

消防栓箱

不锈钢干挂件
角钢
止推轴承
石材
槽钢

1-1剖面

消防栓箱

原建筑墙体
角钢
槽钢
石材

60°
3～4

角钢
不锈钢背栓

限位短角钢设在上方
止推轴承立轴φ18与角钢边框焊牢

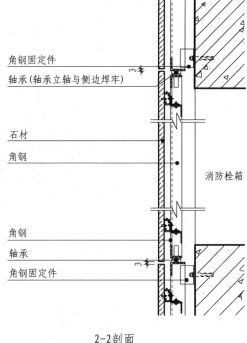

角钢固定件
轴承(轴承立轴与侧边焊牢)
3
石材
角钢
消防栓箱
角钢
轴承
角钢固定件
3

2-2剖面

A

注: 1.石材饰面消防栓门上应有明显标识,设计应征得消防部门审批同意;

2.石材饰面消防栓门为立柱门,仅能开启90°,门扇开启后门洞净尺寸
应大于消防栓尺寸;

3.门扇立轴用止推轴承固定,立轴位置宜尽量靠外靠边;

4.门扇上的石材应统一安排工厂加工,尤其有明显纹理的石材,更应注意对纹。

墙

面

石材背栓干挂

210
30 50 50 100 30
210

分格尺寸   分格尺寸

30厚花岗石材   预埋件
不锈钢背栓   L90×56角钢
铝合金F形挂件   M12不锈钢螺栓
5#角钢   50×5钢角码

① 石材背栓干挂墙体横向剖面

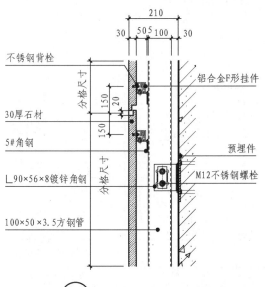

210
30 50 50 100 30

不锈钢背栓
分格尺寸
150
20
铝合金F形挂件
30厚石材
150
5#角钢
分格尺寸
L90×56×8镀锌角钢
预埋件
M12不锈钢螺栓
100×50×3.5方钢管

② 石材背栓干挂墙体纵向剖面

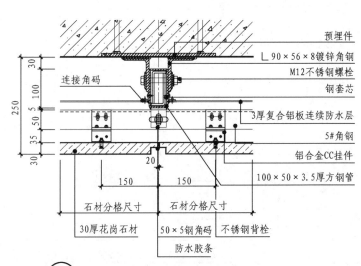

250
30 50 5 100 35 30

连接角码
预埋件
L90×56×8镀锌角钢
M12不锈钢螺栓
钢套芯
3厚复合铝板连续防水层
5#角钢
铝合金CC挂件
100×50×3.5厚方钢管
20
150 150
30厚花岗石材   50×5钢角码   不锈钢背栓
防水胶条

③ 石材背栓干挂墙体横向剖面

石材背栓干挂(一)

图4 石材背栓干挂墙体窗横向安装剖面

标注：M8膨胀螺栓、预埋件、固定件(@=350)、双层中空钢化玻璃、密封胶后置泡沫棒、M12不锈钢螺栓、50×5钢角码、30厚花岗石材、铝型材转角连接件、3厚复合铝板连续防水层、L90×56×8镀锌角钢、M12不锈钢螺栓、分格尺寸、分格尺寸、30厚石材、铝合金CC挂件、5#角钢、3厚复合铝板连续防水层

- 4 石材背栓干挂墙体窗横向安装剖面

图5 石材背栓干挂墙体阳角横剖面

标注：250、30 35 50 5 100 30、预埋件、防水胶条、5#角钢、铝合金CC挂件、不锈钢背栓、50×5钢角码、30厚花岗石材、石材分格尺寸、石材分格尺寸、连接角码、钢套芯、100×50×3.5厚方钢管、250、30 35 50 5 100 30

- 5 石材背栓干挂墙体阳角横剖面

图6 石材背栓干挂墙体纵向剖面

标注：250、30 35 50 5 100 30、30厚花岗石材、不锈钢背栓、3厚复合铝板连续防水层、铝合金CC挂件、铆钉、50×5钢角码、5#角钢、110 110 110 20、预埋件、M12不锈钢螺栓、100×50×3.5方钢管、90×56×8镀锌角钢

- 6 石材背栓干挂墙体纵向剖面

图7 石材背栓干挂墙体阴角横剖面

标注：235、30 35 50 5 85 30、3厚复合铝板连续防水层、5#角钢、L90×56×8镀锌角钢、铝合金CC挂件、不锈钢背栓、M12不锈钢螺栓、石材分格尺寸、石材分格尺寸、235、30 35 35 30 5 5 50 85 30、30厚花岗石材、预埋件、钢套芯、50×5钢角码、5#角钢、连接角码、100×50×3.5厚方钢管

- 7 石材背栓干挂墙体阴角横剖面

图A

标注：20、30厚花岗石材、不锈钢背栓、铝合金CC挂件、50×5钢钢角码、连接角码、铆钉、100×50×3.5方钢管、5#角钢

- A

图8 石材背栓干挂墙体横向剖面

标注：钢筋混凝土墙体、不锈钢背栓、U形插杆胶垫、分格尺寸、分隔尺寸、10、分隔尺寸、20厚石材

- 8 石材背栓干挂墙体横向剖面

图9 石材背栓干挂墙体纵向剖面

标注：20厚石材饰面、粉刷层、密封胶、泡沫条、钢板100×100×5、不锈钢背栓、M10膨胀螺栓加长、U形插杆胶垫、20、30、混凝土墙体、10

- 9 石材背栓干挂墙体纵向剖面

墙面

93

墙

面

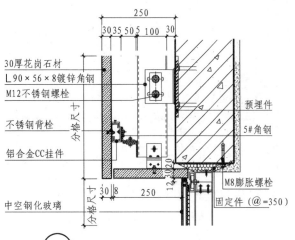

30厚花岗石材
L 90×56×8镀锌角钢
M12不锈钢螺栓
不锈钢背栓
铝合金CC挂件
中空钢化玻璃
分格尺寸
250
30 35 50 5 100 30
预埋件
5#角钢
M8膨胀螺栓
固定件(@=350)
30 8 250
分格尺寸
12 30 20

⑩ 石材背栓干挂墙体窗纵向安装剖面

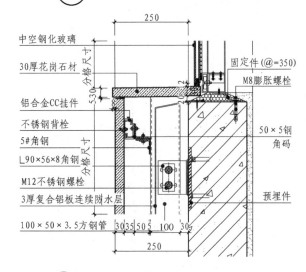

中空钢化玻璃
30厚花岗石材
铝合金CC挂件
不锈钢背栓
5#角钢
L 90×56×8角钢
M12不锈钢螺栓
3厚复合铝板连续防水层
100×50×3.5方钢管
250
30 35 50 5 100 30
分格尺寸
5 30 8
固定件(@=350)
M8膨胀螺栓
50×5钢
角码
预埋件

⑪ 石材背栓干挂墙体窗纵向安装剖面

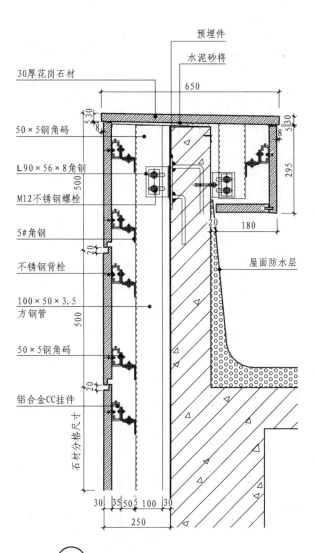

30厚花岗石材
50×5钢角码
L 90×56×8角钢
M12不锈钢螺栓
5#角钢
不锈钢背栓
100×50×3.5方钢管
50×5钢角码
铝合金CC挂件
石材分格尺寸
预埋件
水泥砂将
650
5 30 8 5 30
295
500
180
20
500
20
20
屋面防水层
30 35 50 5 100 30
250

⑫ 石材背栓干挂女儿墙安装剖面

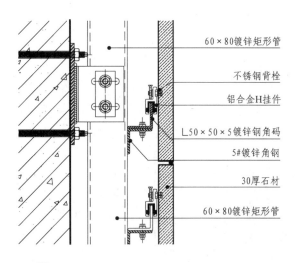

60×80镀锌矩形管
不锈钢背栓
铝合金H挂件
L 50×50×5镀锌钢角码
5#镀锌角钢
30厚石材
60×80镀锌矩形管

⑬ 石材背栓干挂墙体纵向剖面

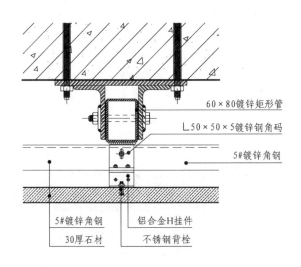

60×80镀锌矩形管
L 50×50×5镀锌钢角码
5#镀锌角钢
5#镀锌角钢
30厚石材
铝合金H挂件
不锈钢背栓

⑭ 石材背栓干挂墙体横向剖面

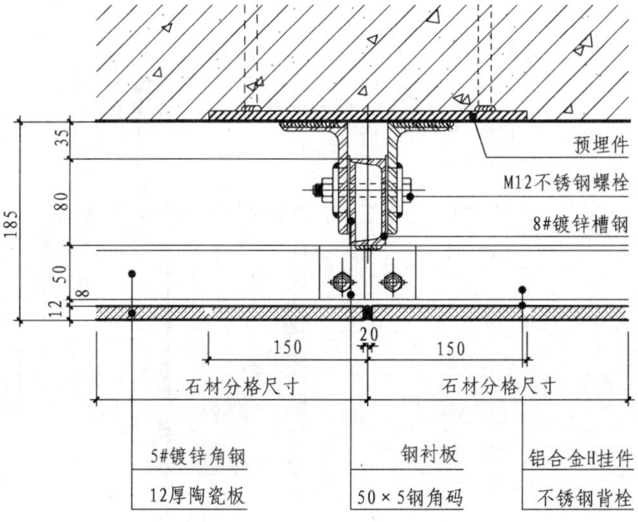
预埋件
M12不锈钢螺栓
8#镀锌槽钢
35
80
50
8
12
185
150
20
150
石材分格尺寸
石材分格尺寸
5#镀锌角钢
12厚陶瓷板
钢衬板
50×5钢角码
铝合金H挂件
不锈钢背栓

1 陶瓷板背栓干挂(一)墙体横向剖面

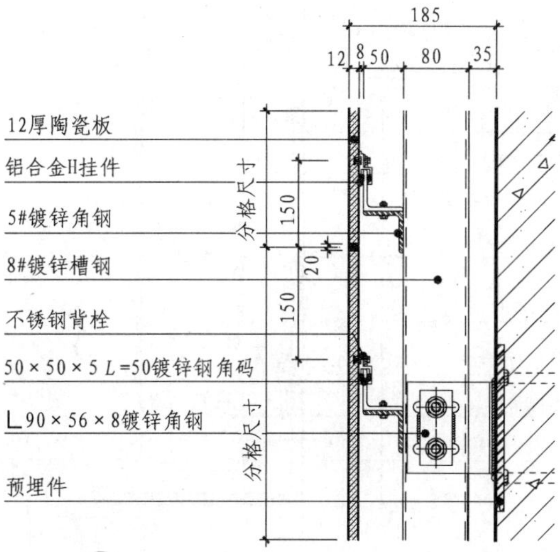
185
12
8
50
80
35
12厚陶瓷板
铝合金H挂件
5#镀锌角钢
8#镀锌槽钢
不锈钢背栓
50×50×5 L=50镀锌钢角码
L90×56×8镀锌角钢
预埋件
分格尺寸
150
20
150
分格尺寸

2 陶瓷板背栓干挂(一)墙体纵向剖面

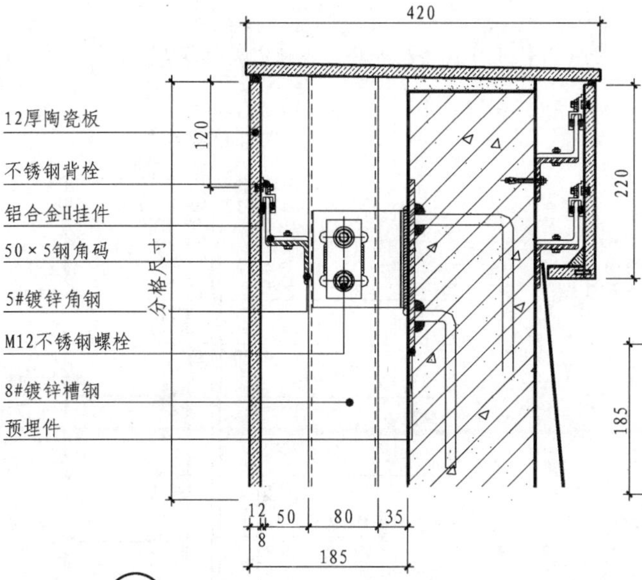
420
12厚陶瓷板
不锈钢背栓
铝合金H挂件
50×5钢角码
5#镀锌角钢
M12不锈钢螺栓
8#镀锌槽钢
预埋件
120
分格尺寸
220
12
8
50
80
35
185

3 陶瓷板背栓干挂女儿墙剖面

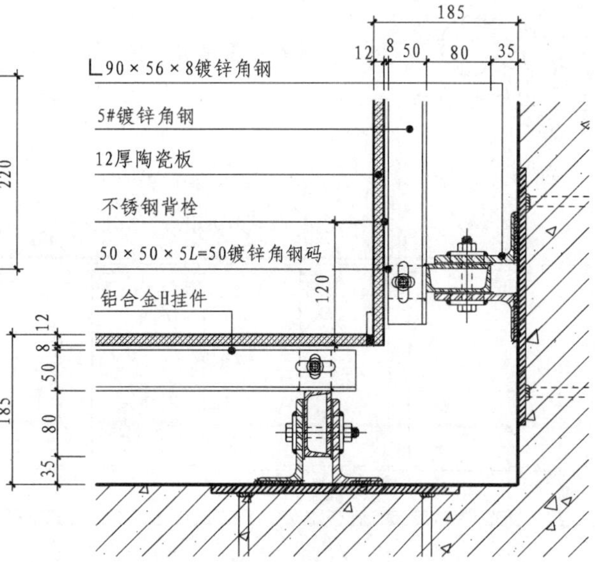
185
12
8
50
80
35
L90×56×8镀锌角钢
5#镀锌角钢
12厚陶瓷板
不锈钢背栓
50×50×5L=50镀锌角钢码
铝合金H挂件
120
12
8
50
80
35
185

4 陶瓷板背栓干挂阴角墙剖面

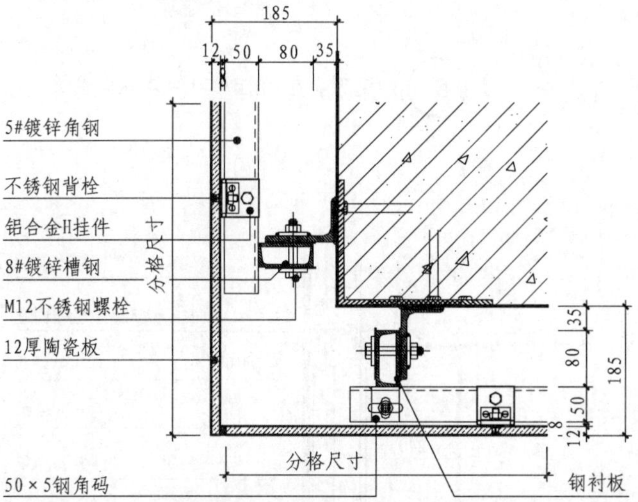
185
12
50
80
35
5#镀锌角钢
不锈钢背栓
铝合金H挂件
8#镀锌槽钢
M12不锈钢螺栓
12厚陶瓷板
分格尺寸
35
80
50
8
12
185
分格尺寸
50×5钢角码
钢衬板

5 陶瓷板背栓干挂阳角墙剖面

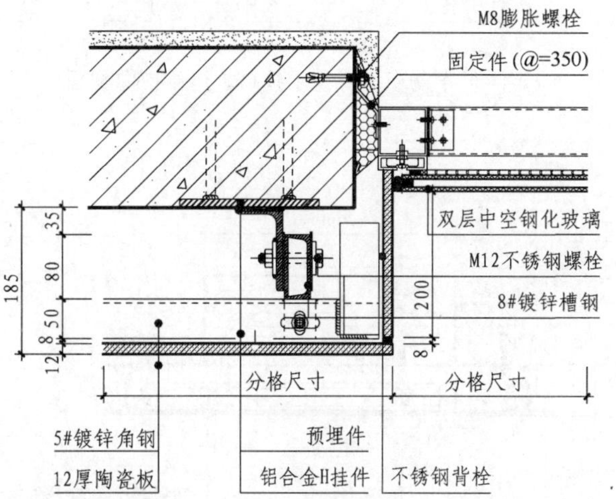
M8膨胀螺栓
固定件(@=350)
双层中空钢化玻璃
M12不锈钢螺栓
8#镀锌槽钢
35
80
50
8
12
185
200
8
分格尺寸
分格尺寸
5#镀锌角钢
12厚陶瓷板
预埋件
铝合金H挂件
不锈钢背栓

6 陶瓷板背栓干挂墙窗横向安装剖面

墙面

陶瓷板背栓干挂(二)

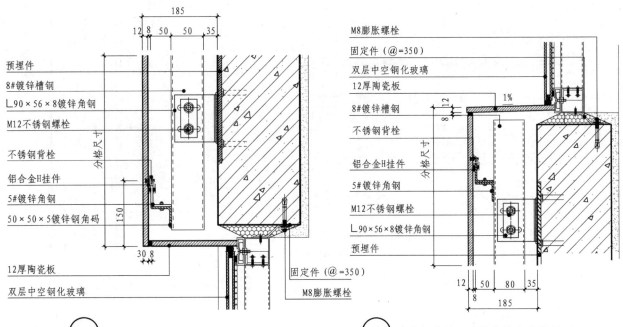

预埋件
8#镀锌槽钢
L90×56×8镀锌角钢
M12不锈钢螺栓
不锈钢背栓
铝合金H挂件
5#镀锌角钢
50×50×5镀锌钢角码

12厚陶瓷板
双层中空钢化玻璃

分格尺寸

185
12 8 50 50 35
150
30 8

⑦ 陶瓷板背栓干挂墙窗纵向安装剖面

M8膨胀螺栓
固定件(@=350)
双层中空钢化玻璃
12厚陶瓷板
8#镀锌槽钢
不锈钢背栓
铝合金H挂件
5#镀锌角钢
M12不锈钢螺栓
L90×56×8镀锌角钢
预埋件

固定件(@=350)
M8膨胀螺栓

分格尺寸

8 12
1%
12 50 80 35
8
185

⑧ 陶瓷板背栓干挂墙窗纵向安装剖面

墙
面

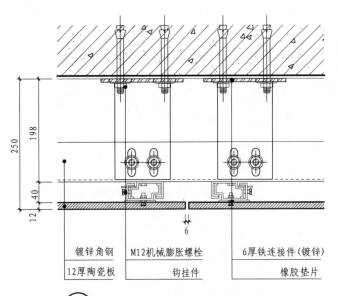

250
198
40
12
6

镀锌角钢   M12机械膨胀螺栓   6厚铁连接件(镀锌)
12厚陶瓷板   钩挂件   橡胶垫片

⑨ 陶瓷板背栓干挂(二)墙体横向剖面

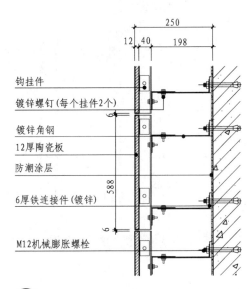

钩挂件
镀锌螺钉(每个挂件2个)
镀锌角钢
12厚陶瓷板
防潮涂层
6厚铁连接件(镀锌)
M12机械膨胀螺栓

250
12 40 198
6
588
6

⑩ 陶瓷板背栓干挂(二)墙体纵向剖面

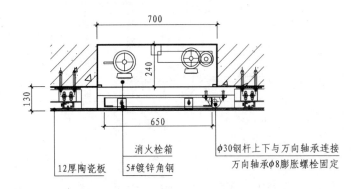

700
240
130
650

消火栓箱   φ30钢杆上下与万向轴承连接
12厚陶瓷板   5#镀锌角钢   万向轴承φ8膨胀螺栓固定

陶瓷板背栓干挂墙体暗藏消防箱横向剖面

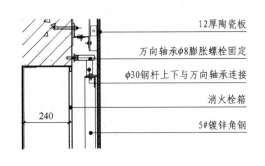

12厚陶瓷板
万向轴承φ8膨胀螺栓固定
φ30钢杆上下与万向轴承连接
消火栓箱
5#镀锌角钢

240

陶瓷板背栓干挂墙体暗藏消防箱纵向剖面

陶瓷板背栓干挂（三）

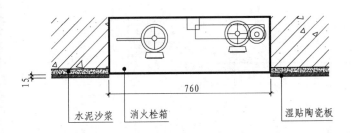

陶瓷板背栓干挂墙体明装消防箱横向剖面

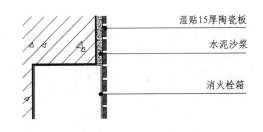

- 湿贴15厚陶瓷板
- 水泥沙浆
- 消火栓箱

陶瓷板背栓干挂墙体明装消防箱纵向剖面

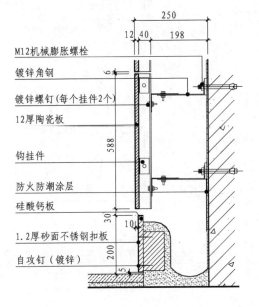

- M12机械膨胀螺栓
- 镀锌角钢
- 镀锌螺钉（每个挂件2个）
- 12厚陶瓷板
- 钩挂件
- 防火防潮涂层
- 硅酸钙板
- 1.2厚砂面不锈钢扣板
- 自攻钉（镀锌）

(11) 陶瓷板背栓干挂墙体和踢脚连接剖面

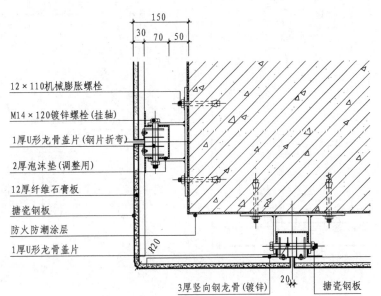

- 12×110机械膨胀螺栓
- M14×120镀锌螺栓（挂轴）
- 1厚U形龙骨盖片（钢片折弯）
- 2厚泡沫垫（调整用）
- 12厚纤维石膏板
- 搪瓷钢板
- 防火防潮涂层
- 1厚U形龙骨盖片
- 3厚竖向钢龙骨（镀锌）
- 搪瓷钢板

(1) 搪瓷钢板背栓干挂转角墙体横向剖面

墙面

搪瓷钢板背栓干挂

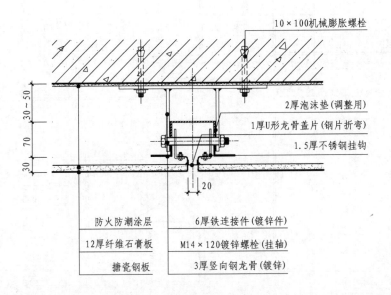

- 10×100机械膨胀螺栓
- 2厚泡沫垫（调整用）
- 1厚U形龙骨盖片（钢片折弯）
- 1.5厚不锈钢挂钩
- 防火防潮涂层
- 12厚纤维石膏板
- 搪瓷钢板
- 6厚铁连接件（镀锌件）
- M14×120镀锌螺栓（挂轴）
- 3厚竖向钢龙骨（镀锌）

(2) 搪瓷钢板背栓干挂墙体横向剖面

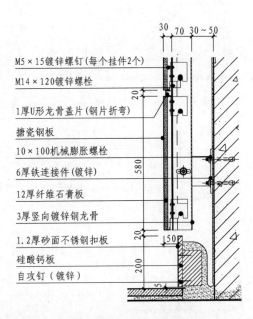

- M5×15镀锌螺钉（每个挂件2个）
- M14×120镀锌螺栓
- 1厚U形龙骨盖片（钢片折弯）
- 搪瓷钢板
- 10×100机械膨胀螺栓
- 6厚铁连接件（镀锌）
- 12厚纤维石膏板
- 3厚竖向镀锌钢龙骨
- 1.2厚砂面不锈钢扣板
- 硅酸钙板
- 自攻钉（镀锌）

(3) 搪瓷钢板背栓干挂墙体纵向剖面

铝合金单板饰面(一)

墙面

① 顶棚 / 密封材料 / 泡沫棒 / 角钢 / 角钢 / 角铝 / 角钢 / 铝合金单板 / 100～300

② 墙体 / 射钉 / 粉刷层 / 铝合金立柱 / 铝合金单板 / 角铝 / 泡沫棒 / 密封材料 / 100～300 / ≥50

③ 粉刷层 / 密封材料 / 泡沫棒 / 墙体 / 铝合金单板 / 铝合金立柱 / 铝合金横梁 / 螺钉 / 泡沫棒 / 密封材料 / ≥50 / ≥50 / 100～300

④ 100～300 / 铝合金单板 / 角铝 / 角钢 / 角钢 / 密封材料 / 楼地面 / 泡沫棒

⑤ 膨胀螺栓 / 钢板 / 角钢 / 角钢 / 角铝 / 射钉 / 墙体 / 粉刷层 / 铝合金单板 / 密封材料 / 泡沫棒 / 100～300

⑥ ≥50 / 墙体 / 螺钉 / 钢板 / 泡沫棒 / 泡沫棒 / 密封材料 / 铝合金单板 / 密封材料 / 100～300

铝合金单板饰面阳角构造(一)
100～300 / 钢板 / 角钢 / 铝板 / 角钢 / 钢立柱 / 螺钉 / 泡沫棒 / 密封材料 / 100～300

铝合金单板饰面阳角构造(二)
100～300 / 钢板 / 螺钉 / 角铝 / 泡沫棒 / 密封材料 / 焊缝 / 铝板 / 角钢 / 角钢 / 钢板 / 角钢 / 100～300

铝合金单板饰面阳角构造(三)
100～300 / 铝合金横梁 / 铝板 / 铝合金立柱 / 螺钉 / 泡沫棒 / 角铝 / 密封材料 / 铝板 / 100～300

铝合金单板饰面阳角构造(四)
100～300 / 铝合金横梁 / 铝板 / 铝合金立柱 泡沫棒 / 密封材料 / 铝板 / 螺钉 / 角铝 / 泡沫棒 / 密封材料 / 100～300

铝合金单板饰面阳角构造(五)
角钢 / 钢板 / 膨胀螺栓 / 铝板 / 角钢 / 焊缝 / 泡沫棒 / 螺钉 / 密封材料 / 角铝 / 铝板 / ≥100 / 100～300

铝合金单板饰面阳角构造(六)
100～300 / 铝板 / 螺钉 / 角铝 / 泡沫棒 / 密封材料 / 扁钢带 / 铝板(R≤700) / R / 100～300

98

铝合金单板饰面（二）

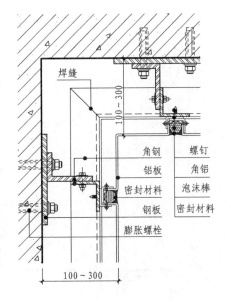

铝合金单板饰面阴角构造（一）

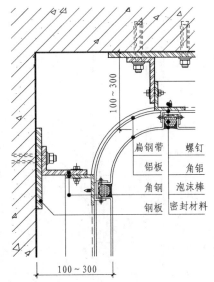

铝合金单板饰面阴角构造（二）

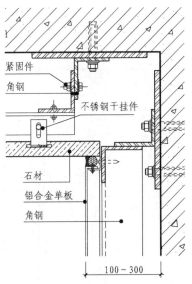

铝合金单板饰面阴角构造（三）

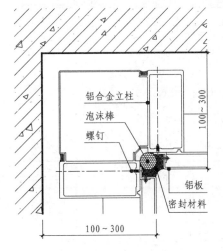

铝合金单板饰面阴角构造（四）

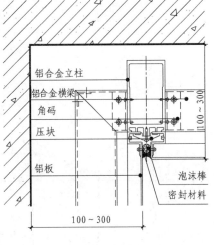

铝合金单板饰面阴角构造（五）

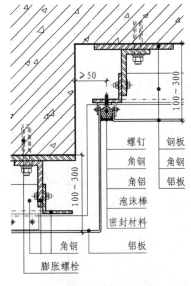

铝合金单板饰面阴角构造（六）

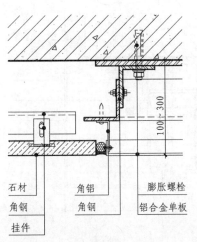

铝合金单板饰面与石材（一）

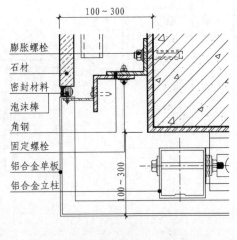

铝合金单板饰面与石材（二）

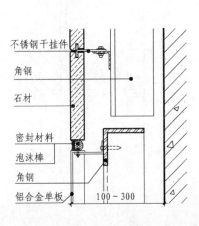

铝合金单板饰面与石材（三）

墙面

99

铝塑复合板饰面

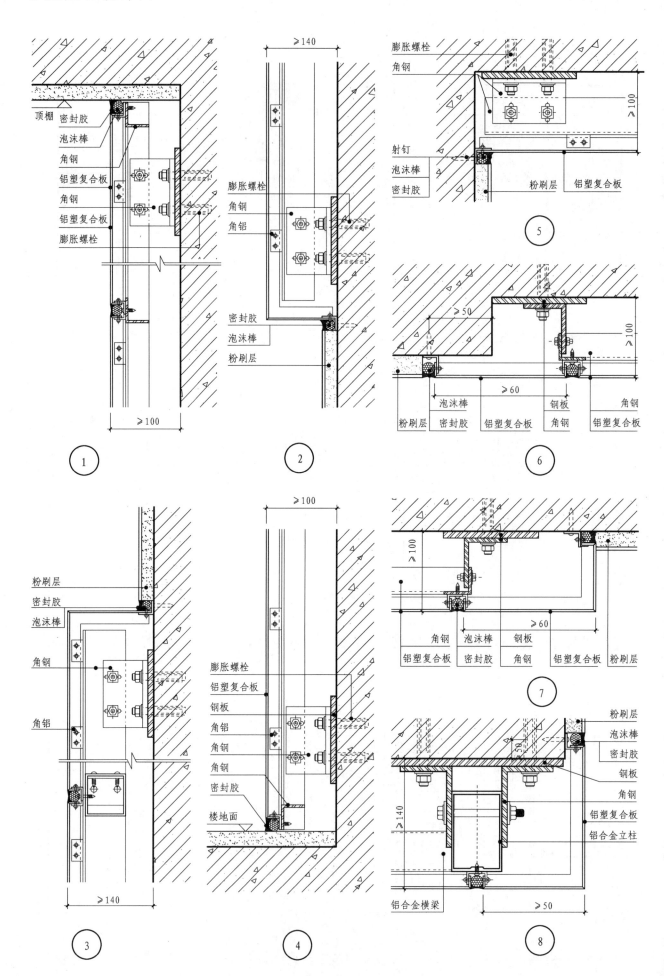

顶棚
密封胶
泡沫棒
角钢
铝塑复合板
角钢
铝塑复合板
膨胀螺栓

≥100

①

膨胀螺栓
角钢
角铝

密封胶
泡沫棒
粉刷层

≥140

②

膨胀螺栓
角钢
射钉
泡沫棒
密封胶

粉刷层   铝塑复合板

≥100

⑤

泡沫棒   钢板
粉刷层 密封胶 铝塑复合板 角钢 铝塑复合板

≥50
≥60
≥100

⑥

墙

面

粉刷层
密封胶
泡沫棒

角钢

角铝

≥140

③

膨胀螺栓
铝塑复合板
钢板
角铝
角钢
角钢

密封胶

楼地面

≥100

④

角钢 泡沫棒 钢板
铝塑复合板 密封胶 角钢 铝塑复合板 粉刷层

≥100
≥60

⑦

粉刷层
泡沫棒
密封胶
钢板
角钢
铝塑复合板
铝合金立柱

铝合金横梁

≥140
≥50

⑧

铝塑复合板饰面

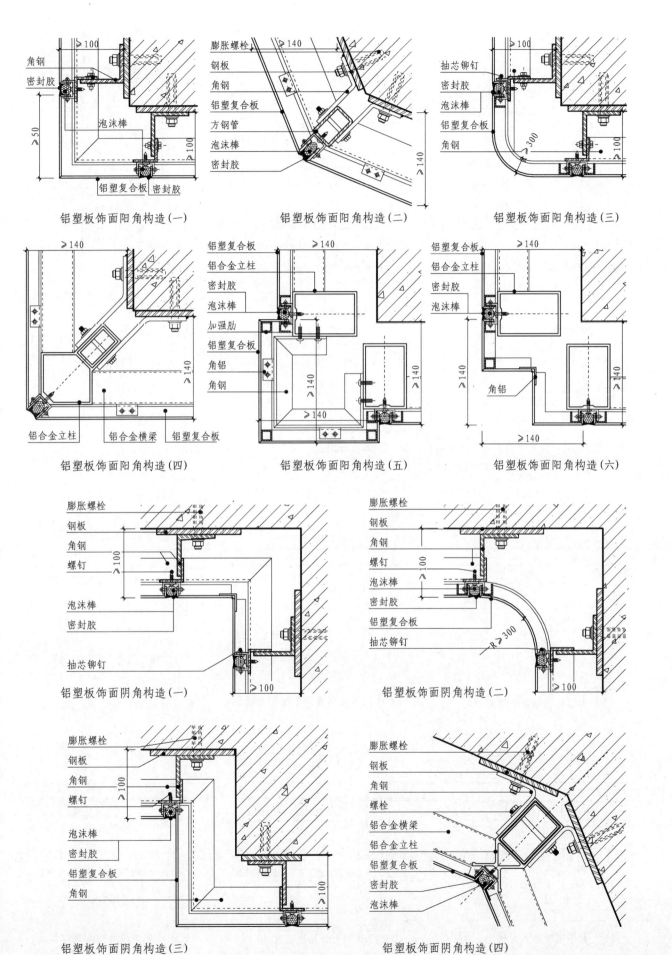

角钢
密封胶
≥100
≥50
泡沫棒
≥100
铝塑复合板　密封胶

铝塑板饰面阳角构造(一)

膨胀螺栓
钢板
角钢
铝塑复合板
方钢管
泡沫棒
密封胶
≥140
≥140

铝塑板饰面阳角构造(二)

抽芯铆钉
密封胶
泡沫棒
铝塑复合板
角钢
≥100
≥300
≥100

铝塑板饰面阳角构造(三)

≥140
≥140

铝合金立柱　铝合金横梁　铝塑复合板

铝塑板饰面阳角构造(四)

铝塑复合板
铝合金立柱
密封胶
泡沫棒
加强肋
铝塑复合板
角铝
角钢
≥140
≥140
≥140

铝塑板饰面阳角构造(五)

铝塑复合板
铝合金立柱
密封胶
泡沫棒
≥140
≥140
≥140
角铝
≥140

铝塑板饰面阳角构造(六)

墙

面

膨胀螺栓
钢板
角钢
螺钉
≥100
泡沫棒
密封胶
抽芯铆钉
≥100

铝塑板饰面阴角构造(一)

膨胀螺栓
钢板
角钢
螺钉
≥100
泡沫棒
密封胶
铝塑复合板
抽芯铆钉
R≥300
≥100

铝塑板饰面阴角构造(二)

膨胀螺栓
钢板
角钢
螺钉
≥100
泡沫棒
密封胶
铝塑复合板
角钢
≥100

铝塑板饰面阴角构造(三)

膨胀螺栓
钢板
角钢
螺栓
铝合金横梁
铝合金立柱
铝塑复合板
密封胶
泡沫棒

铝塑板饰面阴角构造(四)

101

铝塑复合板饰面与其他材质交接

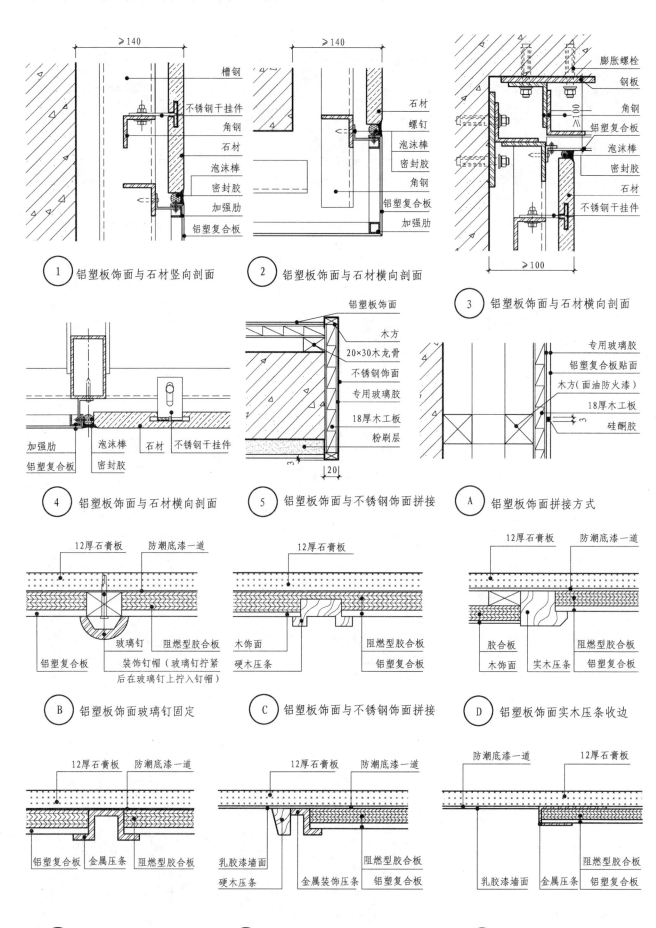

墙面

① 铝塑板饰面与石材竖向剖面

② 铝塑板饰面与石材横向剖面

③ 铝塑板饰面与石材横向剖面

④ 铝塑板饰面与石材横向剖面

⑤ 铝塑板饰面与不锈钢饰面拼接

Ⓐ 铝塑板饰面拼接方式

Ⓑ 铝塑板饰面玻璃钉固定

Ⓒ 铝塑板饰面与不锈钢饰面拼接

Ⓓ 铝塑板饰面实木压条收边

Ⓔ 铝塑板饰面金属压条固定

Ⓕ 铝塑板饰面金属压条收边

Ⓖ 铝塑板饰面金属压条收边

金属饰面板

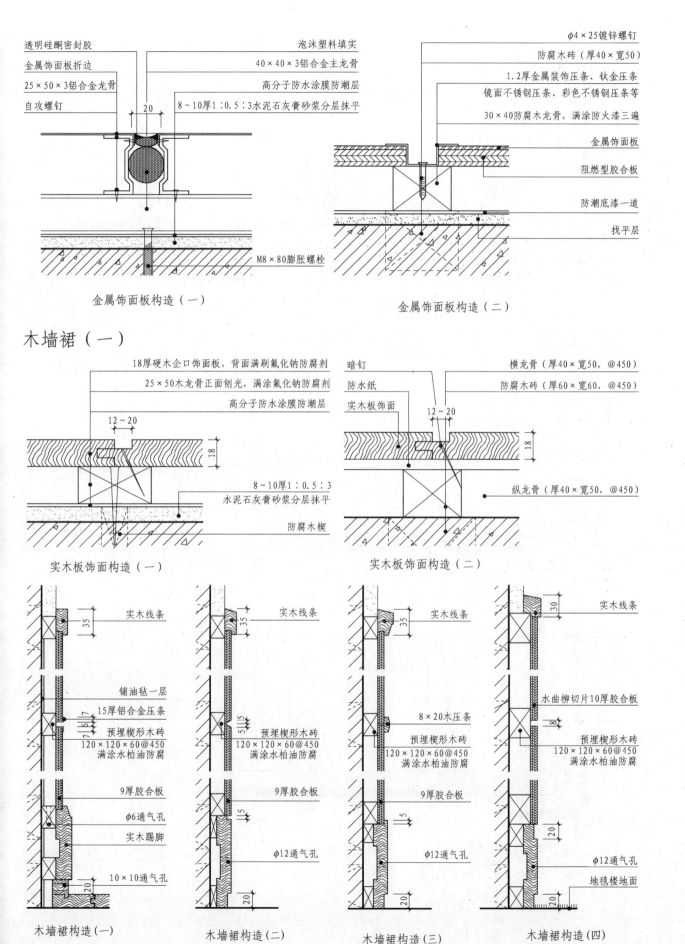

金属饰面板构造（一）

透明硅酮密封胶
金属饰面板折边
25×50×3铝合金龙骨
自攻螺钉
20
泡沫塑料填实
40×40×3铝合金主龙骨
高分子防水涂膜防潮层
8～10厚1:0.5:3水泥石灰膏砂浆分层抹平
M8×80膨胀螺栓

金属饰面板构造（二）

φ4×25镀锌螺钉
防腐木砖（厚40×宽50）
1.2厚金属装饰压条、钛金压条
镜面不锈钢压条、彩色不锈钢压条等
30×40防腐木龙骨，满涂防火漆三遍
金属饰面板
阻燃型胶合板
防潮底漆一道
找平层

木墙裙（一）

实木板饰面构造（一）

18厚硬木企口饰面板，背面满刷氟化钠防腐剂
25×50木龙骨正面刨光，满涂氟化钠防腐剂
高分子防水涂膜防潮层
12～20
18
8～10厚1:0.5:3水泥石灰膏砂浆分层抹平
防腐木楔

实木板饰面构造（二）

暗钉
防水纸
实木板饰面
12～20
18
横龙骨（厚40×宽50，@450）
防腐木砖（厚60×宽60，@450）
纵龙骨（厚40×宽50，@450）

木墙裙构造（一）

实木线条
35
铺油毡一层
15厚铝合金压条
预埋楔形木砖
120×120×60@450
满涂水柏油防腐
9厚胶合板
φ6通气孔
实木踢脚
10×10通气孔
20

木墙裙构造（二）

实木线条
35
预埋楔形木砖
120×120×60@450
满涂水柏油防腐
9厚胶合板
φ12通气孔
20

木墙裙构造（三）

实木线条
35
8×20木压条
预埋楔形木砖
120×120×60@450
满涂水柏油防腐
9厚胶合板
φ12通气孔
20

木墙裙构造（四）

实木线条
30
水曲柳切片10厚胶合板
预埋楔形木砖
120×120×60@450
满涂水柏油防腐
20
φ12通气孔
地毯楼地面
20

墙

面

103

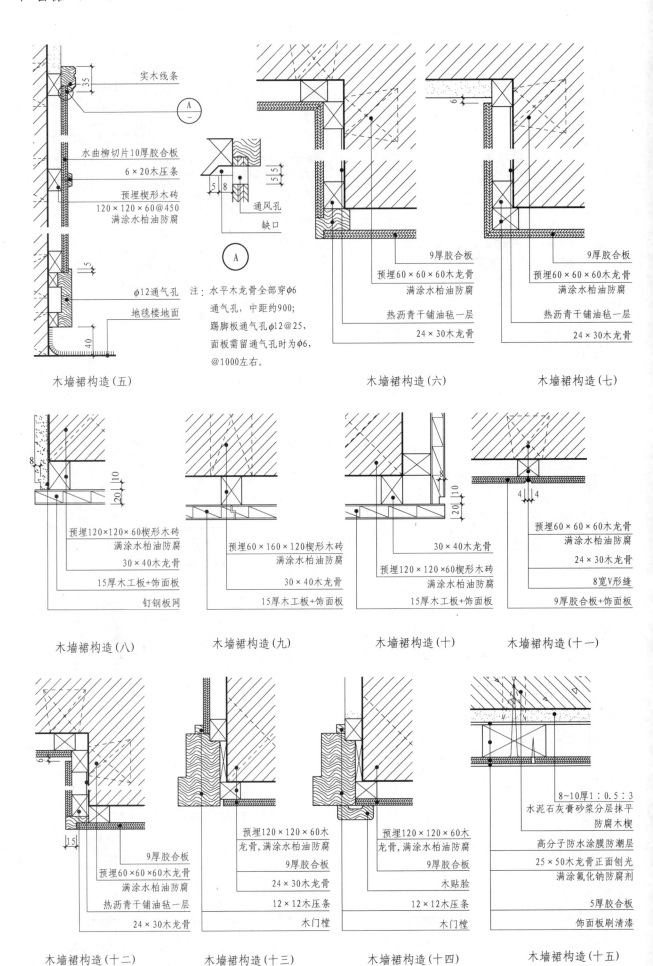

墙

面

实木线条

水曲柳切片10厚胶合板

6×20木压条

预埋楔形木砖
120×120×60@450
满涂水柏油防腐

φ12通气孔

地毯楼地面

通风孔

缺口

注：水平木龙骨全部穿φ6
通气孔，中距约900；
踢脚板通气孔φ12@25，
面板需留通气孔时为φ6，
@1000左右。

木墙裙构造（五）

9厚胶合板

预埋60×60×60木龙骨
满涂水柏油防腐

热沥青干铺油毡一层

24×30木龙骨

木墙裙构造（六）

9厚胶合板

预埋60×60×60木龙骨
满涂水柏油防腐

热沥青干铺油毡一层

24×30木龙骨

木墙裙构造（七）

预埋120×120×60楔形木砖
满涂水柏油防腐

30×40木龙骨

15厚木工板+饰面板

钉钢板网

木墙裙构造（八）

预埋60×160×120楔形木砖
满涂水柏油防腐

30×40木龙骨

15厚木工板+饰面板

木墙裙构造（九）

30×40木龙骨

预埋120×120×60楔形木砖
满涂水柏油防腐

15厚木工板+饰面板

木墙裙构造（十）

预埋60×60×60木龙骨
满涂水柏油防腐

24×30木龙骨

8宽V形缝

9厚胶合板+饰面板

木墙裙构造（十一）

9厚胶合板

预埋60×60×60木龙骨
满涂水柏油防腐

热沥青干铺油毡一层

24×30木龙骨

木墙裙构造（十二）

预埋120×120×60木
龙骨，满涂水柏油防腐

9厚胶合板

24×30木龙骨

12×12木压条

木门樘

木墙裙构造（十三）

预埋120×120×60木
龙骨，满涂水柏油防腐

9厚胶合板

木贴脸

12×12木压条

木门樘

木墙裙构造（十四）

8～10厚1：0.5：3
水泥石灰膏砂浆分层抹平
防腐木楔

高分子防水涂膜防潮层

25×50木龙骨正面刨光
满涂氟化钠防腐剂

5厚胶合板

饰面板刷清漆

木墙裙构造（十五）

木饰面

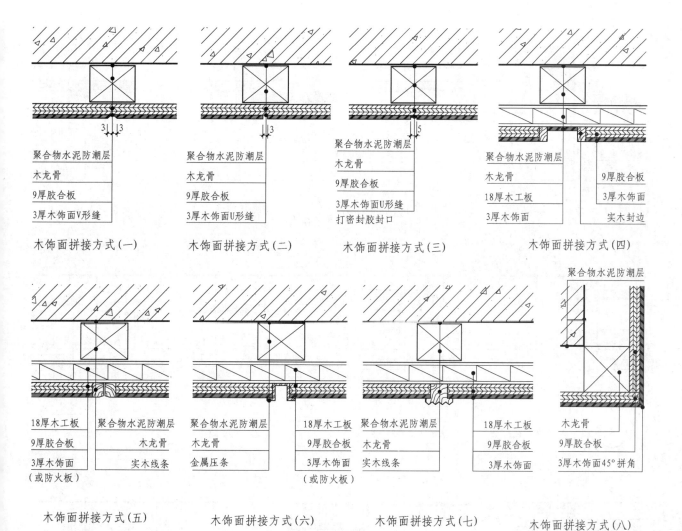

聚合物水泥防潮层
木龙骨
9厚胶合板
3厚木饰面V形缝

木饰面拼接方式(一)

聚合物水泥防潮层
木龙骨
9厚胶合板
3厚木饰面U形缝

木饰面拼接方式(二)

聚合物水泥防潮层
木龙骨
9厚胶合板
3厚木饰面U形缝
打密封胶封口

木饰面拼接方式(三)

聚合物水泥防潮层
木龙骨
18厚木工板
3厚木饰面
9厚胶合板
3厚木饰面
实木封边

木饰面拼接方式(四)

18厚木工板
9厚胶合板
3厚木饰面
(或防火板)
聚合物水泥防潮层
木龙骨
实木线条

木饰面拼接方式(五)

聚合物水泥防潮层
木龙骨
金属压条
18厚木工板
9厚胶合板
3厚木饰面
(或防火板)

木饰面拼接方式(六)

聚合物水泥防潮层
木龙骨
实木线条
18厚木工板
9厚胶合板
3厚木饰面

木饰面拼接方式(七)

聚合物水泥防潮层
木龙骨
9厚胶合板
3厚木饰面45°拼角

木饰面拼接方式(八)

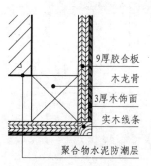

9厚胶合板
木龙骨
3厚木饰面
实木线条
聚合物水泥防潮层

木饰面封边处理方式(一)

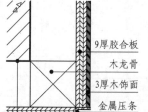

9厚胶合板
木龙骨
3厚木饰面
金属压条
聚合物水泥防潮层

木饰面封边处理方式(二)

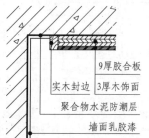

9厚胶合板
实木封边
3厚木饰面
聚合物水泥防潮层
墙面乳胶漆

木饰面封边处理方式(三)

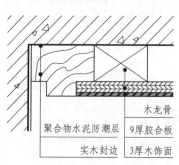

木龙骨
9厚胶合板
聚合物水泥防潮层
实木封边
3厚木饰面

木饰面封边处理方式(四)

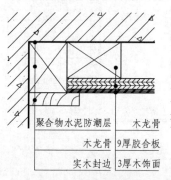

聚合物水泥防潮层
木龙骨
木龙骨
9厚胶合板
实木封边
3厚木饰面

木饰面封边处理方式(五)

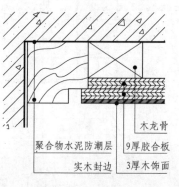

木龙骨
聚合物水泥防潮层
9厚胶合板
实木封边
3厚木饰面

木饰面封边处理方式(六)

9厚胶合板
3厚木饰面
聚合物水泥防潮层
实木封边

木饰面封边处理方式(七)

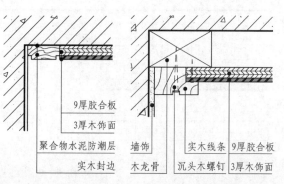

墙饰
木龙骨
实木线条
沉头木螺钉
9厚胶合板
3厚木饰面

木饰面封边处理方式(八)

墙
面

105

墙

面

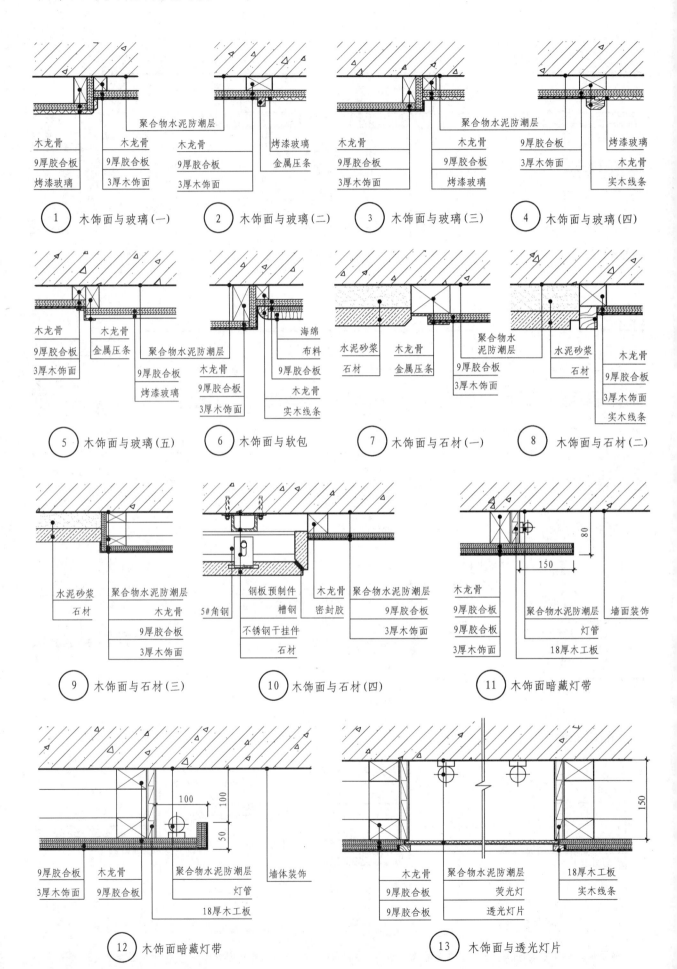

木龙骨
9厚胶合板
烤漆玻璃

木龙骨
9厚胶合板
3厚木饰面

聚合物水泥防潮层

木龙骨
9厚胶合板
3厚木饰面

烤漆玻璃
金属压条

木龙骨
9厚胶合板
3厚木饰面

聚合物水泥防潮层

木龙骨
9厚胶合板
烤漆玻璃

9厚胶合板
3厚木饰面

烤漆玻璃
木龙骨
实木线条

① 木饰面与玻璃(一)　② 木饰面与玻璃(二)　③ 木饰面与玻璃(三)　④ 木饰面与玻璃(四)

木龙骨
9厚胶合板
3厚木饰面

木龙骨
金属压条

聚合物水泥防潮层
9厚胶合板
烤漆玻璃

海绵
布料

木龙骨
9厚胶合板
3厚木饰面

实木线条

水泥砂浆
石材

木龙骨
金属压条

聚合物水泥防潮层
9厚胶合板
3厚木饰面

水泥砂浆
石材

木龙骨
9厚胶合板
3厚木饰面
实木线条

⑤ 木饰面与玻璃(五)　⑥ 木饰面与软包　⑦ 木饰面与石材(一)　⑧ 木饰面与石材(二)

水泥砂浆
石材

聚合物水泥防潮层
木龙骨
9厚胶合板
3厚木饰面

5#角钢

钢板预制件
槽钢
不锈钢干挂件
石材

木龙骨
密封胶

聚合物水泥防潮层
9厚胶合板
3厚木饰面

木龙骨
9厚胶合板

80
150

聚合物水泥防潮层
灯管
18厚木工板

墙面装饰

⑨ 木饰面与石材(三)　⑩ 木饰面与石材(四)　⑪ 木饰面暗藏灯带

100
100
50

9厚胶合板
3厚木饰面

木龙骨
9厚胶合板

聚合物水泥防潮层
灯管
18厚木工板

墙体装饰

150

木龙骨
9厚胶合板
9厚胶合板

聚合物水泥防潮层
荧光灯
透光灯片

18厚木工板
实木线条

⑫ 木饰面暗藏灯带　⑬ 木饰面与透光灯片

木饰面与其他材质交接,抗倍特板饰面干挂

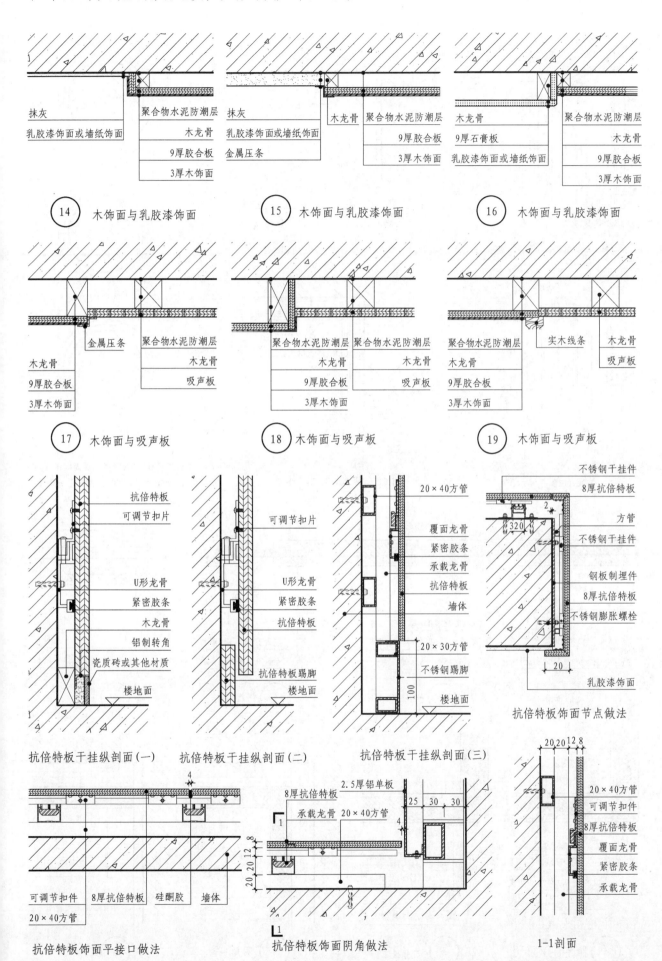

抹灰
乳胶漆饰面或墙纸饰面

聚合物水泥防潮层
木龙骨
9厚胶合板
3厚木饰面

(14) 木饰面与乳胶漆饰面

抹灰
乳胶漆饰面或墙纸饰面

木龙骨 聚合物水泥防潮层
金属压条

(15) 木饰面与乳胶漆饰面

木龙骨
9厚石膏板
乳胶漆饰面或墙纸饰面

聚合物水泥防潮层
木龙骨
9厚胶合板
3厚木饰面

(16) 木饰面与乳胶漆饰面

木龙骨
9厚胶合板
3厚木饰面

金属压条
聚合物水泥防潮层
木龙骨
吸声板

(17) 木饰面与吸声板

聚合物水泥防潮层 聚合物水泥防潮层
木龙骨 木龙骨
9厚胶合板 吸声板
3厚木饰面

(18) 木饰面与吸声板

聚合物水泥防潮层
木龙骨
9厚胶合板
3厚木饰面

实木线条 木龙骨
吸声板

(19) 木饰面与吸声板

抗倍特板
可调节扣片
U形龙骨
紧密胶条
木龙骨
铝制转角
瓷质砖或其他材质
楼地面

抗倍特板干挂纵剖面(一)

可调节扣片
U形龙骨
紧密胶条
抗倍特板
抗倍特板踢脚
楼地面

抗倍特板干挂纵剖面(二)

20×40方管
覆面龙骨
紧密胶条
承载龙骨
抗倍特板
墙体
20×30方管
不锈钢踢脚
楼地面

抗倍特板干挂纵剖面(三)

不锈钢干挂件
8厚抗倍特板
方管
不锈钢干挂件
钢板制埋件
8厚抗倍特板
不锈钢膨胀螺栓
乳胶漆饰面

抗倍特板饰面节点做法

墙
面

可调节扣件 8厚抗倍特板 硅酮胶 墙体
20×40方管

抗倍特板饰面平接口做法

8厚抗倍特板
承载龙骨 20×40方管
2.5厚铝单板

抗倍特板饰面阴角做法

20×40方管
可调节扣件
8厚抗倍特板
覆面龙骨
紧密胶条
承载龙骨

1-1剖面

107

木饰面干挂（一）

墙

面

干挂木饰面(一)安装示意

专用连接件
成品木装饰面
框架角钢

干挂木饰面(一)水平剖面

垫木
木螺钉
50
50 20 150
专用连接件
框架角钢
成品木装饰面
50
50

干挂木饰面(二)安装示意

承载木条
成品木装饰板

干挂木饰面(二)水平剖面

木龙骨
悬挂木块
6
6
48×25承载木条
6
成品木装饰板
4×25雄榫

⑨ 弧形木饰面

⑩ 弧形木饰面

⑪ 弧形木饰面

注：直径≤400时采用二等分做法；
400＜直径＜600时采用三等分做法；
直径≥600时采用四等分做法。

0.45～0.6厚饰面木皮
12/15/18厚中纤板
0.45～0.6厚饰面木皮
0.45～0.6厚饰面木皮
① 木饰面构造

20
3.5厚中纤板嵌条
0.45～0.6厚饰面木皮
12/15/18厚中纤板
0.45～0.6厚饰面木皮
② 拼缝密拼

3.5厚中纤板嵌条
正面封饰面木皮
0.45～0.6厚饰面木皮
12/15/18厚中纤板
0.45～0.6厚饰面木皮
③ 拼缝留槽

木龙骨
3.5厚中纤板嵌条
木挂条
12/15/18厚中纤板
⑥ 干挂

辅助用工艺木块
（安装时拆除）
0.45～0.6厚饰面木皮
12/15/18厚中纤板
0.45～0.6厚饰面木皮
④ 阳角（一）

2
1
0.45～0.6厚饰面木皮
12/15/18厚中纤板
0.45～0.6厚饰面木皮
0.45～0.6厚饰面木皮
⑤ 阳角（二）

木龙骨
木挂条
中纤板
木挂条
中纤板
⑦ 阴角（一）

木龙骨
木挂条
中纤板
非木质墙面，如乳胶漆、
墙面砖、大理石等
⑧ 阴角（二）

木饰面干挂（二）

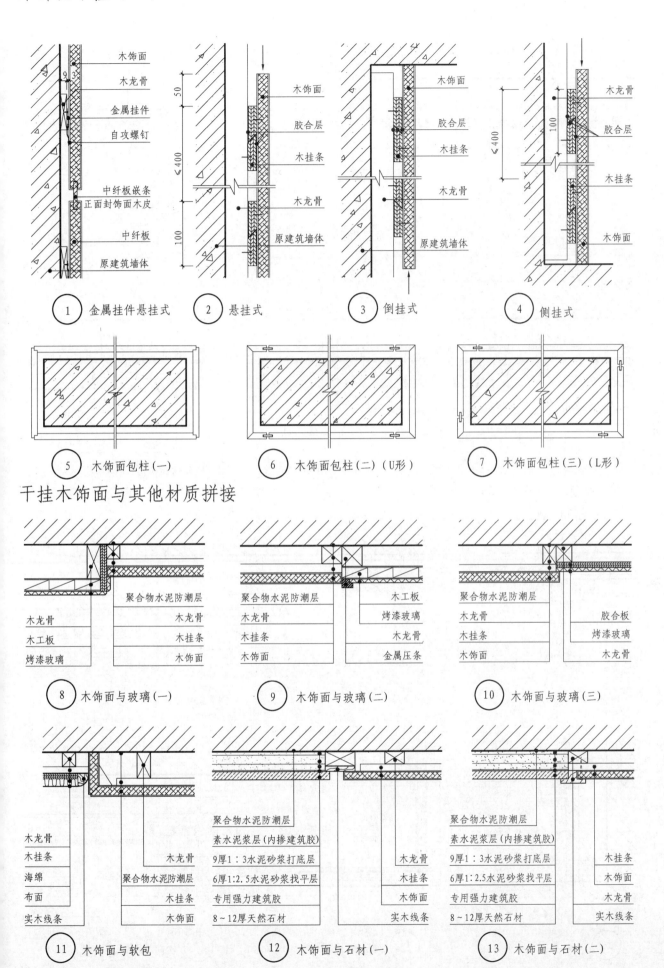

① 金属挂件悬挂式   ② 悬挂式   ③ 倒挂式   ④ 侧挂式

木饰面
木龙骨
金属挂件
自攻螺钉
中纤板嵌条
正面封饰面木皮
中纤板
原建筑墙体

木饰面
胶合层
木挂条
木龙骨
原建筑墙体

木饰面
胶合层
木挂条
木龙骨
原建筑墙体

木龙骨
胶合层
木挂条
木饰面

⑤ 木饰面包柱（一）   ⑥ 木饰面包柱（二）（U形）   ⑦ 木饰面包柱（三）（L形）

墙
面

干挂木饰面与其他材质拼接

⑧ 木饰面与玻璃（一）

木龙骨
木工板
烤漆玻璃

聚合物水泥防潮层
木龙骨
木挂条

⑨ 木饰面与玻璃（二）

聚合物水泥防潮层
木龙骨
木挂条
木饰面

木工板
烤漆玻璃
木龙骨
金属压条

⑩ 木饰面与玻璃（三）

聚合物水泥防潮层
木龙骨
木挂条

胶合板
烤漆玻璃
木龙骨

⑪ 木饰面与软包

木龙骨
木挂条
海绵
布面
实木线条

木龙骨
聚合物水泥防潮层
木挂条
木饰面

⑫ 木饰面与石材（一）

聚合物水泥防潮层
素水泥浆层（内掺建筑胶）
9厚1：3水泥砂浆打底层
6厚1：2.5水泥砂浆找平层
专用强力建筑胶
8～12厚天然石材

木龙骨
木挂条
木饰面
实木线条

⑬ 木饰面与石材（二）

聚合物水泥防潮层
素水泥浆层（内掺建筑胶）
9厚1：3水泥砂浆打底层
6厚1：2.5水泥砂浆找平层
专用强力建筑胶
8～12厚天然石材

木龙骨
木挂条
木饰面
木龙骨
实木线条

软包、硬包饰面

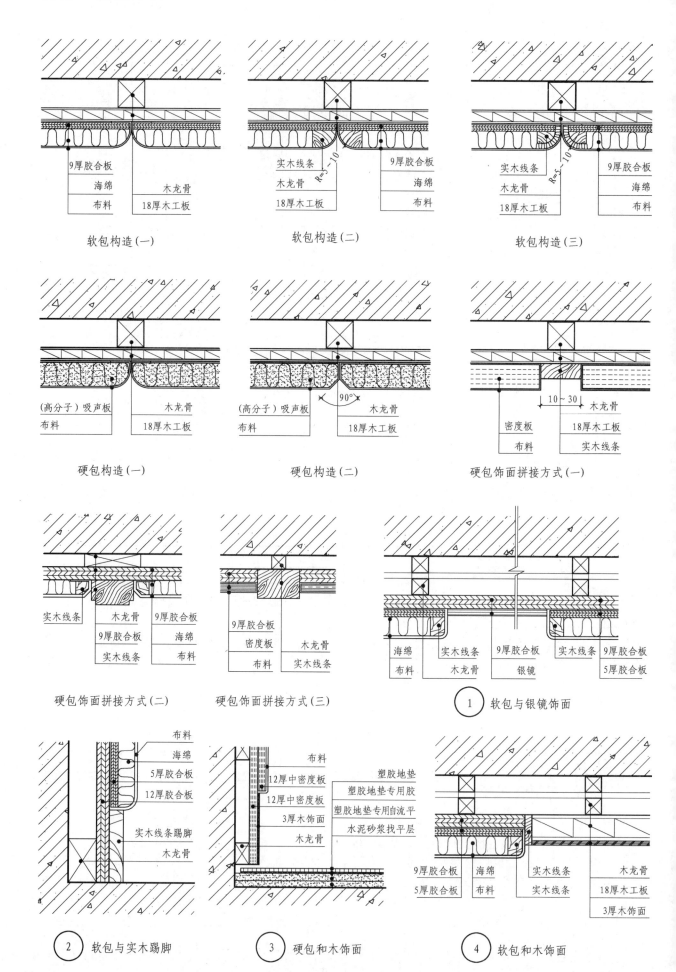

软包构造（一）

软包构造（二）

软包构造（三）

硬包构造（一）

硬包构造（二）

硬包饰面拼接方式（一）

墙

面

硬包饰面拼接方式（二）

硬包饰面拼接方式（三）

① 软包与银镜饰面

② 软包与实木踢脚

③ 硬包和木饰面

④ 软包和木饰面

玻璃饰面（一）

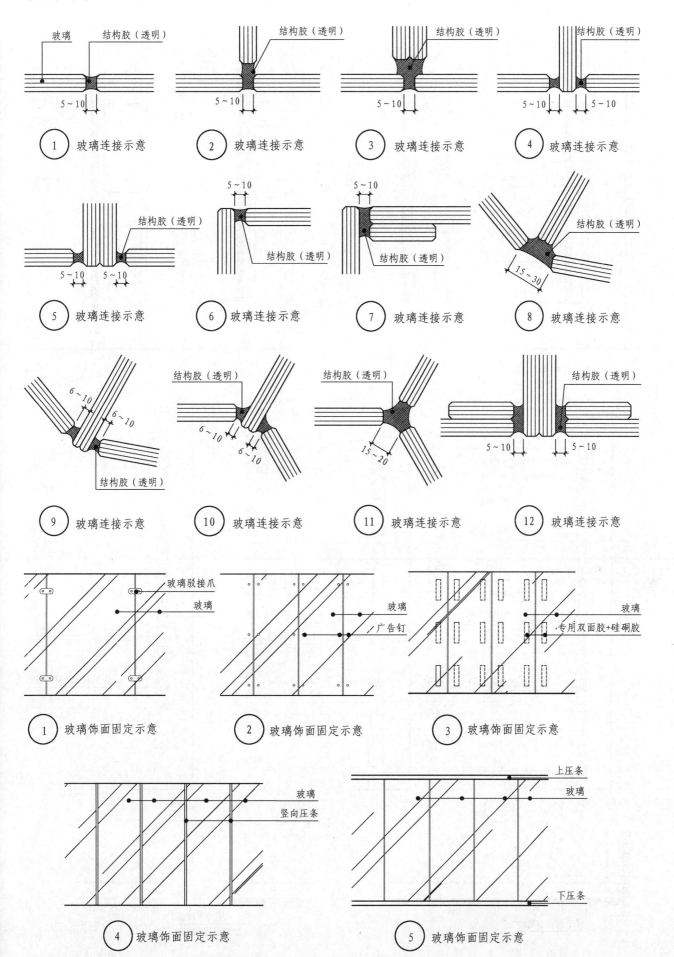

玻璃　结构胶（透明）

5~10

① 玻璃连接示意

结构胶（透明）

5~10

② 玻璃连接示意

结构胶（透明）

5~10

③ 玻璃连接示意

结构胶（透明）

5~10　5~10

④ 玻璃连接示意

结构胶（透明）

5~10　5~10

⑤ 玻璃连接示意

5~10

结构胶（透明）

⑥ 玻璃连接示意

5~10

结构胶（透明）

⑦ 玻璃连接示意

结构胶（透明）

15~30

⑧ 玻璃连接示意

6~10　6~10

结构胶（透明）

⑨ 玻璃连接示意

结构胶（透明）

6~10

6~10

⑩ 玻璃连接示意

结构胶（透明）

15~20

⑪ 玻璃连接示意

结构胶（透明）

5~10　5~10

⑫ 玻璃连接示意

玻璃驳接爪
玻璃

① 玻璃饰面固定示意

玻璃
广告钉

② 玻璃饰面固定示意

玻璃
专用双面胶+硅硐胶

③ 玻璃饰面固定示意

玻璃
竖向压条

④ 玻璃饰面固定示意

上压条
玻璃

下压条

⑤ 玻璃饰面固定示意

墙面

111

玻璃饰面(二)

墙面

1.2厚金属压条
轻钢龙骨
12厚石膏板
木龙骨
9厚胶合板
镜面材料
1.2厚金属压条
踢脚

① 1

20厚1:2.5水泥砂浆
乳胶漆饰面
1.2厚金属压条
木龙骨
9厚胶合板
6厚车边防雾镜
12厚石膏板
12厚石膏板
6厚车边防雾镜
9厚胶合板
木龙骨
1.2厚金属压条
踢脚

Ⓑ B

活动固定片
弹簧片
螺钉
弹性胶
6厚车边白镜
轻钢龙骨
12厚石膏板
弹性胶
螺钉
弹簧片
单孔固定片

② 2

实木线条
轻钢龙骨
12厚石膏板
9厚胶合板
镜面材料
实木踢脚

③ 3

墙体
车边
20厚1:2.5水泥砂浆打底
(要求平整、干燥、清洁)
背漆玻璃

墙体
车边
密封
专用双面胶+硅硐胶
20厚1:2.5水泥砂浆打底
(要求平整、干燥、清洁)
背漆玻璃

背漆玻璃
车边
硅酮弹性嵌缝膏
墙体
踢脚

④ 4

20厚1:2.5水泥砂浆打底
(要求平整、干燥、清洁)
铝合金或金属压条
用中性玻璃胶粘贴
专用双面胶+硅硐胶
背漆玻璃
墙体

墙体
背漆玻璃
金属压条用中性玻璃胶粘结,
不做压条时用硅酮弹性膏嵌缝
专用双面胶+硅硐胶
20厚1:2.5水泥砂浆打底
(要求平整、干燥、清洁)

背漆玻璃
专用双面胶+硅硐胶
铝合金或金属压条
用中性玻璃胶粘贴
踢脚

⑤ 5

15×8木条用中性玻璃胶粘贴
20厚1:2.5水泥砂浆打底
(要求平整、干燥、清洁)
背漆玻璃
墙体

背漆玻璃
墙体
专用双面胶+硅硐胶
15×8木条用中性玻璃胶粘贴
密封
20厚1:2.5水泥砂浆打底
(要求平整、干燥、清洁)

专用双面胶+硅硐胶
背漆玻璃
15×8木条用中性玻璃胶粘贴
踢脚

⑥ 6

硅酮结构胶粘结
玻璃连接构造(一)

密缝
玻璃连接构造(二)

2厚金属压条
φ4×25沉头螺钉固定
玻璃连接构造(三)

10×20木压条
玻璃连接构造(四)

112

玻璃饰面（三）

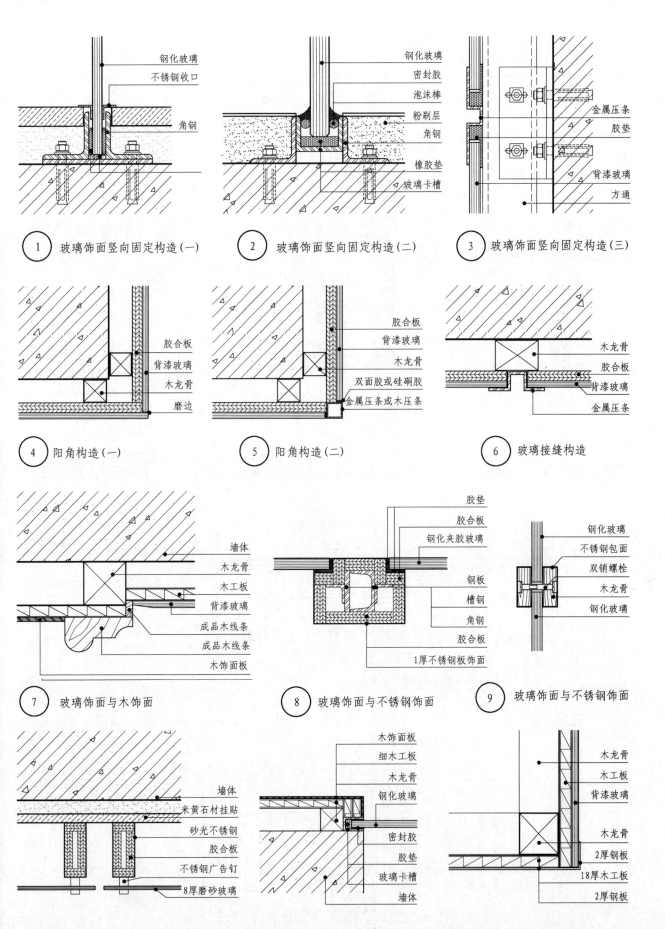

① 玻璃饰面竖向固定构造（一）
- 钢化玻璃
- 不锈钢收口
- 角钢

② 玻璃饰面竖向固定构造（二）
- 钢化玻璃
- 密封胶
- 泡沫棒
- 粉刷层
- 角钢
- 橡胶垫
- 玻璃卡槽

③ 玻璃饰面竖向固定构造（三）
- 金属压条
- 胶垫
- 背漆玻璃
- 方通

④ 阳角构造（一）
- 胶合板
- 背漆玻璃
- 木龙骨
- 磨边

⑤ 阳角构造（二）
- 胶合板
- 背漆玻璃
- 木龙骨
- 双面胶或硅硐胶
- 金属压条或木压条

⑥ 玻璃接缝构造
- 木龙骨
- 胶合板
- 背漆玻璃
- 金属压条

⑦ 玻璃饰面与木饰面
- 墙体
- 木龙骨
- 木工板
- 背漆玻璃
- 成品木线条
- 成品木线条
- 木饰面板

⑧ 玻璃饰面与不锈钢饰面
- 胶垫
- 胶合板
- 钢化夹胶玻璃
- 钢板
- 槽钢
- 角钢
- 胶合板
- 1厚不锈钢板饰面

⑨ 玻璃饰面与不锈钢饰面
- 钢化玻璃
- 不锈钢包面
- 双销螺栓
- 木龙骨
- 钢化玻璃

⑩ 玻璃饰面与石材饰面
- 墙体
- 米黄石材挂贴
- 砂光不锈钢
- 胶合板
- 不锈钢广告钉
- 8厚磨砂玻璃

⑪ 玻璃饰面与木饰面
- 木饰面板
- 细木工板
- 木龙骨
- 钢化玻璃
- 密封胶
- 胶垫
- 玻璃卡槽
- 墙体

⑫ 玻璃饰面与钢板饰面
- 木龙骨
- 木工板
- 背漆玻璃
- 木龙骨
- 2厚钢板
- 18厚木工板
- 2厚钢板

墙面

玻璃饰面（四）

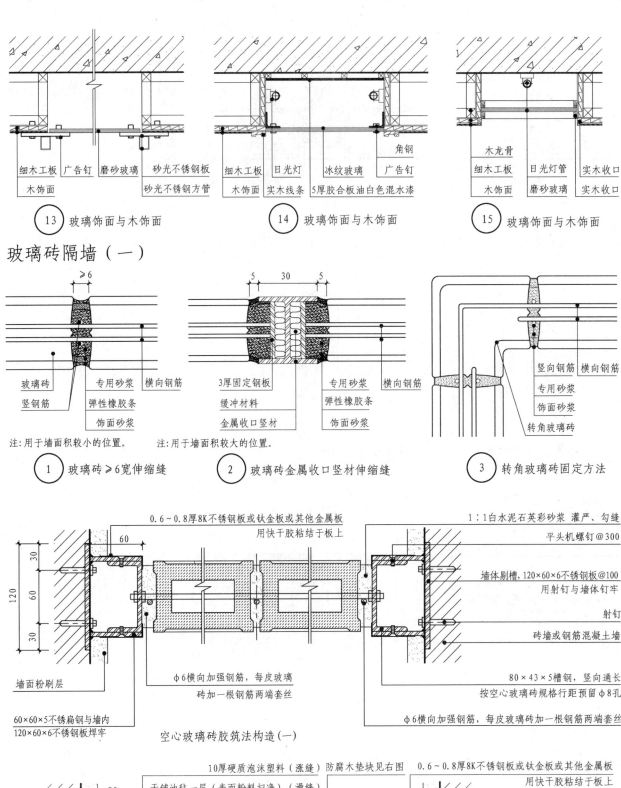

| 细木工板 | 广告钉 | 磨砂玻璃 | 砂光不锈钢板 |
| 木饰面 | | | 砂光不锈钢方管 |

⑬ 玻璃饰面与木饰面

| 细木工板 | 日光灯 | 冰纹玻璃 | 角钢 |
| 木饰面 | 实木线条 | 5厚胶合板油白色混水漆 | 广告钉 |

⑭ 玻璃饰面与木饰面

	木龙骨		实木收口
细木工板	日光灯管		
木饰面	磨砂玻璃	实木收口

⑮ 玻璃饰面与木饰面

玻璃砖隔墙（一）

墙

面

≥6

玻璃砖　专用砂浆　横向钢筋
竖钢筋　弹性橡胶条
饰面砂浆

注：用于墙面积较小的位置。

① 玻璃砖≥6宽伸缩缝

5　30　5

3厚固定钢板　专用砂浆　横向钢筋
缓冲材料　弹性橡胶条
金属收口竖材　饰面砂浆

注：用于墙面积较大的位置。

② 玻璃砖金属收口竖材伸缩缝

竖向钢筋　横向钢筋
专用砂浆
饰面砂浆
转角玻璃砖

③ 转角玻璃砖固定方法

0.6~0.8厚8K不锈钢板或钛金板或其他金属板
用快干胶粘结于板上

60

120　30　60　30

墙面粉刷层

60×60×5不锈扁钢与墙内
120×60×6不锈钢板焊牢

φ6横向加强钢筋，每皮玻璃
砖加一根钢筋两端套丝

1:1白水泥石英彩砂砂浆 灌严、勾缝
平头机螺钉@300
墙体剔槽，120×60×6不锈钢板@100
用射钉与墙体钉牢
射钉
砖墙或钢筋混凝土墙
80×43×5槽钢，竖向通长
按空心玻璃砖规格行距预留φ8孔
φ6横向加强钢筋，每皮玻璃砖加一根钢筋两端套丝

空心玻璃砖胶筑法构造（一）

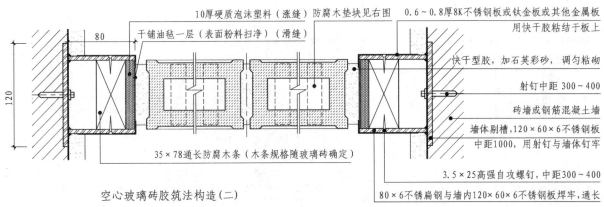

10厚硬质泡沫塑料（涨缝）防腐木垫块见右图
干铺油毡一层（表面粉料扫净）（滑缝）

80

120

35×78通长防腐木条（木条规格随玻璃砖确定）

0.6~0.8厚8K不锈钢板或钛金板或其他金属板
用快干胶粘结于板上
快干型胶，加石英彩砂，调匀粘砌
射钉中距 300~400
砖墙或钢筋混凝土墙
墙体剔槽，120×60×6不锈钢板
中距1000，用射钉与墙体钉牢
3.5×25高强自攻螺钉，中距300~400
80×6不锈扁钢与墙内120×60×6不锈钢板焊牢，通长

空心玻璃砖胶筑法构造（二）

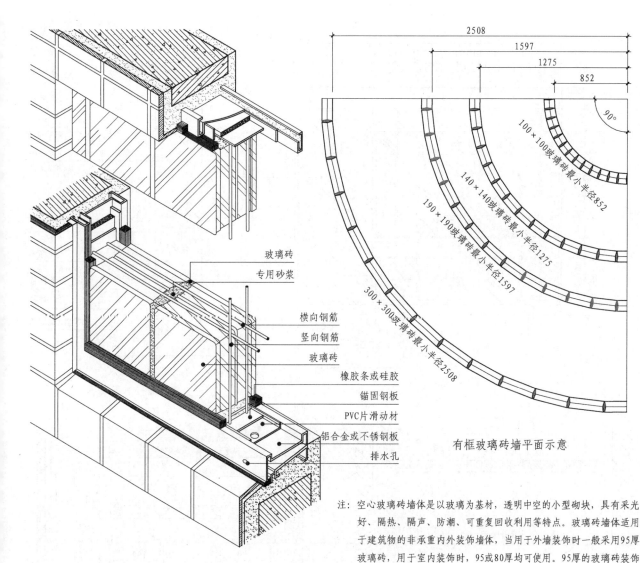

2508
1597
1275
852
90°

100×100玻璃砖最小半径852
140×140玻璃砖最小半径1275
190×190玻璃砖最小半径1597
300×300玻璃砖最小半径2508

玻璃砖
专用砂浆
横向钢筋
竖向钢筋
玻璃砖
橡胶条或硅胶
锚固钢板
PVC片滑动材
铝合金或不锈钢板
排水孔

有框玻璃砖墙平面示意

墙
面

注：空心玻璃砖墙体是以玻璃为基材，透明中空的小型砌块，具有采光
好、隔热、隔声、防潮、可重复回收利用等特点。玻璃砖墙体适用
于建筑物的非承重内外装饰墙体，当用于外墙装饰时一般采用95厚
玻璃砖，用于室内装饰时，95或80厚均可使用。95厚的玻璃砖装饰
外墙一般适用高度≤2400。

有框玻璃砖墙构造示意

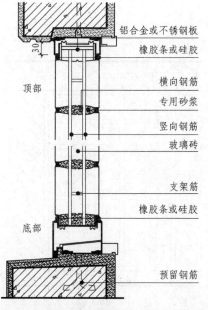

铝合金或不锈钢板
橡胶条或硅胶
顶部
横向钢筋
专用砂浆
竖向钢筋
玻璃砖
支架筋
橡胶条或硅胶
底部
预留钢筋

玻璃砖墙金属框架构造

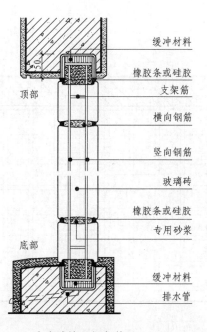

缓冲材料
橡胶条或硅胶
支架筋
顶部
横向钢筋
竖向钢筋
玻璃砖
橡胶条或硅胶
专用砂浆
底部
缓冲材料
排水管

玻璃砖墙无框架构造

常见玻璃砖尺寸

长×宽×厚	
100×100×95	190×190×95
115×115×50	193×193×95
115×115×80	210×100×95
120×120×95	240×115×80
125×125×95	240×240×80
139×139×95	300×90×100
140×140×95	300×145×95
145×145×50	300×196×100
145×145×95	300×300×100
190×190×80	—

玻璃砖隔墙（三）

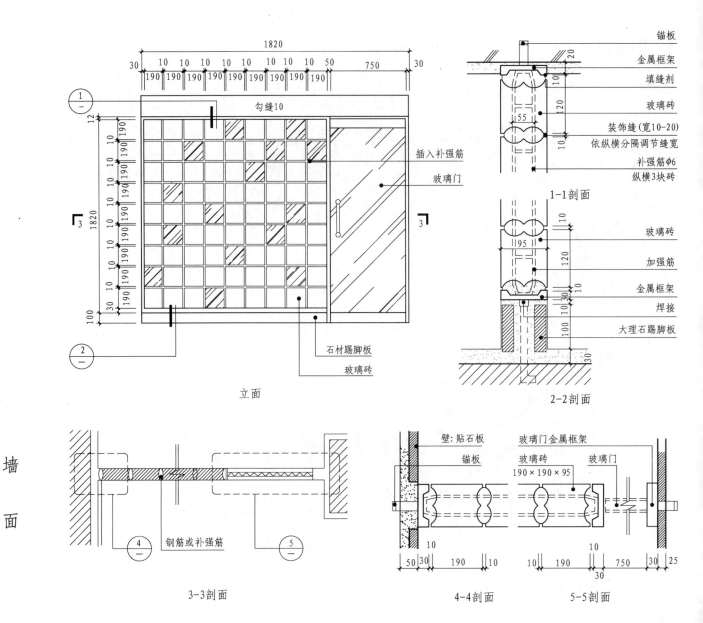

立面

锚板
金属框架
填缝剂
玻璃砖
装饰缝（宽10-20）
依纵横分隔调节缝宽
补强筋φ6
纵横3块砖

插入补强筋
玻璃门
石材踢脚板
玻璃砖

勾缝10

1-1剖面

玻璃砖
加强筋
金属框架
焊接
大理石踢脚板

2-2剖面

钢筋或补强筋

3-3剖面

壁：贴石板
锚板
玻璃门金属框架
玻璃砖
190×190×95
玻璃门

4-4剖面　　5-5剖面

墙面

木龙骨隔墙

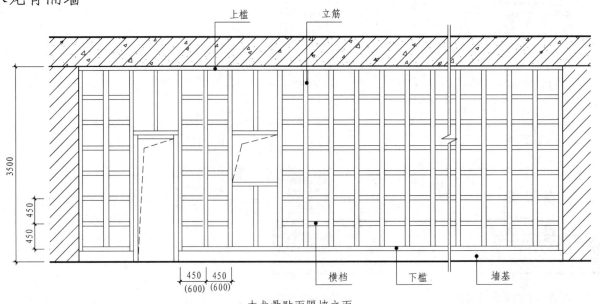

上槛　立筋

横档　下槛　墙基

木龙骨贴面隔墙立面

墙面护角（一）

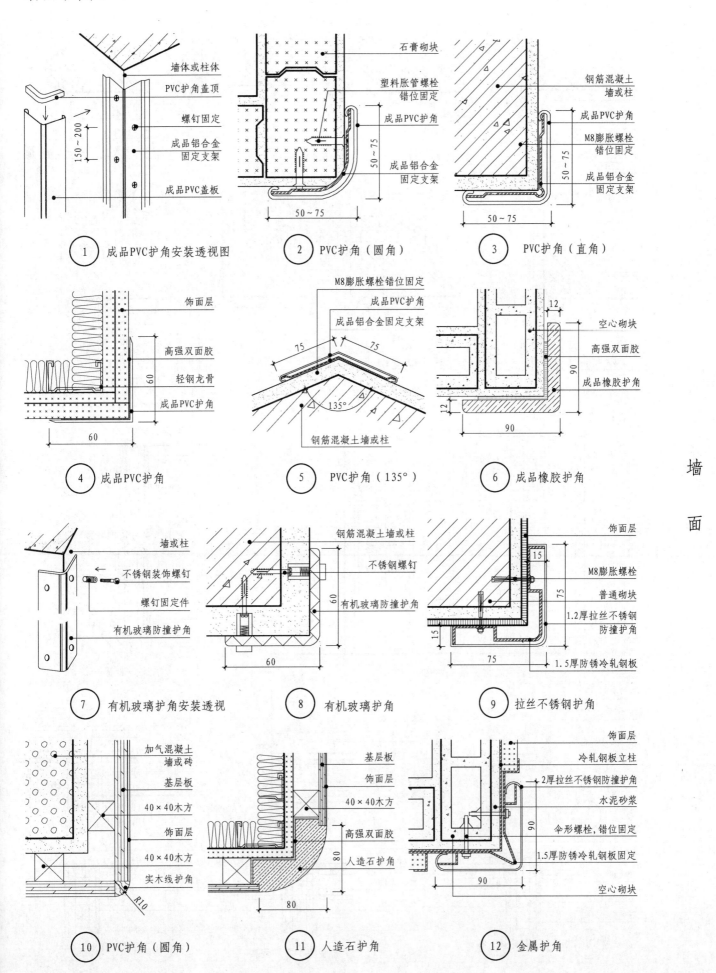

① 成品PVC护角安装透视图

墙体或柱体
PVC护角盖顶
螺钉固定
成品铝合金固定支架
成品PVC盖板
150～200

② PVC护角（圆角）

石膏砌块
塑料胀管螺栓错位固定
成品PVC护角
成品铝合金固定支架
50～75
50～75

③ PVC护角（直角）

钢筋混凝土墙或柱
成品PVC护角
M8膨胀螺栓错位固定
成品铝合金固定支架
50～75
50～75

④ 成品PVC护角

饰面层
高强双面胶
轻钢龙骨
成品PVC护角
60
60

⑤ PVC护角（135°）

M8膨胀螺栓错位固定
成品PVC护角
成品铝合金固定支架
75
75
135°
钢筋混凝土墙或柱

⑥ 成品橡胶护角

空心砌块
高强双面胶
成品橡胶护角
12
90
12
90

⑦ 有机玻璃护角安装透视

墙或柱
不锈钢装饰螺钉
螺钉固定件
有机玻璃防撞护角

⑧ 有机玻璃护角

钢筋混凝土墙或柱
不锈钢螺钉
有机玻璃防撞护角
60
60

⑨ 拉丝不锈钢护角

饰面层
M8膨胀螺栓
普通砌块
1.2厚拉丝不锈钢防撞护角
1.5厚防锈冷轧钢板
15
75
15
75

⑩ PVC护角（圆角）

加气混凝土墙或砖
基层板
40×40木方
饰面层
40×40木方
实木线护角
R10

⑪ 人造石护角

基层板
饰面层
40×40木方
高强双面胶
人造石护角
80
80

⑫ 金属护角

饰面层
冷轧钢板立柱
2厚拉丝不锈钢防撞护角
水泥砂浆
伞形螺栓，错位固定
1.5厚防锈冷轧钢板固定
空心砌块
90
90

墙面

117

墙面护角(二)

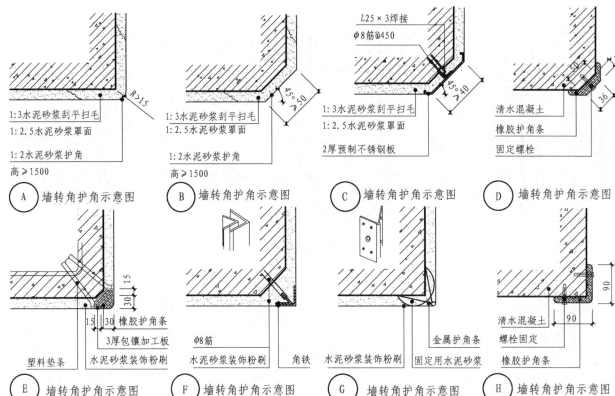

1:3水泥砂浆刮平扫毛
1:2.5水泥砂浆罩面
1:2水泥砂浆护角
高≥1500

(A) 墙转角护角示意图

1:3水泥砂浆刮平扫毛
1:2.5水泥砂浆罩面
1:2水泥砂浆护角
高≥1500

(B) 墙转角护角示意图

L25×3焊接
φ8筋@450
1:3水泥砂浆刮平扫毛
1:2.5水泥砂浆罩面
2厚预制不锈钢板

(C) 墙转角护角示意图

清水混凝土
橡胶护角条
固定螺栓

(D) 墙转角护角示意图

塑料垫条
橡胶护角条
3厚包镶加工板
水泥砂浆装饰粉刷

(E) 墙转角护角示意图

φ8筋
水泥砂浆装饰粉刷

(F) 墙转角护角示意图

金属护角条
角铁
水泥砂浆装饰粉刷
固定用水泥砂浆

(G) 墙转角护角示意图

清水混凝土
螺栓固定
橡胶护角条

(H) 墙转角护角示意图

轻钢龙骨隔墙

墙
面

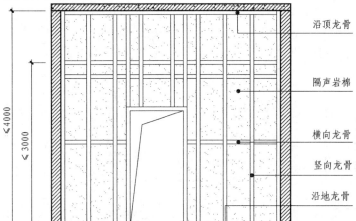

沿顶龙骨
隔声岩棉
横向龙骨
竖向龙骨
沿地龙骨

轻钢龙骨隔墙立面构造

沿顶龙骨
石膏板
隔声岩棉
膨胀螺栓
竖向龙骨

(1) 隔墙与顶棚连接

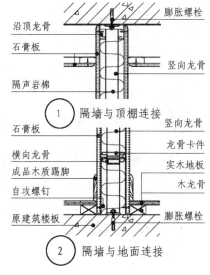

石膏板
横向龙骨
成品木质踢脚
自攻螺钉
原建筑楼板
竖向龙骨
龙骨卡件
实木地板
木龙骨
膨胀螺栓

(2) 隔墙与地面连接

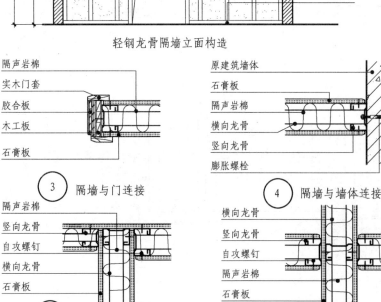

隔声岩棉
实木门套
胶合板
木工板
石膏板

(3) 隔墙与门连接

原建筑墙体
石膏板
隔声岩棉
横向龙骨
竖向龙骨
膨胀螺栓

(4) 隔墙与墙体连接

隔声岩棉
石膏板
竖向龙骨
自攻螺钉
横向龙骨

(5) 隔墙间丁字形连接

隔声岩棉
竖向龙骨
自攻螺钉
横向龙骨
石膏板

(6) 隔墙间丁字形连接

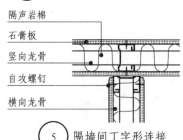

横向龙骨
竖向龙骨
自攻螺钉
隔声岩棉
石膏板

(7) 隔墙间十字形连接

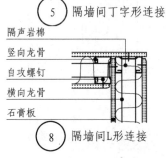

隔声岩棉
竖向龙骨
自攻螺钉
横向龙骨
石膏板

(8) 隔墙间L形连接

118

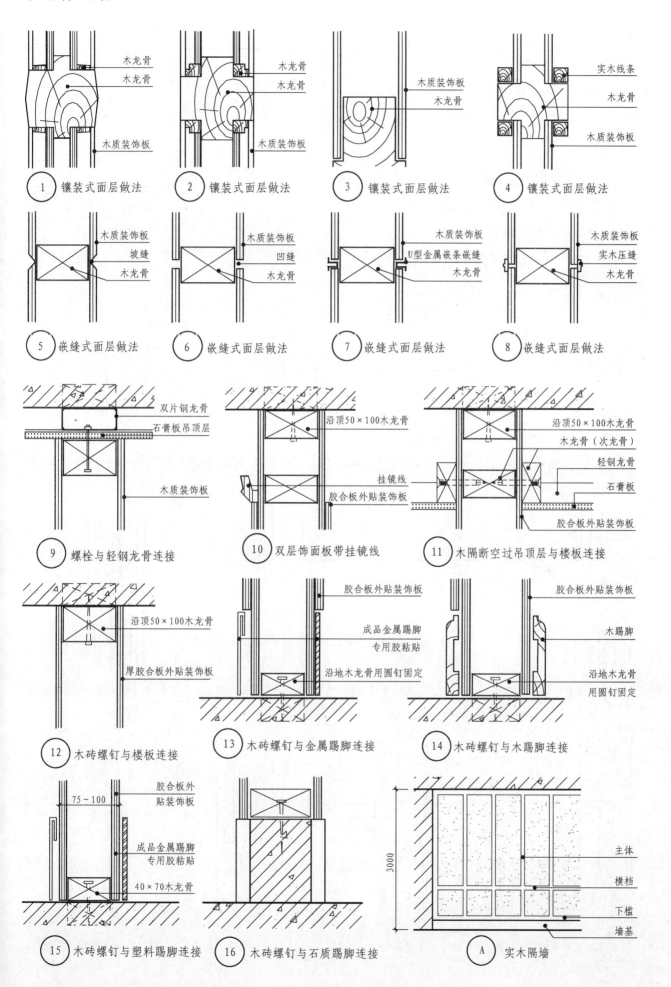

① 镶装式面层做法

② 镶装式面层做法

③ 镶装式面层做法

④ 镶装式面层做法

⑤ 嵌缝式面层做法

⑥ 嵌缝式面层做法

⑦ 嵌缝式面层做法

⑧ 嵌缝式面层做法

⑨ 螺栓与轻钢龙骨连接

⑩ 双层饰面板带挂镜线

⑪ 木隔断空过吊顶层与楼板连接

⑫ 木砖螺钉与楼板连接

⑬ 木砖螺钉与金属踢脚连接

⑭ 木砖螺钉与木踢脚连接

⑮ 木砖螺钉与塑料踢脚连接

⑯ 木砖螺钉与石质踢脚连接

Ⓐ 实木隔墙

墙面

木龙骨隔墙（二）

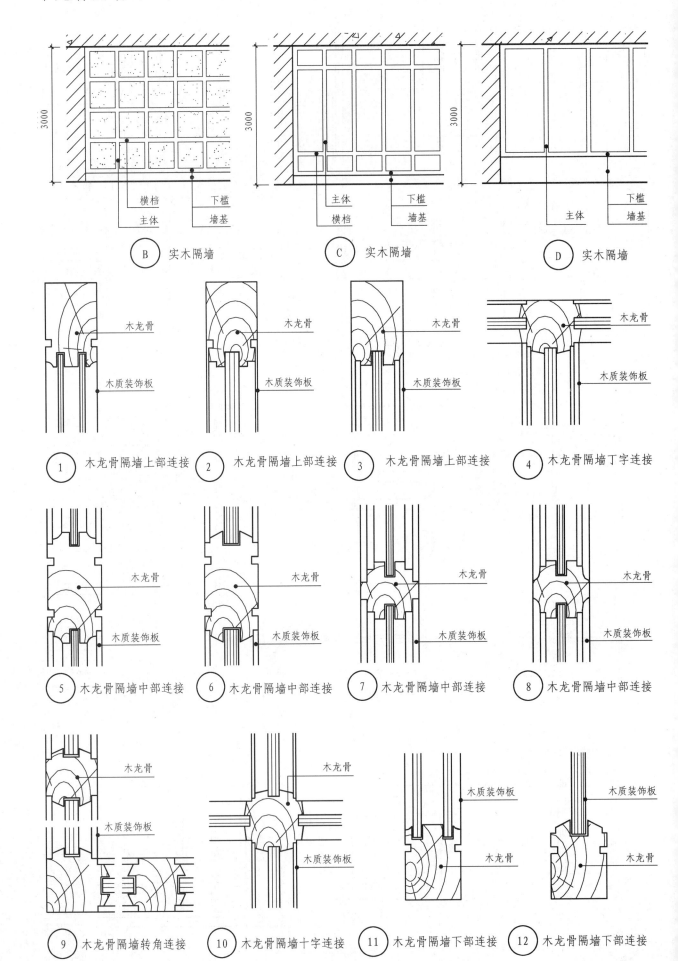

墙面

B 实木隔墙

横档　　下槛
主体　　墙基

C 实木隔墙

主体　　下槛
横档　　墙基

D 实木隔墙

主体　　下槛
墙基

1 木龙骨隔墙上部连接

木龙骨
木质装饰板

2 木龙骨隔墙上部连接

木龙骨
木质装饰板

3 木龙骨隔墙上部连接

木龙骨
木质装饰板

4 木龙骨隔墙丁字连接

木龙骨
木质装饰板

5 木龙骨隔墙中部连接

木龙骨
木质装饰板

6 木龙骨隔墙中部连接

木龙骨
木质装饰板

7 木龙骨隔墙中部连接

木龙骨
木质装饰板

8 木龙骨隔墙中部连接

木龙骨
木质装饰板

9 木龙骨隔墙转角连接

木龙骨
木质装饰板

10 木龙骨隔墙十字连接

木龙骨
木质装饰板

11 木龙骨隔墙下部连接

木质装饰板
木龙骨

12 木龙骨隔墙下部连接

木质装饰板
木龙骨

NALC板隔墙、墙内保温构造

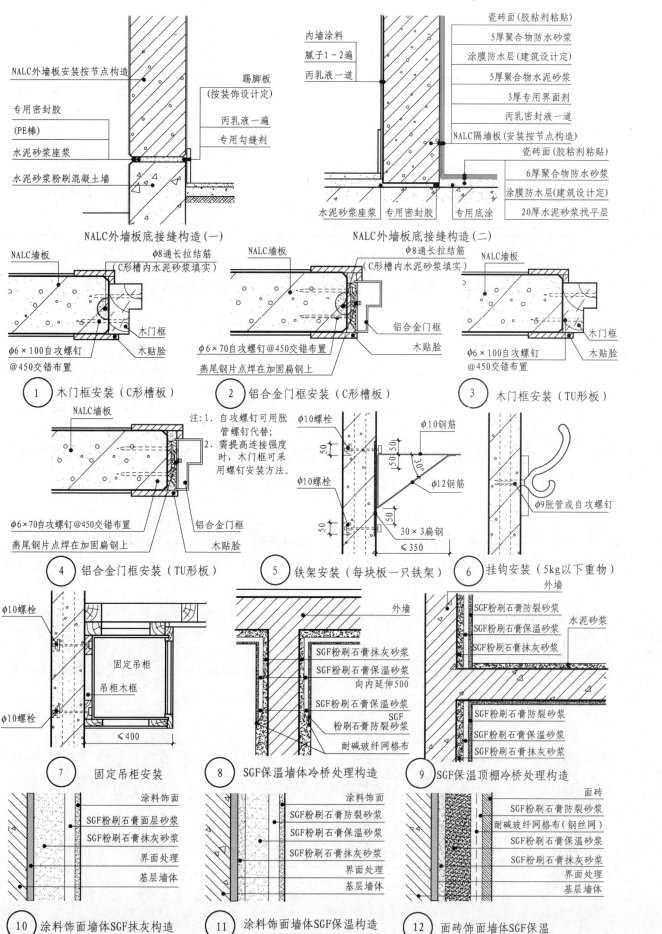

NALC外墙板底接缝构造（一）

- NALC外墙板安装按节点构造
- 专用密封胶
- （PE棒）
- 水泥砂浆座浆
- 水泥砂浆粉刷混凝土墙
- 踢脚板（按装饰设计定）
- 丙乳液一遍
- 专用勾缝剂

NALC外墙板底接缝构造（二）

- 内墙涂料
- 腻子1～2遍
- 丙乳液一道
- 瓷砖面(胶粘剂粘贴)
- 5厚聚合物防水砂浆
- 涂膜防水层(建筑设计定)
- 5厚聚合物水泥砂浆
- 3厚专用界面剂
- 丙乳密封液一道
- NALC隔墙板(安装按节点构造)
- 瓷砖面(胶粘剂粘贴)
- 6厚聚合物防水砂浆
- 涂膜防水层(建筑设计定)
- 20厚水泥砂浆找平层
- 水泥砂浆座浆
- 专用密封胶
- 专用底涂

① 木门框安装（C形槽板）
- NALC墙板
- φ8通长拉结筋（C形槽内水泥砂浆填实）
- 木门框
- 木贴脸
- φ6×100自攻螺钉@450交错布置

② 铝合金门框安装（C形槽板）
- NALC墙板
- φ8通长拉结筋（C形槽内水泥砂浆填实）
- 铝合金门框
- 木贴脸
- φ6×70自攻螺钉@450交错布置
- 燕尾钢片点焊在加固扁钢上

③ 木门框安装（TU形板）
- NALC墙板
- 木贴脸
- φ6×100自攻螺钉@450交错布置

④ 铝合金门框安装（TU形板）
- NALC墙板
- φ6×70自攻螺钉@450交错布置
- 燕尾钢片点焊在加固扁钢上
- 铝合金门框
- 木贴脸

注：1. 自攻螺钉可用胀管螺钉代替；
2. 需提高连接强度时，木门框可采用螺钉安装方法。

⑤ 铁架安装（每块板一只铁架）
- φ10螺栓
- φ10螺栓
- φ10钢筋
- φ12钢筋
- 30×3扁钢
- ≤350

⑥ 挂钩安装（5kg以下重物）
- φ9胀管或自攻螺钉

墙面

⑦ 固定吊柜安装
- φ10螺栓
- φ10螺栓
- 固定吊柜
- 吊柜木框
- ≤400

⑧ SGF保温墙体冷桥处理构造
- 外墙
- SGF粉刷石膏抹灰砂浆
- SGF粉刷石膏保温砂浆向内延伸500
- SGF粉刷石膏保温砂浆
- SGF粉刷石膏防裂砂浆
- 耐碱玻纤网格布

⑨ SGF保温顶棚冷桥处理构造
- 外墙
- SGF粉刷石膏防裂砂浆
- SGF粉刷石膏保温砂浆
- SGF粉刷石膏抹灰砂浆
- 水泥砂浆
- SGF粉刷石膏防裂砂浆
- SGF粉刷石膏保温砂浆
- SGF粉刷石膏抹灰砂浆

⑩ 涂料饰面墙体SGF抹灰构造
- 涂料饰面
- SGF粉刷石膏面层砂浆
- SGF粉刷石膏抹灰砂浆
- 界面处理
- 基层墙体

⑪ 涂料饰面墙体SGF保温构造
- 涂料饰面
- SGF粉刷石膏防裂砂浆
- SGF粉刷石膏保温砂浆
- SGF粉刷石膏抹灰砂浆
- 界面处理
- 基层墙体

⑫ 面砖饰面墙体SGF保温
- 面砖
- SGF粉刷石膏防裂砂浆
- 耐碱玻纤网格布(钢丝网)
- SGF粉刷石膏保温砂浆
- SGF粉刷石膏抹灰砂浆
- 界面处理
- 基层墙体

墙

面

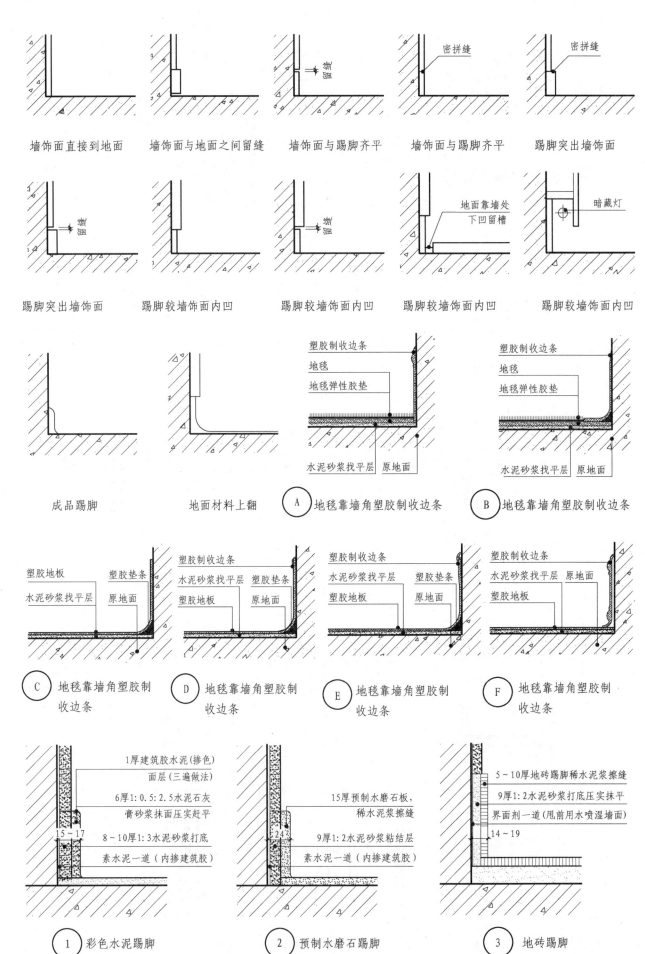

墙饰面直接到地面　墙饰面与地面之间留缝　墙饰面与踢脚齐平　墙饰面与踢脚齐平　踢脚突出墙饰面

踢脚突出墙饰面　踢脚较墙饰面内凹　踢脚较墙饰面内凹　踢脚较墙饰面内凹　踢脚较墙饰面内凹

密拼缝

密拼缝

地面靠墙处
下凹留槽

暗藏灯

成品踢脚　地面材料上翻

塑胶制收边条
地毯
地毯弹性胶垫
水泥砂浆找平层　原地面

A　地毯靠墙角塑胶制收边条

塑胶制收边条
地毯
地毯弹性胶垫
水泥砂浆找平层　原地面

B　地毯靠墙角塑胶制收边条

塑胶地板　塑胶垫条
水泥砂浆找平层　原地面

C　地毯靠墙角塑胶制
收边条

塑胶制收边条
水泥砂浆找平层　塑胶垫条
塑胶地板　原地面

D　地毯靠墙角塑胶制
收边条

塑胶制收边条
水泥砂浆找平层　塑胶垫条
塑胶地板　原地面

E　地毯靠墙角塑胶制
收边条

塑胶制收边条
水泥砂浆找平层　原地面
塑胶地板

F　地毯靠墙角塑胶制
收边条

1厚建筑胶水泥(掺色)
面层(三遍做法)

6厚1：0.5：2.5水泥石灰
膏砂浆抹面压实赶平

8～10厚1：3水泥砂浆打底

素水泥一道（内掺建筑胶）

15～17

1　彩色水泥踢脚

15厚预制水磨石板，
稀水泥浆擦缝

9厚1：2水泥砂浆粘结层

素水泥一道（内掺建筑胶）

24

2　预制水磨石踢脚

5～10厚地砖踢脚稀水泥浆擦缝

9厚1：2水泥砂浆打底压实抹平

界面剂一道(甩前用水喷湿墙面)

14～19

3　地砖踢脚

122

墙地面连接(二)

10~15厚石材板(板材满涂防污剂),稀水泥浆擦缝

10厚1:2水泥砂浆粘结层(内掺建筑胶)

20~25

界面剂一道(甩前用水喷湿墙面)

④ 石材踢脚

200μm厚聚酯漆或聚氨酯漆

18厚硬木(软木)踢脚板(背面满刷氟化钠防腐剂)

18

界面剂一道

⑤ 硬木、软木踢脚

成品PVC踢脚板安装在金属卡件上

金属卡件用水泥钉固定在墙上(中距500)

⑦ 成品PVC板踢脚

注:适用于弹性地面、地毯地面。

5厚1:0.5:2.5水泥石灰膏砂浆罩面压实赶平

2~6厚塑料或橡胶踢脚,胶粘剂粘贴,板面打蜡上光

5厚1:0.5:6水泥石灰膏砂浆打底

12~16

素水泥浆一道

内保温薄抹灰完成面

⑥ 塑料或橡胶板(卷材)踢脚

素水泥浆一道(内掺建筑胶)

钢丝网

水泥钉固定踢脚上端,中距300

10厚1:3水泥砂浆压实抹平

金属踢脚板,下端用水泥钉钉入地面垫层,中距300

10

⑧ 金属板踢脚

耐油面漆三道

清漆一道

2厚腻子分遍刮平

清漆一道

6厚1:0.5:2.5水泥石灰膏砂浆找平压实赶光

14

6厚1:3水泥砂浆打底

⑨ 耐油油漆踢脚

槽钢
石材
不锈钢干挂件
20×20方管
不锈钢饰面

石材
角钢 水泥砂浆

石材墙与地面交接(一)

石材
槽钢
角钢
不锈钢干挂件
密封胶

石材
水泥砂浆

石材墙与地面交接(二)

槽钢
石材
5#角钢
不锈钢干挂件
地砖

水泥砂浆

石材墙与地面交接(三)

槽钢
石材
5#角钢
密封胶
铝板

9厚胶合板

石材墙与地面交接(四)

不锈钢膨胀螺栓
H形铝合金挂件
钢板预制件
石材
角钢
石材
地砖

石材墙与地面交接(五)

H形铝合金挂件
5#角钢
石材
石材
地砖

40

石材墙与地面交接(六)

水泥砂浆
石材
5
18厚细木工板
不锈钢饰面
石材

石材墙与地面交接(七)

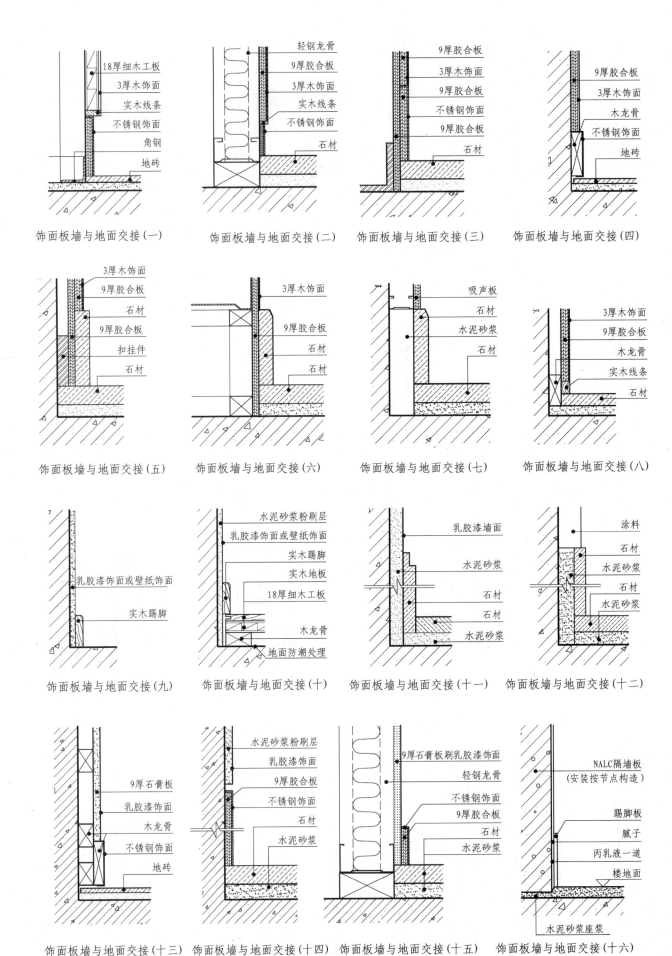

墙

面

饰面板墙与地面交接（一）　　饰面板墙与地面交接（二）　　饰面板墙与地面交接（三）　　饰面板墙与地面交接（四）

饰面板墙与地面交接（五）　　饰面板墙与地面交接（六）　　饰面板墙与地面交接（七）　　饰面板墙与地面交接（八）

饰面板墙与地面交接（九）　　饰面板墙与地面交接（十）　　饰面板墙与地面交接（十一）　　饰面板墙与地面交接（十二）

饰面板墙与地面交接（十三）　　饰面板墙与地面交接（十四）　　饰面板墙与地面交接（十五）　　饰面板墙与地面交接（十六）

吸声墙(一)

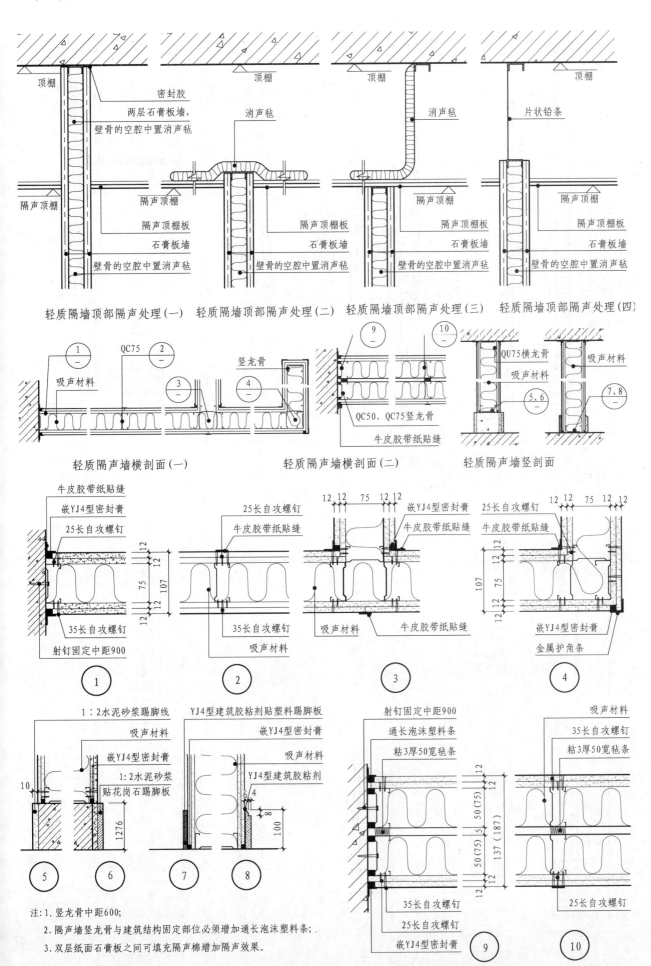

轻质隔墙顶部隔声处理(一)　轻质隔墙顶部隔声处理(二)　轻质隔墙顶部隔声处理(三)　轻质隔墙顶部隔声处理(四)

顶棚　密封胶　两层石膏板墙，壁骨的空腔中置消声毡　消声毡　消声毡　片状铅条　顶棚

隔声顶棚　隔声顶棚板　石膏板墙　壁骨的空腔中置消声毡

轻质隔声墙横剖面(一)　轻质隔声墙横剖面(二)　轻质隔声墙竖剖面

吸声材料　QC75　竖龙骨　牛皮胶带纸贴缝　QC50、QC75竖龙骨　QU75横龙骨　吸声材料

墙面

1:2水泥砂浆踢脚线　YJ4型建筑胶粘剂贴塑料踢脚板　射钉固定中距900　吸声材料

牛皮胶带纸贴缝　嵌YJ4型密封膏　25长自攻螺钉　25长自攻螺钉　嵌YJ4型密封膏　25长自攻螺钉

35长自攻螺钉　射钉固定中距900　吸声材料　牛皮胶带纸贴缝　金属护角条

注:1.竖龙骨中距600;

2.隔声墙竖龙骨与建筑结构固定部位必须增加通长泡沫塑料条;

3.双层纸面石膏板之间可填充隔声棉增加隔声效果。

125

吸声墙(二)

墙
面

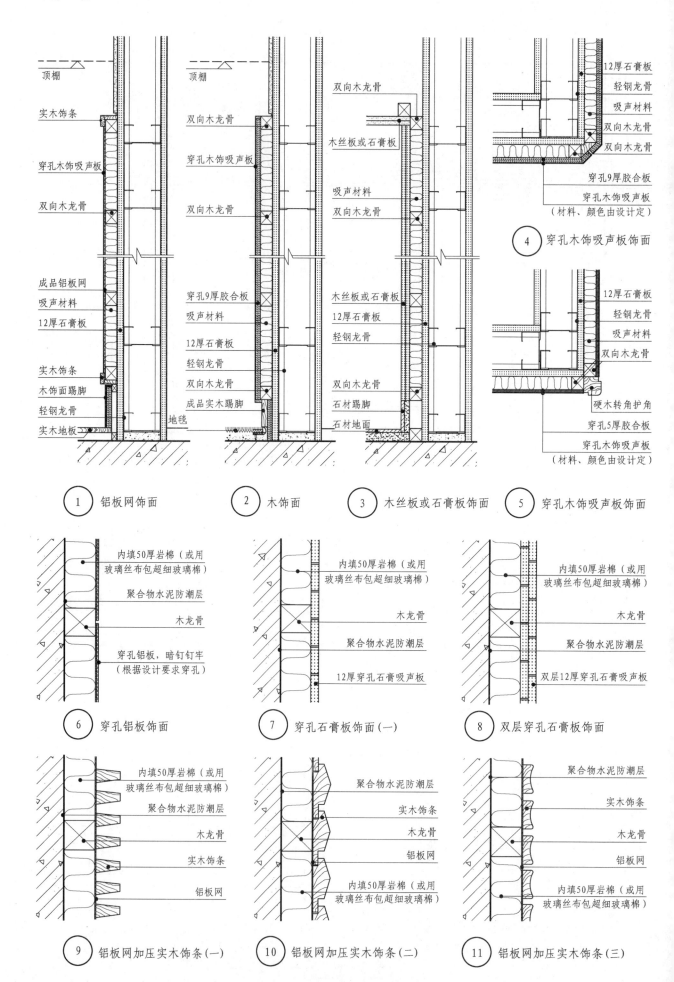

1 铝板网饰面

顶棚
实木饰条
穿孔木饰吸声板
双向木龙骨
成品铝板网
吸声材料
12厚石膏板
实木饰条
木饰面踢脚
轻钢龙骨
实木地板
地毯

2 木饰面

顶棚
双向木龙骨
穿孔木饰吸声板
双向木龙骨
穿孔9厚胶合板
吸声材料
12厚石膏板
轻钢龙骨
双向木龙骨
成品实木踢脚

3 木丝板或石膏板饰面

双向木龙骨
木丝板或石膏板
吸声材料
双向木龙骨
木丝板或石膏板
12厚石膏板
轻钢龙骨
双向木龙骨
石材踢脚
石材地面

4 穿孔木饰吸声板饰面

12厚石膏板
轻钢龙骨
吸声材料
双向木龙骨
双向木龙骨
穿孔9厚胶合板
穿孔木饰吸声板
(材料、颜色由设计定)

5 穿孔木饰吸声板饰面

12厚石膏板
轻钢龙骨
吸声材料
双向木龙骨
硬木转角护角
穿孔5厚胶合板
穿孔木饰吸声板
(材料、颜色由设计定)

6 穿孔铝板饰面

内填50厚岩棉(或用玻璃丝布包超细玻璃棉)
聚合物水泥防潮层
木龙骨
穿孔铝板,暗钉钉牢
(根据设计要求穿孔)

7 穿孔石膏板饰面(一)

内填50厚岩棉(或用玻璃丝布包超细玻璃棉)
木龙骨
聚合物水泥防潮层
12厚穿孔吸声板

8 双层穿孔石膏板饰面

内填50厚岩棉(或用玻璃丝布包超细玻璃棉)
木龙骨
聚合物水泥防潮层
双层12厚穿孔吸声板

9 铝板网加压实木饰条(一)

内填50厚岩棉(或用玻璃丝布包超细玻璃棉)
聚合物水泥防潮层
木龙骨
实木饰条
铝板网

10 铝板网加压实木饰条(二)

聚合物水泥防潮层
实木饰条
木龙骨
铝板网
内填50厚岩棉(或用玻璃丝布包超细玻璃棉)

11 铝板网加压实木饰条(三)

聚合物水泥防潮层
实木饰条
木龙骨
铝板网
内填50厚岩棉(或用玻璃丝布包超细玻璃棉)

126

吸声墙(三)

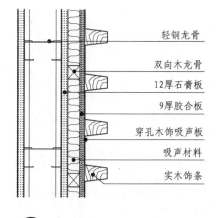

轻钢龙骨
双向木龙骨
12厚石膏板
9厚胶合板
穿孔木饰吸声板
吸声材料
实木饰条

⑫ 穿孔木饰吸声板加压实木饰条

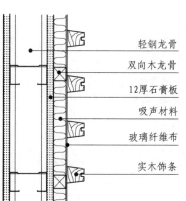

轻钢龙骨
双向木龙骨
12厚石膏板
吸声材料
玻璃纤维布
实木饰条

⑬ 玻璃纤维布加压实木饰条

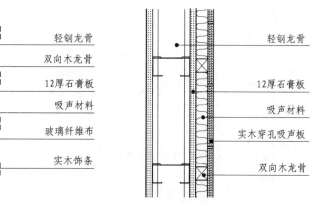

轻钢龙骨
12厚石膏板
吸声材料
实木穿孔吸声板
双向木龙骨

⑭ 实木穿孔吸声板

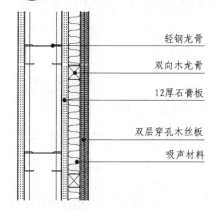

轻钢龙骨
双向木龙骨
12厚石膏板
双层穿孔木丝板
吸声材料

⑮ 双层穿孔木饰板

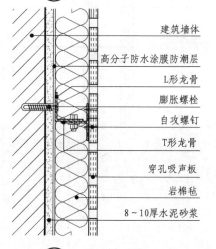

木工板
高分了吸声板
双向木龙骨
布料

⑯ 硬包饰面

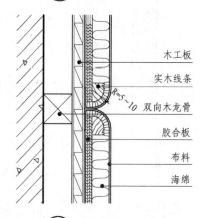

木工板
实木线条
R=5~10 双向木龙骨
胶合板
布料
海绵

⑰ 软包饰面

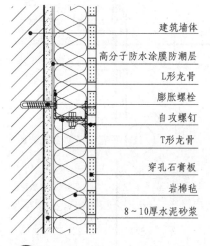

建筑墙体
高分子防水涂膜防潮层
L形龙骨
膨胀螺栓
自攻螺钉
T形龙骨
穿孔石膏板
岩棉毡
8~10厚水泥砂浆

⑱ 穿孔石膏板饰面(二)

建筑墙体
高分子防水涂膜防潮层
L形龙骨
膨胀螺栓
自攻螺钉
T形龙骨
穿孔吸声板
岩棉毡
8~10厚水泥砂浆

⑲ 穿孔吸声墙面饰面

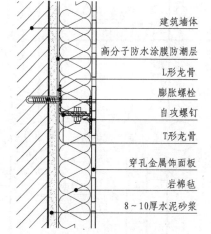

建筑墙体
高分子防水涂膜防潮层
L形龙骨
膨胀螺栓
自攻螺钉
T形龙骨
穿孔金属饰面板
岩棉毡
8~10厚水泥砂浆

⑳ 穿孔金属板饰面

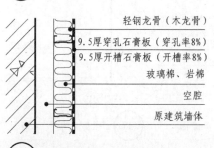

轻钢龙骨（木龙骨）
9.5厚穿孔石膏板（穿孔率8%）
9.5厚开槽石膏板（开槽率8%）
玻璃棉、岩棉
空腔
原建筑墙体

㉑ 穿孔石膏板饰面(三)

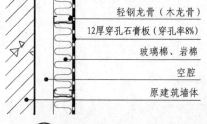

轻钢龙骨（木龙骨）
12厚穿孔石膏板（穿孔率8%）
玻璃棉、岩棉
空腔
原建筑墙体

㉒ 穿孔石膏板饰面(四)

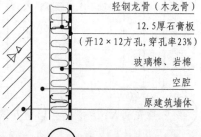

轻钢龙骨（木龙骨）
12.5厚石膏板
（开12×12方孔,穿孔率23%）
玻璃棉、岩棉
空腔
原建筑墙体

㉓ 穿孔石膏板饰面(五)

墙面

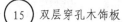

127

吸声墙(四)

墙面

24 铝板网饰面
- 4×20铝压条
- 铝板网面层
- 玻璃布一层绷紧固定于龙骨表面
- 40厚岩棉毡,用建筑胶粘剂粘贴于龙骨档内
- 高分子防水涂膜防潮层
- 8~10厚1:0.5:3水泥石灰膏砂浆分层抹平
- 50×50×0.7轻钢龙骨用膨胀螺栓与墙面固定

25 穿孔硅酸钙板饰面
- 15厚穿孔纤维增强硅酸钙板,用螺钉固定于龙骨上
- 玻璃布一层绷紧固定于龙骨表面
- 40厚岩棉毡,用建筑胶粘剂粘贴于龙骨档内
- 高分子防水涂膜防潮层
- 8~10厚1:0.5:3水泥石灰膏砂浆分层抹平
- 75×50×0.7轻钢龙骨用膨胀螺栓与墙面固定

26 穿孔金属板饰面
- 1.2厚穿孔金属饰面板,自攻螺钉固定
- 玻璃布一层绷紧固定于龙骨表面
- 40厚岩棉毡,用建筑胶粘剂粘贴于龙骨档内
- 高分子防水涂膜防潮层
- 8~10厚1:0.5:3水泥石灰膏砂浆分层抹平
- 50×50×0.7轻钢龙骨用膨胀螺栓与墙面固定

27 穿孔石膏板饰面
- 12厚穿孔石膏饰面板面层,用自攻螺钉固定,面刷涂料
- 玻璃布一层绷紧固定于龙骨表面
- 40厚岩棉毡,用建筑胶粘剂粘贴于龙骨档内
- 高分子防水涂膜防潮层
- 8~10厚1:0.5:3水泥石灰膏砂浆分层抹平
- 50×50×0.7轻钢龙骨用膨胀螺栓与墙面固定

28 木纤维吸声板饰面
- 木纤维吸声板
- 原建筑墙体

29 木纤维吸声板饰面
- 木龙骨
- 木纤维吸声板
- 原建筑墙体

30 纸面石膏板饰面
- 40厚岩棉毡,用建筑胶粘剂粘贴于龙骨档内
- 75×50×0.7轻钢龙骨
- 双面三层12厚纸面石膏板

31 穿孔吸声复合板饰面
- 600×600×15穿孔吸声复合板
- 点状粉刷石膏粘贴
- 9厚1:3水泥砂浆分层压实抹平
- 素水泥浆一道甩毛(内掺建筑胶)

32 微穿孔板吸声墙面
- 0.8厚微孔板穿孔率2%,孔径0.8
- 轻钢龙骨
- 0.8厚微孔板穿孔率1%,孔径0.8
- 原建筑墙体
- 100 | 100(50)

33 微穿孔板吸声墙面
- 0.5~0.8厚微孔板穿孔率2%,孔径0.8
- 轻钢龙骨
- 0.5~0.8厚微孔板穿孔率1%,孔径0.8
- 原建筑墙体
- 100 | 50(80)

34 微穿孔板吸声墙面
- 0.5~0.8厚微孔板穿孔率2%,孔径0.8
- 轻钢龙骨
- 0.5~0.8厚微孔板穿孔率1%,孔径0.8
- 原建筑墙体
- 120 | 80

35 微穿孔板吸声墙面
- 0.5~0.8厚微孔板穿孔率1%(2%、3%),孔径0.8
- 轻钢龙骨
- 原建筑墙体
- 100(80)

注:微穿孔板的特点是结构简单,不需与吸声材料组合,易于清洁,耐高温,适合于高速气流、高温潮湿环境。为达到更宽频带的吸收,常做成双层或多层的组合结构。

128

吸声墙(五)

墙面

① 穿孔铝板吸声墙面

轻钢龙骨（木龙骨）
0.75厚穿孔铝板吸声板
穿孔率9%，孔径2.3
玻璃棉、岩棉
空腔
原建筑墙体

② 穿孔铝板吸声墙面

轻钢龙骨（木龙骨）
12厚穿孔石膏板（穿孔率8%）
玻璃棉、岩棉
空腔
原建筑墙体

③ 穿孔铝板吸声墙面

轻钢龙骨（木龙骨）
12.5厚石膏板
（开12×12方孔，穿孔率23%）
玻璃棉、岩棉
空腔
原建筑墙体

④ 吸声墙

穿孔五合板暗钉钉牢
（根据设计要求穿孔）
填50厚岩棉
或用玻璃丝布
包超细玻璃棉
40×50木龙骨
双向中距450
预埋120×120×60木砖
双向中距450
1:3水泥砂浆抹平
防潮油贴粘塑料膜一层

⑤ 吸声墙

填50厚岩棉
或用玻璃丝布
包超细玻璃棉
40×50木龙骨
双向中距450
12×25半圆木压条
预埋120×120×60木砖
双向中距450
1:3水泥砂浆抹平
防潮油贴粘塑料膜一层
铝板网面层

⑥ 吸声墙

预埋120×120×60木砖
双向中距450
蒙铝板网后压钉
50×20弧形硬木条
40×50木龙骨
双向中距450
1:3水泥砂浆抹平
防潮油粘贴塑料膜一层
填50厚岩棉或用玻璃丝布
包超细玻璃棉

⑦ 吸声墙

双层12厚纸面石膏板吸声板
填50厚岩棉或用玻璃丝布
包超细玻璃棉
40×50木龙骨
双向中距450
预埋120×120×60木砖
双向中距450
1:3水泥砂浆抹平
防潮油粘贴塑料膜一层

⑧ 吸声墙

500×500×12植物纤维
吸声板或石膏吸声板
40×50木龙骨
双向中距450
预埋120×120×60木砖
双向中距450
1:3水泥砂浆抹平
防潮油粘贴塑料膜一层

⑨ 吸声墙

4-5厚硬质穿孔纤维
吸声板等湿处理后钉牢
40×50木龙骨
双向中距450
预埋120×120×60木砖
双向中距450
1:3水泥砂浆抹平
防潮油粘贴塑料膜一层

⑩ 吸声墙

铝板网，外钉24×14×40硬木条
填50厚岩棉或用玻璃丝布包超细玻璃棉
40×50木龙骨，双向中距450
1:3水泥砂浆抹平，防潮油粘贴塑料膜一层
预埋120×120×60木砖
双向中距450
铝板网

⑪ 吸声墙

钉40厚木丝板或纸面稻草，喷白浆二度
（双层20厚木丝板错缝钉牢）
填50厚岩棉或用玻璃丝布包超细玻璃棉
40×50木龙骨，双向中距450
预埋120×120×60木砖，双向中距450
1:3水泥砂浆抹平
防潮油粘贴塑料膜一层

129

墙面

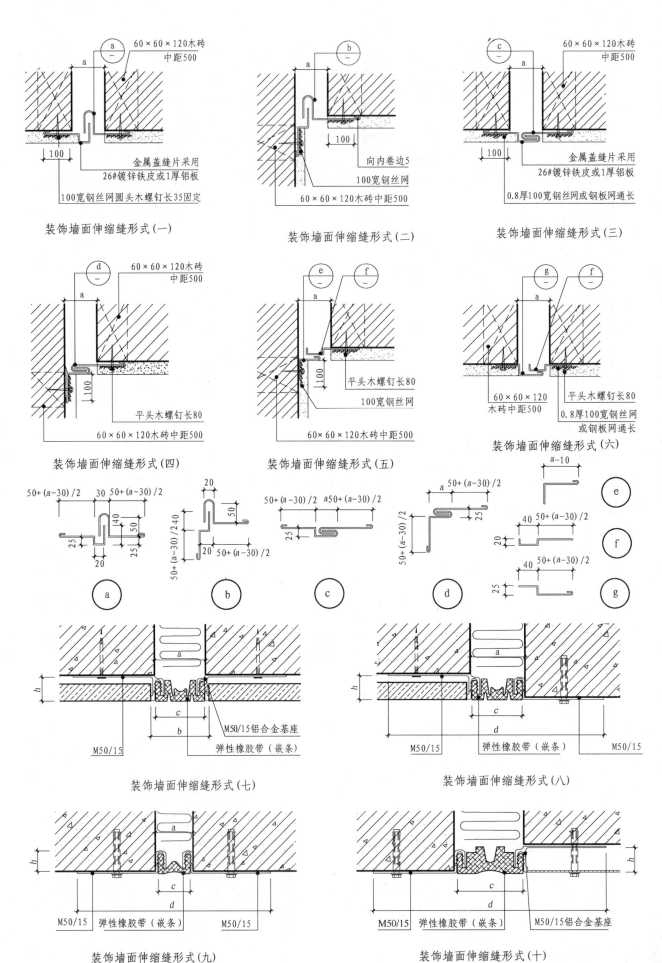

60×60×120木砖
中距500
金属盖缝片采用
26#镀锌铁皮或1厚铝板
100宽钢丝网圆头木螺钉长35固定

装饰墙面伸缩缝形式（一）

向内卷边5
100宽钢丝网
60×60×120木砖中距500

装饰墙面伸缩缝形式（二）

60×60×120木砖
中距500
金属盖缝片采用
26#镀锌铁皮或1厚铝板
0.8厚100宽钢丝网或钢板网通长

装饰墙面伸缩缝形式（三）

60×60×120木砖
中距500
平头木螺钉长80
60×60×120木砖中距500

装饰墙面伸缩缝形式（四）

平头木螺钉长80
100宽钢丝网
60×60×120木砖中距500

装饰墙面伸缩缝形式（五）

60×60×120木砖中距500
平头木螺钉长80
0.8厚100宽钢丝网或钢板网通长

装饰墙面伸缩缝形式（六）

M50/15铝合金基座
弹性橡胶带（嵌条）

装饰墙面伸缩缝形式（七）

弹性橡胶带（嵌条）

装饰墙面伸缩缝形式（八）

M50/15
弹性橡胶带（嵌条）

装饰墙面伸缩缝形式（九）

弹性橡胶带（嵌条）
M50/15铝合金基座

装饰墙面伸缩缝形式（十）

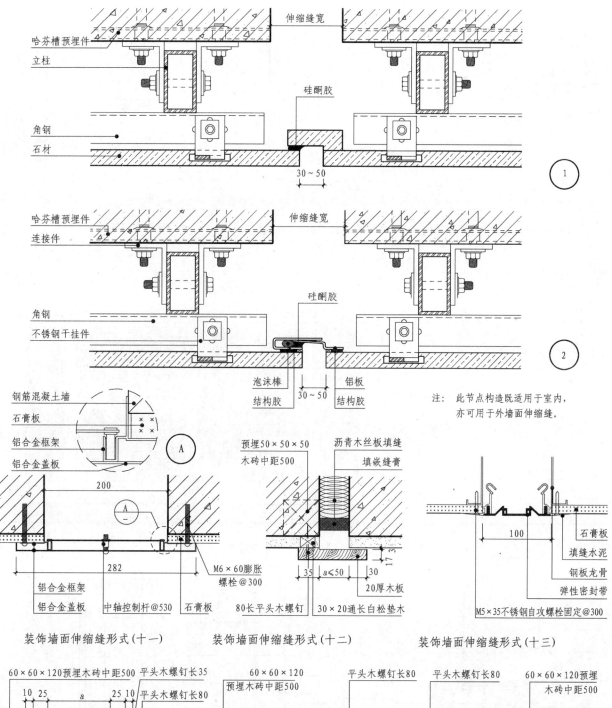

哈芬槽预埋件
立柱
角钢
石材
伸缩缝宽
硅酮胶
30～50
①

哈芬槽预埋件
连接件
角钢
不锈钢干挂件
伸缩缝宽
硅酮胶
泡沫棒
结构胶
30～50
铝板
结构胶
②

注：此节点构造既适用于室内，
亦可用于外墙面伸缩缝。

钢筋混凝土墙
石膏板
铝合金框架
铝合金盖板
Ⓐ
200
Ⓐ
282
M6×60膨胀螺栓@300
铝合金框架
铝合金盖板
中轴控制杆@530
石膏板

预埋50×50×50
木砖中距500
沥青木丝板填缝
填嵌缝膏
17 3
35　a≤50　30
20厚木板
80长平头木螺钉
30×20通长白松垫木

石膏板
填缝水泥
钢板龙骨
弹性密封带
100
M5×35不锈钢自攻螺栓固定@300

装饰墙面伸缩缝形式（十一）　　装饰墙面伸缩缝形式（十二）　　装饰墙面伸缩缝形式（十三）

墙

面

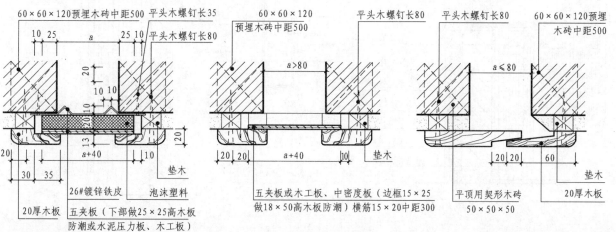

60×60×120预埋木砖中距500　平头木螺钉长35
10 25　　a　　25 10
平头木螺钉长80
20
10 10
20 10
13
20
20　a+40　10
垫木
30　35
26#镀锌铁皮
泡沫塑料
20厚木板
五夹板（下部做25×25高木板
防潮或水泥压力板、木工板）

60×60×120
预埋木砖中距500
平头木螺钉长80
a>80
20 20　a+40　10
垫木
五夹板或木工板、中密度板、边框15×25
做18×50高木板防潮）横筋15×20中距300

平头木螺钉长80
60×60×120预埋
木砖中距500
a≤80
20 20　60
垫木
20厚木板
平顶用楔形木砖
50×50×50

装饰墙面伸缩缝形式（十四）　　装饰墙面伸缩缝形式（十五）　　装饰墙面伸缩缝形式（十六）

墙面伸缩缝（三）

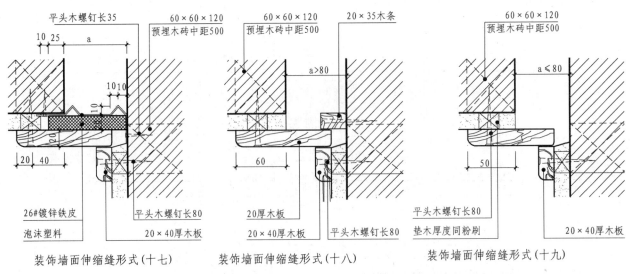

装饰墙面伸缩缝形式（十七）　装饰墙面伸缩缝形式（十八）　装饰墙面伸缩缝形式（十九）

暖气片构造（一）

墙面

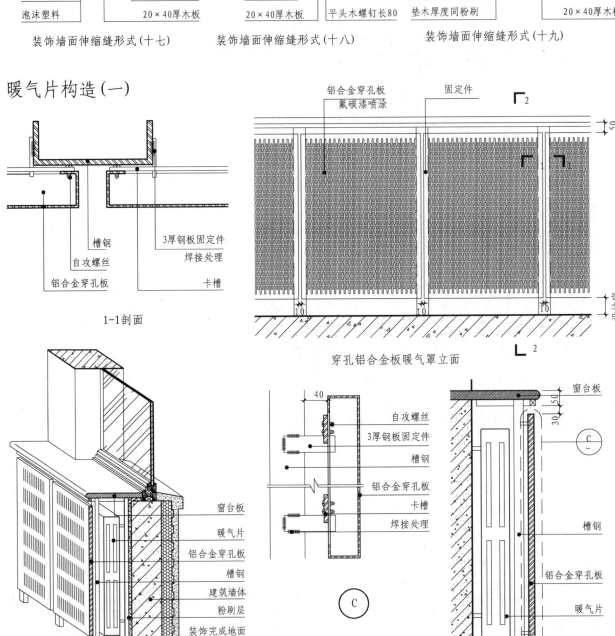

1-1剖面

穿孔铝合金板暖气罩立面

穿孔铝合金板暖气罩轴测

2-2剖面

注：1.暖气罩的作用主要是防止人们意外烫伤，并同时保证热空气能均匀散发，以调节室内气温；
　　2.设计时除了要考虑方便设备检修，还应注意美观，同时起装饰作用。

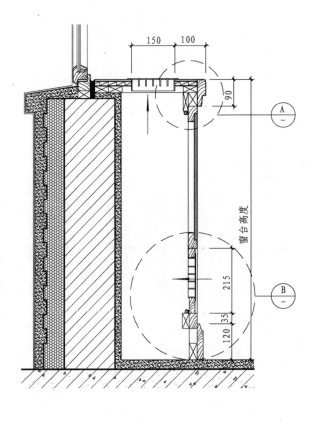

150 100

90

窗台高度

215

35

120

A／—

B／—

1-1剖面

成品风口
3厚木饰面
18厚细木工板
50×25木龙骨
50×20木龙骨
30×45木龙骨
30×35木龙骨
成品轧头
多层夹板外贴木饰面

2 25 65 35
55
90
35
20

21 9

A

多层夹板外贴木饰面
30×35木龙骨
风口边框20×40
成品风口

20
35

风口边框20×40
成品轧头
20×40木龙骨
风口座龙骨30×40
踢脚线

40
35
120

踢脚线托座30×40

B

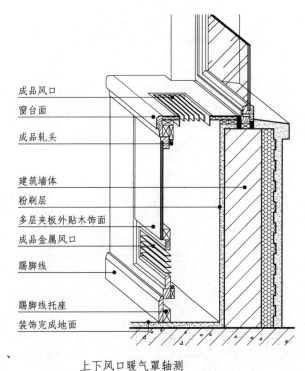

上下风口暖气罩立面

90

设计定

250

120

C／—

200 设计定 200

成品轧头示意
(有方有圆，作用相同)

墙面

成品风口
窗台面
成品轧头

建筑墙体
粉刷层
多层夹板外贴木饰面
成品金属风口
踢脚线

踢脚线托座
装饰完成地面

上下风口暖气罩轴测

9 16 30

30×30木龙骨
30×20木龙骨

30×30硬木封边 多层夹板外贴木饰面

C

133

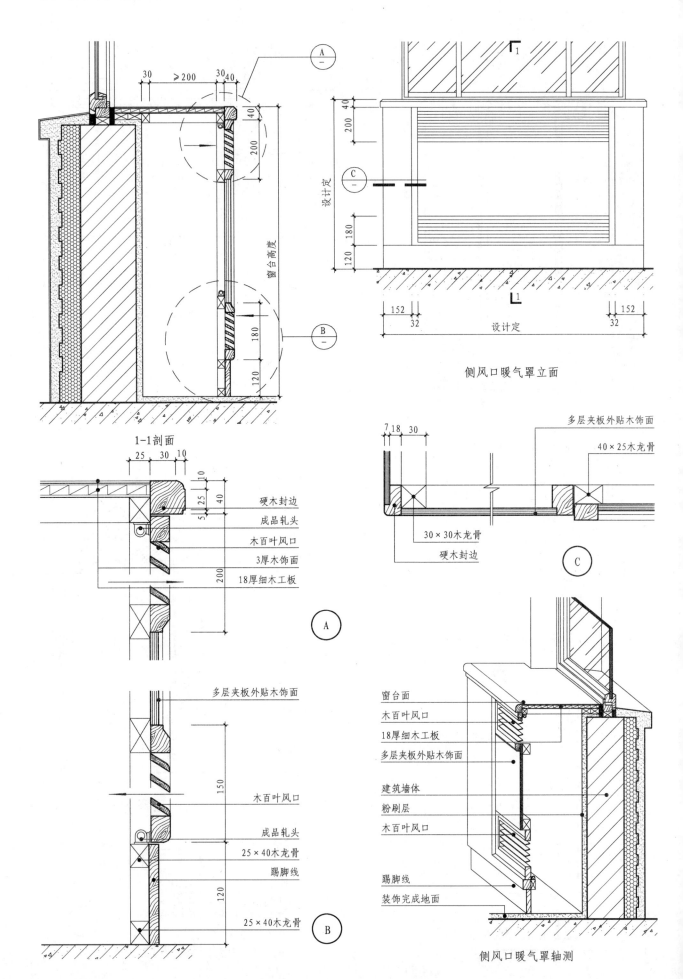

墙
面

1-1剖面

硬木封边
成品轧头
木百叶风口
3厚木饰面
18厚细木工板

A

多层夹板外贴木饰面

木百叶风口
成品轧头
25×40木龙骨
踢脚线
25×40木龙骨

B

侧风口暖气罩立面

多层夹板外贴木饰面
40×25木龙骨
30×30木龙骨
硬木封边

C

窗台面
木百叶风口
18厚细木工板
多层夹板外贴木饰面
建筑墙体
粉刷层
木百叶风口
踢脚线
装饰完成地面

侧风口暖气罩轴测

圆柱的构造

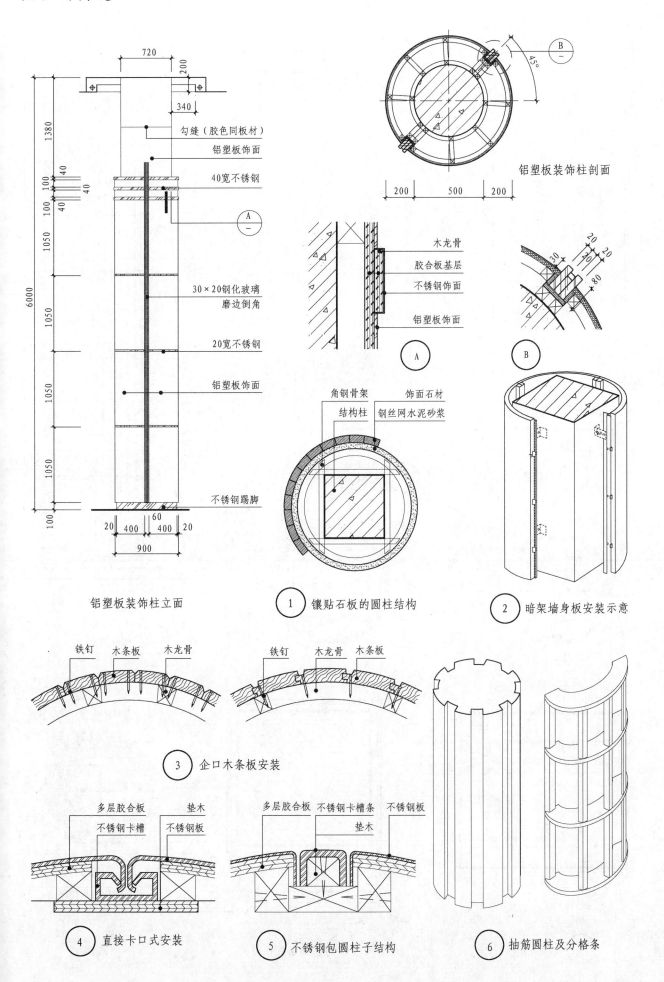

铝塑板装饰柱立面

720
200
340
1380
40
40
100
100
40
1050
6000
1050
1050
1050
100
20 400 400 20
60
900

勾缝（胶色同板材）
铝塑板饰面
40宽不锈钢
A
30×20钢化玻璃磨边倒角
20宽不锈钢
铝塑板饰面
不锈钢踢脚

铝塑板装饰柱剖面
200 500 200

45°
B

木龙骨
胶合板基层
不锈钢饰面
铝塑板饰面
A

20 20
30 20
80
B

角钢骨架   饰面石材
结构柱   钢丝网水泥砂浆

① 镶贴石板的圆柱结构

② 暗架墙身板安装示意

铁钉 木条板 木龙骨
③ 企口木条板安装

铁钉 木龙骨 木条板

多层胶合板   垫木
不锈钢卡槽   不锈钢板
④ 直接卡口式安装

多层胶合板 不锈钢卡槽条 不锈钢板
垫木
⑤ 不锈钢包圆柱子结构

⑥ 抽筋圆柱及分格条

柱面

135

各类材料装饰柱

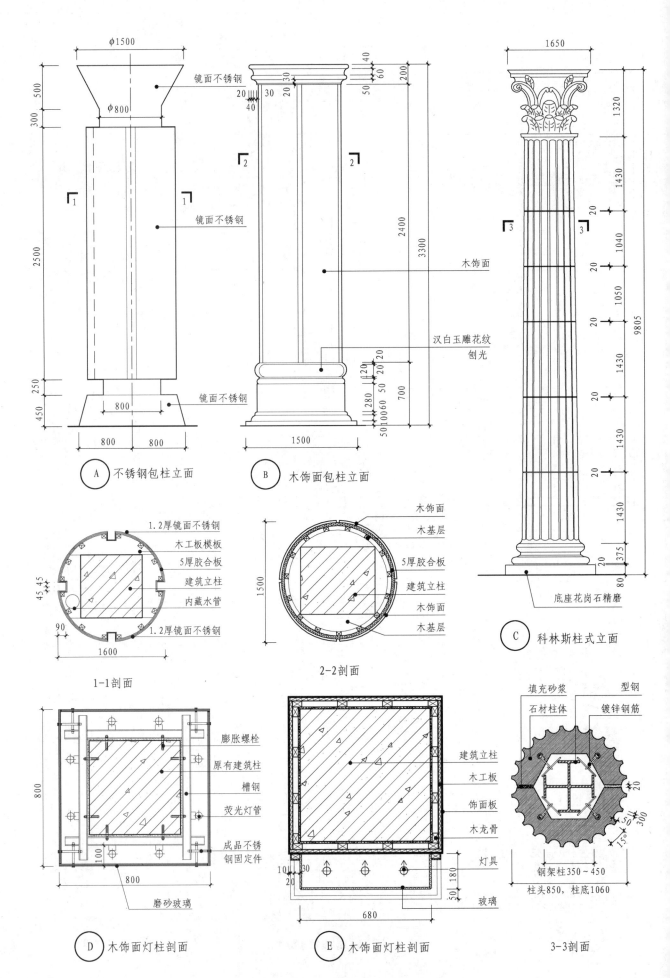

柱
面

φ1500

500
300
2500
250
450

800
800   800

镜面不锈钢
镜面不锈钢
镜面不锈钢
φ800

Ⓐ 不锈钢包柱立面

40
60
200
50
20 30
40
30 20 20
3300
2400
木饰面
汉白玉雕花纹
刨光
280 50 100 60 50 50 20 20
700
20
1500

Ⓑ 木饰面包柱立面

1650
1320
1430
20
1040
20
1050
9805
20
1430
20
1430
20
1430
375
20
80

底座花岗石精磨

Ⓒ 科林斯柱式立面

1.2厚镜面不锈钢
木工板模板
5厚胶合板
建筑立柱
内藏水管
1.2厚镜面不锈钢
45 45
90
1600

1-1剖面

木饰面
木基层
5厚胶合板
建筑立柱
木饰面
木基层
1500

2-2剖面

膨胀螺栓
原有建筑柱
槽钢
荧光灯管
成品不锈钢固定件
800
100
800
磨砂玻璃

Ⓓ 木饰面灯柱剖面

建筑立柱
木工板
饰面板
木龙骨
灯具
玻璃
100 30
20
50 180
680

Ⓔ 木饰面灯柱剖面

填充砂浆
型钢
石材柱体
镀锌钢筋
20
5 300
15°
钢架柱350~450
柱头850,柱底1060

3-3剖面

铝板、软包装饰柱面

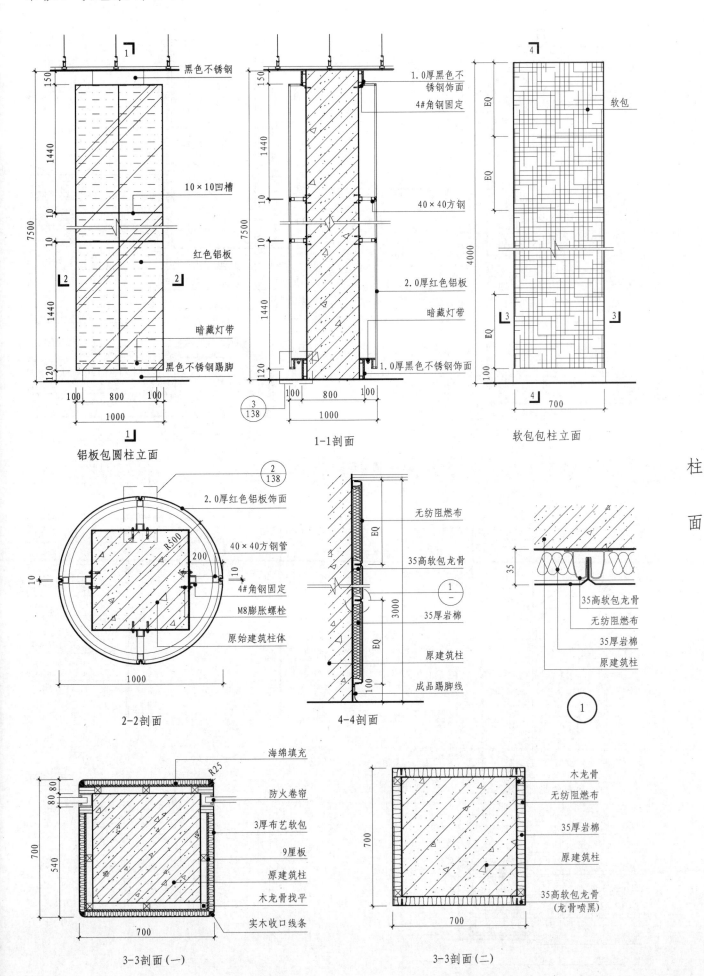

铝板包圆柱立面

1-1剖面

软包包柱立面

黑色不锈钢
10×10凹槽
红色铝板
暗藏灯带
黑色不锈钢踢脚

1.0厚黑色不锈钢饰面
4#角钢固定
40×40方钢
2.0厚红色铝板
暗藏灯带
1.0厚黑色不锈钢饰面

软包

2-2剖面

2.0厚红色铝板饰面
40×40方钢管
4#角钢固定
M8膨胀螺栓
原始建筑柱体

4-4剖面

无纺阻燃布
35高软包龙骨
35厚岩棉
原建筑柱
成品踢脚线

35高软包龙骨
无纺阻燃布
35厚岩棉
原建筑柱

3-3剖面（一）

海绵填充
防火卷帘
3厚布艺软包
9厘板
原建筑柱
木龙骨找平
实木收口线条

3-3剖面（二）

木龙骨
无纺阻燃布
35厚岩棉
原建筑柱
35高软包龙骨（龙骨喷黑）

柱面

137

石材及铝板包柱构造

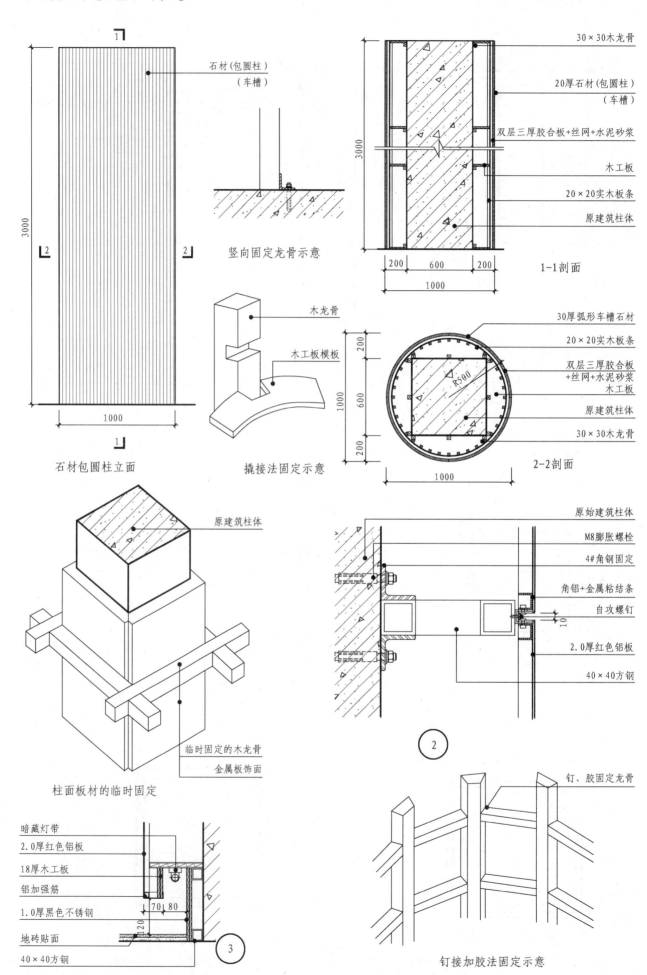

石材(包圆柱)
(车槽)

竖向固定龙骨示意

石材包圆柱立面

木龙骨

木工板模板

撬接法固定示意

30×30木龙骨

20厚石材(包圆柱)
(车槽)

双层三厚胶合板+丝网+水泥砂浆

木工板

20×20实木板条

原建筑柱体

1-1剖面

30厚弧形车槽石材

20×20实木板条

双层三厚胶合板
+丝网+水泥砂浆
木工板

原建筑柱体

30×30木龙骨

2-2剖面

柱

面

原建筑柱体

临时固定的木龙骨

金属板饰面

柱面板材的临时固定

暗藏灯带

2.0厚红色铝板

18厚木工板

铝加强筋

1.0厚黑色不锈钢

地砖贴面

40×40方钢

原始建筑柱体

M8膨胀螺栓

4#角钢固定

角铝+金属粘结条

自攻螺钉

2.0厚红色铝板

40×40方钢

钉、胶固定龙骨

钉接加胶法固定示意

138

石材包柱构造

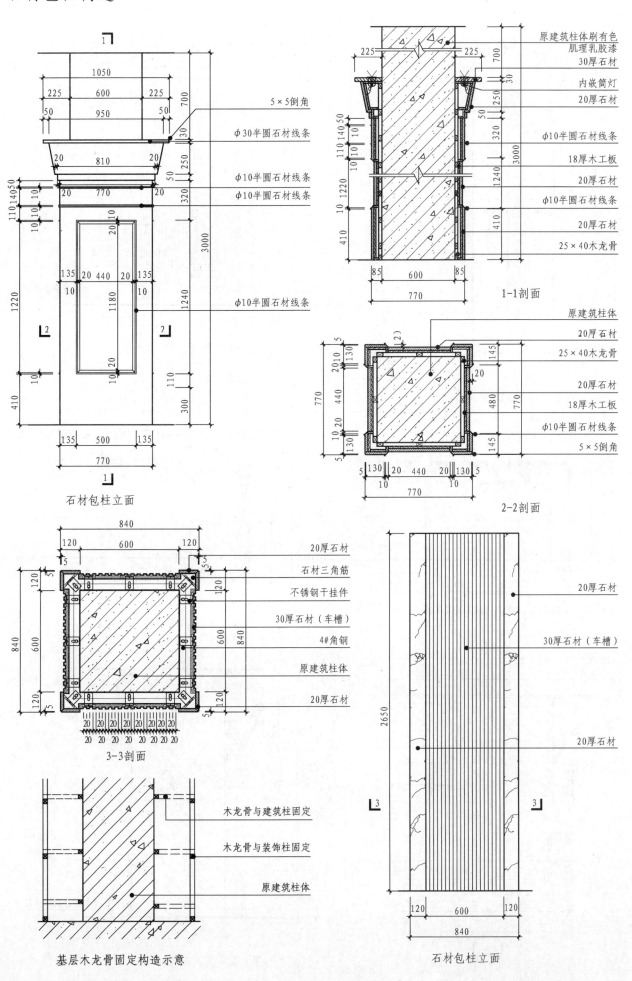

石材包柱立面

5×5倒角
φ30半圆石材线条
φ10半圆石材线条
φ10半圆石材线条
φ10半圆石材线条

原建筑柱体刷有色肌理乳胶漆
30厚石材
内嵌筒灯
20厚石材
φ10半圆石材线条
18厚木工板
20厚石材
φ10半圆石材线条
20厚石材
25×40木龙骨

1-1剖面

原建筑柱体
20厚石材
25×40木龙骨
20厚石材
18厚木工板
φ10半圆石材线条
5×5倒角

2-2剖面

20厚石材
石材三角筋
不锈钢干挂件
30厚石材（车槽）
4#角钢
原建筑柱体
20厚石材

3-3剖面

木龙骨与建筑柱固定
木龙骨与装饰柱固定
原建筑柱体

基层木龙骨固定构造示意

20厚石材
30厚石材（车槽）
20厚石材

石材包柱立面

柱面

139

胶合板装饰柱

柱面

墙纸

墙纸

暗藏灯带

胶合板油清漆

柱子立面（一）

1060
455 150 455
150 200
2850
2250
200 50

墙纸

纸面石膏板吊顶刷乳胶漆

20×10@20实木线条油清漆

马赛克

木饰面油清漆

木饰面踢脚油清漆

柱子立面（二）

200 120
80
150 250 75 75
3100 2900 2350
150
225 600 450 600 225
2100

30×40木龙骨

暗藏灯带

墙纸

木工板

9厚胶合板

实木线条

柱子立面（一）1-1剖面

700
30 270 100 270 30
30 70
270
100
270
30
700

20×10@20实木线条（油清水漆）

木饰面油清漆

马赛克

A
—

柱子立面（二）3-3剖面

225 600 450 600 225
2100
225
600
450
600
225
2100
40
20 20

墙纸

柱子立面（一）2-2剖面

1060
180 700 180
100
70

木饰面油清漆

20×10@20实木线条油清漆

胶合板

马赛克

A

20
20 20
40

墙纸

150×75实木木线条油清漆

马赛克

胶合板

胶合板

木饰面踢脚油清漆

柱子立面（二）4-4剖面

75
20 20
150
15 95 10 10
15 40
10
65
2650 2350
150

140

玻璃镜装饰方柱(一)

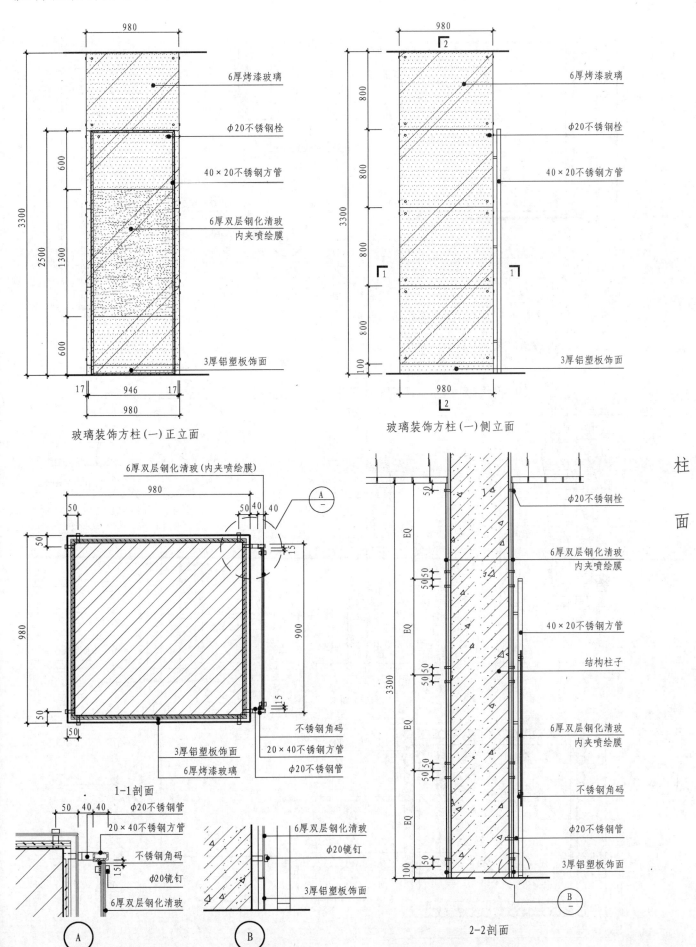

玻璃装饰方柱(一)正立面

- 6厚烤漆玻璃
- φ20不锈钢栓
- 40×20不锈钢方管
- 6厚双层钢化清玻内夹喷绘膜
- 3厚铝塑板饰面

玻璃装饰方柱(一)侧立面

- 6厚烤漆玻璃
- φ20不锈钢栓
- 40×20不锈钢方管
- 3厚铝塑板饰面

1-1剖面

- 6厚双层钢化清玻(内夹喷绘膜)
- 不锈钢角码
- 20×40不锈钢方管
- φ20不锈钢管
- 3厚铝塑板饰面
- 6厚烤漆玻璃

A
- φ20不锈钢管
- 20×40不锈钢方管
- 不锈钢角码
- φ20镜钉
- 6厚双层钢化清玻

B
- 6厚双层钢化清玻
- φ20镜钉
- 3厚铝塑板饰面

2-2剖面

- φ20不锈钢栓
- 6厚双层钢化清玻内夹喷绘膜
- 40×20不锈钢方管
- 结构柱子
- 6厚双层钢化清玻内夹喷绘膜
- 不锈钢角码
- φ20不锈钢管
- 3厚铝塑板饰面

柱面

141

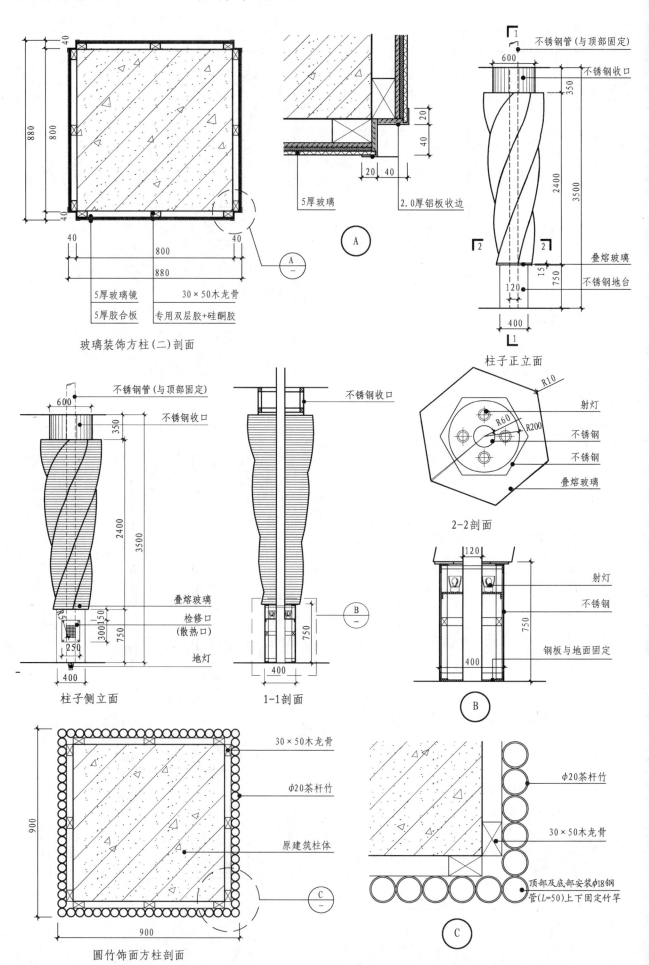

柱面

5厚玻璃

2.0厚铝板收边

A

玻璃装饰方柱(二)剖面

5厚玻璃镜　　30×50木龙骨

5厚胶合板　　专用双层胶+硅酮胶

不锈钢管(与顶部固定)

不锈钢收口

叠熔玻璃

不锈钢地台

柱子正立面

R10

射灯

不锈钢

不锈钢

叠熔玻璃

2-2剖面

不锈钢管(与顶部固定)

不锈钢收口

叠熔玻璃

检修口
(散热口)

地灯

柱子侧立面

不锈钢收口

B

1-1剖面

射灯

不锈钢

钢板与地面固定

B

30×50木龙骨

φ20茶杆竹

原建筑柱体

C

φ20茶杆竹

30×50木龙骨

顶部及底部安装φ18钢
管(L=50)上下固定竹竿

C

圆竹饰面方柱剖面

142

金属装饰柱

R1250 R1250

第一层
第二层
第三层
第四层

160

3500

2540

40

160

不锈钢装饰柱立面

R160
R130

膨胀螺栓

不锈钢立柱

底座平面

叶脉起筋

1-1剖面

第一层
第二层
第三层
第四层

不锈钢装饰柱平面

不锈钢树叶

树叶由螺栓与钢管固定

橡胶垫

不锈钢树干

不锈钢外饰套

中心钢管（固定树叶）

180

20 20 20

R84

R94

不锈钢外饰套

R170 R66

立柱与底板焊接固定

8厚不锈钢底座钢板

防水砂浆层

10
40

20

2-2剖面

1250
1200
1150
1100
1050
1000
950
900
850
800
750
700
650
600
550
500
450
400
350
300
250
200
150
100
50
0

柱
面

150 100 50 0 50 100 150

树叶造型放样

143

窗套形式 (一)

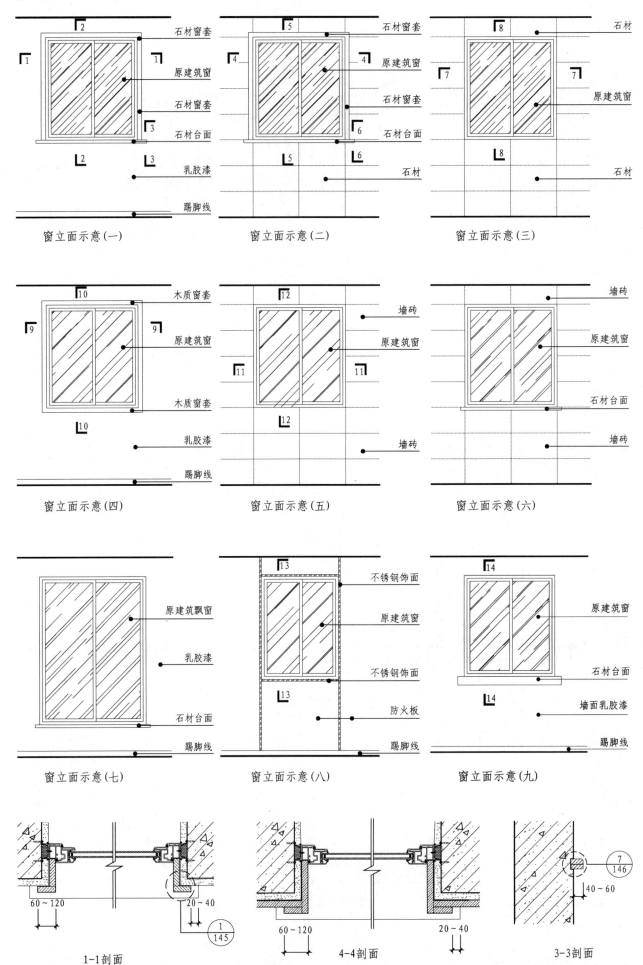

墙
面

窗立面示意 (一)
石材窗套
原建筑窗
石材窗套
石材台面
乳胶漆
踢脚线

窗立面示意 (二)
石材窗套
原建筑窗
石材窗套
石材台面
石材

窗立面示意 (三)
石材
原建筑窗
石材

窗立面示意 (四)
木质窗套
原建筑窗
木质窗套
乳胶漆
踢脚线

窗立面示意 (五)
墙砖
原建筑窗
墙砖

窗立面示意 (六)
墙砖
原建筑窗
石材台面
墙砖

窗立面示意 (七)
原建筑飘窗
乳胶漆
石材台面
踢脚线

窗立面示意 (八)
不锈钢饰面
原建筑窗
不锈钢饰面
防火板
踢脚线

窗立面示意 (九)
墙砖
原建筑窗
石材台面
墙面乳胶漆
踢脚线

60~120   20~40
1-1剖面

60~120   20~40
4-4剖面

3-3剖面
40~60

144

窗套形式 (二)

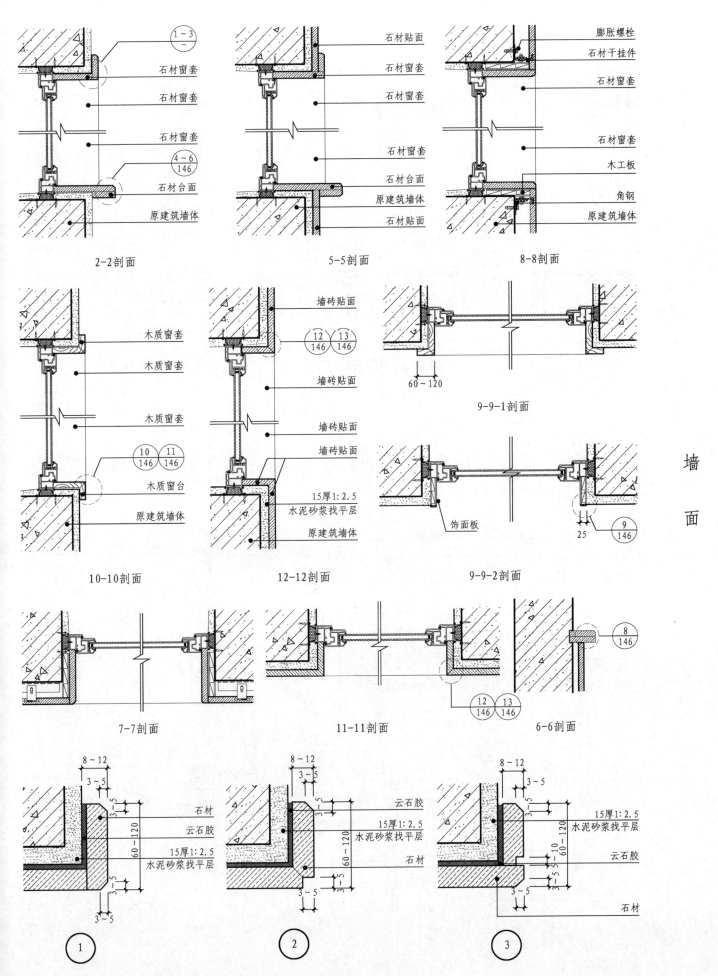

$\frac{1 \sim 3}{—}$

石材窗套

石材窗套

石材窗套

$\frac{4 \sim 6}{146}$

石材台面

原建筑墙体

2-2剖面

石材贴面

石材窗套

石材窗套

石材窗套

石材台面

原建筑墙体

石材贴面

5-5剖面

膨胀螺栓

石材干挂件

石材窗套

石材窗套

木工板

角钢

原建筑墙体

8-8剖面

木质窗套

木质窗套

木质窗套

$\frac{10}{146}$ $\frac{11}{146}$

木质窗台

原建筑墙体

10-10剖面

墙砖贴面

$\frac{12}{146}$ $\frac{13}{146}$

墙砖贴面

墙砖贴面

墙砖贴面

15厚1:2.5
水泥砂浆找平层

原建筑墙体

12-12剖面

$60 \sim 120$

9-9-1剖面

饰面板

25 $\frac{9}{146}$

9-9-2剖面

墙面

7-7剖面

11-11剖面

$\frac{8}{146}$

$\frac{12}{146}$ $\frac{13}{146}$

6-6剖面

$8 \sim 12$

$3 \sim 5$

$3 \sim 5$

$60 \sim 120$

$3 \sim 5$

石材

云石胶

15厚1:2.5
水泥砂浆找平层

$3 \sim 5$

①

$8 \sim 12$

$3 \sim 5$

$3 \sim 5$

$60 \sim 120$

云石胶

15厚1:2.5
水泥砂浆找平层

石材

$3 \sim 5$

②

$8 \sim 12$

$3 \sim 5$

$3 \sim 5$

15厚1:2.5
水泥砂浆找平层

$60 \sim 120$

$5 \sim 10$

$3 \sim 5$

云石胶

石材

$3 \sim 5$

③

窗套形式(三)

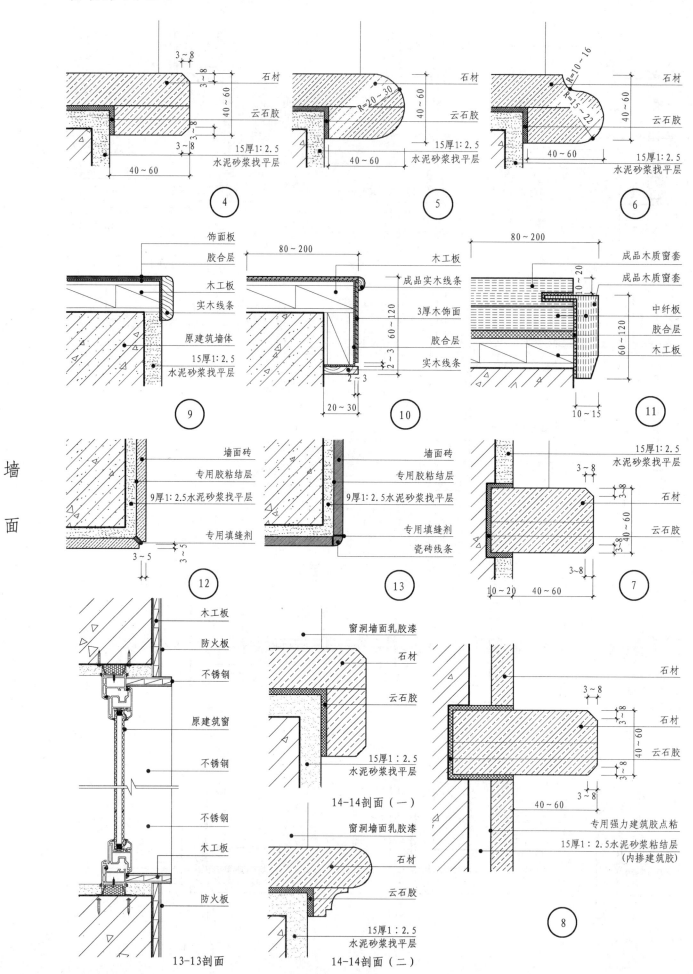

墙
面

4

3~8

石材

云石胶

40~60

15厚1:2.5
水泥砂浆找平层

40~60

5

R=20~30

石材

云石胶

40~60

15厚1:2.5
水泥砂浆找平层

40~60

6

R=10~16

R=15~22

石材

云石胶

40~60

15厚1:2.5
水泥砂浆找平层

40~60

9

饰面板

胶合层

木工板

实木线条

原建筑墙体

15厚1:2.5
水泥砂浆找平层

10

80~200

木工板

成品实木线条

3厚木饰面

胶合层

实木线条

60~120

2~3

20~30

11

80~200

成品木质窗套

成品木质窗套

中纤板

胶合层

木工板

10~20

60~120

10~15

12

墙面砖

专用胶粘结层

9厚1:2.5水泥砂浆找平层

专用填缝剂

3~5

13

墙面砖

专用胶粘结层

9厚1:2.5水泥砂浆找平层

专用填缝剂

瓷砖线条

7

15厚1:2.5
水泥砂浆找平层

3~8

石材

云石胶

40~60

10~20   40~60

13-13剖面

木工板

防火板

不锈钢

原建筑窗

不锈钢

不锈钢

木工板

防火板

14-14剖面(一)

窗洞墙面乳胶漆

石材

云石胶

15厚1:2.5
水泥砂浆找平层

14-14剖面(二)

窗洞墙面乳胶漆

石材

云石胶

15厚1:2.5
水泥砂浆找平层

8

石材

石材

云石胶

3~8

40~60

40~60

专用强力建筑胶点粘

15厚1:2.5水泥砂浆粘结层
(内掺建筑胶)

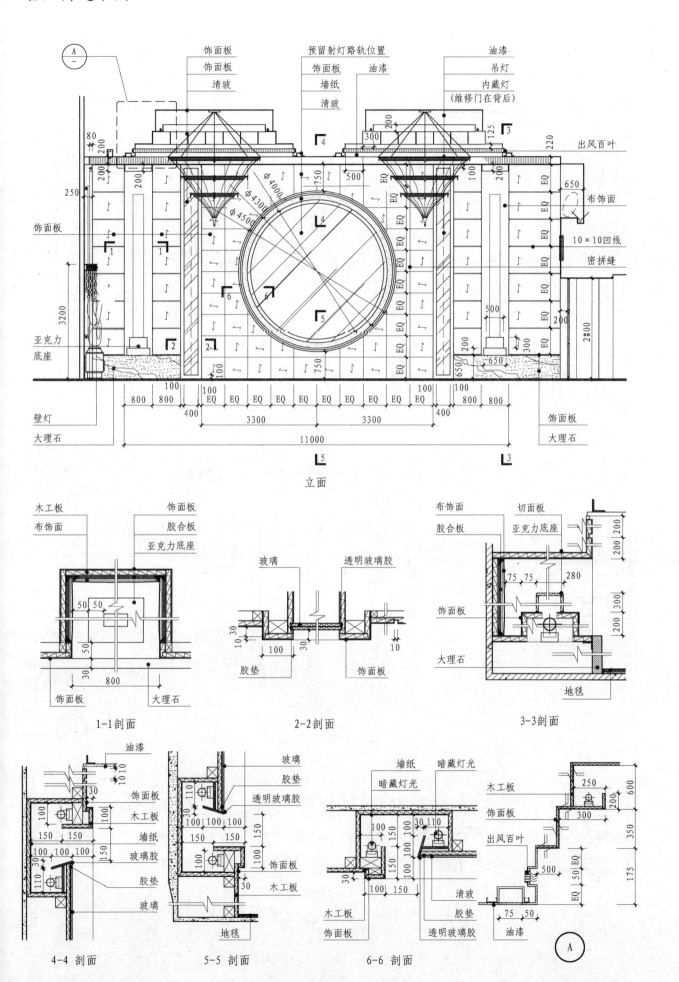

立面

墙

面

1-1剖面

2-2剖面

3-3剖面

4-4 剖面

5-5 剖面

6-6 剖面

墙面构造案例(二)

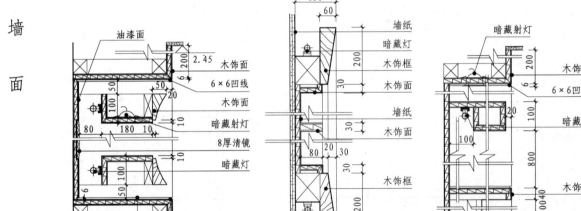

立面

墙面

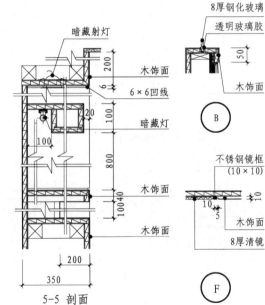

1-1 剖面

2-2 剖面

5-5 剖面

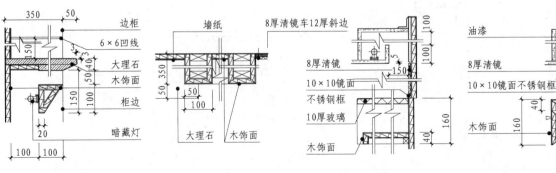

3-3 剖面

4-4 剖面

6-6 剖面

7-7 剖面

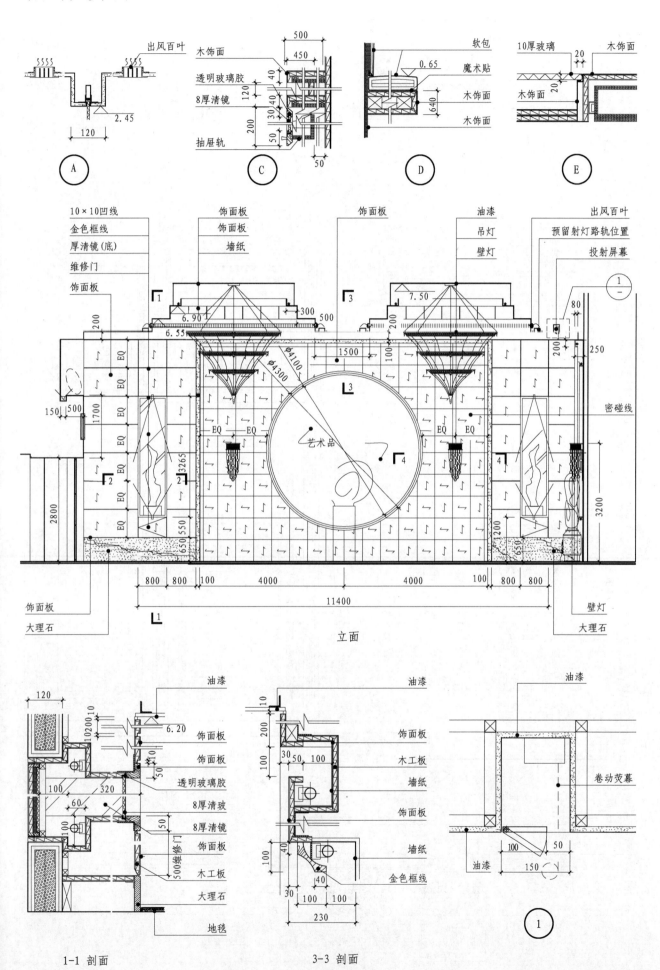

墙 面

A

C

D

E

立面

1-1 剖面

3-3 剖面

1

墙面构造案例（四）

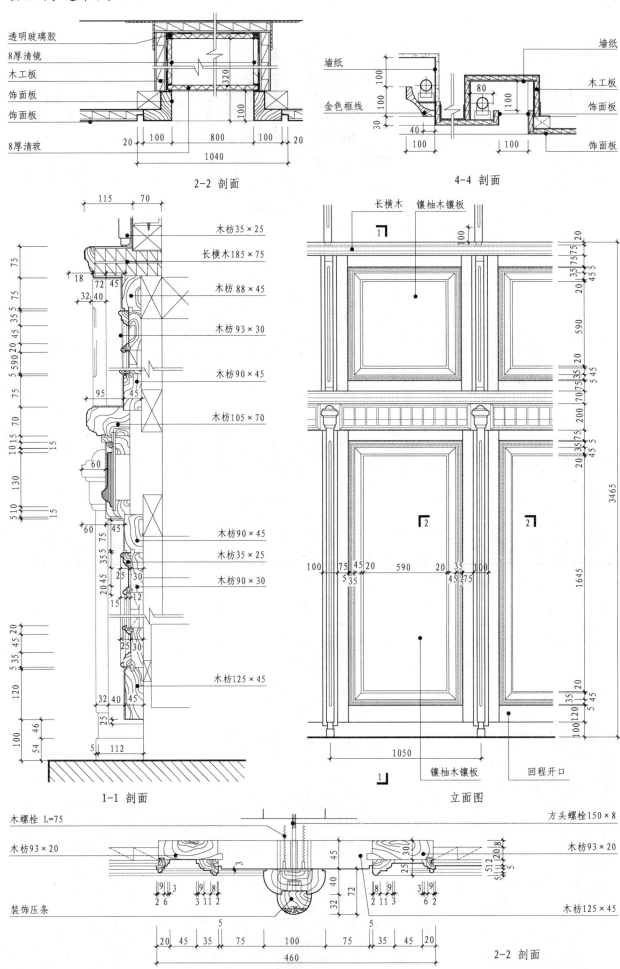

透明玻璃胶
8厚清镜
木工板
饰面板
饰面板
8厚清玻

墙纸
金色框线

墙纸
木工板
饰面板
饰面板

2-2 剖面

4-4 剖面

墙 面

木枋35×25
长横木185×75
木枋88×45
木枋93×30
木枋90×45
木枋105×70
木枋90×45
木枋35×25
木枋90×30
木枋125×45

1-1 剖面

长横木　镶柚木镶板

镶柚木镶板　回程开口

立面图

木螺栓 L=75
木枋93×20
装饰压条

方头螺栓150×8
木枋93×20
木枋125×45

2-2 剖面

150

肋式玻璃幕墙构造案例

立面示意图

玻璃肋板
玻璃面板
铝板
玻璃门

3-3 门顶剖面

玻璃面板
玻璃肋板
铝板
钢结构门梁
泡沫棒
密封材料
玻璃门

1-1 上封顶剖面

主体结构
角钢
铝板
吊挂系统
玻璃面板
结构胶
（透明）
玻璃肋板

>120 600~1000

2-2 下封底剖面

饰面材料
玻璃面板
玻璃肋板
角钢
素混凝土
预埋件
角钢

4-4 下封底剖面

玻璃肋板
结构胶
泡沫棒
玻璃垫
镀锌槽钢
预埋件
化学螺栓
玻璃面板

墙面

5-5 剖面

镀锌槽钢
玻璃肋板
结构胶
垫片

6-6 侧封边剖面

化学螺栓
内装饰层面
预埋板
角钢
玻璃面板
铝板
结构胶
泡沫棒
镀锌槽钢
>50

7-7 门侧剖面

玻璃门
密封材料
泡沫棒
200~500
钢结构
角钢
玻璃面板
结构胶
泡沫棒
铝板
镀锌槽钢

点式玻璃幕墙构造案例

墙
面

不锈钢驳接爪

12厚钢化玻璃

透明结构胶

∞

1600

∞

1600

30

8 1200 8

立柱点支式玻璃幕墙

不锈钢驳接爪
不锈钢驳接头

φ40钢管白色喷漆
φ40钢管白色喷漆
φ100钢管白色喷漆

A
—

40 1600 40

透明结构胶
12厚钢化玻璃

2-2 剖面

200

12厚钢化玻璃 透明结构胶 不锈钢驳接爪

A

预埋件钢板+金属膨胀螺栓

螺栓

不锈钢驳接爪

φ100钢管白色喷漆
12厚钢化玻璃

200 700 100

φ40钢管白色喷漆

φ100钢管白色喷漆
不锈钢驳接头

2000

不锈钢驳接爪

φ40钢管白色喷漆
12厚钢化玻璃
φ100钢管白色喷漆

不锈钢驳接爪
钢基座白色喷漆
预埋件钢板+金属膨胀螺栓

250 100 500

1-1 剖面

第三章 地面的装饰装修构造

地面的装修材料主要有地砖、石材（包括人造石材）、实木地板、复合地板、地毯等。

一、地砖地面

1. 釉面砖

（1）釉面砖，就是砖的表面经过烧釉处理的砖。它是采用建筑陶瓷原料经粉碎筛分后进行半干压成型，在其干坯或素坯上施以透明釉料，再经窑内焙烧而成的陶瓷块状装饰材料。主体部分又分陶土和瓷土两种：

① 陶制釉面砖，由陶土烧制而成，吸水率较高，强度较低。其主要特征是背面颜色为红色。

② 瓷制釉面砖，由瓷土烧制而成，吸水率较低，强度较高。其主要特征是背面颜色是灰白色。

需要说明的是，目前也有一些陶制釉面砖的吸水率和强度比瓷制釉面砖好。

（2）釉面砖的釉面根据光泽的不同，还可以分为亮光釉面砖和亚光釉面砖两种。

（3）常见问题

釉面砖是装修中最常用的砖种，常见的质量问题主要有两方面：

① 龟裂：

龟裂产生的根本原因是坯与釉层间的热膨胀系数差异。当釉面比坯的热膨胀系数大，冷却时釉的收缩大于坯体，釉面就会受拉伸应力，当拉伸应力大于釉层所能承受的极限抗拉强度时，就会产生龟裂现象。

② 背渗：

当坯体密度过于疏松时，就会产生水泥的污水渗透到表面的情况。

（4）常用规格

正方形釉面砖有 150×150、200×200、长方形釉面砖有 60×240、100×200、115×240、150×200、200×300 等（单位：mm），釉面砖厚度在 6～10mm 之间，可以根据需要选择。

2. 通体砖

通体砖的表面不上釉，而且正面和反面的材质和色泽一致，因此得名。通体砖是一种耐磨砖。其常有的规格有 300×300、400×400、500×500、600×600、800×800 等（单位：mm）。

3. 抛光砖

抛光砖是在通体坯体表面经过打磨而成的一种光亮的砖种。抛光砖属于通体砖的一种。相对于通体砖的平面粗糙，抛光砖光洁，且质地坚硬耐磨，适合在多数室内空间中使用。在运用渗花技术的基础上，抛光砖可以做出各种仿石、仿木效果。

抛光砖缺点是易脏，不过一些质量好的抛光砖都加了一层防污层。

抛光砖的常用规格是 400×400、500×500、600×600、800×800、900×900、1000×1000（单位：mm）。

4. 玻化砖

为了解决抛光砖出现的易脏问题，市面上又出现了一种叫玻化砖的品种。玻化砖就是全瓷砖，其表面光洁但又不需要抛光。

玻化砖是一种强化的抛光砖，它采用高温烧制而成。质地比抛光砖更硬更耐磨。

玻化砖主要是地面砖，常用规格是 400×400、500×500、600×600、800×800、900×900、1000×1000（单位：mm）。

铺设地砖一般可分为八个步骤：

（1）试拼：按图纸要求对房间的地砖或石材按图案、颜色、纹理进行试拼，并按方向排序，编号后放整齐（俗称"排版"）。

（2）弹线：先按"五米线"找水平，弹击互相垂直的控制十字线，以便检查和控制地面砖或石材的水平、垂直、位置等。

（3）试排：在房间两个相互垂直方向铺干砂试排，检查地砖及石材等的缝隙，核对它们与墙体、柱等的相对位置。

（4）清基层：将混凝土基层清扫干净，高低不平处要先凿平、修补，地面应洒水湿润，以提高与基层的粘结能力，撒一遍水泥。

（5）铺砂浆：将 1:3 的干硬性水泥砂浆自里向外（门口）摊铺，铺好后刮大杠、拍实，用抹子找平，其厚度应适当高出水平线定的找平层厚度。

（6）铺地砖：先将地砖浸水湿润，阴干后擦净背面，按编号在干性水泥砂浆上试铺，然后翻开地砖，在水泥砂浆上浇一层水灰比为 1:2 的素水泥浆，然后正式镶铺。地砖四角应同时安放下落，使其与砂浆平等接触，并高出拉线 20～30mm，再用橡胶锤或木锤轻击木垫板，表面用水平尺找平。

（7）灌浆、擦缝：地面铺完一两天后灌浆擦缝，灌浆擦缝材料应选用同地面材料相同的 1:1 稀水泥砂浆。铺装后的养护十分重要，铺装 24h 后必须洒水养护，两天之内禁止上人。为不影响其他项目施工，可在地面上铺设实木木板供人行走。

（8）清洁打蜡：对完工清洁后的地面进行打蜡，使其光亮如镜。

（9）验收地砖的铺设：地面地砖铺装必须牢固；铺装表面应平整洁净，色泽协调，无明显色差；接缝应平直，宽窄均匀；地砖应无缺棱掉角现象；非标准规格板材铺装，部位要正确，流水坡方向也要正确；拉线检查误差应小于 2mm，用 2m 靠尺检查平整度误差应小于 1mm。

陶瓷地砖的地面铺贴构造见图 3-1 所示。

5. 陶瓷锦砖（又叫陶瓷马赛克）

陶瓷马赛克（Mosaic）一般由数十块小块的砖组成一个相对的大砖。它以小巧玲珑、色彩斑斓被广泛使用于室内外墙面和地面。它主要分为：

（1）陶瓷马赛克。是最传统的一种马赛克，以小巧玲珑著称，但较为单调。

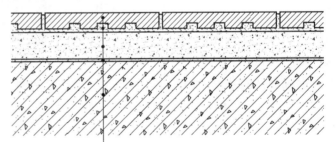

陶瓷地砖、墙地砖等铺地砖块面层，紧密铺贴（缝宽≤1mm）或按设计要求虚缝铺贴（离缝5～10mm），铺贴24h内进行擦缝（紧密铺贴时）或勾缝和压缝（缝隙深度宜为砖厚的1/3）
水泥浆一道（水灰比0.4～0.5）随刮随进行地砖铺贴，根据地砖产品使用要求，有的砖块需事先浸水晾干或擦净明水，砖背面刮水泥浆（或聚合物水泥浆）到位粘贴振实铺平
1:3水泥砂浆结合层（兼找平），干硬性，厚度10～15mm
水泥砂浆一道（水灰比0.4～0.5）厚2.0～2.5mm，随刷随铺设结合层砂浆
建筑结构楼地面基层（混凝土楼板或垫层）水泥类材料表面洁净、湿润，无积水现象；光滑的混凝土表面应作毛面处理（划毛或凿毛）或涂刷界面处理剂

图 3-1　陶瓷地砖的地面铺贴构造图

（2）大理石马赛克。是中期发展的一种马赛克品种，丰富多彩，但其耐酸碱性差、防水性能不好。

（3）玻璃马赛克。玻璃的色彩斑斓给马赛克带来蓬勃生机。它依据玻璃的品种不同，又分为多种小品种：

① 熔融玻璃马赛克。以硅酸盐等为主要原料，在高温下熔化成型并呈乳浊或半乳浊状，内含少量气泡和未熔颗粒的玻璃马赛克。

② 烧结玻璃马赛克。以玻璃粉为主要原料，加入适量胶粘剂等压制成一定规格尺寸的生坯；在一定温度下烧结而成的玻璃马赛克。

③ 金星玻璃马赛克。内含少量气泡和一定量的金属结晶颗粒，具有明显遇光闪烁的玻璃马赛克。

（4）常用规格

马赛克常用规格有 20×20、25×25、30×30（单位：mm），厚度一般在 4.0～5.0mm 之间。

（5）施工工艺

① 清理基层：将墙面上的松散混凝土、杂物等清理干净，用 1：3 水泥砂浆打底，底层拍实，用刮尺刮平，木抹刀搓粗，阴阳角必须抹得垂直、方正。使墙面做到干净、平整。

② 弹分格线：马赛克墙面设计一般均留有横向和竖向分格缝。若设计时遗漏，施工时也应增设分格缝。因为一般规格玻璃锦砖每联尺寸为 308mm×308mm，联间缝隙为 2mm，排版模数即为 310mm。每一小粒马赛克背面尺寸近似 18mm×18mm，粒间间隙也为 2mm，每粒铺贴模数可取 20mm。窗间墙尺寸排完整联后的尾数若不能被 20 整除，则意味着最后 1 粒马赛克排不下去，若没有分格缝，只能调整所有粒与粒之间缝隙，加大或缩小来决定最后一粒马赛克的取舍；若有分格缝，便可通过分格缝进行调整。

③ 湿润基层：墙面基层洒水湿润，刷一遍水泥素浆，随铺随刷。

④ 抹结合层：结合层必须用不低于 42.5 级的白水泥或普通硅酸盐水泥素浆，水灰比 0.32，厚度约 2mm。结合层抹后要稍等片刻，手按无坑，只留下清晰指纹为最佳镶贴时间。

⑤ 弹粉线：在结合层上弹粉线。初铺者每一方格以四联马赛克为宜；熟练到一定程度时，窗间墙只需弹出异形块分格线。

⑥ 刮浆闭缝：马赛克每箱 40 联，一次或几次拿出马赛克在跳板上朝下平放，调制水灰比为 0.32 纯水泥浆，并用钢抹子刮在马赛克粒与粒之间的缝隙里，缝隙填满后表面尚应刮一层厚约 1～2mm 的水泥浆。若铺贴白色等浅色调的马赛克，则结合层和闭缝水泥浆应用白水泥调配，底色不一致会影响到表面的装饰效果。

⑦ 铺贴马赛克：两手分别抓住马赛克联同一条边的两角，对准分格线铺贴。从上往下进行，版与版之间留缝 2mm。

⑧ 拍板赶缝：马赛克联面刮上水泥浆以后必须立即铺贴，否则纸浸湿了就会脱胶掉粒或撕裂。由于水泥浆未凝结前具有流动性，马赛克贴上墙面后在自身质量的作用下会有少许下坠。又由于手工操作的误差，联与联之间横竖缝隙易出现误差。铺贴之后尚应木拍板赶缝，进行调整。

⑨ 撕纸：马赛克是用易溶于水的胶粘在纸上。湿水后胶便溶于水而失去粘结作用，很容易将纸撕掉。但撕纸时要注意力的作用方向，用力方向若与墙面垂直很容易将单粒锦砖拉掉，因此用力方向应尽量与墙面平行。

⑩ 二次闭缝：撕纸后，马赛克就外露了。仍有个别缝隙可能不饱满而出现空隙，应再次用水泥浆刮浆闭缝。

⑪清洗：再次闭缝约 10min 后用弯把毛刷蘸清水洗刷。用刷子洗刷至少要换 3 次清水。最后再人工浇清水冲洗一遍。

二、石材地面

1. 石材地面有花岗石、大理石、人造石、碎拼大理石等几类。天然大理石有美丽的天然纹理，表面硬度不大，化学稳定性和大气稳定性较差，一般用于室内，天然花岗石硬度高、耐磨、耐压、耐腐蚀，适用于室内外地面。人造石材花纹图案可以人为控制，花色可以模仿大理石、花岗石，其抗污力、耐久性及可加工性均优于天然石材。碎拼大理石是以各种花色的高级大理石边角料，经挑选分类，稍加整形后有规则或无规则地拼接铺贴于地面之上，具有美观大方、经济实用等优点。

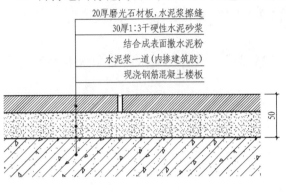

图 3-2　石材地面铺设构造图

2. 石材地面铺设的基本构造：在混凝土基层表面刷素水泥一道，随即铺 15～20mm 厚的 1:3 干性水泥砂浆找平层，然后按定位线铺石材。待干硬后再用白水泥稠浆填缝嵌实，如图 3-2 所示。

3. 薄板石材地面：薄板石材一般加工为 300mm×300mm、400mm×400mm，厚 10mm 左右，其构造做法同地面砖。

三、木地板地面

木地板地面是一种传统的地面装饰，具有自重轻、保温性好、有弹性，以及易于加工等优点。

1. 木地板地面的基本类型

（1）按面层使用材料，木地板有实木地板、强化复合地板、软木地板和竹材地板等。

（2）按构造形式可分为架空式和实铺式两种。架空式木地板就是有龙骨架空的木地板地面；实铺式木地面是将面层地板直接浮搁、胶粘于地面基层上。

2. 木质地面的基本构造

（1）架空式木地板

架空式木地板一般用于地面高差较大处（如会场主席台、舞台等）的地面（如图 3-3 所示）。

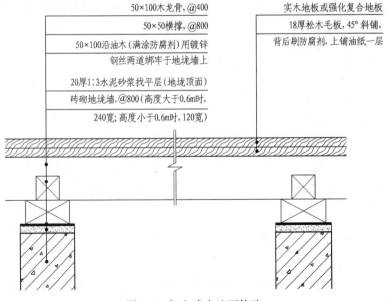

图 3-3　架空式木地面构造

图 3-4 和图 3-5 目前应用较为广泛，其构造如下：

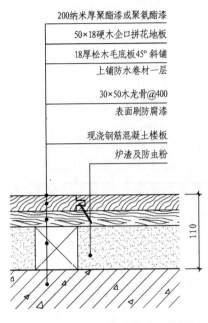

图 3-4　架空式木地面构造（单层）

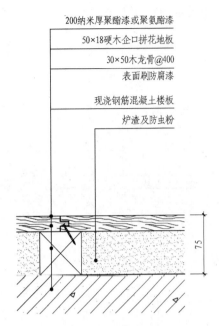

图 3-5　架空式木地面构造（双层）

木龙骨的安装：将梯形或矩形截面的木龙骨（木搁栅）铺于钢筋混凝土楼板或混凝土垫层上，间距一般为 300～400mm。在木龙骨之间，为了增加整体性，应设横撑，中间间距为 800～1200mm。木龙骨与基层应有牢固的连接，可通过在找平层中预埋的镀锌钢丝、细钢丝或螺栓进行固定。固定点的间距不宜大于 600mm。为使木龙骨达到设计标高，必要时可以在龙骨下加垫块。为了改善保温、隔声等效果，可在龙骨之间填充轻质材料，如干焦渣、矿棉毡、石灰炉渣等。为防虫害，可加铺防虫剂等。

木地板拼缝一般有企口缝、截口缝、压口缝等，如图 3-6 所示。

木地板面板，有实木板和复合板两类。实木板以杂木为主，常见的有樱桃木、柳桉、水曲柳、柞木等。复合板采用强化复合板，是以硬质纤维板，中、高密度纤维板或刨花板为基层的高度耐磨面层、装饰层以及防潮平衡复合而成的企口板材，一般厚 8mm，宽 80～200mm。实木板面层的固定方式主要以钉接固定为主，可分为单层铺钉和双层铺钉两种。单层钉接式，是将面层板条直接钉在木龙骨之上。而双层钉接式，是先将毛地板与龙骨成 30°或 45°铺钉在木龙骨上，然后再以 45°将面板铺钉在毛板上。毛板采用普通木板，如松木、杉木等。面板铺钉采用暗钉法，如图 3-7 所示。钉子以 45°或 60°角钉入，可使接缝进一步靠紧，并增加地板的坚固程度，防止使用时钉子向上翘起。如面层使用强化复合地板的双层木地板，除钉接固定，也可将复合地板直接铺在毛地板上。

现在的地板大多用复合地板、免漆免刨实木地板，安装工序完成后一般只需要对地板打蜡保护。少数拼花或软木地板，需要打磨、油漆。

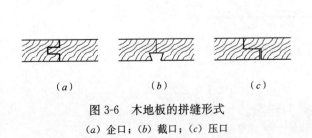

图 3-6　木地板的拼缝形式

(a) 企口；(b) 截口；(c) 压口

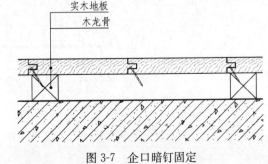

图 3-7　企口暗钉固定

（2）实铺式木地板构造

实铺式木地板无龙骨（如图 3-8），可分拼花地板和复合地板（如图 3-9）两种。

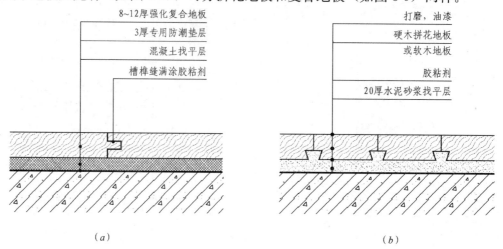

（a）　　　　　　　　　　　　　　　（b）

图 3-8　实铺式木地板

（a）浮铺式；（b）胶粘式

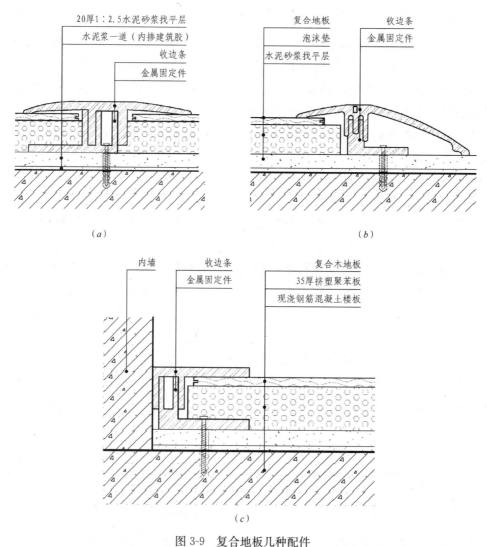

图 3-9　复合地板几种配件

（a）过渡扣板；（b）收口扣板；（c）贴靠扣板

（3）与墙面接口处理

地板与墙面之间留 8～10mm 宽的缝隙，由墙面踢脚板盖缝处理。

四、塑胶地板

塑胶地板基层，要求基层表面干燥、平整，无灰尘。铺贴塑胶地板有两种方式：一种是直接干铺（无胶铺贴），适用于人流量小及潮湿房间地面（底层地坪需做防潮层）；大面积铺贴塑料卷材要求定位裁剪，足尺铺贴。另一种方式是胶粘铺贴，采用胶粘剂与基层固定。胶粘剂应根据地面材料的种类、基层的情况等因素来选择。铺贴后，应以橡胶滚筒滚压，使表层平整、挺刮，最后清理、打蜡、保养。图 3-10 为塑胶地面构造示意。软质塑胶地板需经过坡口下料和焊接（拼缝焊接）两个工序连成一个整体（即无缝塑胶地板），如图 3-11 所示。

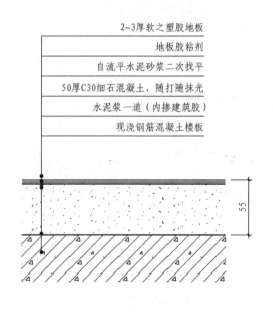

图 3-10 塑胶地板铺设构造

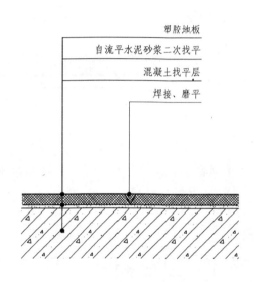

图 3-11 塑胶地板焊缝示意

五、地毯地面

地毯铺地适用于中高档室内地面装修。由于所用的地毯材料不同，其性能特点也不同，选择使用时应从材质、编制结构、地毯的厚度、衬底的形式、面层纤维的密度以及性能等多方面综合考虑。地毯的断面形状，如图 3-12 所示。

地毯的铺设可分为满铺与局部铺设两种。铺设方式有固定与不固定两种。

（1）不固定铺设——是指将地毯铺设在基层上，不需要将地毯同基层固定。此铺设方法简单，容易更换。

（2）固定式铺设——固定式铺设地毯有两种方式，一是用倒刺条固定，另一种用胶粘结固定。如果采用倒刺固定，一般应在地毯的下面加设一层垫层。垫层一般采用波纹状或泡状海绵垫。固定地毯收口见图 3-13 所示。

高簇绒

圈、簇绒结合式

粗毛簇绒

一般圈绒

高低圈绒

粗毛低簇绒

图 3-12 地毯的断面形状图

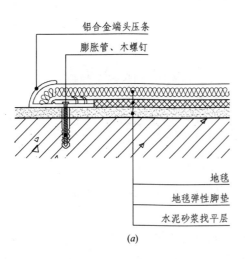

(a)

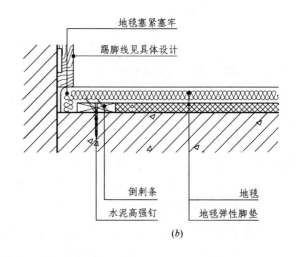

(b)

图 3-13 地毯铺装构造图

(a) 地毯沿墙压边构造；(b) 地毯收口构造

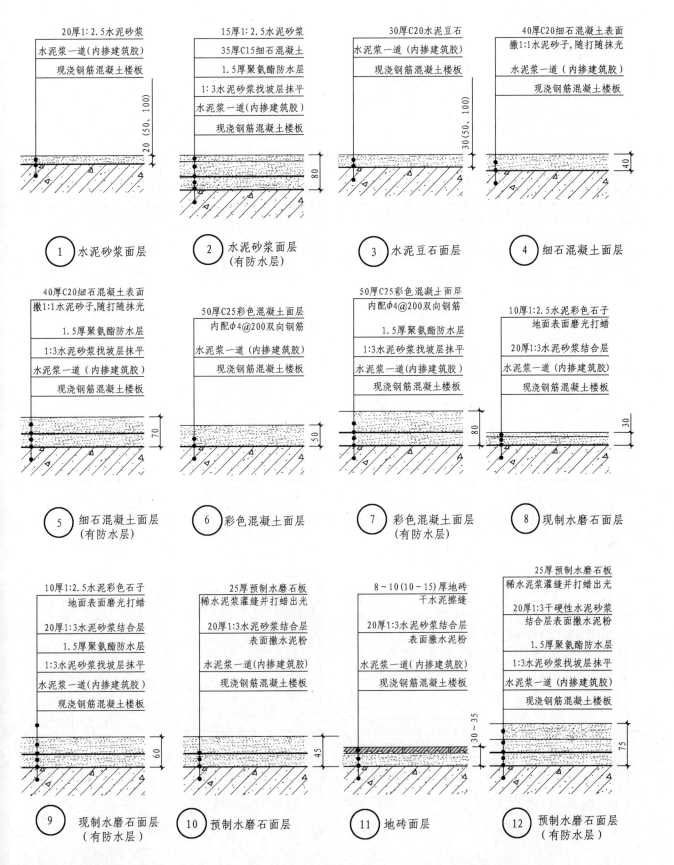

1 水泥砂浆面层

20厚1:2.5水泥砂浆
水泥浆一道(内掺建筑胶)
现浇钢筋混凝土楼板
20(50、100)

2 水泥砂浆面层
(有防水层)

15厚1:2.5水泥砂浆
35厚C15细石混凝土
1.5厚聚氨酯防水层
1:3水泥砂浆找坡层抹平
水泥浆一道(内掺建筑胶)
现浇钢筋混凝土楼板
80

3 水泥豆石面层

30厚C20水泥豆石
水泥浆一道(内掺建筑胶)
现浇钢筋混凝土楼板
30(50、100)

4 细石混凝土面层

40厚C20细石混凝土表面
撒1:1水泥砂子,随打随抹光
水泥浆一道(内掺建筑胶)
现浇钢筋混凝土楼板
40

5 细石混凝土面层
(有防水层)

40厚C20细石混凝土表面
撒1:1水泥砂子,随打随抹光
1.5厚聚氨酯防水层
1:3水泥砂浆找坡层抹平
水泥浆一道(内掺建筑胶)
现浇钢筋混凝土楼板
70

6 彩色混凝土面层

50厚C25彩色混凝土面层
内配φ4@200双向钢筋
水泥浆一道(内掺建筑胶)
现浇钢筋混凝土楼板
50

7 彩色混凝土面层
(有防水层)

50厚C25彩色混凝土面层
内配φ4@200双向钢筋
1.5厚聚氨酯防水层
1:3水泥砂浆找坡层抹平
水泥浆一道(内掺建筑胶)
现浇钢筋混凝土楼板
80

8 现制水磨石面层

10厚1:2.5水泥彩色石子
地面表面磨光打蜡
20厚1:3水泥砂浆结合层
水泥浆一道(内掺建筑胶)
现浇钢筋混凝土楼板
30

9 现制水磨石面层
(有防水层)

10厚1:2.5水泥彩色石子
地面表面磨光打蜡
20厚1:3水泥砂浆结合层
1.5厚聚氨酯防水层
1:3水泥砂浆找坡层抹平
水泥浆一道(内掺建筑胶)
现浇钢筋混凝土楼板
60

10 预制水磨石面层

25厚预制水磨石板
稀水泥浆灌缝并打蜡出光
20厚1:3水泥砂浆结合层
表面撒水泥粉
水泥浆一道(内掺建筑胶)
现浇钢筋混凝土楼板
45

11 地砖面层

8~10(10~15)厚地砖
干水泥擦缝
20厚1:3水泥砂浆结合层
表面撒水泥粉
水泥浆一道(内掺建筑胶)
现浇钢筋混凝土楼板
30~35

12 预制水磨石面层
(有防水层)

25厚预制水磨石板
稀水泥浆灌缝并打蜡出光
20厚1:3干硬性水泥砂浆
结合层表面撒水泥粉
1.5厚聚氨酯防水层
1:3水泥砂浆找坡层抹平
水泥浆一道(内掺建筑胶)
现浇钢筋混凝土楼板
75

地面

注:1.聚氨酯防水层表面宜撒粘适量细砂,以增加结合层与防水层的粘结力;2.防水层在墙柱交接处翻起高度不小于150;
3.彩色混凝土面层适用于车道、装饰性楼地面及中庭道路等;4.现浇水磨石面层的分格条可用铜条或铝格条,铝格条
表面需经氧化或用涂料作防腐处理;5.预制水磨石板稀水泥浆灌缝在铺板24h后进行;6.地砖要求宽缝时用1:1水泥
砂浆勾平缝。

地面铺设构造

地面

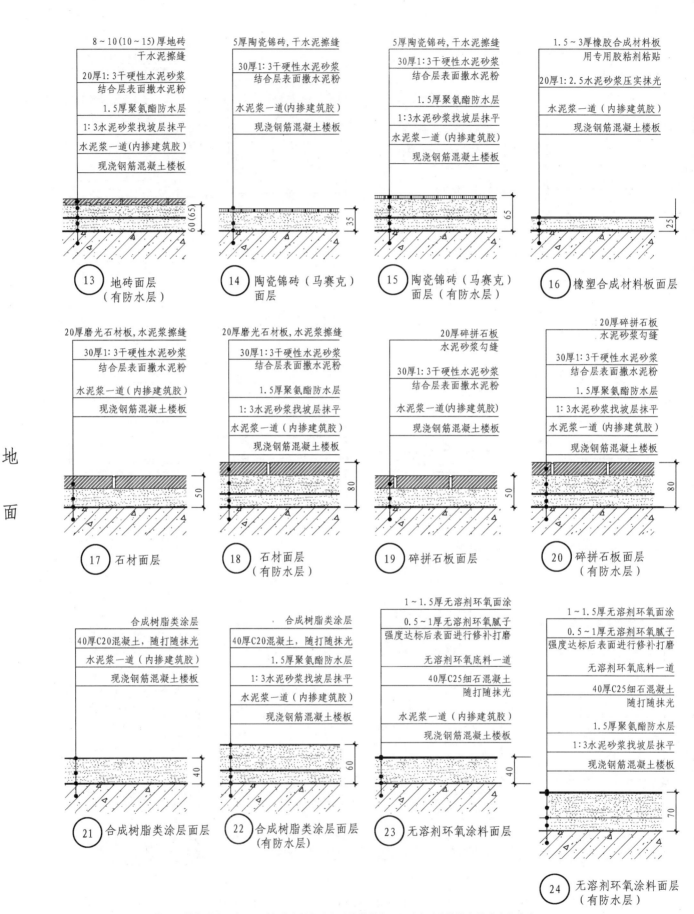

8～10(10～15)厚地砖
干水泥擦缝
20厚1：3硬性水泥砂浆
结合层表面撒水泥粉
1.5厚聚氨酯防水层
1：3水泥砂浆找坡层抹平
水泥浆一道(内掺建筑胶)
现浇钢筋混凝土楼板

60(65)

⑬ 地砖面层
（有防水层）

5厚陶瓷锦砖，干水泥擦缝
30厚1：3干硬性水泥砂浆
结合层表面撒水泥粉
水泥浆一道（内掺建筑胶）
现浇钢筋混凝土楼板

35

⑭ 陶瓷锦砖（马赛克）
面层

5厚陶瓷锦砖，干水泥擦缝
30厚1：3干硬性水泥砂浆
结合层表面撒水泥粉
1.5厚聚氨酯防水层
1：3水泥砂浆找坡层抹平
水泥浆一道（内掺建筑胶）
现浇钢筋混凝土楼板

65

⑮ 陶瓷锦砖（马赛克）
面层（有防水层）

1.5～3厚橡胶合成材料板
用专用胶粘剂粘贴
20厚1：2.5水泥砂浆压实抹光
水泥浆一道（内掺建筑胶）
现浇钢筋混凝土楼板

25

⑯ 橡塑合成材料板面层

20厚磨光石材板，水泥浆擦缝
30厚1：3干硬性水泥砂浆
结合层表面撒水泥粉
水泥浆一道（内掺建筑胶）
现浇钢筋混凝土楼板

50

⑰ 石材面层

20厚磨光石材板，水泥浆擦缝
30厚1：3干硬性水泥砂浆
结合层表面撒水泥粉
1.5厚聚氨酯防水层
1：3水泥砂浆找坡层抹平
水泥浆一道（内掺建筑胶）
现浇钢筋混凝土楼板

80

⑱ 石材面层
（有防水层）

20厚碎拼石板
水泥砂浆勾缝
30厚1：3干硬性水泥砂浆
结合层表面撒水泥粉
水泥浆一道(内掺建筑胶)
现浇钢筋混凝土楼板

50

⑲ 碎拼石板面层

20厚碎拼石板
水泥砂浆勾缝
30厚1：3干硬性水泥砂浆
结合层表面撒水泥粉
1.5厚聚氨酯防水层
1：3水泥砂浆找坡层抹平
水泥浆一道（内掺建筑胶）
现浇钢筋混凝土楼板

80

⑳ 碎拼石板面层
（有防水层）

合成树脂类涂层
40厚C20混凝土，随打随抹光
水泥浆一道（内掺建筑胶）
现浇钢筋混凝土楼板

40

㉑ 合成树脂类涂层面层

合成树脂类涂层
40厚C20混凝土，随打随抹光
1.5厚聚氨酯防水层
1：3水泥砂浆找坡层抹平
水泥浆一道（内掺建筑胶）
现浇钢筋混凝土楼板

60

㉒ 合成树脂类涂层面层
（有防水层）

1～1.5厚无溶剂环氧面涂
0.5～1厚无溶剂环氧腻子
强度达标后表面进行修补打磨
无溶剂环氧底料一道
40厚C25细石混凝土
随打随抹光
水泥浆一道（内掺建筑胶）
现浇钢筋混凝土楼板

40

㉓ 无溶剂环氧涂料面层

1～1.5厚无溶剂环氧面涂
0.5～1厚无溶剂环氧腻子
强度达标后表面进行修补打磨
无溶剂环氧底料一道
40厚C25细石混凝土
随打随抹光
1.5厚聚氨酯防水层
1：3水泥砂浆找坡层抹平
现浇钢筋混凝土楼板

70

㉔ 无溶剂环氧涂料面层
（有防水层）

注：1.聚氨酯防水层表面宜撒粘适量细砂，以增加结合层与防水层的粘结力；2.防水层在墙柱交接处翻起高度
不小于150；3.地砖要求宽缝勾平缝，6.石材铺装前宜刷防污剂；8.石材品种包括大理石、
花岗石、石英石等，花岗石、石英石耐磨性好；11.混凝土面层须经打磨、刮腻子等工序后再涂涂料。

地面铺设构造

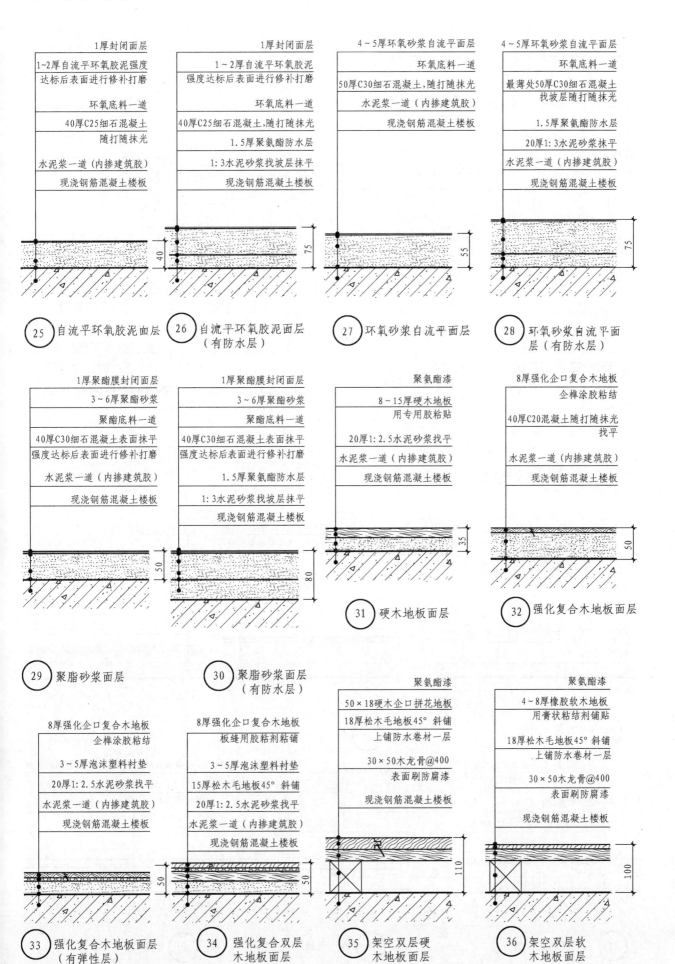

1厚封闭面层
1~2厚自流平环氧胶泥强度
达标后表面进行修补打磨

环氧底料一道

40厚C25细石混凝土
随打随抹光

水泥浆一道（内掺建筑胶）

现浇钢筋混凝土楼板

(25) 自流平环氧胶泥面层

1厚封闭面层
1~2厚自流平环氧胶泥
强度达标后表面进行修补打磨

环氧底料一道

40厚C25细石混凝土，随打随抹光

1.5厚聚氨酯防水层

1:3水泥砂浆找坡层抹平

现浇钢筋混凝土楼板

(26) 自流平环氧胶泥面层
（有防水层）

4~5厚环氧砂浆自流平面层

环氧底料一道

50厚C30细石混凝土，随打随抹光

水泥浆一道（内掺建筑胶）

现浇钢筋混凝土楼板

(27) 环氧砂浆自流平面层

4~5厚环氧砂浆自流平面层

环氧底料一道

最薄处50厚C30细石混凝土
找坡层随打随抹光

1.5厚聚氨酯防水层

20厚1:3水泥砂浆抹平

水泥浆一道（内掺建筑胶）

现浇钢筋混凝土楼板

(28) 环氧砂浆自流平面
层（有防水层）

1厚聚酯膜封闭面层

3~6厚聚酯砂浆

聚酯底料一道

40厚C30细石混凝土表面抹平
强度达标后表面进行修补打磨

水泥浆一道（内掺建筑胶）

现浇钢筋混凝土楼板

(29) 聚脂砂浆面层

1厚聚酯膜封闭面层

3~6厚聚酯砂浆

聚酯底料一道

40厚C30细石混凝土表面抹平
强度达标后表面进行修补打磨

1.5厚聚氨酯防水层

1:3水泥砂浆找坡层抹平

现浇钢筋混凝土楼板

(30) 聚脂砂浆面层
（有防水层）

聚氨酯漆

8~15厚硬木地板
用专用胶粘贴

20厚1:2.5水泥砂浆找平

水泥浆一道（内掺建筑胶）

现浇钢筋混凝土楼板

(31) 硬木地板面层

8厚强化企口复合木地板

企榫涂胶粘结

40厚C20混凝土随打随抹光
找平

水泥浆一道（内掺建筑胶）

现浇钢筋混凝土楼板

(32) 强化复合木地板面层

8厚强化企口复合木地板
企榫涂胶粘结

3~5厚泡沫塑料衬垫

20厚1:2.5水泥砂浆找平

水泥浆一道（内掺建筑胶）

现浇钢筋混凝土楼板

(33) 强化复合木地板面层
（有弹性层）

8厚强化企口复合木地板
板缝用胶粘剂粘铺

3~5厚泡沫塑料衬垫

15厚松木毛地板45°斜铺

20厚1:2.5水泥砂浆找平

水泥浆一道（内掺建筑胶）

现浇钢筋混凝土楼板

(34) 强化复合双层
木地板面层

聚氨酯漆

50×18硬木企口拼花地板

18厚松木毛地板45°斜铺

上铺防水卷材一层

30×50木龙骨@400

表面刷防腐漆

现浇钢筋混凝土楼板

(35) 架空双层硬
木地板面层

聚氨酯漆

4~8厚橡胶软木地板
用膏状粘结剂铺贴

18厚松木毛地板45°斜铺

上铺防水卷材一层

30×50木龙骨@400

表面刷防腐漆

现浇钢筋混凝土楼板

(36) 架空双层软
木地板面层

地

面

地面铺设构造

聚氨酯漆
100×25长条松木地板或
100×18长条硬木企口地板
30×50木龙骨@400
表面刷防腐漆
现浇钢筋混凝土楼板

（37）架空单层木地板面层

聚氨酯漆
18厚松木毛地板45°斜铺
下铺防水卷材一层
20厚1:3水泥砂浆找平
水泥浆一道（内掺建筑胶）
现浇钢筋混凝土楼板

（38）双层橡胶软木地板面层

聚氨酯漆
8~15厚硬木地板
用专用胶粘贴
20厚1:2.5水泥砂浆找平
水泥浆一道（内掺建筑胶）
现浇钢筋混凝土楼板

（39）软木复合弹性木地板面层

8厚强化企口复合木地板
企榫涂胶粘结
40厚C20混凝土随打随抹光找平
水泥浆一道（内掺建筑胶）
现浇钢筋混凝土楼板

（40）单层橡胶软木地板面层

200纳米厚聚酯漆或聚氨酯漆
10~20厚竹木地板
背面满刷氟化钠防腐漆
专业防潮垫层
50×50木龙骨@400架空
表面刷防腐漆
20厚1:2.5水泥砂浆找平
现浇钢筋混凝土楼板

（41）架空竹木地板面层

5~8厚地毯
20厚1:2.5水泥砂浆找平
水泥浆一道（内掺建筑胶）
现浇钢筋混凝土楼板

（42）单层地毯面层

8~10厚地毯
5厚橡胶海绵衬垫
20厚1:2.5水泥砂浆找平
水泥浆一道（内掺建筑胶）
现浇钢筋混凝土楼板

（43）双层地毯面层

30×50木龙骨
20厚1:2.5水泥砂浆找平层
现浇钢筋混凝土楼板
18厚企口实木地板
PE防潮膜
15厚松木毛地板45°斜铺

（44）企口实木地板

7~15厚企口复合木地板
（企榫涂胶粘结）
35厚挤塑聚苯板
20厚1:2.5水泥砂浆找平层
现浇钢筋混凝土楼板

（45）企口复合地板

7~15厚企口复合木地板
（企榫涂胶粘结）
3~5厚泡沫塑料衬垫
15厚松木毛地板45°斜铺
20厚1:2.5水泥砂浆找平层
现浇钢筋混凝土楼板

（46）企口复合地板

7~15厚企口复合木地板
（企榫涂胶粘结）
40厚C20混凝土随打随抹光，找平
水泥浆一道（内掺建筑胶）
现浇钢筋混凝土楼板

（47）企口实木复合地板

8~10(10~15)厚地砖
20厚1:3干硬性水泥砂浆结合层
水泥浆一道（内掺建筑胶）
现浇钢筋混凝土楼板

（48）地砖面层

8~10(10~15)厚地砖
20厚1:3干硬性水泥浆结合层
2厚聚合物水泥基防水涂料
1:3水泥砂浆找坡层抹平
现浇钢筋混凝土楼板

（49）地砖面层(有防水层)

地面

地面铺设构造

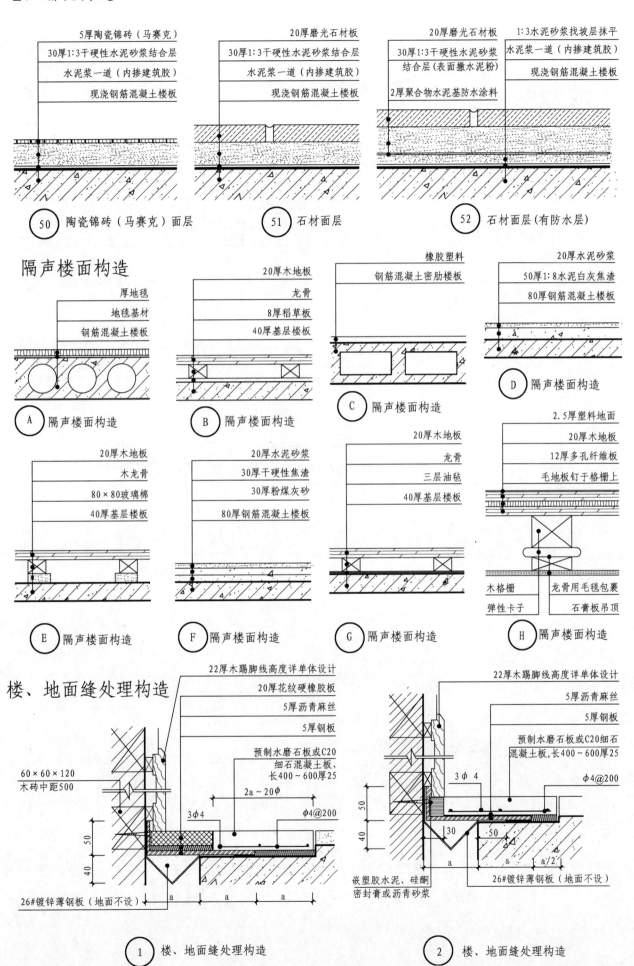

5厚陶瓷锦砖（马赛克）
30厚1:3干硬性水泥砂浆结合层
水泥浆一道（内掺建筑胶）
现浇钢筋混凝土楼板

（50）陶瓷锦砖（马赛克）面层

20厚磨光石材板
30厚1:3干硬性水泥砂浆结合层
水泥浆一道（内掺建筑胶）
现浇钢筋混凝土楼板

（51）石材面层

20厚磨光石材板
30厚1:3干硬性水泥砂浆结合层（表面撒水泥粉）
2厚聚合物水泥基防水涂料

（52）石材面层（有防水层）

1:3水泥砂浆找坡层抹平
水泥浆一道（内掺建筑胶）
现浇钢筋混凝土楼板

隔声楼面构造

厚地毯
地毯基材
钢筋混凝土楼板

（A）隔声楼面构造

20厚木地板
龙骨
8厚稻草板
40厚基层楼板

（B）隔声楼面构造

橡胶塑料
钢筋混凝土密肋楼板

（C）隔声楼面构造

20厚水泥砂浆
50厚1:8水泥白灰焦渣
80厚钢筋混凝土楼板

（D）隔声楼面构造

20厚木地板
木龙骨
80×80玻璃棉
40厚基层楼板

（E）隔声楼面构造

20厚水泥砂浆
30厚干硬性焦渣
30厚粉煤灰砂
80厚钢筋混凝土楼板

（F）隔声楼面构造

20厚木地板
龙骨
三层油毡
40厚基层楼板

（G）隔声楼面构造

2.5厚塑料地面
20厚木地板
12厚多孔纤维板
毛地板钉于格栅上
木格栅
弹性卡子
龙骨用毛毯包裹
石膏板吊顶

（H）隔声楼面构造

楼、地面缝处理构造

22厚木踢脚线高度详单体设计
20厚花纹硬橡胶板
5厚沥青麻丝
5厚钢板
预制水磨石板或C20细石混凝土板，长400～600厚25
2a～20φ
3φ4
φ4@200
60×60×120
木砖中距500
50
40
26#镀锌薄钢板（地面不设）
a a a a

（1）楼、地面缝处理构造

22厚木踢脚线高度详单体设计
5厚沥青麻丝
5厚钢板
预制水磨石板或C20细石混凝土板，长400～600厚25
3φ4
φ4@200
50
40
30
50
嵌塑胶水泥、硅酮密封膏或沥青砂浆
26#镀锌薄钢板（地面不设）
a a/2

（2）楼、地面缝处理构造

楼、地面缝处理构造

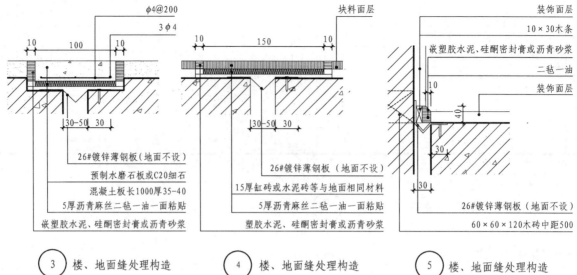

3 楼、地面缝处理构造

4 楼、地面缝处理构造

5 楼、地面缝处理构造

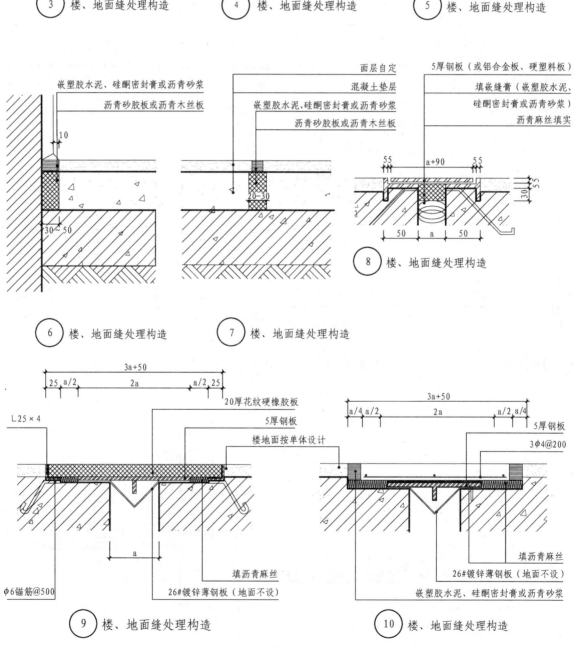

6 楼、地面缝处理构造

7 楼、地面缝处理构造

8 楼、地面缝处理构造

9 楼、地面缝处理构造

10 楼、地面缝处理构造

不同材质地面交接构造

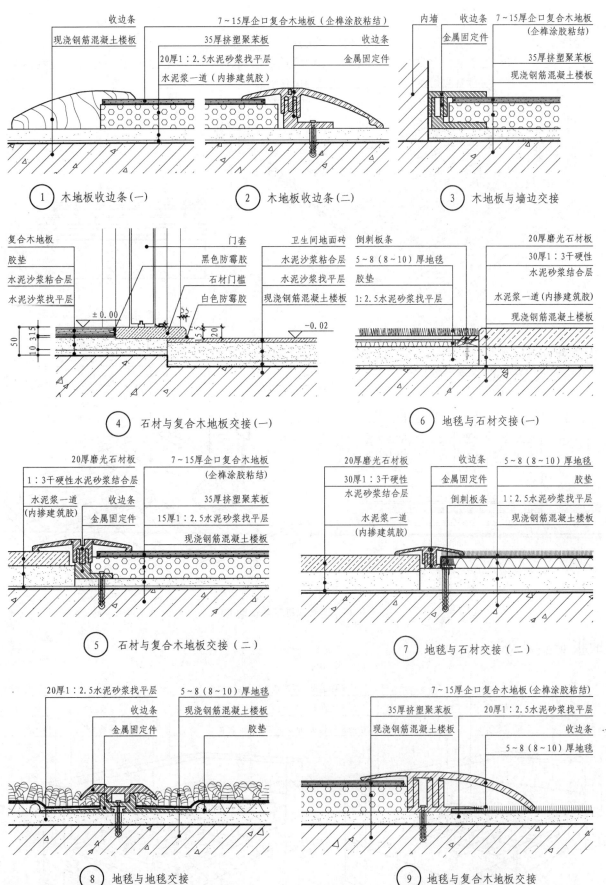

① 木地板收边条（一）

② 木地板收边条（二）

③ 木地板与墙边交接

④ 石材与复合木地板交接（一）

⑥ 地毯与石材交接（一）

⑤ 石材与复合木地板交接（二）

⑦ 地毯与石材交接（二）

⑧ 地毯与地毯交接

⑨ 地毯与复合木地板交接

地面

地板铺设电暖

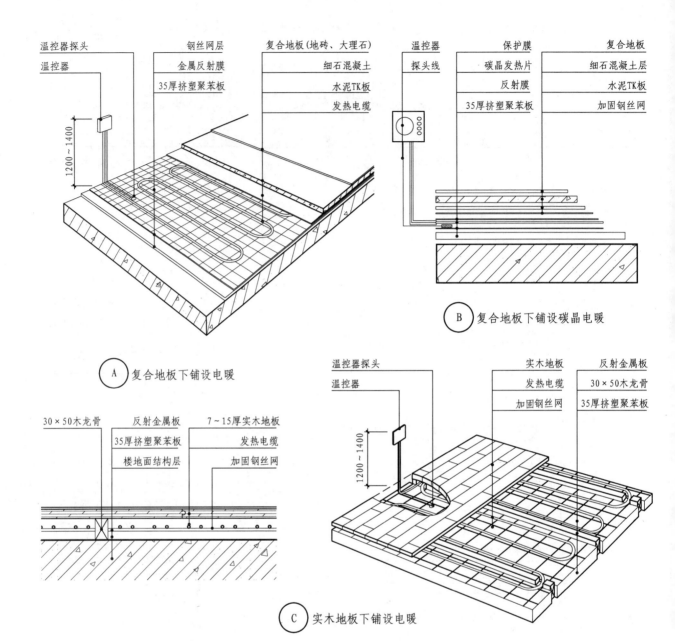

温控器探头　温控器　钢丝网层　金属反射膜　35厚挤塑聚苯板　复合地板(地砖、大理石)　细石混凝土　水泥TK板　发热电缆

1200～1400

Ⓐ 复合地板下铺设电暖

温控器　探头线　保护膜　碳晶发热片　反射膜　35厚挤塑聚苯板　复合地板　细石混凝土层　水泥TK板　加固钢丝网

Ⓑ 复合地板下铺设碳晶电暖

30×50木龙骨　35厚挤塑聚苯板　楼地面结构层　反射金属板　7～15厚实木地板　发热电缆　加固钢丝网

温控器探头　温控器　实木地板　发热电缆　加固钢丝网　反射金属板　30×50木龙骨　35厚挤塑聚苯板

1200～1400

Ⓒ 实木地板下铺设电暖

地面

地板铺设水暖 (一)

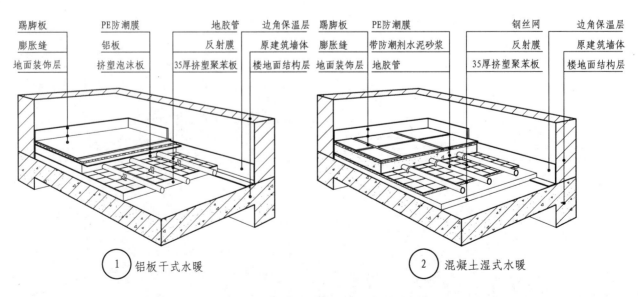

踢脚板　膨胀缝　地面装饰层　PE防潮膜　铝板　挤塑泡沫板　地胶管　反射膜　35厚挤塑聚苯板　边角保温层　原建筑墙体　楼地面结构层

① 铝板干式水暖

踢脚板　膨胀缝　地面装饰层　PE防潮膜　带防潮剂水泥砂浆　地胶管　钢丝网　反射膜　35厚挤塑聚苯板　边角保温层　原建筑墙体　楼地面结构层

② 混凝土湿式水暖

地板铺设水暖（二）

踢脚板　PE防潮膜　塑料模板　边角保温条
膨胀缝　储热砂　反射膜　原建筑墙体
地面装饰层　地暖管　35厚挤塑聚苯板　楼地面结构层

踢脚板　PE防潮膜　塑料模板　边角保温条
膨胀缝　混凝土　反射膜　原建筑墙体
地面装饰层　地暖管　35厚挤塑聚苯板　楼地面结构层

③ 蓄热干式水暖　　　④ 模板湿式水暖

实木地板铺设

≤300　≤300

18厚企口实木地板

30×50木龙骨
刷防火涂料二道

实木地板铺设平面

30×50木龙骨　条形实木地板　原建筑墙体　膨胀缝　踢脚板

50　30　≤300　≤300

实木地板铺设示意

18厚企口实木地板　　地板钉
PE防潮膜　　楼地面结构层
30×50木龙骨　15厚1:2.5水泥砂浆找平层

实木地板剖面

黑色防霉胶
木地板
胶垫
水泥砂浆粘合层
水泥砂浆找平层
±0.00

木门扇　　石材
门套边线　水泥砂浆粘合层
防霉密封胶　水泥砂浆找平层
　楼地面结构层
5.5　−0.02

石材门槛剖面（一）

墙边线
防霉水泥砂浆
防霉密封胶
石材
水泥砂浆粘合层
水泥砂浆找平层

移门　　防霉密封胶
　　木地板
石材　　胶垫
实际尺寸　水泥砂浆粘合层
实际尺寸　水泥砂浆找平层

石材门槛剖面（三）

实际尺寸

石材门槛
石材
水泥砂浆粘合层
水泥砂浆找平层

木门扇
防霉密封胶
木地板
胶垫

石材门槛剖面（二）

地面

169

室内运动场地面层

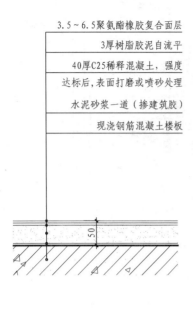

3.5～6.5聚氨酯橡胶复合面层

3厚树脂胶泥自流平

40厚C25稀释混凝土，强度达标后，表面打磨或喷砂处理

水泥砂浆一道（掺建筑胶）

现浇钢筋混凝土楼板

50

注：适用于排球、羽毛球、手球、乒乓球、网球运动场地。聚氨酯橡胶复合面层含发泡层、网格布等多层材料，具有防滑、耐磨、弹性等特点。

① 室内运动场地橡胶复合面层

25～30厚硬木地板面层，表面涂200μm厚聚酯漆或聚氨酯漆

50×80木龙骨中距400

45厚橡胶垫

50厚C25细石混凝土表面抹平压光

水泥砂浆一道（掺建筑胶）

现浇钢筋混凝土楼板

145～150

橡胶垫

25厚木板

S形钢销片@1000

注：适用于篮球、排球、手球、羽毛球、乒乓球的比赛场地及大型舞台台面。

② 室内运动场可拆卸木地板面层

20厚80×80橡胶垫块（可用木楔子塞紧）

1.2厚聚氨酯、聚酯无纺布防潮层，上翻至踢脚板上沿

20厚1:3水泥砂浆压实抹光

水泥砂浆一道（掺建筑胶）

现浇钢筋混凝土楼板

135

20厚45°斜铺松木板，满涂

50×80木龙骨中距400

24厚企口硬木地板，背面涂防腐剂、防火涂料，上表面涂聚酯漆2～4道或聚氨酯漆2道

注：适用于篮球、手球、排球、羽毛球、乒乓球的运动场馆，也可用于舞台及排练厅。

③ 室内运动场木地板面层

地面

网络地板面层

复合聚碳酸酯盖板

40厚网格地板

20厚1:2.5水泥砂浆面层找平抹光

水泥砂浆一道（掺建筑胶）

现浇钢筋混凝土楼板

网络地板面层

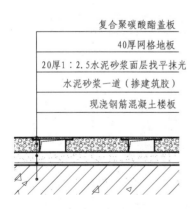

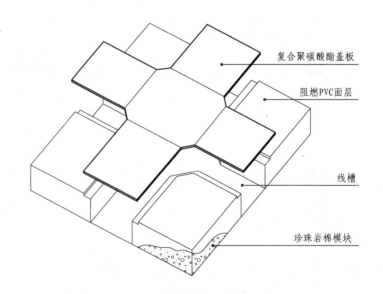

复合聚碳酸酯盖板

阻燃PVC面层

线槽

珍珠岩棉模块

平铺型网络地板结构示意

注：网络地板具有布线灵活、线容量大、出线自由，高度只有40，占室内空间较小。

适用于大开间办公楼、阅览室、实验室、电教室、商场、计算机房、展览馆及轻工业厂房等，尤其适用于灵活隔断的建筑。网络地板上宜加铺地毯及其他装饰面层。

170

第四章　门的装饰装修构造

一、门的基本构成及基本构造

1. 门的基本构成

要了解门的构造就应该熟悉门的基本构成，门的基本构成可见图 4-1。

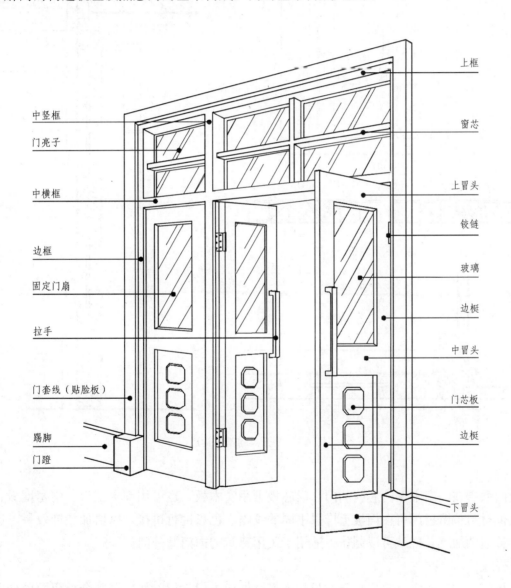

图 4-1　门的基本构成

（1）门框——门框由上槛、边框、中横框组成。

（2）门扇——门扇由上冒头、中冒头、下冒头、边框、门芯板、玻璃、门上五金件组成。

在图 4-1 中可以直观地了解到门的各个部位构件的名称和所在位置等。

2. 现代门的基本构造

与传统门相比，现代门的构成内容和形式都发生了较大的变化，总体讲现代门的造型较为简洁，并简化了许多构件。

现代门的构造与门的开启形式和用材有关，本章主要介绍镶板门、镶嵌玻璃门、胶合板门、玻璃自动门以及防火门、隔声门的基本构造。

（1）平开门

平开门的基本构造可见图4-2。

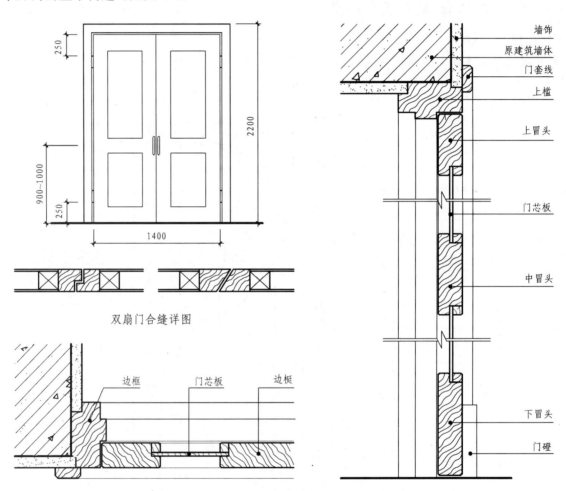

双扇门合缝详图

图 4-2 平开门的基本构造

① 镶板门

镶板门系指在门扇上镶门芯板的门。门芯板可用实木板，也可用细木工板、中密度板、多层胶合板或其他材料。镶板门可在面板上饰以不同的纹路、色彩进行拼接，以增加装饰效果。这类门构造简单，普通的加工条件就可以制作，适用于民用建筑的内门及外门。

② 胶合板门

胶合板门的构造通常是选用一定数量的木筋，做成木门骨架，然后用胶合板双面胶合而成，其特点是用材量少，门扇自重轻，但保温隔声性能较差。胶合板门适用于民用建筑内门。

③ 镶嵌玻璃门

它与镶板门的构造特点基本相同。这种门在板材与玻璃连接处都采用木压条，如采用通长的玻璃，玻璃厚度须达到6mm厚以上，镶嵌玻璃门对木材及制作工艺要求较高，适用于公共建筑的入口大门或大型房间的内门。采用木格的镶玻璃门适用于民用建筑的内外门及阳台门等。

④ 铝合金门

铝合金门的型材用料系薄壁结构，型材断面中留有不同形状的槽口和孔。它们分别具有空气对流、排水、密封等作用，不同部位、不同开启方式的铝合金门，其壁厚均有规定。普通铝合金门型材壁厚不得小于 0.8mm；地弹簧门型材壁厚不得小于 2mm；用于多层建筑室外的铝合金门型材壁厚一般在 1.0~1.2mm；高层建筑室外铝合金门型材壁厚不应小于 1.2mm。

铝合金门框料的系列名称是以门框的厚度构造尺寸来区分的。如门框厚度构造尺寸为 50mm 的平开门，就称为 50 系列铝合金平开门。

（2）玻璃自动门

玻璃自动门广泛应用于现代建筑的入口。玻璃门扇具有弧形门和直线门之分，门扇以自动感应形式开启，常见的有脚踏感应方式和探头感应方式两类（见图 4-3）。

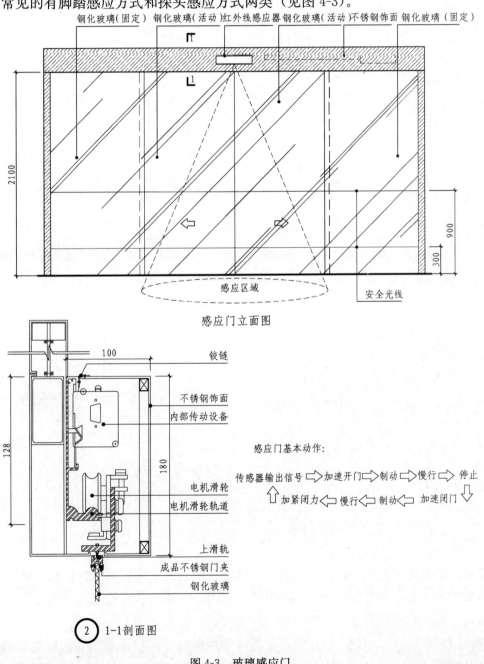

图 4-3　玻璃感应门

（3）防火门

钢质防火门由槽钢组成门扇骨架，内填防火材料，如矿棉毡等，根据防火材料的厚度不同，确定防火门的等级，外包1.5mm厚薄钢板。

木质防火门一般以木板、木骨架、石棉板做门芯，外包薄钢板，最薄用26号镀锌钢板。图4-4为木质防火门。为了防止火灾时因木板产生的蒸汽而破坏外包薄钢板，常在薄钢板上穿泄气孔。

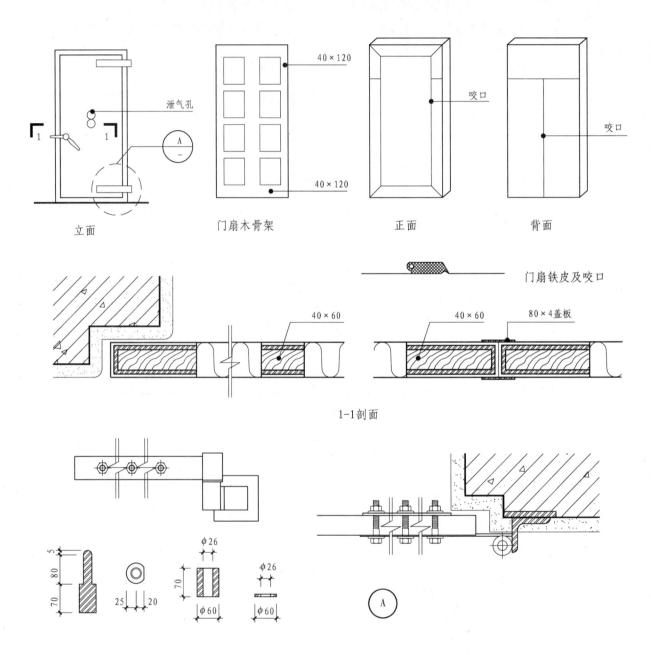

图4-4　木质防火门

玻璃防火门是采用冷轧钢板作门扇的骨架，镶设透明防火安全玻璃或夹丝安全玻璃，其玻璃面积可达门扇面积的80%，但它的安装精确度较高。此外，透明防火安全玻璃还可以加工成茶色或其他彩色或压花、磨砂成各种装饰图案等，形式较美观。

防火卷帘门具有防火、隔烟、阻止火势蔓延的作用和良好的抗风压和气密性能，图4-5为防火卷帘门安装构造示意。重型钢卷帘的自重大，且洞口宽度不宜大于4.50m，洞口高度不宜大于

4.80m，并不适用于要求较高的大型建筑。纤维卷帘是新型的防火卷帘门，其自重小，多用于跨度及高度较大的建筑，其防火性能优良。

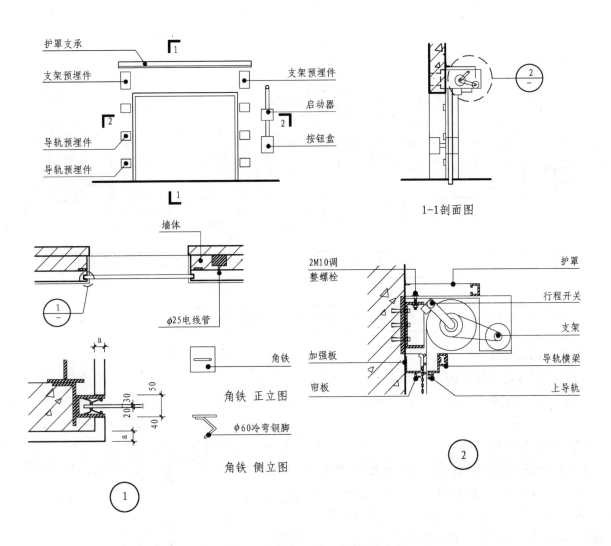

图 4-5　防火卷帘门安装构造示意

（4）隔声门

隔声门的门扇材料、门缝的密闭处理及五金件的安装处理，都会影响隔声效果。因此，门扇的面层应采用整体板材，门扇的内层应尽量利用其空腔构造及吸声材料来增加门扇的隔声能力，提高门的隔声性能。隔声门多用于高速公路、铁路、飞机场边有严重噪声污染的建筑物。

按门的开启形式分，门的类型还有移门、伸缩门、折叠门、旋转门等，这类门的构造形式可见本图集中的图例。

二、工厂化生产木质门的技术要求和工艺流程

现代门的加工可分为工厂化生产现场安装和按设计图纸现场制作安装两种，前者将是现代门生产的发展趋势，而其中木门又是为工厂化生产的主要内容。工厂化生产木门必须符合一定的技术要求和工艺流程。

1. 木质门的生产、安装工艺流程

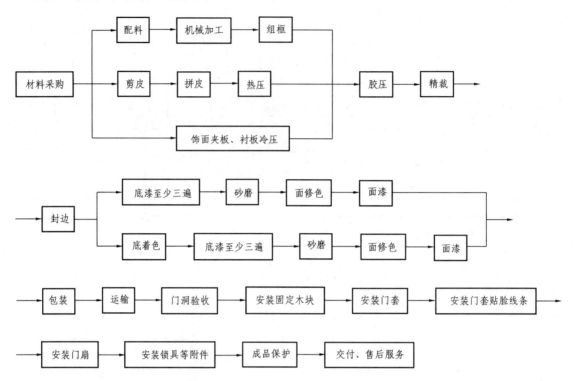

2. 木质门的构造

（1）门框（套）的结构

门套一般由主要基材层、正面装饰加厚层、反面平衡加厚层组成。一般门套结构如图4-6所示。

（2）门扇的结构

门扇一般由门扇芯层、正反表面装饰层组成，其中芯层组框周边应考虑在门锁和合页安装位置加放足够宽度以及复合受力要求的优质木料。木扇常见结构示意图见图4-7。

（3）门压条（收口条）组成结构

门压条（收口条）一般用人造板，由正面盖口部分和安装连接条呈90°粘贴组合，再经过贴面而成。门压条（收口条）常见结构示意图见图4-8。

（4）木质门结构及其安装如图4-9所示。

3. 木质门的分类和规格

（1）木质门的分类

① 按构造形式分：主要有实木复合门、压板模压空芯门等。

② 按饰面分：装饰单板（木皮）贴面门、色漆（浑水漆）涂饰门。

③ 门扇开、关方向和开关面的标志符号应符合GB/T 5825的规定：

a. 顺时针方向关闭，用"顺"表示；逆时针方向关闭，用"逆"表示；

b. 门扇的开面用"开面"表示，门扇的关面用"关面"表示。

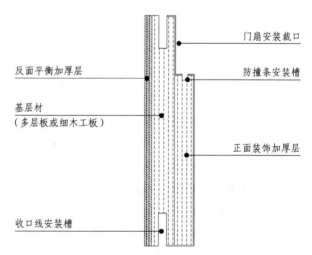

图4-6　门框（套）的结构示意图

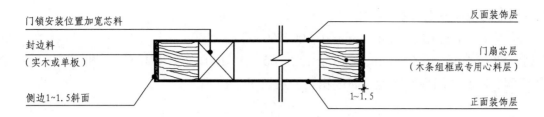

图 4-7　木扇结构示意图

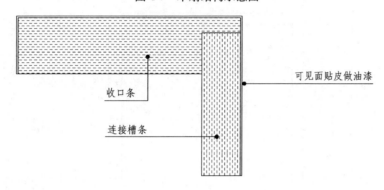

图 4-8　门套线（收口条）结构示意图

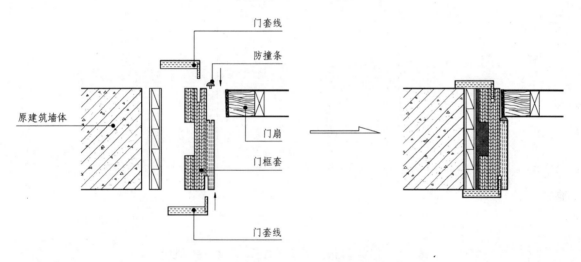

图 4-9　木质门结构及其安装示意图

（2）木质门的规格

① 门洞口的尺寸（门洞口的尺寸应符合 GB/T 5824 的规定）

a. 常见的门洞口尺寸为（mm×mm）：700×2000、760×2000、800×2000、900×2000、700×2100、760×2100、800×2100、900×2100、1200×2100、2100×2400 共十种；

b. 特殊的门洞口尺寸根据设计或现场实际测量决定。

② 门扇的尺寸

a. 门的构造尺寸：构造尺寸应根据门扇的饰面（装饰单板）材料、门框（套）尺寸和安装缝隙确定；

b. 门扇的厚度尺寸：厚度分为 30、35、38、40、42、45、50mm。

③ 门框（套）厚度尺寸：门框（套）厚度应根据墙的厚度确定。

④ 门洞口尺寸、门扇厚度及其相互关系：

门扇厚度：分 40mm、45mm 两种；门厚有特殊要求时可另行提出。

177

门洞尺寸与门扇厚度关系：

门扇厚度 40mm 适用于（mm×mm）：700/800/900×2100；

门扇厚度 45mm 适用于（mm×mm）：1200/1500×2100，700/800/900/1200/1500×2400。

⑤ 门洞、门套、门扇间宽度、高度相互关系如图 4-10 所示。

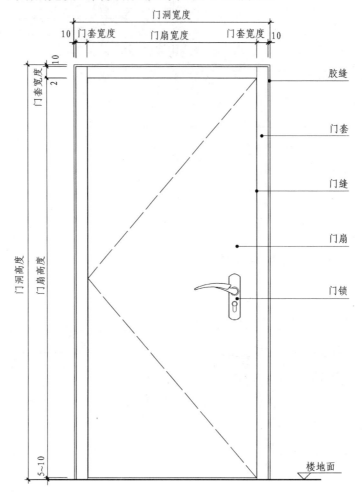

图 4-10　门洞、门套、门扇间宽度、高度关系示意图

⑥ 门扇立面形式：推荐图 4-11 所示九种外观式样，也可另行设计。

4. 木质门的质量要求

（1）木门（套）材料选用规定

① 人造板选用规定：

a. 所有木质门的饰面人造板、贴面胶合板必须采用甲醛释放限量为 E_1 或 E_0 级的人造板；

b. 为Ⅰ类民用建筑工程制作的木质门，其基层板必须采用甲醛释放限量为 E_1 或 E_0 级的人造板；

c. 为Ⅱ类民用建筑工程制作的木质门，其基层板提倡采用甲醛释放限量为 E_1 或 E_0 级的人造板，也可采用 E_2 级的人造板；

d. 基层板的含水率控制在工程所在地木材年平均值±1.5％的范围内；

e. 推荐选用环境标志产品《人造板及其制品》HBC 17—2003。

② 装饰单板（木皮）厚度选用规定：一般情况单板的厚度应大于 0.5mm，特殊情况不得小于 0.3mm。

图 4-11　门扇立面形式

③ 胶粘剂选用规定：

a. 必须选用《胶粘剂中有害物质限量》GB 18583—2001 合格的产品；

b. 推荐选用环境标志产品《胶粘剂》HJ/T 220—2005。

④ 溶剂型木器涂料选用规定：

a. 必须选用《溶剂型木器涂料中有害物质限量》GB 18581—2001 合格的产品，包装应有 3C 认证标志；

b. 推荐选用环境标志产品《室内装饰装修用溶剂型木器涂料》HJ/T 414—2007。

⑤ 玻璃选用规定：玻璃质量应符合相关品种玻璃的国家及行业标准的规定。玻璃应根据功能要求选取适当品种、颜色，宜采用安全玻璃。

⑥ 五金件、附件、紧固件选用规定：五金件、附件、紧固件应满足功能要求。符合相关品种的国家及行业标准的规定。

（2）木门（套）制作要求

① 人造板制成的木门外露部分的端面（安装五金件需开孔、开槽）必须用涂料封闭处理。

② 人造板门的边框和横楞应在同一平面上，面层、边框及横楞加压胶结。横楞和上下冒头应各钻两个以上的透气孔（用涂料封闭表面），透气孔应畅通。

（3）木门（套）装饰单板（木皮）拼贴的外观要求

① 同一套或相邻的木质门（含门扇、门套和收口条）所用装饰单板（木皮）首先应选择同一段木方加工的装饰单板，其次用同一批次（同质）的单板，依次排列，确保贴面的纹理、图案、颜色对称相似，不允许出现明显的花纹差异。

② 设计明确门扇与门套采用不同装饰单板的，门扇与门套单板应分别按第①条规定的要求拼贴。

③ 长度不大于 2400mm 的木质门，纵向必须用同一张装饰单板进行贴面后裁切，横向排版要求同第①条规定。

④ 长度大于2400mm的木质门，木质纹理要求根据设计要求排列，设计未明确的，应保证纵向的木质纹理连贯顺畅，横向排版要求同第①条规定。

⑤ 木门（套）外边的倒棱、圆角、圆线应均匀一致。

（4）木门（套）涂饰外观要求

① 同一套或相邻的木质门（含门扇、门套或收口条）所施涂的色泽应相似，分色处色线应整齐。

② 有水接触的木门套的底部和反面底部向上大于300的部位应用与正面颜色相近的色漆封闭。

③ 可见面的涂层应手感光滑，无明显粒子、涨边和不平整，漆膜不允许有木孔沉陷。

④ 涂层不得有皱皮、发粘和漏漆现象。应无明显加工痕迹、划痕、雾光、白楞、白点、鼓泡、油白、流挂、缩孔、刷毛、积粉和杂渣。

（5）木门（套）的其他要求

① 木门（套）的隔声、密封、防火、防腐和防虫处理应符合设计要求及有关规范标准的规定。

② 对有防火要求场合的门（套）的基层板和涂饰材料应满足相应的防火等级要求。

③ 特定场合需要时，应对加工完成木门（套）的部件进行燃烧性能等级试验。

5. 木质门的工艺规定

（1）木质门扇与框的留缝限值

木质门在设计、生产时的留缝限值应符合表4-1的规定。

木质门的留缝限值和检验方法   表4-1

项 次	项 目		留缝限值		检验方法
			高 级	普 通	
1	门扇与上框间留缝		1～1.5	1～2	
2	门扇与侧框间留缝		1～1.5	1～2.5	
3	门扇与下框间留缝		3～4	3～5	
4	无下框时门扇与地面间留缝	外门	5～6	4～7	用塞尺检查
		内门	6～7	5～8	
		卫生间门	8～10	8～12	

（2）木门套（框）工艺规定

① 单板粘贴：主要基材层、正面装饰加厚层、反面平衡加厚层应分别进行单板（木皮）贴面，即可见面装饰单板，不可见面杂木单板，一般采用热压工艺完成。

② 胶压：将锯裁好的小规格板件（基材板、正面装饰加厚层、反面平衡加厚层）按照设计要求组坯后胶压成型（冷压工艺完成）。胶压成型后的总厚度和外形规格应符合设计要求。

③ 精裁：按设计要求进行尺寸精确裁切，并加工好门压线（收口条）安装擦槽以及门缝条安装槽。门套（框）拼角处若无特殊要求，应按照45°角（斜角）加工。

④ 木门套（框）侧板和顶板可以分别制作，现场组装。

⑤ 木门套（框）在油漆涂饰前应加工好合页和锁具等五金件的安装孔位。

（3）木门扇工艺规定

① 空心式芯层门扇工艺规定：

a. 框架式芯层材料：一般用各种木质材料组成框架，可以用马钉根据要求预组框或在胶压时在面板上直接组框一次完成；

b. 蜂窝板：蜂窝状填充材料，根据设计要求选用，厚度必须与设计总体尺寸匹配；

c. 专用门芯板：管状空芯刨花板填充材料，稳定性好、重量轻；

d. 空芯式芯层框架工艺规定：

（a）四周必须加实木条，安装锁体、合页位置必须加宽保证锁体和合页的安装可靠性；

（b）合页位置材料必须保证足够的握钉力；

（c）框架芯层四周木条宽度应大于 40mm，其余部分木条宽度应在 30mm 左右；

（d）芯层框架木条挡距一般为 200～300mm。

② 实心材料芯层门扇工艺规定：

a. 实木芯层：以各种实木条粘拼而成的实体（包括指接材）；

b. 人造板芯层：以各种人造板粘拼而成的实体。

③ 木门扇制作工艺规定：

a. 面板工艺

各种达到设计要求的人造板材均可以作门扇的面板材料，面板采用单面贴装饰单板，一般采用热压工艺完成。

b. 涂胶工艺

（a）涂胶机涂胶：工作效率高，正反面施胶量比较均匀；

（b）手工涂胶：组框胶压一次完成时一般采用手工涂胶，要求涂胶均匀一致。

c. 胶压工艺

门扇胶压一般采用冷压工艺完成，两张面板与芯层胶压成型。胶压时要标记好门扇上下方向以及锁体安装位置。

d. 精裁：按设计要求精确裁切，高级门扇两侧面应锯成朝关面内斜 1～1.5mm 的斜面（或 1°～1.5°）。

e. 门扇油漆涂饰请应加工好合页、锁体等五金的安装孔位。

f. 合页位置距门上、下端宜取门扇高度的 1/10（推荐位置：上合页上边距门扇顶边 180mm、下合页距门扇底边 200mm），并避开门扇内部空芯位置，安装后应开关灵活。

g. 门锁孔位位置要求：

（a）不能破坏门扇结构的可靠连接，并不能置于门扇空芯处；

（b）开孔位置以拉手（执手）距地面以 900～1050mm 为宜。

④ 门套线（收口条）工艺规定：

a. 收口条与连接插条粘结牢固可靠，不脱胶、不开裂、表面无拼缝；

b. 可见面木皮材质及油漆色泽与门套（框）一致；

c. 连接插条宽度及厚度与门套（框）安装槽匹配；

d. 门套线（收口条）双侧和顶部组成整体（"门"字形）生产，角部连接应牢固可靠。

（4）木制作工艺质量要求

① 门扇边框、门芯料均可以短料指接方式接长，但须使用单一树种；

② 门扇帽头料与边梃料、门芯料的接合可采用直密榫，也可采用马钉连接，连接处无高低错位；

③ 木皮拼贴应严密、平整，不允许有脱胶、透胶、鼓泡、凹陷、压痕以及表面划伤、麻点、裂痕、崩角等缺陷，贴面的纹理、图案、颜色应对称相似；

④ 各种胶压件应平整、牢固，不得开胶分层，不得有局部鼓泡、凹陷及明显的硬楞、压痕或

波纹、砂透等缺陷；

⑤ 门扇上下帽头和横楞应各钻两个及以上透气孔，透气孔应通畅；

⑥ 在木工车间完成开锁孔、合页、闭门孔或其他五金件预留，并检查试装后符合性。

（5）涂饰工艺质量要求：

① 着色工艺一般分为"面着色"和"底着色＋面修色"两种，应根据不同木质材料确定不同着色工艺，以确保木纹清晰不浑浊；

② 产品表面漆膜不得有皱皮、发粘和漏漆现象；

③ 涂层应平整光滑、清晰，漆膜实干后不允许有木孔沉陷；

④ 涂层不得有明显划痕、污染、色差。

6. 木质门合页内安装要求

木质门小五金应安装齐全，位置适宜，固定可靠，合页安装位置应符合表 4-2 的要求。

合页的安装位置推荐表 表 4-2

门扇高度 （mm）	合页安装数量 （个）	上合页与门扇 顶边距离（mm）	下合页与门扇 底边距离（mm）	其他合页位置
＜2000	2	180	200	见图 4-12（a）
2001～2500	3	180	200	见图 4-12（b）
2501～3000	4 或以上	180	200	见图 4-12（c）
3001 以上	5 或以上	180	200	上下合页间距离平分

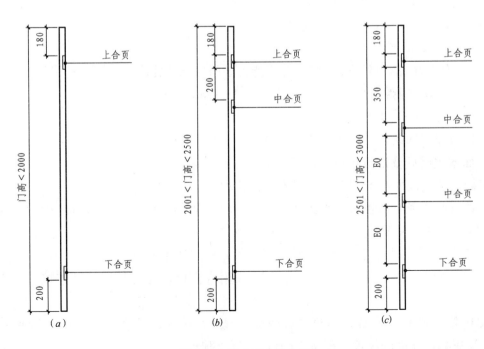

图 4-12 门合页安装位置

平板单开门构造及门套板标准做法构造

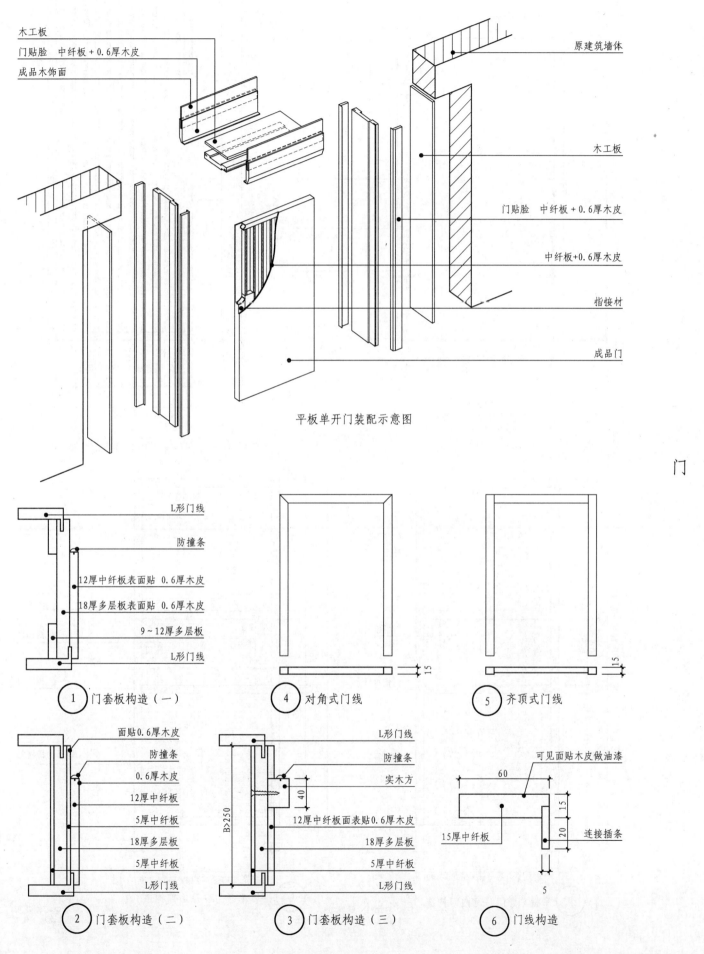

木工板
门贴脸　中纤板＋0.6厚木皮
成品木饰面

原建筑墙体

木工板

门贴脸　中纤板＋0.6厚木皮

中纤板＋0.6厚木皮

指接材

成品门

平板单开门装配示意图

门

L形门线
防撞条
12厚中纤板表面贴　0.6厚木皮
18厚多层板表面贴　0.6厚木皮
9～12厚多层板
L形门线

① 门套板构造（一）

④ 对角式门线

⑤ 齐顶式门线

面贴0.6厚木皮
防撞条
0.6厚木皮
12厚中纤板
5厚中纤板
18厚多层板
5厚中纤板
L形门线

② 门套板构造（二）

L形门线
防撞条
实木方
12厚中纤板面表贴0.6厚木皮
18厚多层板
5厚中纤板
L形门线

③ 门套板构造（三）

可见面贴木皮做油漆
60
15
连接插条
15厚中纤板
20
5

⑥ 门线构造

平板单开门立面及内部构造

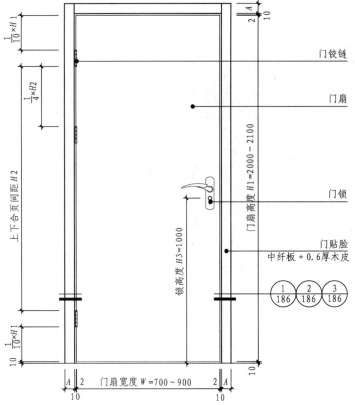

门铰链

门扇

门锁

门贴脸
中纤板＋0.6厚木皮

$\frac{1}{10}×H1$

$\frac{1}{4}×H2$

上下合页间距 H2

$\frac{1}{10}×H1$

门扇高度 H1=2000～2100

锁高度 H3=1000

门扇宽度 W＝700～900

1	2	3
186	186	186

注：1. B≤30时面层为5厚中纤板
+0.6厚木皮；
　　2. B=50~80时面层为9厚中纤
板+0.6厚木皮。

平板单开门（一）立面

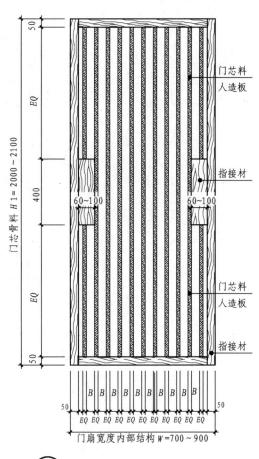

门芯料
人造板

指接材

门芯料
人造板

指接材

门芯骨料 H1=2000～2100

60～100　60～100

B B B B B B B B B

EQ EQ EQ EQ EQ EQ EQ EQ EQ

门扇宽度内部结构 W=700～900

(A) 平板单开门（一）内部构造

门

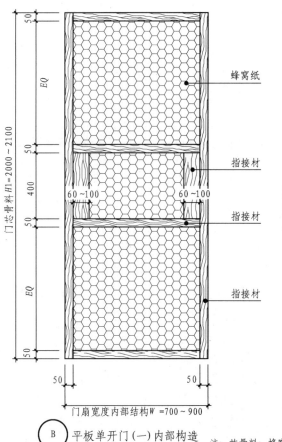

蜂窝纸

指接材

指接材

指接材

门芯骨料 H1=2000～2100

60～100　　60～100

门扇宽度内部结构 W ＝700～900

(B) 平板单开门（一）内部构造

注：芯骨料：蜂窝纸
面　层：5厚中纤板+0.6
厚木皮

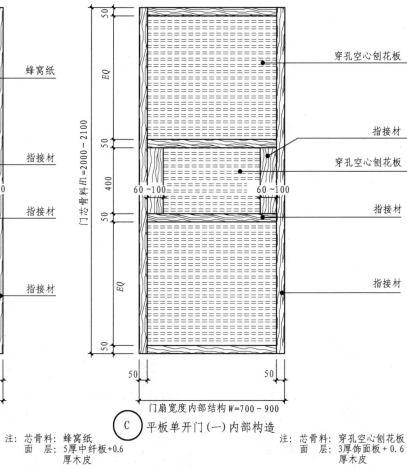

穿孔空心刨花板

指接材

穿孔空心刨花板

指接材

指接材

门芯骨料 H1=2000～2100

60～100　　60～100

门扇宽度内部结构 W=700～900

(C) 平板单开门（一）内部构造

注：芯骨料：穿孔空心刨花板
面　层：3厚饰面板＋0.6
厚木皮

平板镶玻单开门立面及内部构造

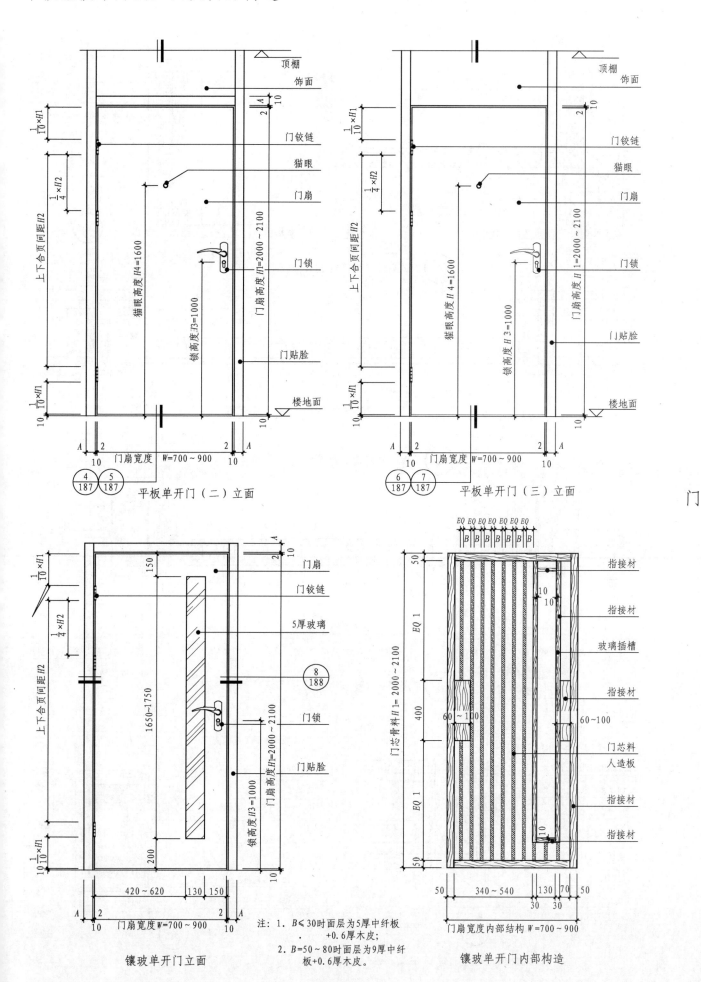

顶棚
饰面
门铰链
猫眼
门扇
门锁
门贴脸
楼地面

上下合页间距H2
$\frac{1}{10} \times H1$
$\frac{1}{4} \times H2$
$\frac{1}{10} \times H1$

猫眼高度H4=1600
锁高度H3=1000
门扇高度H1=2000～2100

门扇宽度 W=700～900

平板单开门（二）立面

顶棚
饰面
门铰链
猫眼
门扇
门锁
门贴脸
楼地面

上下合页间距H2
猫眼高度H4=1600
锁高度H3=1000
门扇高度H1=2000～2100

门扇宽度 W=700～900

平板单开门（三）立面

门

门扇
门铰链
5厚玻璃
门锁
门贴脸

上下合页间距H2
$\frac{1}{10} \times H1$
$\frac{1}{4} \times H2$
$\frac{1}{10} \times H1$

150
1650～1750
200
门扇高度H1=2000～2100
锁高度H3=1000

420～620 130 150
门扇宽度W=700～900

镶玻单开门立面

注：1. B≤30时面层为5厚中纤板
       +0.6厚木皮；
    2. B=50～80时面层为9厚中纤
       板+0.6厚木皮。

指接材
指接材
玻璃插槽
指接材
门芯料
人造板
指接材
指接材

门芯骨料H1=2000～2100
EQ 1
400
EQ 1
60～100

340～540 130 70 50
30 30
门扇宽度内部结构 W=700～900

镶玻单开门内部构造

185

平板单开门横剖构造及门框构造

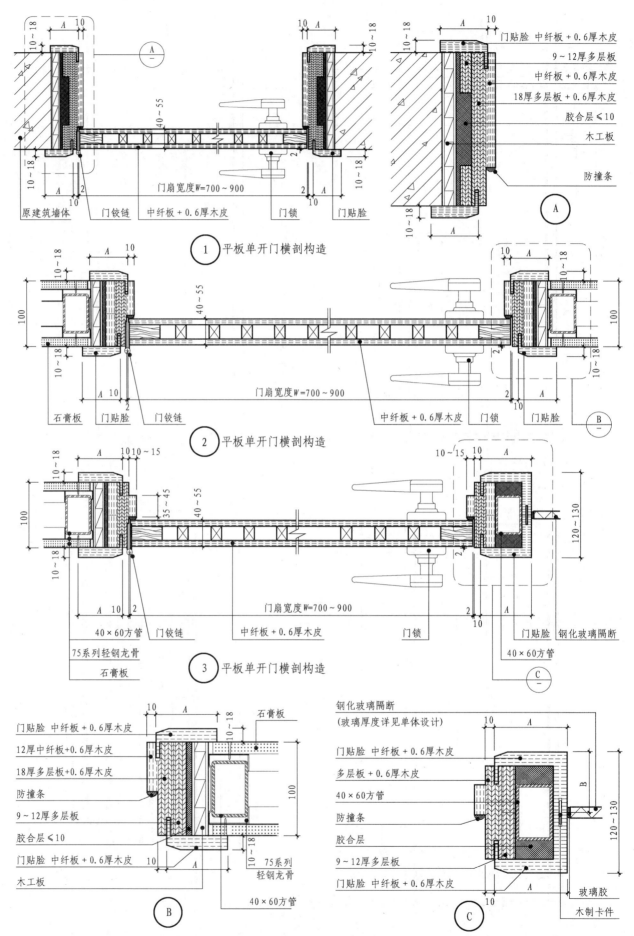

门

① 平板单开门横剖构造

原建筑墙体　门铰链　中纤板＋0.6厚木皮　门锁　门贴脸

门扇宽度W＝700~900

门贴脸 中纤板＋0.6厚木皮
9~12厚多层板
中纤板＋0.6厚木皮
18厚多层板＋0.6厚木皮
胶合层≤10
木工板
防撞条

Ⓐ

② 平板单开门横剖构造

石膏板　门贴脸　门铰链　中纤板＋0.6厚木皮　门锁　门贴脸

门扇宽度W＝700~900

Ⓑ

③ 平板单开门横剖构造

40×60方管　门铰链　中纤板＋0.6厚木皮　门锁　门贴脸　钢化玻璃隔断
75系列轻钢龙骨　　　　　　40×60方管
石膏板

门扇宽度W＝700~900

Ⓒ

门贴脸 中纤板＋0.6厚木皮
12厚中纤板＋0.6厚木皮
18厚多层板＋0.6厚木皮
防撞条
9~12厚多层板
胶合层≤10
门贴脸 中纤板＋0.6厚木皮
木工板

石膏板
75系列轻钢龙骨
40×60方管

Ⓑ

钢化玻璃隔断
（玻璃厚度详见单体设计）
门贴脸 中纤板＋0.6厚木皮
多层板＋0.6厚木皮
40×60方管
防撞条
胶合层
9~12厚多层板
门贴脸 中纤板＋0.6厚木皮
玻璃胶
木制卡件

Ⓒ

注：门贴脸宽度A尺寸范围在60~100mm内。

186

平板单开门纵剖构造

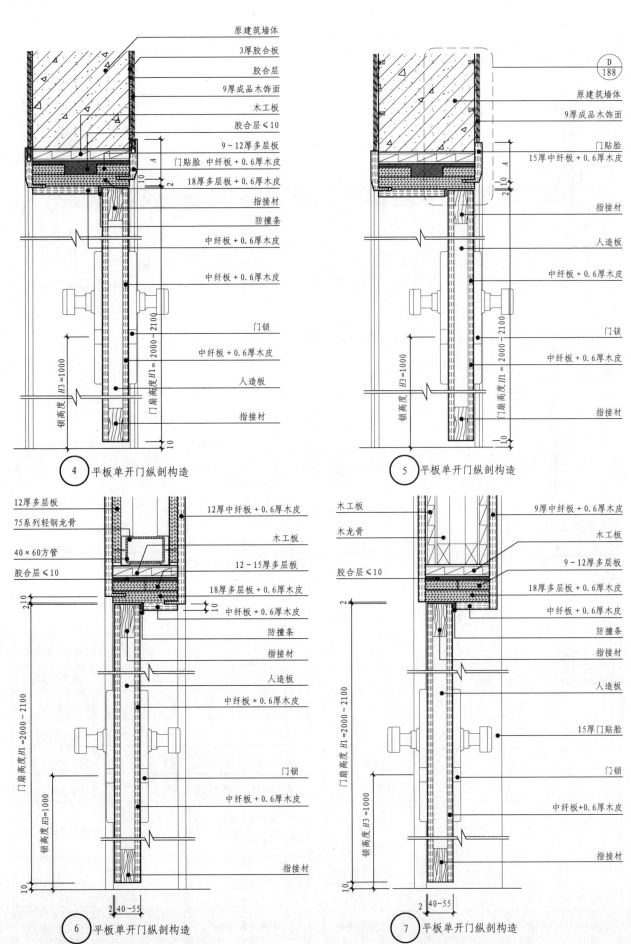

图 4 说明（左上）：
原建筑墙体
3厚胶合板
胶合层
9厚成品木饰面
木工板
胶合层≤10
9~12多层板
门贴脸 中纤板+0.6厚木皮
18厚多层板+0.6厚木皮
指接材
防撞条
中纤板+0.6厚木皮
中纤板+0.6厚木皮
门锁
中纤板+0.6厚木皮
人造板
指接材

A
10
2
$H3=1000$ 锁高度
门扇高度 $H1=2000\sim2100$
10

④ 平板单开门纵剖构造

图 5 说明（右上）：
$\frac{D}{188}$
原建筑墙体
9厚成品木饰面
门贴脸
15厚中纤板+0.6厚木皮
指接材
人造板
中纤板+0.6厚木皮
门锁
中纤板+0.6厚木皮
指接材

A
10
2
门扇高度 $H1=2000\sim2100$
$H3=1000$ 锁高度
10

⑤ 平板单开门纵剖构造

图 6 说明（左下）：
12厚多层板
75系列轻钢龙骨
40×60方管
胶合层≤10
12厚中纤板+0.6厚木皮
木工板
12~15厚多层板
18厚多层板+0.6厚木皮
中纤板+0.6厚木皮
防撞条
指接材
人造板
中纤板+0.6厚木皮
门锁
中纤板+0.6厚木皮
指接材

2 10
10
门扇高度 $H1=2000\sim2100$
锁高度 $H3=1000$
10
2 40~55

⑥ 平板单开门纵剖构造

图 7 说明（右下）：
木工板
木龙骨
胶合层≤10
9厚中纤板+0.6厚木皮
木工板
9~12厚多层板
18厚多层板+0.6厚木皮
中纤板+0.6厚木皮
防撞条
指接材
人造板
15厚门贴脸
门锁
中纤板+0.6厚木皮
指接材

2
门扇高度 $H1=2000\sim2100$
$H3=1000$ 锁高度
10
2 40~55

⑦ 平板单开门纵剖构造

门

注：门贴脸宽度A尺寸范围在60~100mm内。

平板镶玻单开门横剖构造及门框构造

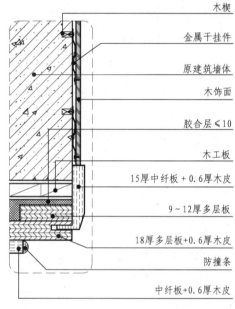

原建筑墙体
木工板
中纤板 + 0.6厚木皮
9～12厚多层板
胶合层≤10
门铰链

中纤板 + 0.6厚木皮

5厚玻璃
指接材

门贴脸
中纤板 + 0.6厚木皮
18厚多层板 + 0.6厚木皮
门锁

420～620　　130　　150

门扇宽度 W=700～900

⑧ 镶玻单开门横剖构造

木楔
金属干挂件
原建筑墙体
木饰面
胶合层≤10
木工板
15厚中纤板 + 0.6厚木皮
9～12厚多层板
18厚多层板 + 0.6厚木皮
防撞条
中纤板 + 0.6厚木皮

Ⓓ

注: 门贴脸宽度A尺寸范围在60~100mm内。

注: 1. B≤30时面层为5厚中纤板+0.6厚木皮, B=50～80时面层为9厚中纤板+0.6厚木皮;
2. 门扇高度<2000厚, 合页安装数量为2, 上合页与门扇顶边距离为180厚, 上合页与门扇顶边距为200厚;
3. 门扇高度2000~2500厚, 合页安装数量为3, 上合页与门扇顶边距离为180厚, 上合页与门扇顶边距为200厚;
4. 门扇高度2500～3000厚, 合页安装数量为4或以上, 上合页与门扇顶边距离为180厚, 上合页与门扇顶边距为200厚;
5. 3000厚以上, 合页安装数量为5或以上, 上合页与门扇顶边距离为180厚, 上合页与门扇顶边距离为200厚。

门

木门扇制作的允许偏差和检验方法

项目名称	允许偏差		检验方法
	高级	普通	
翘曲	2	2	在检查平台上, 用塞尺检查
正(反)面对角线长度差	2	3	用钢尺检查, 量外角
高度、宽度	−1～0	−2～0	用钢尺量外角
厚度	±0.5	±1	用千分尺量检查
裁口、线条结合处高低差	0.5	1	用钢直尺和塞尺检查
相邻榉子两端间距	1	2	用钢直尺检查
合页、锁孔位置	±1	±1	用钢尺检查

木门套(框)制作的允许偏差和检验方法

项目名称	允许偏差		检验方法
	高级	普通	
翘曲	2	3	平放在检查平台, 用塞尺检查
对角线长度差	2	3	钢直尺量裁口里角
高度	0～1	0～1.5	钢直尺量裁口里角
门套顶、侧板宽度及厚度	±0.5	±1	钢直尺或千分尺
门扇安装裁口(宽度和深度)	±0.5	±1	钢直尺或千分尺
门压线安装插槽宽度、深度(相对于插条厚度、宽度)	宽度: +1 深度: +5	宽度: +1 深度: +5	钢直尺或千分尺
门缝条安装槽宽度、深度	宽度: −0.5 深度: +2	宽度: −0.5 深度: +2	钢直尺或千分尺
拼角锯裁角度	±1°	±2°	角规
合页、锁具安装位置	±1	±1	用钢尺检查

单开门(一)

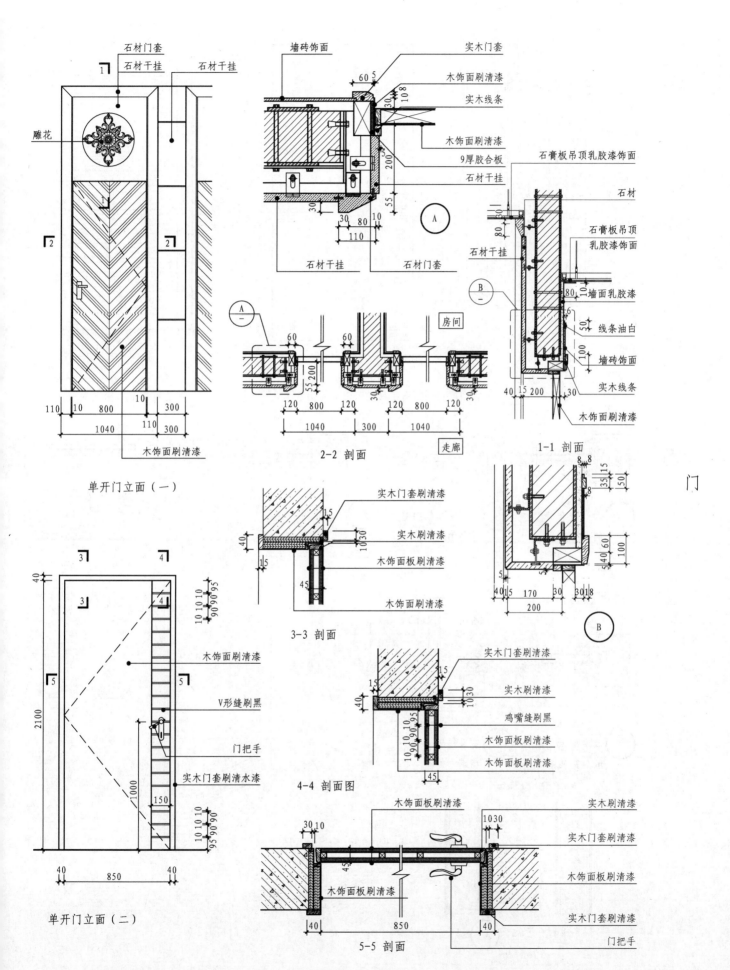

石材门套
石材干挂
石材干挂
雕花
木饰面刷清漆
单开门立面(一)

墙砖饰面
实木门套
木饰面刷清漆
实木线条
木饰面刷清漆
9厚胶合板
石材干挂
石材干挂
石材门套
A

石膏板吊顶乳胶漆饰面
石材
石膏板吊顶乳胶漆饰面
石材干挂
墙面乳胶漆
线条油白
墙砖饰面
实木线条
木饰面刷清漆
B

2-2 剖面
房间
走廊

1-1 剖面

实木门套刷清漆
实木刷清漆
木饰面板刷清漆
木饰面刷清漆
3-3 剖面

B

单开门立面(二)
木饰面刷清漆
V形缝刷黑
门把手
实木门套刷清水漆

实木门套刷清漆
实木刷清漆
鸡嘴缝刷黑
木饰面板刷清漆
木饰面板刷清漆
4-4 剖面图

木饰面板刷清漆
实木刷清漆
实木门套刷清漆
木饰面板刷清漆
实木门套刷清漆
门把手
木饰面板刷清漆
5-5 剖面

门

单开门（二）

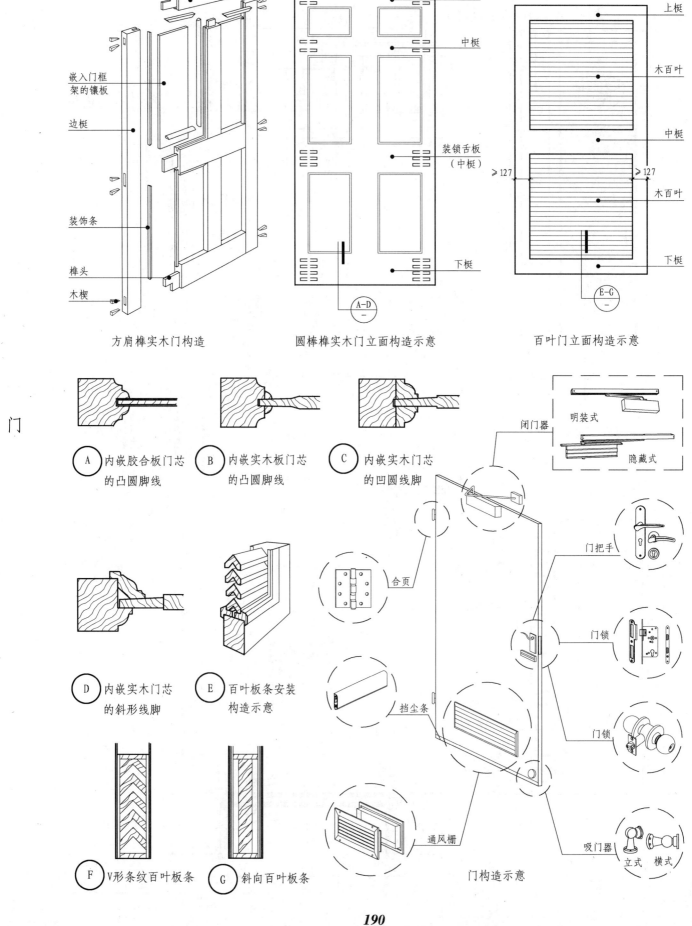

上梃

嵌入门框架的镶板

边梃

装饰条

榫头

木楔

方肩榫实木门构造

上梃

中梃

装锁舌板（中梃）

下梃

A-D

圆棒榫实木门立面构造示意

上梃

木百叶

中梃

≥127 ≥127

木百叶

下梃

E-G

百叶门立面构造示意

门

A 内嵌胶合板门芯的凸圆脚线

B 内嵌实木板门芯的凸圆脚线

C 内嵌实木门芯的凹圆线脚

D 内嵌实木门芯的斜形线脚

E 百叶板条安装构造示意

F V形条纹百叶板条

G 斜向百叶板条

闭门器

明装式

隐藏式

合页

门把手

门锁

门锁

挡尘条

通风栅

吸门器

立式 横式

门构造示意

190

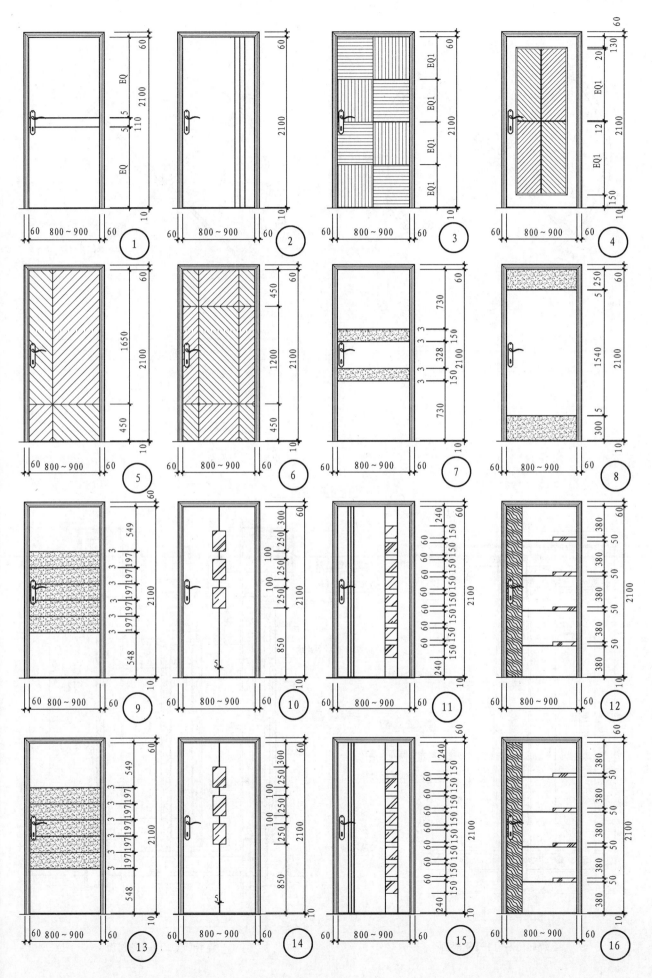

门

旋转门(一)

门

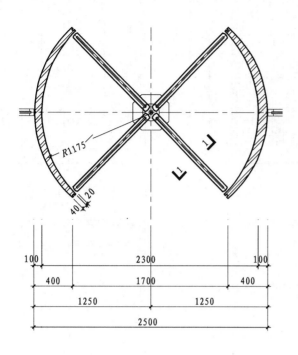

旋转门(一)平面

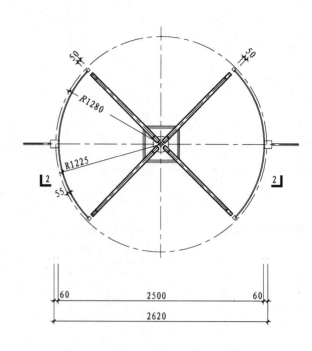

旋转门(二)平面

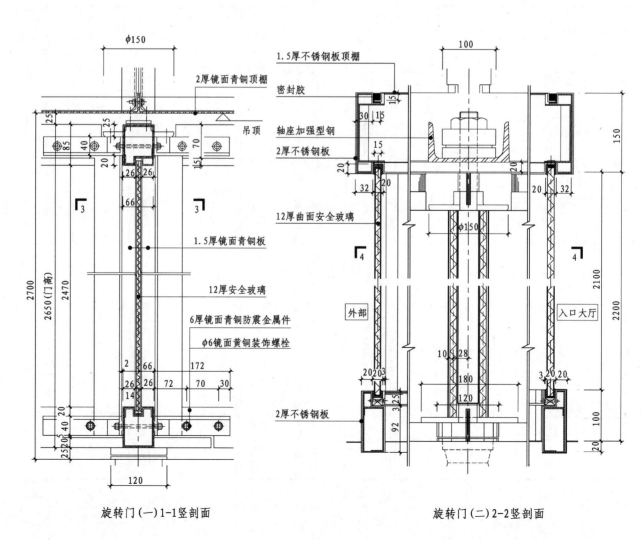

旋转门(一)1-1竖剖面　　　　　　旋转门(二)2-2竖剖面

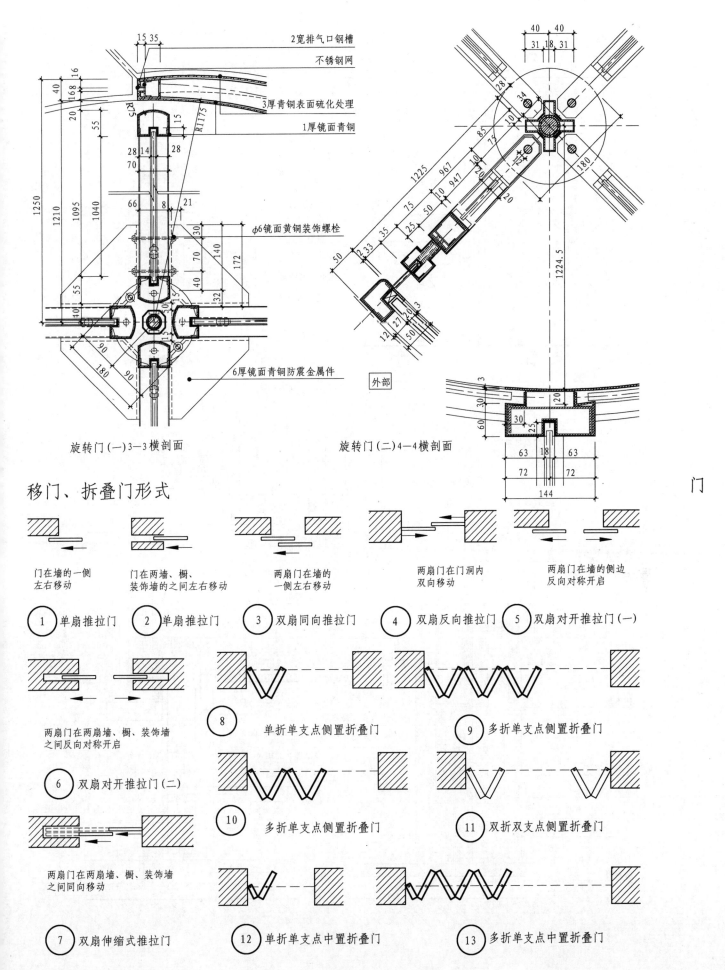

2宽排气口钢槽

不锈钢网

3厚青铜表面硫化处理

1厚镜面青铜

φ6镜面黄铜装饰螺栓

6厚镜面青铜防震金属件

旋转门(一)3—3横剖面

旋转门(二)4—4横剖面

外部

移门、拆叠门形式

门

门在墙的一侧
左右移动

门在两墙、橱、
装饰墙的之间左右移动

两扇门在墙的
一侧左右移动

两扇门在门洞内
双向移动

两扇门在墙的侧边
反向对称开启

① 单扇推拉门　② 单扇推拉门　③ 双扇同向推拉门　④ 双扇反向推拉门　⑤ 双扇对开推拉门(一)

两扇门在两扇墙、橱、装饰墙
之间反向对称开启

⑧ 单折单支点侧置折叠门　⑨ 多折单支点侧置折叠门

⑥ 双扇对开推拉门(二)

⑩ 多折单支点侧置折叠门　⑪ 双折双支点侧置折叠门

两扇门在两扇墙、橱、装饰墙
之间同向移动

⑦ 双扇伸缩式推拉门　⑫ 单折单支点中置折叠门　⑬ 多折单支点中置折叠门

193

移门(一)

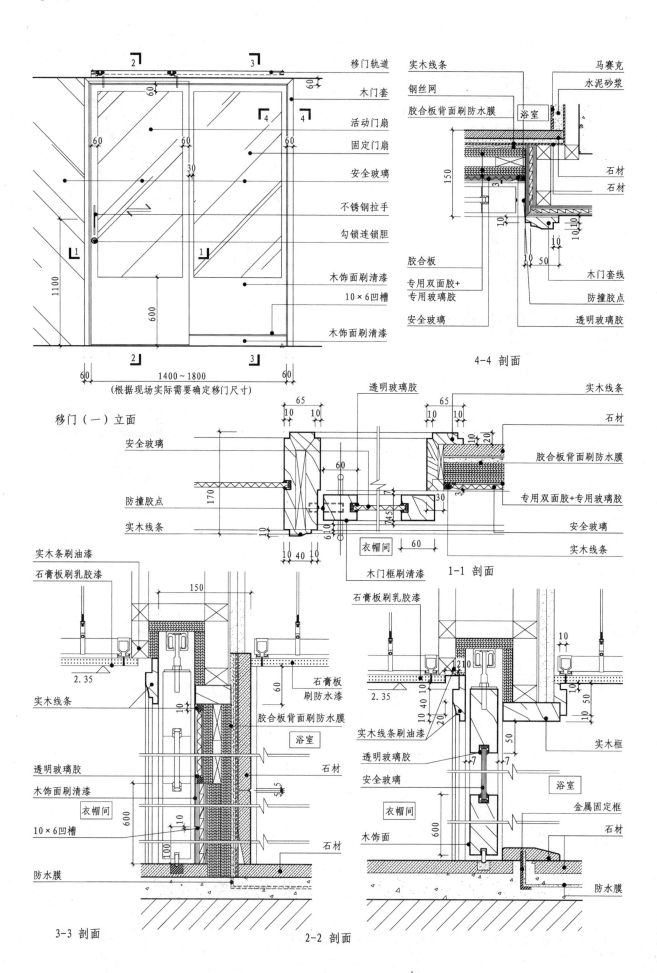

移门(一)立面

移门轨道
木门套
活动门扇
固定门扇
安全玻璃
不锈钢拉手
勾锁连锁胆
木饰面刷清漆
10×6凹槽
木饰面刷清漆

1400~1800
（根据现场实际需要确定移门尺寸）

实木线条
钢丝网
胶合板背面刷防水膜
浴室
石材
石材
胶合板
专用双面胶+专用玻璃胶
安全玻璃
木门套线
防撞胶点
透明玻璃胶
马赛克
水泥砂浆

4-4 剖面

安全玻璃
防撞胶点
实木线条
透明玻璃胶
衣帽间
木门框刷清漆
实木线条
石材
胶合板背面刷防水膜
专用双面胶+专用玻璃胶
安全玻璃
实木线条

1-1 剖面

实木条刷油漆
石膏板刷乳胶漆
实木线条
透明玻璃胶
木饰面刷清漆
衣帽间
10×6凹槽
防水膜

石膏板刷防水漆
胶合板背面刷防水膜
浴室
石材
石材

3-3 剖面

石膏板刷乳胶漆
实木线条刷油漆
透明玻璃胶
安全玻璃
衣帽间
木饰面

实木框
浴室
金属固定框
石材
防水膜

2-2 剖面

门

移门(二)

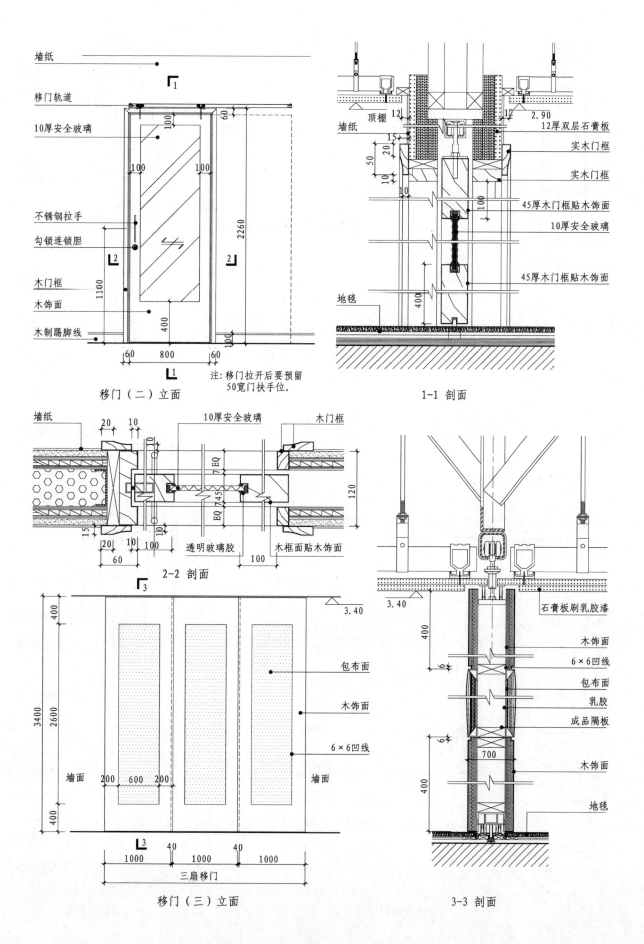

墙纸

移门轨道

10厚安全玻璃

不锈钢拉手

勾锁连锁胆

木门框

木饰面

木制踢脚线

2260

1100

400

60 800 60

移门(二)立面

注:移门拉开后要预留
50宽门扶手位。

顶棚

墙纸

地毯

12厚双层石膏板

实木门框

实木门框

45厚木门框贴木饰面

10厚安全玻璃

45厚木门框贴木饰面

2.90

1-1 剖面

墙纸

20 10

10厚安全玻璃

木门框

透明玻璃胶

木框面贴木饰面

120

2-2 剖面

门

移门(三)立面

3400
2600

400

400

墙面

200 600 200

墙面

400 1000 40 1000 40 1000

三扇移门

包布面

木饰面

6×6凹线

石膏板刷乳胶漆

木饰面

6×6凹线

包布面

乳胶

成品隔板

木饰面

地毯

3.40

3.40

400

700

400

3-3 剖面

195

移门（三）

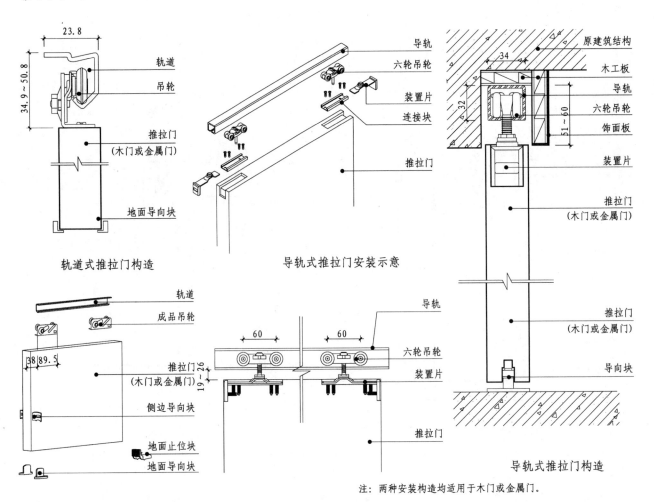

23.8

34.9～50.8

轨道

吊轮

推拉门
（木门或金属门）

地面导向块

轨道式推拉门构造

导轨

六轮吊轮

装置片

连接块

推拉门

导轨式推拉门安装示意

原建筑结构

木工板

导轨

六轮吊轮

饰面板

34

32

51～60

装置片

推拉门
（木门或金属门）

推拉门
（木门或金属门）

导向块

导轨式推拉门构造

门

轨道

成品吊轮

38 89.5

推拉门
（木门或金属门）

侧边导向块

地面止位块

地面导向块

轨道式推拉门安装示意

导轨

60 60

19～26

六轮吊轮

装置片

推拉门

导轨式推拉门立面

注：两种安装构造均适用于木门或金属门。

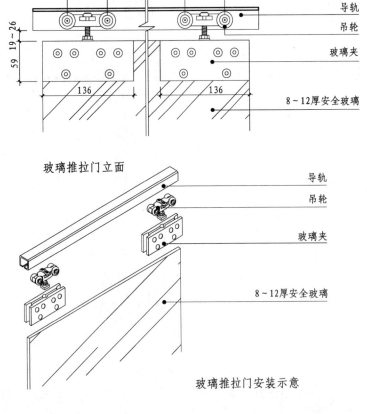

60 60

19～26

59

导轨

吊轮

玻璃夹

136 136

8～12厚安全玻璃

玻璃推拉门立面

导轨

吊轮

玻璃夹

8～12厚安全玻璃

玻璃推拉门安装示意

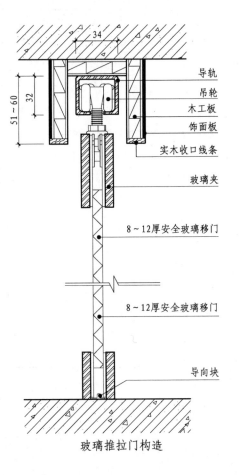

34

51～60

32

导轨

吊轮

木工板

饰面板

实木收口线条

玻璃夹

8～12厚安全玻璃移门

8～12厚安全玻璃移门

导向块

玻璃推拉门构造

电梯门

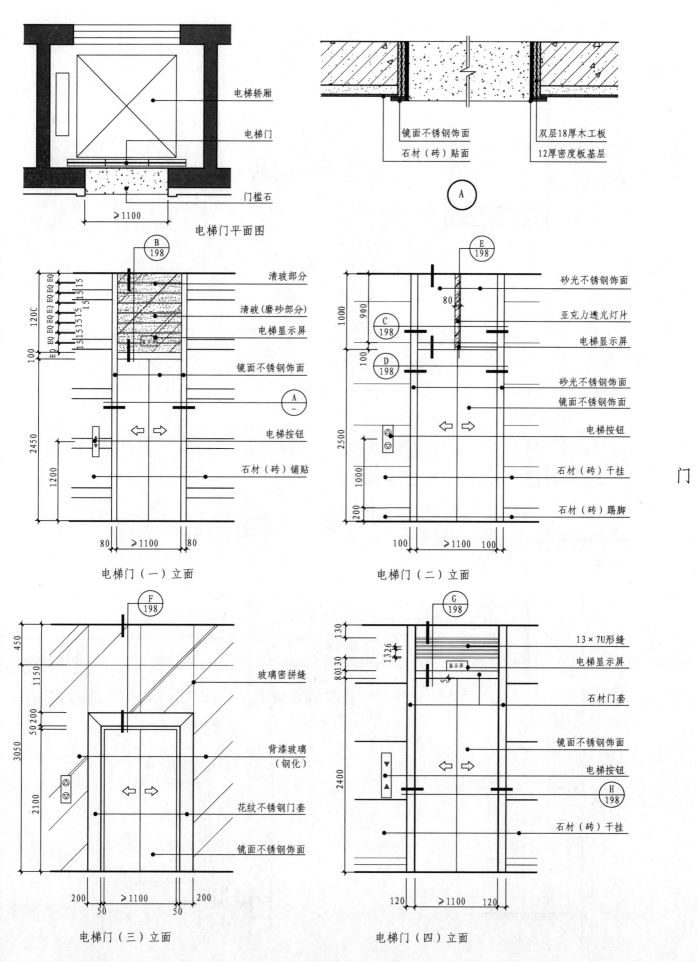

电梯轿厢
电梯门
门槛石
≥1100

电梯门平面图

镜面不锈钢饰面
石材（砖）贴面
双层18厚木工板
12厚密度板基层

Ⓐ

电梯门（一）立面

清玻部分
清玻（磨砂部分）
电梯显示屏
镜面不锈钢饰面
Ⓐ
电梯按钮
石材（砖）铺贴

电梯门（二）立面

砂光不锈钢饰面
亚克力透光灯片
电梯显示屏
砂光不锈钢饰面
镜面不锈钢饰面
电梯按钮
石材（砖）干挂
石材（砖）踢脚

电梯门（三）立面

玻璃密拼缝
背漆玻璃
（钢化）
花纹不锈钢门套
镜面不锈钢饰面

电梯门（四）立面

13×7U形缝
电梯显示屏
石材门套
镜面不锈钢饰面
电梯按钮
Ⓗ
石材（砖）干挂

门

门

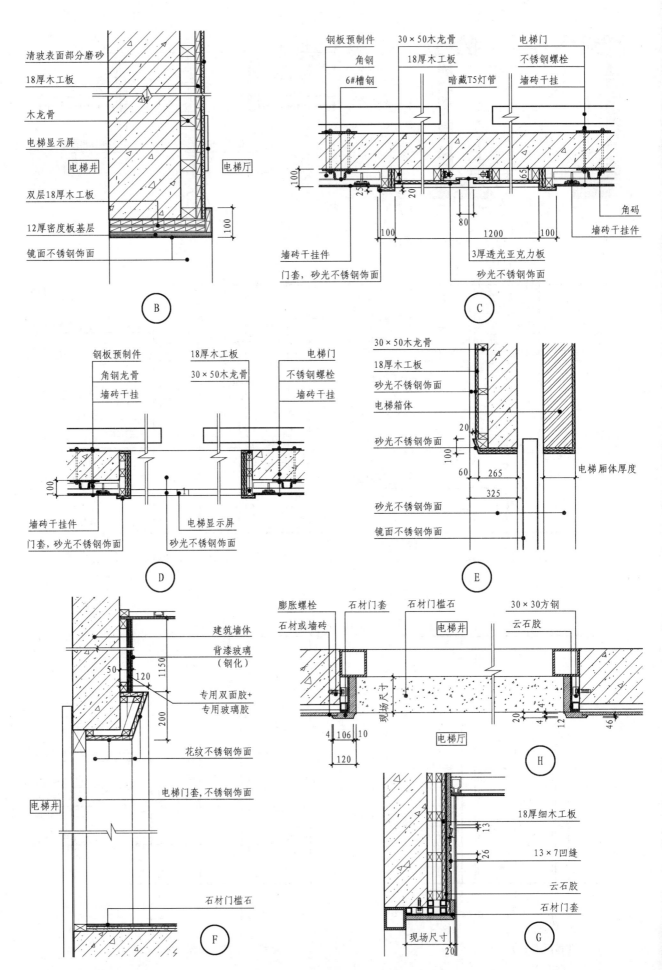

清玻表面部分磨砂
18厚木工板
木龙骨
电梯显示屏
电梯井　电梯厅
双层18厚木工板
12厚密度板基层
镜面不锈钢饰面

100

B

钢板预制件　30×50木龙骨　电梯门
角钢　18厚木工板　不锈钢螺栓
6#槽钢　暗藏T5灯管　墙砖干挂
100　　65
角码
墙砖干挂件　3厚透光亚克力板　墙砖干挂件
门套, 砂光不锈钢饰面　砂光不锈钢饰面
100　1200　100
25　20　80

C

钢板预制件　18厚木工板　电梯门
角钢龙骨　30×50木龙骨　不锈钢螺栓
墙砖干挂　墙砖干挂
100
墙砖干挂件　电梯显示屏
门套, 砂光不锈钢饰面　砂光不锈钢饰面

D

30×50木龙骨
18厚木工板
砂光不锈钢饰面
电梯箱体
砂光不锈钢饰面
镜面不锈钢饰面
电梯厢体厚度
20
100
60　265
325

E

建筑墙体
背漆玻璃（钢化）
专用双面胶+专用玻璃胶
花纹不锈钢饰面
电梯门套, 不锈钢饰面
电梯井
石材门槛石
1150　200
50　120

F

膨胀螺栓　石材门套　石材门槛石　30×30方钢
石材或墙砖　电梯井　云石胶
电梯厅
现场尺寸
4　106　10
120
20　4　12　46

H

18厚细木工板
13×7凹缝
云石胶
石材门套
现场尺寸
20
13　26

G

防火卷帘

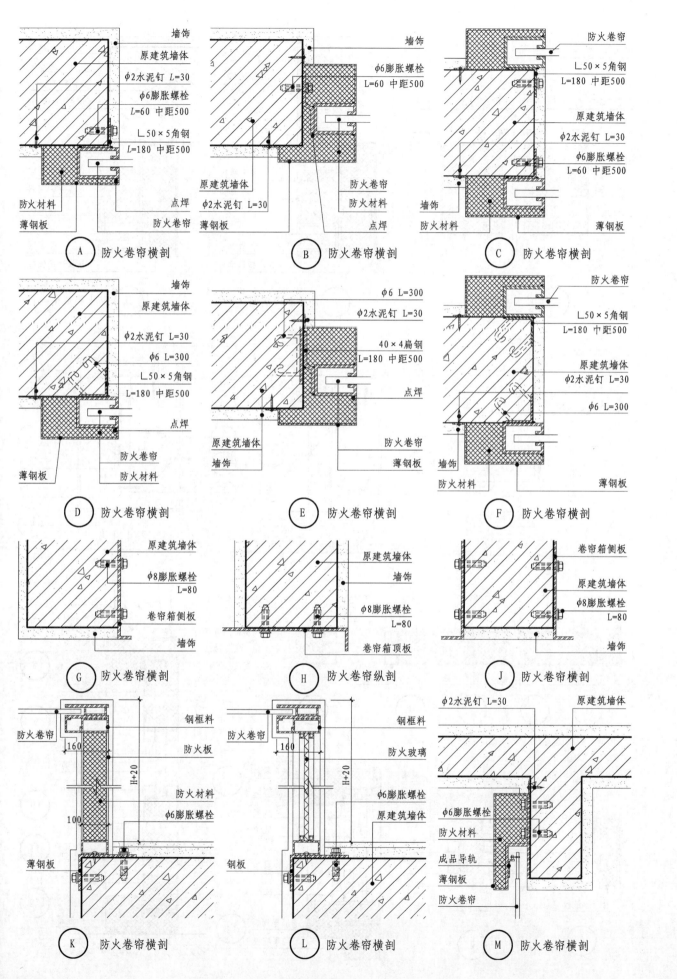

A 防火卷帘横剖

墙饰
原建筑墙体
φ2水泥钉 L=30
φ6膨胀螺栓
L=60 中距500
L50×5角钢
L=180 中距500
防火材料　点焊
薄钢板　防火卷帘

B 防火卷帘横剖

墙饰
φ6膨胀螺栓
L=60 中距500
原建筑墙体　防火卷帘
φ2水泥钉 L=30　防火材料
薄钢板　点焊

C 防火卷帘横剖

防火卷帘
L50×5角钢
L=180 中距500
原建筑墙体
φ2水泥钉 L=30
φ6膨胀螺栓
L=60 中距500
墙饰
防火材料　薄钢板

D 防火卷帘横剖

墙饰
原建筑墙体
φ2水泥钉 L=30
φ6 L=300
L50×5角钢
L=180 中距500
点焊
防火卷帘
薄钢板　防火材料

E 防火卷帘横剖

φ6 L=300
φ2水泥钉 L=30
40×4扁钢
L=180 中距500
点焊
原建筑墙体　防火卷帘
墙饰　薄钢板

F 防火卷帘横剖

防火卷帘
L50×5角钢
L=180 中距500
原建筑墙体
φ2水泥钉 L=30
φ6 L=300
墙饰
防火材料　薄钢板

G 防火卷帘横剖

原建筑墙体
φ8膨胀螺栓
L=80
卷帘箱侧板
墙饰

H 防火卷帘纵剖

原建筑墙体
墙饰
φ8膨胀螺栓
L=80
卷帘箱顶板

J 防火卷帘横剖

卷帘箱侧板
原建筑墙体
φ8膨胀螺栓
L=80
墙饰

K 防火卷帘横剖

钢框料
防火板
防火材料
φ6膨胀螺栓
防火卷帘
160
H+20
100
薄钢板

L 防火卷帘横剖

钢框料
防火玻璃
φ6膨胀螺栓
原建筑墙体
防火卷帘
160
H+20
钢板

M 防火卷帘横剖

φ2水泥钉 L=30　原建筑墙体
φ6膨胀螺栓
防火材料
成品导轨
薄钢板
防火卷帘

门

199

门

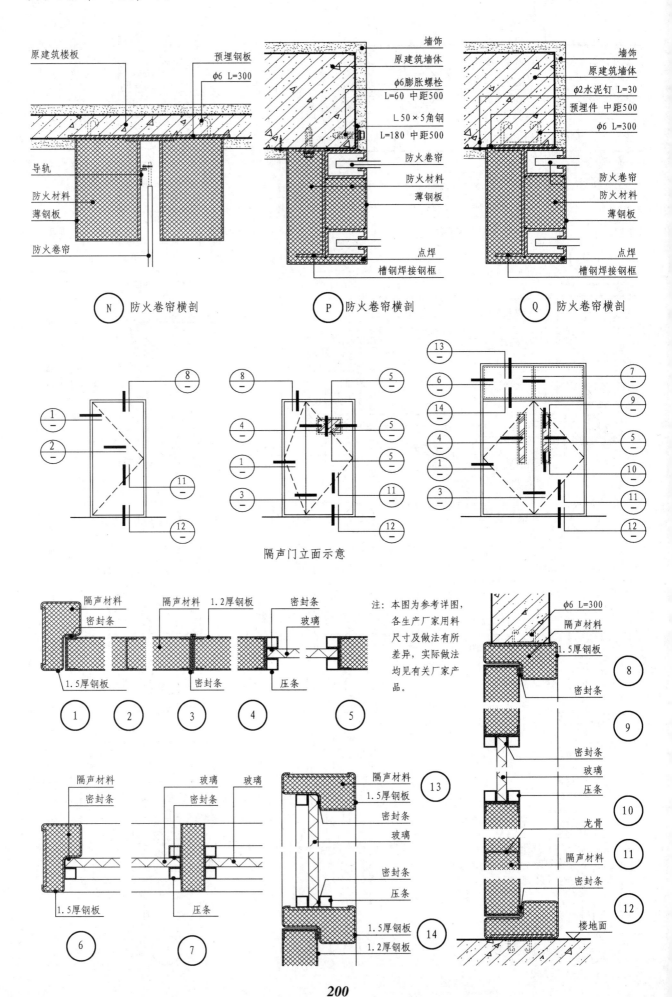

N 防火卷帘横剖

P 防火卷帘横剖

Q 防火卷帘横剖

隔声门立面示意

注：本图为参考详图，
各生产厂家用料
尺寸及做法有所
差异，实际做法
均见有关厂家产
品。

200

隔声门

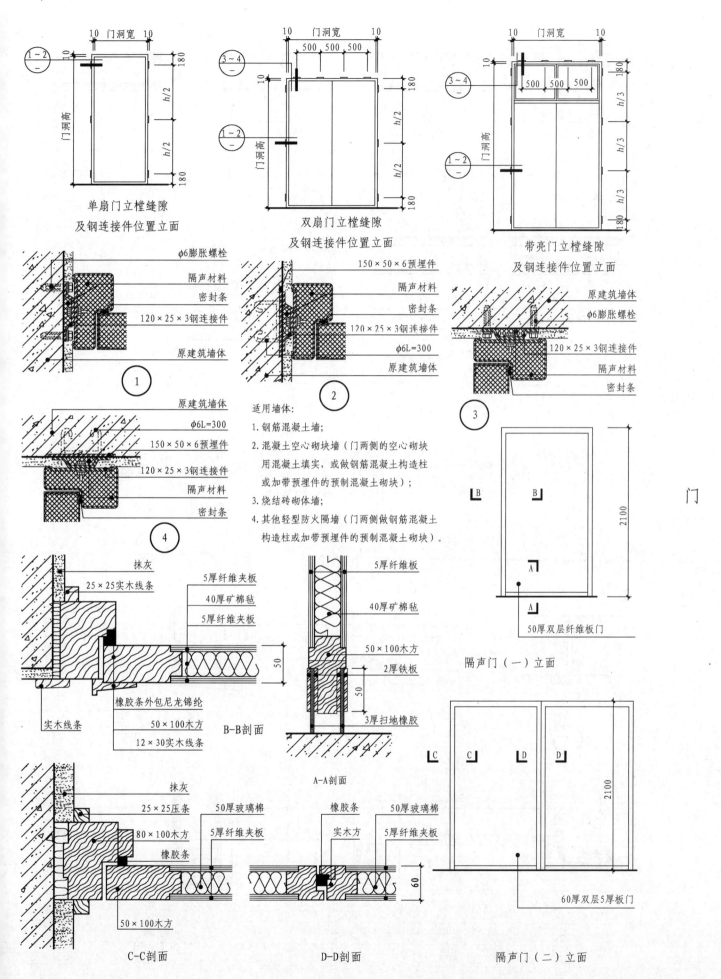

单扇门立樘缝隙
及钢连接件位置立面

双扇门立樘缝隙
及钢连接件位置立面

带亮门立樘缝隙
及钢连接件位置立面

①
- φ6膨胀螺栓
- 隔声材料
- 密封条
- 120×25×3钢连接件
- 原建筑墙体

②
- 150×50×6预埋件
- 隔声材料
- 密封条
- 120×25×3钢连接件
- φ6L=300
- 原建筑墙体

③
- 原建筑墙体
- φ6膨胀螺栓
- 120×25×3钢连接件
- 隔声材料
- 密封条

④
- 原建筑墙体
- φ6L=300
- 150×50×6预埋件
- 120×25×3钢连接件
- 隔声材料
- 密封条

适用墙体：

1. 钢筋混凝土墙；
2. 混凝土空心砌块墙（门两侧的空心砌块用混凝土填实，或做钢筋混凝土构造柱或加带预埋件的预制混凝土砌块）；
3. 烧结砖砌体墙；
4. 其他轻型防火隔墙（门两侧做钢筋混凝土构造柱或加带预埋件的预制混凝土砌块）。

B-B剖面
- 抹灰
- 25×25实木线条
- 5厚纤维夹板
- 40厚矿棉毡
- 5厚纤维夹板
- 实木线条
- 橡胶条外包尼龙锦纶
- 50×100木方
- 12×30实木线条

A-A剖面
- 5厚纤维板
- 40厚矿棉毡
- 50×100木方
- 2厚铁板
- 3厚扫地橡胶

隔声门（一）立面
- 50厚双层纤维板门

C-C剖面
- 抹灰
- 25×25压条
- 80×100木方
- 橡胶条
- 50厚玻璃棉
- 5厚纤维夹板
- 50×100木方

D-D剖面
- 橡胶条
- 实木方
- 50厚玻璃棉
- 5厚纤维夹板

隔声门（二）立面
- 60厚双层5厚板门

门

隔声门(复合门）隔声构造

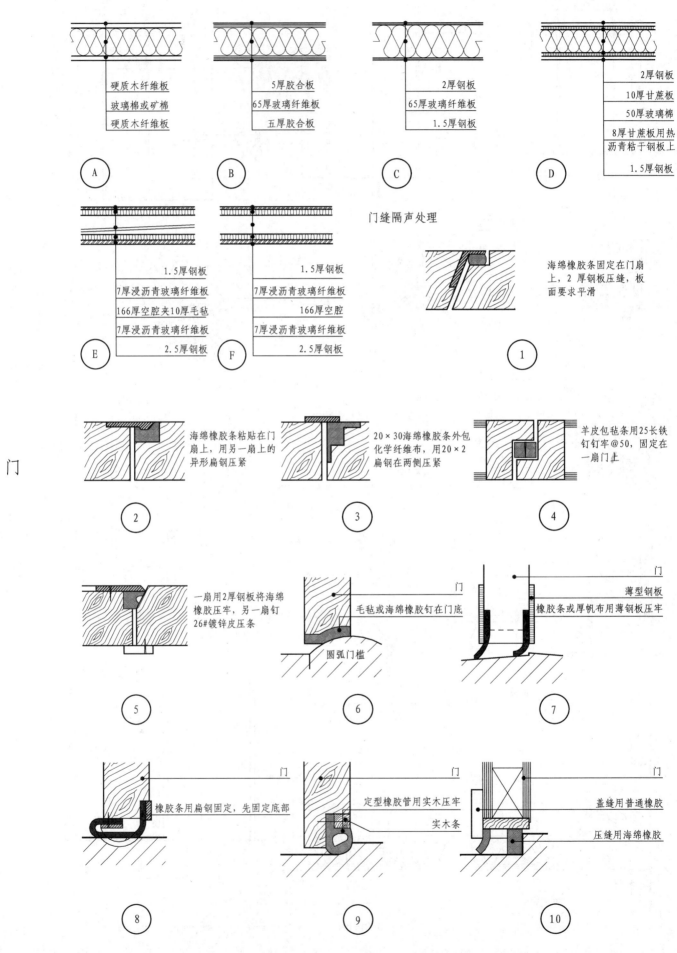

A
硬质木纤维板
玻璃棉或矿棉
硬质木纤维板

B
5厚胶合板
65厚玻璃纤维板
五厚胶合板

C
2厚钢板
65厚玻璃纤维板
1.5厚钢板

D
2厚钢板
10厚甘蔗板
50厚玻璃棉
8厚甘蔗板用热沥青粘于钢板上
1.5厚钢板

E
1.5厚钢板
7厚浸沥青玻璃纤维板
166厚空腔夹10厚毛毡
7厚浸沥青玻璃纤维板
2.5厚钢板

F
1.5厚钢板
7厚浸沥青玻璃纤维板
166厚空腔
7厚浸沥青玻璃纤维板
2.5厚钢板

门缝隔声处理

1 海绵橡胶条固定在门扇上，2厚钢板压缝，板面要求平滑

门

2 海绵橡胶条粘贴在门扇上，另一扇上的异形扁钢压紧

3 20×30海绵橡胶条外包化学纤维布，用20×2扁钢在两侧压紧

4 羊皮包毡条用25长铁钉钉牢@50，固定在一扇门上

5 一扇用2厚钢板将海绵橡胶压牢，另一扇钉26#镀锌皮压条

6 门　毛毡或海绵橡胶钉在门底　圆弧门槛

7 门　薄型钢板　橡胶条或厚帆布用薄钢板压牢

8 门　橡胶条用扁钢固定，先固定底部

9 门　定型橡胶管用实木压牢　实木条

10 门　盖缝用普通橡胶　压缝用海绵橡胶

202

第五章　室内楼梯的装饰装修构造

楼梯是楼层间的垂直交通枢纽，也是室内空间中重要的装饰装修构件。要掌握室内楼梯的装饰装修构造设计，必须了解楼梯的基本构成和楼梯设计中对相关尺寸的要求。

一、楼梯的构成

楼梯一般由梯段、平台、中间平台三大部分构成。楼梯的主体部分是梯段，它包括结构支承体、踏步、栏杆（栏板）扶手等。

1. 梯段宽度及平台深度

梯段的宽度一般由通行人流需要的尺寸来决定，以保证通行顺畅为原则。单人通行的梯段宽度一般应为 900mm；双人通行的梯段宽度一般应为 1100～1400mm；三人通行的梯段宽度一般应为 1650～2100mm。如更多的人流通行，则按每股人流增加 550＋（0～150）mm 的宽度。当梯段宽度大于 1400mm 时一般应设靠墙扶手，而当楼梯上超过 4～5 股人流时一般应加设中间扶手。

2. 梯段的净高与净空

梯段净高是指踏步前缘到顶棚之间地面垂直线的长度。一般梯段的净高须大于人体（按标准规定的成人人体尺寸）上肢向上伸直并触到顶棚的距离。它可按下列公式计算：

$$H = 1494 + 819/\cos Q$$

式中：1494 为人体肩高（mm）；819 为人体上肢长度（mm）；H 为梯段的净高（mm）；Q 为梯段的坡度（°）。

梯段净空是指梯段空间的最小高度，即由踏步前缘到顶棚的距离（见图 5-1）。

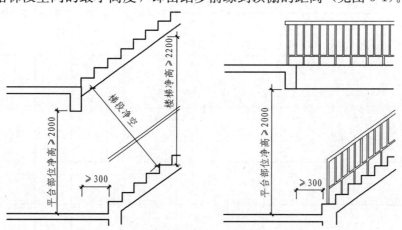

图 5-1　楼梯净高与净空

为更好地满足楼梯的使用功能，防坠行走中产生压抑感，楼梯梯段的净高应不小于 2200mm，平台部分的净高不应小于 2000mm。梯段的起始踏步和终止踏步的前缘，与顶棚凸出物内边缘线的水平距离应不小于 300mm。

3. 踏步尺寸

踏步的尺寸一般应与人脚尺寸及步幅相适应，同时还与不同类型建筑中的使用功能有关。踏步的尺寸包括高度和宽度。

踏步高度与宽度之比就是楼梯的坡度。踏步在同一坡度之下可以有不同的数值，给出一个恰当的范围，以使人行走时感到舒适。实践证明，行走时感到舒适的踏步，一般都是高度相对较小而宽度相对较大的。因此在选择高宽比时，对同一坡度的两种尺寸以高度较小者为宜，行走时较之高度和宽度尺寸都大的踏步要省力些。但要注意宽度亦不能过小，以不小于240mm为宜，这样可保证脚的着力点重心落在脚心附近，并使脚后跟着力点有90%在踏步上。就成人而言，楼梯踏步的最小宽度应为240mm，舒适的宽度为300mm左右。踏步的高度则不宜大于170mm，较舒适的高度为150mm左右。

同一楼梯的各个梯段，其踏步的高度、宽度尺寸应该是相同的，不应有无规律的尺寸变化，以保证步幅关系的协调。

4. 栏杆扶手尺寸

栏杆扶手应有适当的高度。栏杆扶手的高度是指从踏步表面中心点到扶手表面的垂直距离。一般楼梯栏杆扶手高度大于1050mm，顶层楼梯平台的水平栏杆扶手高度为1100～1200mm，儿童扶手高度为500～600mm。竖向栏杆之间的净空不应大于110mm。

楼梯的栏杆扶手应保持连贯设置，并伸出起始及终止踏步以外不少于150mm，以保证行走安全。为便于握紧扶手，圆截面的扶手直径应为40～60mm，其他形状截面的顶端宽度也不宜超过95mm。木扶手最小截面大多为50mm×50mm。靠墙扶手突出墙面应在90mm以内，其净空应不小于40mm，其支点间距宜在1500～1800mm之间。

二、各类建筑的楼梯的相关尺寸

建筑类型 \ 相关尺寸		种类	踏步高度（mm）	踏步宽度（mm）	梯段净宽（mm）	栏杆高度（mm）	栏杆垂直杆件净空（mm）	平台深度	平台净高（mm）	备注
住宅	户内楼梯	一侧凌空	≤200	≥220	≥750	>1050	<110	不小于梯段净宽	≥2000	当楼梯井宽度大于200mm时，须采取防止儿童攀滑的措施
		两边是墙	≤200	≥220	≥900					
	公用楼梯	6层以下住宅	≤180	≥250	≥1000					
		7层以上住宅	≤180	≥250	≥1100					
一般公共建筑	公用楼梯	—	≤160	≥280	≥1400	—	—	—	—	应作疏散方案，公用楼梯在五层以上应设置直通屋顶平台的疏散楼梯间，且不少于两座
	室外楼梯	—	≤150	≥300	≥1400	—	—	—	—	
托儿所、幼儿园	—	—	≤150	≥260	—	≤600（幼儿用）	—	—	—	栏杆垂直饰件间净距<110mm。楼梯井的宽度大于200mm时，必须采取安全措施，除成人扶手外，应在靠墙一侧设幼儿扶手

注：本表的相关尺寸参考《建筑设计资料集》中内容编制。

实木楼梯

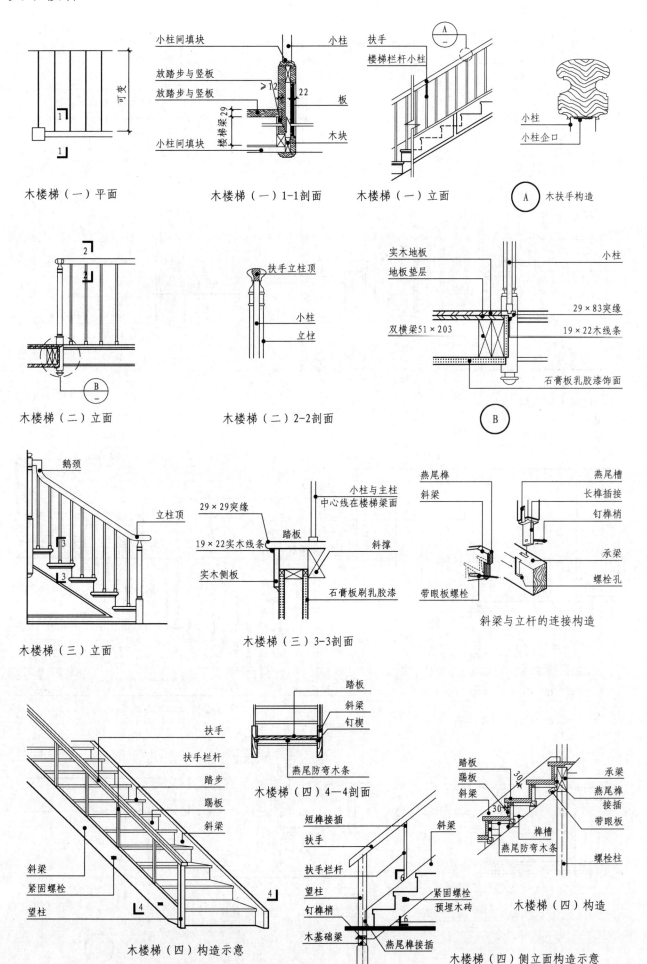

木楼梯（一）平面

小柱间填块
放踏步与竖板
放踏步与竖板
小柱间填块
楼梯梁29
≥12
22

木楼梯（一）1-1剖面

小柱
扶手
板
木块

扶手
楼梯栏杆小柱

木楼梯（一）立面

小柱
小柱企口

木扶手构造 A

木楼梯（二）立面

扶手立柱顶
小柱
立柱

木楼梯（二）2-2剖面

实木地板
地板垫层
双横梁51×203

小柱
29×83突缘
19×22木线条
石膏板乳胶漆饰面

B

鹅颈
立柱顶

木楼梯（三）立面

29×29突缘
19×22实木线条
实木侧板
踏板
小柱与主柱中心线在楼梯梁面
斜撑
石膏板刷乳胶漆

木楼梯（三）3-3剖面

燕尾榫
斜梁
带眼板螺栓
燕尾槽
长榫插接
钉榫梢
承梁
螺栓孔

斜梁与立杆的连接构造

扶手
扶手栏杆
踏步
踢板
斜梁
斜梁
紧固螺栓
望柱

木楼梯（四）构造示意

踏板
斜梁
钉楔
燕尾防弯木条

木楼梯（四）4-4剖面

短榫接插
扶手
扶手栏杆
望柱
钉榫梢
斜梁
紧固螺栓
预埋木砖
木基础梁
燕尾榫接插

踏板
踢板
斜梁
30
30
承梁
燕尾榫接插
带眼板
榫槽
燕尾防弯木条
螺栓柱

木楼梯（四）构造

木楼梯（四）侧立面构造示意

楼梯

实木楼梯

实木立柱油清漆
实木扶手油清漆
实木栏杆油清漆

实木楼梯侧板油清漆

>1050
1500
1500
>1050
150

插接榫
实木立柱油清漆
实木栏杆油清漆
实木扶手油清漆

80　105　150
50　50
50

Ⓐ

实木立柱油清漆
实木栏杆油清漆
φ15圆棒隼
楼梯平台实木梁
楼梯侧板剔槽嵌入

80
30
200　145
25　250
20

Ⓑ

Ⓐ
Ⓑ
Ⓒ
Ⓓ

实木楼梯（一）剖立面

注：竖向栏杆之间的净空应不大于110。

楼梯

Ⓔ 207

可变

实木楼梯扶手
实木楼梯栏杆
实木楼梯扶手缓角
实木楼梯端柱
踢脚线

实木楼梯梁
实木楼梯侧板

Ⓕ

1050
150

实木楼梯梁
实木楼梯扶手
实木楼梯端柱
实木踏步板

实木踏步板最小29厚

实木楼梯（二）立面

注：竖向栏杆之间的净空应控制在@≤110。

实木楼梯（二）平面

实木栏杆油清漆
φ15圆棒隼

25
25
125
25
125
25
20
20
50

楼梯侧板油清漆
踏步板剔槽嵌入楼梯侧板

Ⓒ

锚栓　木梁
实木立柱油清漆

80
80　155　45　35
25　125
25
125

预埋金属件　沉头木螺钉

Ⓓ

踏步板最小29厚
木龙骨尺寸为51×51

25~38
30
15
10
10
22　51
200
51
8

Ⓕ

206

实木、钢木楼梯

锚栓
楼梯平台实木梁
沉头木螺钉
预埋金属件

实木楼梯（二）1-1剖面

踢脚板盖板线脚
实木踏步板
240～260
25～38
实木楼梯梁
实木楼梯梁

实木楼梯（二）2-2剖面

装饰木线条
实木踢脚板
实木踏步板
最少楔入12
楼梯梁
木龙骨
100 100

实木栏杆小柱企口
实木栏杆小柱
90
E

实木栏杆柱
成品金属连接件
装饰木线条
实木楼梯侧板

实木楼梯（二）3-3剖面

φ60钢管灰色混水漆
φ10钢筋灰色混水漆
6厚钢板灰色混水漆

B

5厚钢板灰色混水漆
实木梁架亚光清漆

1

C

A

钢木楼梯（一）立面

φ60钢管灰色混水漆
6厚钢板灰色混水漆
φ10钢筋灰色混水漆
不锈钢螺钉
5厚钢板踏步
踏步面
焊缝
8厚钢板灰色混水漆
实木梁架亚光清漆
M8不锈钢螺栓

钢木楼梯（一）1-1剖面

6厚钢板灰色混水漆
6厚钢板灰色混水漆
φ10钢筋灰色混水漆
M8不锈钢螺栓
60 40 60
A

6厚钢板灰色混水漆
实木梁架亚光清漆
M8不锈钢螺栓
80
40
M8不锈钢螺栓
8#槽钢混水漆
B

5厚钢板灰色混水漆
焊缝
50 300 50
C 楼梯踏步剖面

钢木楼梯

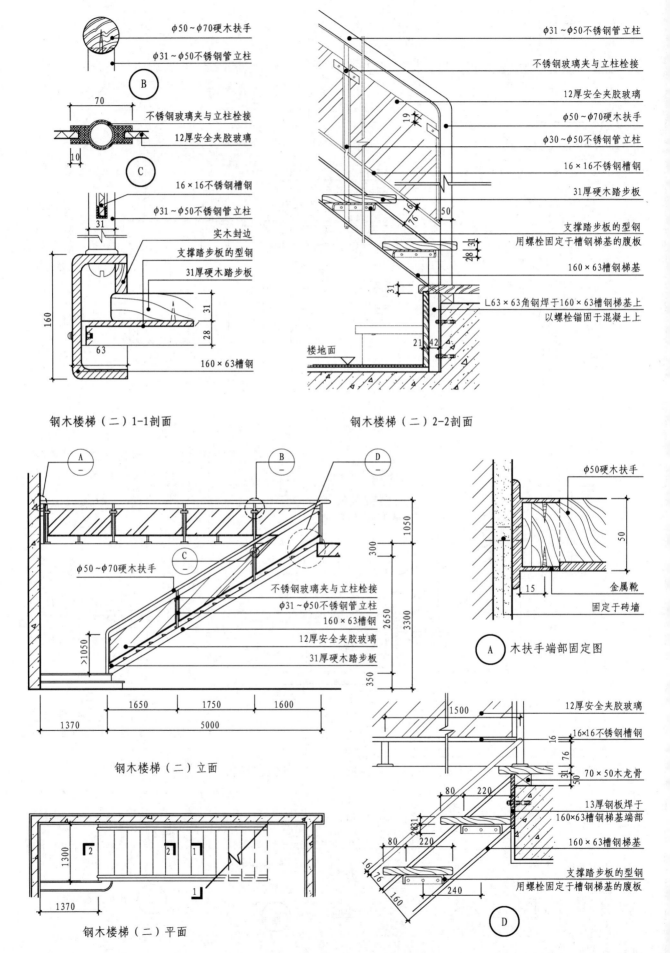

φ50~φ70硬木扶手
φ31~φ50不锈钢管立柱

B

不锈钢玻璃夹与立柱栓接
12厚安全夹胶玻璃

C

16×16不锈钢槽钢
φ31~φ50不锈钢管立柱
实木封边
支撑踏步板的型钢
31厚硬木踏步板
160×63槽钢

φ31~φ50不锈钢管立柱
不锈钢玻璃夹与立柱栓接
12厚安全夹胶玻璃
φ50~φ70硬木扶手
φ30~φ50不锈钢管立柱
16×16不锈钢槽钢
31厚硬木踏步板
支撑踏步板的型钢
用螺栓固定于槽钢梯基的腹板
160×63槽钢梯基
L63×63角钢焊于160×63槽钢梯基上
以螺栓锚固于混凝土上
楼地面

钢木楼梯（二）1-1剖面

钢木楼梯（二）2-2剖面

楼
梯

φ50~φ70硬木扶手
不锈钢玻璃夹与立柱栓接
φ31~φ50不锈钢管立柱
160×63槽钢
12厚安全夹胶玻璃
31厚硬木踏步板

钢木楼梯（二）立面

钢木楼梯（二）平面

φ50硬木扶手
金属靴
固定于砖墙

A 木扶手端部固定图

12厚安全夹胶玻璃
16×16不锈钢槽钢
70×50木龙骨
13厚钢板焊于
160×63槽钢梯基端部
160×63槽钢梯基
支撑踏步板的型钢
用螺栓固定于槽钢梯基的腹板

D

钢木楼梯

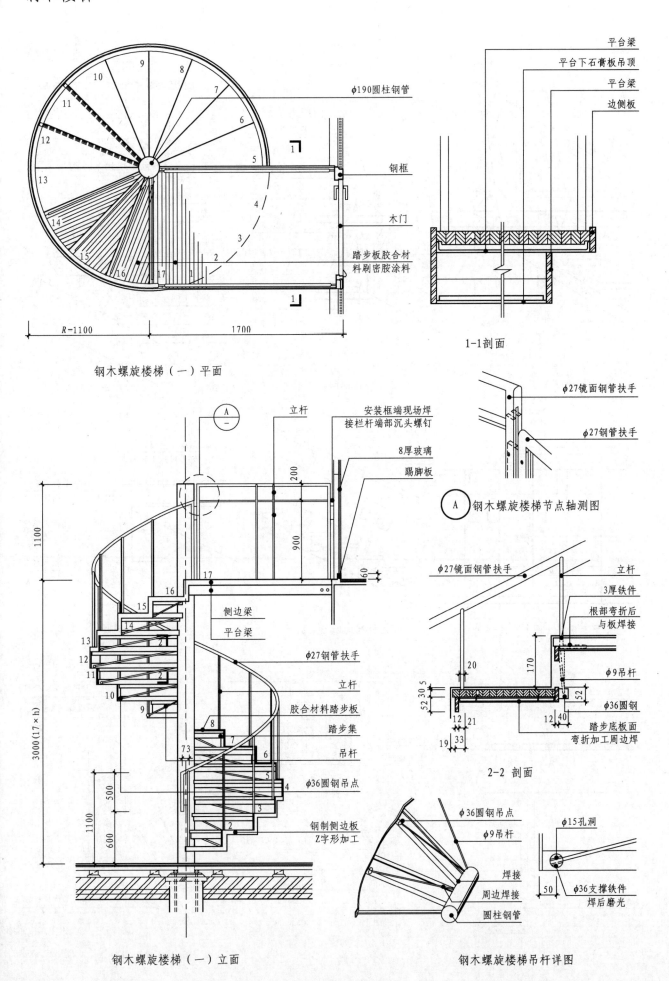

φ190圆柱钢管

钢框

木门

踏步板胶合材料刷密胺涂料

R-1100   1700

钢木螺旋楼梯（一）平面

平台梁
平台下石膏板吊顶
平台梁
边侧板

1-1剖面

φ27镜面钢管扶手
φ27钢管扶手

Ⓐ **钢木螺旋楼梯节点轴测图**

φ27镜面钢管扶手   立杆
3厚铁件
根部弯折后与板焊接
φ9吊杆
φ36圆钢
踏步底板面
弯折加工周边焊

2-2 剖面

A
—
立杆
安装框端部现场焊接栏杆端部沉头螺钉
8厚玻璃
踢脚板

侧边梁
平台梁

φ27钢管扶手
立杆
胶合材料踏步板
踏步集
吊杆
φ36圆钢吊点
钢制侧边板Z字形加工

3000 (17×h)   1100   500   1100   600

钢木螺旋楼梯（一）立面

φ36圆钢吊点
φ9吊杆
焊接
周边焊接
圆柱钢管

φ15孔洞
φ36支撑铁件焊后磨光
50

钢木螺旋楼梯吊杆详图

楼

梯

209

钢木楼梯

楼梯

钢木楼梯（三）立面

钢木楼梯（四）平面

76×38扶手
50×13扁钢
φ25钢管焊扁钢上
φ6钢筋焊于扁钢上
羊眼螺钉240中-中
20厚石材
19厚找平层
φ13螺栓
127×76槽钢
44×6钢板
16厚粉刷
82×13钢板
灌铅

1-1 剖面

φ16钢管支焊
50×19×6固定钢板
φ76钢管梯基
焊接

（A）钢木楼梯梯基详图

267×38硬木踏步板
φ6钢筋
羊眼螺钉
50×19×6固定钢板
φ16钢管支焊
焊接
φ76钢管梯基

2-2 剖面

钢木楼梯（四）立面

石棉水泥板胶粘于钢筋混凝土踏面上
钢筋混凝土踏面以螺栓安装于钢托板上
钢托板以螺栓固定于槽钢上
140×63槽钢梯基

3-3 剖面

石棉水泥板胶粘于钢筋混凝土踏面上
钢筋混凝土踏面以螺栓安装于钢托板上
钢托板以螺栓安装于槽钢上
槽钢梯基

4-4 剖面

6厚安全玻璃
T形钢
橡胶垫
沉头螺钉
隔间块
槽钢

5-5 剖面

钢板
35×35T形钢栏杆顶部渐缩

6-6 剖面

35电镀铝管扶手
钢板焊于T形钢上
螺钉
35×35T形钢栏杆柱

钢木楼梯栏杆构造

210

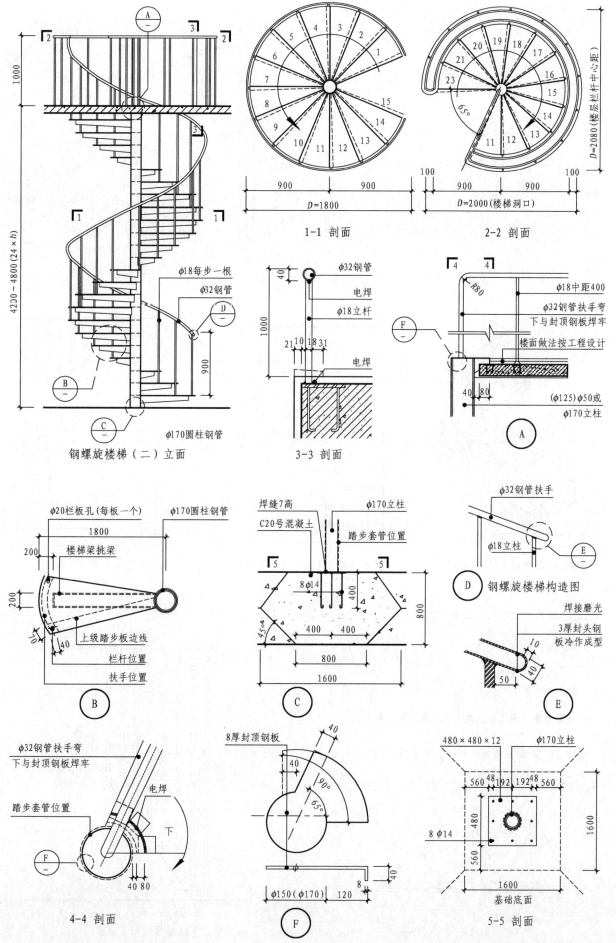

1-1 剖面

2-2 剖面

ϕ18每步一根

ϕ32钢管

ϕ170圆柱钢管

钢螺旋楼梯（二）立面

ϕ32钢管
电焊
ϕ18立杆
电焊

3-3 剖面

ϕ18中距400
ϕ32钢管扶手弯
下与封顶钢板焊牢
楼面做法按工程设计
(ϕ125)ϕ50或
ϕ170立柱

A

ϕ20栏板孔（每板一个）
ϕ170圆柱钢管
楼梯梁挑梁
上级踏步板边线
栏杆位置
扶手位置

B

焊缝7高
ϕ170立柱
C20号混凝土
踏步套管位置
8ϕ14

C

ϕ32钢管扶手
ϕ18立柱

D 钢螺旋楼梯构造图

焊接磨光
3厚封头钢板冷作成型

E

ϕ32钢管扶手弯
下与封顶钢板焊牢
踏步套管位置
电焊
下

4-4 剖面

8厚封顶钢板
90°
65°
ϕ150(ϕ170) 120

F

480×480×12
ϕ170立柱
560 48 192 192 48 560
480
8ϕ14
560
1600
基础底面

5-5 剖面

楼
梯

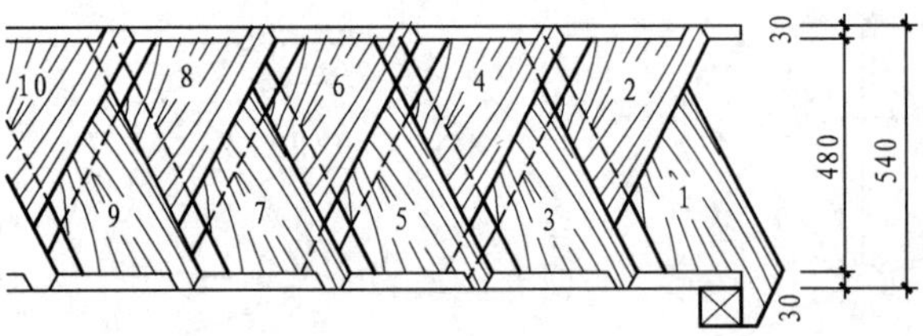

节省空间的楼梯（一）平面

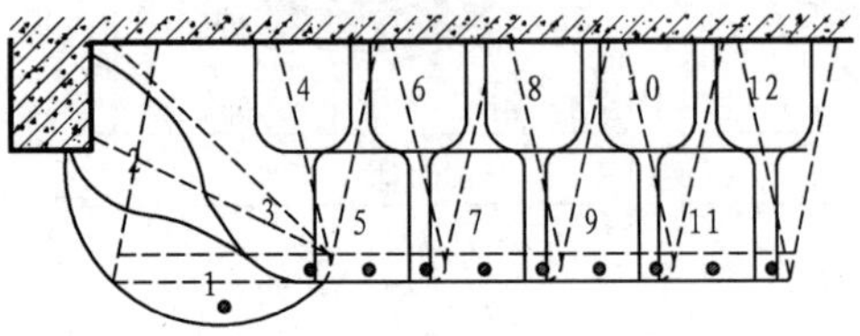

节省空间的楼梯（二）平面

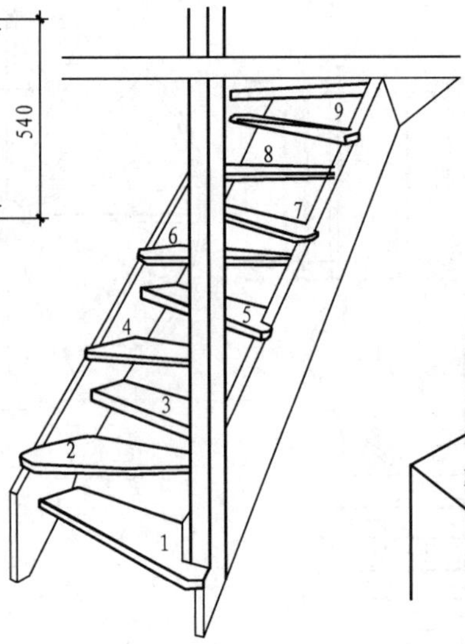

节省空间的楼梯（一）构造

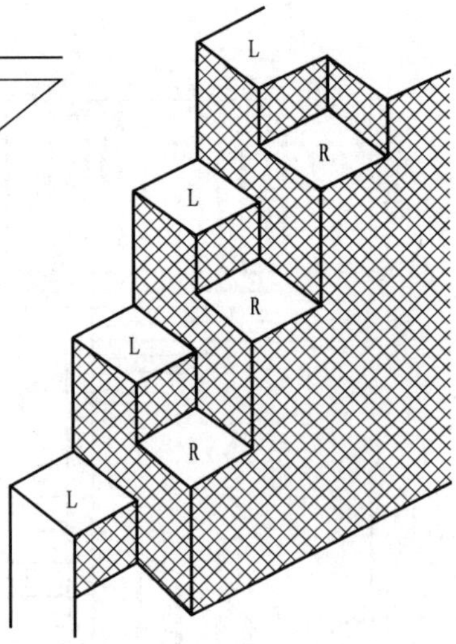

节省空间的楼梯（三）构造示意

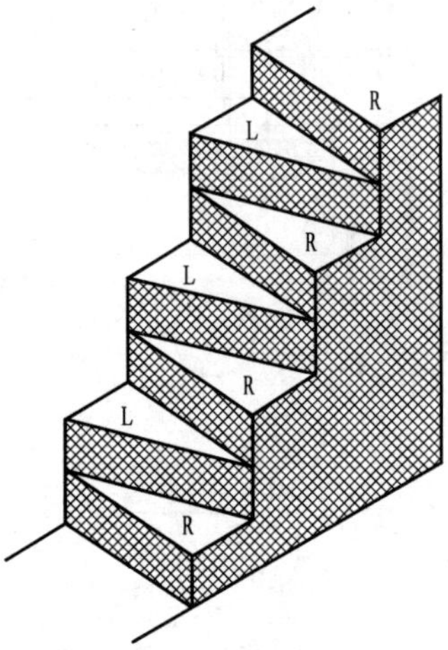

楼

梯

节省空间的楼梯（四）构造示意

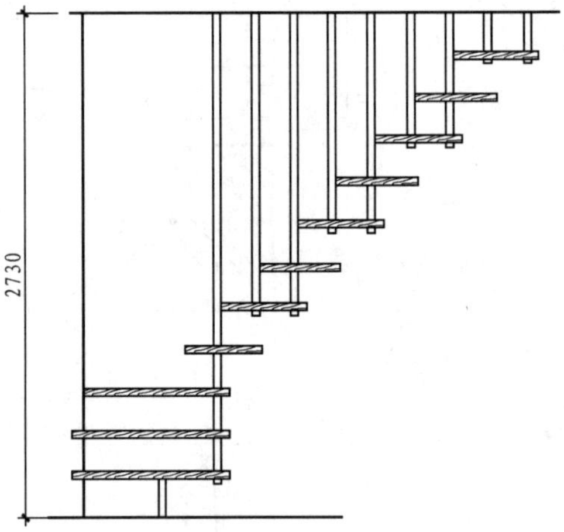

节省空间的楼梯（二）立面

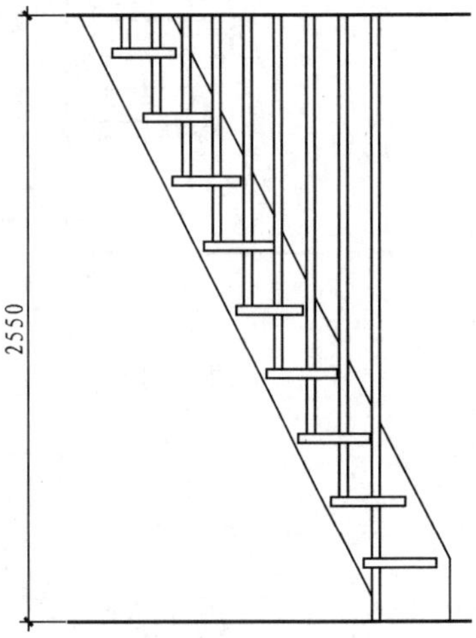

节省空间的楼梯（五）立面

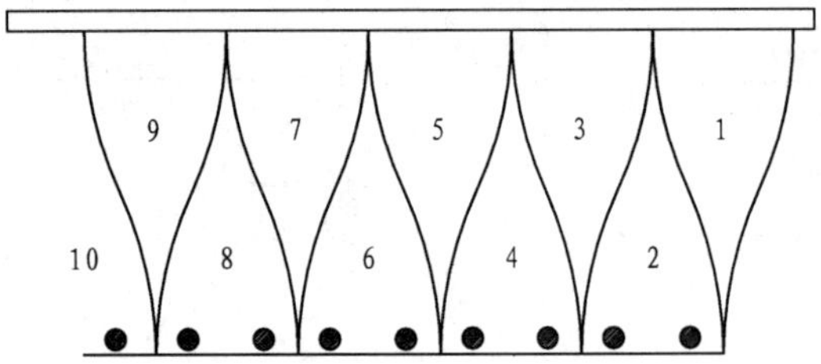

节省空间的楼梯（五）平面

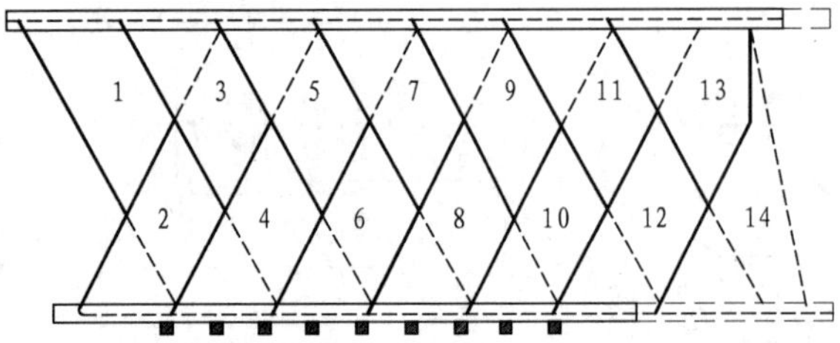

节省空间的楼梯（六）平面

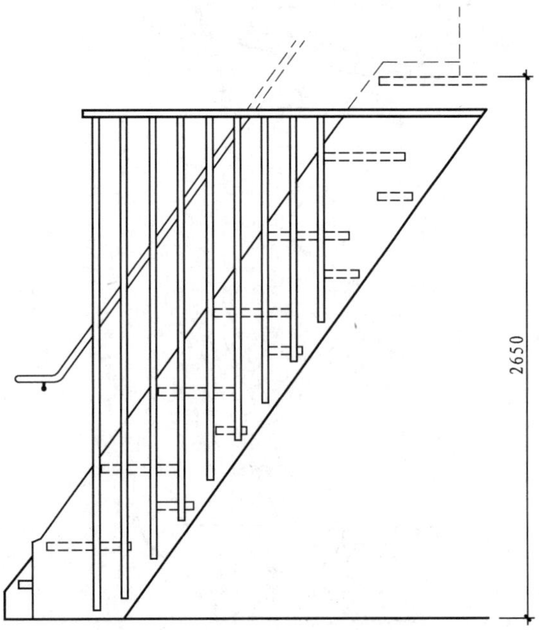

节省空间的楼梯（六）立面

楼梯踏板及竖板形式、木踏步板楼梯

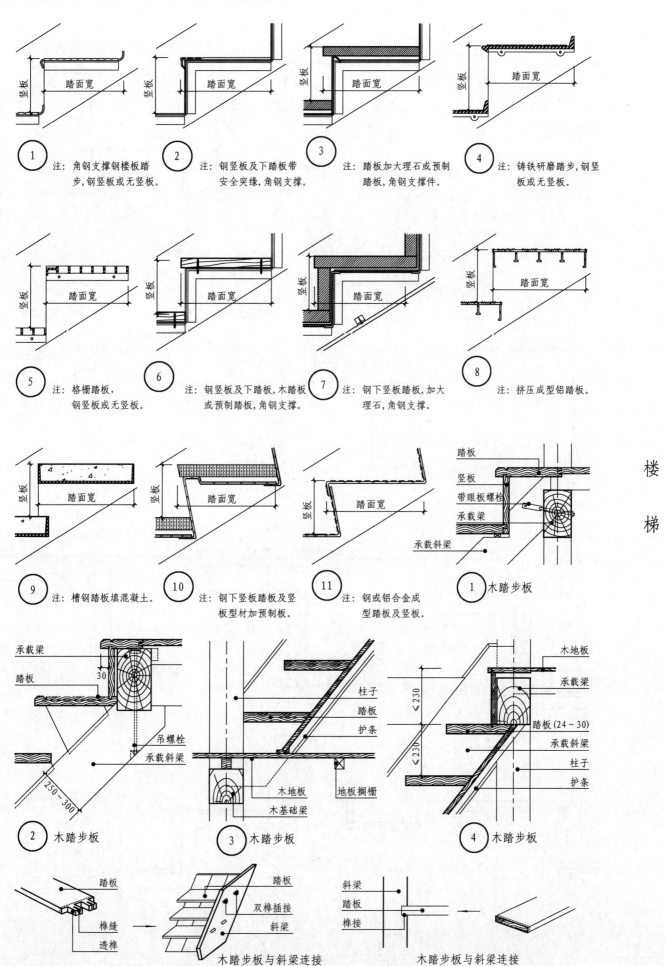

1　注：角钢支撑钢楼板踏
　　步，钢竖板或无竖板。

2　注：钢竖板及下踏板带
　　安全突缘，角钢支撑。

3　注：踏板加大理石或预制
　　踏板，角钢支撑件。

4　注：铸铁研磨踏步，钢竖
　　板或无竖板。

5　注：格栅踏板，
　　钢竖板或无竖板。

6　注：钢竖板及下踏板，木踏板
　　或预制踏板，角钢支撑。

7　注：钢下竖板踏板，加大
　　理石，角钢支撑。

8　注：挤压成型铝踏板。

9　注：槽钢踏板填混凝土。

10　注：钢下竖板踏板及竖
　　板型材加预制板。

11　注：钢或铝合金成
　　型踏板及竖板。

1　木踏步板

2　木踏步板

3　木踏步板

4　木踏步板

木踏步板与斜梁连接

木踏步板与斜梁连接

楼梯

213

实木、钢板、地毯踏步楼梯

1%
≥300
15
40
150~180

防滑槽
水泥砂浆勾缝
木踏板
木砖
锚固螺栓
现浇钢筋混凝土架空楼梯

木踏面楼梯（一）

50厚硬木踏面板以螺钉固定于预制混凝土踏级上
毡垫条
灰浆嵌缝
25厚硬木踢板以螺钉固定于预制混凝土踏级上

木踏面楼梯（二）

踏面板固定于钢筋混凝土梁上
50×6金属纱条
膨胀螺栓
≥300
150~180
螺帽固定于立柱上

木踏面楼梯（三）

≥300
150~180
橡皮踏面
硬木踏面板
沥青毡
金属突边填以防滑塑料

木踏面楼梯（四）

扶手栏杆钢筋
75 75
踏步高
50
帽饰
扁钢
明露斜梁

钢踏步板楼梯（一）

300 50
50
螺栓焊接于扁钢
防滑条
预制混凝土踏板
100 150 100
面砖饰面
扁钢
明露斜梁

钢踏步板楼梯（二）

踏板
竖板
防滑嵌条
砂浆垫层
钢板
石材竖板锚固在楼梯梁上

钢踏步板楼梯（三）

踏板
竖板
20厚石材
粘结砂浆
砂浆垫层
钢板网
（与钢板焊接）
钢板

钢踏步板楼梯（四）

踏板
竖板
防滑嵌条
砂浆垫层
楼梯梁

① 预制板面层

踏板宽
竖板

② 石材面层

踏板宽
竖板
用环氧树脂胶粘贴
1:2水泥砂浆

③ 石材面层

锚栓角钢
防滑条
卡板
地毯
毛毡
15
35

④ 地毯面层

石材收边
地毯
毛毡
基层砂浆
焊接
6~10
2.5
35 25

⑤ 地毯面层

楼梯

楼面地毯
倒刺条上的倒刺钉
φ20钛金或不锈钢压棍
倒刺条
地毯
地毯弹性胶垫
楼梯踏步

⑥ 地毯面层

地毯
毛毡
20
基层砂浆
卡条

⑦ 地毯面层

收口条上的倒刺钉
楼面地毯
钛金或不锈钢收口刺猬条
φ20钛金或不锈钢压棍
楼梯地毯
地毯弹性胶垫

⑧ 地毯面层

地毯
毛毡
38
26
18
防滑条
基层砂浆
地毯

⑨ 地毯面层

地毯粘贴
地胶垫
砂浆结合层
楼梯踏步防滑条
结构楼梯
φ6甲型塑料膨胀管配φ4木螺钉

⑩ 地毯面层

1%
1.5～3厚塑料(橡胶板)面层
20厚1:2.5水泥砂浆,压实抹光
素水泥浆一道（内掺建筑胶）
现浇钢筋混凝土架空楼梯

⑪ 橡胶板面层

楼
梯

1%
h厚陶瓷锦砖(马赛克)干水泥擦缝
20厚1:2.5水泥砂浆,压实抹光
素水泥浆一道（内掺建筑胶）
现浇钢筋混凝土架空楼梯

⑫ 陶瓷锦砖面层

7厚铸铁防滑条
60
60

Ⓐ

成品陶瓷梯沿砖
65
11

Ⓑ

成品尼龙防滑条
地砖

Ⓒ

防滑梯级钢砖(成品)
75
10

Ⓓ

铝合金或铜防滑包角
50
50

Ⓔ

螺钉固定
地毯
成品黄铜防滑条

Ⓕ

成品倒刺板
成品黄铜防滑条
地毯
铜钉

Ⓖ

1:1水泥金刚砂
10 20 10 30

Ⓗ

1:1水泥金刚砂
20 30

Ⓙ

铸铁防滑条
塑料膨胀管
20 30

Ⓚ

铝合金或铜防滑包角
塑料膨胀管
50
20

Ⓛ

硬橡胶条
20 30

Ⓜ

混凝土基层踏步

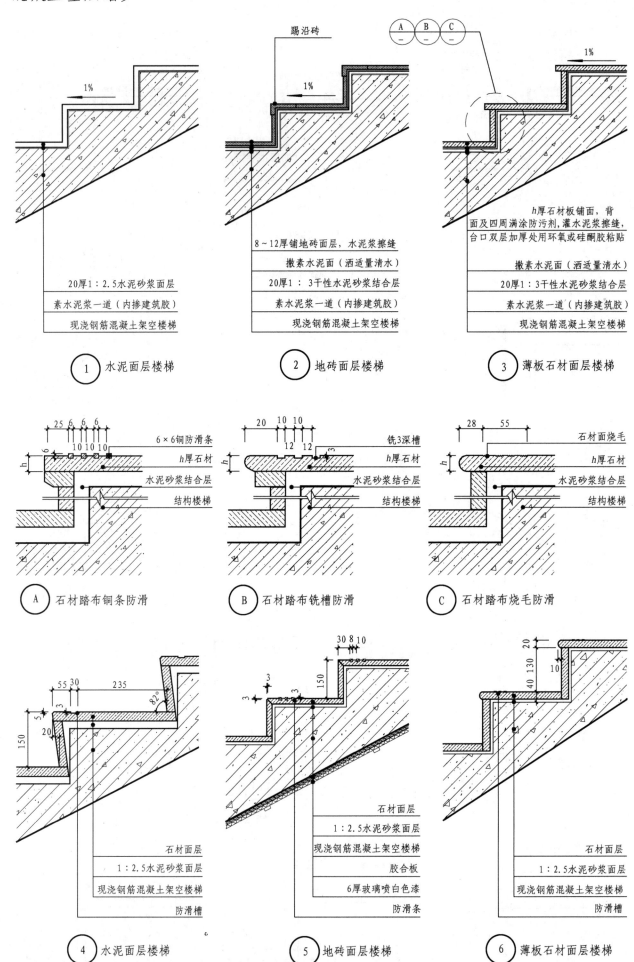

1 水泥面层楼梯

踢沿砖

8～12厚铺地砖面层，水泥浆擦缝
撒素水泥面（洒适量清水）
20厚1：3干性水泥砂浆结合层
素水泥浆一道（内掺建筑胶）
现浇钢筋混凝土架空楼梯

2 地砖面层楼梯

h厚石材板铺面，背面及四周满涂防污剂，灌水泥浆擦缝，台口双层加厚处用环氧或硅酮胶粘贴
撒素水泥面（洒适量清水）
20厚1：3干性水泥砂浆结合层
素水泥浆一道（内掺建筑胶）
现浇钢筋混凝土架空楼梯

3 薄板石材面层楼梯

楼梯

6×6铜防滑条
h厚石材
水泥砂浆结合层
结构楼梯

A 石材踏布铜条防滑

铣3深槽
h厚石材
水泥砂浆结合层
结构楼梯

B 石材踏布铣槽防滑

石材面烧毛
h厚石材
水泥砂浆结合层
结构楼梯

C 石材踏布烧毛防滑

石材面层
1：2.5水泥砂浆面层
现浇钢筋混凝土架空楼梯
防滑槽

4 水泥面层楼梯

石材面层
1：2.5水泥砂浆面层
现浇钢筋混凝土架空楼梯
胶合板
6厚玻璃喷白色漆
防滑条

5 地砖面层楼梯

石材面层
1：2.5水泥砂浆面层
现浇钢筋混凝土架空楼梯
防滑槽

6 薄板石材面层楼梯

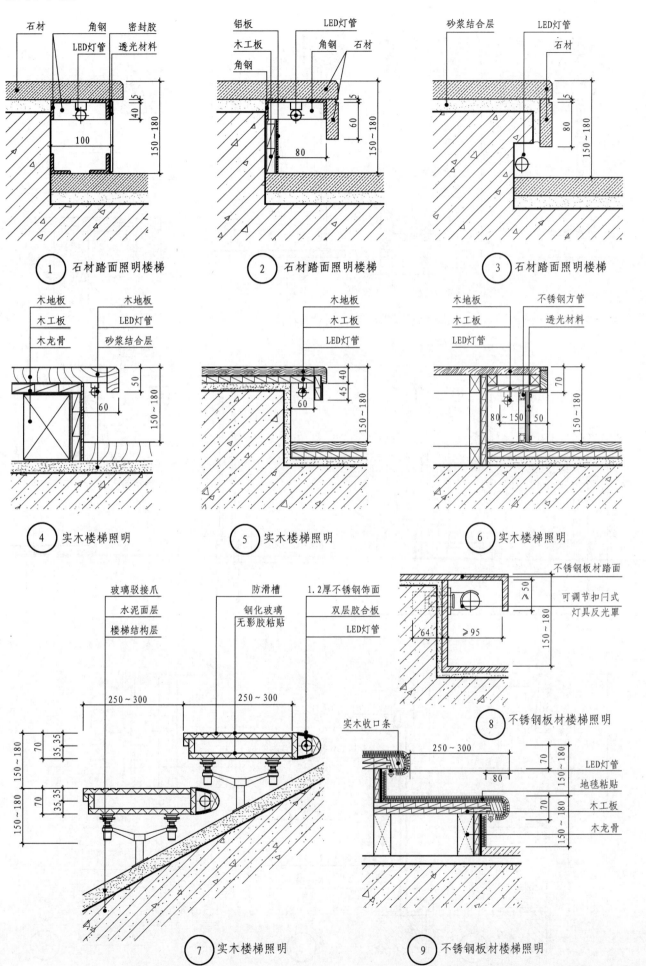

① 石材踏面照明楼梯

② 石材踏面照明楼梯

③ 石材踏面照明楼梯

④ 实木楼梯照明

⑤ 实木楼梯照明

⑥ 实木楼梯照明

⑦ 实木楼梯照明

⑧ 不锈钢板材楼梯照明

⑨ 不锈钢板材楼梯照明

楼梯

踏步与立杆的连接

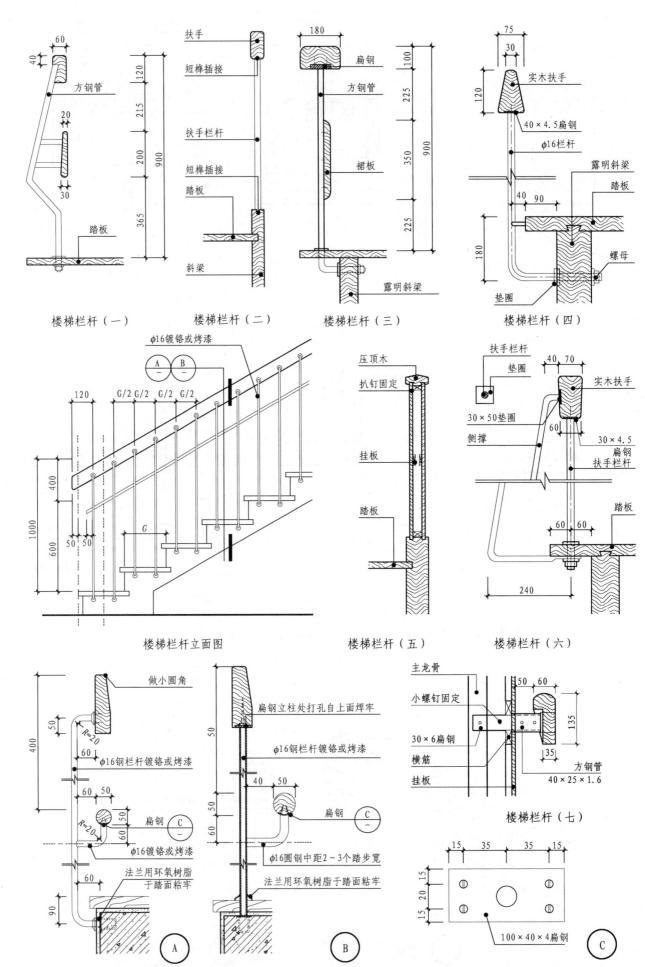

楼梯栏杆（一）

方钢管
踏板
60
40
120
215
200
30
365
900

楼梯栏杆（二）

扶手
短榫插接
扶手栏杆
短榫插接
踏板
斜梁

楼梯栏杆（三）

扁钢
方钢管
裙板
露明斜梁
180
100
225
350
225
900

楼梯栏杆（四）

实木扶手
40×4.5扁钢
φ16栏杆
露明斜梁
踏板
螺母
垫圈
75
30
120
40 90
180

楼梯

楼梯栏杆立面图

φ16镀铬或烤漆
A／ B／
120
G/2 G/2 G/2 G/2
400
1000
600
50 50
G

楼梯栏杆（五）

压顶木
扒钉固定
挂板
踏板

楼梯栏杆（六）

扶手栏杆
垫圈
实木扶手
30×50垫圈
侧撑
30×4.5扁钢扶手栏杆
踏板
40 70
60
60 60
240

楼梯栏杆（七）

主龙骨
小螺钉固定
30×6扁钢
横筋
挂板
方钢管 40×25×1.6
50 60
135
35

做小圆角
φ16钢栏杆镀铬或烤漆
扁钢 C／
φ16镀铬或烤漆
法兰用环氧树脂于踏面粘牢
50
400
60
60 50
50
60
60
90
R=20
R=20
A

扁钢立柱处打孔自上面焊牢
φ16钢栏杆镀铬或烤漆
扁钢 C／
φ16圆钢中距2～3个踏步宽
法兰用环氧树脂于踏面粘牢
50
50
60
40 50
B

15 35 35 15
15
20
15
100×40×4扁钢
C

栏板节点及构件

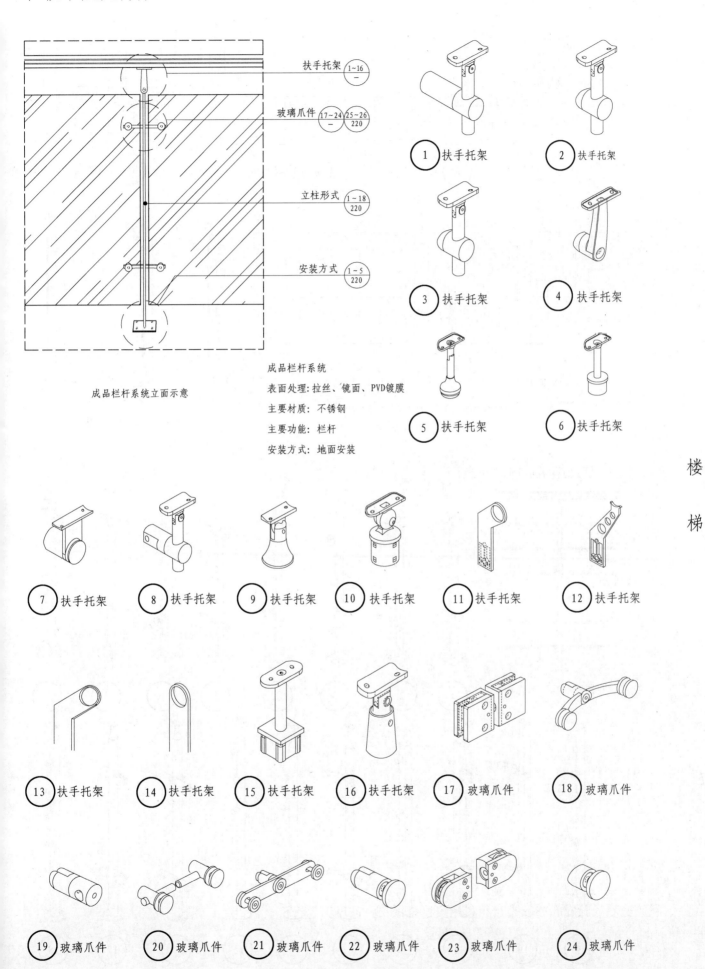

成品栏杆系统立面示意

扶手托架 （1~16）（—）

玻璃爪件 （17~24）（25~26）（—）（220）

立柱形式 （1~18）（220）

安装方式 （1~5）（220）

成品栏杆系统
表面处理：拉丝、镜面、PVD镀膜
主要材质：不锈钢
主要功能：栏杆
安装方式：地面安装

① 扶手托架　② 扶手托架

③ 扶手托架　④ 扶手托架

⑤ 扶手托架　⑥ 扶手托架

⑦ 扶手托架　⑧ 扶手托架　⑨ 扶手托架　⑩ 扶手托架　⑪ 扶手托架　⑫ 扶手托架

⑬ 扶手托架　⑭ 扶手托架　⑮ 扶手托架　⑯ 扶手托架　⑰ 玻璃爪件　⑱ 玻璃爪件

⑲ 玻璃爪件　⑳ 玻璃爪件　㉑ 玻璃爪件　㉒ 玻璃爪件　㉓ 玻璃爪件　㉔ 玻璃爪件

楼

梯

栏杆及构件

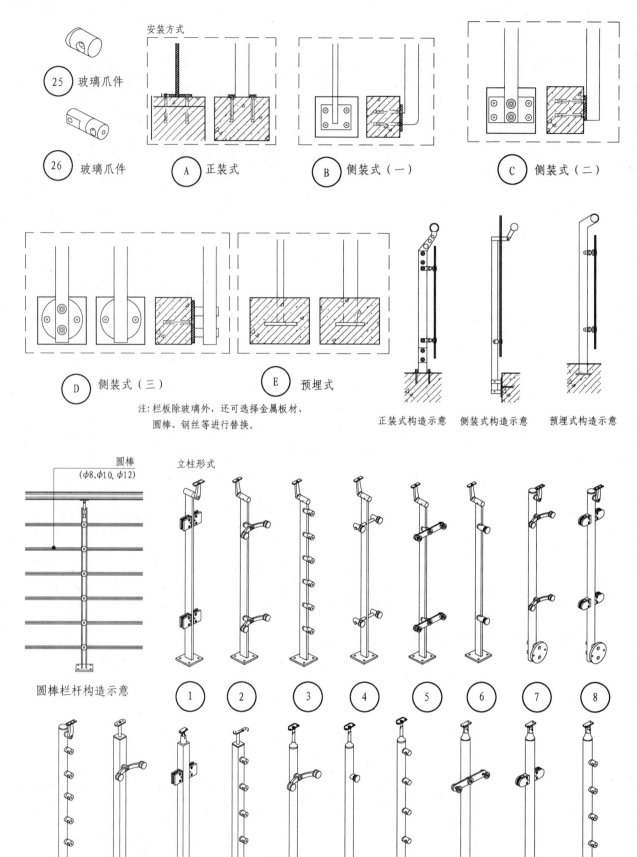

25 玻璃爪件

26 玻璃爪件

安装方式

A 正装式

B 侧装式（一）

C 侧装式（二）

D 侧装式（三）

E 预埋式

注：栏板除玻璃外，还可选择金属板材、
　　圆棒、钢丝等进行替换。

正装式构造示意　　　侧装式构造示意　　　预埋式构造示意

楼

梯

圆棒
（φ8、φ10、φ12）

立柱形式

圆棒栏杆构造示意

1　2　3　4　5　6　7　8

9　10　11　12　13　14　15　16　17　18

栏杆及构件

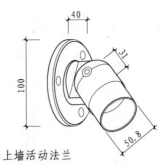

活动扶手弯头
主要功能：扶手管灵活角度接驳连接
安装方式：扶手管之间胶水粘结安装

管子封口盖
主要功能：扶手管封口
安装方式：圆管扶手上简易安装
φ：38.1、42.4、50.8

管子封口盖
主要功能：扶手管封口
安装方式：圆管扶手上简易安装
φ：38.1、42.4、50.8

上墙活动法兰
主要功能：扶手与墙灵活角度固定连接
安装方式：墙上安装

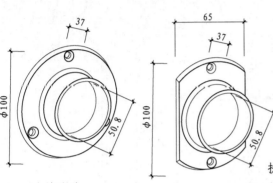

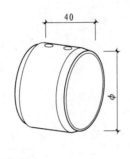

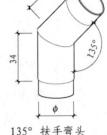

上墙法兰
主要功能：扶手管与墙90°固定连接
安装方式：墙上安装

扶手接驳头
主要功能：扶手管180°接驳连接
安装方式：扶手管之间内角螺丝拧紧安装
φ：38.1、42.4、50.8

135°扶手弯头
主要功能：扶手管135°接驳连接
安装方式：扶手管之间胶水粘结安装
φ：38.1、42.4、50.8

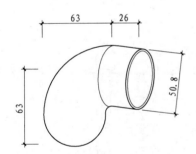

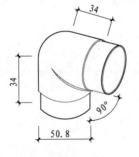

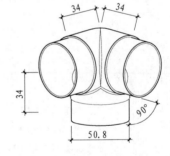

弯头管子封头
主要功能：扶手管封口
安装方式：圆管扶手胶水粘结安装

90°扶手弯头
主要功能：扶手管90°接驳连接
安装方式：扶手管之间胶水粘结安装

90°扶手弯头
主要功能：扶手管90°接驳连接
安装方式：扶手管之间胶水粘结安装

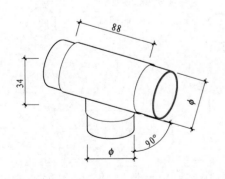

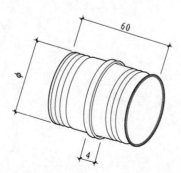

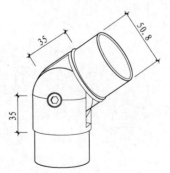

180°扶手三通弯头
主要功能：扶手管180°三通接驳连接
安装方式：扶手管之间胶水粘结安装

180°扶手接驳头
主要功能：扶手管180°接驳连接
安装方式：扶手管之间胶水粘结安装
φ：38.1、42.4、50.8

活动扶手弯头
主要功能：扶手管灵活角度接驳连接
安装方式：扶手管之间胶水粘结安装

楼梯

栏杆及构件

栏杆标准安装尺寸
H: 840、960、1050

A

栏杆标准安装尺寸
H: 840、960、1050

B

表面处理: 拉丝/镜面
主要材质: 不锈钢
主要功能: 圆棒与栏杆
固定连接
安装方式: 膨胀螺栓地
面安装

栏杆标准安装尺寸
H: 840、960

C

栏杆标准安装尺寸
H: 840、960

D

表面处理: 拉丝/镜面
主要材质: 不锈钢/木材
主要功能: 圆棒与栏杆固
定连接
安装方式: 膨胀螺栓地面
安装

楼
梯

E

F

G

H

栏杆标准安装尺寸
H: 840、960

栏杆标准安装尺寸
H: 840、960

J

栏杆标准安装尺寸:
H: 840、960

K

表面处理: 拉丝/镜面
主要材质: 不锈钢/木材
主要功能: 圆棒与栏杆
固定连接
安装方式: 膨胀螺栓地
面安装

主要功能: 扶手与墙灵活角度固定
连接, 可调节扶手高度
安装方式: 墙上安装
φ: 42.4/50.8

1

主要功能: 扶手与墙灵活角度固定
连接, 可调节扶手高度
安装方式: 墙上安装
φ: 42.4/50.8

2

主要功能: 扶手与墙灵活角度固定
连接, 可调节扶手高度
安装方式: 墙上安装
φ: 42.4/50.8

3

主要功能: 扶手与墙灵活角度固定
连接, 可调节扶手高度
安装方式: 墙上安装
φ: 42.4/50.8

4

主要功能: 扶手与墙灵活
角度固定连接
安装方式: 墙上安装
φ: 42.4/50.8

5

主要功能: 扶手与墙灵活
角度固定连接
安装方式: 墙上安装
φ: 42.4/50.8

6

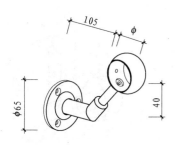

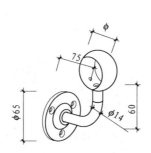

主要功能:扶手与墙
135°固定连接
安装方式:墙上安装
⑦
φ:42.4

主要功能:扶手与墙
固定连接
安装方式:墙上安装
⑧
φ:42.4

主要功能:扶手与栏杆
固定连接
安装方式:圆管栏杆上
胶水粘结安装
⑨
φ:42.4/50.8
D:42.4/50.8

主要功能:扶手与栏杆灵活
角度固定连接
安装方式:圆管栏杆上
胶水粘结安装
⑩
φ:42.4/50.8
D:42.4/50.8

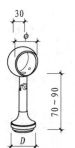

⑪

⑫

主要功能:
扶手与栏杆90°
转角固定连接
安装方式:
圆管栏杆上胶
水粘结安装
φ:42.4
D:42.4

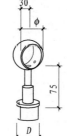

主要功能:扶手与栏杆
135°固定连接
安装方式:圆管栏杆上
胶水粘结安装
φ:42.4
D:42.4

⑬ 扶手托架

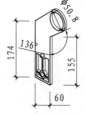

主要功能:扶手与栏杆135°
固定连接
安装方式:圆管栏杆上胶
水粘结安装
φ:42.4
D:42.4

⑭ 扶手托架

扶手托架/片说明:
1.表面处理:拉丝/镜面;
2.主要材质:不锈钢。

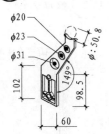

主要功能:
扶手与栏杆灵活
角度固定连接,
可调节高度
安装方式:
圆管栏杆上
胶水粘结安装
φ:42.4
D:42.4

⑮ 扶手托架

圆环扶手托架安装示意

主要功能:扶手与栏杆
固定连接
安装方式:双片钢板栏
杆上内六角
螺丝拧紧安装

⑯ 扶手片

主要功能:扶手与栏杆
135°固定连接
安装方式:双片钢板栏
杆上内六角
螺丝拧紧安装

⑰ 扶手片

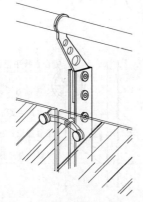

主要功能:扶手与栏杆固定连接
安装方式:双片钢板栏杆上内六
角螺丝拧紧安装

⑱ 扶手片

扶手片安装示意

主要功能:扶手与栏杆
固定连接
安装方式:双片钢板栏
杆上内六角螺丝拧紧安装
φ:50.8

⑲ 活动扶手托架

扶手托架/片说明:
1.表面处理:拉丝/镜面;
2.主要材质:不锈钢。

主要功能:扶手与栏杆
固定连接
安装方式:双片钢板栏
杆上内六角螺丝拧紧安装
φ:50.8

⑳ 活动扶手托架

楼梯

楼

梯

不锈钢扶手

A B C

8厚安全玻璃

玻璃连接件

D

全玻璃栏杆（一）

不锈钢扶手

8厚安全玻璃

全玻璃栏杆1-1剖面

70

φ14

φ50

60

主要功能：扶手与玻璃固定连接
安装方式：安装玻璃上

A 全玻璃栏杆扶手托（一）

75

10~15

φ14

φ50

φ20

30~80

主要功能：扶手与玻璃固定连接可调节扶手高度
安装方式：安装玻璃上

B 全玻璃栏杆扶手托（二）

170

30

70

主要功能：扶手与玻璃固定连接可调节扶手高度
安装方式：安装玻璃上

C 全玻璃栏杆扶手托（三）

M10膨胀螺栓

φ37.5

8~12

20 9

主要功能：扶手与双边玻璃固定连接
安装方式：安装玻璃上

D 全玻璃栏杆玻璃夹

8厚安全玻璃

2

2

E F

全玻璃栏杆（二）立面

14

115

165

主要功能：玻璃与地面固定连接
安装方式：地面安装

E 玻璃支撑座（一）

20

130

215

主要功能：玻璃与地面固定连接
安装方式：地面安装

F 玻璃支撑座（二）

25

成品铝型材支架

扶手面板

150

乙烯软垫

金属膨胀螺栓

1 靠墙扶手

68

25 30 13

3厚不锈钢

实木

金属膨胀螺栓
M8×90

180

45×110木砖
间距600

泡沫塑料
外包人造革

原有砖墙

2 靠墙扶手

89

44.5 44.5

3~4

成品铝型材支架

铝合金扶手型材

金属膨胀螺栓
M8×90

140

乙烯软垫

金属支座中距600

3 靠墙扶手

38

铝合金扶手型材

成品
铝型材支架

金属支座中距600

金属膨胀螺栓

原建筑墙体

60

4 靠墙扶手

50

铝合金扶手型材

成品
铝型材支架

金属支座中距600

金属膨胀螺栓

原建筑墙体

60

5 靠墙扶手

8厚安全玻璃

全玻璃栏杆2-2剖面

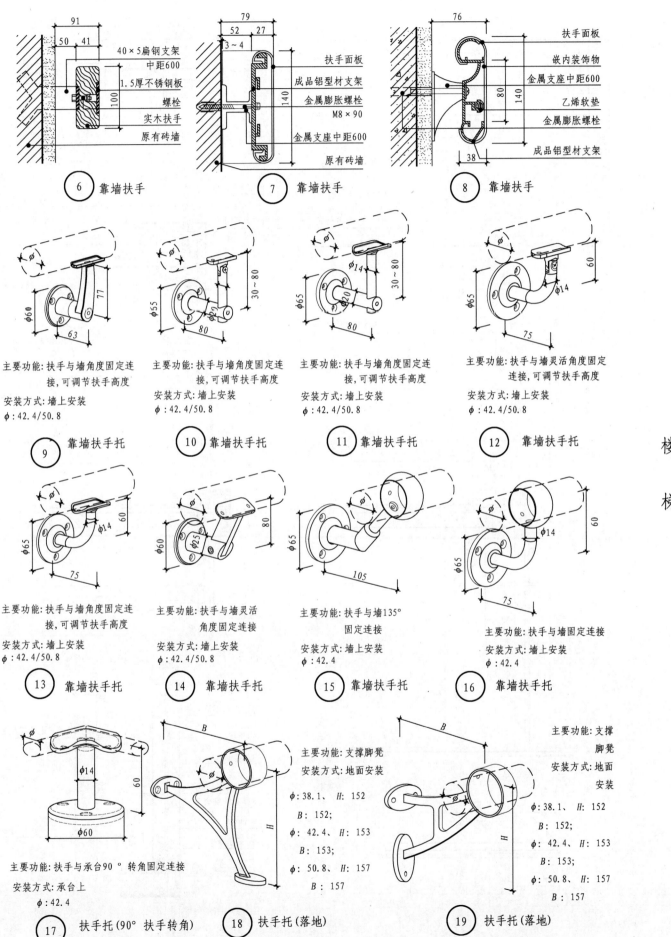

91
50 41
40×5扁钢支架
中距600
1.5厚不锈钢板
螺栓
实木扶手
原有砖墙
100

⑥ 靠墙扶手

79
52 27
3~4
扶手面板
成品铝型材支架
金属膨胀螺栓
M8×90
金属支座中距600
原有砖墙
140

⑦ 靠墙扶手

76
扶手面板
嵌内装饰物
金属支座中距600
乙烯软垫
金属膨胀螺栓
成品铝型材支架
80 140
38

⑧ 靠墙扶手

楼
梯

φ60 63 77

主要功能:扶手与墙角度固定连
接,可调节扶手高度

安装方式:墙上安装

φ:42.4/50.8

⑨ 靠墙扶手托

φ55 80 φ14 30~80

主要功能:扶手与墙角度固定连
接,可调节扶手高度

安装方式:墙上安装

φ:42.4/50.8

⑩ 靠墙扶手托

φ65 80 φ14 30~80

主要功能:扶手与墙角度固定连
接,可调节扶手高度

安装方式:墙上安装

φ:42.4/50.8

⑪ 靠墙扶手托

φ65 75 φ14 60

主要功能:扶手与墙灵活角度固定
连接,可调节扶手高度

安装方式:墙上安装

φ:42.4/50.8

⑫ 靠墙扶手托

φ65 75 φ14 60

主要功能:扶手与墙角度固定连
接,可调节扶手高度

安装方式:墙上安装

φ:42.4/50.8

⑬ 靠墙扶手托

φ60 φ25 80

主要功能:扶手与墙灵活
角度固定连接

安装方式:墙上安装

φ:42.4/50.8

⑭ 靠墙扶手托

φ65 105

主要功能:扶手与墙135°
固定连接

安装方式:墙上安装

φ:42.4

⑮ 靠墙扶手托

φ65 75 φ14 60

主要功能:扶手与墙固定连接

安装方式:墙上安装

φ:42.4

⑯ 靠墙扶手托

φ φ14 60 φ60

主要功能:扶手与承台90°转角固定连接

安装方式:承台上

φ:42.4

⑰ 扶手托(90°扶手转角)

B φ H

主要功能:支撑脚凳

安装方式:地面安装

φ:38.1、 H:152
B:152;
φ:42.4、 H:153
B:153;
φ:50.8、 H:157
B:157

⑱ 扶手托(落地)

B φ H

主要功能:支撑
脚凳

安装方式:地面
安装

φ:38.1、 H:152
B:152;
φ:42.4、 H:153
B:153;
φ:50.8、 H:157
B:157

⑲ 扶手托(落地)

踏步侧面收口

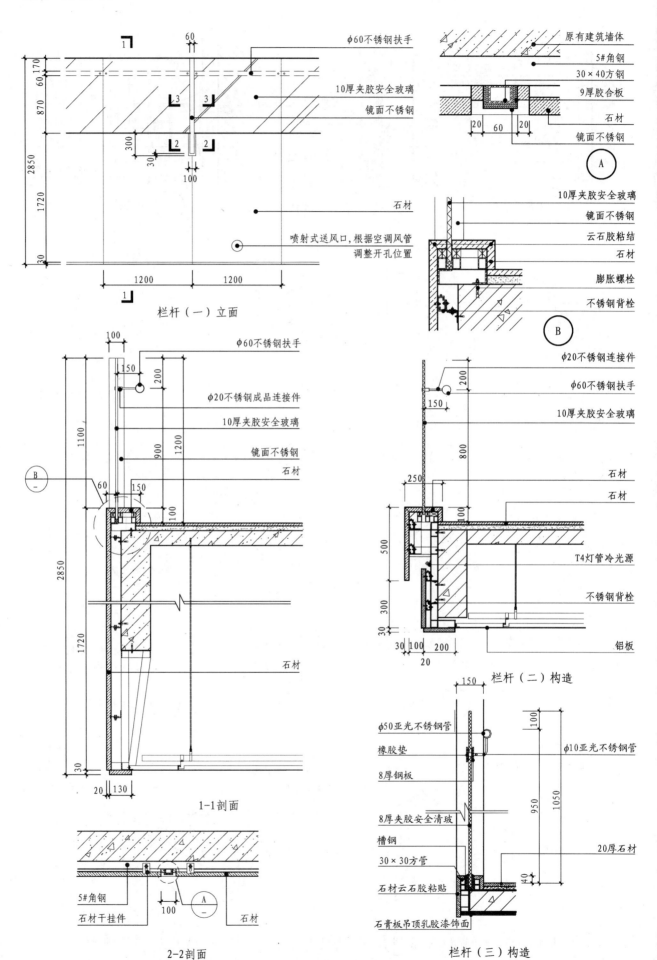

楼
梯

栏杆（一）立面

φ60不锈钢扶手
10厚夹胶安全玻璃
镜面不锈钢
石材
喷射式送风口，根据空调风管调整开孔位置

原有建筑墙体
5#角钢
30×40方钢
9厚胶合板
石材
镜面不锈钢

Ⓐ

10厚夹胶安全玻璃
镜面不锈钢
云石胶粘结
石材
膨胀螺栓
不锈钢背栓

Ⓑ

φ60不锈钢扶手
φ20不锈钢成品连接件
10厚夹胶安全玻璃
镜面不锈钢
石材

石材

1-1剖面

5#角钢
石材干挂件
石材

2-2剖面

φ20不锈钢连接件
φ60不锈钢扶手
10厚夹胶安全玻璃
石材
石材
T4灯管冷光源
不锈钢背栓
铝板

栏杆（二）构造

φ50亚光不锈钢管
橡胶垫
8厚钢板
8厚夹胶安全清玻
槽钢
30×30方管
石材云石胶粘贴
石膏板吊顶乳胶漆饰面
φ10亚光不锈钢管
20厚石材

栏杆（三）构造

226

踏步侧面收口

1.0厚镜面不锈钢
12厚夹胶安全玻璃
φ50不锈钢管
不锈钢扶手片
φ32金色圆钢
地毯
定制不锈钢罩
10厚基层地毡
不锈钢
φ10膨胀螺栓
橡皮垫

① 楼梯栏杆构造图

集成材料
5厚青铜镜
φ25不锈钢栏杆
φ9不锈钢圆钢
5厚难燃胶合板
M10膨胀螺栓
U形槽钢
9×65扁钢镀铬

② 楼梯栏杆构造图

60×60实木
硬木栏杆
地砖
石材

③ 楼梯栏杆构造图

实木扶手清漆
沉头螺钉
扁铁防锈漆
25×25方管油黑
扁铁油黑
1.2厚拉丝不锈钢
18厚木工板基层
9.5厚纸面石膏板
乳胶漆饰面
20厚石材
10厚地砖

④ 楼梯栏杆构造图

φ16×1.5不锈钢管表面抛光
φ19不锈钢管实心表面抛光
16×38不锈钢（扁圆）
30×80石板压条

⑤ 楼梯栏杆构造图

实木扶手
沉头螺钉
φ6不锈钢管
25×25不锈钢管
螺栓固定

⑥ 楼梯栏杆构造图

楼梯

227

踏步侧面收口

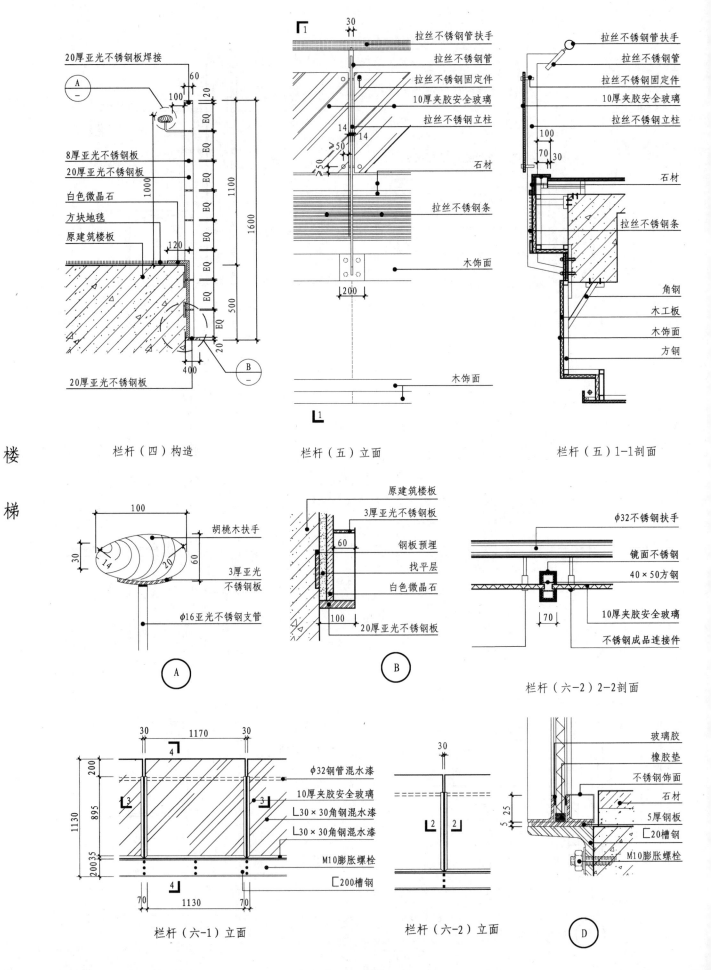

栏杆（四）构造

20厚亚光不锈钢板焊接
A —
60
100
120
8厚亚光不锈钢板
20厚亚光不锈钢板
白色微晶石
方块地毯
原建筑楼板
20厚亚光不锈钢板
B —
EQ EQ EQ EQ EQ EQ EQ EQ EQ EQ
1000 1100 1600 500
20 20
400

栏杆（五）立面

30
1
拉丝不锈钢管扶手
拉丝不锈钢管
拉丝不锈钢固定件
10厚夹胶安全玻璃
拉丝不锈钢立柱
14 14
≥50 ≥50
石材
拉丝不锈钢条
木饰面
200
木饰面
1

栏杆（五）1-1剖面

拉丝不锈钢管扶手
拉丝不锈钢管
拉丝不锈钢固定件
10厚夹胶安全玻璃
拉丝不锈钢立柱
100 70 30
石材
拉丝不锈钢条
角钢
木工板
木饰面
方钢

楼

梯

A

100
30
14 20 60
胡桃木扶手
3厚亚光不锈钢板
φ16亚光不锈钢支管

B

原建筑楼板
3厚亚光不锈钢板
钢板预埋
找平层
白色微晶石
60
100
20厚亚光不锈钢板

栏杆（六-2）2-2剖面

φ32不锈钢扶手
镜面不锈钢
40×50方钢
10厚夹胶安全玻璃
70
不锈钢成品连接件

栏杆（六-1）立面

30 1170 30
200 1130 895 20 35
3 3 4 4
φ32钢管混水漆
10厚夹胶安全玻璃
∟30×30角钢混水漆
∟30×30角钢混水漆
M10膨胀螺栓
﹄200槽钢
70 1130 70

栏杆（六-2）立面

30
2 2

D

玻璃胶
橡胶垫
不锈钢饰面
石材
5厚钢板
﹄20槽钢
M10膨胀螺栓
5 25

10厚安全玻璃
φ32钢管混水漆
5厚钢板混水漆
L30×30角钢混水漆
L50×32角钢混水漆
花岗岩石材
M10膨胀螺栓
□20槽钢

栏杆（六-1）4-4剖面

L50×32角钢混水漆
5厚钢板混水漆
L30×30角钢混水漆
10厚夹胶安全玻璃
L30×30角钢混水漆
φ32钢管混水漆

栏杆（六-1）3-3剖面

L50×32角钢混水漆
玻璃胶
橡胶条
L30×30角钢混水漆
10厚夹胶安全玻璃
焊接
5厚钢板混水漆

硬木扶手
8厚安全玻璃

10厚地毯
10厚基层地毡
20厚镜面石材
楼梯金属边梁
轻钢骨吊顶
9.5厚石膏板

栏杆（七）5-5剖面

C 玻璃栏杆扶手构造图

50×60不锈钢方管
50×60不锈钢立柱

8厚安全玻璃
20厚镜面石材
楼梯踏面10厚地毯

栏杆（七）6-6剖面

栏杆（七）立面

楼梯

栏杆（八）立面

不锈钢螺钉
10厚钢板
成品连接件
φ20不锈钢管
不锈钢螺栓

E 不锈钢栏杆扶手构造图

229

不锈钢栏杆、扶手及栏杆照明

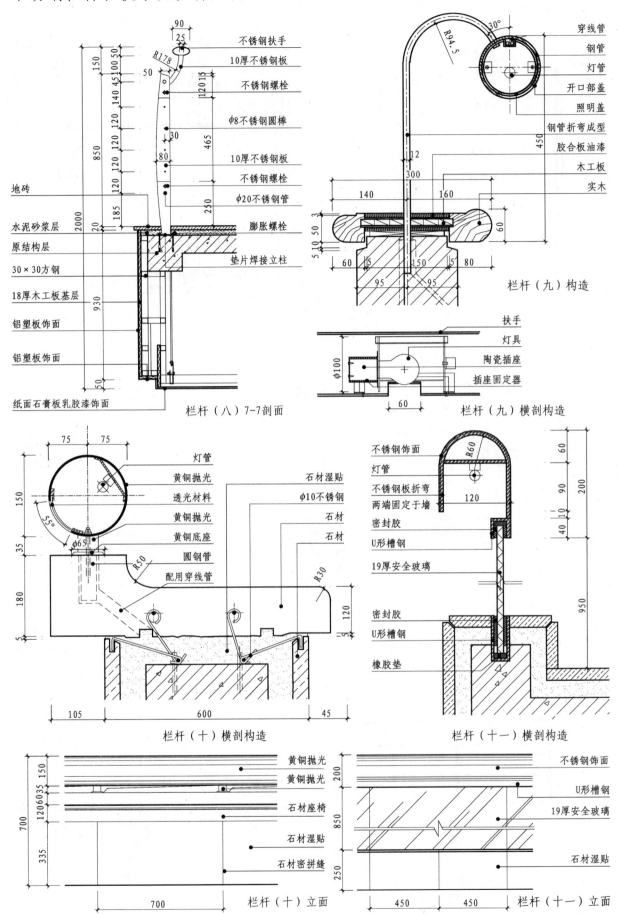

楼梯

不锈钢扶手
10厚不锈钢板
不锈钢螺栓
φ8不锈钢圆棒
10厚不锈钢板
不锈钢螺栓
φ20不锈钢管
膨胀螺栓
垫片焊接立柱

地砖
水泥砂浆层
原结构层
30×30方钢
18厚木工板基层
铝塑板饰面
铝塑板饰面
纸面石膏板乳胶漆饰面

栏杆（八）7-7剖面

穿线管
钢管
灯管
开口部盖
照明盖
钢管折弯成型
胶合板油漆
木工板
实木

栏杆（九）构造

扶手
灯具
陶瓷插座
插座固定器

栏杆（九）横剖构造

灯管
黄铜抛光
透光材料
黄铜抛光
黄铜底座
圆钢管
配用穿线管

石材湿贴
φ10不锈钢
石材
石材

栏杆（十）横剖构造

不锈钢饰面
灯管
不锈钢板折弯
两端固定于墙
密封胶
U形槽钢
19厚安全玻璃
密封胶
U形槽钢
橡胶垫

栏杆（十一）横剖构造

黄铜抛光
黄铜抛光
石材座椅
石材湿贴
石材密拼缝

栏杆（十）立面

不锈钢饰面
U形槽钢
19厚安全玻璃
石材湿贴

栏杆（十一）立面

第六章　隔断的装饰装修构造

隔断是室内空间中用来限定和划分空间的重要构件。隔断的种类繁多，从不同角度区分有不同的类型。按围合高度分有高隔断、低隔断和一般高度隔断；按围合的严密程度分有透明隔断、镂空隔断、封闭隔断；按隔断的材料分有木隔断、金属隔断、玻璃隔断、石材隔断、砖体隔断、板材隔断；按功能分有实用性隔断和装饰性隔断。不同类型的隔断有不同的构造形式，其中隔断的固定方式对隔断的构造形式影响最大。

按隔断固定方式分有：

1. 固定式隔断

固定式隔断的功能要求比较单一，构造也比较简单。其不受隔声、保温、防火等限制，因此它的选材、构造相对自由。

2. 活动式隔断

活动式隔断又称移动式隔断或灵活隔断。其特点为自重轻，设置较为方便灵活。为能适应其可移动的需求，它的构造比较复杂。

活动式隔断从其移动方式上看，又可以分为镶板式、拼装式、推拉式、折叠式、卷帘式、升降式、幕帘式、移动屏风式等。

（1）镶板式隔断

镶板式隔断是一种半固定式的活动隔断，可以到顶也可以不到顶，它是在地面上先设立框架，然后在框架中安装隔板，安装的隔板多为木质组合板或金属组合板。

（2）拼装式隔断

拼装式隔断就是由若干个可拆装的壁板或门扇拼装而成的隔断，这类隔断的高度一般在1.8m以上，框架采用木质材料，门扇可用木材、铝合金、塑料等制成。

（3）推拉式隔断

推拉式隔断是将隔扇用滑轮挂置在轨道上，沿轨道移动的隔断。轨道可布置在顶棚、梁或地面上，因地面轨道易损坏，所以推拉式隔断多采用上悬式滑轨。上悬式滑轨可固定在梁下，也可安装在顶棚内部，这种安装方法具有美观的效果。

（4）折叠式隔断

折叠式隔断是由若干个可以折叠的隔扇组成的，其用材有硬质和软质两种。硬质折叠式隔断的隔扇一般由木质、金属或塑料等材料制成。软质折叠式隔断的隔扇由棉麻织品、人造革、橡胶或塑料制成。折叠式隔断的隔扇之间用铰链连接，虽然推拉快速方便，但受五金件质量、施工安装等多种因素的影响，容易产生变形。因此在实践中常将相邻两扇连在一起，这样，每个隔扇上只需安装一个转向滑轮，形成推拉和折叠相结合的形式，使其灵活性大大增加（见图6-1）。

从构造上看，折叠式隔断又可分为悬吊导向式固定和支撑导向式固定两种类型。悬吊导向式固定是在地面和顶棚上安装轨道，在隔板的顶端安装滑轮，与上部轨道相连，构成上部支承点，地面上的轨道起导向和稳定的作用。如上部滑轮装在隔断顶端中央时，地面可以不设置轨道，但要对隔扇下部与地面的空隙进行相应的处理。支撑导向式固定是在隔扇的顶面安装导向杆，在隔扇底面下

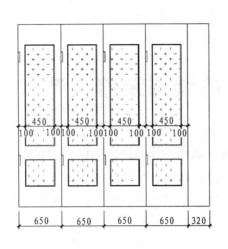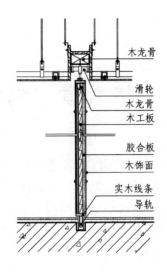

图 6-1　折叠式隔断

端安装滑轮，与地面轨道构成下部支承点，这种与悬吊导向固定相反的安装方法，省去了悬吊系统，并简化了构造，因而应用十分广泛。

（5）卷帘式隔断与幕帘式隔断

卷帘式与幕帘式隔断一般都为软隔断，即用纤维织物或软塑料薄膜制成的可折叠、可悬挂、可卷曲的隔断，这种隔断具有轻便灵活的特点，织物的多种色彩、花纹及剪裁形式使这种隔断的应用越来越广泛。幕帘式隔断的做法类似于窗帘，需要轨道、滑轮、吊杆、吊钩等配件。

有少数卷帘隔断和幕帘隔断采用竹片、金属等硬质材料，这种隔断一般采用管形轨道，不设滑轮，并将轨道托架直接固定在墙上，将吊钩的上端直接搭在轨道上滑动。

（6）移动屏风

移动屏风的种类繁多，其形式多样、造型美观。它是集功能性与装饰性为一体的室内装饰构件。一般的移动屏风在构造上无特殊要求。本章重点介绍的是收藏式活动屏风的构造形式。

双层单面轻钢龙骨石膏板隔断

2-2剖面

250 250
220
250

355 1275 630

立面

石膏板刷乳胶漆
不锈钢饰面
不锈钢压条
不锈钢饰面
石膏板刷乳胶漆
不锈钢踢脚

1040
100
1530
500
1080
4250

355 1275 630
2260

250
20~30
100

木龙骨斜撑或三角木支撑
不锈钢饰面
9厚胶合板
暗藏灯管
木龙骨
支撑卡
通贯横撑龙骨
轻钢龙骨

Ⓐ

轻钢龙骨
石膏板刷乳胶漆
不锈钢饰面
15厚胶合板

110

Ⓑ

233

轻钢龙骨
石膏板刷乳胶漆
支撑卡
通贯横撑龙骨

Ⓐ

木龙骨斜撑
暗藏灯带
木龙骨
石膏板刷乳胶漆
不锈钢压条
轻钢龙骨
石膏板刷乳胶漆
轻钢龙骨
不锈钢压条
通贯横撑龙骨
9厚胶合板基层
不锈钢饰面
9厚胶合板基层
不锈钢饰面
9厚胶合板基层
不锈钢饰面
石膏板刷乳胶漆
轻钢龙骨

Ⓑ

15厚胶合板
不锈钢饰面

1-1剖面

隔断

造型隔断

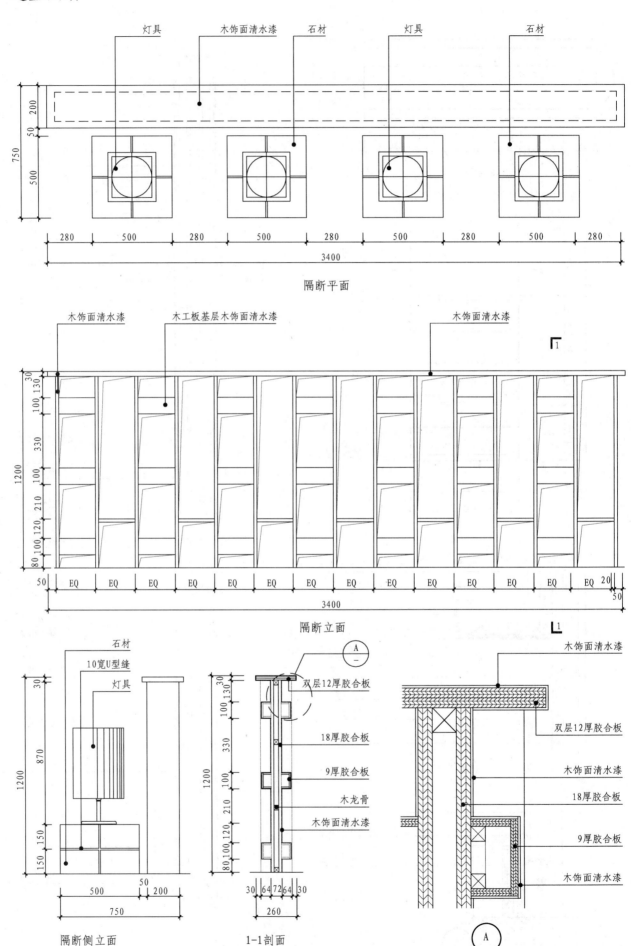

灯具　木饰面清水漆　石材　灯具　石材

隔断平面

木饰面清水漆　木工板基层木饰面清水漆　木饰面清水漆

隔断立面

隔断

石材
10宽U型缝
灯具

隔断侧立面

双层12厚胶合板
18厚胶合板
9厚胶合板
木龙骨
木饰面清水漆

1-1剖面

木饰面清水漆
双层12厚胶合板
木饰面清水漆
18厚胶合板
9厚胶合板
木饰面清水漆

A

234

造型隔断

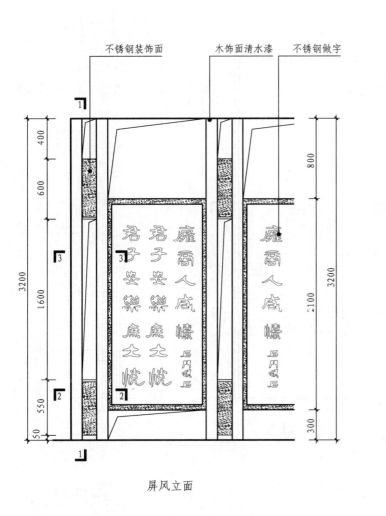

屏风立面

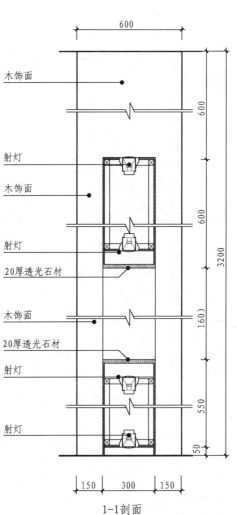

1-1剖面

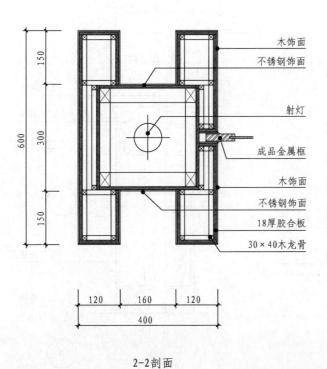

2-2剖面

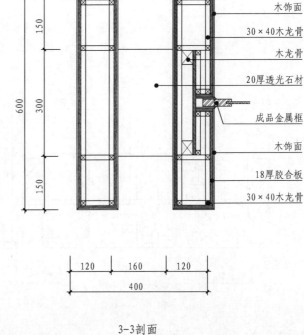

3-3剖面

235

造型隔断

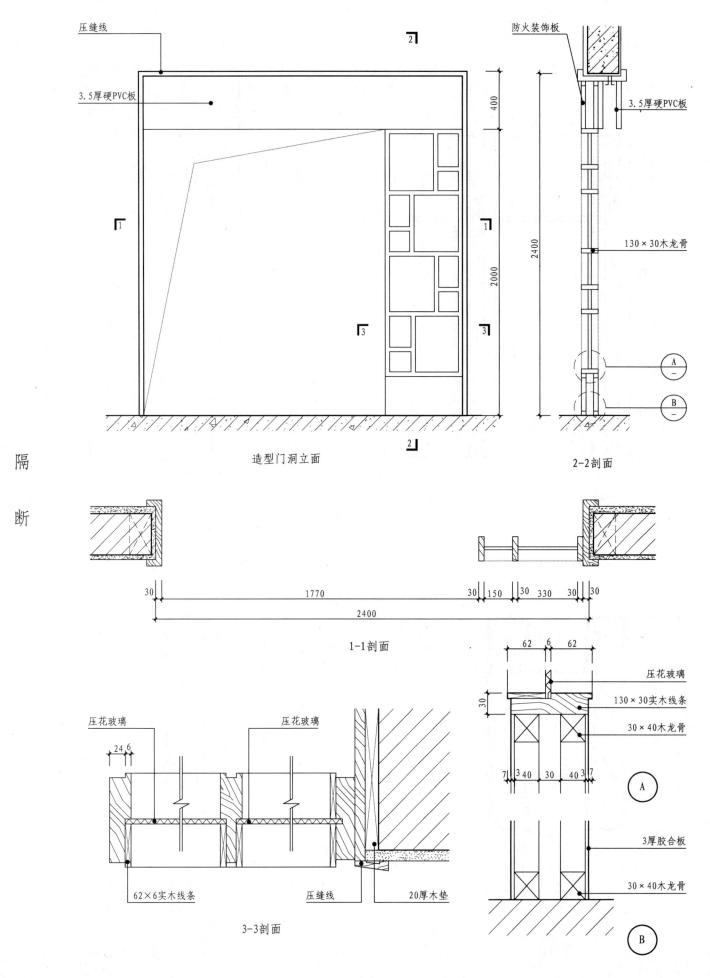

压缝线

3.5厚硬PVC板

400

2000

2

1

3

3

2

造型门洞立面

防火装饰板

3.5厚硬PVC板

2400

130×30木龙骨

A
—

B
—

2-2剖面

隔断

30   1770   30 150 30 330 30 30

2400

1-1剖面

压花玻璃

压花玻璃

24 6

62×6实木线条

压缝线

20厚木垫

3-3剖面

62   6   62

30

压花玻璃

130×30实木线条

30×40木龙骨

7 3 40   30   40 3 7

A

3厚胶合板

30×40木龙骨

B

236

造型隔断

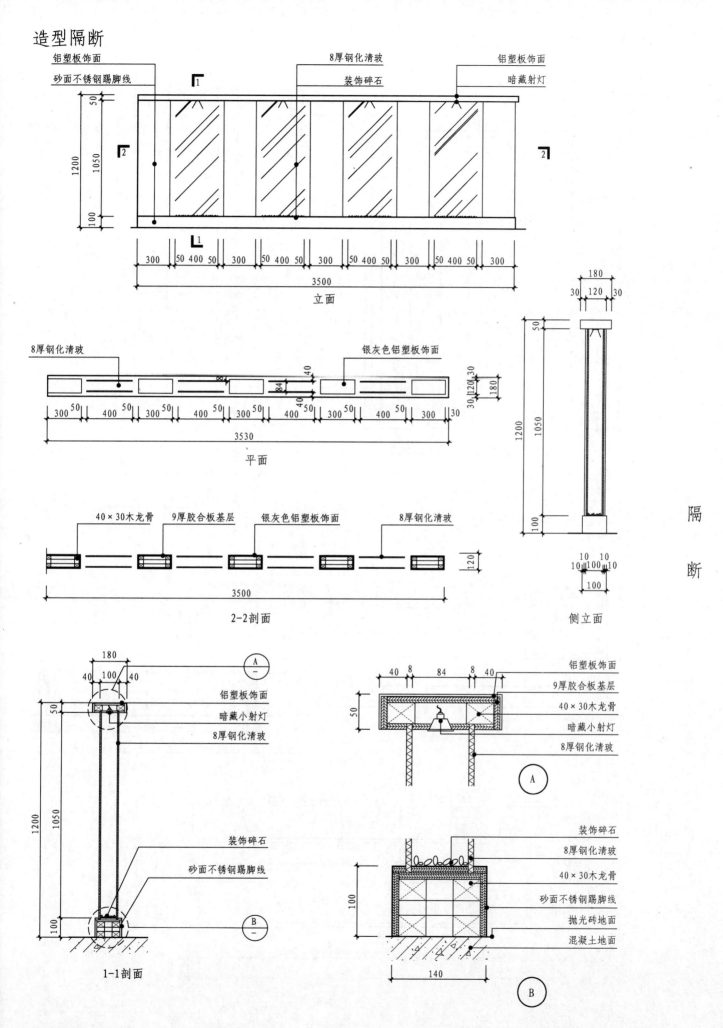

立面

铝塑板饰面
砂面不锈钢踢脚线
8厚钢化清玻
装饰碎石
铝塑板饰面
暗藏射灯

50 1050 100 1200
300 50 400 50 300 50 400 50 300 50 400 50 300 50 400 50 300
3500

平面

8厚钢化清玻
银灰色铝塑板饰面
300 50 400 50 300 50 400 50 300 50 400 50 300 50 400 50 300 30
3530

2-2剖面

40×30木龙骨
9厚胶合板基层
银灰色铝塑板饰面
8厚钢化清玻
120
3500

侧立面

180
30 120 30
50 1050 100 1200
10 10
10 100 10
100

隔断

1-1剖面

180
40 100 40
50 1050 100 1200
铝塑板饰面
暗藏小射灯
8厚钢化清玻
装饰碎石
砂面不锈钢踢脚线

A
40 8 84 8 40
50
铝塑板饰面
9厚胶合板基层
40×30木龙骨
暗藏小射灯
8厚钢化清玻

B
100
装饰碎石
8厚钢化清玻
40×30木龙骨
砂面不锈钢踢脚线
抛光砖地面
混凝土地面
140

造型隔断

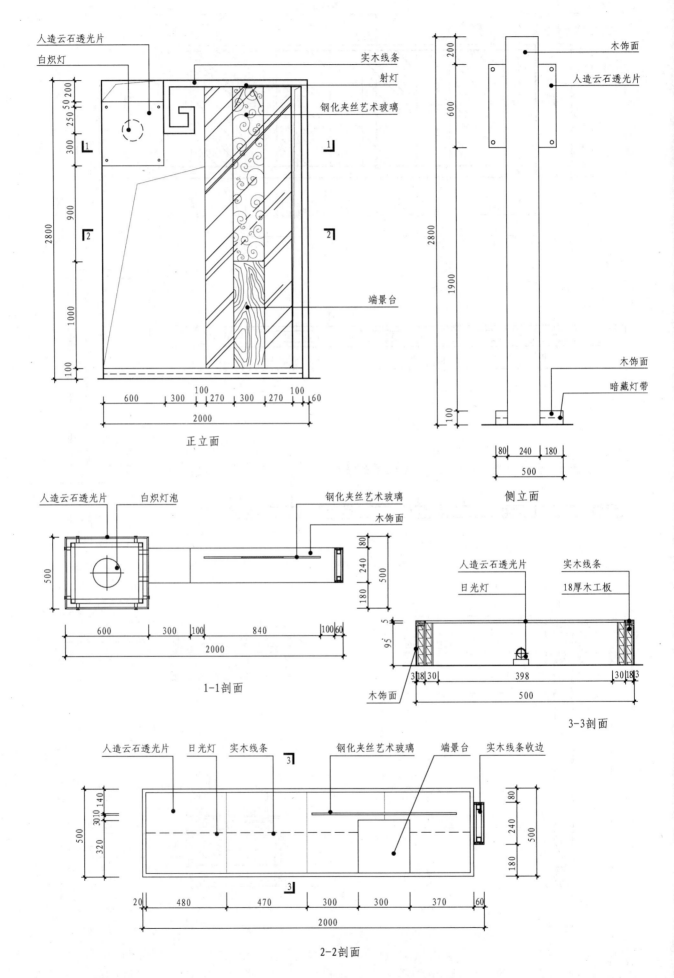

人造云石透光片
白炽灯

实木线条
射灯
钢化夹丝艺术玻璃

端景台

正立面

木饰面
人造云石透光片

木饰面
暗藏灯带

侧立面

隔
断

人造云石透光片　白炽灯泡
钢化夹丝艺术玻璃
木饰面

1-1剖面

人造云石透光片　实木线条
日光灯
18厚木工板

木饰面

3-3剖面

人造云石透光片　日光灯　实木线条
钢化夹丝艺术玻璃　端景台　实木线条收边

2-2剖面

238

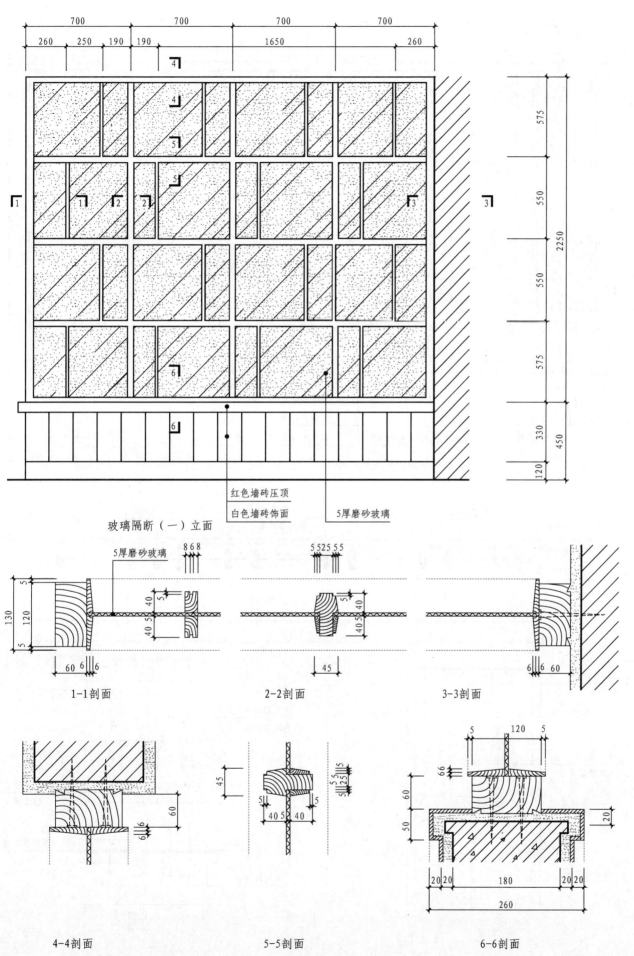

玻璃隔断（一）立面

红色墙砖压顶
白色墙砖饰面
5厚磨砂玻璃

5厚磨砂玻璃

1-1剖面

2-2剖面

3-3剖面

4-4剖面

5-5剖面

6-6剖面

隔

断

239

玻璃隔断

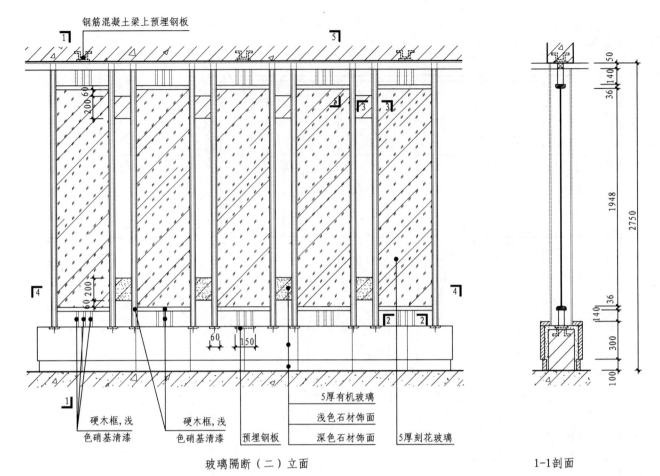

钢筋混凝土梁上预埋钢板

硬木框,浅色硝基清漆

硬木框,浅色硝基清漆

预埋钢板

5厚有机玻璃

浅色石材饰面

深色石材饰面

5厚刻花玻璃

玻璃隔断（二）立面

1-1剖面

隔

断

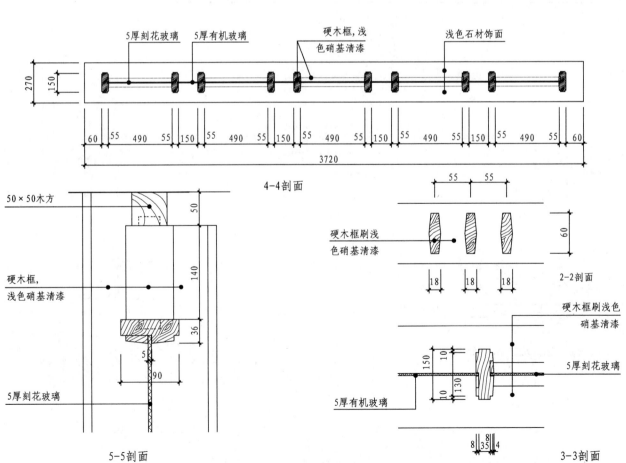

5厚刻花玻璃   5厚有机玻璃   硬木框,浅色硝基清漆   浅色石材饰面

4-4剖面

50×50木方

硬木框,浅色硝基清漆

5厚刻花玻璃

5-5剖面

硬木框刷浅色硝基清漆

2-2剖面

硬木框刷浅色硝基清漆

5厚刻花玻璃

5厚有机玻璃

3-3剖面

玻璃隔断

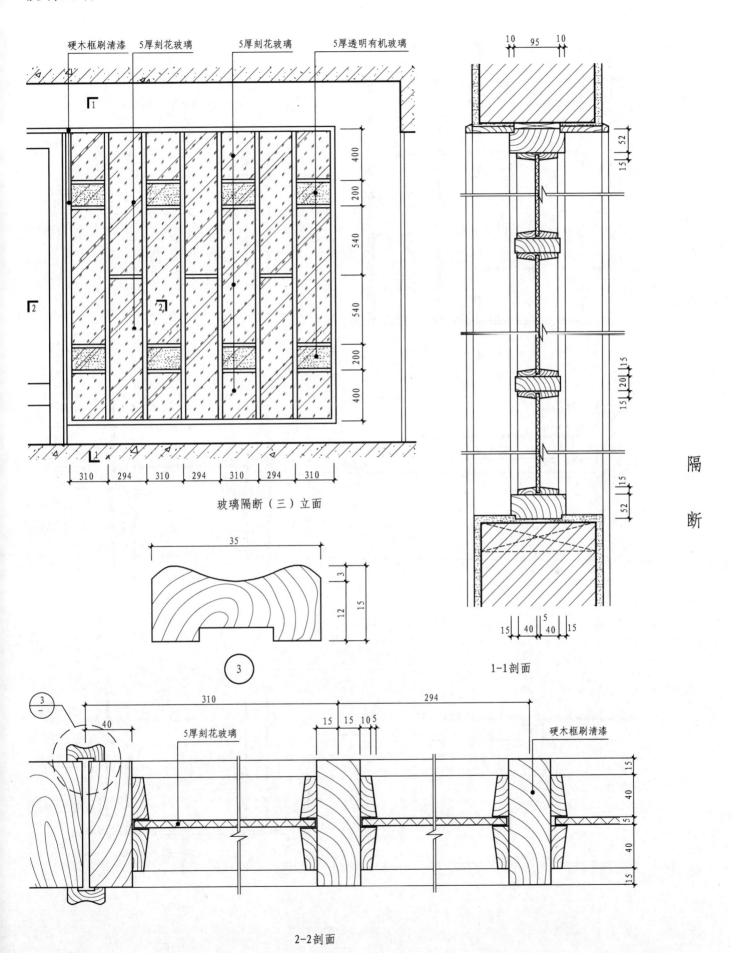

硬木框刷清漆　　5厚刻花玻璃　　　5厚刻花玻璃　　5厚透明有机玻璃

玻璃隔断（三）立面

310　294　310　294　310　294　310

400 200 540 540 200 400

10　95　10

52 15

15 20 15

52 15

15　40　5　40　15

1-1剖面

3

35

3 12 15

310　　　　　　　　　294

40

5厚刻花玻璃　　　　　15 15 10 5　　　硬木框刷清漆

15 40 5 40 15

2-2剖面

隔断

办公隔墙

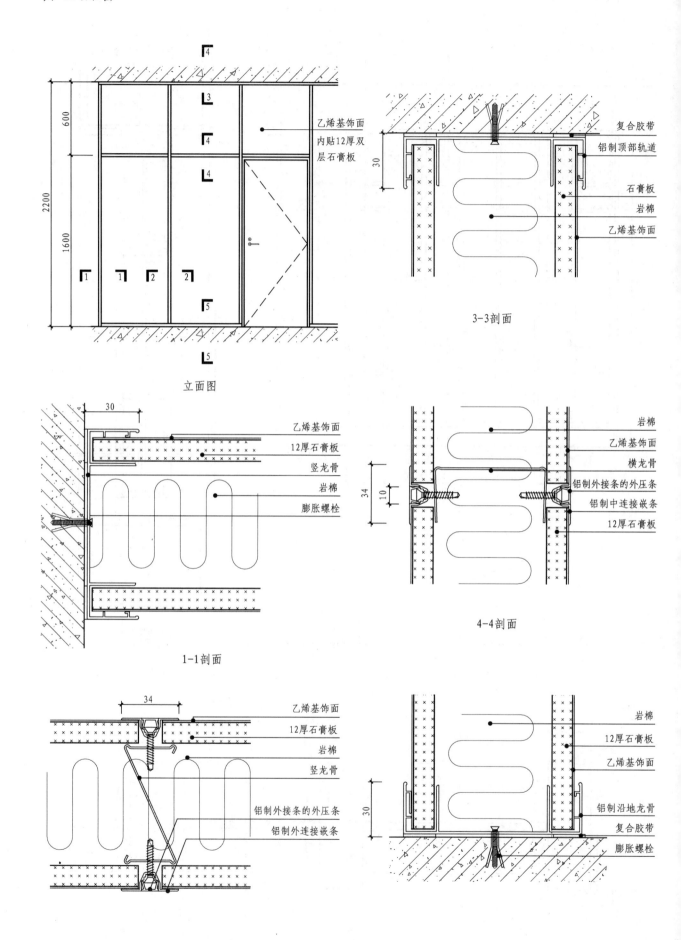

隔

断

乙烯基饰面
内贴12厚双
层石膏板

立面图

3-3剖面

复合胶带
铝制顶部轨道
石膏板
岩棉
乙烯基饰面

1-1剖面

乙烯基饰面
12厚石膏板
竖龙骨
岩棉
膨胀螺栓

4-4剖面

岩棉
乙烯基饰面
横龙骨
铝制外接条的外压条
铝制中连接嵌条
12厚石膏板

2-2剖面

乙烯基饰面
12厚石膏板
岩棉
竖龙骨
铝制外接条的外压条
铝制外连接嵌条

5-5剖面

岩棉
12厚石膏板
乙烯基饰面
铝制沿地龙骨
复合胶带
膨胀螺栓

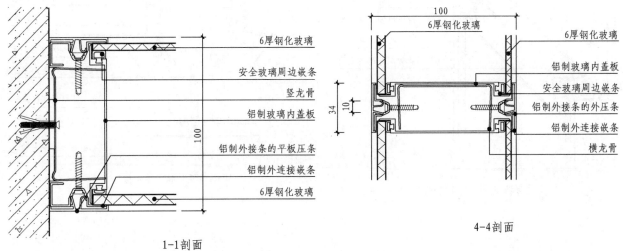

6厚双层透明钢化玻璃

立面

3-3剖面

复合胶带
铝制外连接嵌条
铝制外接条的平板压条
横龙骨

1-1剖面

6厚钢化玻璃
安全玻璃周边嵌条
竖龙骨
铝制玻璃内盖板
铝制外接条的平板压条
铝制外连接嵌条
6厚钢化玻璃

4-4剖面

6厚钢化玻璃
6厚钢化玻璃
铝制玻璃内盖板
安全玻璃周边嵌条
铝制外接条的外压条
铝制外连接嵌条
横龙骨

隔

断

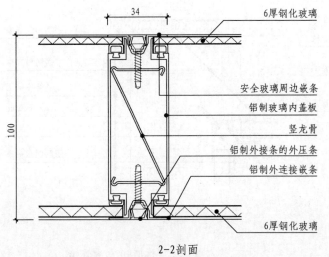

2-2剖面

6厚钢化玻璃
安全玻璃周边嵌条
铝制玻璃内盖板
竖龙骨
铝制外接条的外压条
铝制外连接嵌条
6厚钢化玻璃

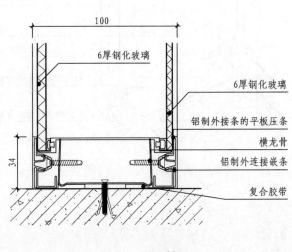

5-5剖面

6厚钢化玻璃
6厚钢化玻璃
铝制外接条的平板压条
横龙骨
铝制外连接嵌条
复合胶带

办公隔墙

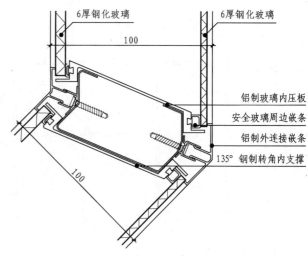

玻璃与玻璃间T形连接

6厚钢化玻璃　6厚钢化玻璃
100
100

安全玻璃周边嵌条
铝制玻璃内压板
钢制内支撑
铝制外接条的平板压条
铝制外连接嵌条

6厚钢化玻璃　6厚钢化玻璃
100
100

铝制玻璃内压板
安全玻璃周边嵌条
铝制外连接嵌条
135°钢制转角内支撑

玻璃与玻璃间135°连接

隔
断

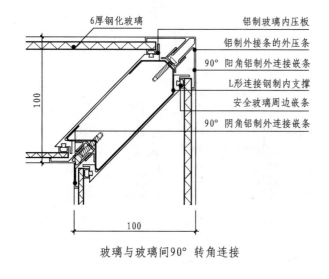

6厚钢化玻璃
100
100

铝制玻璃内压板
铝制外接条的外压条
90°阳角铝制外连接嵌条
L形连接钢制内支撑
安全玻璃周边嵌条
90°阴角铝制外连接嵌条

玻璃与玻璃间90°转角连接

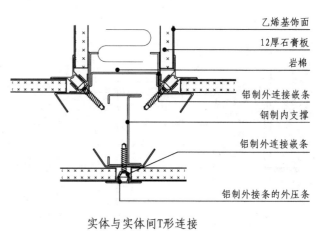

乙烯基饰面
12厚石膏板
岩棉
铝制外连接嵌条
钢制内支撑
铝制外连接嵌条
铝制外接条的外压条

实体与实体间T形连接

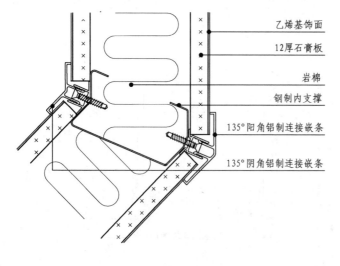

乙烯基饰面
12厚石膏板
岩棉
钢制内支撑
135°阳角铝制连接嵌条
135°阴角铝制连接嵌条

实体与实体间135°连接

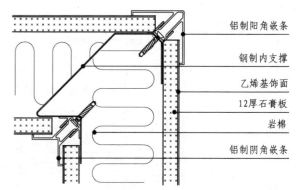

铝制阳角嵌条
钢制内支撑
乙烯基饰面
12厚石膏板
岩棉
铝制阴角嵌条

实体与实体间90°转角连接

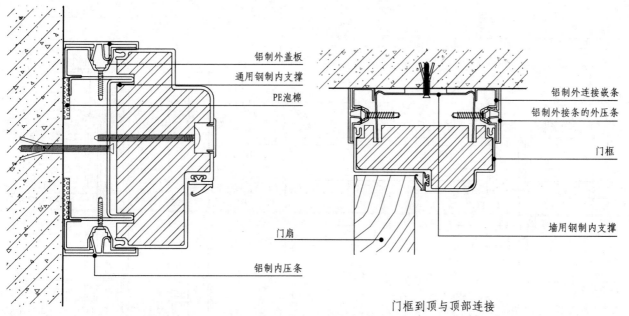

乙烯基饰面
12厚石膏板
岩棉
门用加强型钢制内支撑
门框
铝制外连接嵌条
铝制外接条的外压条

门框与实体间垂直连接

乙烯基饰面
12厚石膏板
岩棉
铝制外连接嵌条
铝制外接条的外压条
通用钢制内支撑
门扇

门框与实体间水平连接

铝制外盖板
通用钢制内支撑
PE泡棉
铝制内压条

门框与普通墙面连接

铝制外连接嵌条
铝制外接条的外压条
门框
门扇
墙用钢制内支撑

门框到顶与顶部连接

隔
断

6厚钢化玻璃
6厚钢化玻璃
铝制玻璃内压板
安全玻璃周边嵌条
铝制外接条的外压板
铝制外连接嵌条
门用加强型钢制内支撑
门扇

门框与玻璃间水平连接

6厚钢化玻璃
安全玻璃周边嵌条
门框
铝制玻璃内压板
门用加强型钢制内支撑
门扇
铝制外接条的外压条
铝制外连接嵌条

门框与玻璃间垂直连接

办公隔断

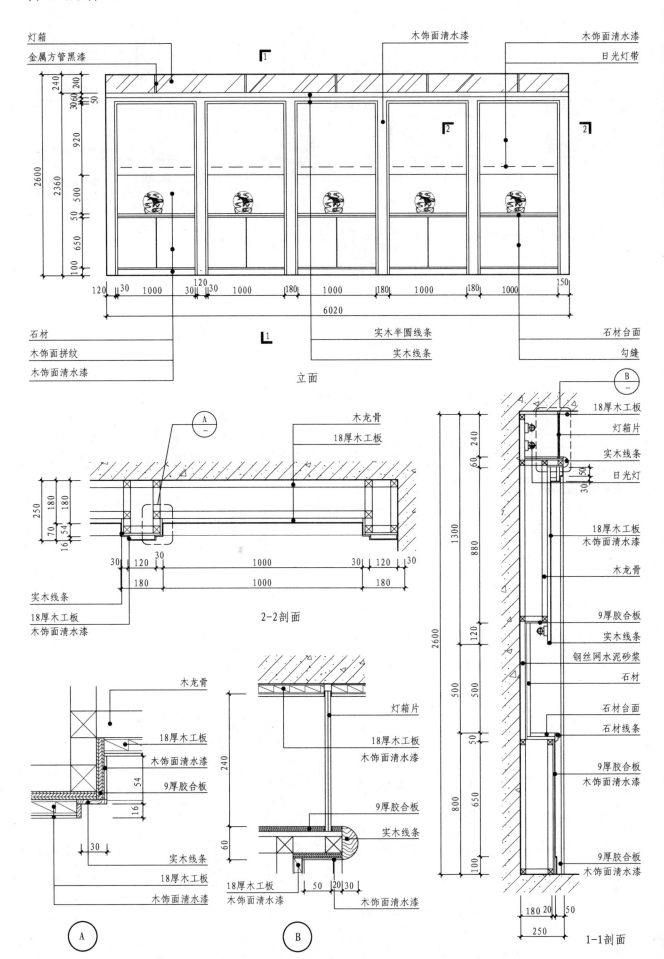

办公隔断

立面标注：
- 灯箱
- 金属方管黑漆
- 木饰面清水漆
- 木饰面清水漆
- 日光灯带

尺寸标注：240 240 3060 50 920 2360 2600 500 50 650 100

底部：石材、木饰面拼纹、木饰面清水漆、实木半圆线条、实木线条、石材台面、勾缝

120 30 1000 30 120 30 1000 180 1000 180 1000 180 1000 150
6020

立面

隔断

A节点：
- 木龙骨
- 18厚木工板
- 木饰面清水漆
- 9厚胶合板
- 实木线条
- 18厚木工板
- 木饰面清水漆
54 16 30

B节点：
- 木龙骨
- 灯箱片
- 18厚木工板 木饰面清水漆
- 9厚胶合板
- 实木线条
- 18厚木工板 木饰面清水漆
- 木饰面清水漆
240 60 50 20 30

2-2剖面：
- 木龙骨
- 18厚木工板
- 实木线条
- 18厚木工板 木饰面清水漆
250 180 180 70 54 16
30 120 30 1000 30 120 30
180 1000 180

1-1剖面：
- 18厚木工板
- 灯箱片
- 实木线条
- 日光灯
- 18厚木工板 木饰面清水漆
- 木龙骨
- 9厚胶合板
- 实木线条
- 钢丝网水泥砂浆
- 石材
- 石材台面
- 石材线条
- 9厚胶合板 木饰面清水漆
- 9厚胶合板 木饰面清水漆
240 60 30 50 1300 880 120 2600 500 500 50 800 650 100
180 20 50 250

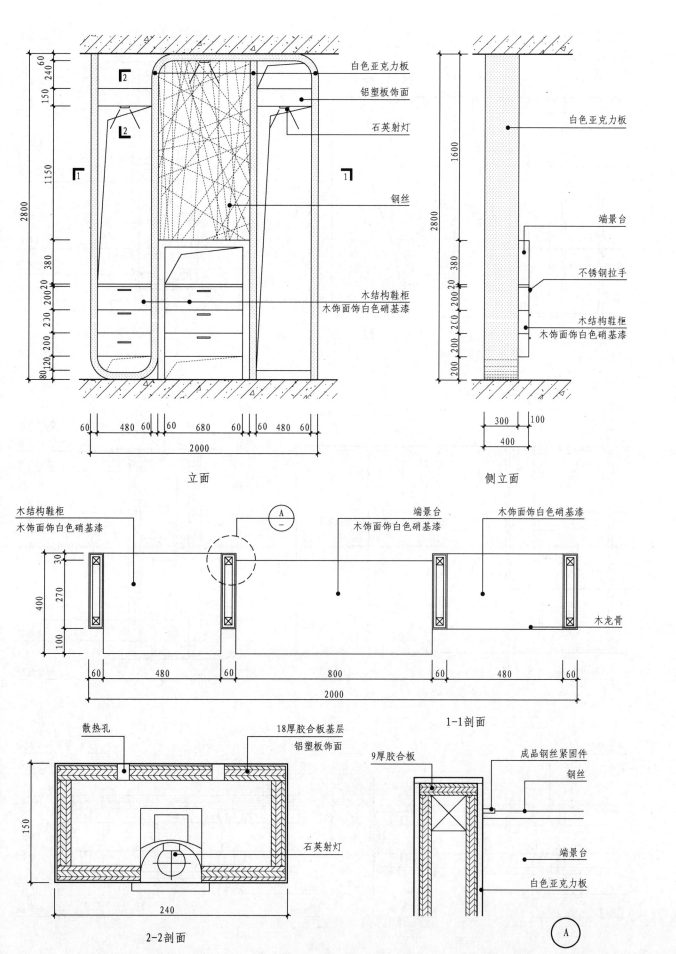

白色亚克力板

铝塑板饰面

石英射灯

钢丝

木结构鞋柜
木饰面饰白色硝基漆

立面

白色亚克力板

端景台

不锈钢拉手

木结构鞋柜
木饰面饰白色硝基漆

侧立面

隔

断

木结构鞋柜
木饰面饰白色硝基漆

端景台
木饰面饰白色硝基漆

木饰面饰白色硝基漆

木龙骨

1-1剖面

散热孔

18厚胶合板基层
铝塑板饰面

9厚胶合板

成品钢丝紧固件

钢丝

石英射灯

端景台

白色亚克力板

2-2剖面

A

隔墙

隔断

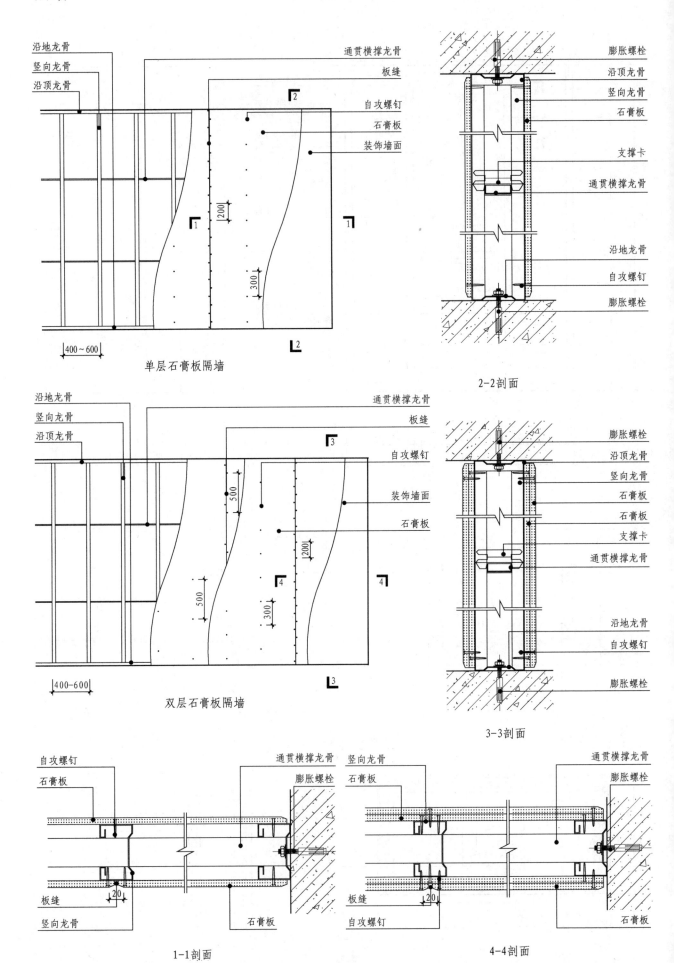

沿地龙骨　竖向龙骨　沿顶龙骨　通贯横撑龙骨　板缝　自攻螺钉　石膏板　装饰墙面

200　300　400~600

单层石膏板隔墙

膨胀螺栓　沿顶龙骨　竖向龙骨　石膏板　支撑卡　通贯横撑龙骨　沿地龙骨　自攻螺钉　膨胀螺栓

2-2剖面

沿地龙骨　竖向龙骨　沿顶龙骨　通贯横撑龙骨　板缝　自攻螺钉　装饰墙面　石膏板

500　500　200　300　400~600

双层石膏板隔墙

膨胀螺栓　沿顶龙骨　竖向龙骨　石膏板　石膏板　支撑卡　通贯横撑龙骨　沿地龙骨　自攻螺钉　膨胀螺栓

3-3剖面

自攻螺钉　石膏板　通贯横撑龙骨　膨胀螺栓　板缝　竖向龙骨　20　石膏板

1-1剖面

竖向龙骨　石膏板　通贯横撑龙骨　膨胀螺栓　板缝　自攻螺钉　20　石膏板

4-4剖面

第七章　洗浴空间的装饰装修构造

　　洗浴空间中界面的装饰装修构造与其他空间中界面的构造方式形式基本一致，如顶棚、墙面、地面、隔断等界面的构造，需要注意的是洗浴中心中界面的构造必须做好防水、防潮、防腐处理。有关洗浴空间中界面的装饰装修构造可参考本图集其他部分的内容。洗浴空间中洁具都是成品安装的，安装中需要注意洁具和五金配件如浴缸、坐便器、水龙头、扶手、毛巾架、喷淋头等设备的位置和高度。洗浴空间中主要设备的尺寸和安装要求可见图 7-1、表 7-1 和表 7-2。

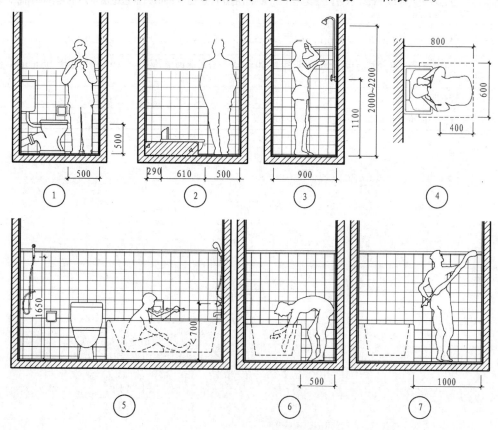

图 7-1　人体活动与卫生设备组合尺度

注：①整衣；②蹲式大便（朝内）；③淋浴；④洗脸；⑤洗毕起身；⑥擦盆；⑦揩身

洗浴空间中主要设备尺寸　　　　　　　　　　　　　　　　　　　　表 7-1

项　目	类　型	外形平面尺寸（mm）	
		长	宽
浴　盆	小型	1200	700
	中型	1500	720
洗面器	小型	460	360
	中型（1）	510	410
	中型（2）	560	460

项　目	类　型	外形平面尺寸（mm）	
		长	宽
大便器	坐式	740～780	420～500
	蹲式	610～640	280～430
小便器	落地式	270～380	320～460

洗浴空间中主要设备安装要求　　　　　表 7-2

项　目	安　装　要　求
浴　盆	人进出一边距墙≥600mm
喷　头	喷头间距离≥450mm，喷头中心与洁具水平距离≥350mm，喷头距地面 2000～2200mm
洗面器	中心距侧墙≥450mm，侧边距洁具≥100mm（与浴盆可重叠 50mm），前边距墙或距洁具≥600mm，前边距地面 720～780mm
蹲便器	中心距侧墙：有竖管≥450mm；无竖管≥400mm。中心距侧面洁具≥350mm，前边距墙及洁具≥400mm
坐便器	中心距侧墙：有竖管≥450mm；无竖管≥400mm。中心距侧面洁具≥350mm，前边距墙≥550mm，前边距洁具 ≥500mm
供水管	管壁距墙≥20mm
排水管	管壁一边距墙 80mm，另一边距墙≥50mm

公共卫生间平面布置

公共卫生间(一)平面

公共卫生间(二)平面

公共卫生间(三)平面

公共卫生间(四)平面

卫生间

公共卫生间(五)平面

公共卫生间(六)平面

公共淋浴室、宾馆客房卫生间平面布置

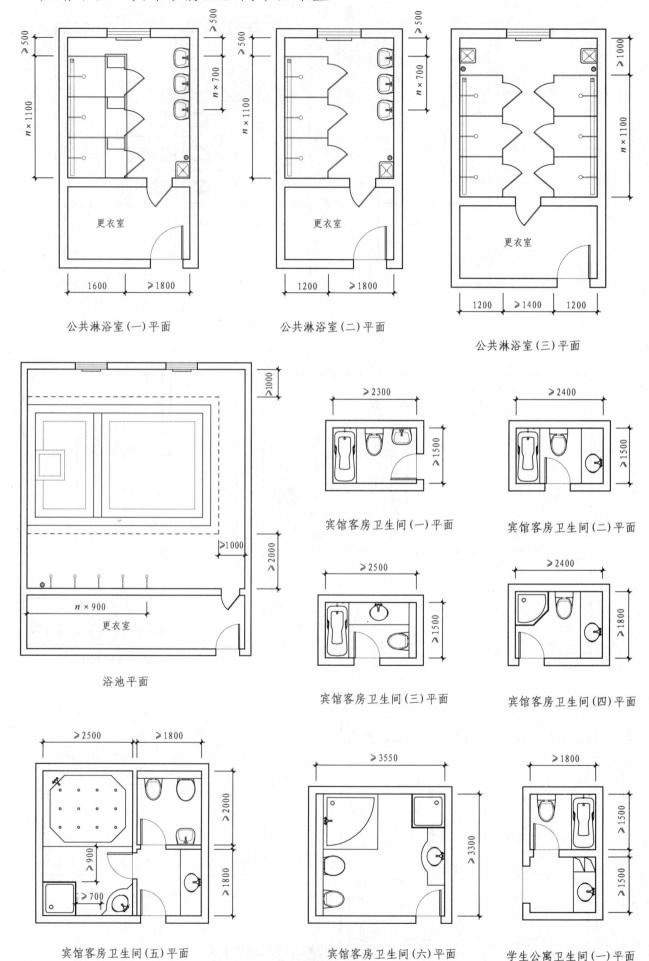

公共淋浴室（一）平面

公共淋浴室（二）平面

公共淋浴室（三）平面

卫生间

浴池平面

宾馆客房卫生间（一）平面

宾馆客房卫生间（二）平面

宾馆客房卫生间（三）平面

宾馆客房卫生间（四）平面

宾馆客房卫生间（五）平面

宾馆客房卫生间（六）平面

学生公寓卫生间（一）平面

学生公寓卫生间、公共无障碍卫生间平面布置

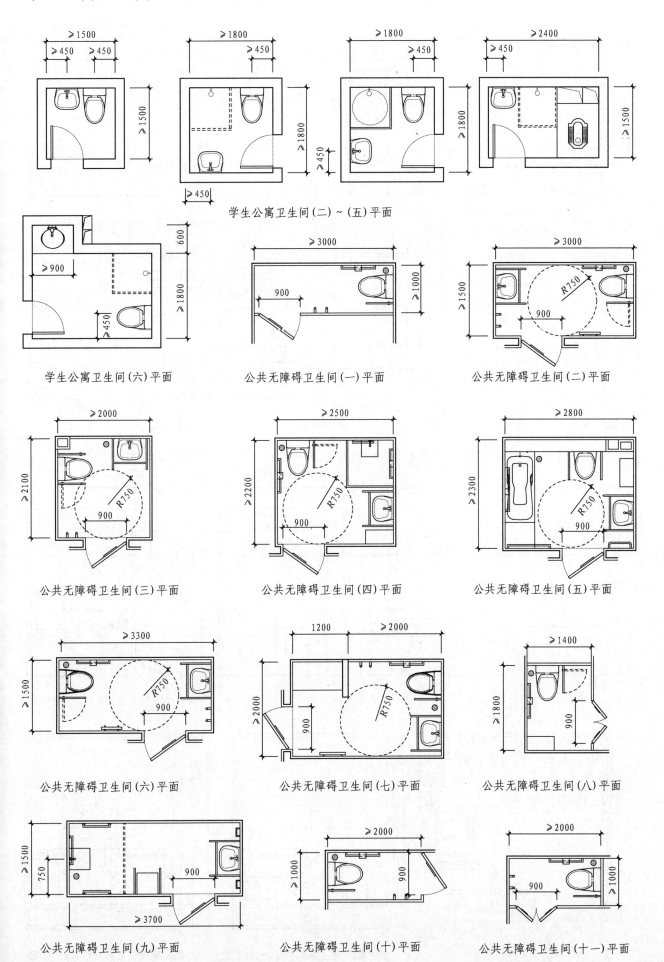

学生公寓卫生间(二)～(五)平面

学生公寓卫生间(六)平面

公共无障碍卫生间(一)平面

公共无障碍卫生间(二)平面

公共无障碍卫生间(三)平面

公共无障碍卫生间(四)平面

公共无障碍卫生间(五)平面

公共无障碍卫生间(六)平面

公共无障碍卫生间(七)平面

公共无障碍卫生间(八)平面

公共无障碍卫生间(九)平面

公共无障碍卫生间(十)平面

公共无障碍卫生间(十一)平面

卫生间

公共无障碍卫生间

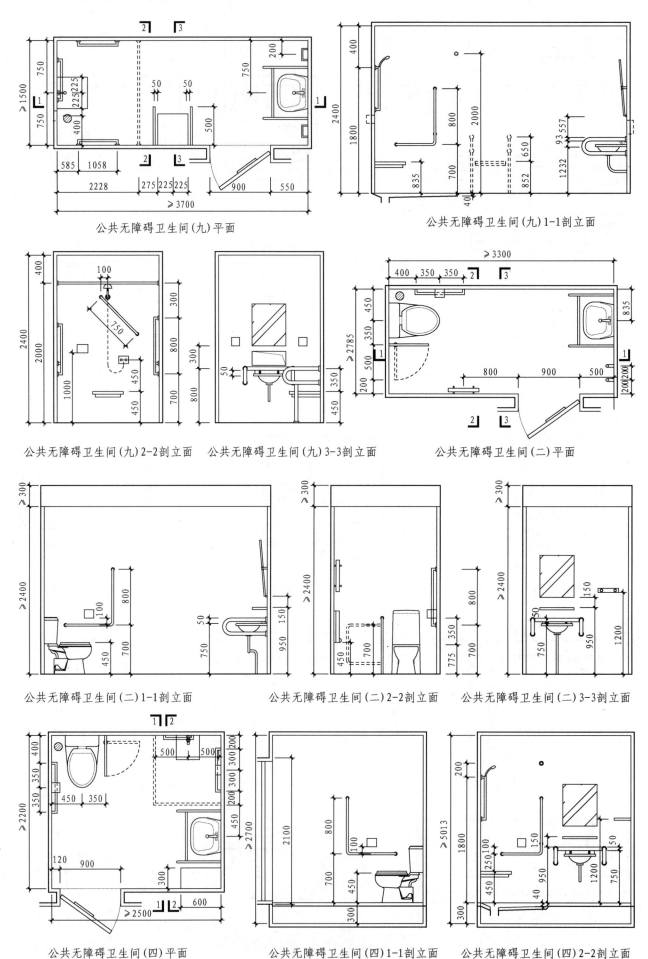

公共无障碍卫生间(九)平面

公共无障碍卫生间(九)1-1剖立面

公共无障碍卫生间(九)2-2剖立面　公共无障碍卫生间(九)3-3剖立面　公共无障碍卫生间(二)平面

公共无障碍卫生间(二)1-1剖立面　公共无障碍卫生间(二)2-2剖立面　公共无障碍卫生间(二)3-3剖立面

公共无障碍卫生间(四)平面　公共无障碍卫生间(四)1-1剖立面　公共无障碍卫生间(四)2-2剖立面

卫生间

公共无障碍卫生间、整体卫生间

公共无障碍卫生间(五)平面

公共无障碍卫生间(五)1-1剖立面

公共无障碍卫生间(五)2-2剖立面

公共无障碍卫生间(五)3-3剖立面

整体卫生间(一)平面

整体卫生间(二)平面

整体卫生间(三)平面

整体卫生间(四)平面

整体卫生间(五)平面

整体卫生间(六)平面

整体卫生间(七)平面

整体卫生间(八)平面

卫生间

255

住宅卫生间平面布置

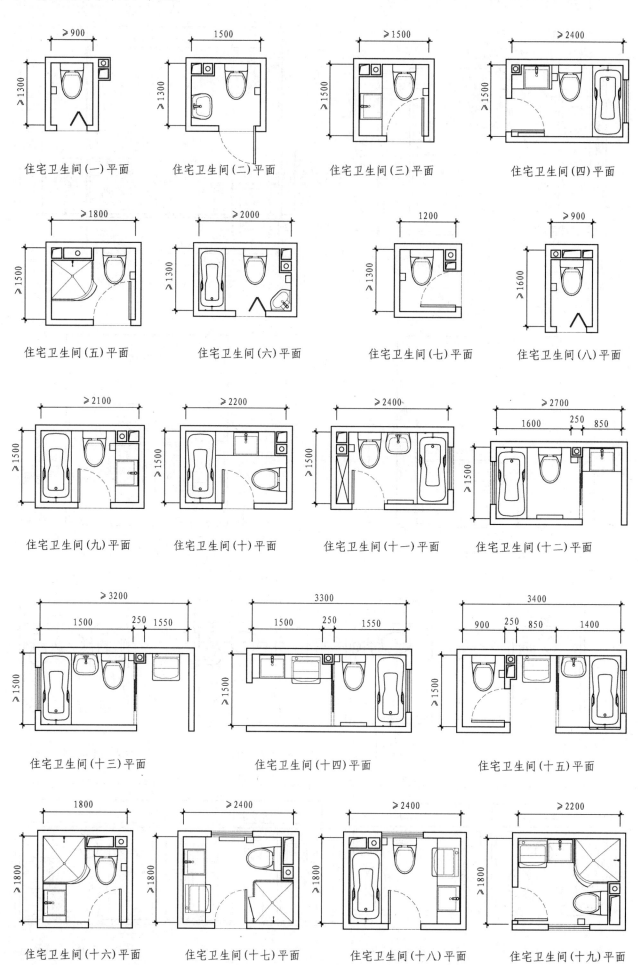

住宅卫生间(一)平面　　住宅卫生间(二)平面　　住宅卫生间(三)平面　　住宅卫生间(四)平面

住宅卫生间(五)平面　　住宅卫生间(六)平面　　住宅卫生间(七)平面　　住宅卫生间(八)平面

卫生间

住宅卫生间(九)平面　　住宅卫生间(十)平面　　住宅卫生间(十一)平面　　住宅卫生间(十二)平面

住宅卫生间(十三)平面　　住宅卫生间(十四)平面　　住宅卫生间(十五)平面

住宅卫生间(十六)平面　　住宅卫生间(十七)平面　　住宅卫生间(十八)平面　　住宅卫生间(十九)平面

256

住宅卫生间平面布置

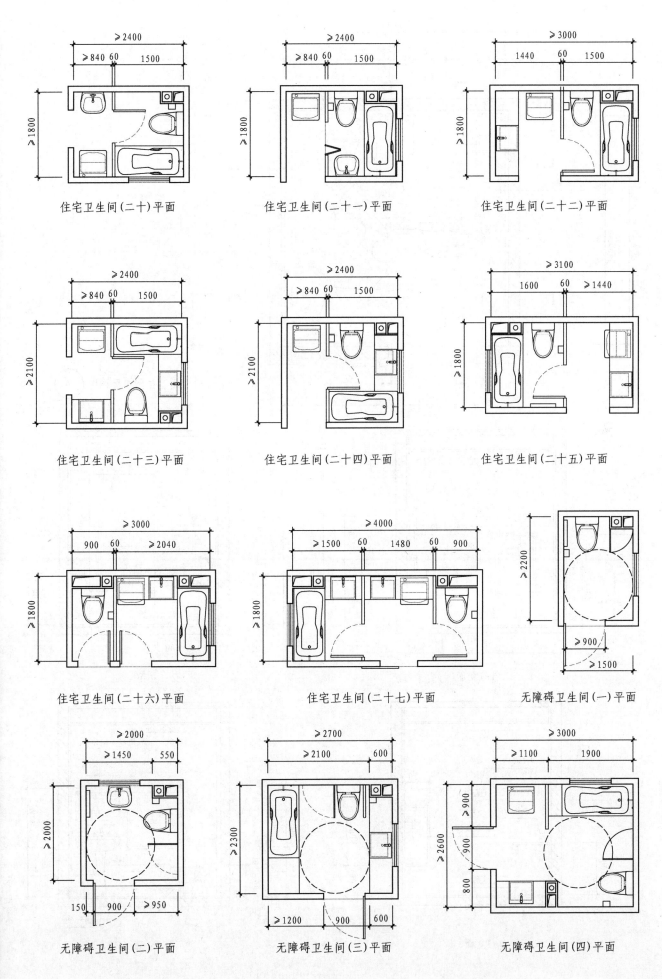

住宅卫生间(二十)平面

住宅卫生间(二十一)平面

住宅卫生间(二十二)平面

住宅卫生间(二十三)平面

住宅卫生间(二十四)平面

住宅卫生间(二十五)平面

住宅卫生间(二十六)平面

住宅卫生间(二十七)平面

无障碍卫生间(一)平面

无障碍卫生间(二)平面

无障碍卫生间(三)平面

无障碍卫生间(四)平面

卫生间

257

无障碍专用卫生间

≥2000

≥550 300 591 100 375 ≥550

安全抓杆

挂衣钩

放物台

R750

求助按钮

350 1650 ≥2000

250 950 ≥550

≥800 600 350

无障碍专用卫生间布置详图 Ⓐ

卫
生
间

吊顶

安全抓杆 40

安全抓杆

100

地砖

1200 800 400 700

550 200 1400 650

≥550 600 ≥450

1-1立面

吊顶

安全抓杆

放物台

地砖

1400 750 650

600

700

2-2立面

吊顶

挂衣钩 350

放物台

安全抓杆

地砖

1300 700

800 400

3-3立面

吊顶

安全抓杆

安全抓杆

求助按钮

地砖

550 200 650 700 400~500

750 650

350 ≥550

4-4立面

258

洗手盆安全抓杆

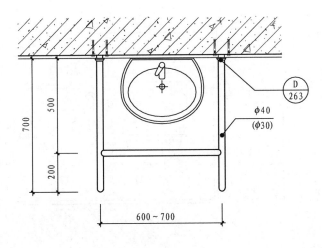

洗手盆安全抓杆(一)平面图

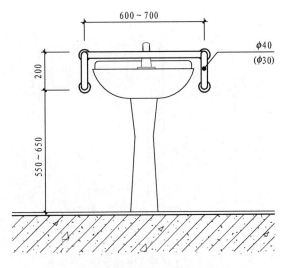

洗手盆安全抓杆(一)正立面

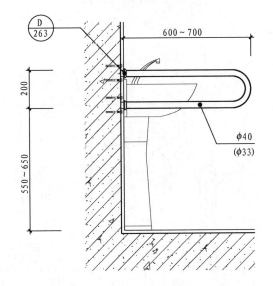

洗手盆安全抓杆(一)侧立面

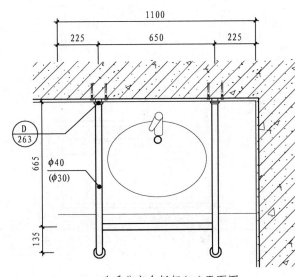

洗手盆安全抓杆(二)平面图

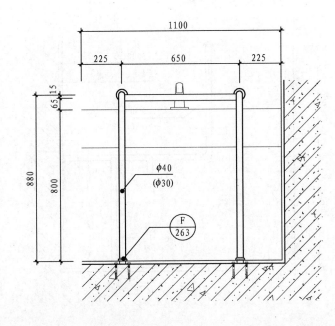

洗手盆安全抓杆(二)正立面

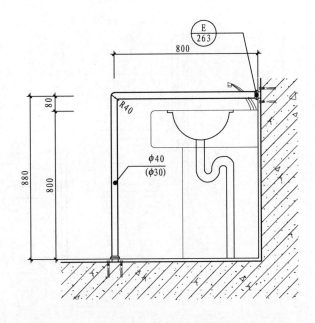

洗手盆安全抓杆(二)侧立面

卫生间

坐便器、小便器安全抓杆

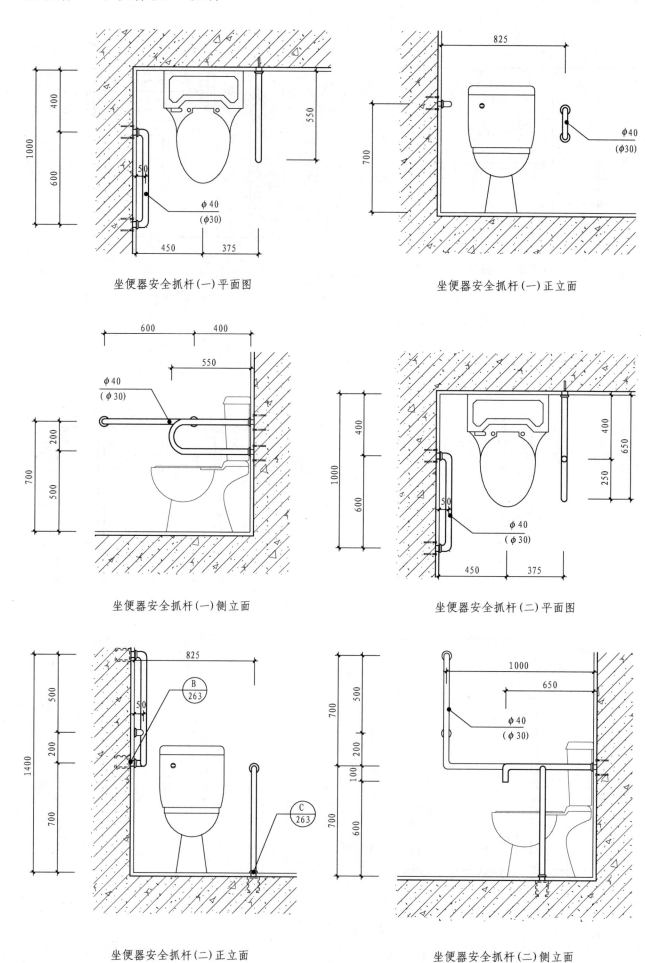

卫生间

坐便器安全抓杆(一)平面图

坐便器安全抓杆(一)正立面

坐便器安全抓杆(一)侧立面

坐便器安全抓杆(二)平面图

坐便器安全抓杆(二)正立面

坐便器安全抓杆(二)侧立面

多功能安全抓杆

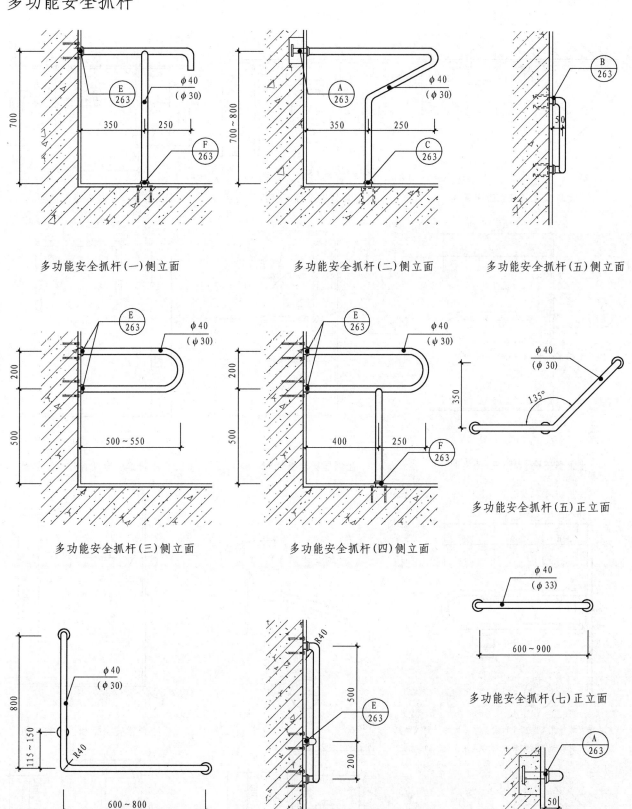

多功能安全抓杆(一)侧立面

多功能安全抓杆(二)侧立面

多功能安全抓杆(五)侧立面

多功能安全抓杆(三)侧立面

多功能安全抓杆(四)侧立面

多功能安全抓杆(五)正立面

卫
生
间

多功能安全抓杆(七)正立面

多功能安全抓杆(六)正立面

多功能安全抓杆(六)侧立面

多功能安全抓杆(七)侧立面

注:1. 多功能安全抓杆(一)~(四)用于坐便器、洗手盆等一侧
　　　或两侧,(五)~(七)主要用于坐便器一侧或两侧;
　　2. 安全抓杆材料为钢管、不锈钢管、钢芯尼龙管(成品);
　　3. 安全抓杆直径30~40,抓杆内侧应距墙40。

坐便器安全抓杆

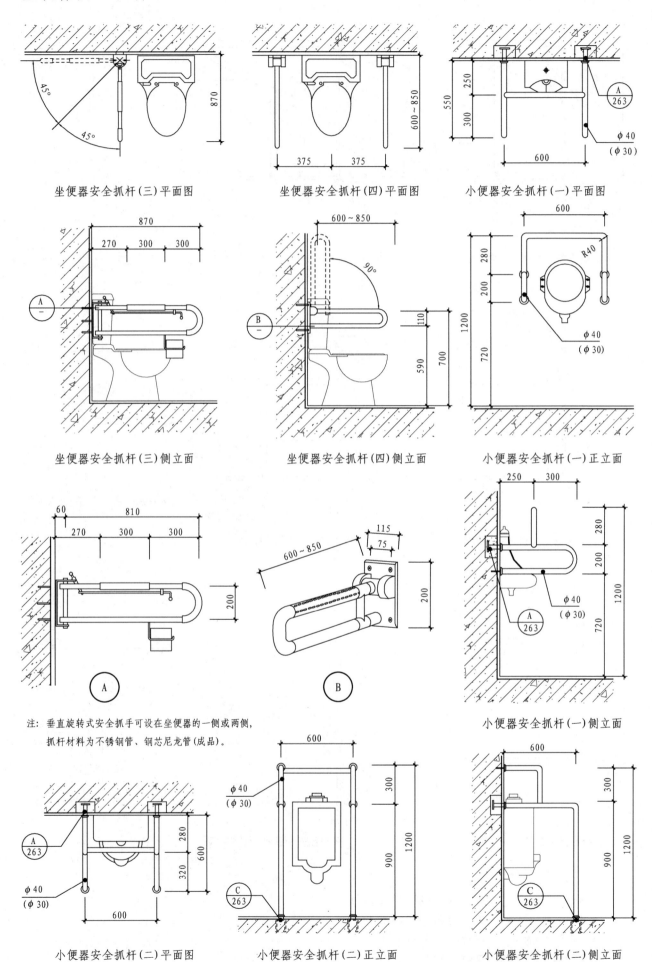

坐便器安全抓杆(三)平面图　　坐便器安全抓杆(四)平面图　　小便器安全抓杆(一)平面图

坐便器安全抓杆(三)侧立面　　坐便器安全抓杆(四)侧立面　　小便器安全抓杆(一)正立面

注：垂直旋转式安全抓手可设在坐便器的一侧或两侧，抓杆材料为不锈钢管、钢芯尼龙管(成品)。

小便器安全抓杆(一)侧立面

小便器安全抓杆(二)平面图　　小便器安全抓杆(二)正立面　　小便器安全抓杆(二)侧立面

卫生间

安全抓杆、婴儿卧台、婴儿座椅安装构造

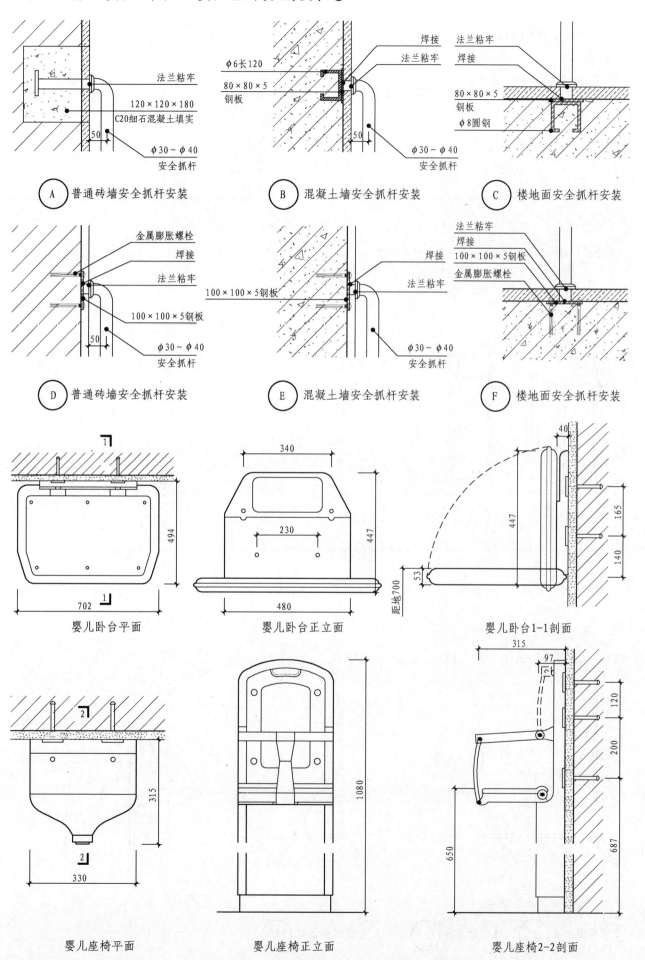

A 普通砖墙安全抓杆安装

法兰粘牢
120×120×180
C20细石混凝土填实
50
φ30~φ40
安全抓杆

B 混凝土墙安全抓杆安装

焊接
法兰粘牢
φ6长120
80×80×5 钢板
50
φ30~φ40
安全抓杆

C 楼地面安全抓杆安装

焊接
法兰粘牢
焊接
80×80×5 钢板
φ8圆钢

D 普通砖墙安全抓杆安装

金属膨胀螺栓
焊接
法兰粘牢
100×100×5钢板
50
φ30~φ40
安全抓杆

E 混凝土墙安全抓杆安装

焊接
法兰粘牢
100×100×5钢板
φ30~φ40
安全抓杆

F 楼地面安全抓杆安装

法兰粘牢
焊接
100×100×5钢板
金属膨胀螺栓

婴儿卧台平面
494
702

婴儿卧台正立面
340
230
447
480

婴儿卧台1-1剖面
40
447
165
140
53
距地700

婴儿座椅平面
315
330

婴儿座椅正立面
1080

婴儿座椅2-2剖面
315
97
120
200
650
687

卫生间

263

洗手盆、小便器、坐便器安装构造

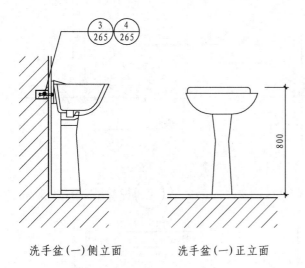

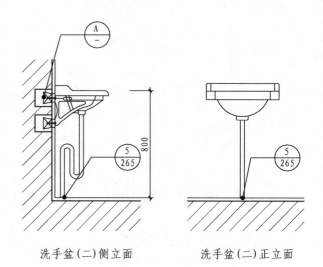

洗手盆(一)侧立面　　洗手盆(一)正立面　　洗手盆(二)侧立面　　洗手盆(二)正立面

卫
生
间

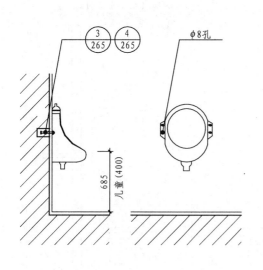

小便器(一)侧立面　　小便器(一)正立面　　坐便器(一)侧立面　　拖布盆(一)正立面　拖布盆(一)侧立面

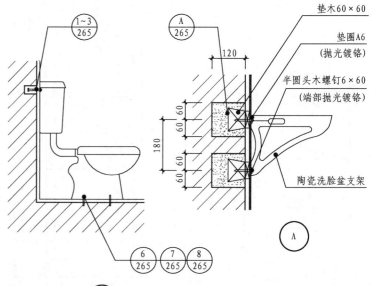

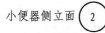
小便器侧立面 ② 　 小便器立面 ② 　 坐便器侧立面 ②

264

卫生间配件安装构造

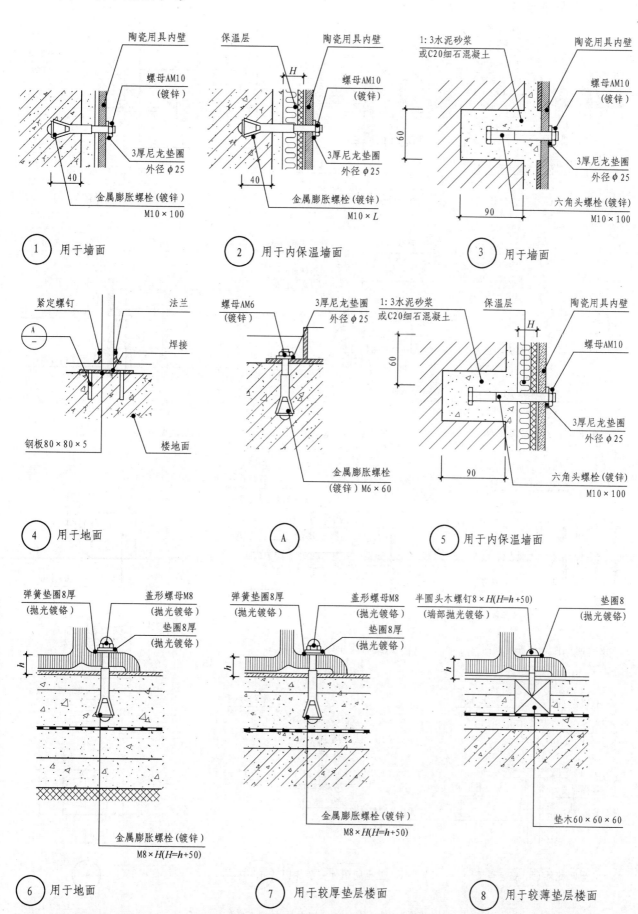

① 用于墙面

② 用于内保温墙面

③ 用于墙面

④ 用于地面

Ⓐ

⑤ 用于内保温墙面

⑥ 用于地面

⑦ 用于较厚垫层楼面

⑧ 用于较薄垫层楼面

注: 1. L按内保温厚度定;

   2. 楼地面做法按项目设计。

265

卫生间配件安装构造

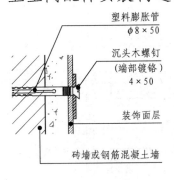

卫生间配件(一)安装详图

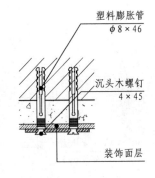

卫生间配件(二)安装详图

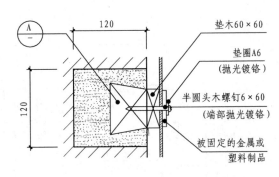

卫生间配件(三)安装详图

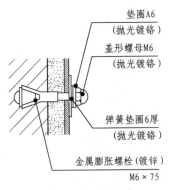

卫生间配件(四)安装详图

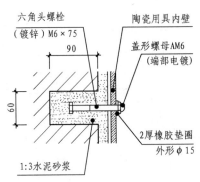

卫生间配件(五)安装详图

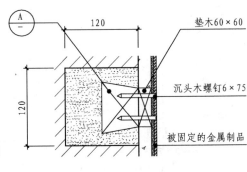

卫生间配件(六)安装详图

卫生间

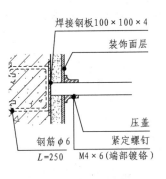

卫生间配件(七)安装详图

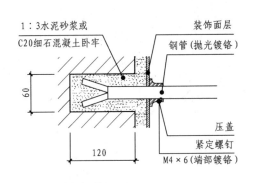

卫生间配件(八)安装详图

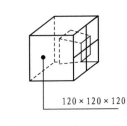

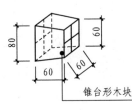

锥台形木块

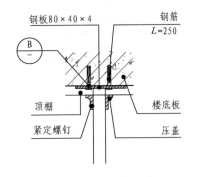

卫生间配件(九)安装详图

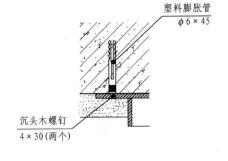

卫生间配件安装详图 B

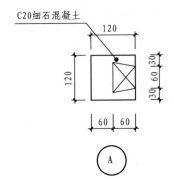

A

注: 1. 当墙体为混凝土时,仍用相应塑料膨胀管或金属膨胀螺栓安装,胀管及螺栓选用根据设计
要求确定;
2. 卫生间成品构件用塑料胀管安装,一般2~4个,由成品自带螺钉。

266

蹲便器

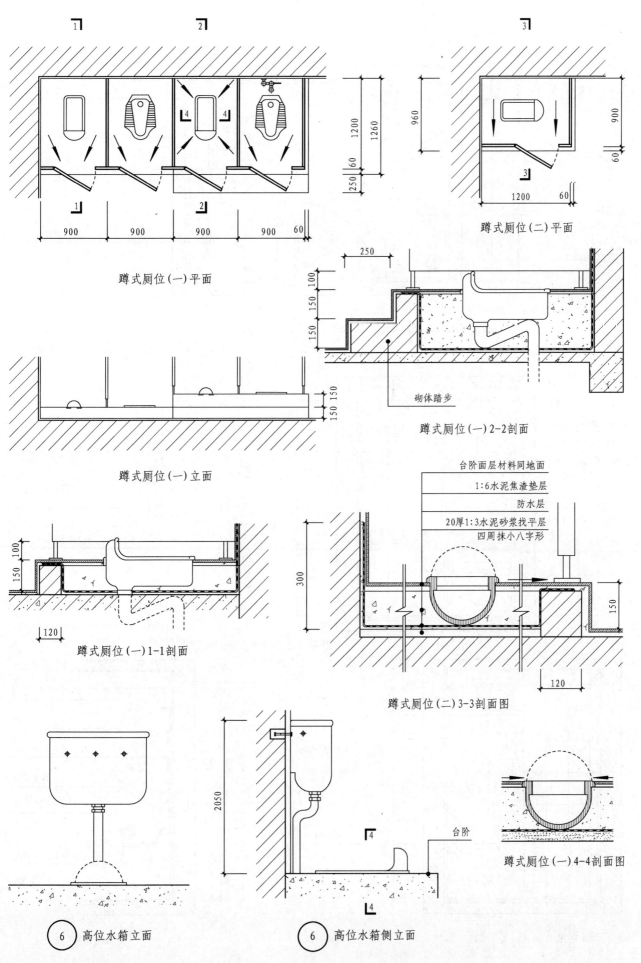

蹲式厕位(一)平面

蹲式厕位(二)平面

蹲式厕位(一)立面

蹲式厕位(一)2-2剖面

砌体踏步

蹲式厕位(一)1-1剖面

台阶面层材料同地面
1:6水泥焦渣垫层
防水层
20厚1:3水泥砂浆找平层
四周抹小八字形

蹲式厕位(二)3-3剖面图

蹲式厕位(一)4-4剖面图

⑥ 高位水箱立面

⑥ 高位水箱侧立面

卫生间

住宅卫生间布置详图

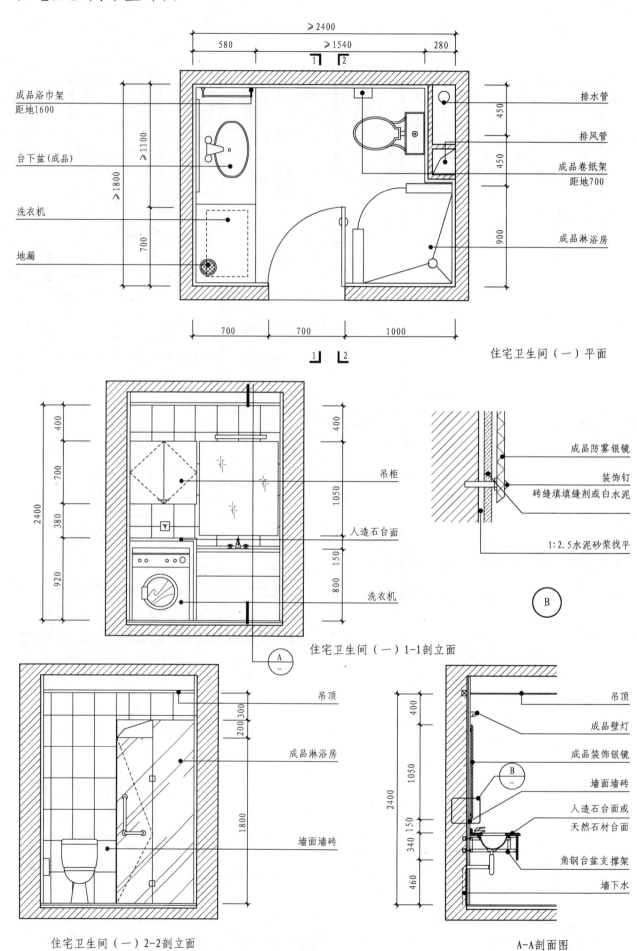

成品浴巾架
距地1600

台下盆(成品)

洗衣机

地漏

≥2400
580
≥1540
280

排水管

排风管

成品卷纸架
距地700

成品淋浴房

700   700   1000

住宅卫生间(一)平面

卫生间

吊柜

人造石台面

洗衣机

住宅卫生间(一)1-1剖立面

成品防雾银镜

装饰钉

砖缝填缝剂或白水泥

1:2.5水泥砂浆找平

B

吊顶

成品淋浴房

墙面墙砖

住宅卫生间(一)2-2剖立面

吊顶

成品壁灯

成品装饰银镜

墙面墙砖

人造石台面或
天然石材台面

角钢台盆支撑架

墙下水

A-A剖面图

268

住宅卫生间布置详图

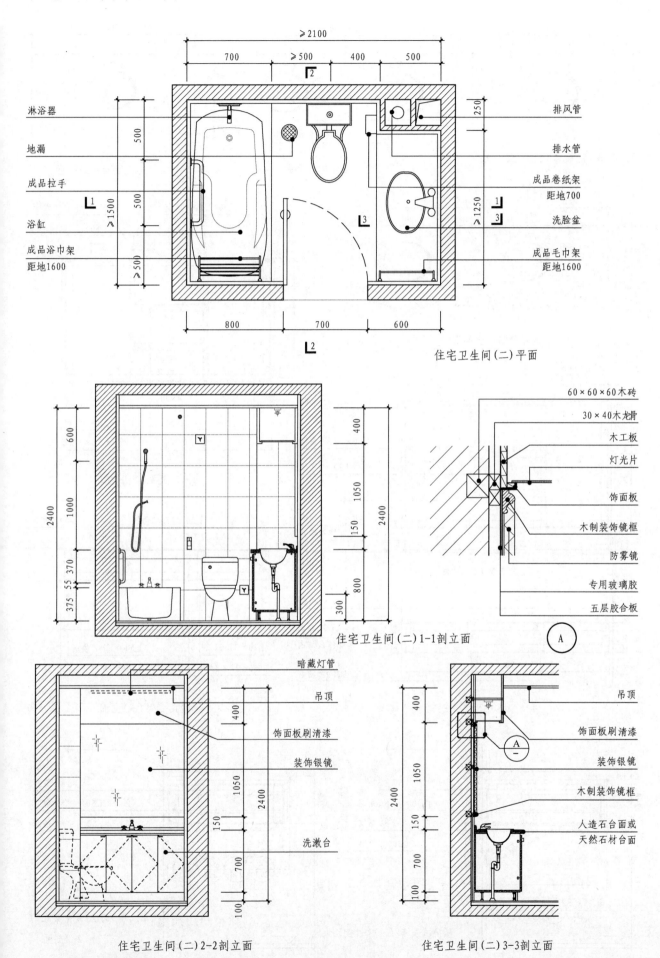

淋浴器
地漏
成品拉手
浴缸
成品浴巾架
距地1600

排风管
排水管
成品卷纸架
距地700
洗脸盆
成品毛巾架
距地1600

住宅卫生间(二)平面

住宅卫生间(二)1-1剖立面

60×60×60木砖
30×40木龙骨
木工板
灯光片
饰面板
木制装饰镜框
防雾镜
专用玻璃胶
五层胶合板

A

暗藏灯管
吊顶
饰面板刷清漆
装饰银镜
洗漱台

住宅卫生间(二)2-2剖立面

吊顶
饰面板刷清漆
装饰银镜
木制装饰镜框
人造石台面或
天然石材台面

住宅卫生间(二)3-3剖立面

洗面台安装构造

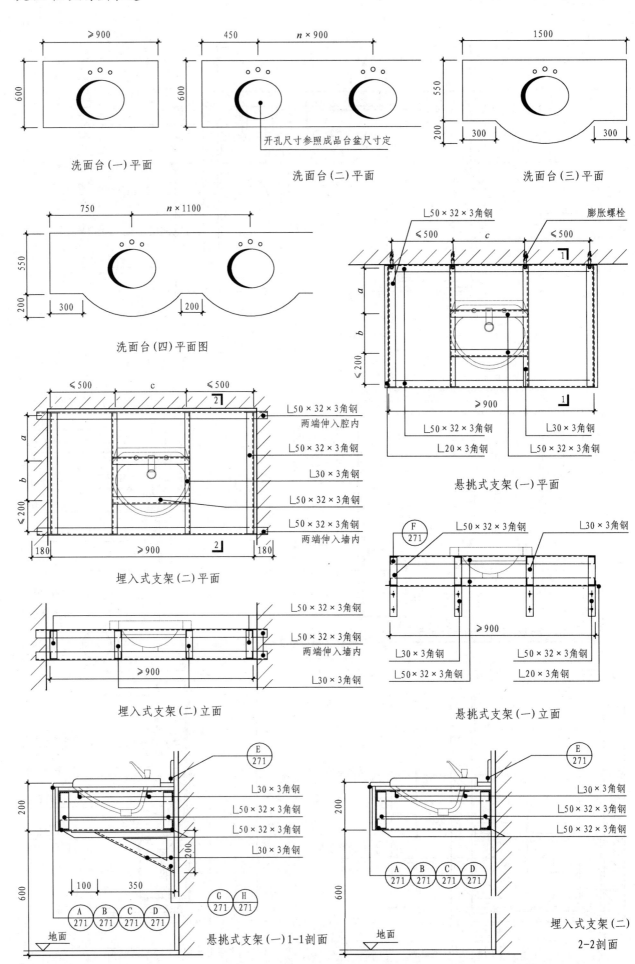

洗面台(一)平面

450　n×900

开孔尺寸参照成品台盆尺寸定

洗面台(二)平面

洗面台(三)平面

洗面台(四)平面图

L50×32×3角钢
膨胀螺栓

L50×32×3角钢
L30×3角钢

L20×3角钢
L50×32×3角钢

悬挑式支架(一)平面

L50×32×3角钢
两端伸入腔内

L50×32×3角钢

L30×3角钢

L50×32×3角钢

L50×32×3角钢
两端伸入墙内

埋入式支架(二)平面

L50×32×3角钢
L30×3角钢

L50×32×3角钢
L20×3角钢

悬挑式支架(一)立面

L50×32×3角钢

L50×32×3角钢
两端伸入墙内

L30×3角钢

埋入式支架(二)立面

L30×3角钢
L50×32×3角钢
L50×32×3角钢
L30×3角钢

地面

悬挑式支架(一)1-1剖面

L30×3角钢
L50×32×3角钢
L50×32×3角钢

地面

埋入式支架(二)
2-2剖面

卫生间

270

台面安装构造

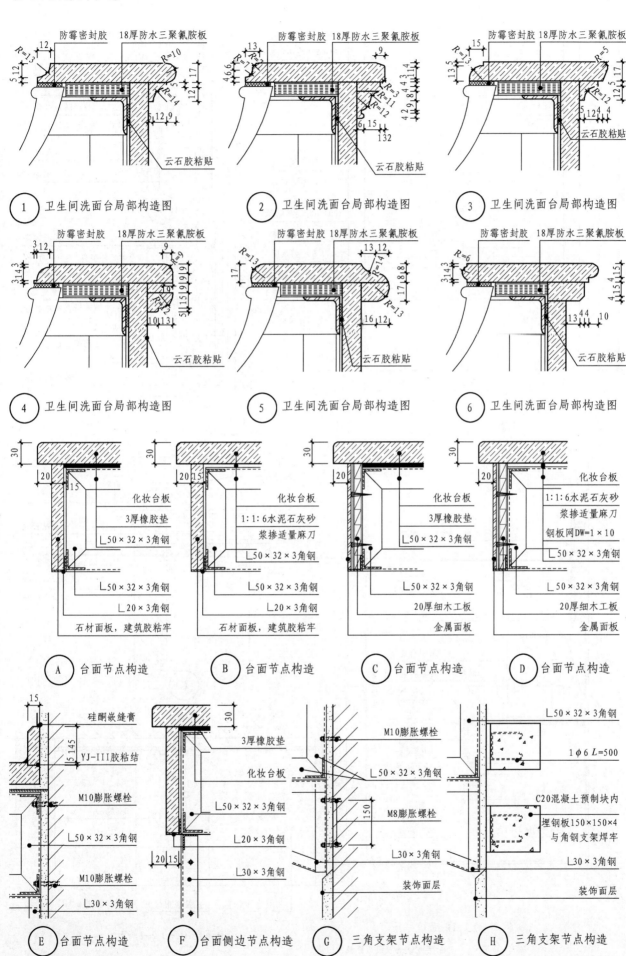

① 卫生间洗面台局部构造图　　② 卫生间洗面台局部构造图　　③ 卫生间洗面台局部构造图

④ 卫生间洗面台局部构造图　　⑤ 卫生间洗面台局部构造图　　⑥ 卫生间洗面台局部构造图

Ⓐ 台面节点构造　　Ⓑ 台面节点构造　　Ⓒ 台面节点构造　　Ⓓ 台面节点构造

Ⓔ 台面节点构造　　Ⓕ 台面侧边节点构造　　Ⓖ 三角支架节点构造　　Ⓗ 三角支架节点构造

卫生间

271

洗面台构造

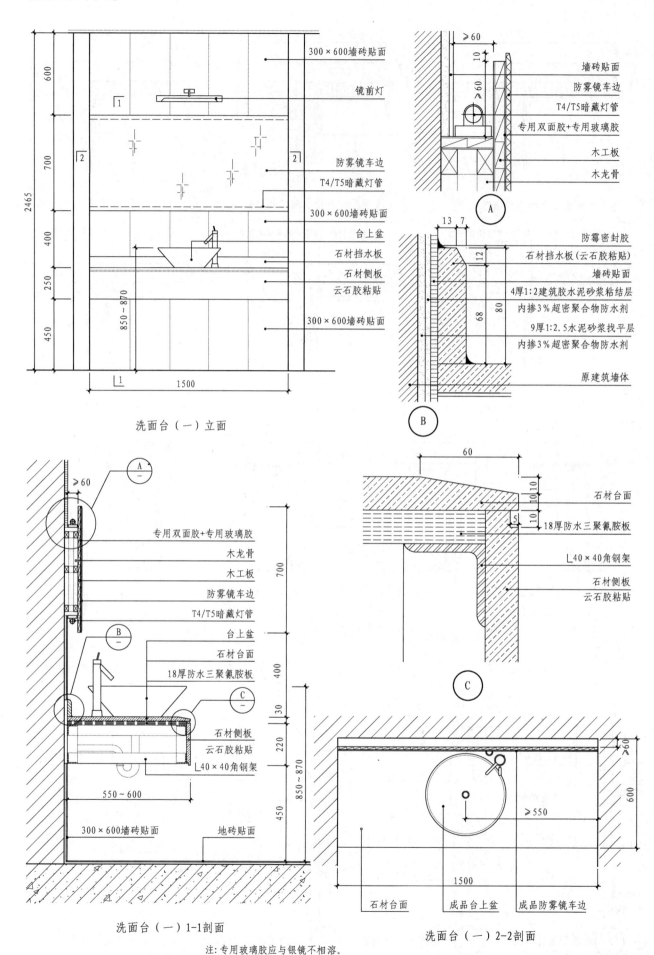

洗面台（一）立面

标注（立面）：
- 600
- 700
- 2465
- 400
- 250
- 450
- 850~870
- 1500
- 300×600墙砖贴面
- 镜前灯
- 防雾镜车边
- T4/T5暗藏灯管
- 300×600墙砖贴面
- 台上盆
- 石材挡水板
- 石材侧板
- 云石胶粘贴
- 300×600墙砖贴面

标注（A节点）：
- ≥60
- 10
- ≥60
- 墙砖贴面
- 防雾镜车边
- T4/T5暗藏灯管
- 专用双面胶+专用玻璃胶
- 木工板
- 木龙骨
- A

标注（B节点）：
- 13 7
- 12
- 68 80
- 防霉密封胶
- 石材挡水板(云石胶粘贴)
- 墙砖贴面
- 4厚1:2建筑胶水泥砂浆粘结层
- 内掺3%超密聚合物防水剂
- 9厚1:2.5水泥砂浆找平层
- 内掺3%超密聚合物防水剂
- 原建筑墙体
- B

卫生间

洗面台（一）1-1剖面

标注（1-1剖面）：
- ≥60
- A
- 700
- 400
- 30
- 220
- 850~870
- 450
- 专用双面胶+专用玻璃胶
- 木龙骨
- 木工板
- 防雾镜车边
- T4/T5暗藏灯管
- 台上盆
- 石材台面
- 18厚防水三聚氰胺板
- B
- C
- 石材侧板
- 云石胶粘贴
- ∟40×40角钢架
- 550~600
- 300×600墙砖贴面
- 地砖贴面

标注（C节点）：
- 60
- 10 10
- 5
- 10
- 石材台面
- 18厚防水三聚氰胺板
- ∟40×40角钢架
- 石材侧板
- 云石胶粘贴
- C

标注（2-2剖面）：
- 1500
- ≥550
- 600
- ≥60
- 石材台面
- 成品台上盆
- 成品防雾镜车边

洗面台（一）2-2剖面

注：专用玻璃胶应与银镜不相溶。

272

洗面台构造

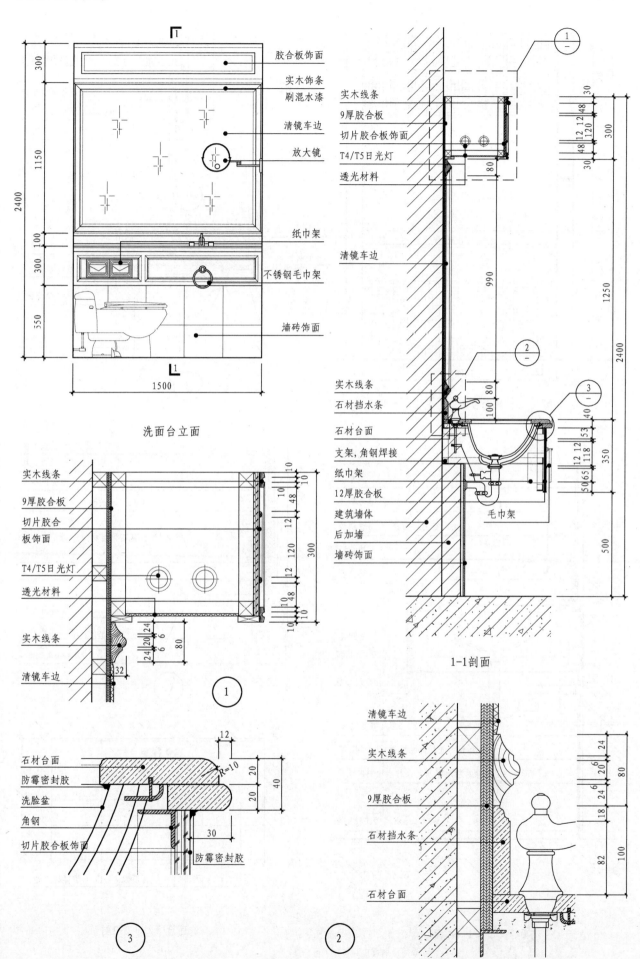

胶合板饰面

实木饰条
刷混水漆

清镜车边

放大镜

纸巾架

不锈钢毛巾架

墙砖饰面

洗面台立面

1500

300
1150
100
300
550
2400

实木线条
9厚胶合板
切片胶合板饰面
T4/T5日光灯
透光材料
清镜车边

实木线条
石材挡水条
石材台面
支架,角钢焊接
纸巾架
12厚胶合板
建筑墙体
后加墙
墙砖饰面

1-1剖面

石材台面
防霉密封胶
洗脸盆
角钢
切片胶合板饰面
防霉密封胶

3

清镜车边
实木线条
9厚胶合板
石材挡水条
石材台面

2

卫生间

273

洗面台构造

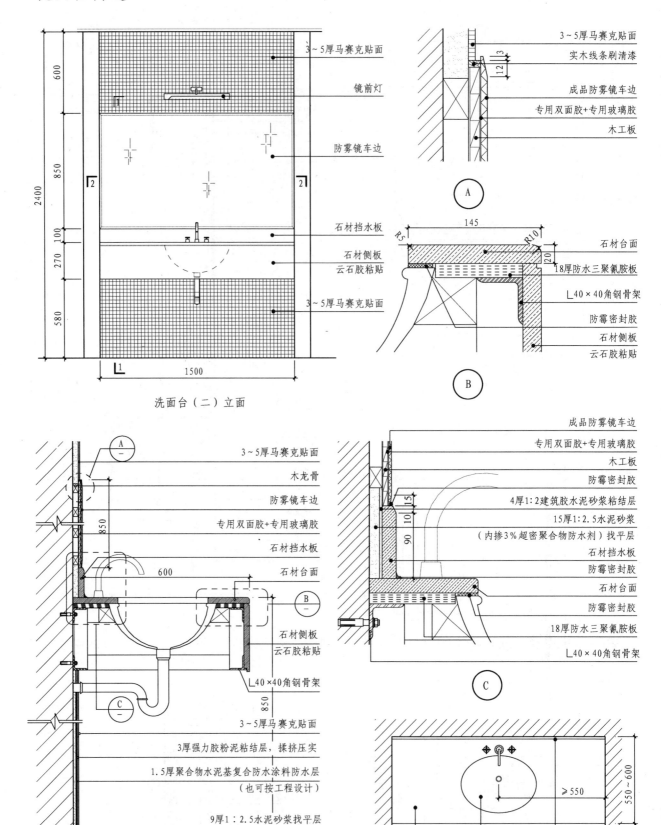

3~5厚马赛克贴面

镜前灯

防雾镜车边

石材挡水板

石材侧板
云石胶粘贴

3~5厚马赛克贴面

洗面台（二）立面

3~5厚马赛克贴面
实木线条刷清漆
成品防雾镜车边
专用双面胶+专用玻璃胶
木工板

Ⓐ

石材台面
18厚防水三聚氰胺板
∟40×40角钢骨架
防霉密封胶
石材侧板
云石胶粘贴

Ⓑ

卫生间

3~5厚马赛克贴面
木龙骨
防雾镜车边
专用双面胶+专用玻璃胶
石材挡水板
石材台面

石材侧板
云石胶粘贴
∟40×40角钢骨架

3~5厚马赛克贴面
3厚强力胶粉泥粘结层，揉挤压实
1.5厚聚合物水泥基复合防水涂料防水层
（也可按工程设计）
9厚1：2.5水泥砂浆找平层

洗面台（二）1-1剖面

成品防雾镜车边
专用双面胶+专用玻璃胶
木工板
防霉密封胶
4厚1：2建筑胶水泥砂浆粘结层
15厚1：2.5水泥砂浆
（内掺3%超密聚合物防水剂）找平层
石材挡水板
防霉密封胶
石材台面
防霉密封胶
18厚防水三聚氰胺板
∟40×40角钢骨架

Ⓒ

石材台面   台下盆   防雾镜车边

洗面台（二）2-2剖面

注：专用玻璃胶应与银镜不相溶。

274

洗面台构造

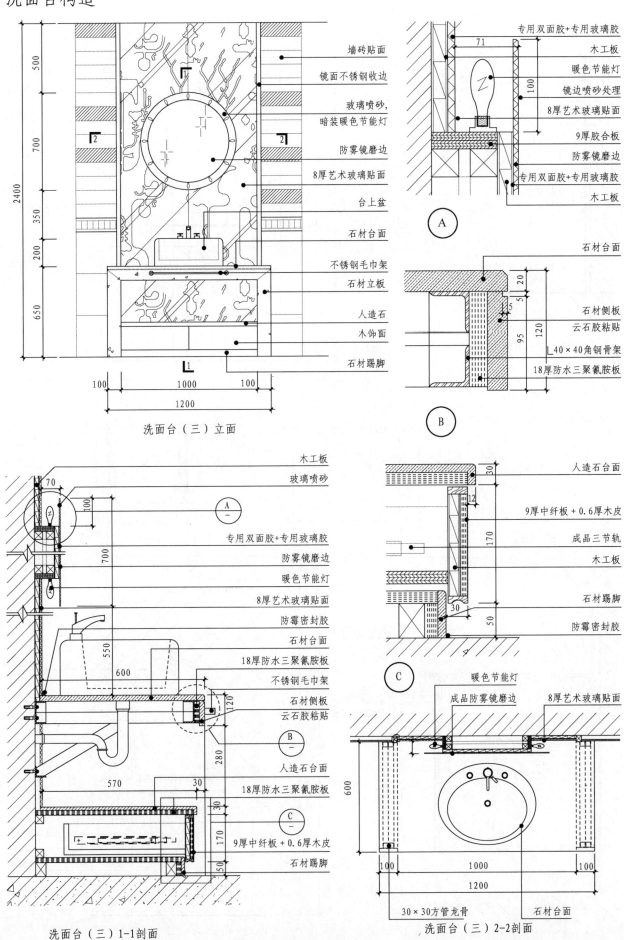

墙砖贴面

镜面不锈钢收边

玻璃喷砂,
暗装暖色节能灯

防雾镜磨边

8厚艺术玻璃贴面

台上盆

石材台面

不锈钢毛巾架

石材立板

人造石

木饰面

石材踢脚

洗面台(三)立面

专用双面胶+专用玻璃胶

木工板

暖色节能灯

镜边喷砂处理

8厚艺术玻璃贴面

9厚胶合板

防雾镜磨边

专用双面胶+专用玻璃胶

木工板

Ⓐ

石材台面

石材侧板

云石胶粘贴

∟40×40角钢骨架

18厚防水三聚氰胺板

Ⓑ

木工板

玻璃喷砂

专用双面胶+专用玻璃胶

防雾镜磨边

暖色节能灯

8厚艺术玻璃贴面

防霉密封胶

石材台面

18厚防水三聚氰胺板

不锈钢毛巾架

石材侧板

云石胶粘贴

人造石台面

18厚防水三聚氰胺板

9厚中纤板+0.6厚木皮

石材踢脚

洗面台(三)1-1剖面

人造石台面

9厚中纤板+0.6厚木皮

成品三节轨

木工板

石材踢脚

防霉密封胶

Ⓒ

暖色节能灯

成品防雾镜磨边

8厚艺术玻璃贴面

30×30方管龙骨

石材台面

洗面台(三)2-2剖面

注:专用玻璃胶应与银镜不相溶。

卫
生
间

275

洗面台构造

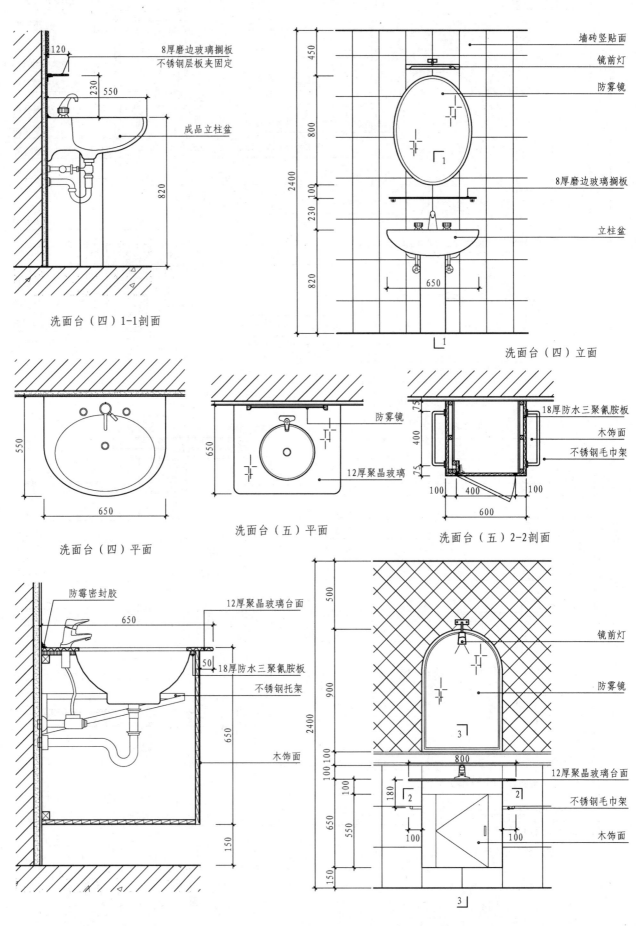

卫生间

洗面台（四）1-1剖面

洗面台（四）平面

洗面台（五）平面

洗面台（五）2-2剖面

洗面台（四）立面

洗面台（五）3-3剖面　　注: 专用玻璃胶应与银镜不相溶。　　洗面台（五）立面图

8厚磨边玻璃搁板
不锈钢层板夹固定

成品立柱盆

墙砖竖贴面
镜前灯
防雾镜
8厚磨边玻璃搁板
立柱盆

防雾镜
12厚聚晶玻璃

18厚防水三聚氰胺板
木饰面
不锈钢毛巾架

防霉密封胶
12厚聚晶玻璃台面
18厚防水三聚氰胺板
不锈钢托架
木饰面

镜前灯
防雾镜
12厚聚晶玻璃台面
不锈钢毛巾架
木饰面

洗面台构造

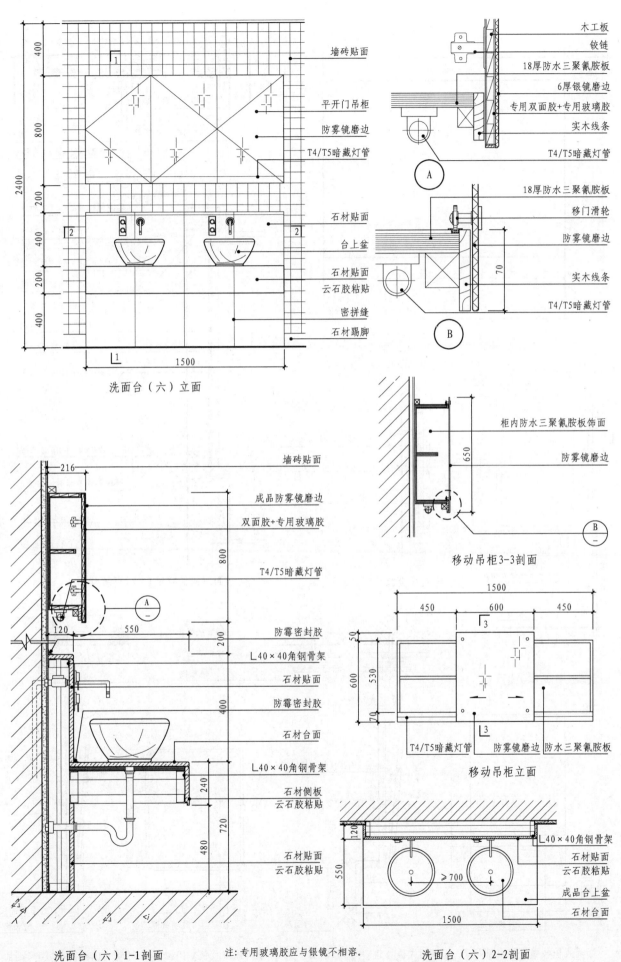

墙砖贴面

平开门吊柜

防雾镜磨边

T4/T5暗藏灯管

石材贴面

台上盆

石材贴面

云石胶粘贴

密拼缝

石材踢脚

洗面台（六）立面

木工板

铰链

18厚防水三聚氰胺板

6厚银镜磨边

专用双面胶+专用玻璃胶

实木线条

T4/T5暗藏灯管

A

18厚防水三聚氰胺板

移门滑轮

防雾镜磨边

实木线条

T4/T5暗藏灯管

B

柜内防水三聚氰胺板饰面

防雾镜磨边

B

移动吊柜3-3剖面

卫生间

墙砖贴面

成品防雾镜磨边

双面胶+专用玻璃胶

T4/T5暗藏灯管

A

防霉密封胶

L40×40角钢骨架

石材贴面

防霉密封胶

石材台面

L40×40角钢骨架

石材侧板
云石胶粘贴

石材贴面
云石胶粘贴

洗面台（六）1-1剖面

注：专用玻璃胶应与银镜不相溶。

T4/T5暗藏灯管　防雾镜磨边　防水三聚氰胺板

移动吊柜立面

L40×40角钢骨架

石材贴面
云石胶粘贴

成品台上盆

石材台面

洗面台（六）2-2剖面

277

梳妆镜

卫生间

40×20通长垫木
60×60×60防腐木砖
硅酮弹性嵌缝膏（中性）
4×40半圆头木螺钉（端部镀铬）
干铺油毡一层
梳妆镜

固定式梳妆镜（一）1-1剖面

硅酮弹性嵌缝膏（中性）
40×20通长垫木
60×60×60防腐木砖
4×35木螺钉橡胶垫
成品铝合金灯箱口
1:2.5水泥砂浆抹灰层
干铺油毡一层
梳妆镜

吊顶

固定式梳妆镜（一）立面

H
145
L

40×20通长垫木
60×60×60防腐木砖
硅酮弹性嵌缝膏（中性）
化妆台面
YJ-III胶粘结
145
15

固定式梳妆镜（一）2-2剖面

镜前灯
成品挂件与墙固定
梳妆镜
镜背面垫块与墙粘结

固定式梳妆镜（二）3-3剖面

镜前灯
800
600
距地面900
5厚玻璃镜车边
楼地面

固定式梳妆镜（二）立面

φ8膨胀螺栓
成品挂件与墙固定
梳妆镜

固定式梳妆镜（二）4-4剖面

橡胶垫
φ4.5
φ9

A

600
200
距地面1050
500
5厚玻璃镜

可调式梳妆镜（一）立面

成品挂件与墙固定
梳妆镜
50
200
120
200
墙砖面层

可调式梳妆镜（一）5-5剖面

R=40
15
600
500
5厚玻璃镜车边
玻璃镜框

可调式梳妆镜（二）立面

成品挂件与墙固定
梳妆镜

可调式梳妆镜（二）6-6剖面

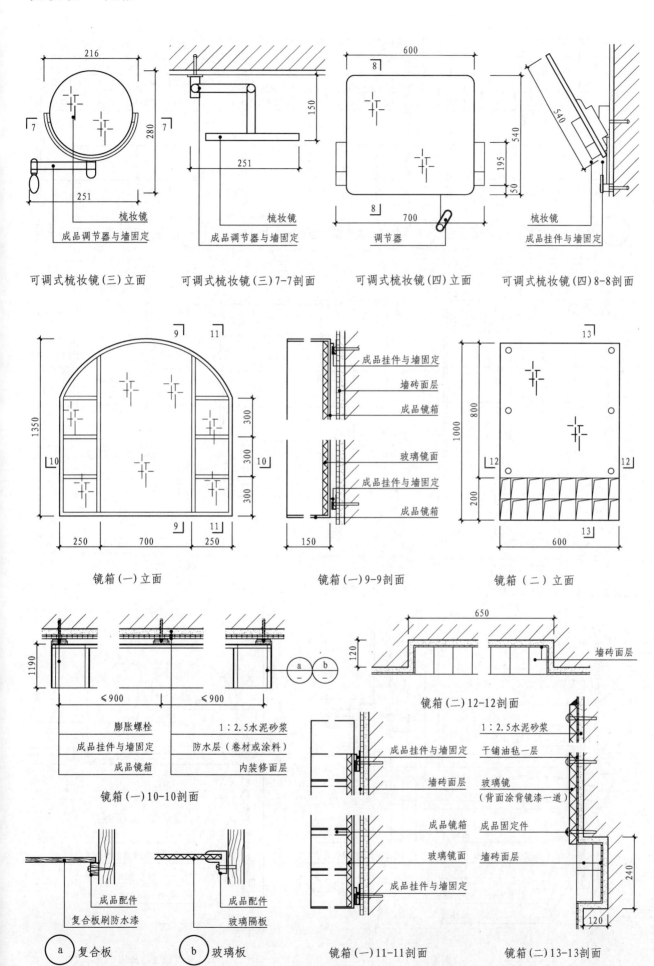

可调式梳妆镜(三)立面

可调式梳妆镜(三)7-7剖面

可调式梳妆镜(四)立面

可调式梳妆镜(四)8-8剖面

梳妆镜

成品调节器与墙固定

梳妆镜

成品调节器与墙固定

调节器

梳妆镜

成品挂件与墙固定

镜箱(一)立面

镜箱(一)9-9剖面

镜箱（二）立面

成品挂件与墙固定

墙砖面层

成品镜箱

玻璃镜面

成品挂件与墙固定

成品镜箱

膨胀螺栓

成品挂件与墙固定

成品镜箱

1:2.5水泥砂浆

防水层（卷材或涂料）

内装修面层

镜箱(一)10-10剖面

镜箱(二)12-12剖面

墙砖面层

成品挂件与墙固定

墙砖面层

成品镜箱

玻璃镜面

成品挂件与墙固定

1:2.5水泥砂浆

干铺油毡一层

玻璃镜
（背面涂背镜漆一道）

成品固定件

墙砖面层

成品配件

复合板刷防水漆

成品配件

玻璃隔板

a 复合板

b 玻璃板

镜箱(一)11-11剖面

镜箱(二)13-13剖面

卫生间

279

灯箱吊顶

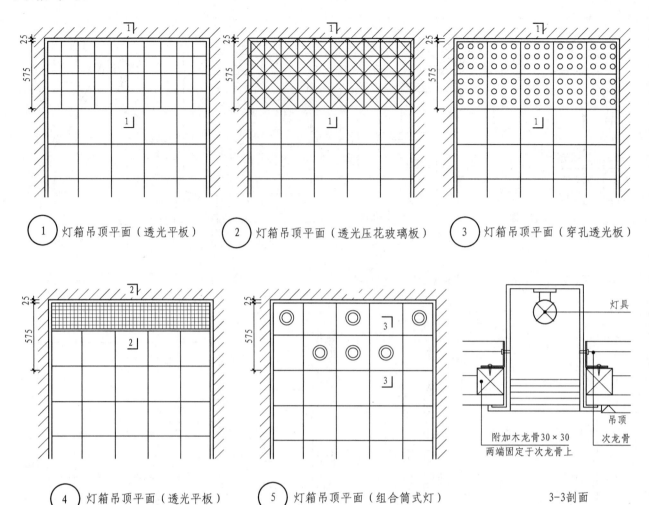

① 灯箱吊顶平面（透光平板）   ② 灯箱吊顶平面（透光压花玻璃板）   ③ 灯箱吊顶平面（穿孔透光板）

④ 灯箱吊顶平面（透光平板）   ⑤ 灯箱吊顶平面（组合筒式灯）

附加木龙骨30×30
两端固定于次龙骨上

灯具

吊顶

次龙骨

3-3剖面

卫生间

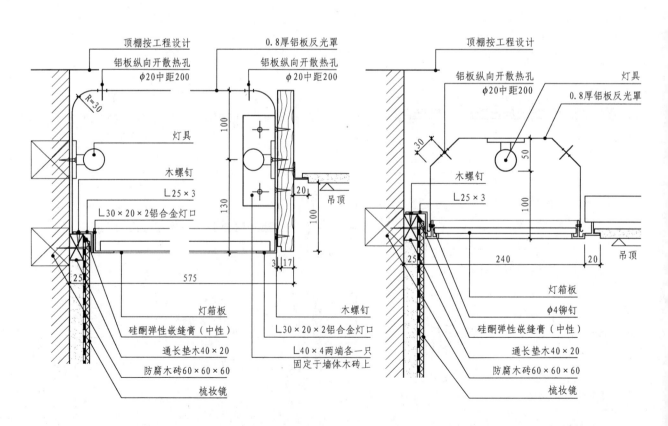

顶棚按工程设计
铝板纵向开散热孔
φ20中距200
R=30
灯具
木螺钉
L25×3
L30×20×2铝合金灯口
575
灯箱板
硅酮弹性嵌缝膏（中性）
通长垫木40×20
防腐木砖60×60×60
梳妆镜

0.8厚铝板反光罩
铝板纵向开散热孔
φ20中距200
100
130
20
吊顶
100
3 17
木螺钉
L30×20×2铝合金灯口
L40×4两端各一只
固定于墙体木砖上

1-1剖面

顶棚按工程设计
铝板纵向开散热孔
φ20中距200
30
灯具
0.8厚铝板反光罩
50
木螺钉
L25×3
100
25
240
20
吊顶
灯箱板
φ4铆钉
硅酮弹性嵌缝膏（中性）
通长垫木40×20
防腐木砖60×60×60
梳妆镜

2-2剖面

280

坐便器、隐蔽式水箱安装构造

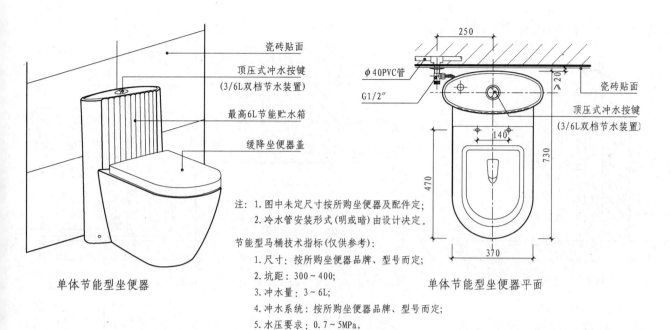

瓷砖贴面

顶压式冲水按键
(3/6L双档节水装置)

最高6L节能贮水箱

缓降坐便器盖

单体节能型坐便器

φ40PVC管

G1/2″

250

140

470

730

370

> 20

瓷砖贴面

顶压式冲水按键
(3/6L双档节水装置)

单体节能型坐便器平面

注: 1.图中未定尺寸按所购坐便器及配件定;
　　2.冷水管安装形式(明或暗)由设计决定。

节能型马桶技术指标(仅供参考):
1.尺寸: 按所购坐便器品牌、型号而定;
2.坑距: 300~400;
3.冲水量: 3~6L;
4.冲水系统: 按所购坐便器品牌、型号而定;
5.水压要求: 0.7~5MPa。

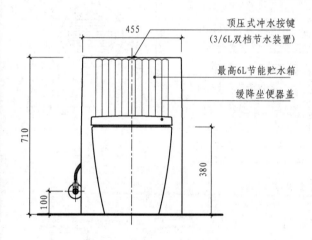

455

顶压式冲水按键
(3/6L双档节水装置)

最高6L节能贮水箱

缓降坐便器盖

710

380

100

单体节能型坐便器正立面

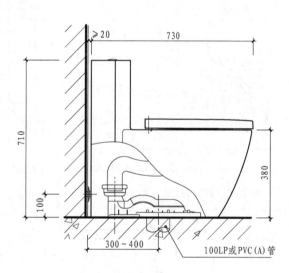

> 20

730

710

380

100

300~400

100LP或PVC(A)管

单体节能型坐便器侧立面

卫生间

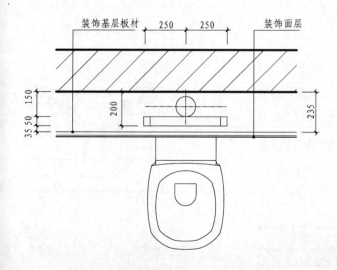

装饰基层板材

250

250

装饰面层

150

35 50

200

235

隐蔽式水箱平面图 (前按式)

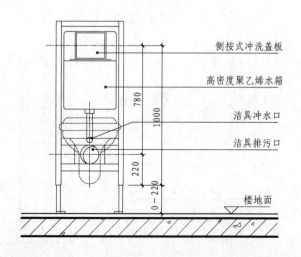

侧按式冲洗盖板

高密度聚乙烯水箱

洁具冲水口

洁具排污口

780

1000

220

0~220

楼地面

隐蔽式水箱立面图 (前按式)

坐便器隐蔽式水箱安装构造、地漏安装构造

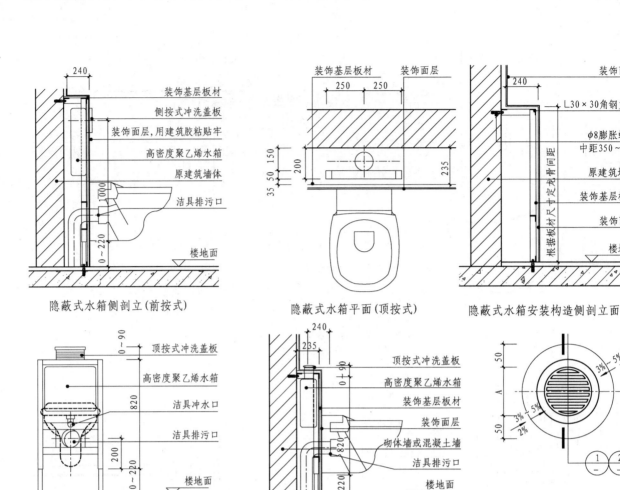

隐蔽式水箱侧剖立(前按式)

隐蔽式水箱平面(顶按式)

隐蔽式水箱安装构造侧剖立面

隐蔽式水箱立面(顶按式)

隐蔽式水箱侧剖立面(顶按式)

地漏平面

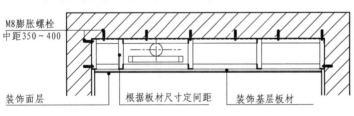

隐蔽式水箱安装构造平面

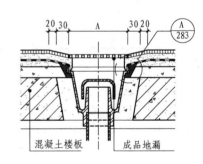

隐蔽式水箱1-1剖立面

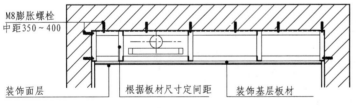

隐蔽式水箱立面(前按式、配蹲厕)　隐蔽式水箱侧剖立面(前按式、配蹲厕)

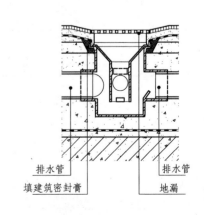

隐蔽式水箱2-2剖立面

卫生间

地漏安装构造

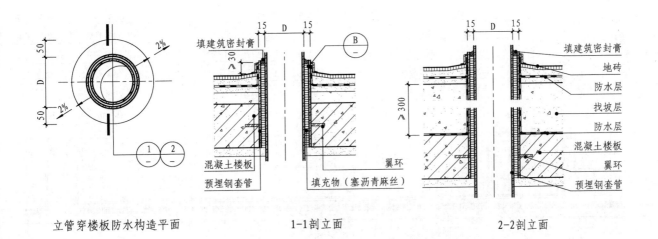

立管穿楼板防水构造平面　　　　1-1剖立面　　　　2-2剖立面

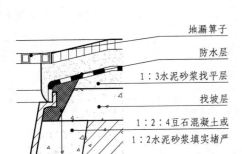

地漏算子
防水层
1:3水泥砂浆找平层
找坡层
1:2:4豆石混凝土或
1:2水泥砂浆填实堵严
建筑密封膏

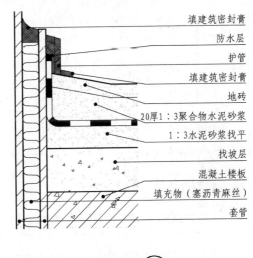

填建筑密封膏
防水层
护管
填建筑密封膏
地砖
20厚1:3聚合物水泥砂浆
1:3水泥砂浆找平
找坡层
混凝土楼板
填充物(塞沥青麻丝)
套管

注：1. 装饰基层板材主要为水泥板、纤维板、GRC板等；
　　2. 装饰面层材料主要为瓷砖、花岗石板、金属板等
　　　各类装饰板；
　　3. 单体设计可根据选型尺寸适当调整。

卫生间

浴池构造

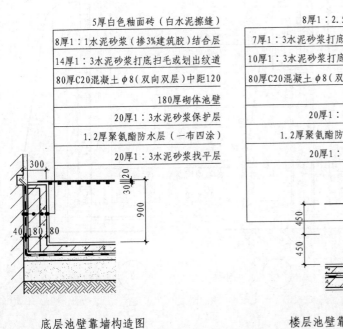

5厚白色釉面砖(白水泥擦缝)
8厚1:1水泥砂浆(掺3%建筑胶)结合层
14厚1:3水泥砂浆打底扫毛或划出纹道
80厚C20混凝土φ8(双向双层)中距120
180厚砌体池壁
20厚1:3水泥砂浆保护层
1.2厚聚氨酯防水层(一布四涂)
20厚1:3水泥砂浆找平层

底层池壁靠墙构造图

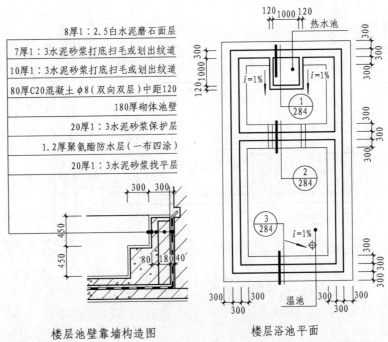

8厚1:2.5白水泥磨石面层
7厚1:3水泥砂浆打底扫毛或划出纹道
10厚1:3水泥砂浆打底扫毛或划出纹道
80厚C20混凝土φ8(双向双层)中距120
180厚砌体池壁
20厚1:3水泥砂浆保护层
1.2厚聚氨酯防水层(一布四涂)
20厚1:3水泥砂浆找平层

楼层池壁靠墙构造图

热水池
温池
楼层浴池平面

浴池构造

120厚C20混凝土φ8双向中距200
50×20木条@70
40×30木条@150
8厚1:2.5白水泥磨石面层
φ114×4钢管出水口

①

1.2厚聚氨酯防水层（一布四涂）
20厚1:3水泥砂浆找平层
钢筋混凝土楼板
80厚C20混凝土φ8双向中距200
φ114×4钢管出水口

②

8厚1:2.5白水泥磨石面层
7厚1:3水泥砂浆打底扫毛或划出纹道
10厚1:3水泥砂浆打底扫毛或划出纹道
120厚C20混凝土φ8（双向双层）中距200
20厚1:3水泥砂浆保护层

③

80厚C20混凝土φ8双向中距120
50×20木条@70
40×30木条@150
8厚防滑面砖（白水泥擦缝）
φ114×4钢管出水口
素土夯实（楼层无此层）

④

1.2厚聚氨酯防水层（一布四涂）
20厚1:3水泥砂浆找平层
100厚C20混凝土（楼层为钢筋混凝土楼板）
300厚3:7灰土（楼层无此层）
φ114×4钢管出水口
80厚C15混凝土φ8双向中距120

⑤

8厚防滑面砖（白水泥擦缝）
8厚1:1水泥砂浆（掺3%建筑胶）结合层
14厚1:3水泥砂浆打底扫毛或划出纹道
120厚C20混凝土φ8（双向双层）中距120
20厚1:3水泥砂浆保护层

⑥

卫生间

浴盆安装构造

底层浴池平面

热水池　　温池

5厚釉面砖，白水泥擦缝
成品线条35×50
钢板网DW:1×10
10厚1:3水泥砂浆
8厚1:0.3:2水泥石灰膏砂浆
φ30成品拉手
5厚胶合板
外贴面或刷油漆（设计定）
25×50木龙骨
L40×4铝型材

⑦ 7-7剖面

⑧ 8-8剖面

浴盆安装构造

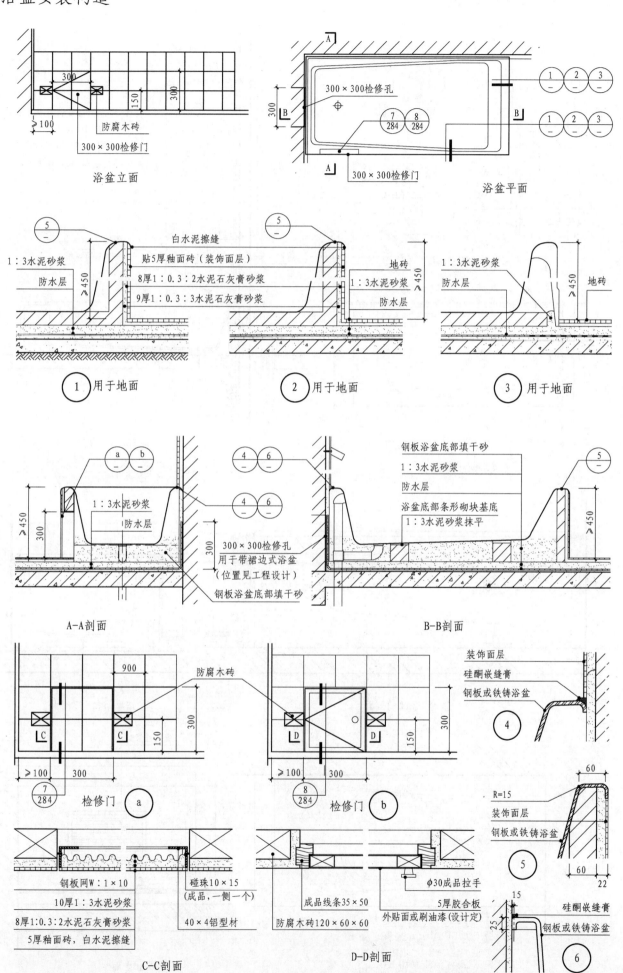

浴盆立面

浴盆平面

① 用于地面

② 用于地面

③ 用于地面

A-A剖面

B-B剖面

检修门 a

检修门 b

④

⑤

⑥

C-C剖面

D-D剖面

285

浴缸、按摩浴缸安装构造

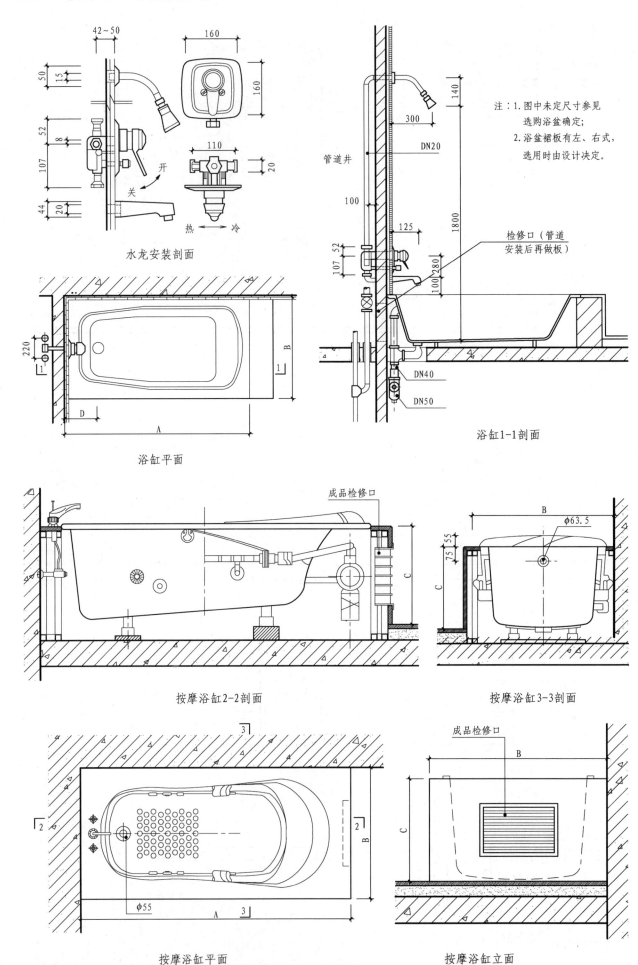

水龙安装剖面

浴缸平面

注：1. 图中未定尺寸参见
　　　选购浴盆确定；
　　2. 浴盆裙板有左、右式，
　　　选用时由设计决定。

检修口（管道
安装后再做板）

浴缸1-1剖面

卫生间

成品检修口

按摩浴缸2-2剖面

按摩浴缸3-3剖面

成品检修口

按摩浴缸平面

按摩浴缸立面

淋浴间安装构造及配件

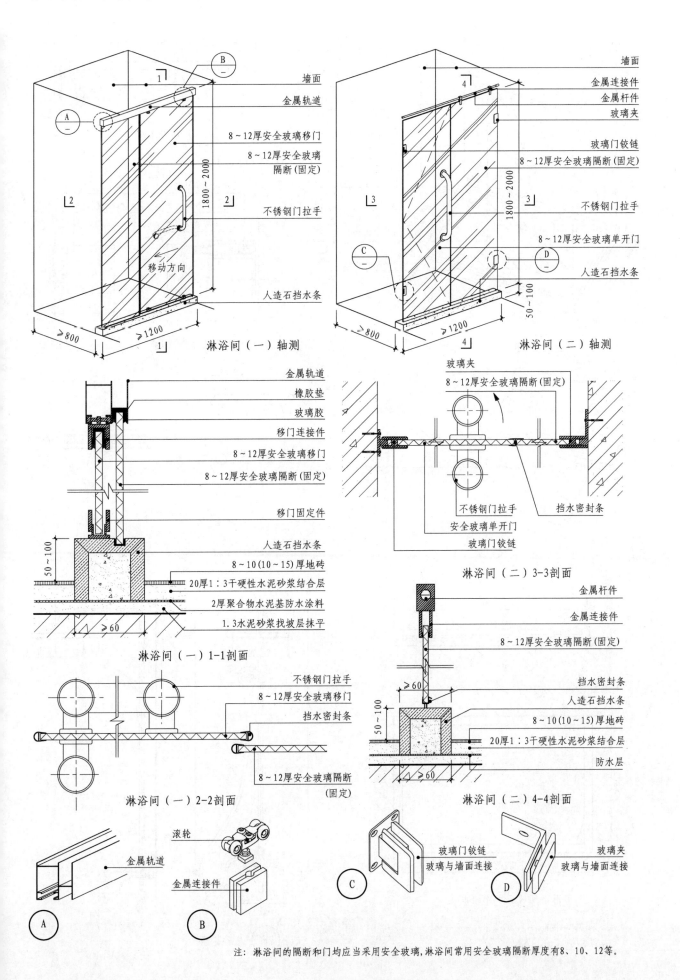

墙面
金属轨道
8～12厚安全玻璃移门
8～12厚安全玻璃隔断(固定)
1800～2000
不锈钢门拉手
移动方向
人造石挡水条
≥800
≥1200
淋浴间（一）轴测

墙面
金属连接件
金属杆件
玻璃夹
玻璃门铰链
8～12厚安全玻璃隔断(固定)
1800～2000
不锈钢门拉手
8～12厚安全玻璃单开门
人造石挡水条
50～100
≥800
≥1200
淋浴间（二）轴测

金属轨道
橡胶垫
玻璃胶
移门连接件
8～12厚安全玻璃移门
8～12厚安全玻璃隔断(固定)
移门固定件
人造石挡水条
50～100
8～10(10～15)厚地砖
20厚1：3干硬性水泥砂浆结合层
2厚聚合物水泥基防水涂料
1.3水泥砂浆找坡层抹平
≥60
淋浴间（一）1-1剖面

玻璃夹
8～12厚安全玻璃隔断(固定)
不锈钢门拉手
挡水密封条
安全玻璃单开门
玻璃门铰链
淋浴间（二）3-3剖面

不锈钢门拉手
8～12厚安全玻璃移门
挡水密封条
8～12厚安全玻璃隔断(固定)
淋浴间（一）2-2剖面

金属杆件
金属连接件
8～12厚安全玻璃隔断(固定)
≥60
挡水密封条
人造石挡水条
50～100
8～10(10～15)厚地砖
20厚1：3干硬性水泥砂浆结合层
防水层
≥60
淋浴间（二）4-4剖面

金属轨道
A

滚轮
金属连接件
B

玻璃门铰链
玻璃与墙面连接
C

玻璃夹
玻璃与墙面连接
D

卫生间

注：淋浴间的隔断和门应当采用安全玻璃,淋浴间常用安全玻璃隔断厚度有8、10、12等。

287

淋浴间安装构造及配件

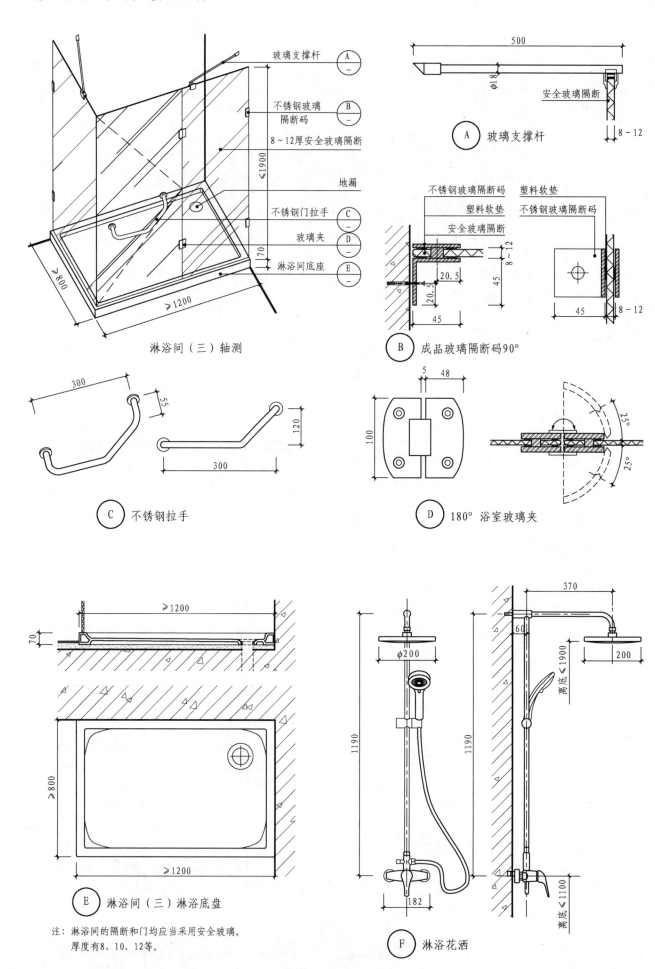

玻璃支撑杆 Ⓐ

不锈钢玻璃隔断码 Ⓑ

8~12厚安全玻璃隔断

地漏

不锈钢门拉手 Ⓒ

玻璃夹 Ⓓ

淋浴间底座 Ⓔ

淋浴间（三）轴测

500

φ18

安全玻璃隔断

8~12

Ⓐ 玻璃支撑杆

不锈钢玻璃隔断码　塑料软垫

塑料软垫　不锈钢玻璃隔断码

安全玻璃隔断

8~12

45

20.5

20.5

45

45

8~12

Ⓑ 成品玻璃隔断码90°

300

55

120

300

Ⓒ 不锈钢拉手

5 48

100

25°

25°

Ⓓ 180° 浴室玻璃夹

≥1200

70

≥800

≥1200

Ⓔ 淋浴间（三）淋浴底盘

注：淋浴间的隔断和门均应当采用安全玻璃，
　　厚度有8、10、12等。

φ200

370

60

200

离底 ≤1900

1190

1190

182

离底 ≤1100

Ⓕ 淋浴花洒

卫生间

淋浴间安装构造及配件

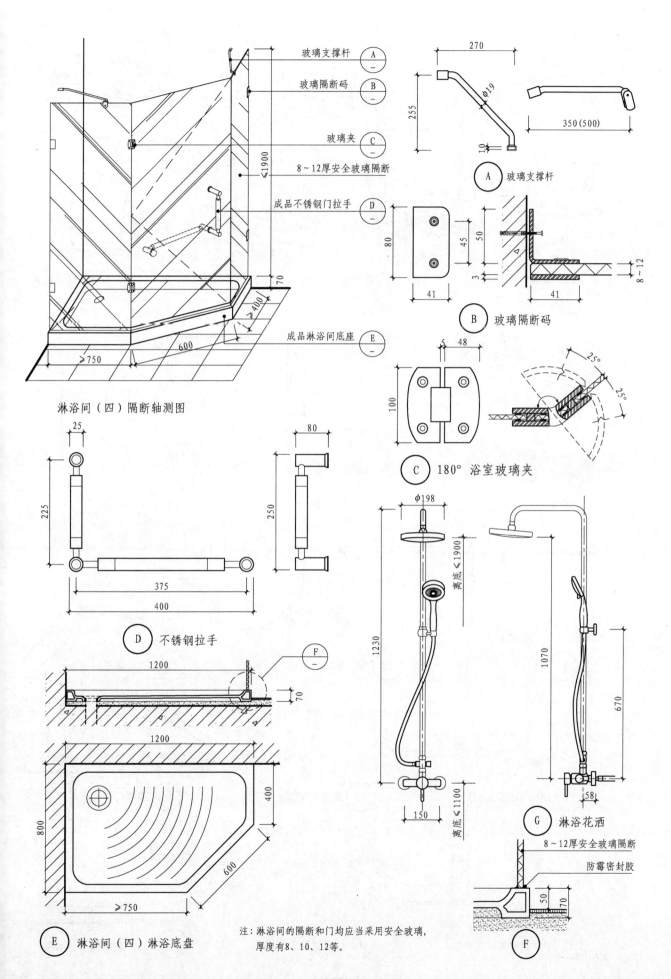

玻璃支撑杆 （A/－）

玻璃隔断码 （B/－）

玻璃夹 （C/－）

8~12厚安全玻璃隔断

成品不锈钢门拉手 （D/－）

成品淋浴间底座 （E/－）

淋浴间（四）隔断轴测图

270

255

Φ19

350（500）

10

（A）玻璃支撑杆

80

45

50

3

8~12

41

41

（B）玻璃隔断码

5 48

100

25°

25°

（C）180°浴室玻璃夹

25

225

80

250

375

400

（D）不锈钢拉手

Φ198

离底≤1900

1230

150

离底≤1100

1070

670

58

（G）淋浴花洒

1200

（F/－）

70

1200

400

800

600

≥750

（E）淋浴间（四）淋浴底盘

注：淋浴间的隔断和门均应当采用安全玻璃，
　　厚度有8、10、12等。

8~12厚安全玻璃隔断

防霉密封胶

50

70

（F）

<1900

70

≥400

600

≥750

70

卫生间

卫
生
间

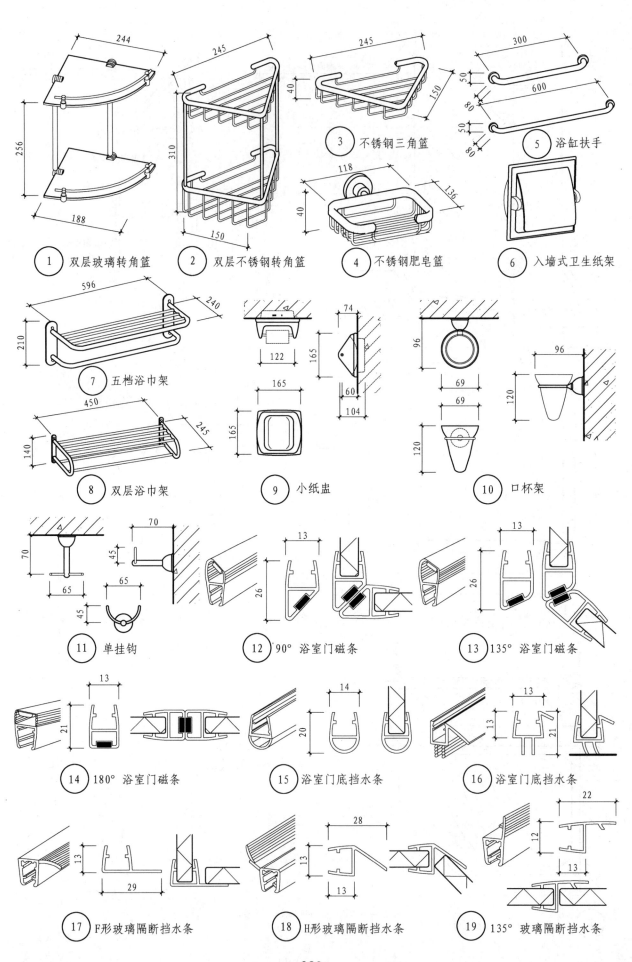

244

256

188

① 双层玻璃转角篮

245

310

150

② 双层不锈钢转角篮

245

150

40

③ 不锈钢三角篮

118

136

40

④ 不锈钢肥皂篮

300

50

600

80

50

80

⑤ 浴缸扶手

⑥ 入墙式卫生纸架

596

240

210

⑦ 五档浴巾架

450

245

140

⑧ 双层浴巾架

122

74

165

165

60

104

165

⑨ 小纸盅

96

69

69

120

96

120

⑩ 口杯架

70

70

45

65

65

65

45

⑪ 单挂钩

26

13

⑫ 90° 浴室门磁条

26

13

⑬ 135° 浴室门磁条

13

21

⑭ 180° 浴室门磁条

14

20

⑮ 浴室门底挡水条

13

13

21

⑯ 浴室门底挡水条

13

29

⑰ F形玻璃隔断挡水条

28

13

13

⑱ H形玻璃隔断挡水条

22

12

13

⑲ 135° 玻璃隔断挡水条

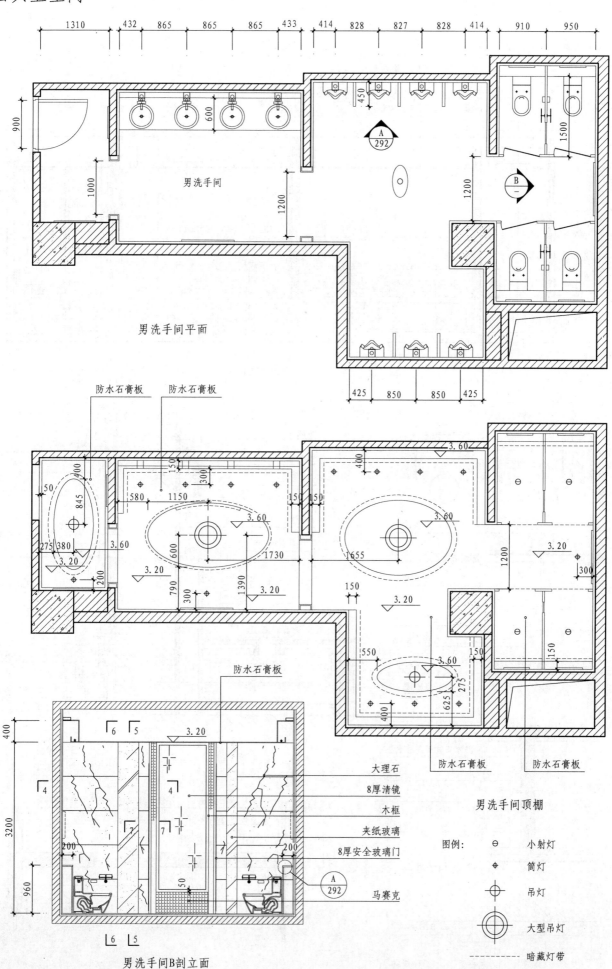

男洗手间平面

防水石膏板　防水石膏板

卫
生
间

防水石膏板

男洗手间顶棚

防水石膏板

大理石
8厚清镜
木框
夹纸玻璃
8厚安全玻璃门
马赛克

男洗手间B剖立面

图例：　⊖　小射灯
　　　　⊕　筒灯
　　　　　　吊灯
　　　　　　大型吊灯
　　- - - - -　暗藏灯带

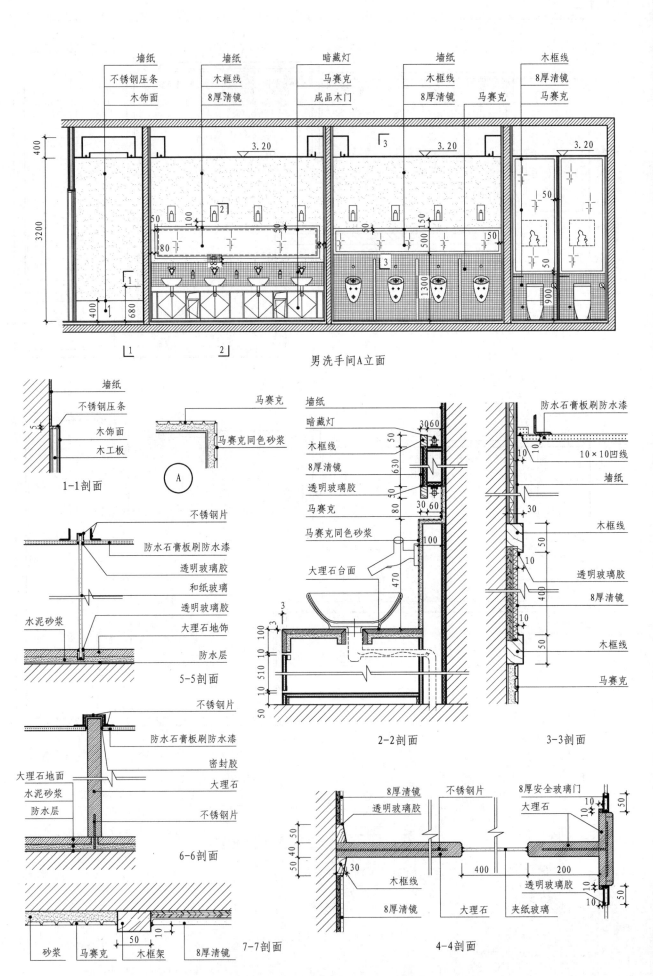

卫生间

墙纸
不锈钢压条
木饰面

墙纸
木框线
8厚清镜

暗藏灯
马赛克
成品木门

墙纸
木框线
8厚清镜
马赛克

木框线
8厚清镜
马赛克

男洗手间A立面

墙纸
不锈钢压条
木饰面
木工板

1-1剖面

马赛克
马赛克同色砂浆

A

不锈钢片
防水石膏板刷防水漆
透明玻璃胶
和纸玻璃
透明玻璃胶
大理石地饰
防水层
水泥砂浆

5-5剖面

墙纸
暗藏灯
木框线
8厚清镜
透明玻璃胶
马赛克
马赛克同色砂浆
大理石台面

2-2剖面

防水石膏板刷防水漆
10×10凹线
墙纸
木框线
透明玻璃胶
8厚清镜
木框线
马赛克

3-3剖面

不锈钢片
防水石膏板刷防水漆
密封胶
大理石
不锈钢片

大理石地面
水泥砂浆
防水层

6-6剖面

砂浆 马赛克 木框架 8厚清镜

7-7剖面

8厚清镜
透明玻璃胶
不锈钢片
8厚安全玻璃门
大理石
木框线
8厚清镜
大理石
透明玻璃胶
夹纸玻璃

4-4剖面

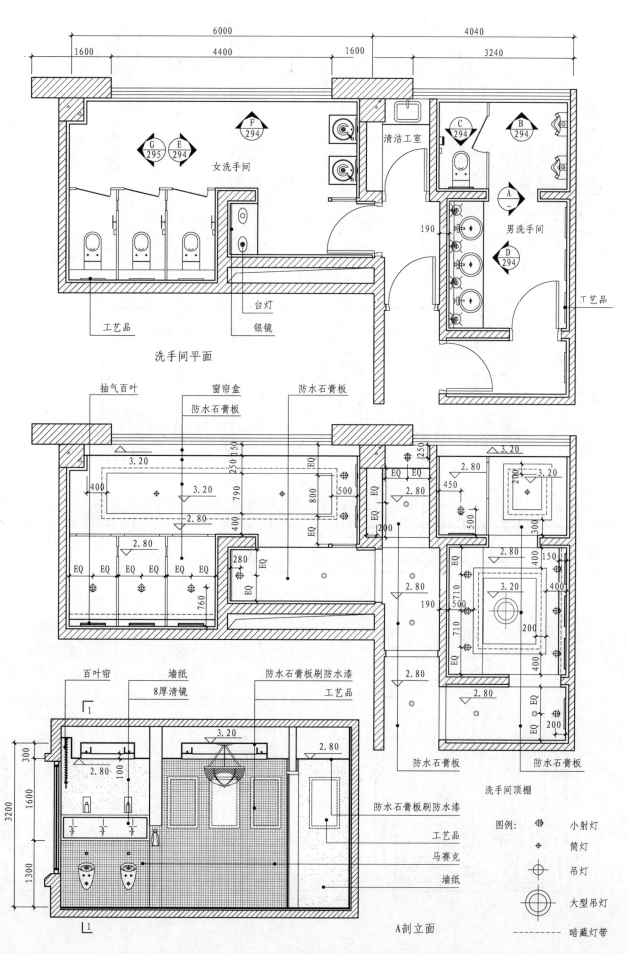

洗手间平面

A剖立面

洗手间顶棚

图例:
⊕ 小射灯
⊕ 筒灯
⊕ 吊灯
◎ 大型吊灯
------ 暗藏灯带

卫生间

公共卫生间

3.20

2.80

防水石膏板刷防水漆

木百叶帘

建筑原有窗

小便器

马赛克

970   1600

2600

B剖立面

2.80

防水石膏板刷
防水漆

切片板

工艺品

8厚清镜

马赛克

970

C剖立面

1900

2800

900

防水石膏板刷防水漆

10×10凹线

墙纸

切片板

透明玻璃胶

8厚清镜

马赛克

1-1剖面

卫生间

2

3.20

2.80

250

400

1650

3200

470

680

50

2

防水石膏板刷防水漆

8厚清镜

大理石

8厚安全玻璃

马赛克

木门

100

100

D剖立面

木百叶帘   8厚清镜   马赛克

10厚磨砂玻璃   8厚安全玻璃

6   6

200

1900

3200

900

B
295

7

E剖立面

马赛克   防水石膏板刷防水漆

原建筑窗   木百叶帘

马赛克

F剖立面

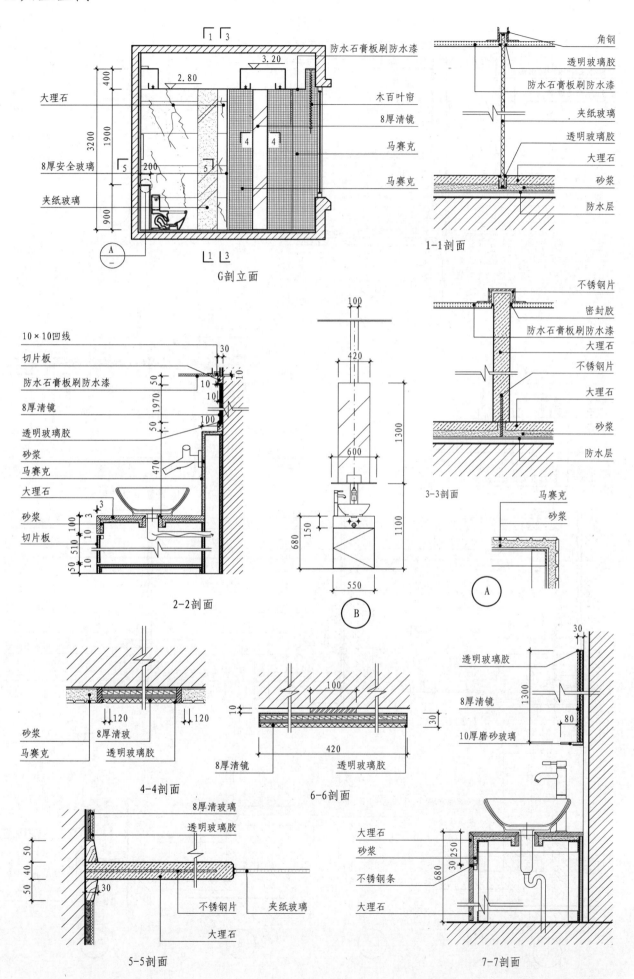

防水石膏板刷防水漆

木百叶帘

8厚清镜

马赛克

马赛克

大理石

8厚安全玻璃

夹纸玻璃

G剖立面

角钢

透明玻璃胶

防水石膏板刷防水漆

夹纸玻璃

透明玻璃胶

大理石

砂浆

防水层

1-1剖面

10×10凹线

切片板

防水石膏板刷防水漆

8厚清镜

透明玻璃胶

砂浆

马赛克

大理石

砂浆

切片板

2-2剖面

B

不锈钢片

密封胶

防水石膏板刷防水漆

大理石

不锈钢片

大理石

砂浆

防水层

3-3剖面

马赛克

砂浆

A

卫
生
间

砂浆

马赛克

8厚清玻

透明玻璃胶

4-4剖面

8厚清镜

透明玻璃胶

6-6剖面

透明玻璃胶

8厚清镜

10厚磨砂玻璃

8厚清玻璃

透明玻璃胶

不锈钢片

夹纸玻璃

大理石

5-5剖面

大理石

砂浆

不锈钢条

大理石

7-7剖面

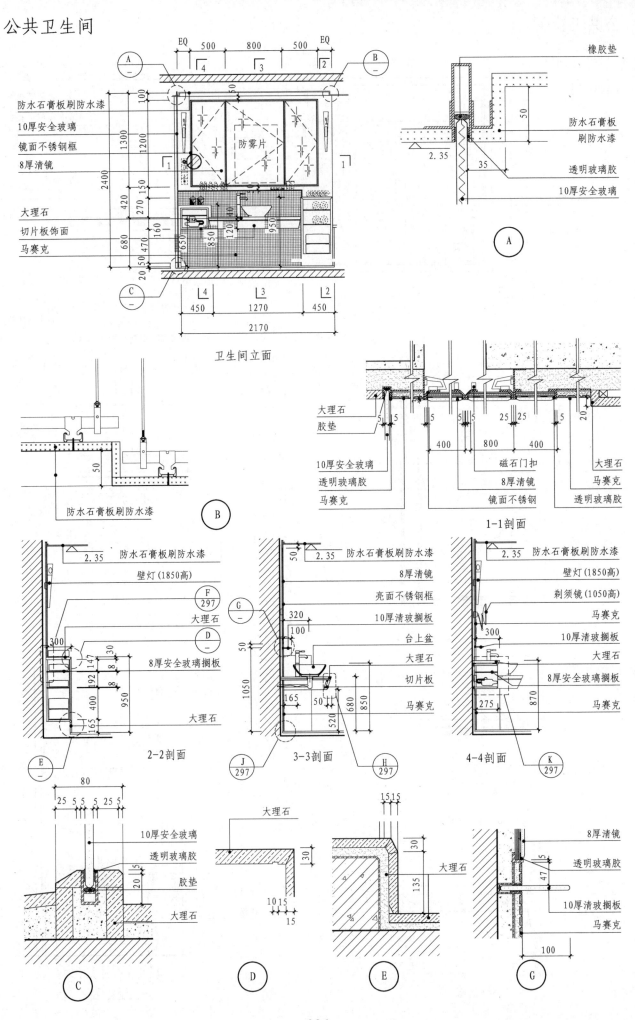

卫生间立面

1-1剖面

2-2剖面

3-3剖面

4-4剖面

卫
生
间

公共卫生间

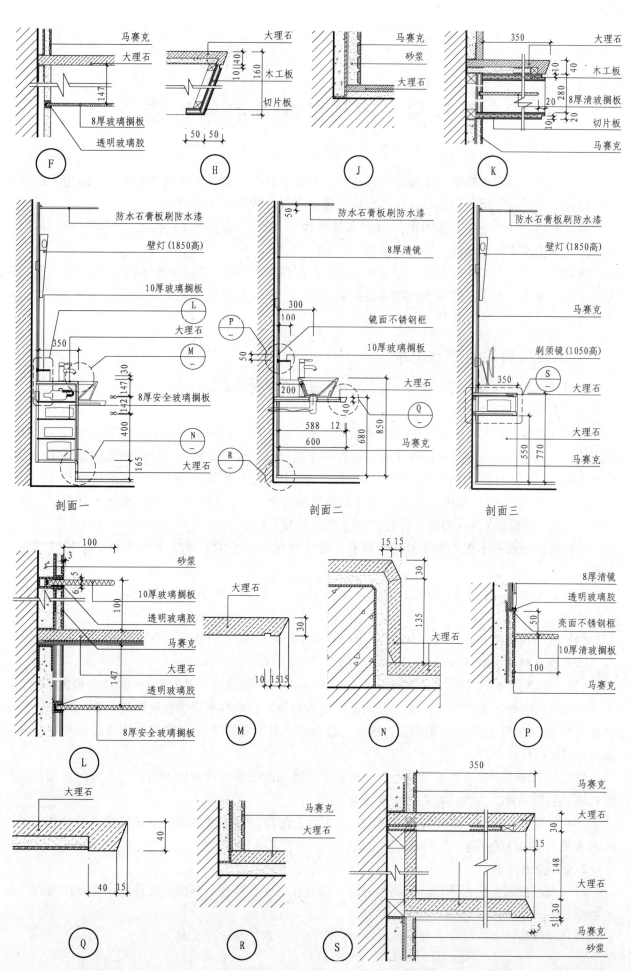

F 马赛克 / 大理石 / 147 / 8厚玻璃搁板 / 透明玻璃胶

H 大理石 / 10 40 / 160 / 木工板 / 切片板 / 50 50

J 马赛克 / 砂浆 / 大理石

K 350 / 大理石 / 40 10 / 木工板 / 280 / 8厚清玻搁板 / 20 / 切片板 / 10 20 / 马赛克

剖面一 防水石膏板刷防水漆 / 壁灯(1850高) / 10厚玻璃搁板 / L / 大理石 / M / 350 / 8 8 142 147 30 / 8厚安全玻璃搁板 / N / 400 / 165 / 大理石

剖面二 防水石膏板刷防水漆 / 50 / 8厚清镜 / 300 / 100 / P / 镜面不锈钢框 / 10厚玻璃搁板 / 50 / 200 / 大理石 / 140 / Q / 850 / 680 / 588 12 / 600 / R / 马赛克

剖面三 防水石膏板刷防水漆 / 壁灯(1850高) / 马赛克 / 剃须镜(1050高) / 350 / S / 大理石 / 550 770 / 大理石 / 马赛克

L 100 / 3 / 砂浆 / 6 5 / 10厚玻璃搁板 / 100 / 透明玻璃胶 / 马赛克 / 大理石 / 147 / 透明玻璃胶 / 8厚安全玻璃搁板

M 大理石 / 30 / 10 15 15

N 15 15 / 30 / 135 / 大理石

P 8厚清镜 / 透明玻璃胶 / 50 / 亮面不锈钢框 / 10厚玻璃搁板 / 100 / 马赛克

Q 大理石 / 40 / 40 15

R 马赛克 / 大理石

S 350 / 马赛克 / 大理石 / 30 / 15 / 148 / 大理石 / 30 / 5 / 马赛克 / 砂浆

卫生间

297

第八章 家具的装饰装修构造

本图集介绍的家具构造是装饰装修设计中的各种座椅类、桌台类以及柜类家具，因为装饰装修设计师较少涉及床类家具的设计，故本图集对床类家具的构造不作介绍。

家具的构造设计主要与家具的用材、家具的样式和家具的生产方式有关，不同材质、不同样式、不同生产方式的家具有不同的构造方式。

随着家具行业的工业化发展，原有的木质家具制作手工艺技术逐渐被机械加工所替代。为适应机器装配式的生产要求，其制作过程更加强调模数化、集成化以及批量化。本图集中介绍的家具构造侧重于工厂化生产的现代样式家具构造。

一、家具制作的基本要求

家具的构造与家具的制作有关，家具制作的基本要求包括家具的材料选用和家具制作工艺：

1. 家具材料选用的要求

（1）人造板选用要求：所有家具的饰面人造板、贴面胶合板应采用甲醛释放限量为 E_1 或 E_0 级的人造板。其中，为Ⅰ类民用建筑工程中制作的家具，其基层板必须采用甲醛释放限量为 E_1 或 E_0 级的人造板，而为Ⅱ类民用建筑工程中制作的家具，其基层板建议采用甲醛释放限量为 E_1 或 E_0 级的人造板，也可采用 E_2 级的人造板。另外，基层板的含水率应控制在工程所在地木材含水率年平均值 $\pm 1.5\%$ 的范围内（选用的木材含水率应不大于 1.4%）。

（2）装饰单板（木皮）厚度的选用要求：通常情况下单板的厚度应大于 0.5mm，特殊情况下不得小于 0.3mm。

（3）胶合材选用的中密度纤维板，应符合 GB/T 11718 中规定的要求，其密度不低于 $0.68g/cm^3$。

（4）胶合材选用的胶合板，应符合 GB/T 9846.1～8 中规定的Ⅱ类胶合板要求。

（5）胶合材选用的细木工板，应符合 GB/T 5849 中规定的要求。

（6）在胶粘剂的选用中，必须选用《胶粘剂中有害物质限量》GB 18583—2001 合格的产品。

（7）在溶剂型木器涂料选用中，必须选用《溶剂型木器涂料中有害物质限量》GB 18581—2001 合格的产品，包装应有 3C 认证标志。因此，推荐选用环境标志产品《室内装饰装修用溶剂型木器涂料》HJ/T 414—2007。

（8）玻璃选用要求：玻璃质量应符合相关品种玻璃的国家及行业标准的规定。玻璃应根据功能要求选取适当品种、颜色，宜采用安全玻璃。

（9）五金件、附件、紧固件选用规定：五金件、附件、紧固件应满足功能要求，符合相关品种的国家及行业标准的要求。

2. 家具制作工艺

（1）人造板制成的板件外露部位的端面（安装五金件需开孔、开槽）必须用涂料封闭处理（封边处理）。

（2）板件精裁规格尺寸必须预留封边和油漆厚度的累计尺寸增长量。

3. 固定家具装饰单板（木皮）拼贴的外观要求

（1）同一套或相邻的固定家具所用装饰单板（木皮）首先应选择同一段木方加工的装饰单板，其次用同一批次（同质）的单板，依次排列，确保贴面的纹理、图案、颜色的协调，不允许出现明显的花纹或色彩差异。

（2）高度不高于 2400mm 的固定家具，纵向必须用同一张装饰单板进行贴面后裁切，横向排版要求同（1）。

（3）高度超过 2400mm 的固定家具，木质纹理要求根据设计要求排列，设计未明确表示的，应保证纵向的木质纹理连贯顺畅，横向排版要求同（1）。

（4）固定家具外表的倒棱、圆角、圆线应均匀一致。

（5）固定家具木工工艺要求：

① 贴皮正反面必须贴同材质、同厚度木皮，以免变形；

② 人造板制成的部件应进行封边处理，封边接头必须在不明显处；

③ 薄木和其他材料覆面不允许有脱胶和鼓泡；

④ 榫结合处不允许断榫，榫及零部件结合应严密、牢固；塞角、栏屉条等支承零件的结合应牢固，装板部件配合不得松动；

⑤ 启闭零件和配件应使用灵活；

⑥ 各种配件安装不得有少件、漏钉、透钉；

⑦ 薄木和其他材料覆面的拼贴应严密、平整、不允许有明显透胶；各种配件安装应严密、平整、端正、牢固，结合处应无崩茬或松动；外表的倒棱、圆角、圆线应均匀一致；

⑧ 不涂饰部位粗糙度要求：内部 Ra 3.2～12.5μm（细光），隐蔽处 Ra ＞12.5μm（粗光）；

⑨ 超过 2.4m 柜门应考虑组框，以免变形。

4. 固定家具的其他要求

（1）固定家具的密封、防腐和防虫处理应符合设计要求及有关规范标准的规定。

（2）固定家具的基层板和涂饰材料应满足各种建筑物场所对防火等级要求。

（3）有防火特定要求的场所，应对加工完成的固定家具的部件进行燃烧性能等级试验。

（4）可见部位一般均采用与设计要求相符的同质的装饰单板贴面。

（5）隐蔽部位可以采用质量较好的杂木单板贴面，但油漆工艺必须与可见部位具有同等要求。

（6）若采用色漆涂饰，可见部位和隐蔽部位的涂饰要求相同。

（7）不可见部位可采用与可见部位装饰单板变形能力相近的杂木单板作平衡处理，厚度不大于12mm 的背板采用木螺钉与柜体固定的，其反面不可见部位可以不贴单板，但必须用油漆进行可靠封闭。

（8）钻孔一般采用 32 系列排钻，所有板件钻孔基准面必须统一，一般以柜体正面为基准面。连接件螺母的孔、连杆通孔间尺寸配合应准确，各孔洞深度、孔径以及相对距离应与连接件规格相匹配。

（9）各种开槽、铣型等的形状和位置应符合设计要求。

二、家具的构造与人体工学

需要注意的是，家具的构造形式与人体工学有关。因为人体工学的尺寸是确定家具尺寸的主要依据之一，因此熟悉与家具设计有关的人体结构和行为方式是家具构造设计的不可或缺的知识（见图 8-1）。

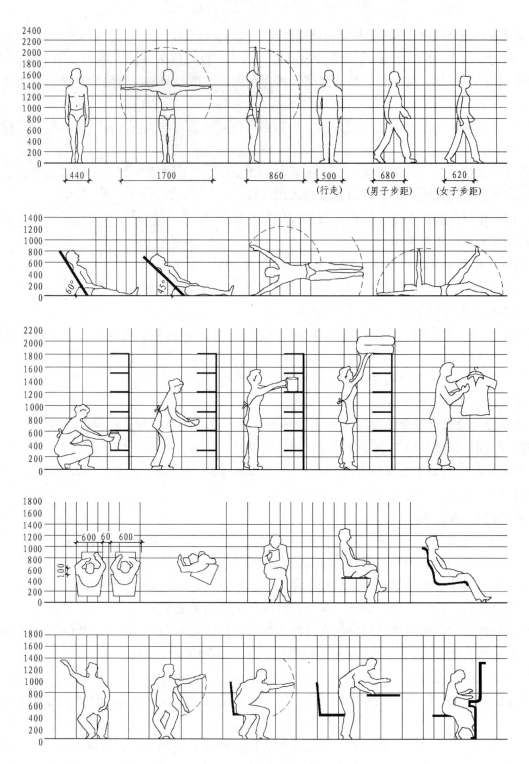

图 8-1 人体基本动作尺度

从上图可以分析出人体工学对各种家具所需要的基本尺寸。

以下是人体工学对座椅类、桌台类、柜类的一般要求：

1. 座椅的基本尺度要求

座椅的基本功能是以满足人们坐得舒服和提高工作效率为原则。由于人的坐姿与人体结构的变化，特别是腰椎的变化有着密切关系，因此设计椅类家具，应根据人坐着时的身体形态尺寸和力学要求来考虑支撑人体坐姿应具备的各种条件，其关键在于掌握好座面与靠背所构成的角度和支撑位置的选择。座椅的基本尺度如下：

（1）座高

座高是影响坐姿舒适程度的重要因素之一。座面高度过高或过低都会导致不正确的坐姿，使人体腰部产生疲劳感。根据座椅的体压情况来分析，椅座高应小于坐者小腿腘窝到地面的垂直距离，以使小腿有一定的活动余地（见图 8-2）。因此，适宜的座高应当是：

椅座高＝（小腿腘窝高）＋（25～35mm 鞋跟高）－（10～20mm）

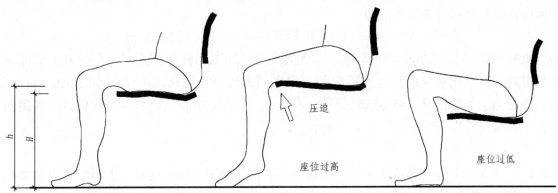

图 8-2　座高（H）与小腿腘窝高（h）的关系

以人体小腿平均腘窝高度 h 加上 25～30mm 的鞋高，座高 H 约为 420～430mm。若需使 $h<H$，则椅面高取 400～430mm 比较合适。

休息用椅的座高与座靠面所采用的软质材料有一定的弹性。我国目前的休息用椅，如轻便沙发等，宜取 330～380mm，应以弹性下沉的极限为尺寸标准，不包括材料的弹性余量。

（2）座宽

椅座的宽度（前、后宽）应当能使臀部得到全部的支持，并有一定的宽裕尺寸，使人能调整其坐姿。按人均肘宽加上适当余量，无扶手靠背椅座宽应不少于 38mm；对扶手椅来说，以"扶手内宽"作为座宽尺寸标准，应以人体平均肩宽尺寸加上适当余量计算，一般不少于 460mm。

（3）座深

座深主要是指椅座面前沿至后沿的距离。通常座深应小于人坐姿时大腿的水平长度，使座面前沿离开小腿有一定距离（约 60mm），以保证小腿的活动自由。一般来说，座深应不大于 420mm。普通工作椅，在正常垂直就坐情况下，其座深可以浅一点；沙发由于座面采用软垫，座面和靠背均有一定程度的沉陷，故座深要适当放大（见图 8-3）。

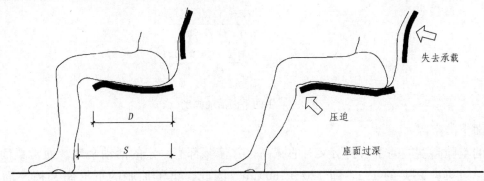

图 8-3　座深（D）与人体大腿的水平长度（S）的关系

（注：参考于上海家具研究所编《家具设计手册》第 85 页、第 86 页）

2. 桌台类家具的基本尺度要求

桌台类家具的基本尺寸应满足人在使用时的需要，要求具有适于高效率工作状态和减少疲劳的高度，既要适合存放一定的物品，又要满足在站立和坐式工作时所需要的桌面宽度与深度，以及桌面下必要的容纳膝部和置足的空间。桌面的基本尺度为：

（1）桌高

桌面应与椅座高保持一定的尺度配合关系，故设计桌高的合理方法，应先有椅座高，然后加上桌面和椅座面的高差尺寸来确定。即：

$$桌高(H_1)＝座高(H)＋桌椅高差(H_2)[约 1/3 座高(H_3)]$$

通常桌椅的高差为 300mm。设计站立用桌的高度，如工作台等，是根据在站着的情况下，臂自由垂下时，与肘高相对应的高度来确定的。按我国人体平均身高，工作台等以 910～965mm 为宜。为适应着力工作的情况，桌面可降低 20～50mm。为适应迎面观看的装饰效果，站立用的桌面家具的迎面高度通常定为 1050～1100mm 为宜。

（2）桌面尺寸

桌面的尺寸应以人坐时可达的水平工作范围为依据（见图 8-4）。同时，还需要考虑桌面的使用性质及所置放的物品之大小。双人平行或双人对坐的桌子，应加宽桌面，以不影响两人互相平行动作的幅度为宜。

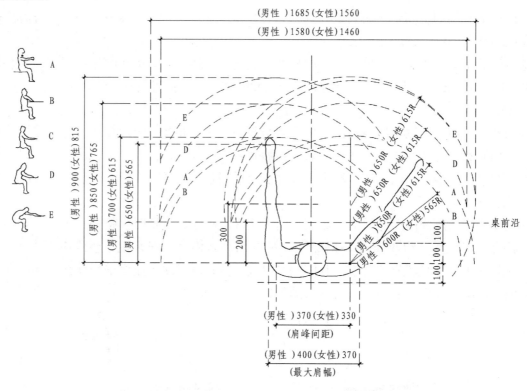

图 8-4　手的平面活动幅度

（3）桌面下的空隙

桌面下的空隙高度应高于双腿交叉时的膝高，并使膝部有一定的活动余地。通常桌面至抽屉底部的距离不超过桌椅高差的 1/2，即 120～160mm。因此，桌子抽屉的下沿离开椅座面至少应有 178mm 的空隙，空隙的宽度和深度应保证两腿的自由活动和伸展。

站立用工作台的下部空隙，不需要设有腿部活动的空隙，通常是作为收藏物品的柜体来处理的，但需要有置足的位置，一般高度在 80mm，深度在 50～100mm 为宜。

（注：参考于上海家具研究所编《家具设计手册》第88页、第89页）

3. 家具构造与收纳物品的要求

家具的尺寸除了满足人体工学的要求外，还应满足收纳物品的需要，如柜类家具。柜类家具的基本功能要求，是能按不同的使用需要和物品的存放习惯、收藏形式等要求来决定。同时，也要求人的视觉能与柜类家具的大小与室内空间尺度具有良好的比例关系。柜类家具的基本尺寸要求如下：

（1）柜高

柜类家具的高度，常根据人体身高、手臂高度、视域以及建筑层高来确定。通常分为三个区域，其区域范围及适宜存放的物品和收藏形式可见表8-1、图8-5。

确定柜类高度的依据 表8-1

区 域	范 围	适宜存放物	收藏形式
3	超高空间	较轻的过季性物品	开门、拉门、翻门只能向上
			不适宜抽屉
			适宜开门、拉门
2	从指尖至手臂向上伸展的距离	应季衣物和日常生活物品	适宜拉门
			适宜开门、翻门
1	从地面至人站立时手臂垂下时，指尖的垂直距离	较重不常用的物品、杂物等	适宜开门、拉门

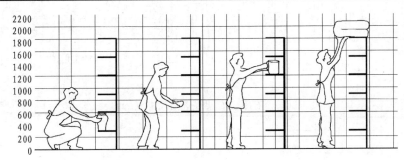

图8-5　柜内高度尺寸

（2）柜深和柜宽

柜类家具的深度和宽度是以存放物品的种类、数量和存放方式，以及室内空间等因素来确定的。同时，还须考虑柜类家具的体量在室内空间中能取得较好视觉感受。此外，还有柜类家具所使用板材的合理利用和标准化问题。

（注：参考于上海家具研究所编《家具设计手册》第90页）

（3）柜类家具的分类

① 书柜：存放书籍空间的尺寸主要以书本的尺寸为依据。同时，一方面要考虑到人与建筑之间的关系，另一方面又要顾及到物与物之间的联系。书柜的规格尺寸见表8-2，国内图书常用开本尺寸见表8-3。

书 柜 尺 寸 表（mm） 表8-2

尺 寸	宽	深	高
	600～900	300～400	1100～2200
尺寸级差	50	20	第一级差200 第二级差50

对开	4 开			开本	尺寸（mm）
	8 开	16 开		8 开	380×265
		32 开	64 开	16 开	265×185
		开	64 开	32 开	185×130

②衣柜：它的储存空间尺寸主要以存挂衣服需要的尺寸为依据（见图 8-6、图 8-7、图 8-8）。

图 8-6　衣服、衣架等规格尺寸（mm）

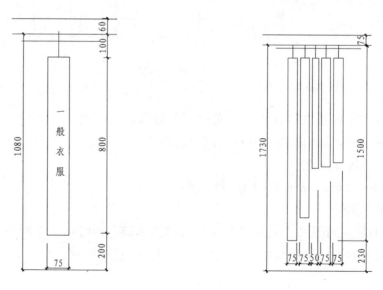

图 8-7　衣服悬挂时的尺寸（mm）　　　　图 8-8　普通衣裤尺寸（mm）

（注：1. 一般衣服（长）800±mm；2. 大衣（长）1370±mm；3. 长裤连背带（长）1220±mm；4. 衬衫（长）840±mm；5. 裤子（长）815±mm；6. 上装（长）785±mm）

a. 衣柜高度、宽度和深度，一般根据设计和预留位置尺寸确定，内部空间尺寸见表 8-4。

柜体空间		衣通上沿至柜顶板板内表面间距离	衣通上沿至柜底板内表面间距离	
挂衣空间深或宽	折叠衣服放置空间深		适于挂长外衣	适于挂短外衣
≥530	≥450	≥40	≥1400	≥900

b. 抽屉深度不小于400mm，底层抽屉面下沿离地面不低于50mm，顶层抽屉面上沿离地面不高于1150mm。

c. 镜子上沿离地面高不低于1700mm。

③ 文件柜：它的储存空间尺寸主要以存放文件书籍需要的尺寸为依据。文件柜规格尺寸见表8-5。

	宽	深	高	层间净高
尺　寸	450~1050（总体据预留尺寸）	400~450（或据预留尺寸）	(1) 370~400 (2) 700~1100 (3) 1800~2200 （或据预留尺寸）	≥330
尺寸级差	50	10	—	—

4. 厨房类家具的尺度要求

虽然目前厨房类家具都是在橱柜公司定制完成，室内装饰装修设计一般不考虑厨房类家具的设计，但结构必须了解。厨房类家具尺寸设计的基本原则包括以下三点：一是满足厨房操作的需要，二是符合家居设备和储物的需要，三是适合空间的尺寸。

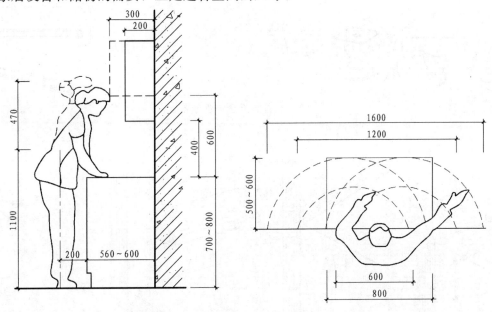

图 8-9　吊柜的高度、深度及操作面尺寸（mm）

图 8-9 所示为人在厨房操作时对吊柜高度、台面深度及台面宽度的尺寸要求。因为现代厨房的设备用具越来越丰富，因此橱柜的收藏空间和台面应尽量做到一物多用。

厨房家具规格尺寸参照表 8-6。

尺寸	操作台顶面标高	操作台底座高度	地面至吊柜底面净高	高柜与吊柜顶面标高	操作台、低柜、高柜深度	吊柜深度	各分体柜宽度
	800~900	100	≥1500	1900~2200	450~600	150~400	300~1100
尺寸级差	50	100	100	100	50	50	100

橱柜构造

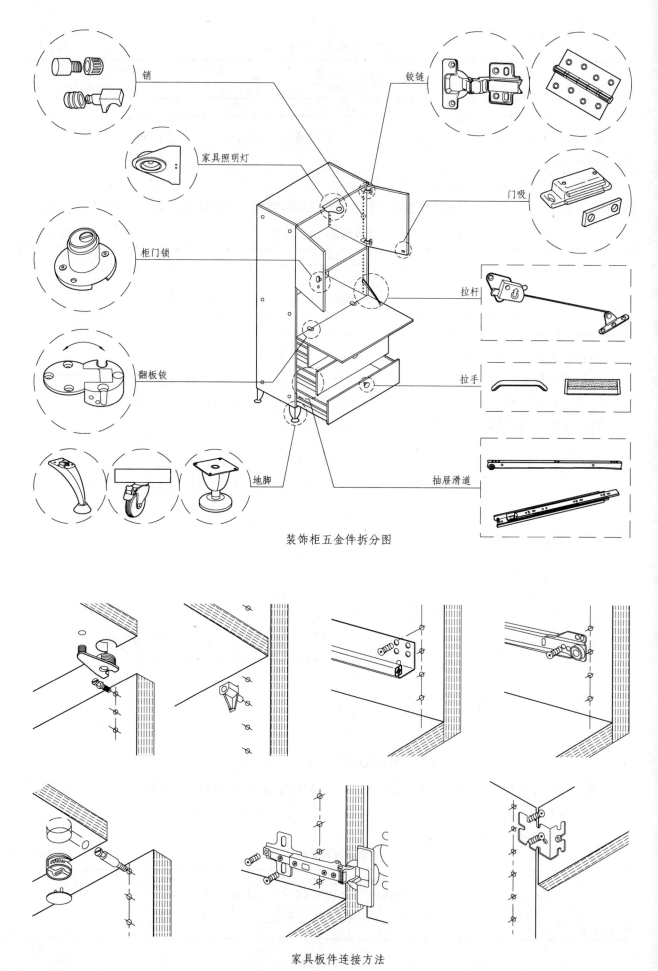

销

家具照明灯

柜门锁

翻板铰

铰链

门吸

拉杆

拉手

地脚

抽屉滑道

装饰柜五金件拆分图

柜
子

家具板件连接方法

橱柜构造

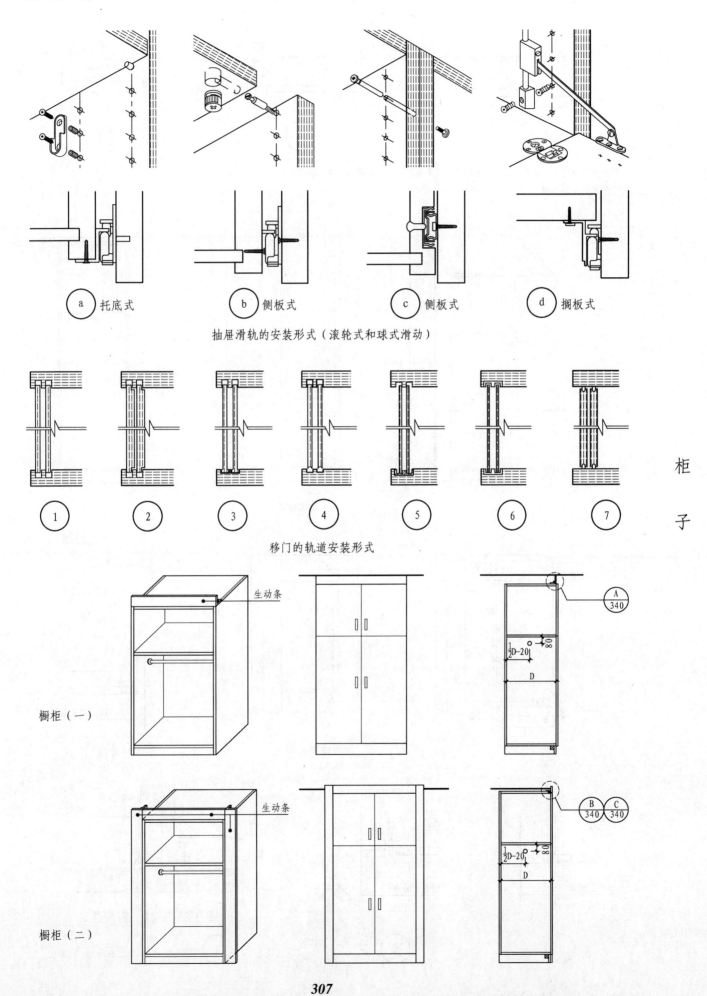

a 托底式	b 侧板式	c 侧板式	d 搁板式

抽屉滑轨的安装形式（滚轮式和球式滑动）

① ② ③ ④ ⑤ ⑥ ⑦

移门的轨道安装形式

柜 子

生动条

橱柜（一）

生动条

橱柜（二）

橱柜构造

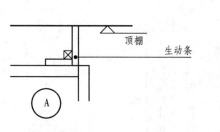
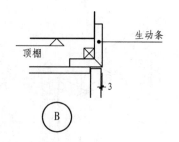
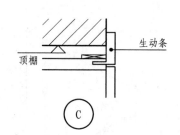

A　B　C

注: 橱柜(一)高度、宽度为标准尺寸，边部板条为生动条，用来调节施工高度、宽度；
　　橱柜(二)为入墙式橱柜，采用L形收口条收口。

柜子

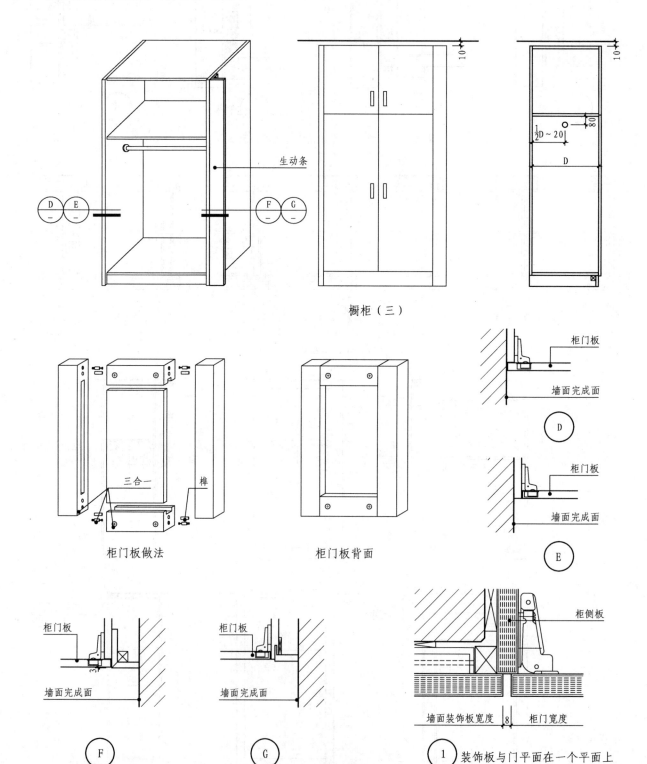

橱柜（三）

柜门板做法　　柜门板背面

D　E　F　G

1　装饰板与门平面在一个平面上

柜子连接件

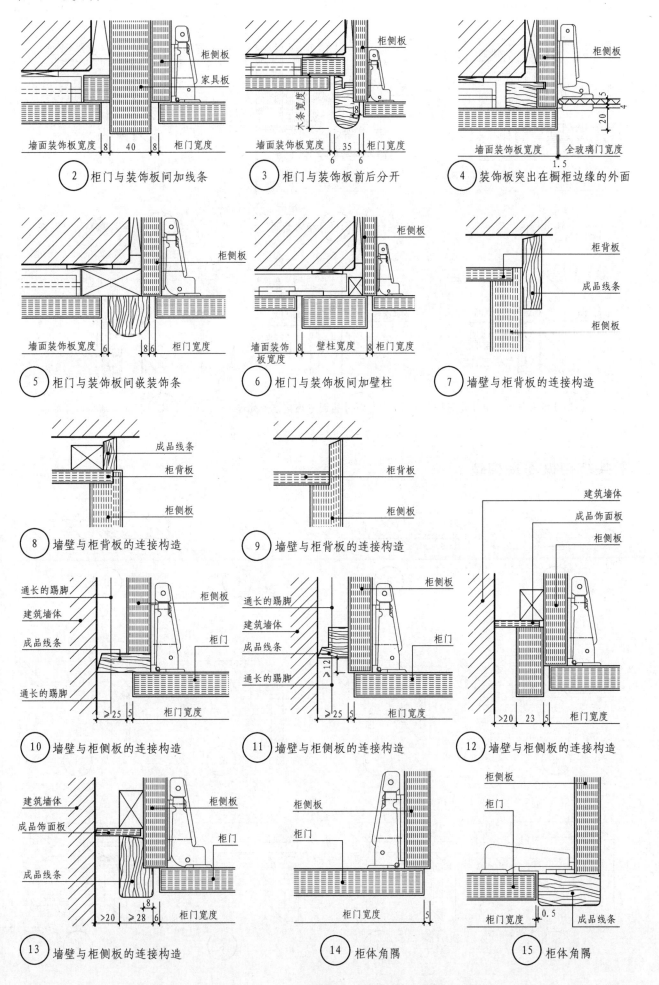

柜侧板
家具板

墙面装饰板宽度 | 8 | 40 | 8 | 柜门宽度

② 柜门与装饰板间加线条

柜侧板
木条宽度 8

墙面装饰板宽度 | 6 | 35 | 6 | 柜门宽度

③ 柜门与装饰板前后分开

柜侧板
5 4 20

墙面装饰板宽度 | 全玻璃门宽度
1.5

④ 装饰板突出在橱柜边缘的外面

柜侧板

墙面装饰板宽度 | 6 | 8 6 | 柜门宽度

⑤ 柜门与装饰板间嵌装饰条

柜侧板

墙面装饰板宽度 | 8 | 壁柱宽度 | 8 | 柜门宽度

⑥ 柜门与装饰板间加壁柱

柜背板
成品线条
柜侧板

⑦ 墙壁与柜背板的连接构造

成品线条
柜背板
柜侧板

⑧ 墙壁与柜背板的连接构造

柜背板
柜侧板

⑨ 墙壁与柜背板的连接构造

建筑墙体
成品饰面板
柜侧板

通长的踢脚
建筑墙体
成品线条
柜门
通长的踢脚

≥25 | 5 | 柜门宽度

⑩ 墙壁与柜侧板的连接构造

通长的踢脚
建筑墙体
成品线条
>12
通长的踢脚
柜侧板
柜门

≥25 | 5 | 柜门宽度

⑪ 墙壁与柜侧板的连接构造

柜侧板
柜门

>20 | 23 | 5 | 柜门宽度

⑫ 墙壁与柜侧板的连接构造

建筑墙体
成品饰面板
柜侧板
成品线条
柜门

>20 | 8 ≥28 | 6 | 柜门宽度

⑬ 墙壁与柜侧板的连接构造

柜侧板
柜门

柜门宽度 | 5

⑭ 柜体角隅

柜侧板
柜门

柜门宽度 | 0.5 | 成品线条

⑮ 柜体角隅

柜子连接件

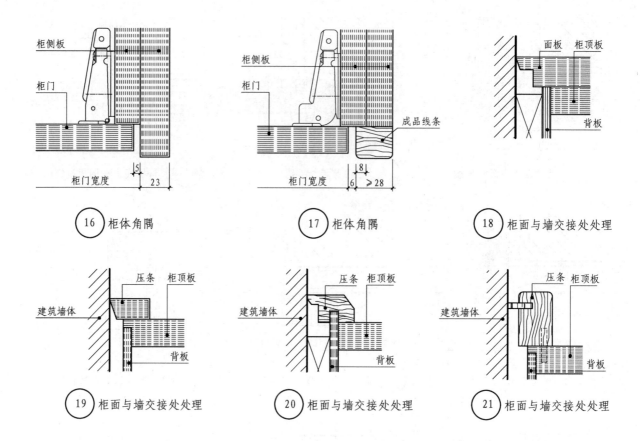

⑯ 柜体角隅

⑰ 柜体角隅

⑱ 柜面与墙交接处处理

⑲ 柜面与墙交接处处理

⑳ 柜面与墙交接处处理

㉑ 柜面与墙交接处处理

家具结构板连接构造

柜

子

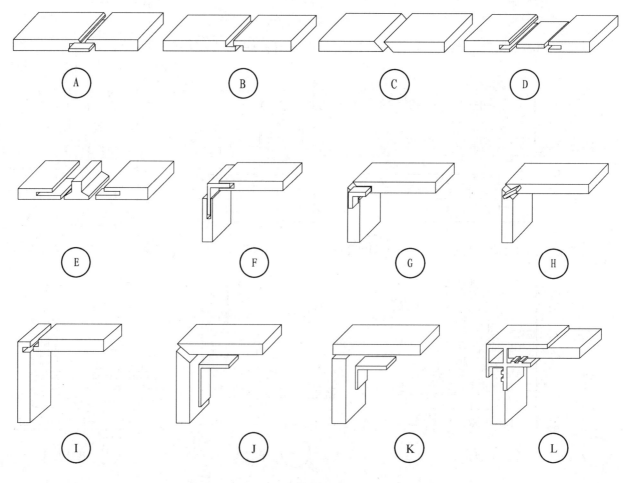

Ⓐ Ⓑ Ⓒ Ⓓ

Ⓔ Ⓕ Ⓖ Ⓗ

Ⓘ Ⓙ Ⓚ Ⓛ

L形衣帽间构造

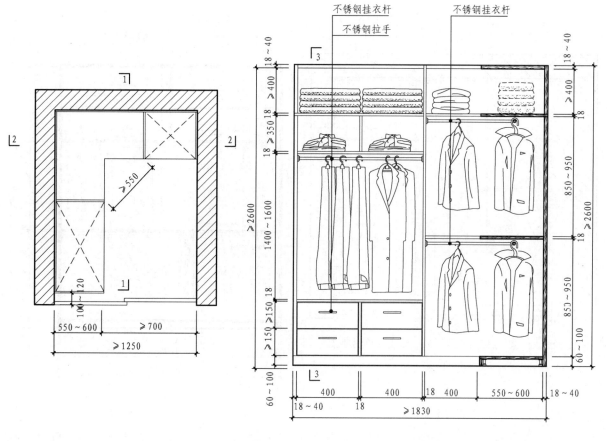

L形衣帽间平面

不锈钢挂衣杆
不锈钢拉手
不锈钢挂衣杆

1-1剖面

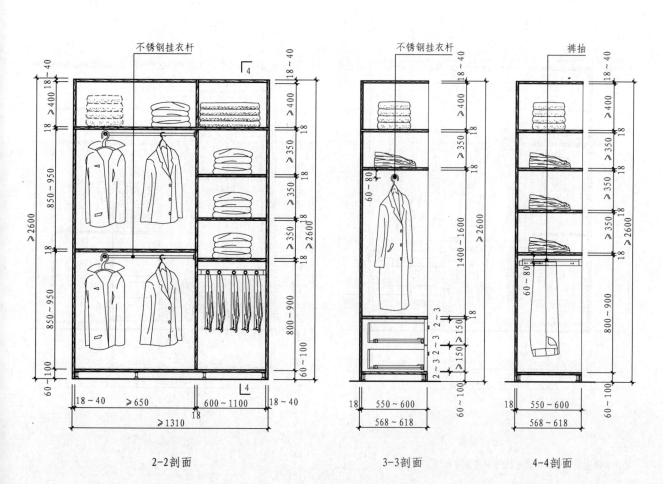

不锈钢挂衣杆

2-2剖面

不锈钢挂衣杆

3-3剖面

裤抽

4-4剖面

柜子

U形衣帽间构造

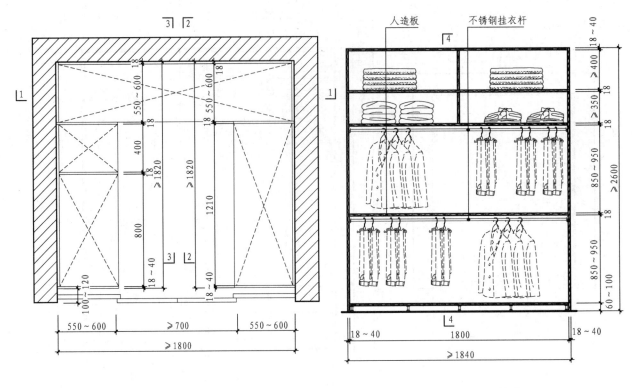

U形衣帽间平面

1-1剖面

人造板　　不锈钢挂衣杆

柜
子

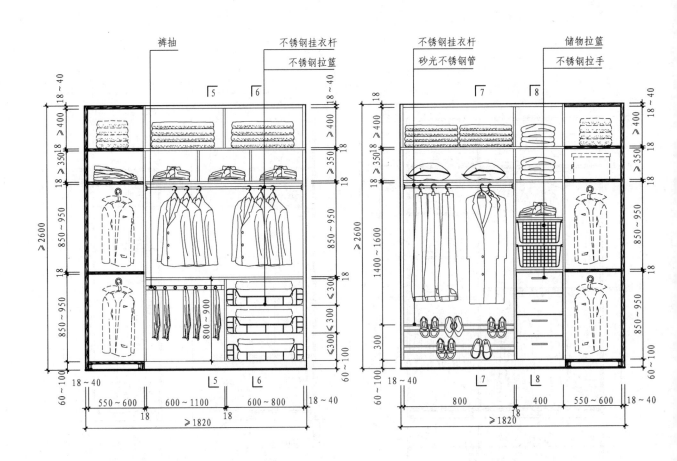

2-2剖面

裤抽　　不锈钢挂衣杆　　不锈钢拉篮

不锈钢挂衣杆　砂光不锈钢管　储物拉篮　不锈钢拉手

3-3剖面示意图

注：当横搁板长度≥1000时，加竖档或搁板加厚。

U形衣帽间构造

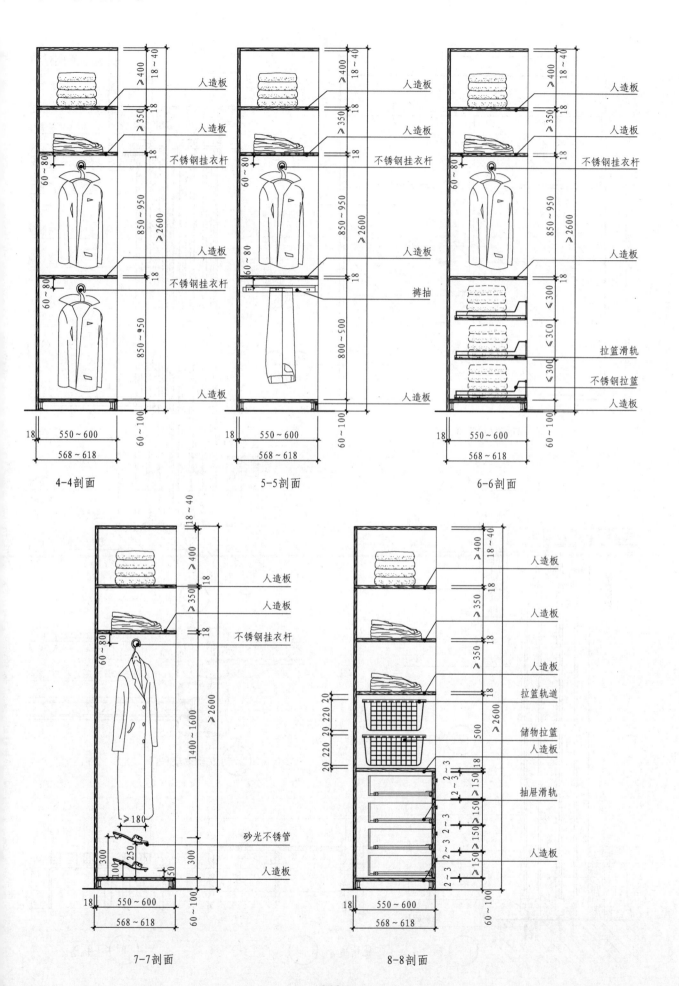

4-4剖面

- 人造板
- 人造板
- 不锈钢挂衣杆
- 人造板
- 不锈钢挂衣杆

5-5剖面

- 人造板
- 人造板
- 不锈钢挂衣杆
- 人造板
- 裤抽

6-6剖面

- 人造板
- 人造板
- 不锈钢挂衣杆
- 人造板
- 拉篮滑轨
- 不锈钢拉篮
- 人造板

7-7剖面

- 人造板
- 人造板
- 不锈钢挂衣杆
- 砂光不锈管
- 人造板

8-8剖面

- 人造板
- 人造板
- 人造板
- 拉篮轨道
- 储物拉篮
- 人造板
- 抽屉滑轨
- 人造板

柜子

313

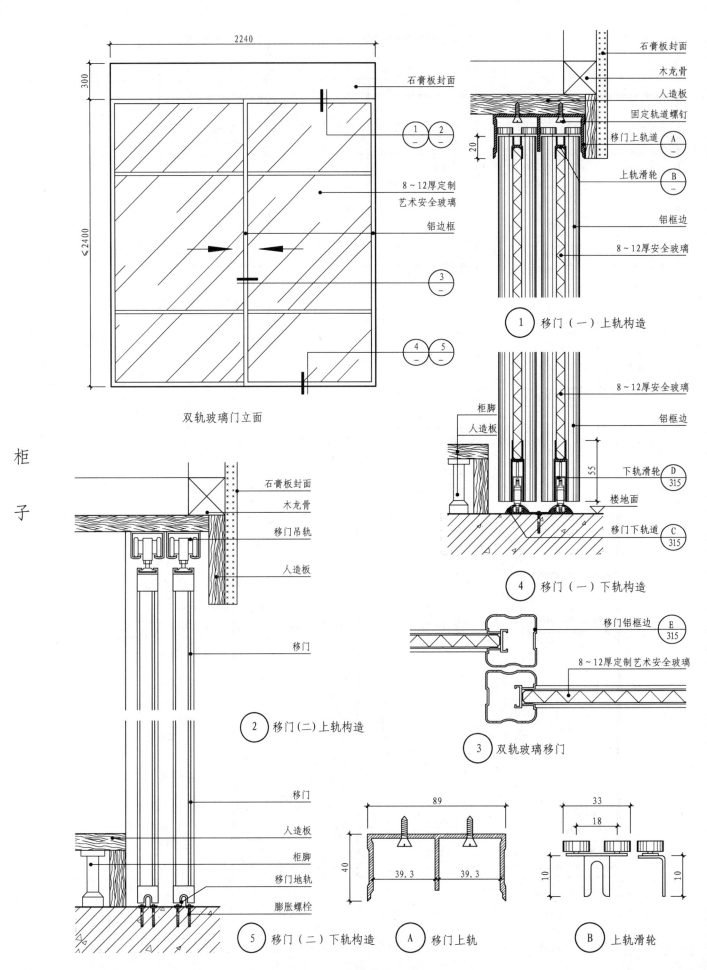

衣柜内配件大样

柜
子

2240

300

≤2400

双轨玻璃门立面

石膏板封面

8~12厚定制
艺术安全玻璃

铝边框

石膏板封面
木龙骨
人造板
固定轨道螺钉
移门上轨道 A／—
上轨滑轮 B／—

铝框边

8~12厚安全玻璃

20

① 移门（一）上轨构造

8~12厚安全玻璃

柜脚
人造板

铝框边

55

下轨滑轮 D／315
楼地面
移门下轨道 C／315

④ 移门（一）下轨构造

移门铝框边 E／315

8~12厚定制艺术安全玻璃

③ 双轨玻璃移门

石膏板封面
木龙骨
移门吊轨
人造板

移门

② 移门（二）上轨构造

移门

人造板
柜脚
移门地轨
膨胀螺栓

⑤ 移门（二）下轨构造

89

40

39.3   39.3

Ⓐ 移门上轨

33

18

10   10

Ⓑ 上轨滑轮

314

衣柜内配件大样

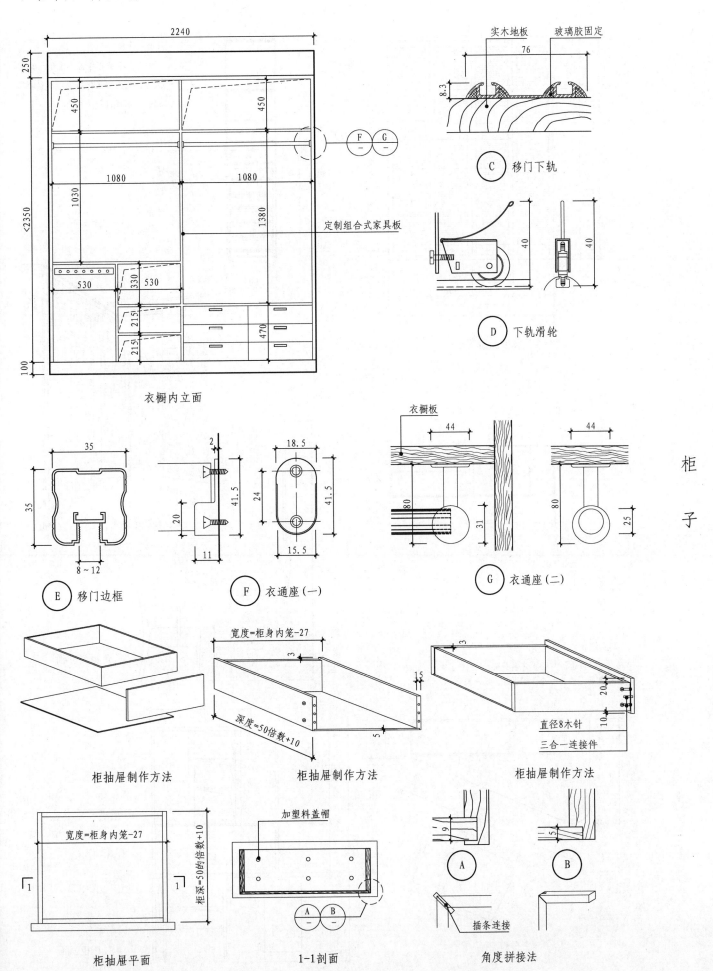

实木地板　玻璃胶固定

76

8.3

C 移门下轨

40

40

D 下轨滑轮

2240

250

450　450

1080　1080

1030

1380

定制组合式家具板

530　530

330

215

215

470

100

衣橱内立面

35

35

8~12

E 移门边框

2

41.5

20

11

18.5

24

41.5

15.5

F 衣通座（一）

衣橱板

44　44

80

80

31

25

G 衣通座（二）

柜
子

宽度=柜身内笼-27

3

15

深度=50倍数+10

5

3

20

10

直径8木针

三合一连接件

柜抽屉制作方法　　柜抽屉制作方法　　柜抽屉制作方法

宽度=柜身内笼-27

1　1

柜深=50的倍数+10

加塑料盖帽

A　B

9

5

A　B

插条连接

柜抽屉平面　　1-1剖面　　角度拼接法

315

更衣间实例

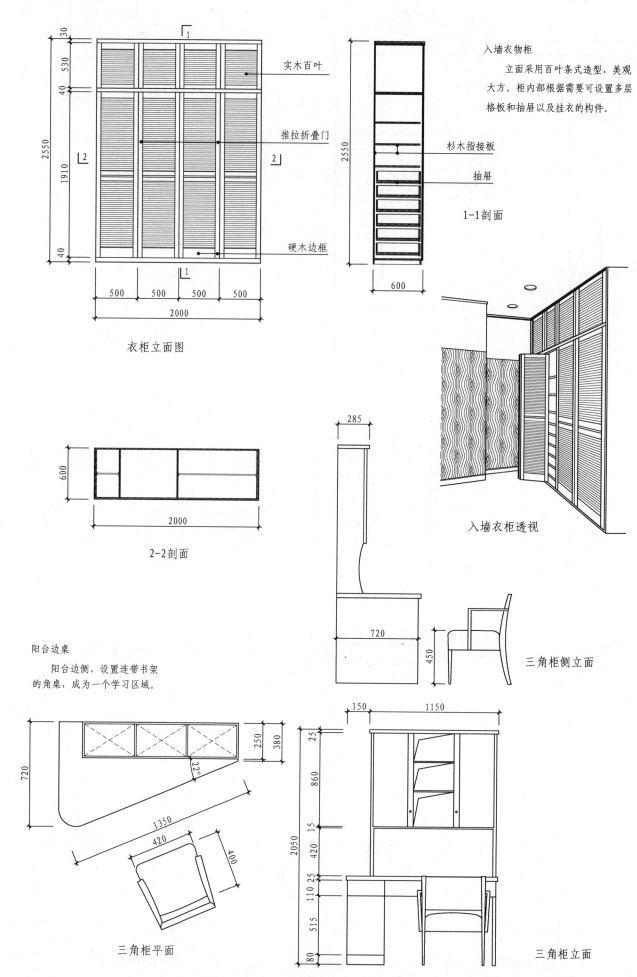

柜子

实木百叶

推拉折叠门

硬木边框

30
530
40
2550
1910
40
500 500 500 500
2000

衣柜立面图

入墙衣物柜

　　立面采用百叶条式造型，美观大方。柜内部根据需要可设置多层格板和抽屉以及挂衣的构件。

杉木指接板

抽屉

2550

600

1-1剖面

600

2000

2-2剖面

285

720

450

入墙衣柜透视

三角柜侧立面

阳台边桌

　　阳台边侧，设置连带书架的角桌，成为一个学习区域。

720

250
380
22°
1350
420
400

三角柜平面

150   1150
25
860
15
420
25
110
515
80
2050

三角柜立面

酒柜

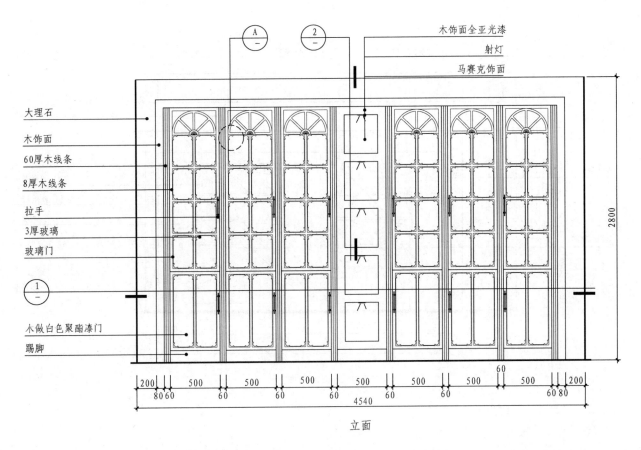

大理石
木饰面
60厚木线条
8厚木线条
拉手
3厚玻璃
玻璃门

木做白色聚酯漆门
踢脚

木饰面全亚光漆
射灯
马赛克饰面

2800

200 | 500 | 500 | 500 | 500 | 500 | 60 | 500 | 200
8060 60 60 60 60 60 60 6080
4540

立面

柜
子

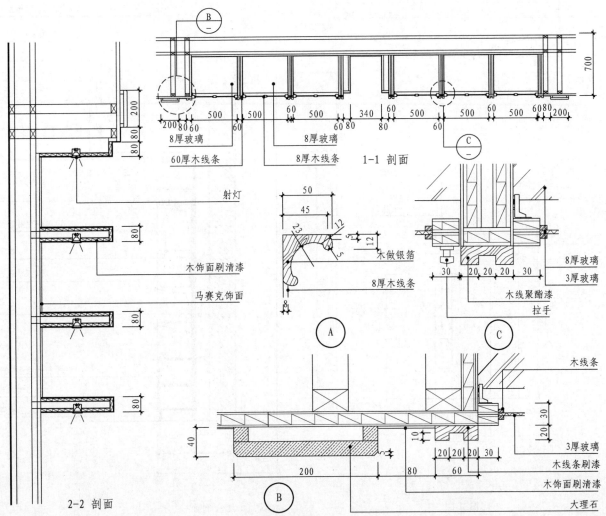

700

500 500 60 500 340 60 500 500 60 500 6080 200
2008060 60 6080 80 60
8厚玻璃   8厚玻璃
60厚木线条   8厚木线条   1-1 剖面

射灯

木饰面刷清漆

马赛克饰面

50
45
23 12
5
12
5

木做银箔

8厚木线条

8厚玻璃
3厚玻璃

木线聚酯漆
拉手

30 20 20 20 30

木线条

20 30

3厚玻璃

40

10

20 20 20 30

木线条刷漆

200   80   60

木饰面刷清漆

大理石

2-2 剖面

317

酒柜

柜子

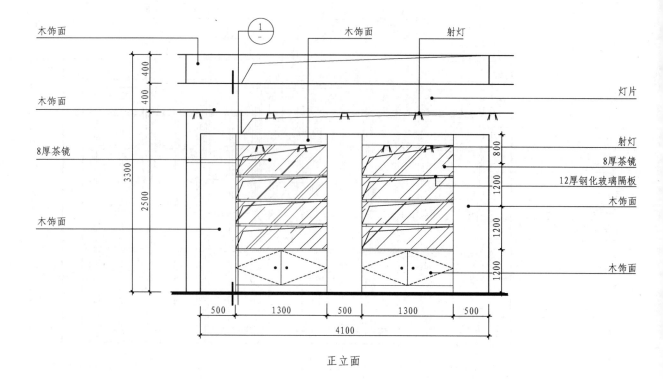

木饰面
木饰面
8厚茶镜
木饰面

400
400
3300
2500

木饰面
射灯

灯片

射灯
8厚茶镜
12厚钢化玻璃隔板
木饰面

800
1200
1200

木饰面

1200

500　1300　500　1300　500
4100

正立面

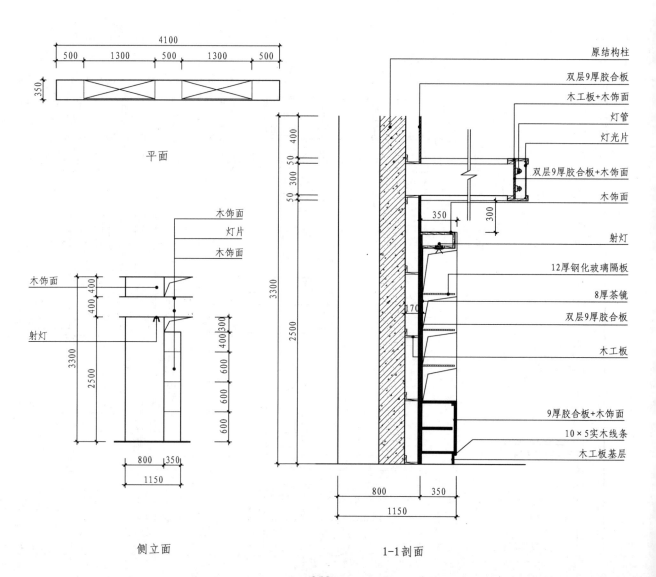

4100
500　1300　500　1300　500
350

平面

木饰面
灯片
木饰面

木饰面
射灯

400
400
3300
2500

400 300
400
600
600
600

800　350
1150

侧立面

原结构柱
双层9厚胶合板
木工板+木饰面
灯管
灯光片
双层9厚胶合板+木饰面
木饰面

射灯
12厚钢化玻璃隔板
8厚茶镜
双层9厚胶合板
木工板

9厚胶合板+木饰面
10×5实木线条
木工板基层

400
50 300 50
50
3300
2500
300
350
170

800　350
1150

1-1剖面

318

装饰柜

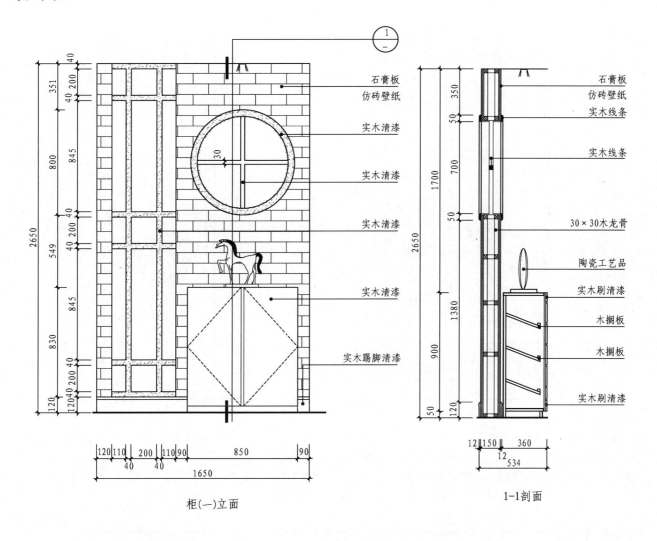

石膏板
仿砖壁纸
实木清漆
实木清漆
实木清漆
实木清漆
实木踢脚清漆

石膏板
仿砖壁纸
实木线条
实木线条
30×30木龙骨
陶瓷工艺品
实木刷清漆
木搁板
木搁板
实木刷清漆

柜(一)立面

1-1剖面

柜
子

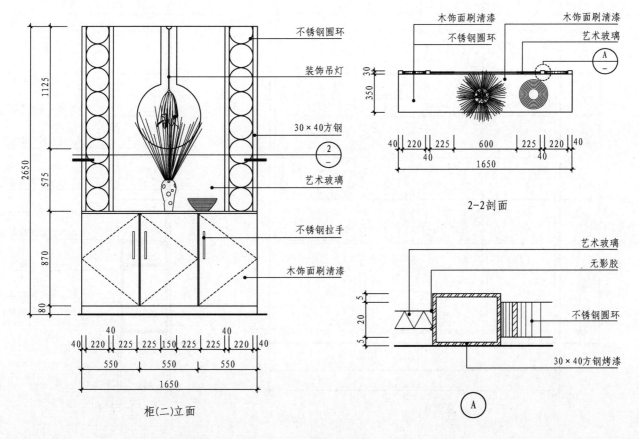

不锈钢圆环
装饰吊灯
30×40方钢
艺术玻璃
不锈钢拉手
木饰面刷清漆

木饰面刷清漆
不锈钢圆环
木饰面刷清漆
艺术玻璃
A

2-2剖面

艺术玻璃
无影胶
不锈钢圆环
30×40方钢烤漆

柜(二)立面

A

319

装饰柜

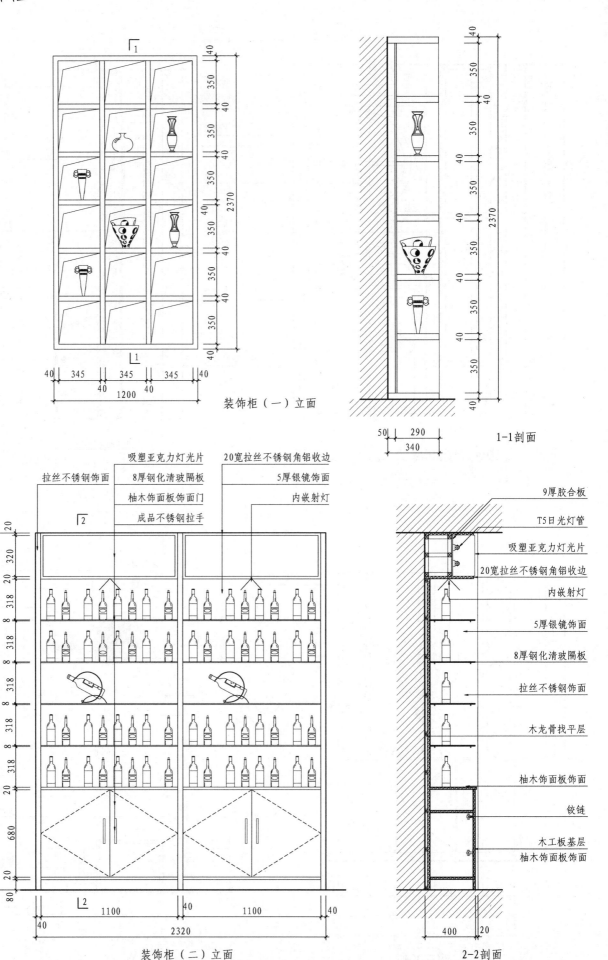

柜子

装饰柜（一）立面

40 345 40 345 40 345 40
40 1200 40

350 40 350 40 350 40 350 40 350 40 350 40 350 40
2370

1-1剖面

50 290
340

拉丝不锈钢饰面
吸塑亚克力灯光片
8厚钢化清玻隔板
柚木饰面板饰面门
成品不锈钢拉手
20宽拉丝不锈钢角铝收边
5厚银镜饰面
内嵌射灯

20
320
20
318 8 318 8 318 8 318 8 318
20
680
20
80
2780

装饰柜（二）立面

40 1100 40 1100 40
40 2320

9厚胶合板
T5日光灯管
吸塑亚克力灯光片
20宽拉丝不锈钢角铝收边
内嵌射灯
5厚银镜饰面
8厚钢化清玻隔板
拉丝不锈钢饰面
木龙骨找平层
柚木饰面板饰面
铰链
木工板基层
柚木饰面板饰面

400 20

2-2剖面

320

装饰柜

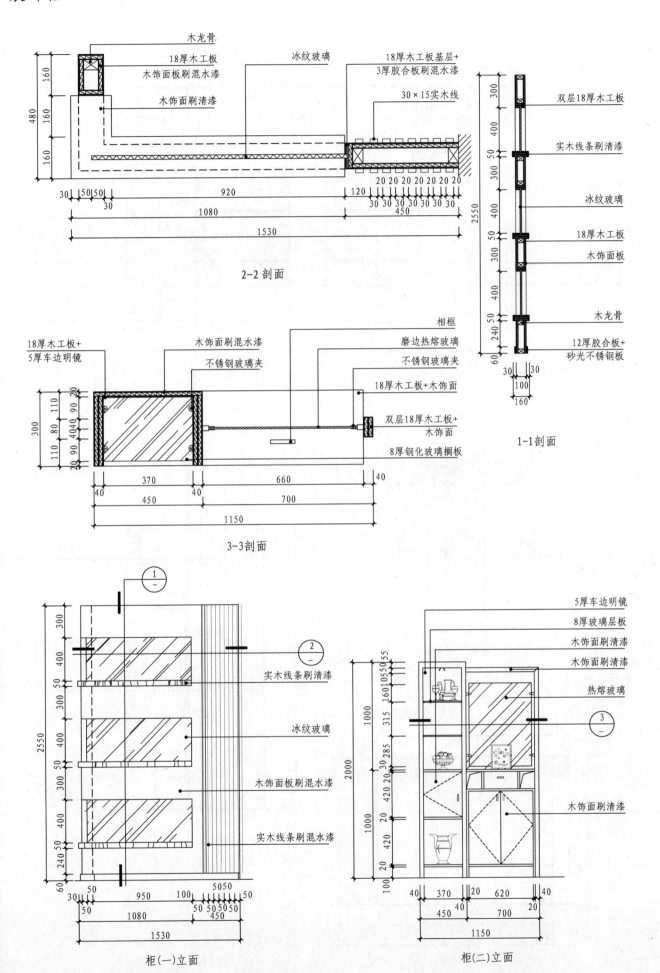

木龙骨
18厚木工板
木饰面板刷混水漆
木饰面刷清漆
冰纹玻璃
18厚木工板基层+
3厚胶合板刷混水漆
30×15实木线

双层18厚木工板
实木线条刷清漆
冰纹玻璃
18厚木工板
木饰面板
木龙骨
12厚胶合板+
砂光不锈钢板

2-2 剖面

1-1 剖面

18厚木工板+
5厚车边明镜
木饰面刷混水漆
不锈钢玻璃夹
相框
磨边热熔玻璃
不锈钢玻璃夹
18厚木工板+木饰面
双层18厚木工板+
木饰面
8厚钢化玻璃搁板

3-3 剖面

柜子

实木线条刷清漆
冰纹玻璃
木饰面板刷混水漆
实木线条刷混水漆

柜(一)立面

5厚车边明镜
8厚玻璃层板
木饰面刷清漆
木饰面刷清漆
热熔玻璃
木饰面刷清漆

柜(二)立面

装饰柜

柜
子

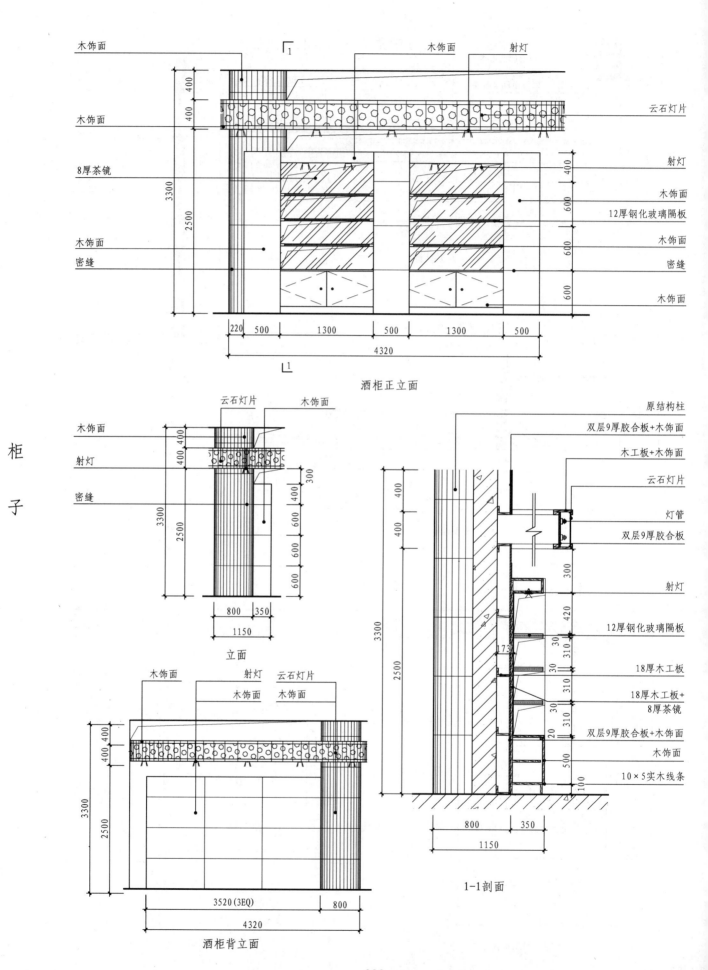

木饰面

木饰面

8厚茶镜

木饰面

密缝

云石灯片

射灯

木饰面

12厚钢化玻璃隔板

木饰面

密缝

木饰面

220 500 1300 500 1300 500

4320

酒柜正立面

云石灯片　木饰面

木饰面

射灯

密缝

800 350

1150

立面

木饰面　　射灯　云石灯片

木饰面　木饰面

3520(3EQ)　800

4320

酒柜背立面

原结构柱

双层9厚胶合板+木饰面

木工板+木饰面

云石灯片

灯管

双层9厚胶合板

射灯

12厚钢化玻璃隔板

18厚木工板

18厚木工板+
8厚茶镜

双层9厚胶合板+木饰面

木饰面

10×5实木线条

800 350

1150

1-1剖面

322

装饰柜

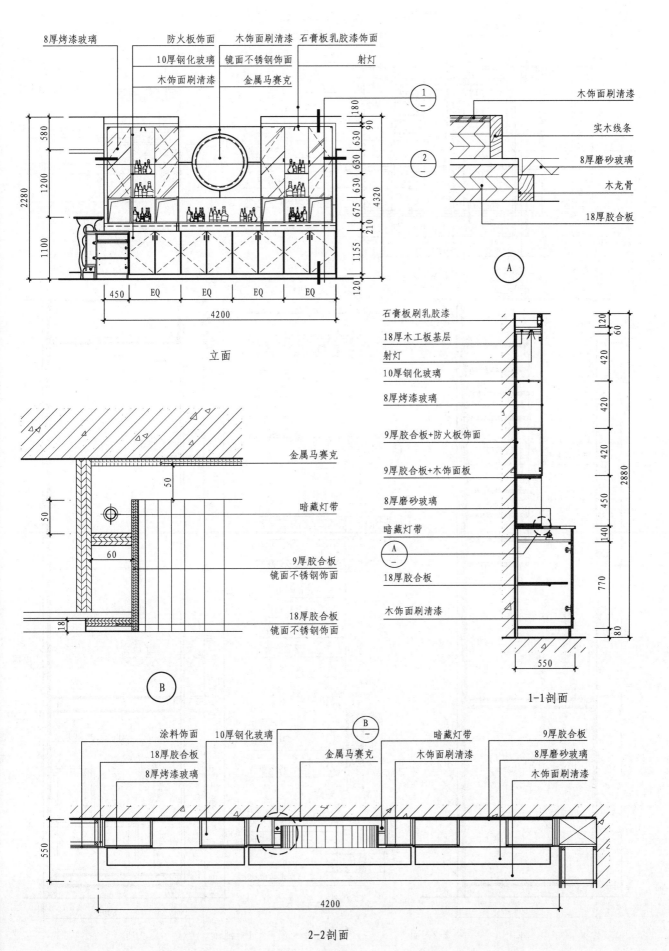

8厚烤漆玻璃　　防火板饰面　木饰面刷清漆　石膏板乳胶漆饰面
10厚钢化玻璃　镜面不锈钢饰面　射灯
木饰面刷清漆　金属马赛克

木饰面刷清漆
实木线条
8厚磨砂玻璃
木龙骨
18厚胶合板

A

立面

石膏板刷乳胶漆
18厚木工板基层
射灯
10厚钢化玻璃
8厚烤漆玻璃
9厚胶合板+防火板饰面
9厚胶合板+木饰面板
8厚磨砂玻璃
暗藏灯带
A
18厚胶合板
木饰面刷清漆

柜子

金属马赛克
暗藏灯带
9厚胶合板
镜面不锈钢饰面
18厚胶合板
镜面不锈钢饰面

B

1-1剖面

涂料饰面　　10厚钢化玻璃　　　　暗藏灯带　　9厚胶合板
18厚胶合板　　　　　金属马赛克　木饰面刷清漆　8厚磨砂玻璃
8厚烤漆玻璃　　　　　　　　　　　　　　　　木饰面刷清漆

B

2-2剖面

装饰柜

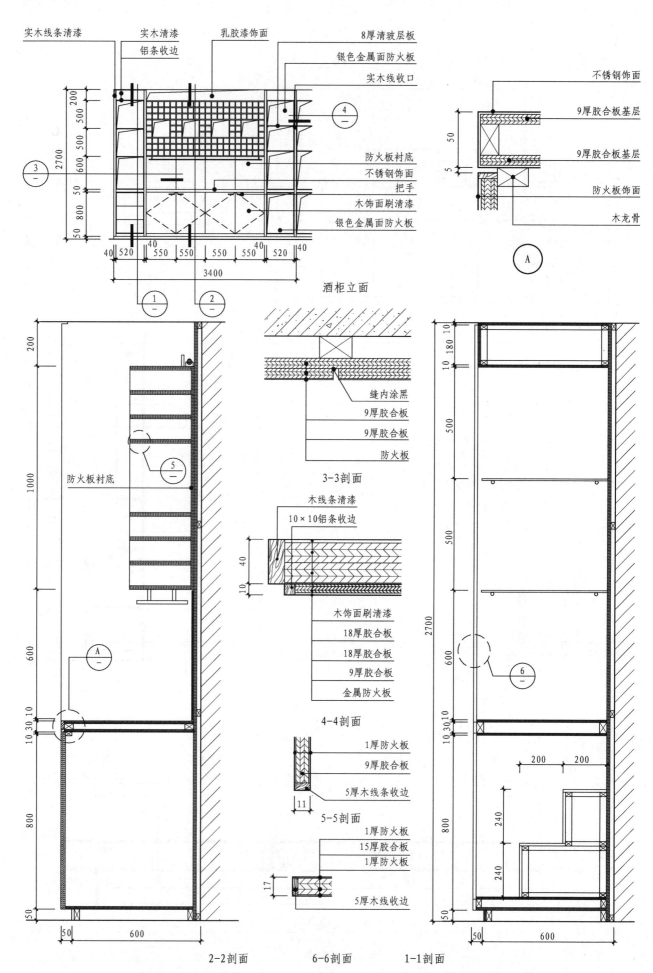

酒柜立面

实木线条清漆　实木清漆　乳胶漆饰面　8厚清玻层板
　　　　　　　铝条收边　　　　　　　银色金属面防火板
　　　　　　　　　　　　　　　　　实木线收口

防火板衬底
不锈钢饰面
把手
木饰面刷清漆
银色金属面防火板

不锈钢饰面
9厚胶合板基层
9厚胶合板基层
防火板饰面
木龙骨

柜子

防火板衬底

3-3剖面

缝内涂黑
9厚胶合板
9厚胶合板
防火板

木线条清漆
10×10铝条收边

木饰面刷清漆
18厚胶合板
18厚胶合板
9厚胶合板
金属防火板

4-4剖面

1厚防火板
9厚胶合板
5厚木线条收边

5-5剖面

1厚防火板
15厚胶合板
1厚防火板
5厚木线收边

2-2剖面　　**6-6剖面**　**1-1剖面**

324

酒架杯架

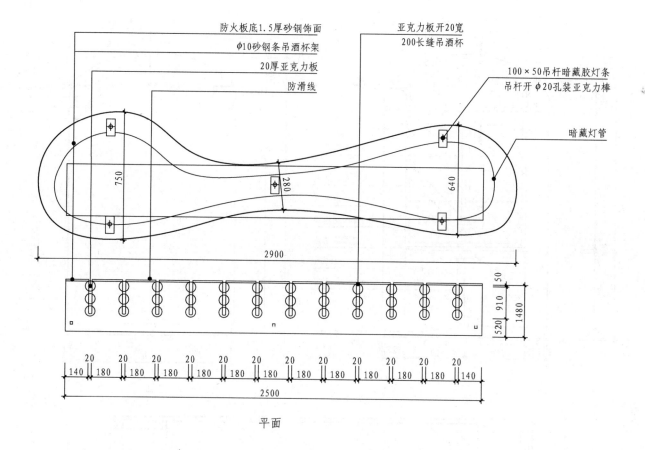

防火板底1.5厚砂钢饰面
φ10砂钢条吊酒杯架
20厚亚克力板
防滑线

亚克力板开20宽
200长缝吊酒杯

100×50吊杆暗藏胶灯条
吊杆开φ20孔装亚克力棒

暗藏灯管

750
280
640

2900

50
520 910
1480

20 20 20 20 20 20 20 20 20 20 20
140 180 180 180 180 180 180 180 180 180 180 140
2500

平面

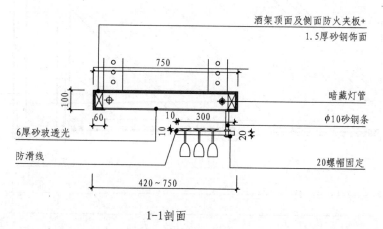

酒架顶面及侧面防火夹板+
1.5厚砂钢饰面

750

暗藏灯管

100

60

6厚砂玻透光

防滑线

10 300
10
20

φ10砂钢条

20螺帽固定

420~750

1—1剖面

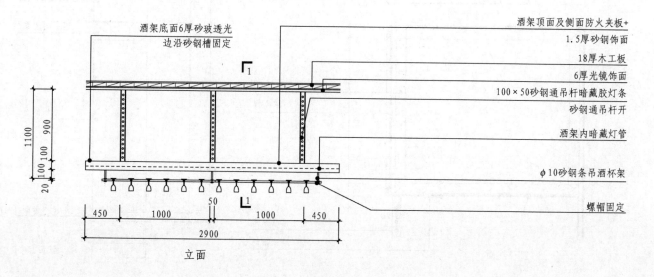

酒架底面6厚砂玻透光
边沿砂钢槽固定

酒架顶面及侧面防火夹板+
1.5厚砂钢饰面
18厚木工板
6厚光镜饰面
100×50砂钢通吊杆暗藏胶灯条
砂钢通吊杆开
酒架内暗藏灯管
φ10砂钢条吊酒杯架

螺帽固定

1100
900
100 100
20

450 1000 50 1000 450
2900

立面

325

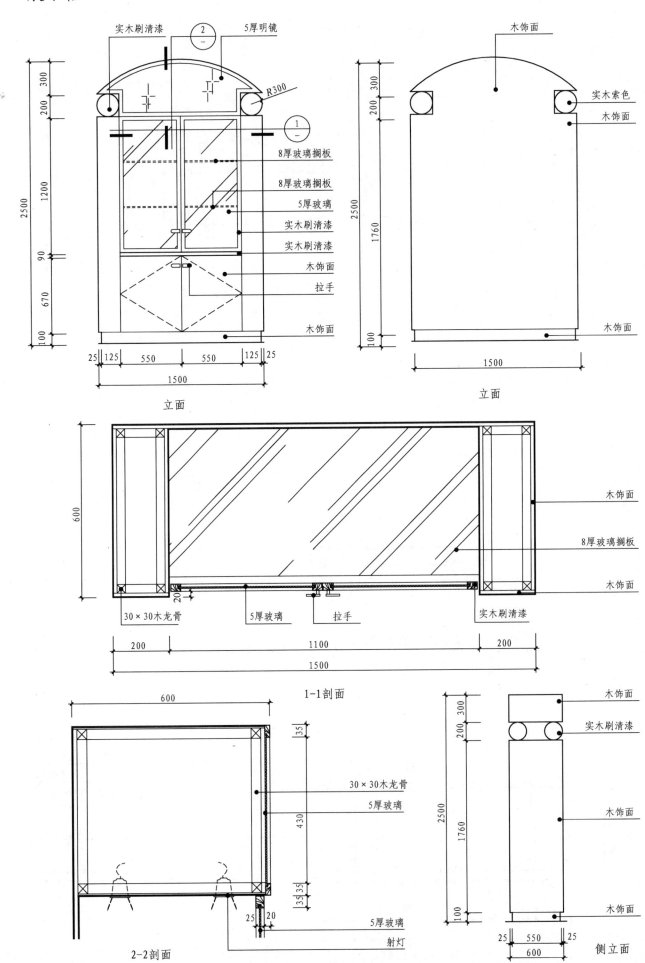

展示柜

实木刷清漆　　5厚明镜

木饰面

8厚玻璃搁板

8厚玻璃搁板

5厚玻璃

实木刷清漆

实木刷清漆

木饰面

拉手

木饰面

实木索色

木饰面

木饰面

立面　　　　　　　　　　　立面

柜

子

木饰面

8厚玻璃搁板

木饰面

实木刷清漆

30×30木龙骨　　5厚玻璃　　拉手

1-1剖面

30×30木龙骨

5厚玻璃

5厚玻璃

射灯

2-2剖面

木饰面

实木刷清漆

木饰面

木饰面

侧立面

展示柜

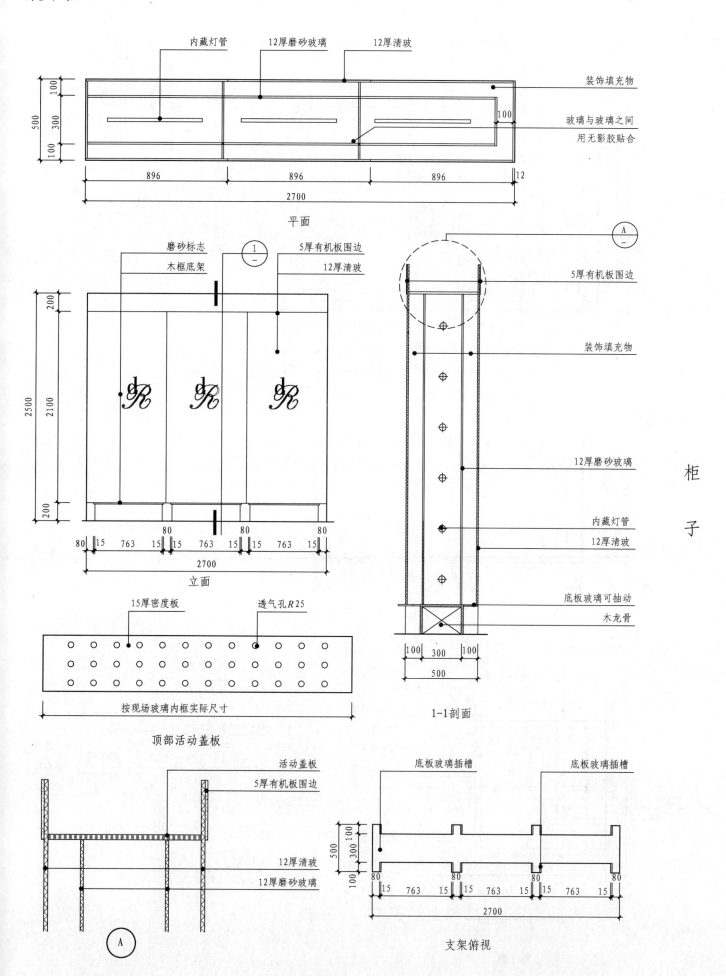

内藏灯管　　12厚磨砂玻璃　　12厚清玻

装饰填充物

玻璃与玻璃之间

用无影胶贴合

500　100　300　100

896　　896　　896　　12

2700

平面

磨砂标志　　①　　5厚有机板围边

木框底架　　12厚清玻

5厚有机板围边

装饰填充物

2500　200　2100　200

80　15　763　15　15　763　15　15　763　15

2700

立面

12厚磨砂玻璃

内藏灯管

12厚清玻

底板玻璃可抽动

木龙骨

15厚密度板　　透气孔R25

按现场玻璃内框实际尺寸

顶部活动盖板

100　300　100

500

1-1剖面

活动盖板

5厚有机板围边

12厚清玻

12厚磨砂玻璃

A

底板玻璃插槽　　底板玻璃插槽

500　100　300　100

80　15　763　15　15　763　15　15　763　15

2700

支架俯视

柜子

327

备餐柜

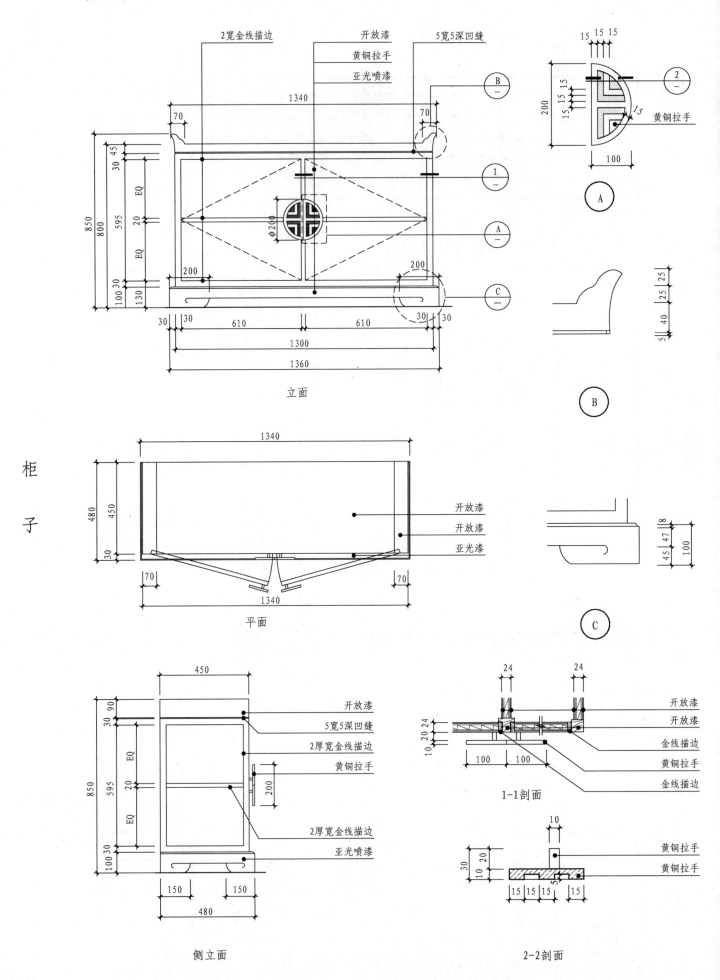

柜子

立面

平面

侧立面

2宽金线描边　开放漆　黄铜拉手　亚光喷漆　5宽5深凹缝

黄铜拉手

开放漆　开放漆　亚光漆

开放漆　5宽5深凹缝　2厚宽金线描边　黄铜拉手　2厚宽金线描边　亚光喷漆

开放漆　开放漆　金线描边　黄铜拉手　金线描边

1-1剖面

黄铜拉手　黄铜拉手

2-2剖面

备餐柜

木饰面刷清漆
实木线条清漆
砂光不锈钢把手
木饰面刷清漆
木饰面刷清漆

柜(一)立面

18厚胶合板
木饰面刷清漆
木饰面刷清漆
铰链
15厚胶合板
9厚胶合板
18厚胶合板
木龙骨

1-1剖面

胶合板清漆
实木雕花
实木线条清漆
木饰面刷清漆
实木线条清漆

柜(二)立面

胶合板清漆
实木线条清漆
铰链
18厚胶合板
9厚胶合板
18厚胶合板
木龙骨

2-2剖面

柜
子

木饰面刷清漆
实木雕花
木线条刷清漆
木饰面刷清漆
木线条刷清漆

柜(三)立面

18厚胶合板+
木饰面刷清漆
实木线条刷清漆
9厚胶合板
9厚胶合板
铰链
18厚胶合板
实木线条刷清漆

A

备餐柜

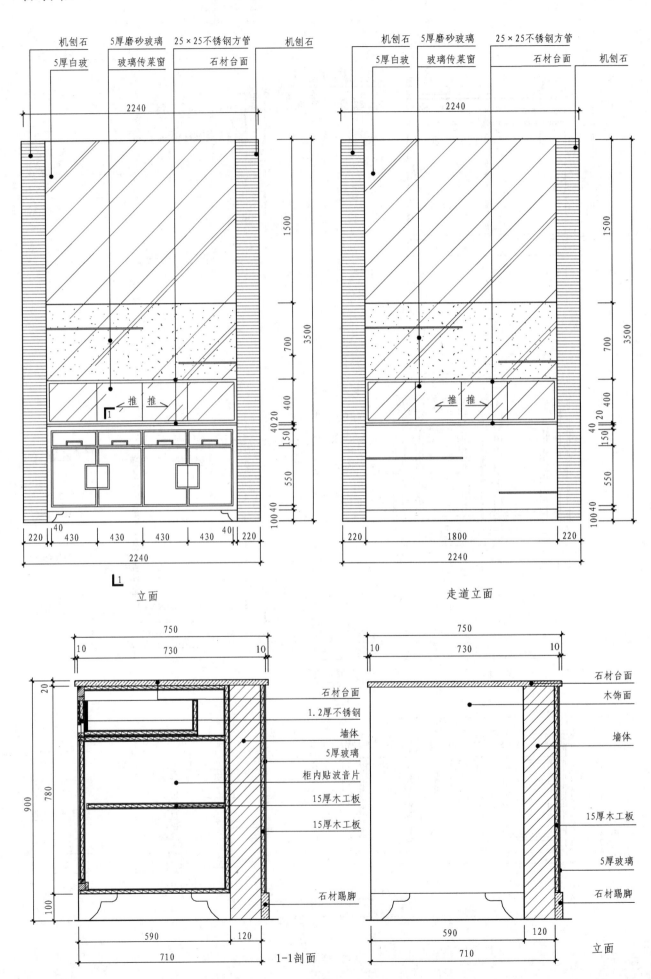

机刨石　5厚磨砂玻璃　25×25不锈钢方管　机刨石
5厚白玻　玻璃传菜窗　石材台面

2240

1500

3500

700

推 推

40 20
400
150

550

100 40

220　40　430　430　430　430　40　220
2240

L1

立面

机刨石　5厚磨砂玻璃　25×25不锈钢方管
5厚白玻　玻璃传菜窗　石材台面　机刨石

2240

1500

3500

700

推 推

40 20
400
150

550

100 40

220　1800　220
2240

走道立面

柜子

750
10　730　10

20

900

780

100

590　120
710

1-1剖面

石材台面
1.2厚不锈钢
墙体
5厚玻璃
柜内贴波音片
15厚木工板
15厚木工板
石材踢脚

750
10　730　10

石材台面
木饰面
墙体

15厚木工板

5厚玻璃

石材踢脚

590　120
710

立面

330

餐边柜

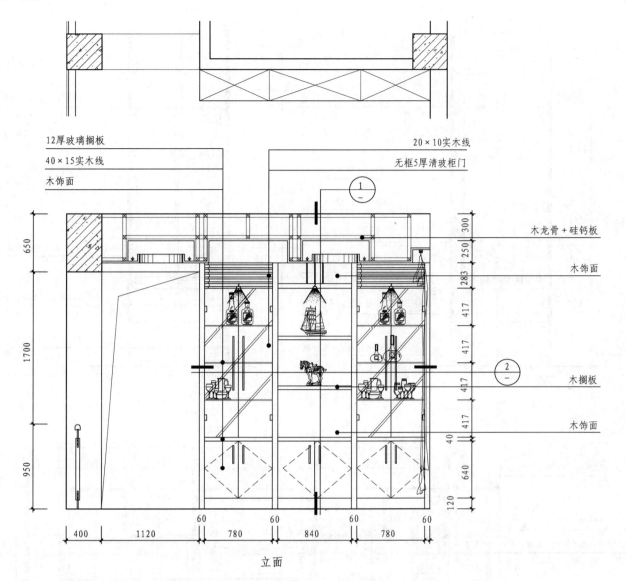

12厚玻璃搁板
40×15实木线
木饰面

20×10实木线
无框5厚清玻柜门

①
—

木龙骨＋硅钙板

木饰面

木搁板

木饰面

650

1700

950

300
250
283
417
417
417
417
40
640
120

400   1120   780   840   780
60   60   60   60

②
—

立面

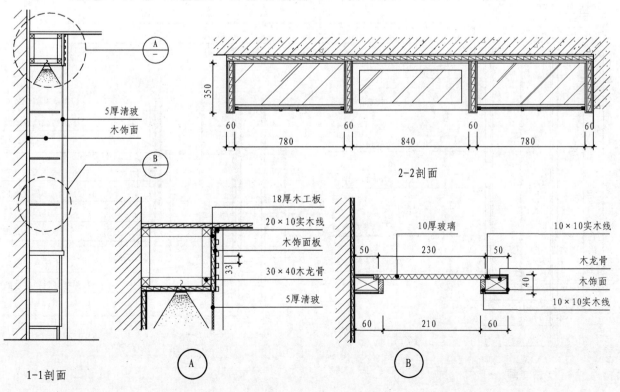

A
—

5厚清玻
木饰面

B
—

1-1剖面

350

780   840   780
60   60   60   60

2-2剖面

18厚木工板
20×10实木线
木饰面板
30×40木龙骨
5厚清玻

33

A

10厚玻璃
50   230   50
60   210   60

B

10×10实木线
木龙骨
木饰面
10×10实木线

40

柜
子

331

电视机柜

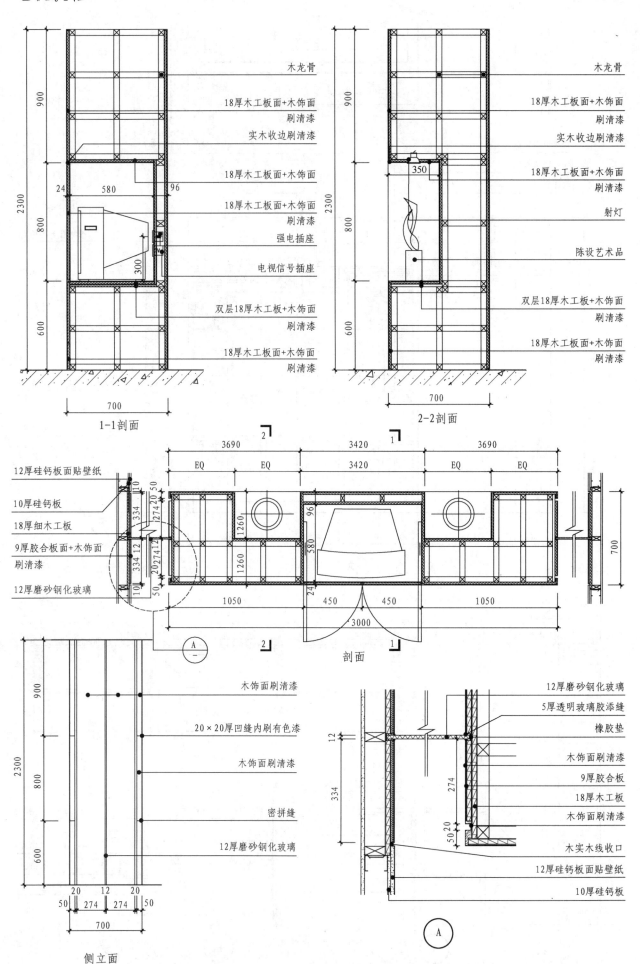

柜
子

1-1剖面

木龙骨
18厚木工板面+木饰面
刷清漆
实木收边刷清漆
18厚木工板面+木饰面
刷清漆
18厚木工板面+木饰面
刷清漆
强电插座
电视信号插座
双层18厚木工板+木饰面
刷清漆
18厚木工板面+木饰面
刷清漆

2-2剖面

木龙骨
18厚木工板面+木饰面
刷清漆
实木收边刷清漆
18厚木工板面+木饰面
刷清漆
射灯
陈设艺术品
双层18厚木工板+木饰面
刷清漆
18厚木工板面+木饰面
刷清漆

12厚硅钙板面贴壁纸
10厚硅钙板
18厚细木工板
9厚胶合板面+木饰面
刷清漆
12厚磨砂钢化玻璃

剖面

木饰面刷清漆
20×20厚凹缝内刷有色漆
木饰面刷清漆
密拼缝
12厚磨砂钢化玻璃

侧立面

12厚磨砂钢化玻璃
5厚透明玻璃胶添缝
橡胶垫
木饰面刷清漆
9厚胶合板
18厚木工板
木饰面刷清漆
木实木线收口
12厚硅钙板面贴壁纸
10厚硅钙板

A

更衣柜

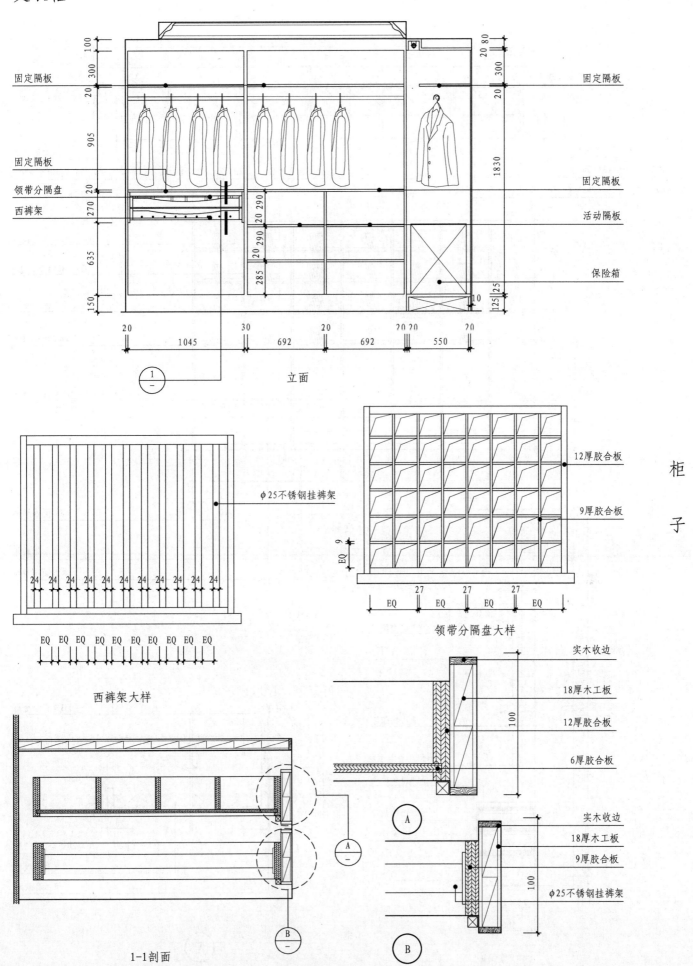

立面

固定隔板
固定隔板
领带分隔盘
西裤架

固定隔板
固定隔板
活动隔板
保险箱

100 300 905 270 635 150
20 80 300 1830 125 25

20 1045 30 692 692 20 550 20

1

φ25不锈钢挂裤架

24

EQ EQ EQ EQ EQ EQ EQ EQ EQ EQ

西裤架大样

12厚胶合板
9厚胶合板

27 27 27
EQ EQ EQ EQ

领带分隔盘大样

实木收边
18厚木工板
12厚胶合板
6厚胶合板

A

实木收边
18厚木工板
9厚胶合板
φ25不锈钢挂裤架

B

A

B

1-1剖面

柜子

333

书柜

柜

子

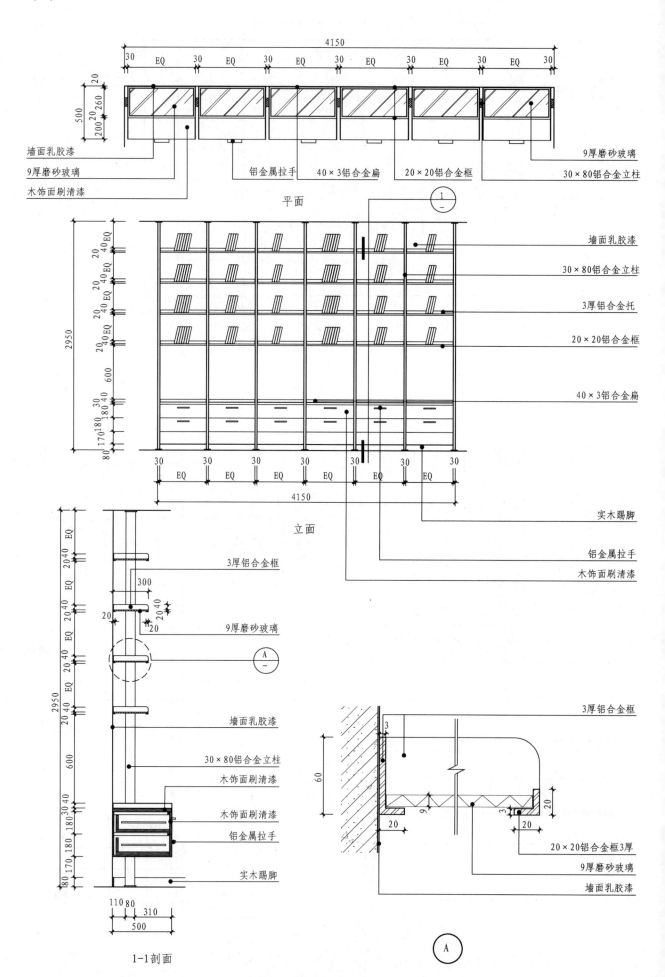

墙面乳胶漆
9厚磨砂玻璃
木饰面刷清漆

铝金属拉手
40×3铝合金扁
20×20铝合金框

9厚磨砂玻璃
30×80铝合金立柱

平面

墙面乳胶漆
30×80铝合金立柱
3厚铝合金托
20×20铝合金框
40×3铝合金扁

实木踢脚
铝金属拉手
木饰面刷清漆

立面

3厚铝合金框
9厚磨砂玻璃
墙面乳胶漆
30×80铝合金立柱
木饰面刷清漆
木饰面刷清漆
铝金属拉手
实木踢脚

1-1剖面

3厚铝合金框
20×20铝合金框3厚
9厚磨砂玻璃
墙面乳胶漆

A

334

三人病房柜

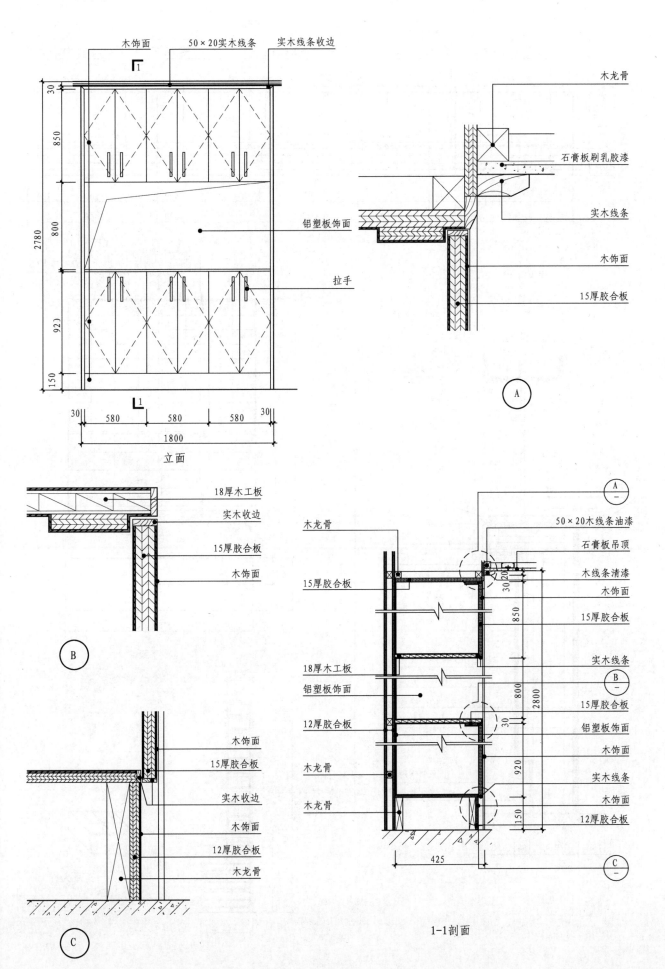

木饰面　50×20实木线条　实木线条收边

木龙骨

石膏板刷乳胶漆

实木线条

木饰面

15厚胶合板

A

铝塑板饰面

拉手

30
850
800
2780
92)
150

30　580　580　580　30
1800

立面

18厚木工板

实木收边

15厚胶合板

木饰面

B

木饰面

15厚胶合板

实木收边

木饰面

12厚胶合板

木龙骨

C

柜子

木龙骨

15厚胶合板

18厚木工板

铝塑板饰面

12厚胶合板

木龙骨

木龙骨

A
—

50×20木线条油漆

石膏板吊顶

木线条清漆

木饰面

15厚胶合板

实木线条

B
—

15厚胶合板

铝塑板饰面

木饰面

实木线条

木饰面

12厚胶合板

C
—

30 20
850
800
2800
30
920
150

425

1-1剖面

医院常规检查区中药柜

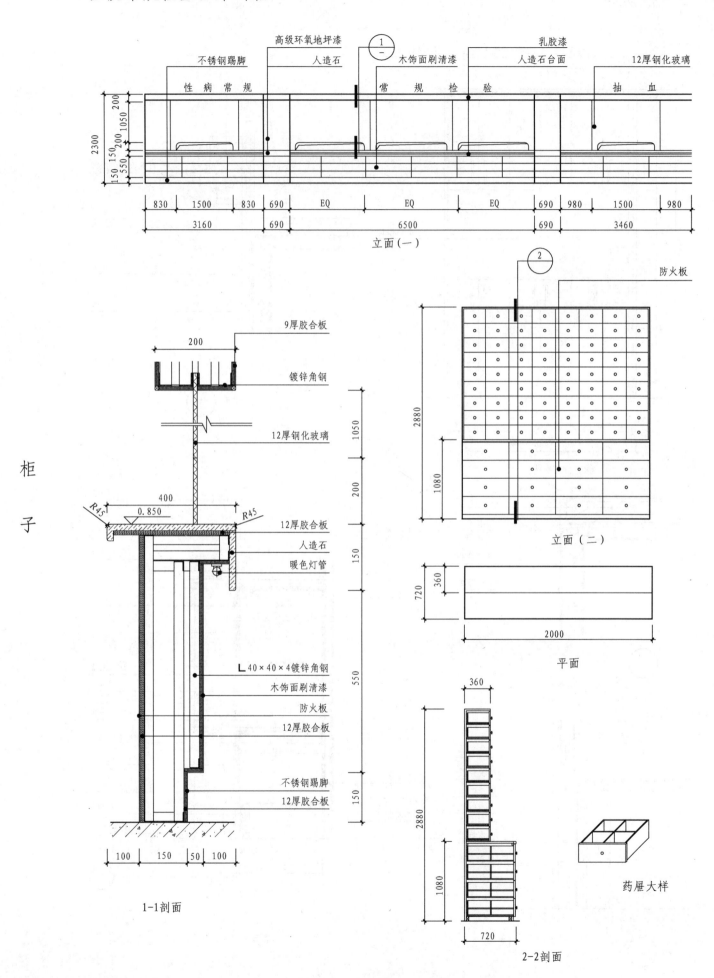

高级环氧地坪漆

不锈钢踢脚 人造石 木饰面刷清漆 乳胶漆 12厚钢化玻璃

人造石台面

性病常规 常规检验 抽血

2300

200 200 1050 150 150 200 550

830 1500 830 690 EQ EQ EQ 690 980 1500 980

3160 690 6500 690 3460

立面（一）

柜

子

200

9厚胶合板

镀锌角钢

12厚钢化玻璃

1050

200

400

0.850

R45 R45

12厚胶合板

人造石

暖色灯管

150

L 40×40×4镀锌角钢

木饰面刷清漆

防火板

12厚胶合板

550

不锈钢踢脚

12厚胶合板

150

100 150 50 100

1-1剖面

2

防火板

2880

1080

立面（二）

720 360

2000

平面

360

2880

1080

720

2-2剖面

药屉大样

336

医疗专用组合柜（一）

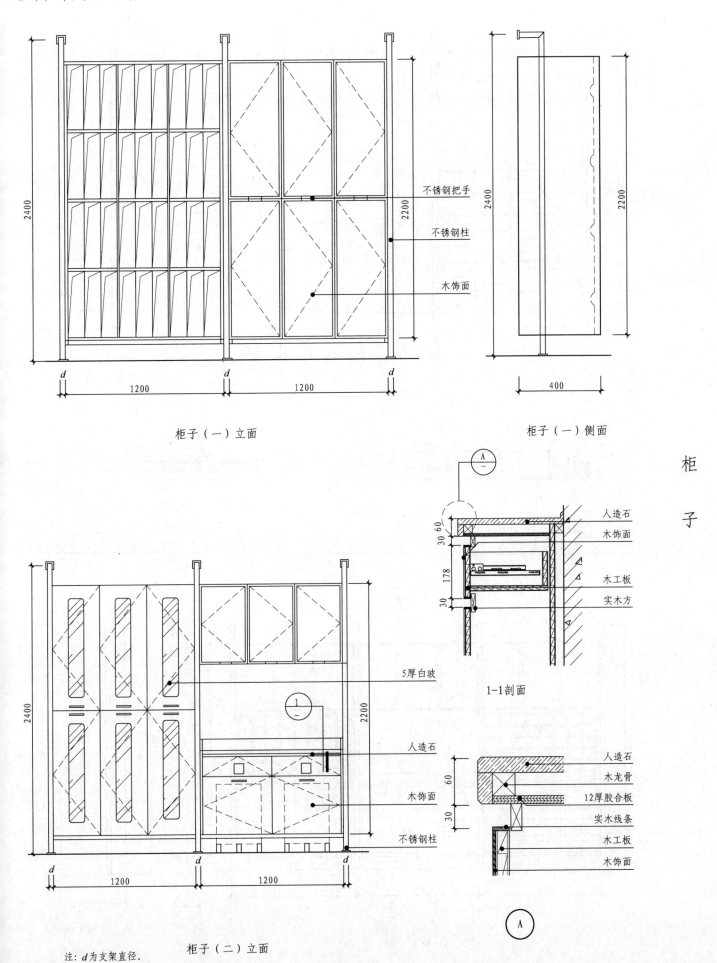

柜子（一）立面

柜子（一）侧面

不锈钢把手

不锈钢柱

木饰面

2400

2200

1200

1200

400

d

d

d

柜子

5厚白玻

人造石

木饰面

不锈钢柱

柜子（二）立面

注：d为支架直径。

2400

2200

1200

1200

d

d

d

人造石

木饰面

木工板

实木方

1-1剖面

30 60

178

30

人造石

木龙骨

12厚胶合板

实木线条

木工板

木饰面

60

30

A

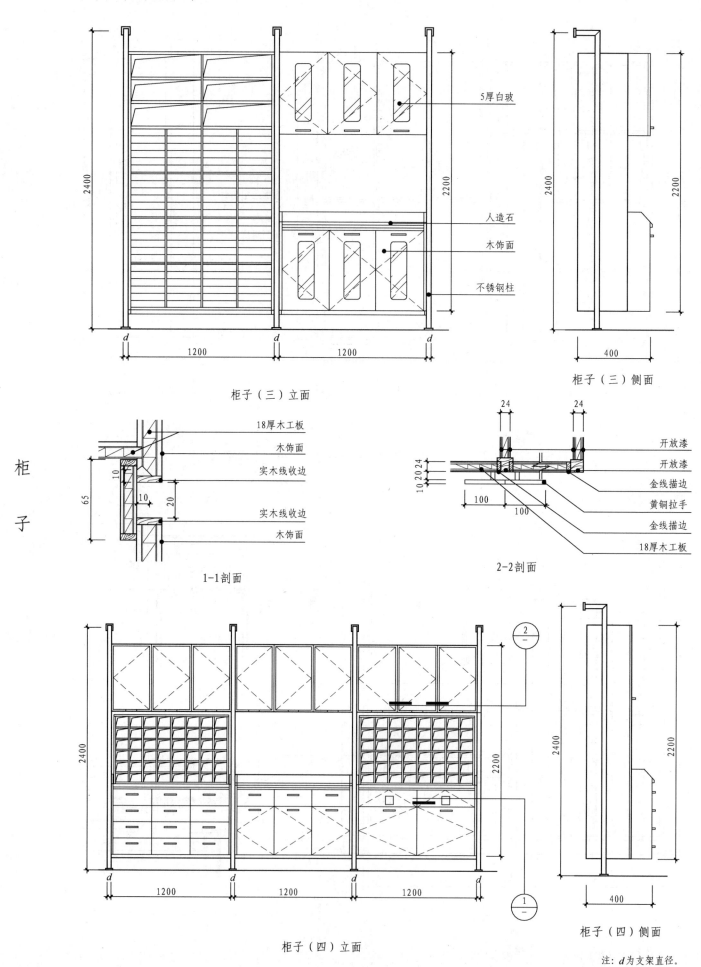

柜
子

5厚白玻

人造石

木饰面

不锈钢柱

2400
2200
1200
1200
d d d

柜子（三）立面

2400
2200
400

柜子（三）侧面

18厚木工板
木饰面
实木线收边
实木线收边
木饰面

65
10
10
20

1-1剖面

24 24
开放漆
开放漆
金线描边
黄铜拉手
金线描边
18厚木工板

10 20 24
100
100

2-2剖面

2400
2200
1200
1200
1200
d d d d

柜子（四）立面

2400
2200
400

柜子（四）侧面

注：d为支架直径。

338

医疗专用组合柜（三）

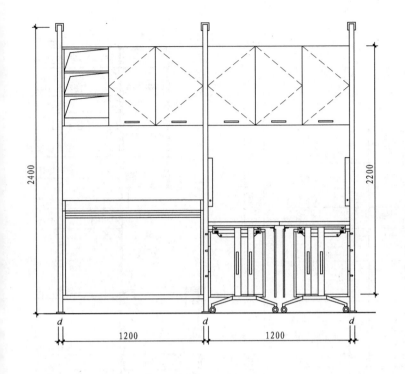

柜子（三）立面

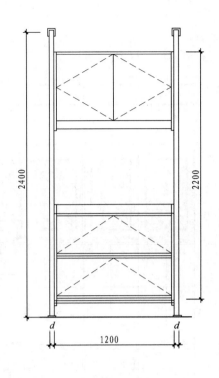

柜子（四）立面

柜
子

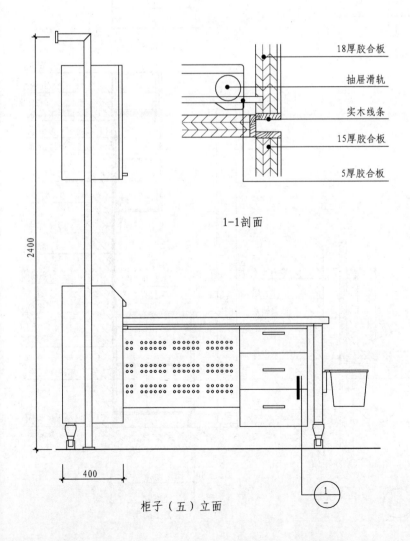

18厚胶合板

抽屉滑轨

实木线条

15厚胶合板

5厚胶合板

1-1剖面

柜子（五）立面

柜子（五）侧立面

注：d为支架直径。

治疗室医用柜

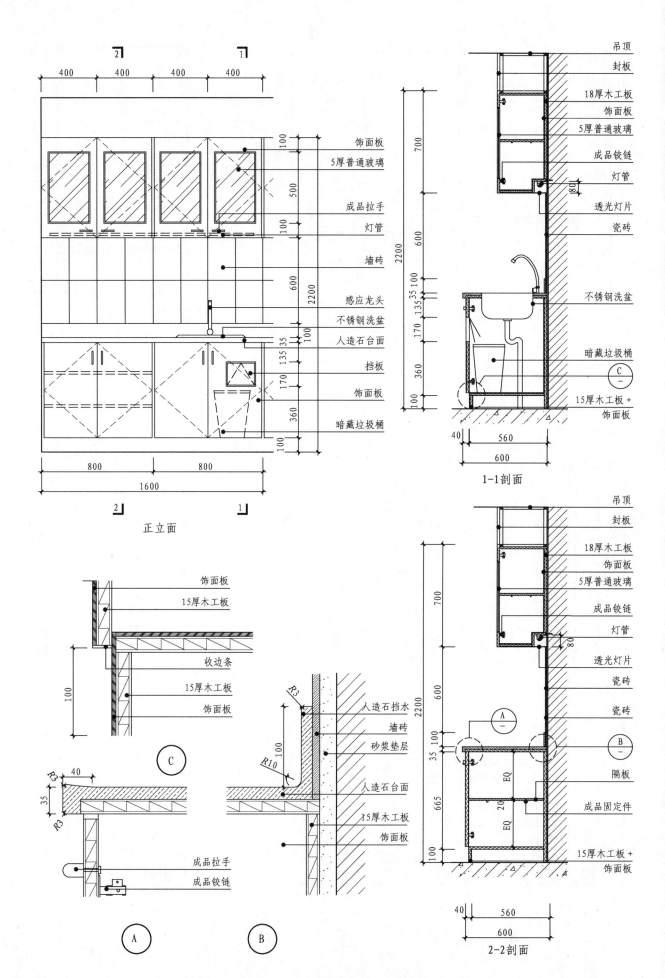

柜子

正立面

饰面板
5厚普通玻璃
成品拉手
灯管
墙砖
感应龙头
不锈钢洗盆
人造石台面
挡板
饰面板
暗藏垃圾桶

400　400　400　400

100
500
100
600
2200
100
100
35 135 170 360 100

800　800
1600

2

1

1-1剖面

吊顶
封板
18厚木工板
饰面板
5厚普通玻璃
成品铰链
灯管
透光灯片
瓷砖
不锈钢洗盆
暗藏垃圾桶
C
15厚木工板+
饰面板

700
600
360
100
2200
35 100 135 170

40 560
600

饰面板
15厚木工板
收边条
15厚木工板
饰面板
100
C

R3 40
35 R3
成品拉手
成品铰链
A

R3
R10
人造石挡水
墙砖
砂浆垫层
人造石台面
15厚木工板
饰面板
100
B

2-2剖面

吊顶
封板
18厚木工板
饰面板
5厚普通玻璃
成品铰链
灯管
透光灯片
瓷砖
瓷砖
A
EQ
B
隔板
EQ 20
成品固定件
15厚木工板+
饰面板

700
600
2200
35 100
665
100
80

40 560
600

信报箱

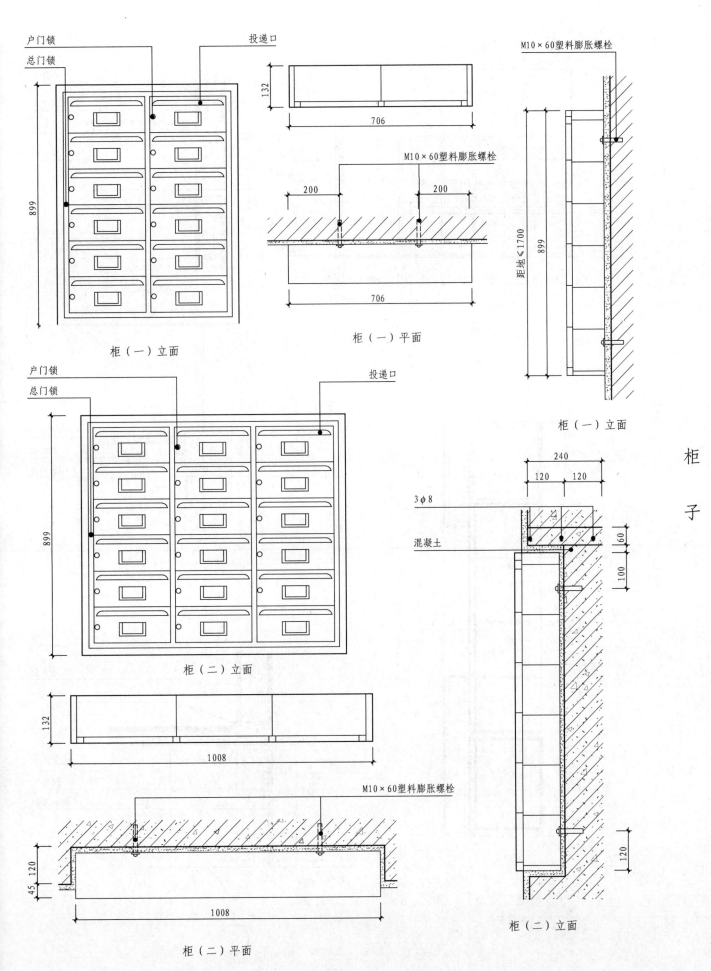

户门锁
总门锁
投递口
899
132
706
706
200　200
M10×60塑料膨胀螺栓
M10×60塑料膨胀螺栓
距地≤1700
899
柜（一）立面
柜（一）平面
柜（一）立面

户门锁
总门锁
投递口
899
132
1008
柜（二）立面
M10×60塑料膨胀螺栓
120
45
1008
柜（二）平面

240
120　120
3φ8
混凝土
60
100
120
柜（二）立面

柜子

341

组合柜

柜
子

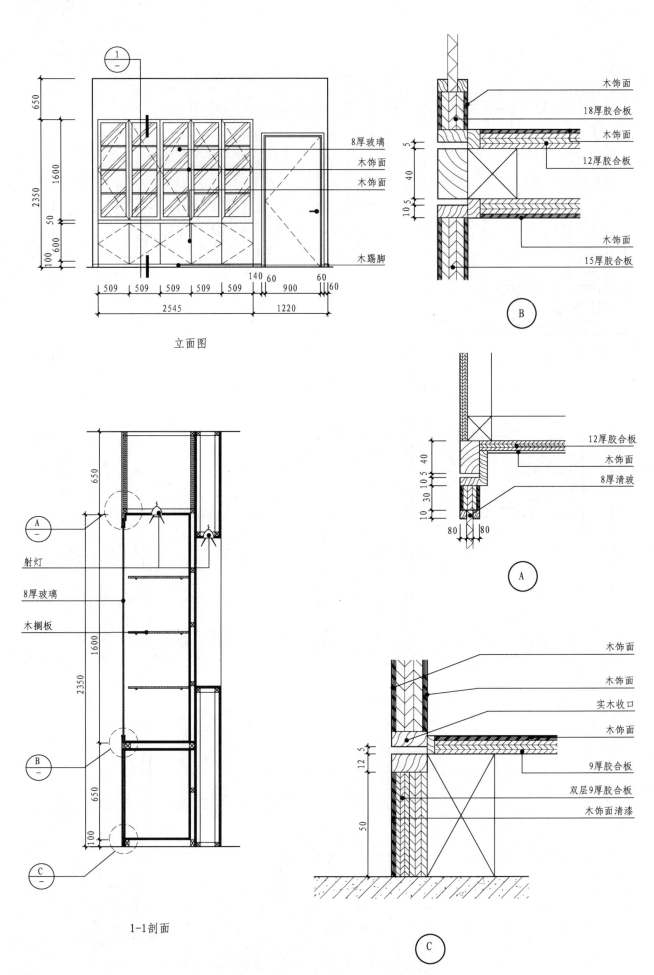

8厚玻璃

木饰面

木饰面

木踢脚

2545   1220

509 509 509 509 509 140 60 900 60 60

2350 650 1600 50 600 100

立面图

木饰面

18厚胶合板

木饰面

12厚胶合板

木饰面

15厚胶合板

B

5 40 10 5

12厚胶合板

木饰面

8厚清玻

40 10 5 10 30

80 80

A

射灯

8厚玻璃

木搁板

650 1600 2350 650 100

1-1剖面

木饰面

木饰面

实木收口

木饰面

9厚胶合板

双层9厚胶合板

木饰面清漆

12 5 50

C

342

门厅衣帽柜

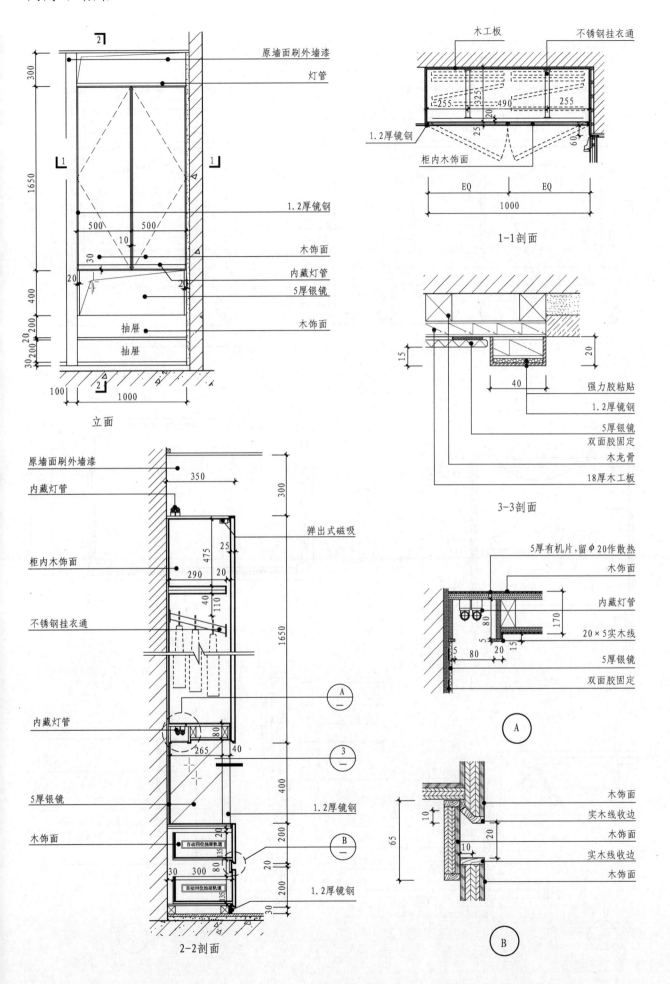

原墙面刷外墙漆
灯管
1.2厚镜钢
木饰面
内藏灯管
5厚银镜
木饰面
抽屉
抽屉

立面

原墙面刷外墙漆
内藏灯管
柜内木饰面
不锈钢挂衣通
内藏灯管
5厚银镜
木饰面

弹出式磁吸

自动回位抽屉轨道
自动回位抽屉轨道

1.2厚镜钢
1.2厚镜钢

2-2剖面

木工板
不锈钢挂衣通
1.2厚镜钢
柜内木饰面

1-1剖面

强力胶粘贴
1.2厚镜钢
5厚银镜
双面胶固定
木龙骨
18厚木工板

3-3剖面

5厚有机片，留φ20作散热
木饰面
内藏灯管
20×5实木线
5厚银镜
双面胶固定

A

木饰面
实木线收边
木饰面
实木线收边
木饰面

B

柜子

343

盥洗台

柜子

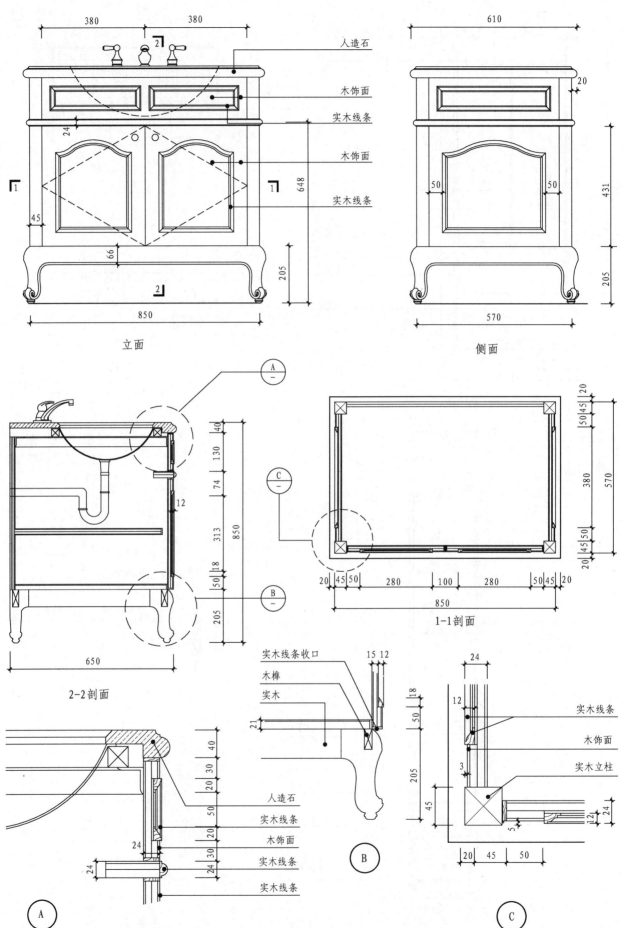

人造石

木饰面

实木线条

木饰面

实木线条

立面

侧面

2-2剖面

1-1剖面

实木线条收口
木榫
实木

人造石
实木线条
木饰面
实木线条
实木线条

实木线条
木饰面
实木立柱

A

B

C

盥洗台

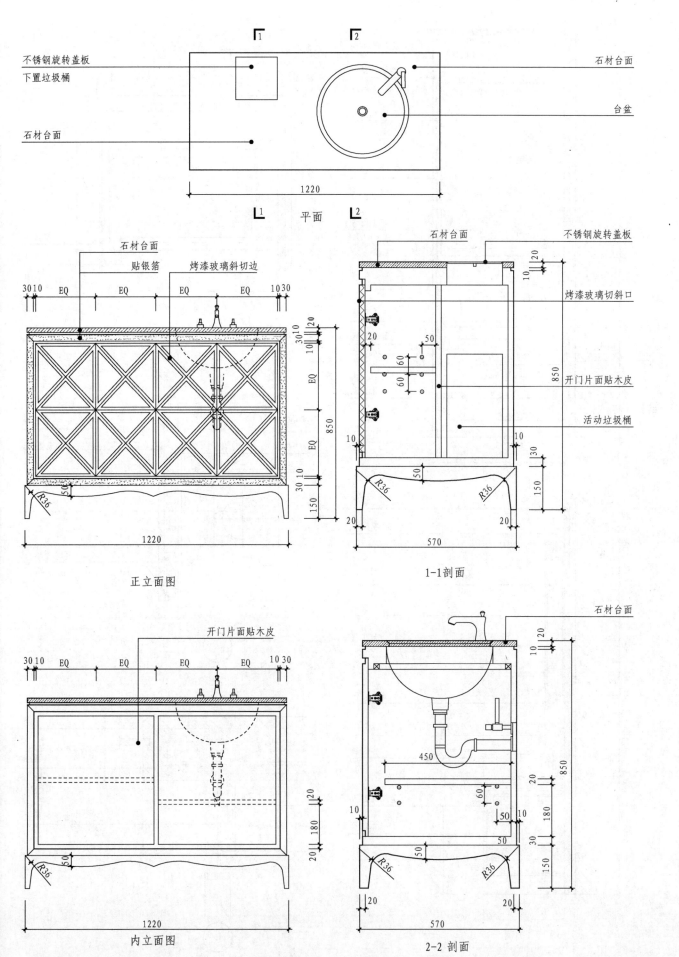

不锈钢旋转盖板
下置垃圾桶

石材台面

石材台面
台盆

1220

平面

石材台面
贴银箔
烤漆玻璃斜切边

30 10　EQ　EQ　EQ　EQ　10 30

R36

1220

正立面图

石材台面　不锈钢旋转盖板

烤漆玻璃切斜口

开门片面贴木皮

活动垃圾桶

R36　R36

570

1-1剖面

开门片面贴木皮

30 10　EQ　EQ　EQ　EQ　10 30

R36

1220

内立面图

石材台面

450

R36　R36

570

2-2剖面

柜子

盥洗台

柜

子

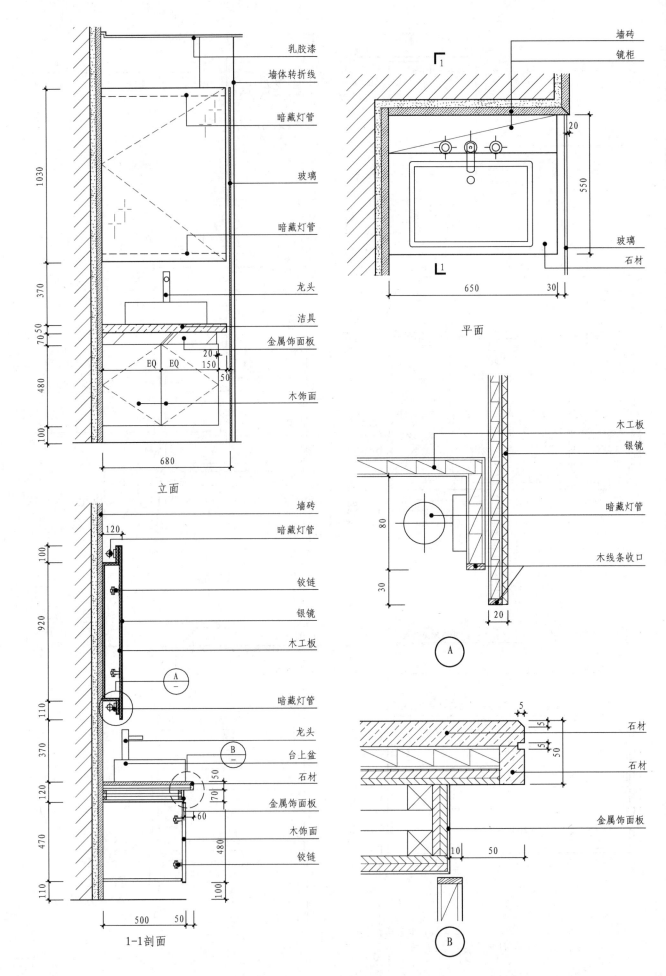

乳胶漆
墙体转折线
暗藏灯管
玻璃
暗藏灯管
龙头
洁具
金属饰面板
木饰面

1030
370
70 50
480
100
EQ EQ
20
150
50
680

立面

墙砖
暗藏灯管
铰链
银镜
木工板
暗藏灯管
龙头
台上盆
石材
金属饰面板
木饰面
铰链

920
110
370
120
470
110
120
A
B
50
70
60
480
100
500 50

1-1剖面

墙砖
镜柜

1

20
550

1

玻璃
石材

650 30

平面

木工板
银镜
暗藏灯管
木线条收口

80
30
20

A

5
5
5
50

石材

石材

金属饰面板

10 50

B

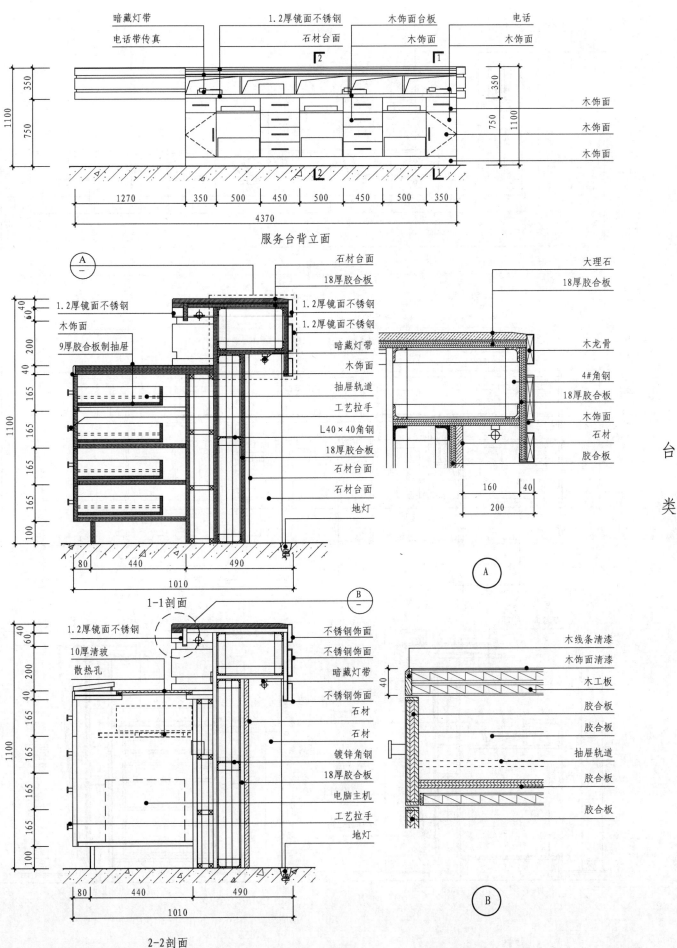

暗藏灯带　　　　　　1.2厚镜面不锈钢　　木饰面台板　　　电话

电话带传真　　　　　石材台面　　　　木饰面　　　　木饰面

服务台背立面

大理石
18厚胶合板

木龙骨
4#角钢
18厚胶合板
木饰面
石材
胶合板

石材台面
18厚胶合板
1.2厚镜面不锈钢
1.2厚镜面不锈钢
暗藏灯带
木饰面
抽屉轨道
工艺拉手
L40×40角钢
18厚胶合板
石材台面
石材台面
地灯

1.2厚镜面不锈钢
木饰面
9厚胶合板制抽屉

台

类

A

1-1剖面

不锈钢饰面
不锈钢饰面
暗藏灯带
不锈钢饰面
石材
石材
镀锌角钢
18厚胶合板
电脑主机
工艺拉手
地灯

1.2厚镜面不锈钢
10厚清玻
散热孔

木线条清漆
木饰面清漆
木工板
胶合板
胶合板
抽屉轨道
胶合板
胶合板

2-2剖面

B

大堂总服务台

服务台平面

键盘位　收银显示器　木饰面　透光云石片　监控显示器　显示器

450　400

1700

4870

400

450

服务台背立面

透光云石片　监控显示器　木饰面　收银显示器　木饰面　收银显示器　木饰面

1200

1200

30　870　40　230　230　20　500　20　500　330　500　20　400　20　750

4670

木饰面　木饰面　木饰面　不锈钢踢脚　木饰面　透光云石片

1-1剖面

木饰面　透光云石片

LED软管灯
透光云石片
穿线孔

透光板

不锈钢踢脚

320
160
800
560
80

1120

2-2剖面

木饰面　透光云石片

550

木饰面
30
不锈钢拉手
150
150
150
240
800
80

1120
1200
80

348

1100

石材台面

立面

石材台面

480
720

9500

平面

石材台面

390　450

暗藏灯带

A
—

石材线条
暗藏灯带

18厚木工板
18厚木工板

300

120
50

810

1100

800

18厚木工板
18厚木工板
木龙骨
实木踢脚线

120

1-1剖面

B
—

18厚木工板
石材台面
石材线条

10　10
10　10

木龙骨
18厚木工板
石材

80

10　10
10　10

50

18厚木工板
石材
暗藏灯带
实木线条

75　35

A

台
类

木龙骨
实木线条

18厚木工板

30

100　100　100　100　50　50

2-2剖面

18厚木工板
木龙骨
木龙骨
木线条清漆
胶合板
木龙骨
木龙骨

B

台
类

石材饰面
石材饰面
石材饰面
铜板蚀刻装饰图案
石材饰面
石材饰面

800　　　　4400　　　　800

6000

立面

木饰面清漆
18厚木工板

石材线条
木饰面清漆
木饰面清漆
木饰面清漆
铜板蚀刻装饰图案
木饰面清漆
石材

400　143　270　87

900

1-1剖面

石材线条
石材线条
石材线条

石材饰面
18厚木工板
9厚胶合板
铜板蚀刻装饰图案
石材饰面

50　　700　　50

800

2-2剖面

石材饰面
粘贴层
不锈钢挂件
膨胀螺栓
∟40×40角钢
混凝土浇筑
石材饰面
粘贴层

A

石材饰面
膨胀螺栓
不锈钢干挂件
石材线条
石材线条
粘贴层
石材线条
混凝土浇筑

B

350

总服务台

装饰艺术台灯(或工艺木雕)　　液晶电脑位置　　　　石材饰面

800

装饰艺术台灯

800　　　　　　3600　　　　　　800

总服务台平面

装饰艺术台灯(或工艺木雕)　　石材台面　　装饰艺术台灯(或工艺木雕)
石材台面　　暗藏灯带　　石材台面
叠纹玻璃内打灯　　石材　　叠纹玻璃内打灯
石材踢脚　　石材踢脚　　石材踢脚

100
100
300
700
100

100
100
900
910
100

800　　　　　　3600　　　　　　800

总服务台正立面

石材台面　　　　石材台面　　　　石材台面　　　　石材台面
木饰面检修门　　木饰面抽屉　　木饰面电脑键盘抽板　　木饰面检修门
石材踢脚　　电脑主机位置(安装插座)　　木饰面　　石材踢脚

900
100
700
100

30

600　140
60

100
900
700
100

总服务台背立面

木饰面检修门
镀锌角钢支架
日光灯管
18厚胶合板底板
镀锌角钢支架
石材
叠纹玻璃

50
640
800
50

50　640　50

木饰面电脑键盘抽板　　石材饰面
石材台面

800

100
100
170
20
200
900
200
200
100

400

1-1剖面　　　　　　**2-2剖面**

台

类

351

服务台

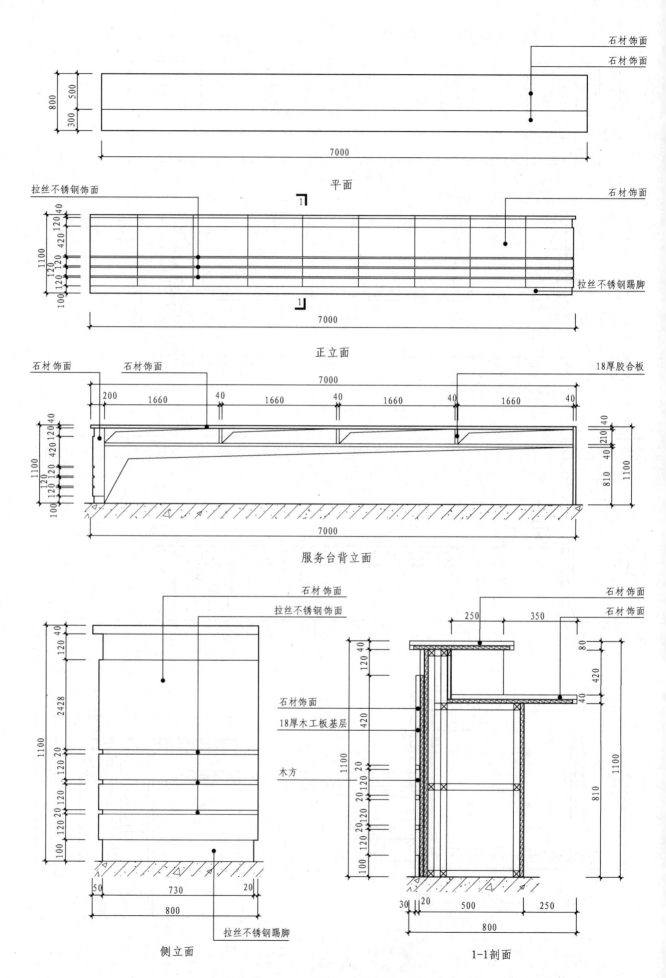

石材饰面
石材饰面
800
500
300
7000

平面

拉丝不锈钢饰面
石材饰面
1100
120 420 120 40
120 120
100
拉丝不锈钢踢脚
7000

正立面

石材饰面
石材饰面
18厚胶合板
7000
200 1660 40 1660 40 1660 40 1660 40
1100
120 420 120 40
120 120
100
210 40
40
1100
810

7000

服务台背立面

石材饰面
拉丝不锈钢饰面
120 40
2428
1100
120 20
120
20 120
100
50 730 20
800
拉丝不锈钢踢脚

侧立面

石材饰面
石材饰面
250 350
120 40
80
420
40
石材饰面
18厚木工板基层
420
木方
1100
20
120
20 120
100
810
1100
30 20 500 250
800

1-1剖面

台

类

352

服务台

木饰面清漆　　　　　石材饰面　　　　木饰面清漆
　　　　　　　　　暗藏灯带　　　　木饰面清漆

木饰面清漆

木饰面清漆

木饰面清漆

1000
40 110 100
690
60

470　EQ　EQ　EQ　440　30
2240

立面（一）

石材饰面
实木线条
木饰面清漆
18厚胶合板

把手
18厚胶合板龙骨
实木线条

1000
90 40
750
120

330　270
600

1-1剖面

18厚胶合板
木饰面清漆
实木线条
18厚胶合板
9厚胶合板
木饰面

40
80

C

18厚胶合板
木饰面清漆
抽屉滑轨
木饰面清漆
15厚胶合板
木饰面清漆
5厚胶合板

B

石材饰面
木饰面清漆
木饰面清漆
留缝
木饰面
实木踢脚

1000
40
830
130

470　1300　470
2240

立面（二）

石材饰面
18厚胶合板
石材线条
18厚胶合板
木饰面清漆

130
20 20
90

20　30

A

服务台

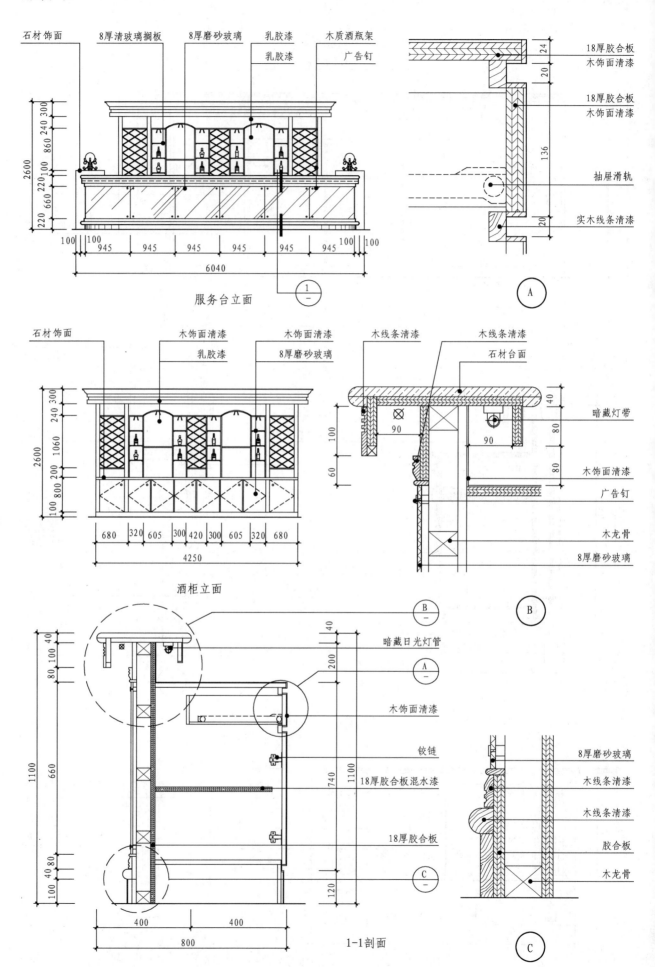

服务台立面 ①/—

石材饰面　8厚清玻璃搁板　8厚磨砂玻璃　乳胶漆　木质酒瓶架
乳胶漆　广告钉

2600　240 300
860　240
220 100
660
220

100 100 945 945 945 945 945 945 100 100
6040

A

18厚胶合板
木饰面清漆
24
20
18厚胶合板
木饰面清漆
136
抽屉滑轨
实木线条清漆
20

台

类

酒柜立面

石材饰面　木饰面清漆　木饰面清漆
乳胶漆　8厚磨砂玻璃

2600　240 300
1060
200
800
100

680 320 605 300 420 300 605 320 680
4250

木线条清漆　木线条清漆
石材台面

暗藏灯带
40
80
80
木饰面清漆
广告钉
木龙骨
8厚磨砂玻璃
100
60
90
90

B

1-1剖面

暗藏日光灯管
木饰面清漆
铰链
18厚胶合板混水漆
18厚胶合板

1100
80 100 40
660
40 80
100

200
740
1100
120
40

400 400
800

8厚磨砂玻璃
木线条清漆
木线条清漆
胶合板
木龙骨

C

服务台

10厚透光石　　石材饰面　　穿线孔

接待台平面

10厚透光石　　暗藏灯带　　1.2厚镜面不锈钢踢脚　　虚线表示玻璃肋位置

1100

接待台正立面

木饰面清漆　　强弱电插座　　石材饰面　石材台面　　木饰面清漆　　1.2厚镜面不锈钢踢脚　　10厚透光石

接待台背立面

②　　①　　③

暗藏灯带
1.2厚镜面不锈钢踢脚

木饰面亚光漆
石材饰面

10厚透光石
12厚钢化清玻璃基层
强弱电插座
12厚钢化清玻璃力肋骨架
12厚钢化清玻璃基层
10厚透光石
暗藏灯带
1.2厚镜面不锈钢饰面
1.2厚镜面不锈钢踢脚

400
700
1100

1-1剖面

接待台侧立面

10厚透光石
12厚钢化清玻璃基层
12厚钢化清玻璃力肋骨架
强弱电插座
12厚钢化清玻璃基层
10厚透光石
暗藏灯带
1.2厚镜面不锈钢饰面
1.2厚镜面不锈钢踢脚

木饰面清漆
石材饰面

3-3剖面

10厚透光石
12厚钢化清玻璃基层
12厚钢化清玻璃力肋骨架
强弱电插座
12厚钢化清玻璃基层
10厚透光石
暗藏灯带
1.2厚镜面不锈钢饰面
1.2厚镜面不锈钢踢脚

木饰面清漆
石材饰面

2-2剖面

台
类

355

服务台

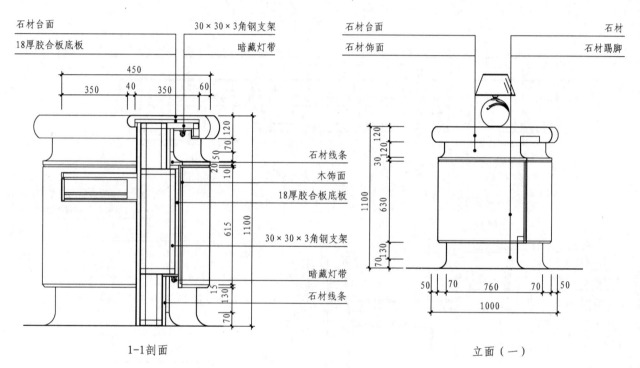

装饰台灯　木饰面　石材台面

900

石材台面
装饰灯
石材台面

1000

50　510　40　2400　40　510　50

3600

平面

台
类

石材台面
18厚胶合板底板

450
350　40　350　60

30×30×3角钢支架
暗藏灯带

120
70

石材线条
木饰面
18厚胶合板底板
30×30×3角钢支架
暗藏灯带
石材线条

615　1100

15
130
70

1-1剖面

石材台面
石材饰面

石材
石材踢脚

120
30　120

1100　630

70　30

50　70　760　70　50

1000

立面（一）

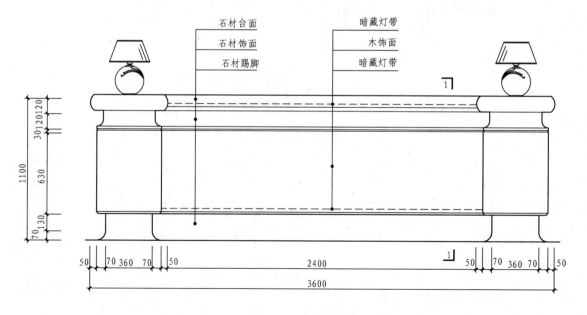

石材台面
石材饰面
石材踢脚

暗藏灯带
木饰面
暗藏灯带

30 120 120
1100　630
70　130

50　70　360　70　50　2400　50　70　360　70　50

3600

立面（二）

356

服务台

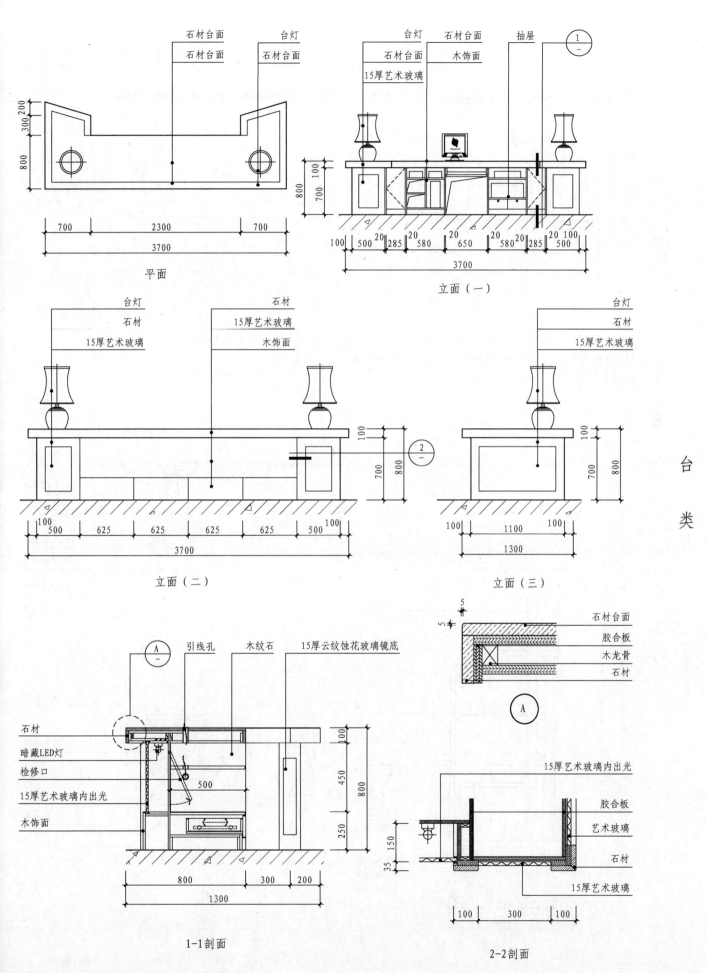

石材台面　石材台面　台灯　石材台面

800　300　300　200

700　2300　700
3700

平面

台灯　石材台面　抽屉　①／—
石材台面　木饰面
15厚艺术玻璃

800　700　100

100　500　20　285　20　580　20　650　20　580　20　285　20　500　100
3700

立面（一）

台灯　石材
石材　15厚艺术玻璃
15厚艺术玻璃　木饰面

100　700

②／—

100　500　625　625　625　625　500　100
3700

立面（二）

台灯
石材
15厚艺术玻璃

100　700　800

100　1100　100
1300

立面（三）

台　类

A／—　引线孔　木纹石　15厚云纹蚀花玻璃镜底

石材
暗藏LED灯
检修口
15厚艺术玻璃内出光
木饰面

500

100　450　250　800

800　300　200
1300

1-1剖面

5　5

石材台面
胶合板
木龙骨
石材

Ⓐ

15厚艺术玻璃内出光
胶合板
艺术玻璃
石材
15厚艺术玻璃

150　35

100　300　100

2-2剖面

服务台

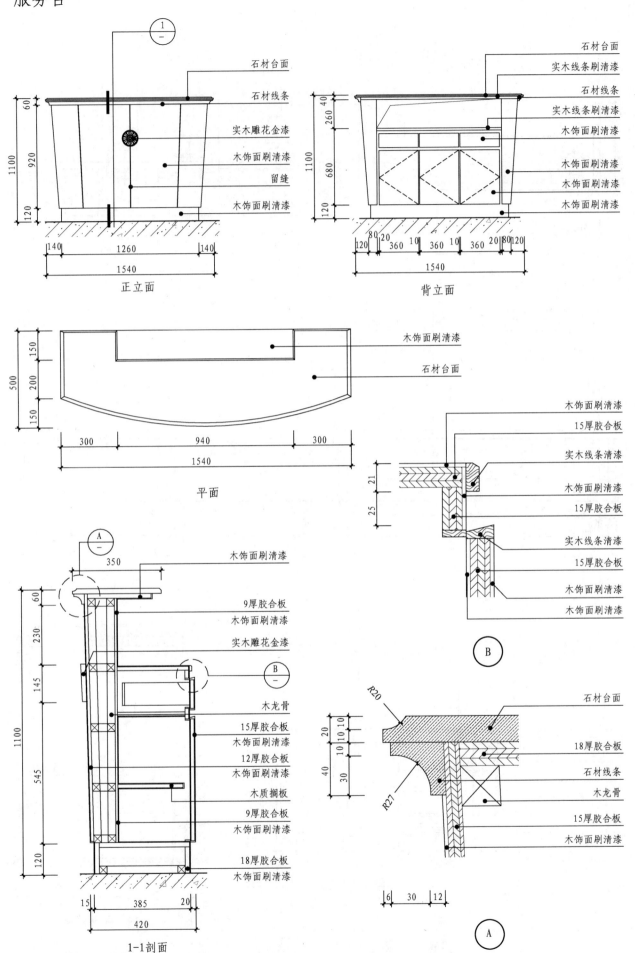

石材台面
石材线条
实木雕花金漆
木饰面刷清漆
留缝
木饰面刷清漆

正立面

140 1260 140
1540

石材台面
实木线条刷清漆
石材线条
实木线条刷清漆
木饰面刷清漆
木饰面刷清漆
木饰面刷清漆
木饰面刷清漆

背立面

120 80 20 360 10 360 10 360 20 80 120
1540

台

类

木饰面刷清漆
石材台面

平面

300 940 300
1540

木饰面刷清漆
9厚胶合板
木饰面刷清漆
实木雕花金漆
木龙骨
15厚胶合板
木饰面刷清漆
12厚胶合板
木饰面刷清漆
木质搁板
9厚胶合板
木饰面刷清漆
18厚胶合板
木饰面刷清漆

350

15 385 20
420

1-1剖面

木饰面刷清漆
15厚胶合板
实木线条清漆
木饰面刷清漆
15厚胶合板
实木线条清漆
15厚胶合板
木饰面刷清漆
木饰面刷清漆

B

R20
石材台面
18厚胶合板
石材线条
木龙骨
15厚胶合板
木饰面刷清漆
R27

6 30 12

A

服务台

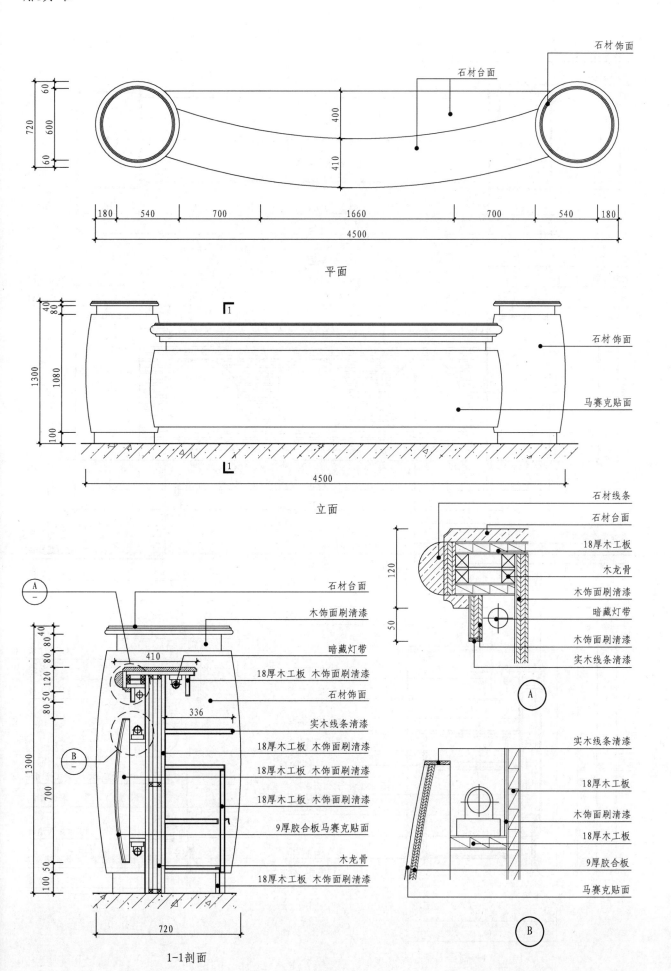

石材饰面

石材台面

平面

石材饰面

马赛克贴面

立面

石材台面

木饰面刷清漆

暗藏灯带

18厚木工板 木饰面刷清漆

石材饰面

实木线条清漆

18厚木工板 木饰面刷清漆

18厚木工板 木饰面刷清漆

18厚木工板 木饰面刷清漆

9厚胶合板马赛克贴面

木龙骨

18厚木工板 木饰面刷清漆

1-1剖面

石材线条

石材台面

18厚木工板

木龙骨

木饰面刷清漆

暗藏灯带

木饰面刷清漆

实木线条清漆

A

实木线条清漆

18厚木工板

木饰面刷清漆

18厚木工板

9厚胶合板

马赛克贴面

B

台

类

服务台

木饰面刷清漆

石材台面

石材台面

台灯

800
50
350
350
50

540

2960

540

4040

广告钉

平面

石材台面

石材台面

石材饰面

石材

1

1200
100
130 130
620
90 130

540

2960

540

4040

云石灯片

木饰面刷清漆

实木线条清漆

立面

石材踢脚线

台

类

石材台面

石材

木饰面刷清漆

暗藏灯带

实木线条清漆

18厚木工板骨架

B

18厚木工板 木饰面刷清漆

云石灯片

实木线条清漆

实木线条清漆

18厚木工板

A

1200
1100
100
100
130
130
130
620
90 130

550

50 350 350 50

800

1-1剖面

石材台面

10 10 10
10

18厚木工板

石材

18厚木工板

A

18厚木工板 木饰面刷清漆

抽屉导轨

实木线条清漆

18厚木工板 木饰面刷清漆

实木线条清漆

B

服务台

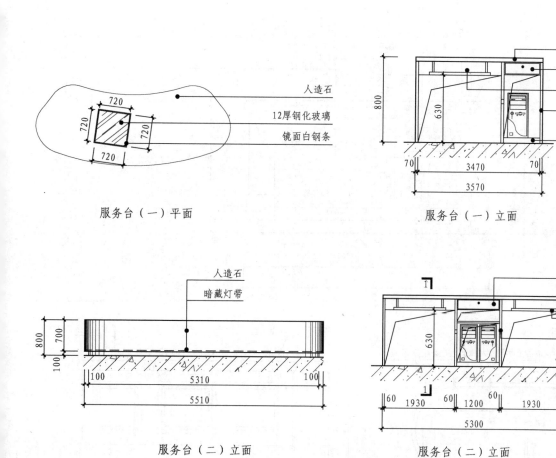

服务台（一）平面

服务台（一）立面

人造石
12厚钢化玻璃
镜面白钢条

人造石
木饰面
键盘抽屉
人造石
木饰面

服务台（二）立面

人造石
暗藏灯带

服务台（二）立面

木饰面
人造石
键盘抽屉
穿线孔
木饰面

服务台（二）平面

人造石
镜面白钢条
12厚钢化玻璃

1-1剖面

镜面白钢条
穿线孔
暗藏灯带

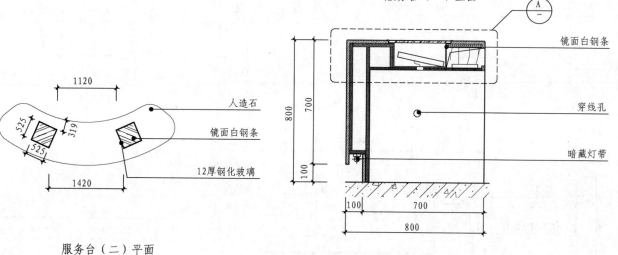

12厚钢化玻璃
镜面白钢条
人造石
镜面白钢条
9厚胶合板
键盘抽屉
穿线孔

A

大堂礼宾台

台
类

台灯
插座
键盘位
1
打印机位
石材
木饰面

90
660
1050
100 200
30
120 120
220
50
30
250
550
100
100

250 | 30 | 500 | 30 | 280 | 30 | 600 | 30 | 250
2000

立面

台灯
液晶显示器
木饰面
下藏灯
石材

300
650

250 | 1500 | 250

平面

台灯
木饰面
石材
金箔实木线

90
40
660
1050
20
100 200
525 | 150

2000

万向轮

外立面

A

300 | 650

石材
金箔实木线
木龙骨
木饰面
石材

90
40
660
1050
200
100

暗藏导轨
电脑键盘位
电脑主机位
万向轮

木饰面

100

1-1剖面

石材
金箔实木线条
木龙骨
石材
18厚胶合板
木龙骨

A

迎宾台

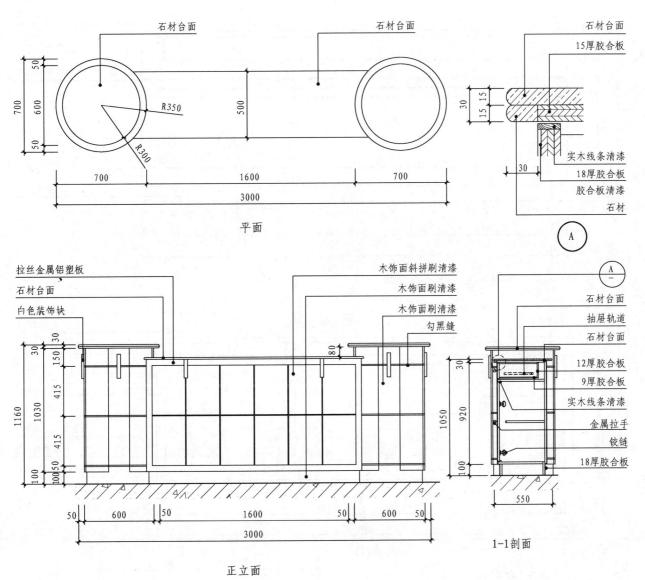

石材台面

石材台面

石材台面
15厚胶合板
实木线条清漆
18厚胶合板
胶合板清漆
石材

R350
R300
700 50 600 50
700 1600 700
3000

平面

A

拉丝金属铝塑板
石材台面
白色装饰块

木饰面斜拼刷清漆
木饰面刷清漆
木饰面刷清漆
勾黑缝

30 150 415 1030 415 100 100 50 1160
80

50 600 50 1600 50 600 50
3000

正立面

A

石材台面
抽屉轨道
石材台面
12厚胶合板
9厚胶合板
实木线条清漆
金属拉手
铰链
18厚胶合板

30 920 100 1050
550

1-1剖面

白色防火板
石材台面
白色装饰块

木饰面刷清漆
木饰面刷清漆
勾黑缝

1160 1030 100

50 600 50 1600 50 600 50
3000

背立面

拉丝金属铝塑板
700
260 180 260

石材台面
白色装饰块
勾黑缝
木饰面刷清漆
木饰面刷清漆

30 1030 100 1160
20 560 20
600

侧立面

台

类

363

展厅前台

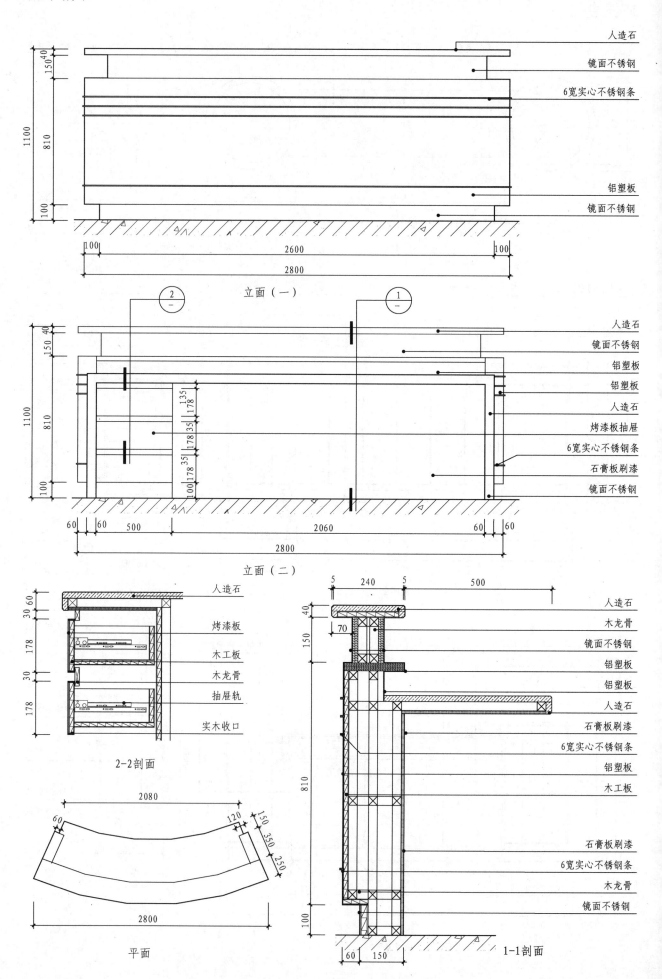

立面（一）

立面（二）

2-2剖面

平面

1-1剖面

台

类

人造石
镜面不锈钢
6宽实心不锈钢条
铝塑板
镜面不锈钢

人造石
镜面不锈钢
铝塑板
铝塑板
人造石
烤漆板抽屉
6宽实心不锈钢条
石膏板刷漆
镜面不锈钢

人造石
烤漆板
木工板
木龙骨
抽屉轨
实木收口

人造石
木龙骨
镜面不锈钢
铝塑板
铝塑板
人造石
石膏板刷漆
6宽实心不锈钢条
铝塑板
木工板
石膏板刷漆
6宽实心不锈钢条
木龙骨
镜面不锈钢

364

总咨询站台详图

木饰面材料

人造石台面

人造石台面

成品键盘架

踢脚

100 340 350 300 920 370 420

2800

30
320
30
1100
620
100

立面（一）

木饰面

木饰面

人造石台面

踢脚

R5

330 260 410 800 420 580

2800

30
320
30
1100
620
100

立面（二）

台

类

人造石台面

人造石台面

390 300

人造石台面 30

胶合板

320

30

155

465

100

500

1100

500

100

成品键盘架

木龙骨

5厚胶合板木饰面

木龙骨

木饰面

踢脚

R5

470 100 130

220 50

700

1-1剖面图

人造石台面

人造石台面

350

600

30×40木龙骨

5厚胶合板木饰面

木龙骨

木饰面

踢脚

620

100

10 30 100 470 20 200

610

2-2剖面图

音乐剧院接待台

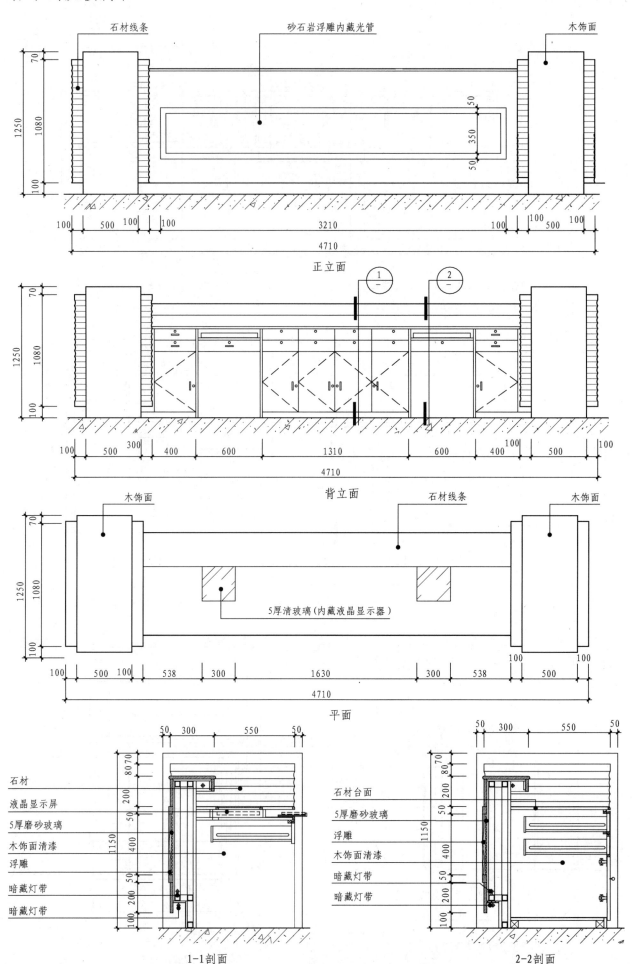

石材线条　　　　砂石岩浮雕内藏光管　　　　木饰面

70
1080
1250
100

100　500　100　　100　　　　3210　　　　100　　100　500　100
4710

正立面

①　②

70
1080
1250
100

100　500　300　400　600　　1310　　600　400　500　100
4710

背立面

台
类

木饰面　　　　石材线条　　　　木饰面

5厚清玻璃(内藏液晶显示器)

70
1080
1250
100

100　500　100　538　300　　1630　　300　538　500
4710

平面

50　300　550　50

80
70
200
50
400
1150
50
200
100

石材
液晶显示屏
5厚磨砂玻璃
木饰面清漆
浮雕
暗藏灯带
暗藏灯带

1-1剖面

50　300　550　50

70
80
200
50
1150
400
50
200
100

石材台面
5厚磨砂玻璃
浮雕
木饰面清漆
暗藏灯带
暗藏灯带

2-2剖面

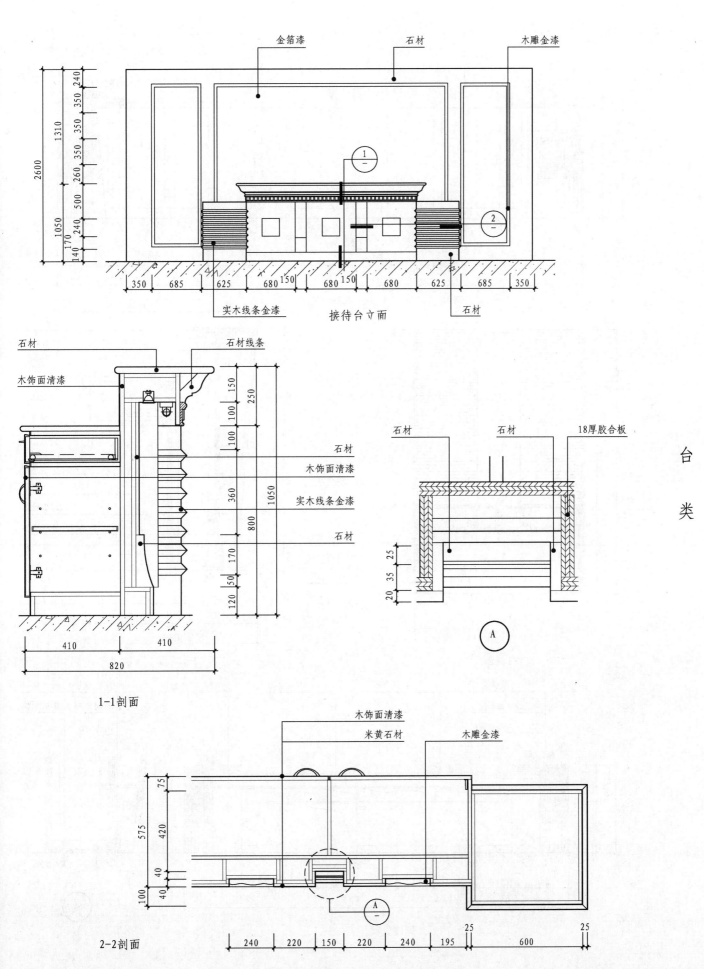

金箔漆　　石材　　木雕金漆

①

②

实木线条金漆　　接待台立面　　石材

石材　　石材线条

木饰面清漆

石材
木饰面清漆
实木线条金漆
石材

410　410

820

1-1剖面

石材　　石材　　18厚胶合板

A

台

类

木饰面清漆
米黄石材　　木雕金漆

A

2-2剖面

240　220　150　220　240　195　　600　25　25

接待台

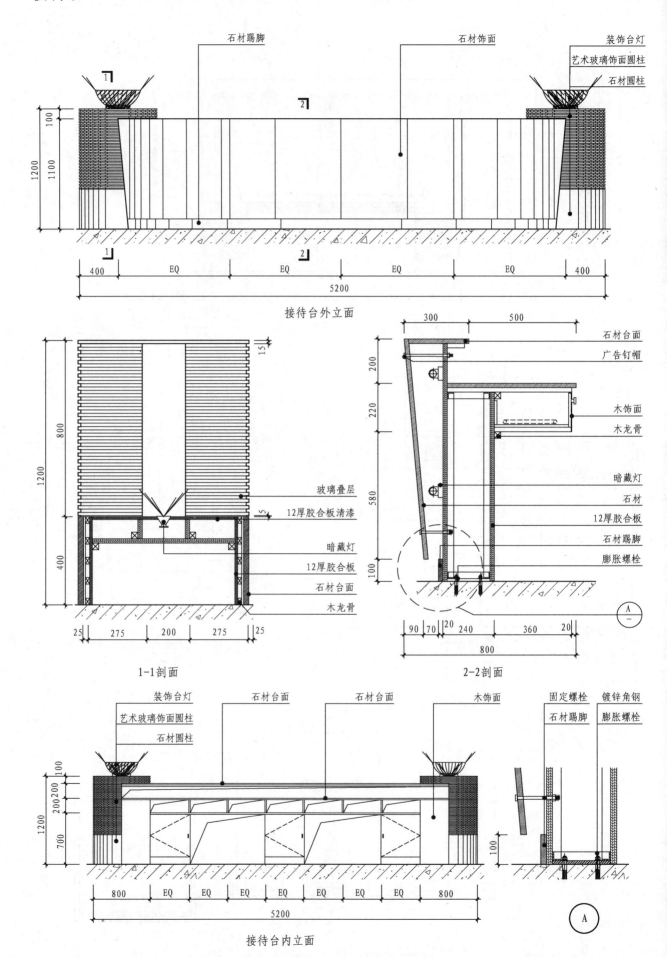

石材踢脚　　　　　石材饰面　　　　装饰台灯
　　　　　　　　　　　　　　　　艺术玻璃饰面圆柱
　　　　　　　　　　　　　　　　石材圆柱

1200　1100　100

400　EQ　EQ　EQ　EQ　400
5200

接待台外立面

台类

15

1200　800

400

玻璃叠层
12厚胶合板清漆

暗藏灯
12厚胶合板
石材台面
木龙骨

25　275　200　275　25

1-1剖面

300　500

石材台面
广告钉帽

木饰面
木龙骨

暗藏灯
石材
12厚胶合板
石材踢脚
膨胀螺栓

200　220　580　100

90　70　20　240　360　20
800

2-2剖面

Ⓐ

装饰台灯　　　石材台面　　　石材台面　　　木饰面　　固定螺栓　镀锌角钢
艺术玻璃饰面圆柱　　　　　　　　　　　　　　　石材踢脚　膨胀螺栓
石材圆柱

1200　700　200　200　100　100

800　EQ　EQ　EQ　EQ　EQ　EQ　EQ　800
5200

接待台内立面

Ⓐ

368

接待台

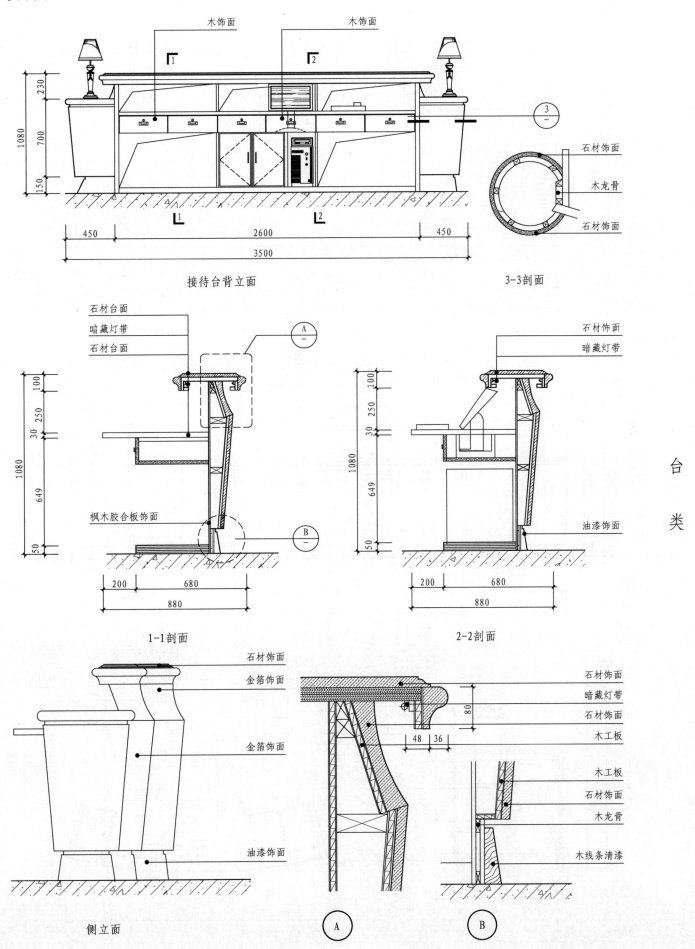

木饰面　　　　　木饰面

石材饰面
木龙骨
石材饰面

接待台背立面　　　　　3-3剖面

石材台面
暗藏灯带
石材台面

石材饰面
暗藏灯带

枫木胶合板饰面

油漆饰面

1-1剖面　　　　　2-2剖面

石材饰面
金箔饰面

金箔饰面

油漆饰面

侧立面

石材饰面
暗藏灯带
石材饰面
木工板

木工板
石材饰面
木龙骨
木线条清漆

A　　　　　B

台　类

369

接待台

石材台面　　　　　　石材　　　　　　实木线条清漆

砂光不锈钢板　　　　　　　　　　　实木线条清漆

120
1220
1000
100

120
1220
1000
100

25　　1125　　　　　1300　　　　　1125　　25

3600

前台正立面

石材台面　　　　　　石材饰面　　　　　　电脑主机柜

不锈钢饰面　　　　　　木饰面清漆

台
类

120
1220
1000
100

120
1220
1000
100

25　830　　590　　710　　590　　830　25

3600

台后正立面

石材饰面

石材饰面

实木线条

手刷漆

不锈钢饰面

120
300
1220
800

760　　120

1-1剖面

实木线条清漆

15厚胶合板
木饰面清漆

18厚胶合板

Ⓐ

Ⓐ
—

18厚胶合板
木饰面清漆
大理石饰面

18厚胶合板
木饰面清漆

1150　　　1300　　　1150

2-2剖面

接待台

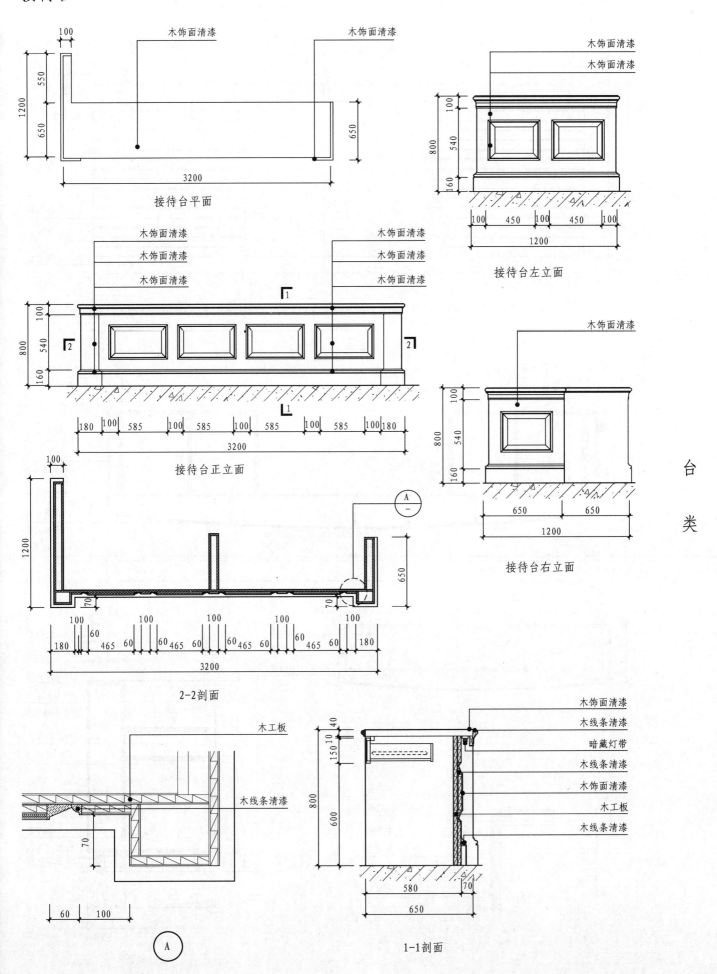

接待台平面

木饰面清漆   木饰面清漆

100
1200
550
650
3200

接待台左立面

木饰面清漆
木饰面清漆

100
800
540
160

100   450   100   450   100
1200

接待台正立面

木饰面清漆
木饰面清漆
木饰面清漆

木饰面清漆
木饰面清漆
木饰面清漆

100
800
540
160

180 100 585 100 585 100 585 100 585 100 180
3200

接待台右立面

木饰面清漆

100
800
540
160

650   650
1200

2-2剖面

100
1200
650

70   70

180 465 60 465 60 465 60 465 180
100   100   100   100   100
60 60 60 60
3200

A
—

木工板

木线条清漆

70

60 100

A

1-1剖面

木饰面清漆
木线条清漆
暗藏灯带
木线条清漆
木饰面清漆
木工板
木线条清漆

40
150 10
600
800

580   70
650

台

类

371

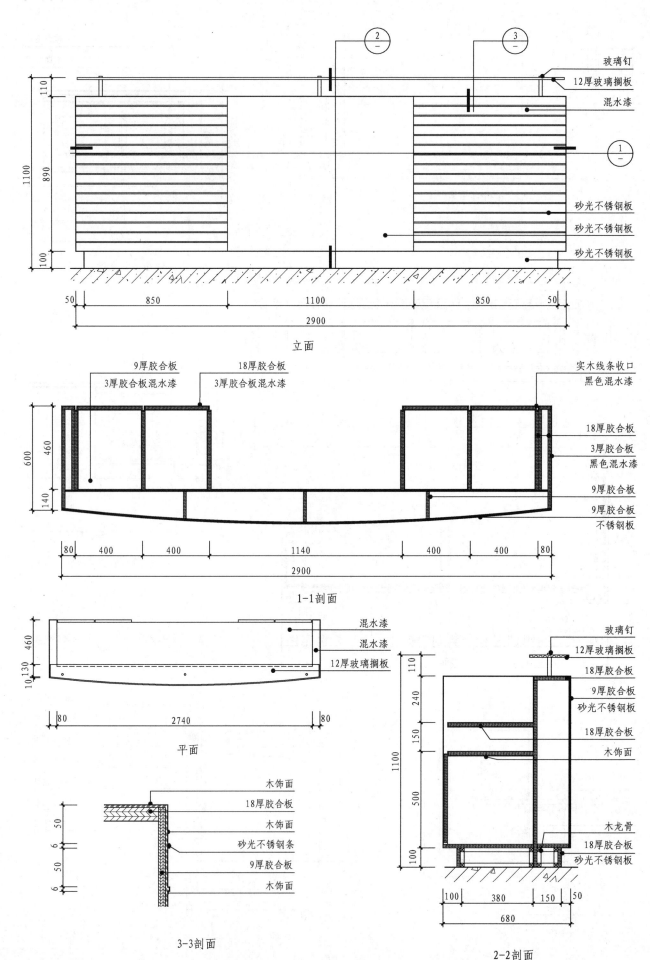

接待台

台类

玻璃钉
12厚玻璃搁板
混水漆
砂光不锈钢板
砂光不锈钢板
砂光不锈钢板

立面

9厚胶合板
3厚胶合板混水漆
18厚胶合板
3厚胶合板混水漆
实木线条收口
黑色混水漆
18厚胶合板
3厚胶合板
黑色混水漆
9厚胶合板
9厚胶合板
不锈钢板

1-1剖面

混水漆
混水漆
12厚玻璃搁板

平面

木饰面
18厚胶合板
木饰面
砂光不锈钢条
9厚胶合板
木饰面

3-3剖面

玻璃钉
12厚玻璃搁板
18厚胶合板
9厚胶合板
砂光不锈钢板
18厚胶合板
木饰面
木龙骨
18厚胶合板
砂光不锈钢板

2-2剖面

接待台

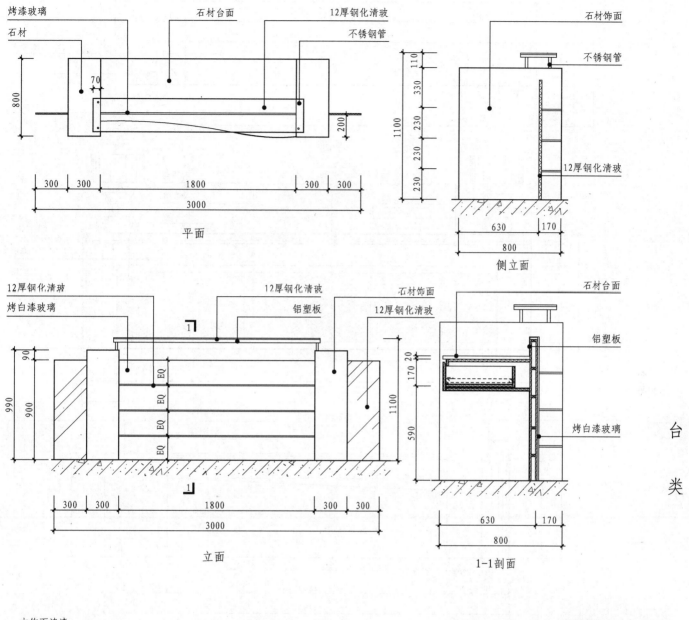

烤漆玻璃
石材

石材台面

12厚钢化清玻
不锈钢管

800

70

200

300 300 1800 300 300
3000

平面

石材饰面

不锈钢管

110
330
230
230
230
230
1100

12厚钢化清玻

630 170
800

侧立面

12厚钢化清玻
烤白漆玻璃

12厚钢化清玻
铝塑板

石材饰面
12厚钢化清玻

1

90
990
900
EQ
EQ
EQ
EQ

1100

1

300 300 1800 300 300
3000

立面

石材台面

铝塑板

烤白漆玻璃

170 20
170
590

630 170
800

1-1剖面

台

类

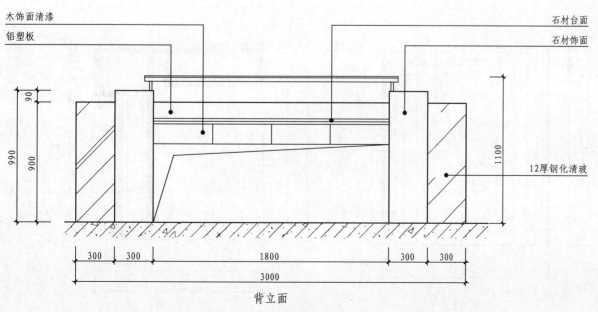

木饰面清漆
铝塑板

石材台面
石材饰面

90
990
900

1100

12厚钢化清玻

300 300 1800 300 300
3000

背立面

接待台

台

类

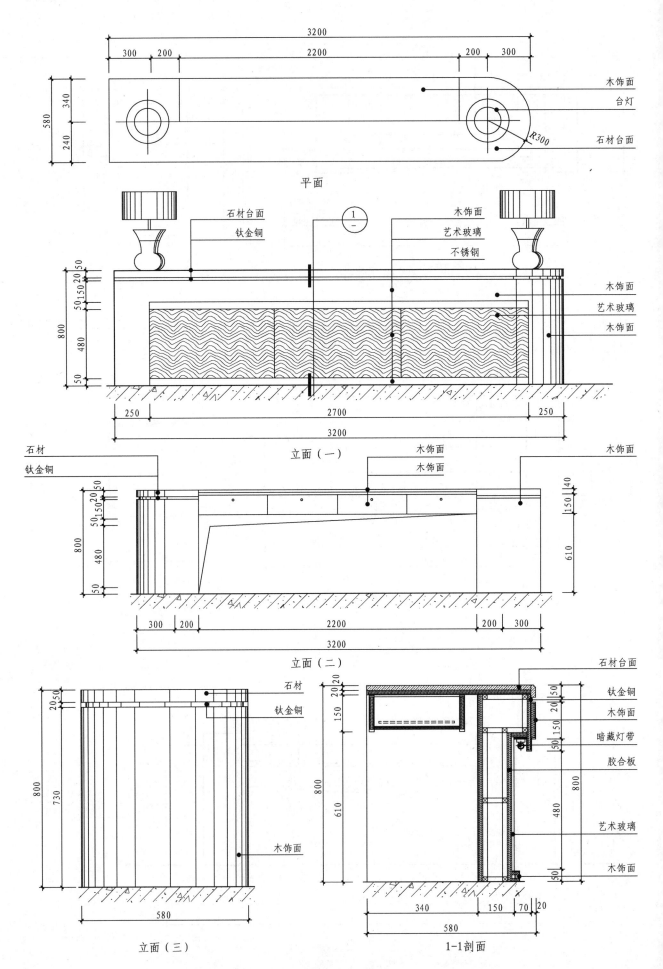

平面

石材台面
钛金铜

石材台面
木饰面
台灯
R300
石材台面

木饰面
艺术玻璃
不锈钢

木饰面
艺术玻璃
木饰面

立面（一）

石材
钛金铜

木饰面
木饰面

木饰面

立面（二）

石材
钛金铜

木饰面

立面（三）

石材台面
钛金铜
木饰面
暗藏灯带
胶合板
艺术玻璃
木饰面

1-1剖面

接待台

8厚磨砂玻璃

暗藏灯带

砂光不锈钢

3厚胶合板弯弧
木饰面刷清漆

1100
770
150
80
100

200 780 440 780 200
2400

正立面

8厚磨砂玻璃

3厚胶合板弯弧
木饰面刷清漆

暗藏灯带

9厚胶合板
木饰面刷清漆

8厚磨砂玻璃

780
350
350
80

200 700 600 700 200
2400

平面

1100
920
100

80 700
780

侧立面

8厚磨砂玻璃

1

18厚胶合板
木饰面刷清漆

3厚胶合板弯弧
木饰面刷清漆

8厚磨砂玻璃

18厚胶合板
木饰面刷清漆

抽屉滑道

30×40木龙骨

18厚胶合板

12厚胶合板

9厚胶合板
木饰面刷清漆

1100
120 80 80
720
100

200 70 450 20 450 20 450 20 450 70 200
2400

背立面

1100
150 80
80
770
350
100

80 80 150 120 350
780

1—1剖面

台
类

接待台

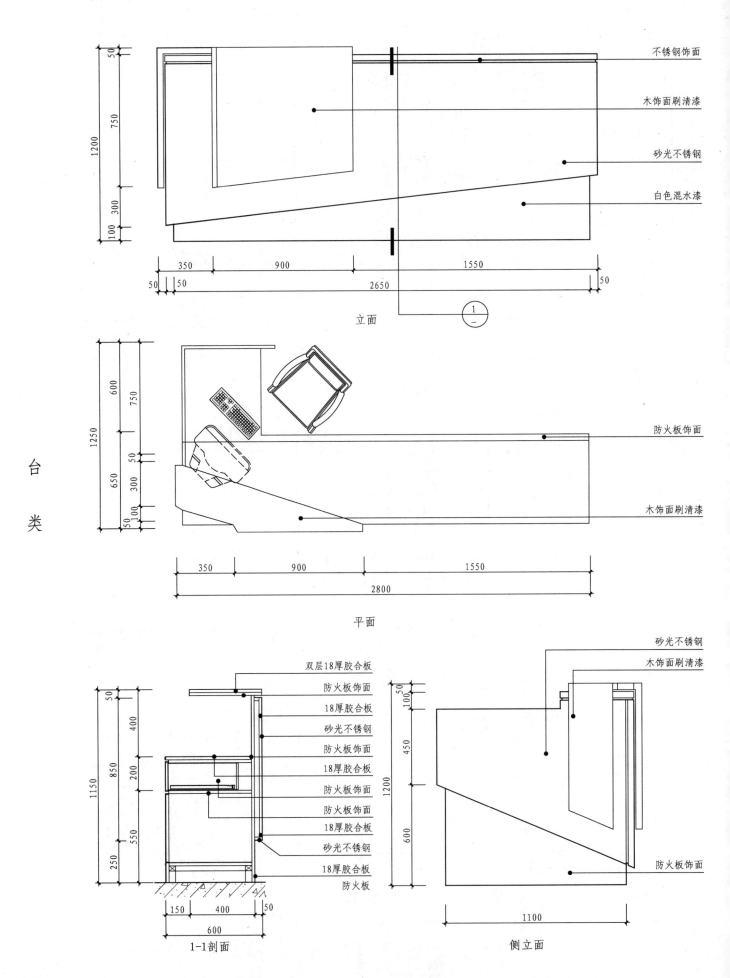

台
类

不锈钢饰面

木饰面刷清漆

砂光不锈钢

白色混水漆

50
750
1200
300
100

350   900   1550
50 50
2650

立面   1

600
750
1250
650 50
300
100
50

防火板饰面

木饰面刷清漆

350   900   1550
2800

平面

双层18厚胶合板
防火板饰面
18厚胶合板
砂光不锈钢
防火板饰面
18厚胶合板
防火板饰面
防火板饰面
18厚胶合板
砂光不锈钢
18厚胶合板
防火板

50
400
850 200
550
250
1150

150 400 50
600

1-1剖面

砂光不锈钢
木饰面刷清漆

50
100
450
600
1200

防火板饰面

1100

侧立面

376

接待台

实木线条

实木线条
1厚镜钢板包饰
人造石台面

125 100 125

人造石台面
8厚拉丝不锈钢板
木饰面清漆
1厚不锈钢板

接待台平面

接待台立面(一)

8厚拉丝不锈钢
黑漆勾缝
1厚不锈钢

人造石台面
实木线条
木饰面清漆

5厚钢板
18厚木工板
5厚胶合板
木饰面清漆
不锈钢板
5厚钢板

接待台立面(二)

EQ 8 EQ
EQ EQ
66

A

木饰面清漆
木饰面清漆

木饰面清漆
出线口
金属拉手

A

B

实木线条清漆
木饰面清漆
实木线条清漆
12厚胶合板
9厚胶合板

1-1剖面

B

1厚镜钢板百叶
18厚细木工板

C

木饰面清漆
1厚镜钢板百叶

1厚镜钢板
木饰面
烟斗合叶
木饰面

2-2剖面图

C

377

接待台

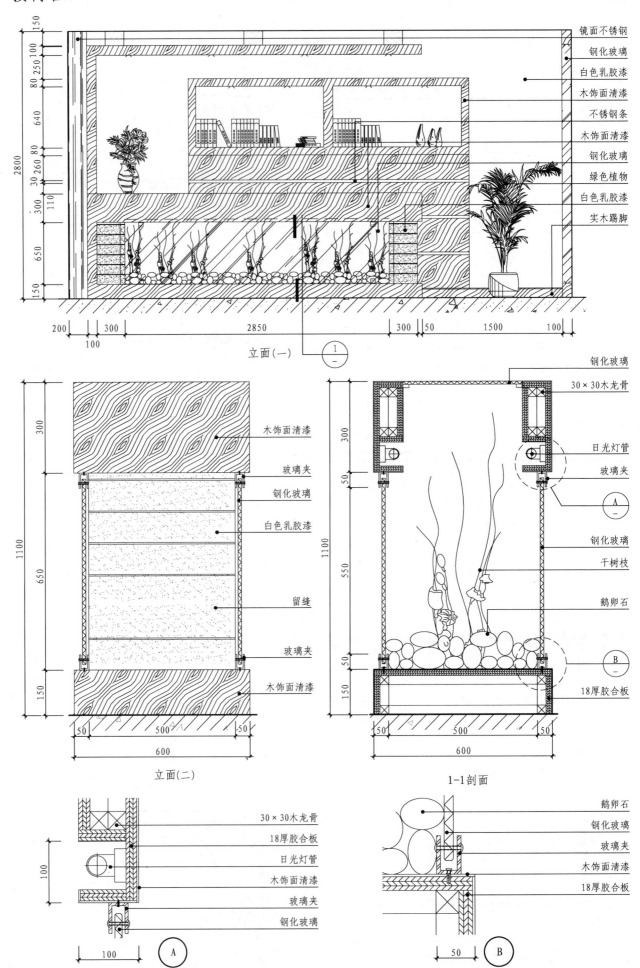

镜面不锈钢
钢化玻璃
白色乳胶漆
木饰面清漆
不锈钢条
木饰面清漆
钢化玻璃
绿色植物
白色乳胶漆
实木踢脚

立面(一) ①/─

台
类

木饰面清漆
玻璃夹
钢化玻璃
白色乳胶漆
留缝
玻璃夹
木饰面清漆

立面(二)

钢化玻璃
30×30木龙骨
日光灯管
玻璃夹
Ⓐ/─
钢化玻璃
干树枝
鹅卵石
Ⓑ/─
18厚胶合板

1-1剖面

30×30木龙骨
18厚胶合板
日光灯管
木饰面清漆
玻璃夹
钢化玻璃
Ⓐ

鹅卵石
钢化玻璃
玻璃夹
木饰面清漆
18厚胶合板
Ⓑ

378

接待台

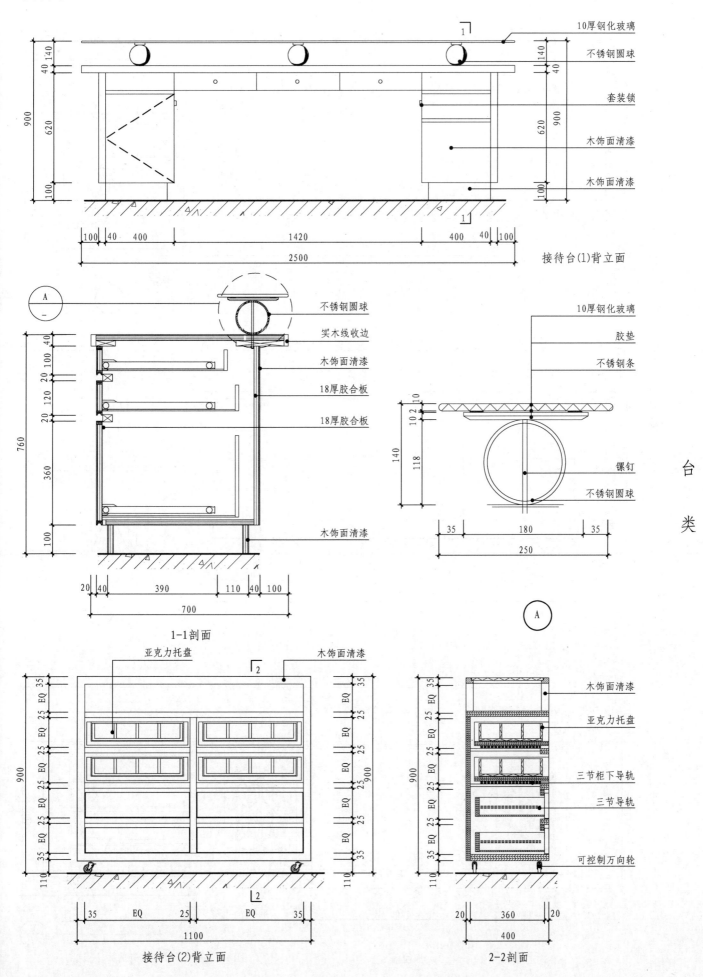

10厚钢化玻璃
不锈钢圆球
套装锁
木饰面清漆
木饰面清漆

接待台(1)背立面

2500
100 40 400 1420 400 40 100

不锈钢圆球
实木线收边
木饰面清漆
18厚胶合板
18厚胶合板
木饰面清漆

10厚钢化玻璃
胶垫
不锈钢条
镙钉
不锈钢圆球

1-1剖面

700
20 40 390 110 40 100

250
35 180 35

A

台 类

亚克力托盘
木饰面清漆

接待台(2)背立面

1100
35 EQ 25 EQ 35

木饰面清漆
亚克力托盘
三节柜下导轨
三节导轨
可控制万向轮

2-2剖面

400
20 360 20

379

接待台

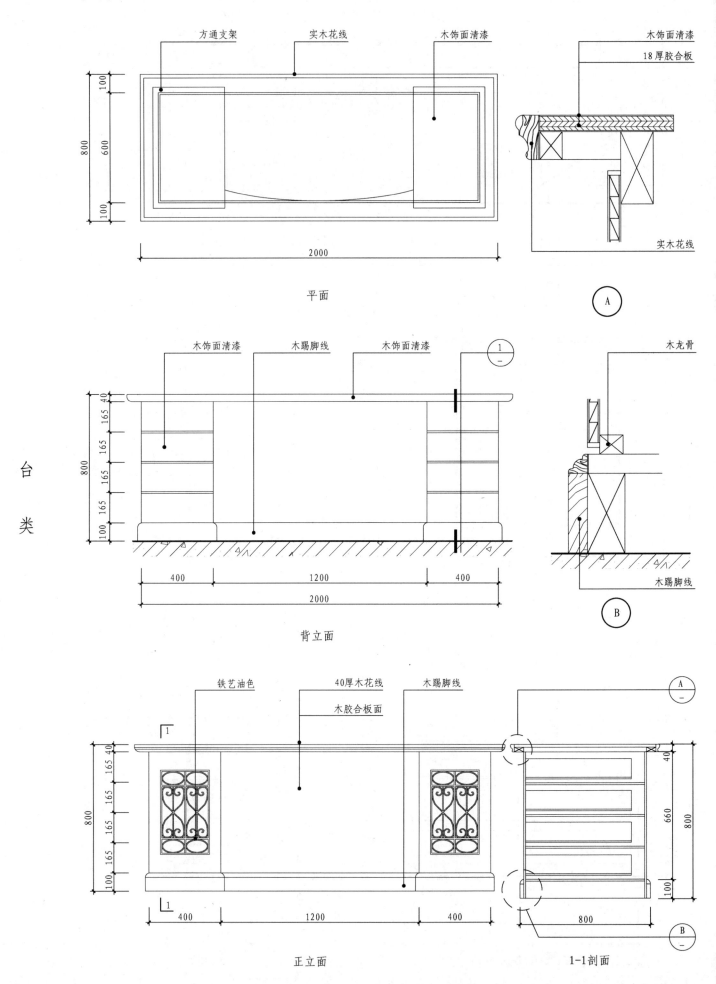

方通支架　　　　实木花线　　　　木饰面清漆

木饰面清漆
18厚胶合板

实木花线

100
600
100
800

2000

平面

A

台

类

木饰面清漆　　　木踢脚线　　　　木饰面清漆

木龙骨

1
—

40
165
165
165
165
100
800

400　　　1200　　　400
2000

背立面

木踢脚线

B

铁艺油色　　　40厚木花线　　　木踢脚线

木胶合板面

1

40
165
165
165
165
100
800

400　　　1200　　　400

正立面

A
—

40
660
100
800

800

1-1剖面

B
—

380

接待台

石材　木饰面清漆　电脑显示器　广告钉　12厚钢化玻璃　石材

880
145 320 145
145 270

145 | 590 | 145 | 3240 | 145 | 590 | 145
5000

接待台平面

石材线条　12厚钢化玻璃　木饰面清漆　①　木饰面清漆　②
仿云石灯片　实木线清漆　暗藏灯带　广告钉　马赛克　实木雕花描金漆

1200
100 100
70 60 100 120
680
70
120

215 | 450 | 215 | 350 | 500 | 520 | 500 | 520 | 500 | 350 | 215 | 450 | 215
5000

接待台正立面

米黄石材线条　12厚钢化玻璃　木饰面清漆　木饰面清漆　仿云石灯片
实木线清漆　木饰面清漆　电脑主机　键盘架　马赛克

1200
100
60 100 100
70
680
70
120

215 | 450 | 185 | 450 | 20 | 700 | 20 | 450 | 20 | 700 | 20 | 450 | 185 | 450 | 215
5000

接待台背立面

350 | 300

12厚钢化玻璃
广告钉
实木线清漆
抽屉轨道
实木雕花描金漆
18厚胶合板
镀锌角钢
暗藏灯带
马赛克

1100
100
320 60
140
160
780 400
160
120 120
120

150 | 230 | 110 | 85
30 45
650

1-1剖面

石材
T5灯管
仿云石灯片
18厚胶合板
实木线清漆
T5灯管
9厚胶合板
马赛克

60
320 20
20
1200
320
20
20
20
15 20 310
105

50 | 165 | 450 | 165 | 50
880

2-2剖面

台

类

381

接待台

台
类

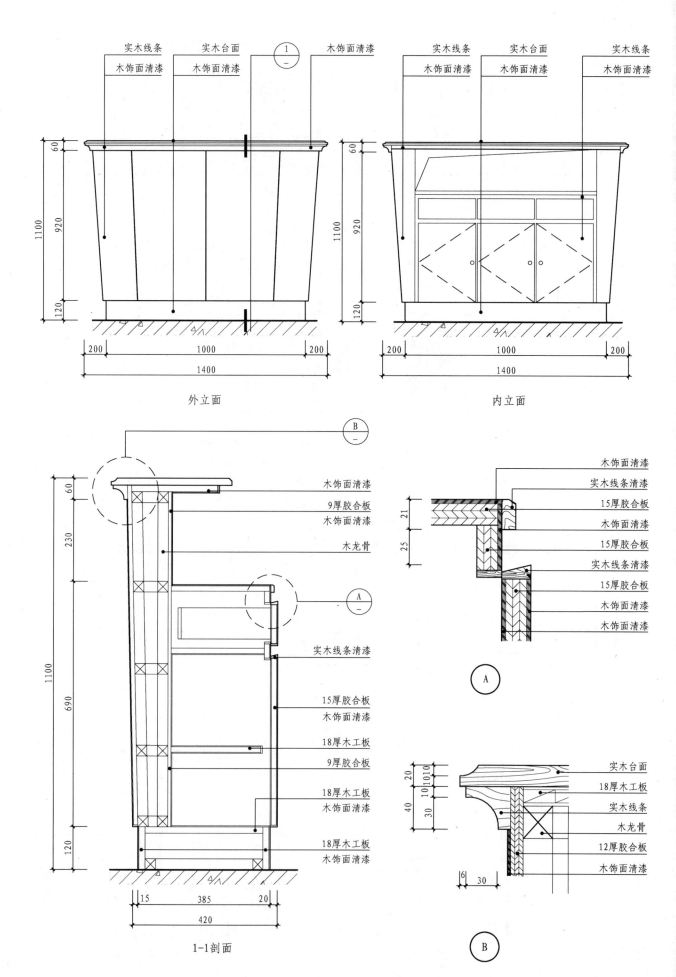

实木线条 实木台面 ① 木饰面清漆
木饰面清漆 木饰面清漆 一

实木线条 实木台面 实木线条
木饰面清漆 木饰面清漆 木饰面清漆

60
920
1100
120

200 1000 200
1400

外立面

60
920
1100
120

200 1000 200
1400

内立面

B
一

60
230
1100
690
120

木饰面清漆
9厚胶合板
木饰面清漆
木龙骨

A
一

实木线条清漆

15厚胶合板
木饰面清漆

18厚木工板
9厚胶合板

18厚木工板
木饰面清漆

18厚木工板
木饰面清漆

15 385 20
420

1-1剖面

木饰面清漆
实木线条清漆
15厚胶合板
木饰面清漆
15厚胶合板
实木线条清漆
15厚胶合板
木饰面清漆
木饰面清漆

21
25

A

20
10 10 10
10
40
30
30

6 30

实木台面
18厚木工板
实木线条
木龙骨
12厚胶合板
木饰面清漆

B

接待台

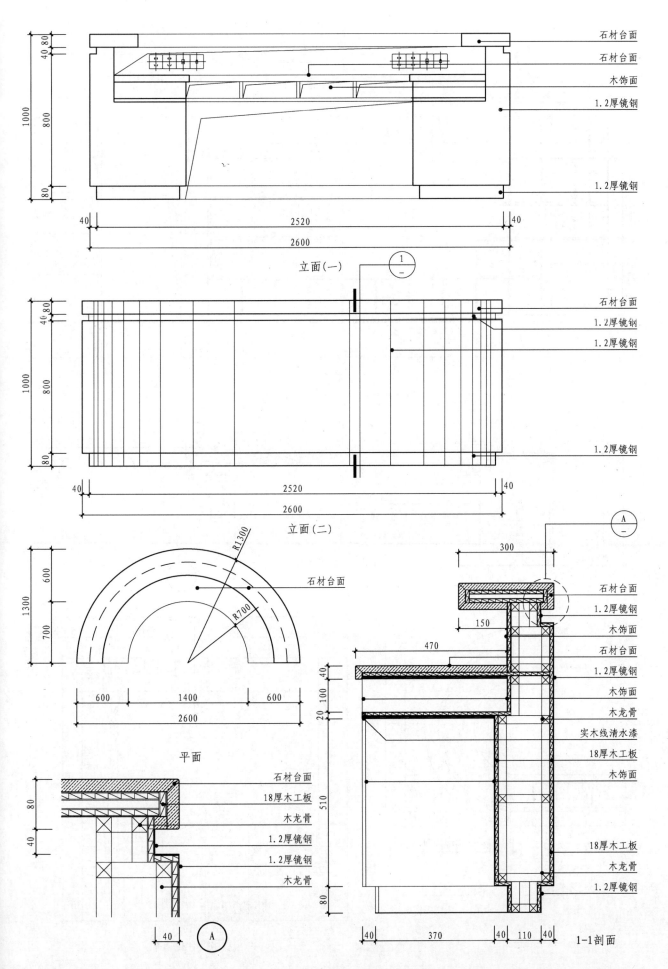

石材台面
石材台面
木饰面
1.2厚镜钢
1.2厚镜钢

40
80
1000
800
80

40   2520   40
2600

立面(一)   1

石材台面
1.2厚镜钢
1.2厚镜钢

40
80
1000
800
80

1.2厚镜钢

40   2520   40
2600

立面(二)

台
类

R1300
石材台面
R700

600
1300
700

600   1400   600
2600

平面

石材台面
18厚木工板
木龙骨
1.2厚镜钢
1.2厚镜钢
木龙骨

80
40

40   A

300   A

石材台面
1.2厚镜钢
木饰面
石材台面
1.2厚镜钢
木饰面
木龙骨
实木线清水漆
18厚木工板
木饰面
18厚木工板
木龙骨
1.2厚镜钢

150

470

40
100
20
510
80

40   370   40   110   40

1-1剖面

383

水吧台

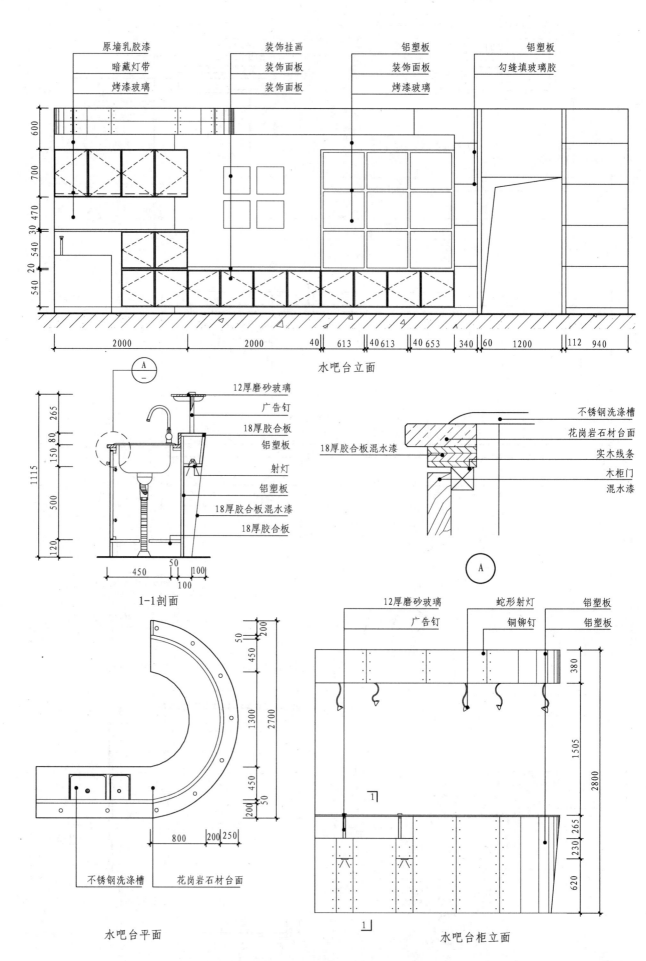

台
类

原墙乳胶漆
暗藏灯带
烤漆玻璃

装饰挂画
装饰面板
装饰面板

铝塑板
装饰面板
烤漆玻璃

铝塑板
勾缝填玻璃胶

水吧台立面

12厚磨砂玻璃
广告钉
18厚胶合板
铝塑板
射灯
铝塑板
18厚胶合板混水漆
18厚胶合板

1-1剖面

不锈钢洗涤槽
花岗岩石材台面
实木线条
木柜门
混水漆

18厚胶合板混水漆

A

不锈钢洗涤槽   花岗岩石材台面

水吧台平面

12厚磨砂玻璃
广告钉
蛇形射灯
铜铆钉
铝塑板
铝塑板

水吧台柜立面

384

水吧接待台

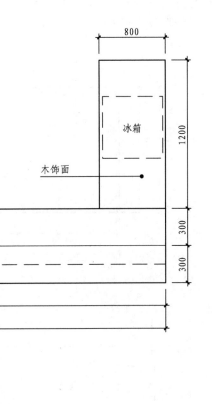

木饰面　　　　　　　　　　　　　　　　木饰面

冰箱

800
1200
300
300
600

50　650　　　　　　　　　3945
4645

活动门

平面

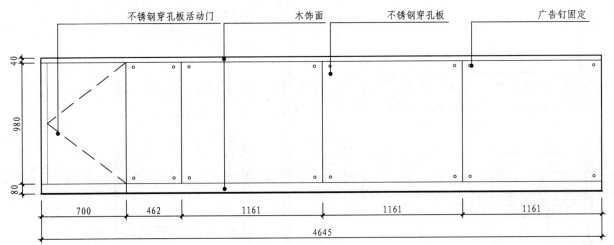

不锈钢穿孔板活动门　　　　木饰面　　　　不锈钢穿孔板　　　　广告钉固定

40
980
80

700　462　　1161　　　1161　　　1161
4645

正立面

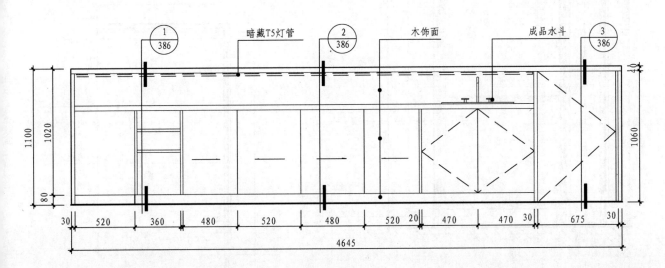

$\frac{1}{386}$　　暗藏T5灯管　　$\frac{2}{386}$　　木饰面　　　成品水斗　　$\frac{3}{386}$

1100
1020
80
40
1060

30　520　360　480　520　480　520　20　470　470　30　675　30
4645

背立面(一)

水吧接待台

木饰面　　　暗藏T5灯管　　　木饰面　　　成品水斗

1100
1020
80

30　530　360　500　490　490　480　470　470　30　675　30
20　20　20　30　20　20
4645

背立面(二)

木饰面

40
680
80

冰箱

30　1140　30

侧立面

300
2040
10　140　150　260
940

木饰面
暗藏T5灯
木饰面
木饰面
40
150
20
150
20
800
450
不锈钢穿孔板
340
广告钉固定
80　20　80

1-1剖面

木饰面
300
2040
暗藏T5灯
40
10　140　150
广告钉固定
450
木饰面
30
940
不锈钢穿孔板
690
800
木饰面
广告钉固定
80　20　80
木饰面

2-2剖面

600
木饰面
2040
广告钉固定
木饰面
940
不锈钢穿孔板
广告钉固定
20
80

3-3剖面

台
类

386

吧台

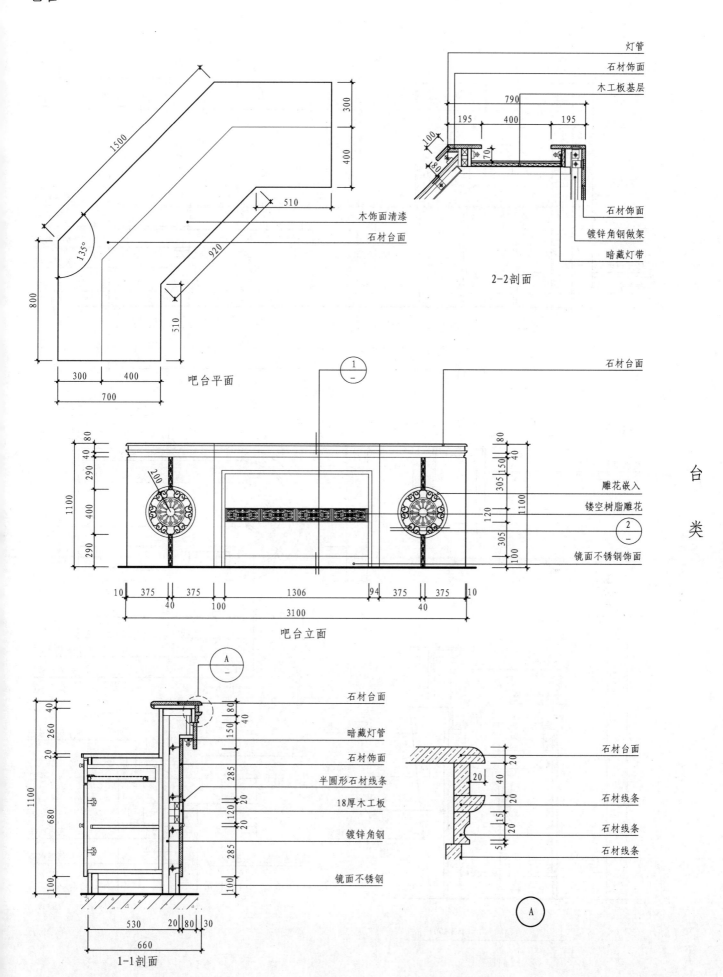

灯管
石材饰面
木工板基层
790
195   400   195
100
70
80
石材饰面
镀锌角钢做架
暗藏灯带

2—2剖面

300
400
510
木饰面清漆
石材台面
920
135°
800
510
300   400
700
吧台平面

石材台面

雕花嵌入
镂空树脂雕花
镜面不锈钢饰面

台 类

80
40
290
290
400
200
290
1100
10 375 375 1306 94 375 375 10
40   100   40
3100

吧台立面

80
40
305 150
120
1100
305
100

A
—

石材台面
暗藏灯管
石材饰面
半圆形石材线条
18厚木工板
镀锌角钢
镜面不锈钢

40
20
260
20
1100
680
100
150
80
40
285
120 20
20
285
100

530 20 80 30
660

1—1剖面

石材台面
20
20
40
石材线条
20
15
石材线条
5
20
石材线条

A

吧台

台

类

蛇形射灯

砂光铜板

砂光铜板

铜铆钉

砂光铜板

砂光铜板

铜铆钉

12厚磨砂玻璃

广告钉

砂光铜板

砂光铜板

铜铆钉

300
380
1365
685
2480
265
230
1115
620

100 350 800 450 200 500 200 500 200 500 200 350 600 100
1700 3000
4700

立面

9厚木工板

砂光铜板

30×30角钢

蛇形射灯

240
380

1-1剖面

2700
700
1300
700

12厚磨砂玻璃

花岗岩石材

不锈钢洗涤槽

265
80
150
150
1115
500
120

18厚木工板

射灯

砂光铜板

砂光铜板

18厚木工板

450 50 100 100

2-2剖面

12厚磨砂玻璃

广告钉

砂光铜板

250 200 800 3450
4700

不锈钢洗涤槽

石材台面

平面

石材台面

不锈钢洗涤槽

实木线条

木柜门混水漆

18厚木工板混水漆

20
18
5
20

388

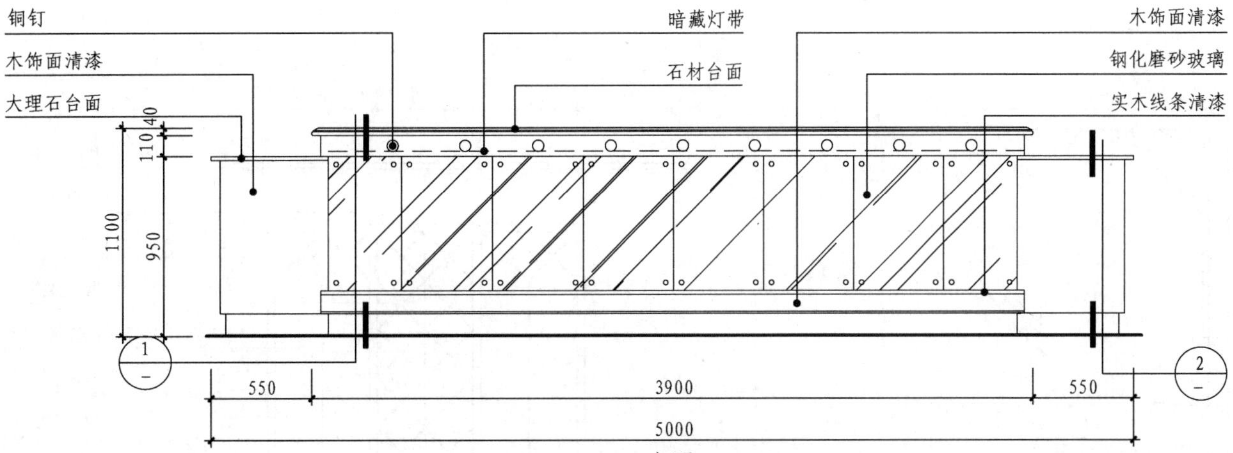

吧台

立面图标注：
- 铜钉
- 木饰面清漆
- 大理石台面
- 暗藏灯带
- 石材台面
- 木饰面清漆
- 钢化磨砂玻璃
- 实木线条清漆

尺寸：40 10 110 950 1100

550　3900　550
5000

立面

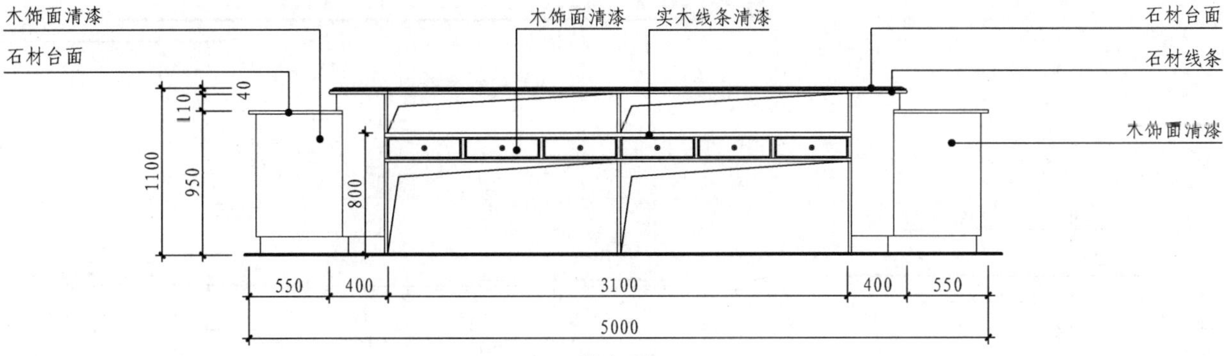

背立面标注：
- 木饰面清漆
- 石材台面
- 木饰面清漆
- 实木线条清漆
- 石材台面
- 石材线条
- 木饰面清漆

尺寸：40 110 950 1100 800

550　400　3100　400　550
5000

背立面

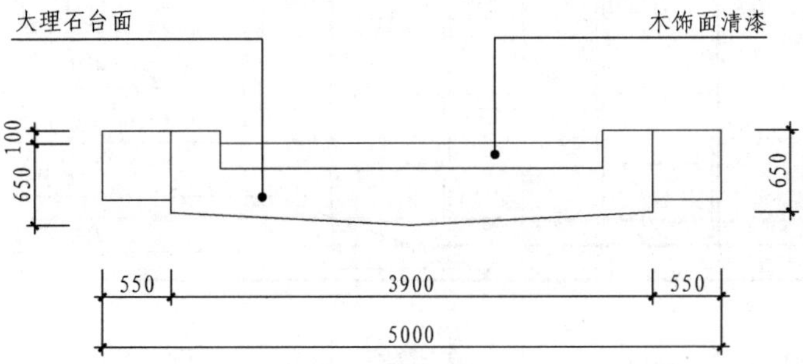

平面标注：
- 大理石台面
- 木饰面清漆

尺寸：650 100 650

550　3900　550
5000

平面

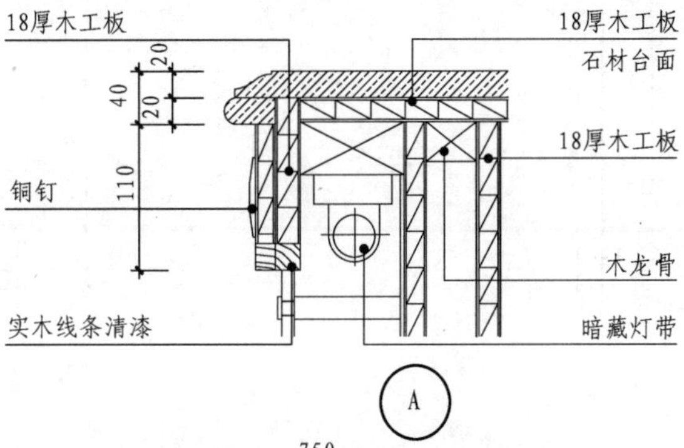

节点A标注：
- 18厚木工板
- 18厚木工板
- 石材台面
- 18厚木工板
- 铜钉
- 木龙骨
- 实木线条清漆
- 暗藏灯带

尺寸：20 20 40 20 110

A

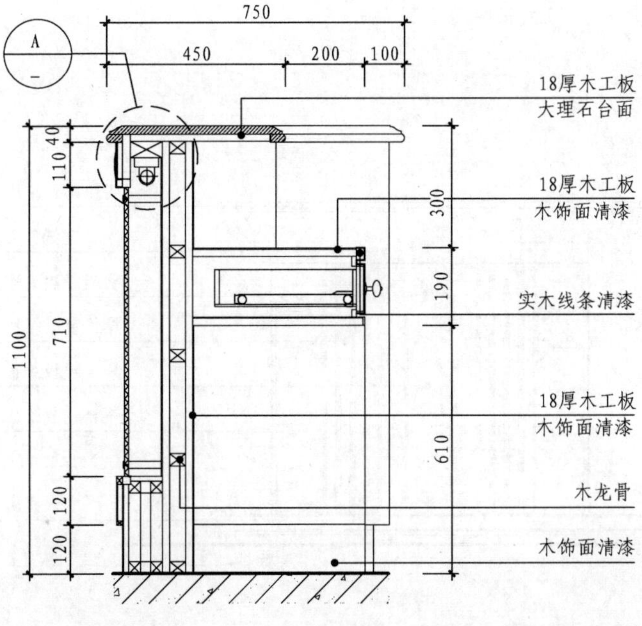

1-1剖面标注：
- 18厚木工板
- 大理石台面
- 18厚木工板
- 木饰面清漆
- 实木线条清漆
- 18厚木工板
- 木饰面清漆
- 木龙骨
- 木饰面清漆

尺寸：750 450 200 100 300 190 610 110 40 710 120 120 1100

1-1剖面

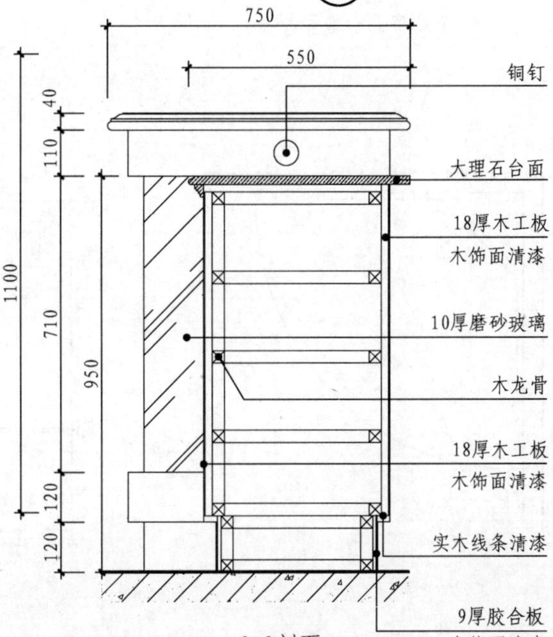

2-2剖面标注：
- 铜钉
- 大理石台面
- 18厚木工板
- 木饰面清漆
- 10厚磨砂玻璃
- 木龙骨
- 18厚木工板
- 木饰面清漆
- 实木线条清漆
- 9厚胶合板
- 木饰面清漆

尺寸：750 550 110 40 950 710 1100 120

2-2剖面

演唱台

台 类

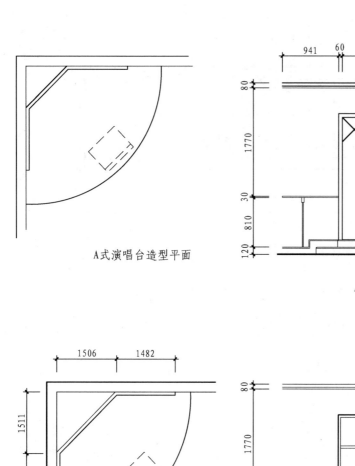

A式演唱台造型平面

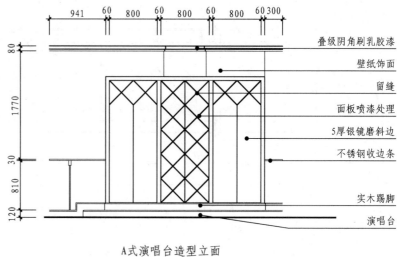

A式演唱台造型立面

叠级阴角刷乳胶漆
壁纸饰面
留缝
面板喷漆处理
5厚银镜磨斜边
不锈钢收边条
实木踢脚
演唱台

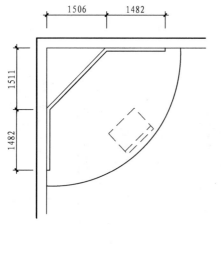

B式演唱台造型平面

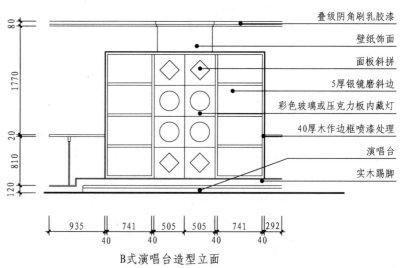

B式演唱台造型立面

叠级阴角刷乳胶漆
壁纸饰面
面板斜拼
5厚银镜磨斜边
彩色玻璃或压克力板内藏灯
40厚木作边框喷漆处理
演唱台
实木踢脚

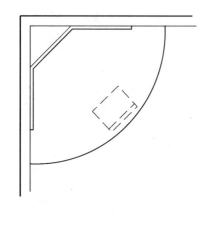

C式演唱台造型平面

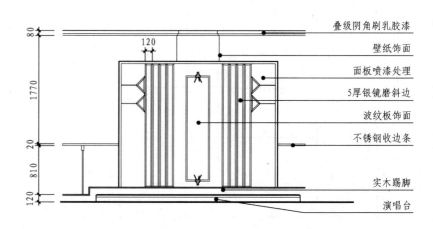

C式演唱台造型立面

叠级阴角刷乳胶漆
壁纸饰面
面板喷漆处理
5厚银镜磨斜边
波纹板饰面
不锈钢收边条
实木踢脚
演唱台

390

茶水台

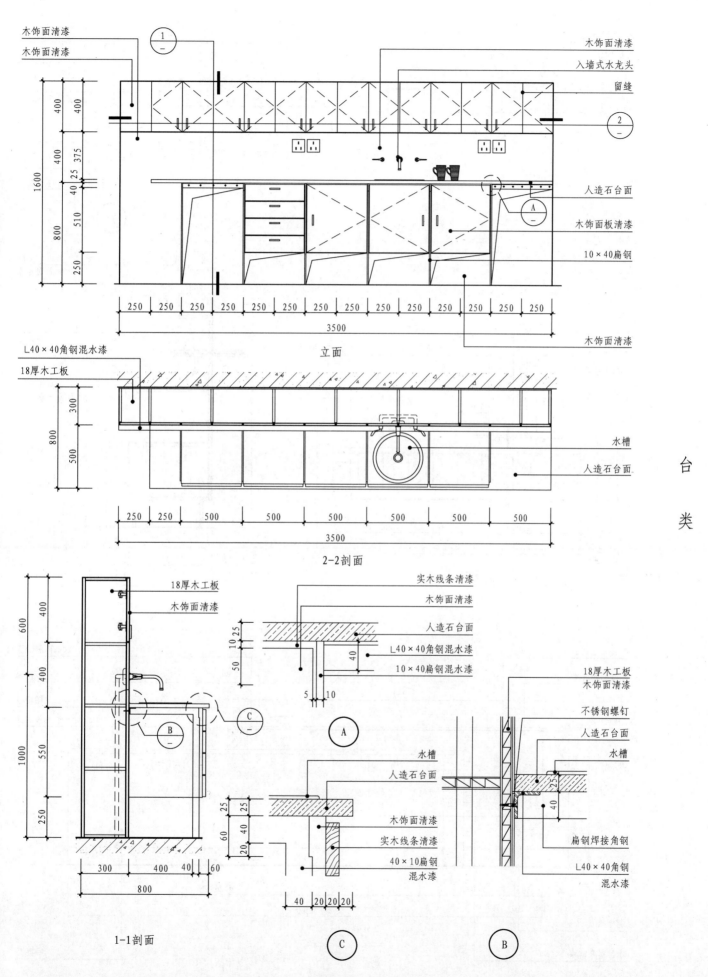

木饰面清漆
木饰面清漆

400
400
1600
400
375
40 25
510
800
250

木饰面清漆
入墙式水龙头
留缝

人造石台面
木饰面板清漆
10×40扁钢

木饰面清漆

250 250 250 250 250 250 250 250 250 250 250 250 250 250
3500

立面

L40×40角钢混水漆
18厚木工板

300
800
500

水槽
人造石台面

250 250 500 500 500 500 500 500
3500

2-2剖面

台
类

600
400
1000
400
550
250

18厚木工板
木饰面清漆

300 400 40 60
800

1-1剖面

实木线条清漆
木饰面清漆
人造石台面
L40×40角钢混水漆
10×40扁钢混水漆

10 25
50
40
5 10

A

水槽
人造石台面
木饰面清漆
实木线条清漆
40×10扁钢
混水漆

25 25
60 40
20
40 20 20 20

C

18厚木工板
木饰面清漆
不锈钢螺钉
人造石台面
水槽
25
40
扁钢焊接角钢
L40×40角钢
混水漆

B

茶水台

木饰面刷清漆
防火板
18厚木工板

石材台面
石材台面

18厚木工板

木龙骨

石材

18厚木工板

500　300　200　250　700　450　470　50　1900　1100　10　10

平面

Ⓐ

台

类

1 —
防火板饰面
不锈钢拉手
木饰面刷清漆

石材台面

木饰面清漆
木饰面清漆
木饰面清漆

1200　1000　200　500

18厚木工板
木饰面刷清漆

200

双层18厚木工板
防火板

18厚木工板
木饰面刷清漆

Ⓐ —

不锈钢拉手

18厚木工板
铝塑板

1200　38　162　650　1000　150　200　500　700

1900　2300
4200

背立面

1-1剖面

留缝
木饰面刷清漆

2620

180

木饰面刷清漆
留缝
铝塑板
防火板饰面

24　746　280　150　1000　810　40　150　1200

250　850　450　2650
4200

铝塑板

木饰面刷清漆

立面

铝塑板

桑拿洗手台

立面（一）

H型钢
滚轮
5厚钢板冲孔
5厚钢板

H型钢

混凝土
混凝土

150
910
140
1200

150 750 2660 690 750
5000

立面（一）

1
—
5厚钢板
混凝土

2
—

暗藏日光灯管
实木台面
5厚钢板
5厚钢板
滚轮

120
610
120
850

500 200 500 700 500 500 600 350 400 750
5000

立面（二）

5厚钢板
暗藏灯管
H型钢

100 150 150

10厚钢板
实木台面
插座
固定螺栓

5厚钢板冲孔
5厚钢板

滚轮

90
390
50
1200
530
140

350 400

2

5厚钢板
预留直径60圆孔
混凝土
活动键盘架

120 120
40 80
490
120

300

勾缝

750

1-1剖面

5厚钢板
电话插座
5厚钢板
预留插座

混凝土

平面

台
类

393

桑拿洗手台

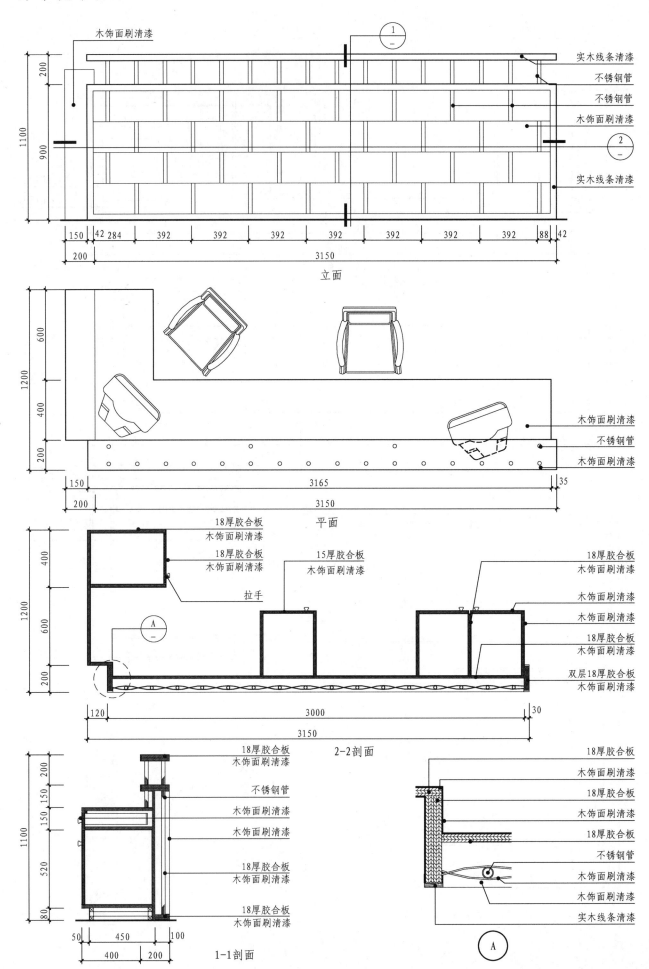

木饰面刷清漆

实木线条清漆
不锈钢管
不锈钢管
木饰面刷清漆

实木线条清漆

立面

1100
900
200

150 | 42 | 284 | 392 | 392 | 392 | 392 | 392 | 392 | 392 | 88 | 42
200
3150

木饰面刷清漆
不锈钢管
木饰面刷清漆

1200
600
400
200

150 3165 35
200 3150

平面

18厚胶合板
木饰面刷清漆

18厚胶合板
木饰面刷清漆

15厚胶合板
木饰面刷清漆

18厚胶合板
木饰面刷清漆

木饰面刷清漆
木饰面刷清漆
18厚胶合板
木饰面刷清漆
双层18厚胶合板
木饰面刷清漆

拉手

1200
400
600
200

120 3000 30
3150

2-2剖面

18厚胶合板
木饰面刷清漆

不锈钢管
木饰面刷清漆
木饰面刷清漆

18厚胶合板
木饰面刷清漆

18厚胶合板
木饰面刷清漆

1100
200
150
150
520
80

50 | 450 | 100
400 | 200

1-1剖面

18厚胶合板
木饰面刷清漆
18厚胶合板
木饰面刷清漆
18厚胶合板
不锈钢管
木饰面刷清漆
木饰面刷清漆
实木线条清漆

A

台

类

394

桑拿洗手台

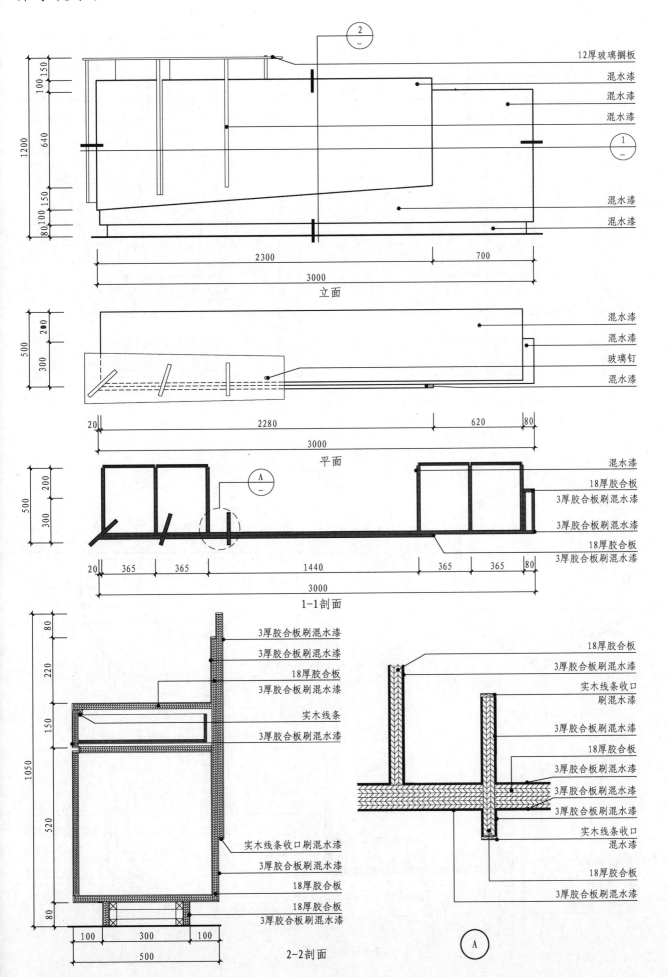

12厚玻璃搁板
混水漆
混水漆
混水漆

1200
150
100
100
640
150
100
80

2300
700
3000

立面

500
200
300

混水漆
混水漆
玻璃钉
混水漆

20
2280
620
80
3000

平面

500
200
300

混水漆
18厚胶合板
3厚胶合板刷混水漆
3厚胶合板刷混水漆
18厚胶合板
3厚胶合板刷混水漆

20
365
365
1440
365
365
80
3000

1-1剖面

80
220
150
1050
520
80

3厚胶合板刷混水漆
3厚胶合板刷混水漆
18厚胶合板
3厚胶合板刷混水漆
实木线条
3厚胶合板刷混水漆

实木线条收口刷混水漆
3厚胶合板刷混水漆
18厚胶合板
18厚胶合板
3厚胶合板刷混水漆

100
300
100
500

2-2剖面

18厚胶合板
3厚胶合板刷混水漆
实木线条收口
刷混水漆
3厚胶合板刷混水漆
18厚胶合板
3厚胶合板刷混水漆
3厚胶合板刷混水漆
3厚胶合板刷混水漆
实木线条收口
混水漆
18厚胶合板
3厚胶合板刷混水漆

A

台 类

395

桑拿洗手台

洗手台立面(一)

马赛克
涂料
石英射灯
②
5厚银镜
镜面不锈钢
马赛克
石材
台盆

1700
400 900 400
450 150 3300 1600 400 260 40 400
R20
500 900 500
1900

洗手台立面(二)

马赛克
米色涂料
石英射灯
5厚银镜
镜面不锈钢
马赛克
石材

1700
450 150 3300 1600 400 260 40 400
120
①
1900

台
类

1-1剖面

马赛克
钢丝网水泥砂浆层
L40×40角钢
Ⓐ
900

洗手台平面

成品台上盆
5厚银镜
石材
1900
900

2-2剖面

钢网水泥砂浆层
木龙骨防腐处理
角钢防锈漆处理

马赛克
暗藏灯管
12厚胶合板刷涂料
石英射灯
5厚银镜
12厚胶合板
150
200

L40×40角钢
钢丝网水泥砂浆层
马赛克
L40×40角钢
Ⓐ

洗手台

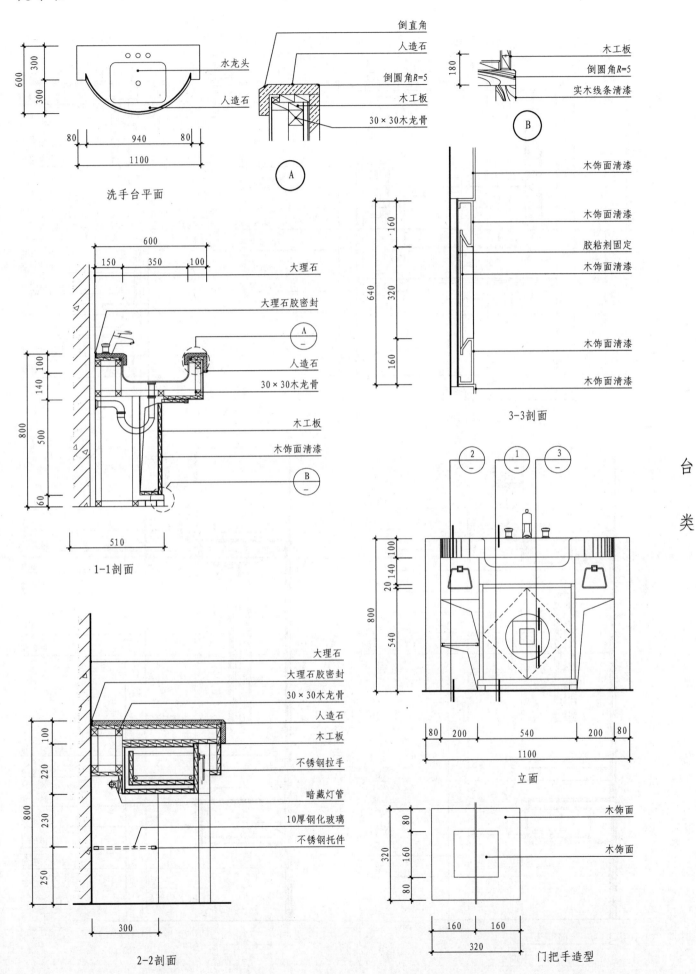

洗手台平面

水龙头
人造石

倒直角
人造石
倒圆角R=5
木工板
30×30木龙骨

A

木工板
倒圆角R=5
实木线条清漆

B

大理石
大理石胶密封
A
人造石
30×30木龙骨
木工板
木饰面清漆
B

1-1剖面

大理石
大理石胶密封
30×30木龙骨
人造石
木工板
不锈钢拉手
暗藏灯管
10厚钢化玻璃
不锈钢托件

2-2剖面

木饰面清漆
木饰面清漆
胶粘剂固定
木饰面清漆
木饰面清漆
木饰面清漆

3-3剖面

2 1 3

立面

木饰面
木饰面

门把手造型

台

类

397

洗手台

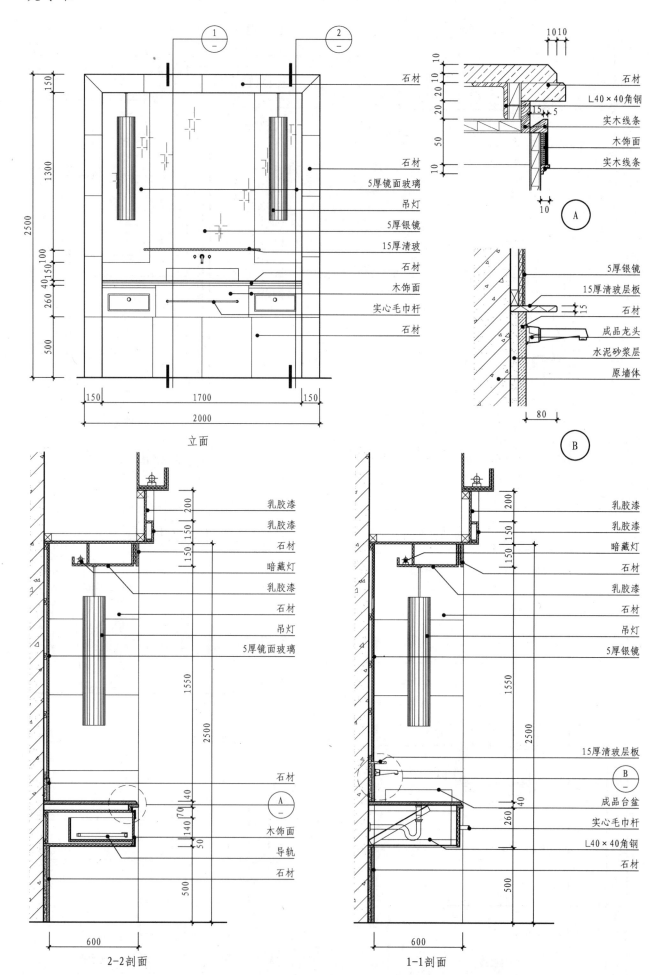

石材
石材
L40×40角钢
实木线条
木饰面
实木线条

Ⓐ

5厚银镜
15厚清玻层板
石材
成品龙头
水泥砂浆层
原墙体

Ⓑ

石材
石材
5厚镜面玻璃
吊灯
5厚银镜
15厚清玻
石材
木饰面
实心毛巾杆
石材

150
1300
2500
40 150 100
260 40 150
500

150   1700   150
2000

立面

台
类

乳胶漆
乳胶漆
石材
暗藏灯
乳胶漆
石材
吊灯
5厚镜面玻璃

石材

Ⓐ

木饰面
导轨
石材

2-2剖面

600

乳胶漆
乳胶漆
暗藏灯
石材
乳胶漆
石材
吊灯
5厚银镜

15厚清玻层板

Ⓑ

成品台盆
实心毛巾杆
L40×40角钢
石材

1-1剖面

600

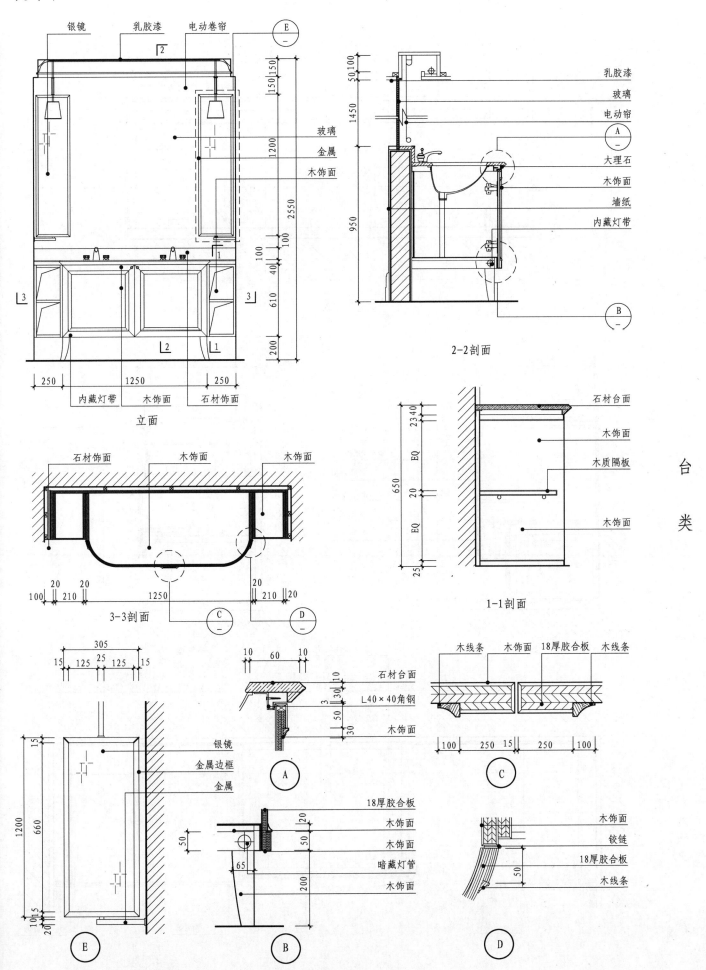

银镜　乳胶漆　电动卷帘

E

150 | 150
1200
2550
100
100
40
610
200

玻璃
金属
木饰面

250　1250　250

内藏灯带　木饰面　石材饰面

立面

乳胶漆
玻璃
电动帘
A
大理石
木饰面
墙纸
内藏灯带

50 | 100
1450
950

2-2剖面

B

石材饰面　木饰面　木饰面

20　20　20　20
100　210　1250　210　20

3-3剖面

C　D

石材台面
木饰面
木质隔板
木饰面

2340
EQ
20
EQ
25
650

1-1剖面

台
类

305
15　125　25　125　15

1200
660
15
10 | 5
20

银镜
金属边框
金属

E

10　60　10
10
3　30 | 30
50
30

石材台面
L40×40角钢
木饰面

A

18厚胶合板
木饰面
木饰面
暗藏灯管
木饰面

20
50
200
50
65

B

木线条　木饰面　18厚胶合板　木线条

100　250　15　250　100

C

木饰面
铰链
18厚胶合板
木线条

50

D

399

洗手台

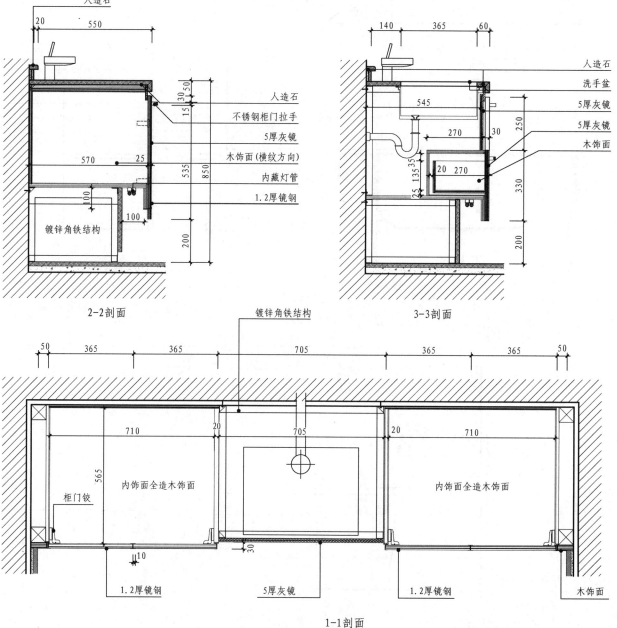

不锈钢水龙头
脸盆(虚线示)

人造石
不锈钢柜门拉手
5厚灰镜
内藏灯管

卫生间立面

台

类

人造石

人造石
不锈钢柜门拉手
5厚灰镜
木饰面(横纹方向)
内藏灯管
1.2厚镜钢

镀锌角铁结构

2-2剖面

人造石
洗手盆
5厚灰镜
5厚灰镜
木饰面

镀锌角铁结构

3-3剖面

内饰面全造木饰面

柜门铰

内饰面全造木饰面

1.2厚镜钢

5厚灰镜

1.2厚镜钢

木饰面

1-1剖面

400

女卫生间盥洗台

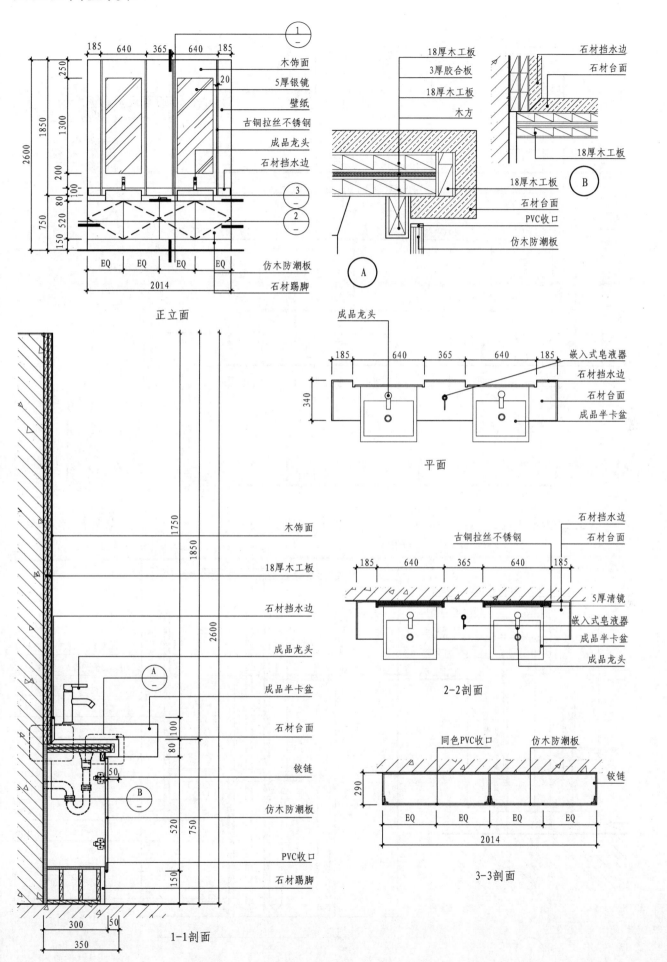

185 640 365 640 185

木饰面
5厚银镜
壁纸
古铜拉丝不锈钢
成品龙头
石材挡水边

正立面

18厚木工板
3厚胶合板
18厚木工板
木方

石材挡水边
石材台面

18厚木工板
石材台面
PVC收口
仿木防潮板

A

B

成品龙头

185 640 365 640 185

嵌入式皂液器
石材挡水边
石材台面
成品半卡盆

平面

古铜拉丝不锈钢
石材挡水边
石材台面

185 640 365 640 185

5厚清镜
嵌入式皂液器
成品半卡盆
成品龙头

2-2剖面

同色PVC收口
仿木防潮板

铰链

EQ EQ EQ EQ

2014

3-3剖面

木饰面
18厚木工板
石材挡水边
成品龙头
成品半卡盆
石材台面
铰链
仿木防潮板
PVC收口
石材踢脚

1-1剖面

医用手续台

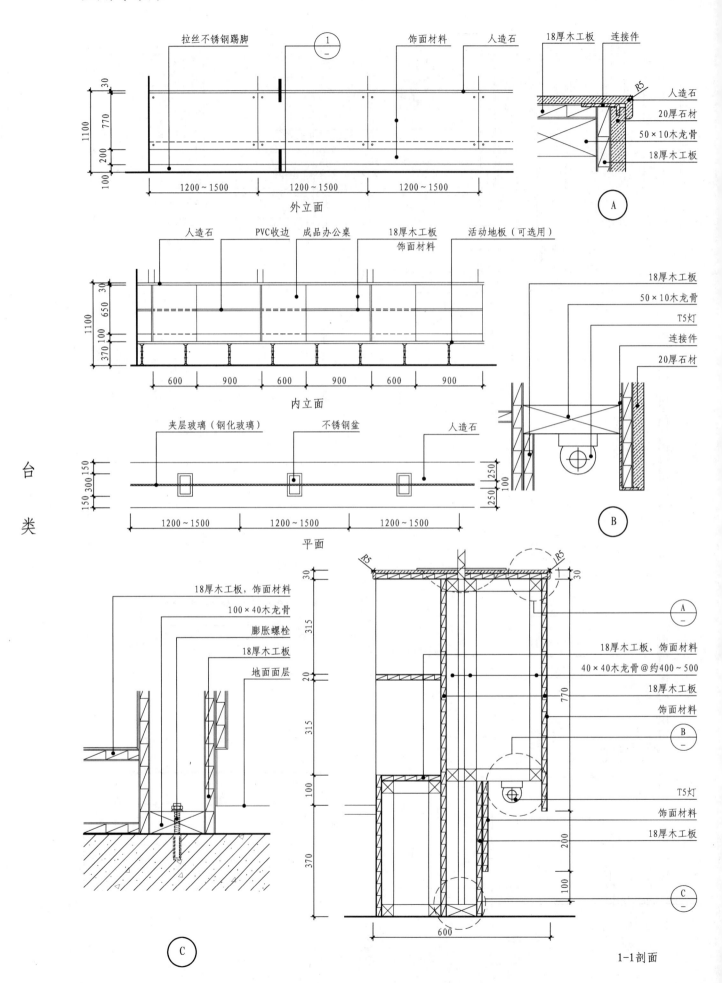

拉丝不锈钢踢脚　①　　饰面材料　人造石　　18厚木工板　连接件

人造石
20厚石材
50×10木龙骨
18厚木工板

1200～1500　　1200～1500　　1200～1500

外立面

A

人造石　PVC收边　成品办公桌　18厚木工板　活动地板（可选用）
　　　　　　　　　　　　　　　饰面材料

18厚木工板
50×10木龙骨
T5灯
连接件
20厚石材

600　900　600　900　600　900

内立面

B

夹层玻璃（钢化玻璃）　不锈钢盆　人造石

1200～1500　　1200～1500　　1200～1500

平面

台

类

18厚木工板，饰面材料
100×40木龙骨
膨胀螺栓
18厚木工板
地面面层

C

18厚木工板，饰面材料
40×40木龙骨@约400～500
18厚木工板
饰面材料

A

B

T5灯
饰面材料
18厚木工板

C

600

1-1剖面

402

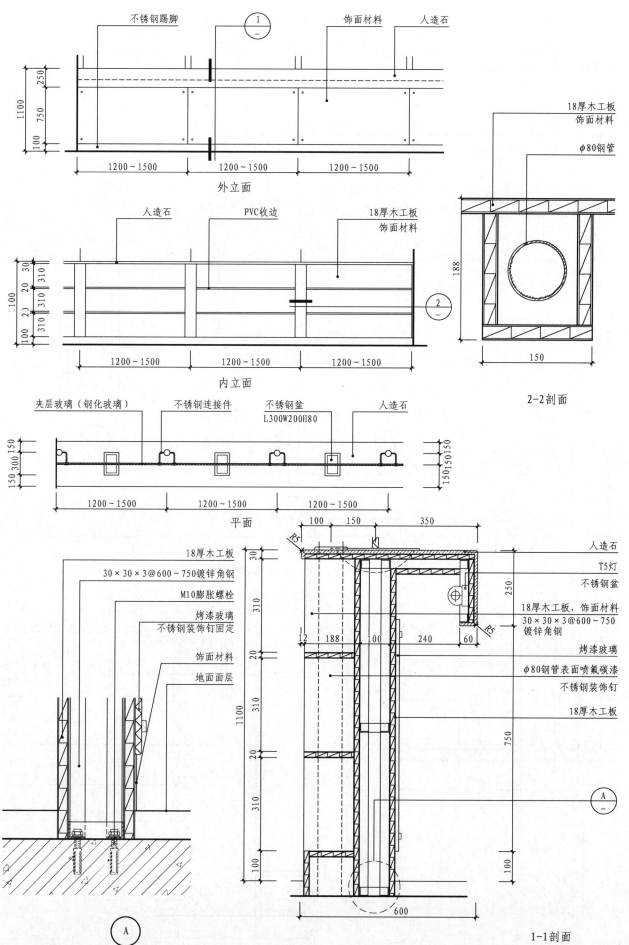

医用手续台

不锈钢踢脚　　　①　　　饰面材料　　人造石

1200~1500　　1200~1500　　1200~1500

外立面

人造石　　　PVC收边　　　18厚木工板饰面材料

1200~1500　　1200~1500　　1200~1500

内立面

夹层玻璃（钢化玻璃）　　不锈钢连接件　　不锈钢盆　　人造石
　　　　　　　　　　　　　　　　　　　　L300W200H80

1200~1500　　1200~1500　　1200~1500

平面

18厚木工板饰面材料
φ80钢管

188

150

2-2剖面

台

类

18厚木工板
30×30×3@600~750镀锌角钢
M10膨胀螺栓
烤漆玻璃
不锈钢装饰钉固定
饰面材料
地面面层

A

人造石
T5灯
不锈钢盆
18厚木工板，饰面材料
30×30×3@600~750
镀锌角钢
烤漆玻璃
φ80钢管表面喷氟碳漆
不锈钢装饰钉
18厚木工板

A

1-1剖面

403

医用手续台

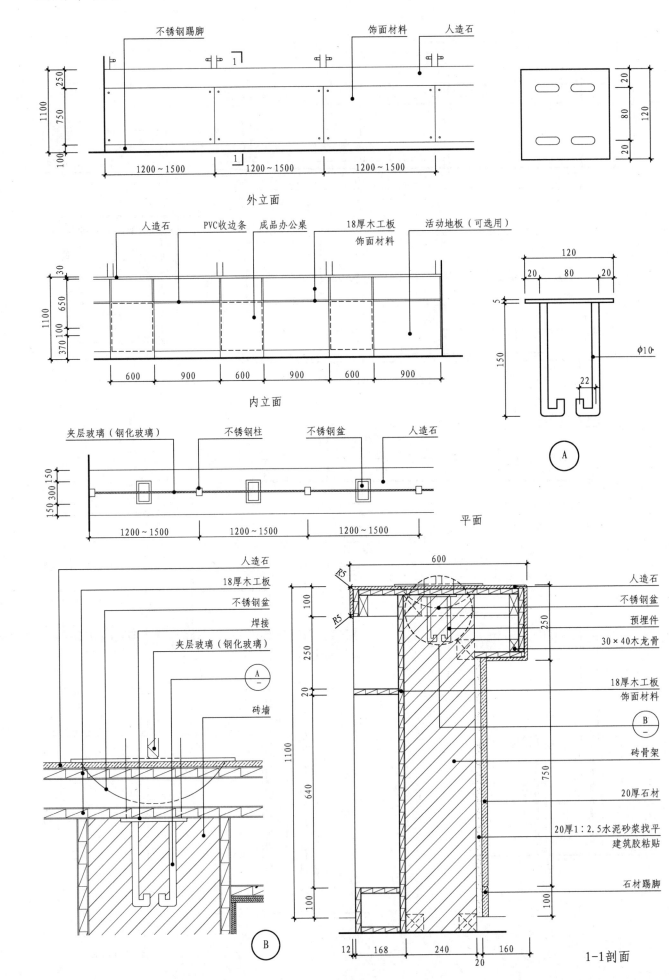

不锈钢踢脚　　饰面材料　人造石

1100
250
750
100

1200～1500　1200～1500　1200～1500

外立面

20
80
120
20

人造石　PVC收边条　成品办公桌　18厚木工板 饰面材料　活动地板（可选用）

30
1100
650
100
370

600　900　600　900　600　900

内立面

120
20　80　20

5
150
φ10
22

A

夹层玻璃（钢化玻璃）　不锈钢柱　不锈钢盆　人造石

150 300 150

1200～1500　1200～1500　1200～1500

平面

台

类

人造石
18厚木工板
不锈钢盆
焊接
夹层玻璃（钢化玻璃）
A
砖墙

600
R5
R5

100
250
20
1100
640
100

B

人造石
不锈钢盆
预埋件
30×40木龙骨
18厚木工板 饰面材料
B
砖骨架
20厚石材
20厚1：2.5水泥砂浆找平 建筑胶粘贴
石材踢脚

250
750
100

12　168　240　160
20

1-1剖面

404

医院分诊台

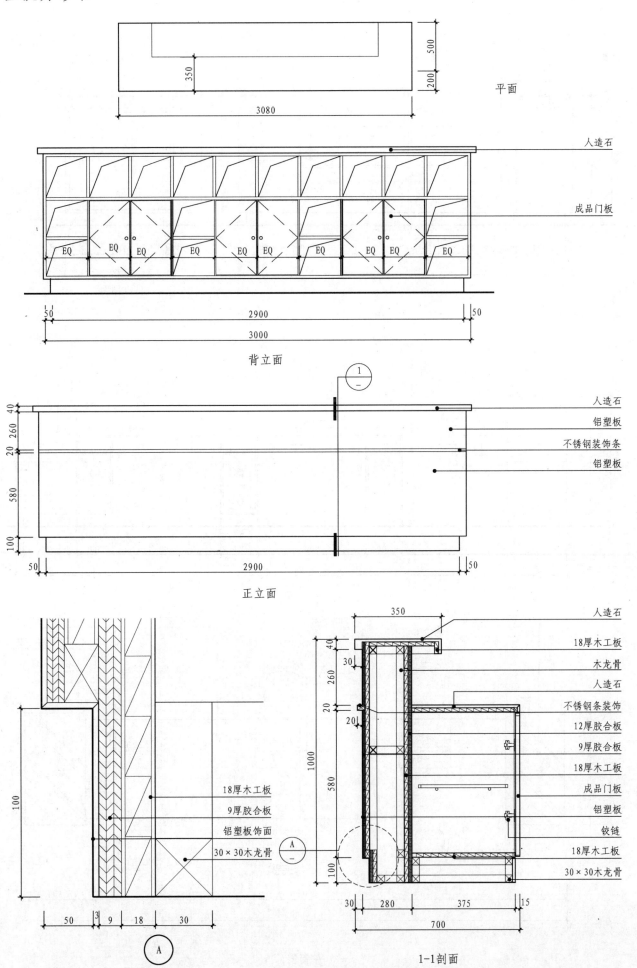

平面

人造石

成品门板

EQ EQ EQ EQ EQ EQ EQ EQ EQ EQ

背立面

人造石
铝塑板
不锈钢装饰条
铝塑板

正立面

台

类

人造石
18厚木工板
木龙骨
人造石
不锈钢条装饰
12厚胶合板
9厚胶合板
18厚木工板
成品门板
铝塑板
铰链
18厚木工板
30×30木龙骨

1-1剖面

18厚木工板
9厚胶合板
铝塑板饰面
30×30木龙骨

A

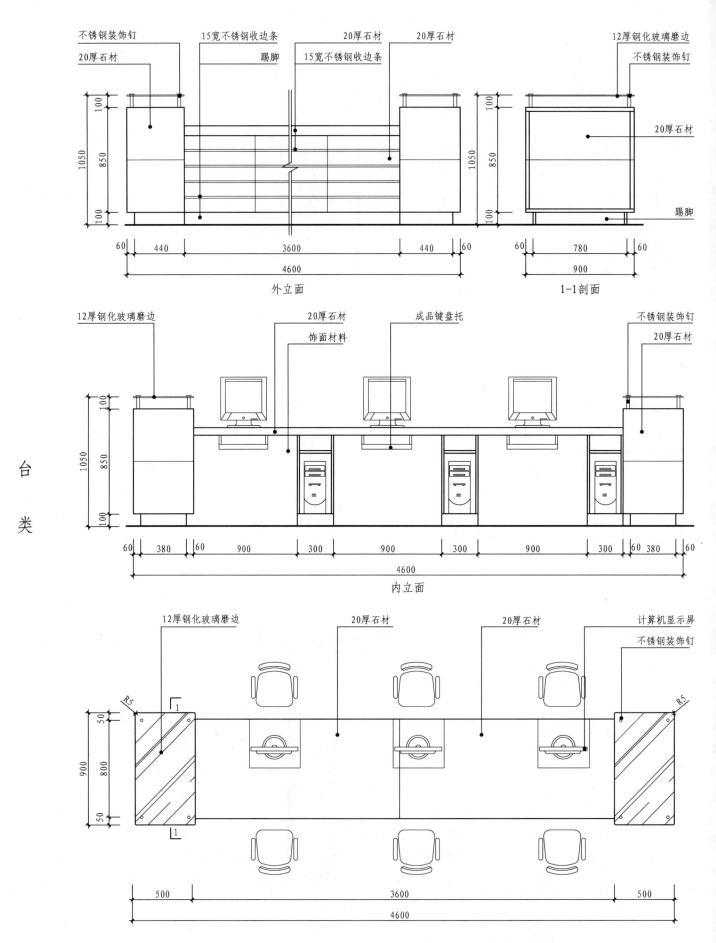

出入院手续台

不锈钢装饰钉
20厚石材
15宽不锈钢收边条
踢脚
20厚石材
15宽不锈钢收边条
20厚石材
12厚钢化玻璃磨边
不锈钢装饰钉
20厚石材
踢脚

1050
850
100
100

60 440 3600 440 60
4600

外立面

1050
850
100
100

60 780 60
900

1-1剖面

12厚钢化玻璃磨边
20厚石材
饰面材料
成品键盘托
不锈钢装饰钉
20厚石材

1050
850
100
100

60 380 60 900 300 900 300 900 300 60 380 60
4600

内立面

12厚钢化玻璃磨边
20厚石材
20厚石材
计算机显示屏
不锈钢装饰钉

R5
50
800
50
900
R5

500 3600 500
4600

平面图

台
类

406

收银台

3400

1200

置物柜　抽屉　键盘托　主机箱　置物柜

400　2600　400

收银台平面

人造石　5厚黑镜磨图案

800　150　500　40　150

1200

收银台侧立面

人造石　3400　5厚黑镜磨图案（内藏七彩LED灯）

150　500　150

收银台正立面

人造石
15厚胶合板
1厚不锈钢收边
5厚黑镜贴面
内贴防火板
15厚胶合板
1厚不锈钢收边
透气孔
1厚不锈钢贴面

350

25　10　40

功放

500

主机

100　25　80

示新风管

2-2剖面

人造石　人造石　①　键盘托　电脑主机位　人造石

3400

60　60　100

740　150　100　510　50　510

80　80

400　375　775　775　675　400

收银台内立面

9厚胶合板
1厚不锈钢贴面
15厚胶合板
内贴防火板
1厚不锈钢收口
15厚胶合板
5厚黑镜贴面

700

3-3剖面

人造石
黑镜磨图案　18厚木工板

680

150　60　150

700

500　500　510

150　80

1-1剖面

人造石　1厚不锈钢收边　②　1厚不锈钢收边　5厚黑镜贴面穿孔
锁位　下开透气孔　1厚不锈钢贴面

60　R8

60　100

③

100

25　1550　25

1600

柜详图

台

类

407

游戏室收银台

收银台正立面

30厚石材台面
2厚不锈钢板
防火板
2厚不锈钢板

3030
2730
150
150
850
1015
150
50
1840

收银台平面

防火板
30厚石材台面
20×5实木线刷漆
1840
130
620
350
250
960
1010

台
类

1-1剖面

实木线刷漆
防火板
20厚石材台面
防火板
保利板饰面抽屉
2厚不锈钢板
防火板
防火板
主机箱位置
2厚不锈钢板

2-2剖面

20厚石材台面
防火板
350
30
50
120
30
150
120
2厚不锈钢板
120
40
防火板
125
防火板
成品托钉
820
1050
270
20
900
275
90
50
620
50

收银台背立面

防火板
30厚石材台面
2厚不锈钢板
实木线刷漆
成品锁具
防火板

2
1
120
120
820
120
120
3/409
545
4/409
20
50
50 150
18 470 1030 340 18
1840

游戏室收银台

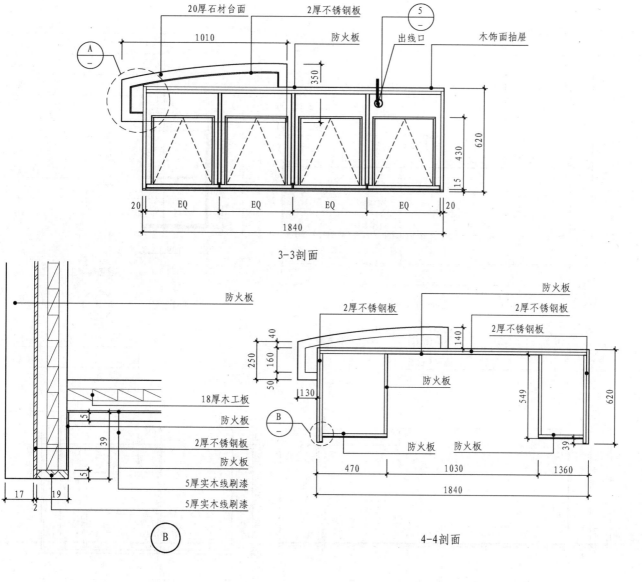

20厚石材台面　　2厚不锈钢板　　防火板　　出线口　　木饰面抽屉

1010

350

620

430

15

20　EQ　EQ　EQ　EQ　20

1840

3-3剖面

防火板

2厚不锈钢板

防火板

2厚不锈钢板

2厚不锈钢板

40

250

160

50

130

140

549

620

39

18厚木工板
防火板
2厚不锈钢板
防火板
5厚实木线刷漆
5厚实木线刷漆

17　19
2

防火板　　防火板

470　　1030　　1360

1840

B

4-4剖面

台

类

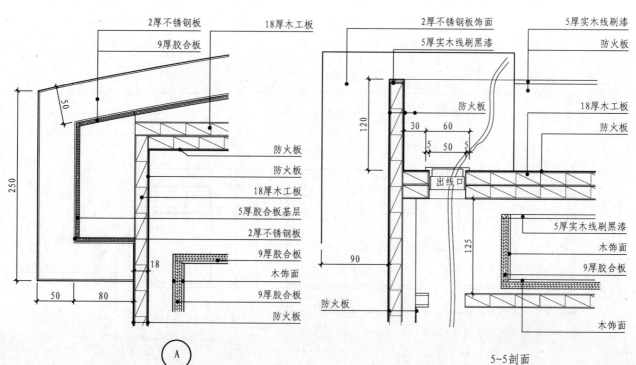

2厚不锈钢板　　18厚木工板
9厚胶合板

50

250

防火板
防火板
18厚木工板
5厚胶合板基层
2厚不锈钢板
9厚胶合板
木饰面
9厚胶合板
防火板

50　80

18

A

2厚不锈钢板饰面　　5厚实木线刷漆
5厚实木线刷黑漆　　防火板

120

防火板

30　60

5　50　5

出线口

90

125

18厚木工板
防火板

5厚实木线刷黑漆
木饰面
9厚胶合板

防火板

木饰面

5-5剖面

收银台

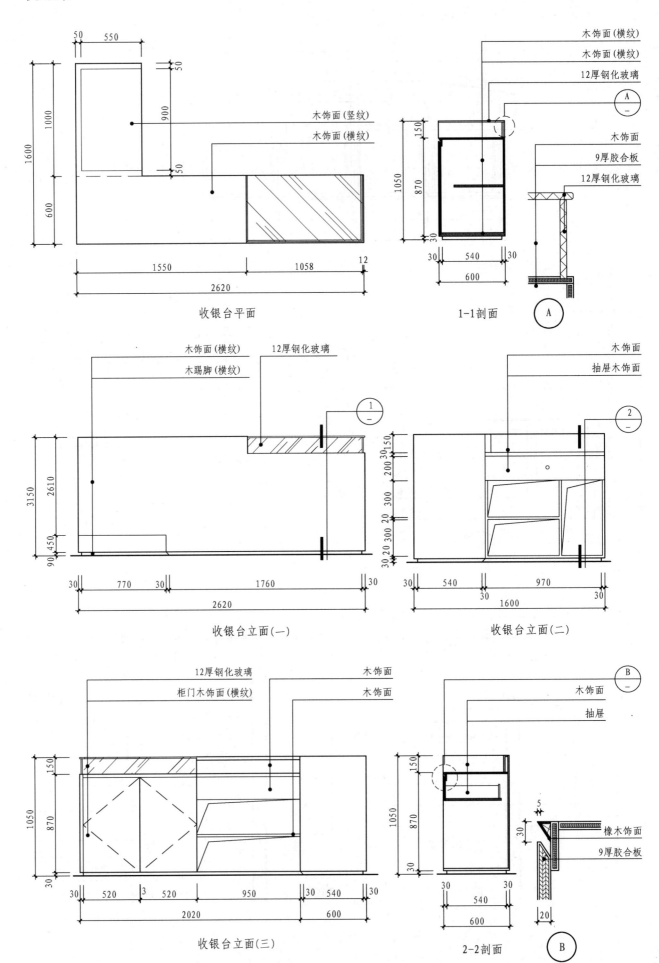

收银台平面

1-1剖面　A

木饰面(横纹)
木饰面(横纹)
12厚钢化玻璃
A
木饰面
9厚胶合板
12厚钢化玻璃

台
类

收银台立面(一)

木饰面(横纹)
木踢脚(横纹)
12厚钢化玻璃
1

收银台立面(二)

木饰面
抽屉木饰面
2

收银台立面(三)

12厚钢化玻璃
柜门木饰面(横纹)
木饰面
木饰面

2-2剖面　B

B
木饰面
抽屉
橡木饰面
9厚胶合板

木饰面(竖纹)
木饰面(横纹)

收银台

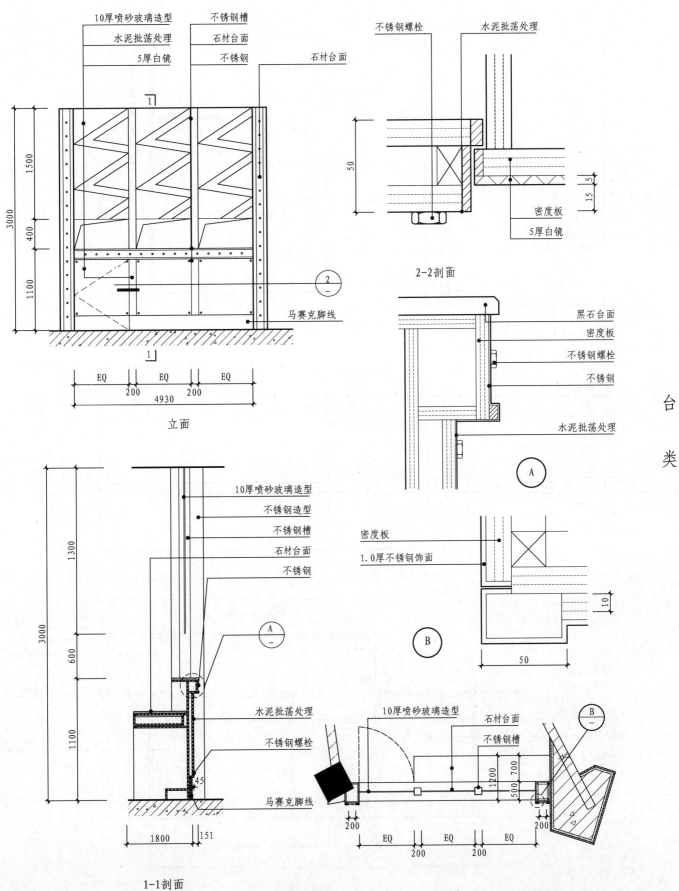

10厚喷砂玻璃造型
水泥批荡处理
5厚白镜
不锈钢槽
石材台面
不锈钢
石材台面
不锈钢螺栓
水泥批荡处理

3000
1500
400
1100

EQ   EQ   EQ
200   200
4930

立面

50
密度板
5厚白镜

2-2剖面

黑石台面
密度板
不锈钢螺栓
不锈钢
水泥批荡处理

Ⓐ

1300
3000
600
1100

10厚喷砂玻璃造型
不锈钢造型
不锈钢槽
石材台面
不锈钢

Ⓐ

水泥批荡处理
不锈钢螺栓
45
马赛克脚线

1800   151

1-1剖面

密度板
1.0厚不锈钢饰面
10

Ⓑ

50

10厚喷砂玻璃造型
石材台面
不锈钢槽

Ⓑ

1200   700
500   200
200

EQ   EQ   EQ
200   200

平面

台 类

411

收银台

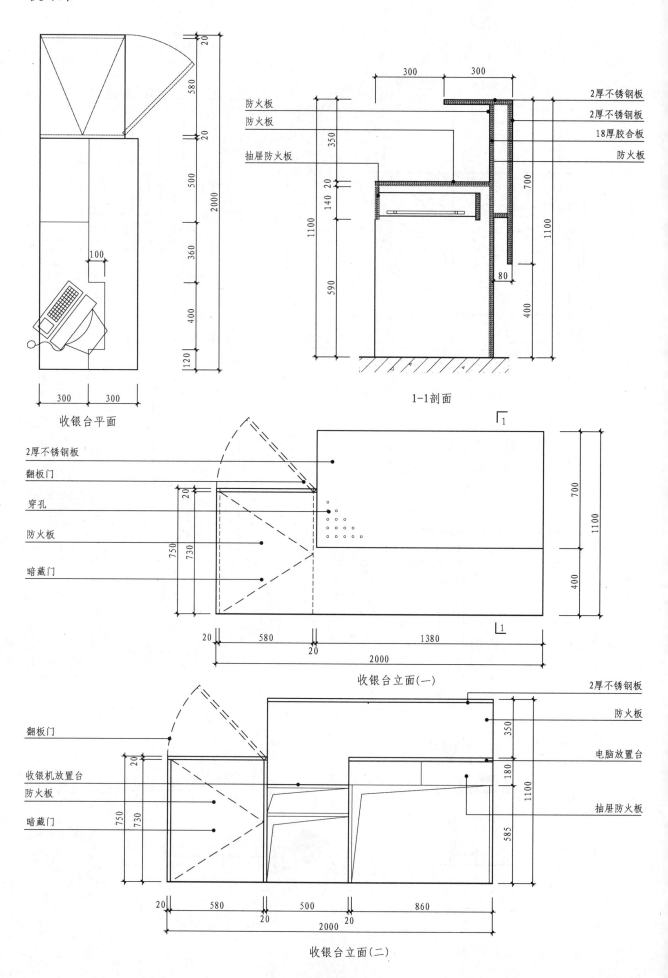

台
类

收银台平面

1-1剖面

- 防火板
- 防火板
- 抽屉防火板
- 2厚不锈钢板
- 2厚不锈钢板
- 18厚胶合板
- 防火板

- 2厚不锈钢板
- 翻板门
- 穿孔
- 防火板
- 暗藏门

收银台立面(一)

- 翻板门
- 收银机放置台
- 防火板
- 暗藏门
- 2厚不锈钢板
- 防火板
- 电脑放置台
- 抽屉防火板

收银台立面(二)

填单台

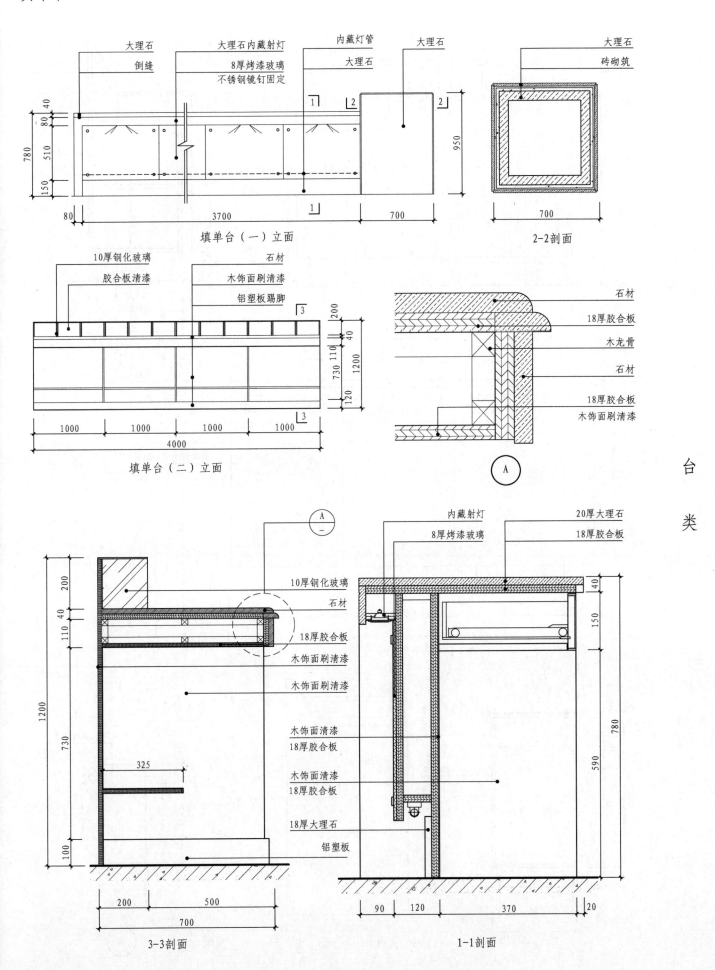

大理石　　大理石内藏射灯　　内藏灯管　大理石

倒缝　　　8厚烤漆玻璃　　　大理石

不锈钢镜钉固定

40
80
780　80
510
150

80　3700　700

填单台（一）立面

大理石

砖砌筑

950

700

2-2剖面

10厚钢化玻璃　　　石材

胶合板清漆　　　　木饰面刷清漆

铝塑板踢脚

200
730 110
1200
40
120

1000　1000　1000　1000

4000

填单台（二）立面

石材

18厚胶合板

木龙骨

石材

18厚胶合板

木饰面刷清漆

A

A
—

10厚钢化玻璃

石材

18厚胶合板

木饰面刷清漆

木饰面刷清漆

木饰面清漆
18厚胶合板

木饰面清漆
18厚胶合板

18厚大理石

铝塑板

200
110 40
1200
730
100

325

200　500

700

3-3剖面

内藏射灯

8厚烤漆玻璃

20厚大理石

18厚胶合板

40
150
780
590

90　120　370　20

1-1剖面

台

类

413

填单台

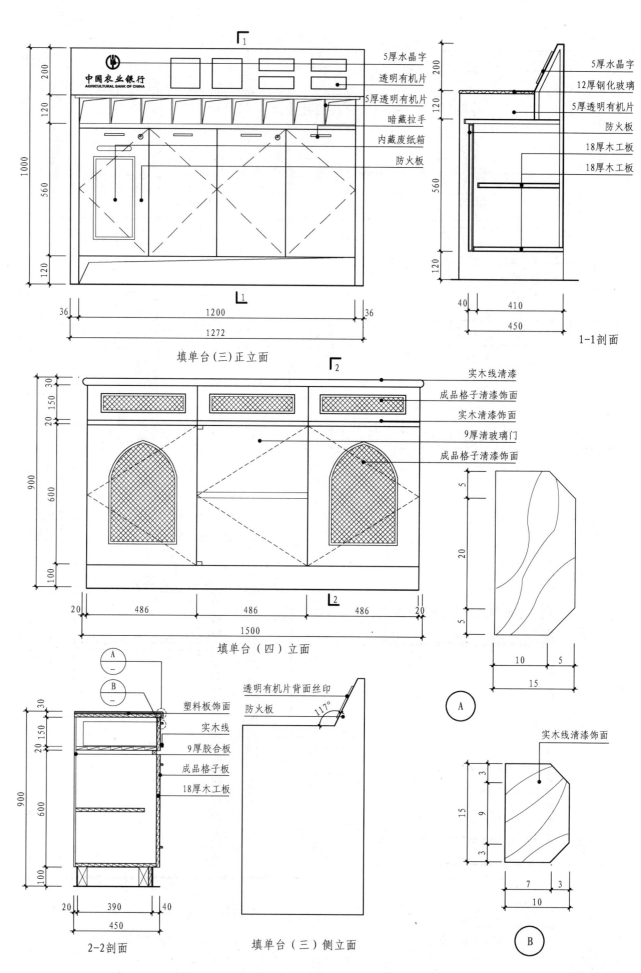

5厚水晶字
透明有机片
5厚透明有机片
暗藏拉手
内藏废纸箱
防火板

中国农业银行
AGRICULTURAL BANK OF CHINA

200
120
1000
560
120

36   1200   36
1272

填单台(三)正立面

5厚水晶字
12厚钢化玻璃
5厚透明有机片
防火板
18厚木工板
18厚木工板

200
120
560
120

40   410
450

1-1剖面

实木线清漆
成品格子清漆饰面
实木清漆饰面
9厚清玻璃门
成品格子清漆饰面

30
20 150
900
600
100

20   486   486   486   20
1500

填单台(四)立面

5
20
5

10   5
15

A

塑料板饰面
实木线
9厚胶合板
成品格子板
18厚木工板

透明有机片背面丝印
防火板
117°

30
20 150
900
600
100

20   390   40
450

2-2剖面

填单台(三)侧立面

实木线清漆饰面

3
9
15
3

7   3
10

B

台

类

寄存台

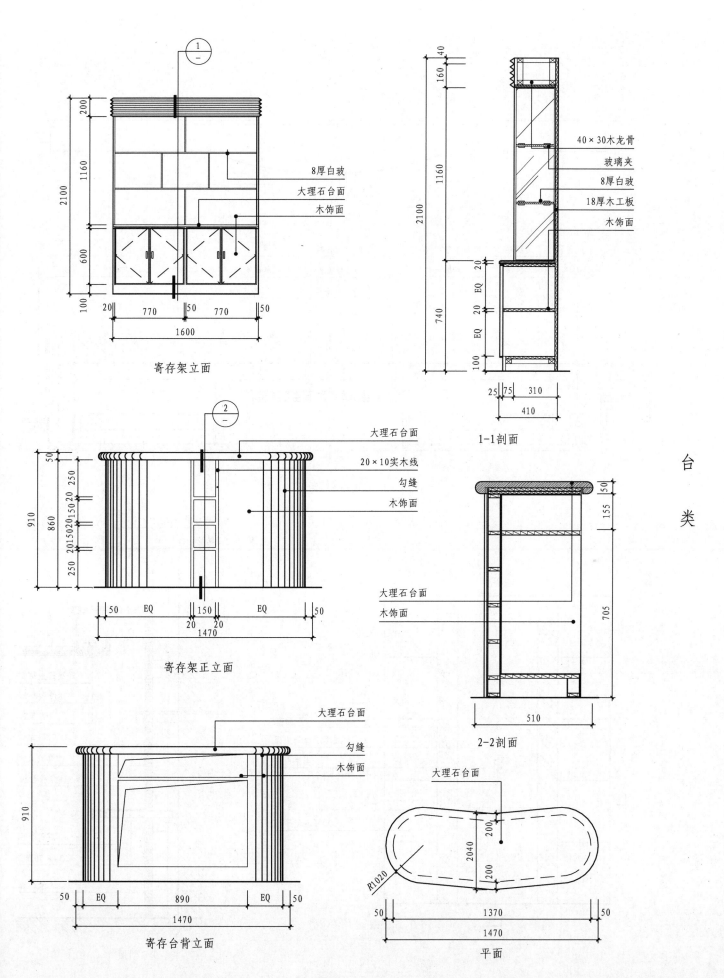

寄存架立面

8厚白玻
大理石台面
木饰面

200
1160
2100
600
100
20 770 50 770 50
1600

40×30木龙骨
玻璃夹
8厚白玻
18厚木工板
木饰面

40
160
1160
2100
20
740
EQ
20
EQ
100
25 75 310
410

1-1剖面

寄存架正立面

大理石台面
20×10实木线
勾缝
木饰面

50
910
860
250
20150 20150 20
250
50 EQ 150 EQ 50
20 20
1470

大理石台面
木饰面

50
155
705

510

2-2剖面

寄存台背立面

大理石台面
勾缝
木饰面

910
50 EQ 890 EQ 50
1470

大理石台面

200
2040
200
R1020
50 1370 50
1470

平面

台 类

415

电话台

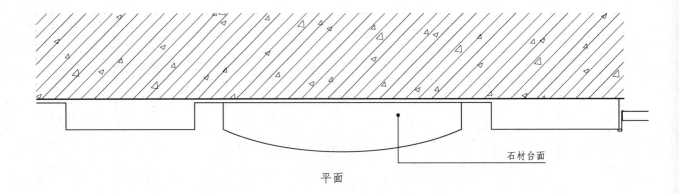

石材台面

平面

台

类

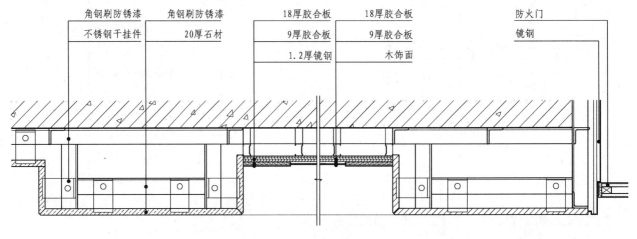

角钢刷防锈漆　　角钢刷防锈漆　　18厚胶合板　　18厚胶合板　　防火门

不锈钢干挂件　　20厚石材　　9厚胶合板　　9厚胶合板　　镜钢

1.2厚镜钢　　木饰面

2-2剖面

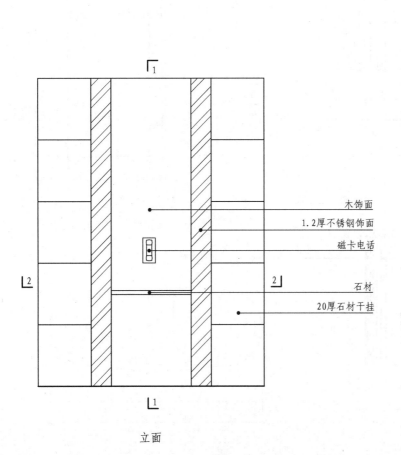

木饰面

1.2厚不锈钢饰面

磁卡电话

石材

20厚石材干挂

立面

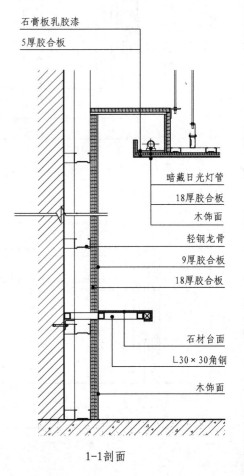

石膏板乳胶漆

5厚胶合板

暗藏日光灯管

18厚胶合板

木饰面

轻钢龙骨

9厚胶合板

18厚胶合板

石材台面

L30×30角钢

木饰面

1-1剖面

银行客户体验台

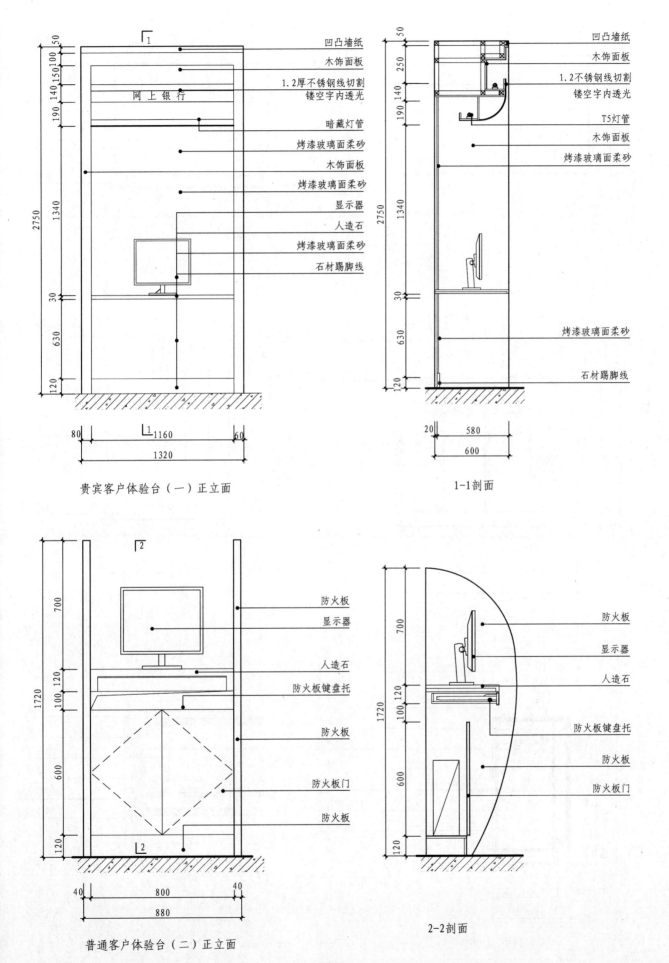

凹凸墙纸
木饰面板
1.2厚不锈钢线切割
镂空字内透光
暗藏灯管
烤漆玻璃面柔砂
木饰面板
烤漆玻璃面柔砂
显示器
人造石
烤漆玻璃面柔砂
石材踢脚线

网上银行

贵宾客户体验台（一）正立面

凹凸墙纸
木饰面板
1.2不锈钢线切割
镂空字内透光
T5灯管
木饰面板
烤漆玻璃面柔砂

烤漆玻璃面柔砂

石材踢脚线

1-1剖面

防火板
显示器
人造石
防火板键盘托
防火板
防火板门
防火板

普通客户体验台（二）正立面

防火板
显示器
人造石
防火板键盘托
防火板
防火板门

2-2剖面

台

类

417

鞋吧台

台

类

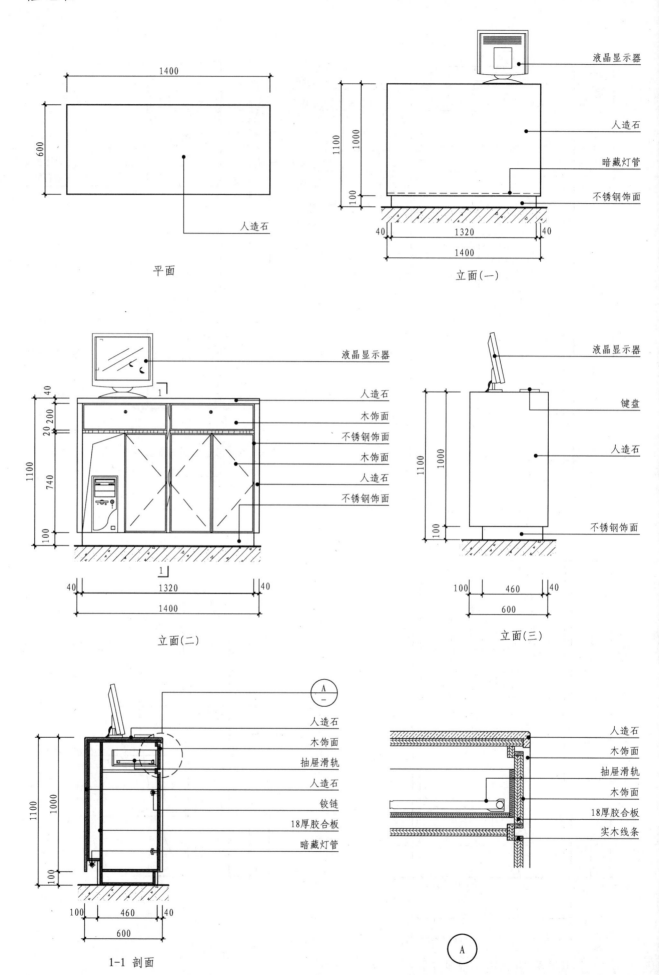

液晶显示器

人造石

暗藏灯管

不锈钢饰面

平面

立面(一)

液晶显示器

人造石

木饰面

不锈钢饰面

木饰面

人造石

不锈钢饰面

立面(二)

液晶显示器

键盘

人造石

不锈钢饰面

立面(三)

人造石

木饰面

抽屉滑轨

人造石

铰链

18厚胶合板

暗藏灯管

1-1 剖面

人造石

木饰面

抽屉滑轨

木饰面

18厚胶合板

实木线条

A

洽谈矮柜

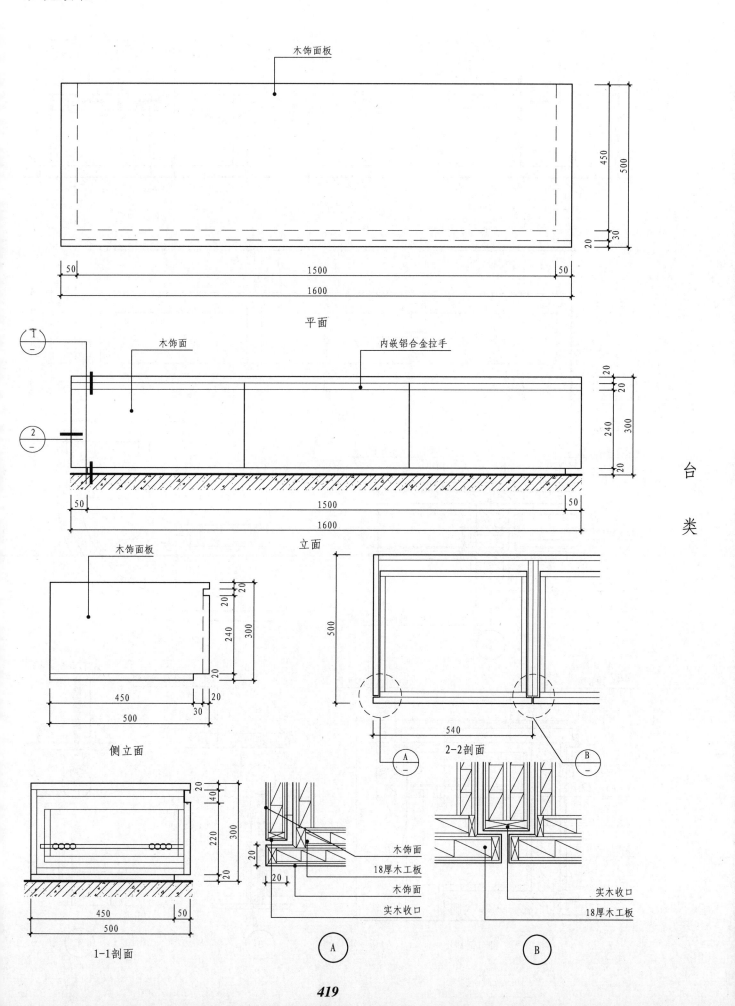

木饰面板

450
500
20
30

50   1500   50
1600

平面

木饰面   内嵌铝合金拉手

20
20
240   300
20

50   1500   50
1600

立面

木饰面板

20
20
240   300
20
450   20
500   30

侧立面

500
540

2-2剖面
Ⓐ   Ⓑ

20
40
220   300
20

450   50
500

1-1剖面   Ⓐ   Ⓑ

木饰面
18厚木工板
木饰面
实木收口

实木收口
18厚木工板

柜台（一）

台
类

外立面

侧立面

内立面

750

100
880
1100
120

70 70

60 60 1200 60 60 @≤1200 60 60 1200 60 70
60

平面

70
100
385
750
120
75

285 750
70 100 385 120 75

钢筋混凝土板

现制美术水磨石台面

30×40木龙骨

20厚1：2.5水泥砂浆
外刷乳胶漆

60×60×120木砖内外口设置

5

转角平面

φ4@150钢筋

60×60×30木龙骨

水磨石台面

750

25
50 25
190
1100

60×60×60木砖

30×40木龙骨

水磨石饰面

20

30

120

1-1剖面

水磨石台面

20 30 12
20 5
30
18
10

1

2

3 3
12 30 12
5 5

10

3

4

420

柜台（二）

平面　　木饰面　　塑料贴面板　　　　转角平面

立面　　　　　　　　　　　　　　　　侧立面

内立面

台　类

20×40实木线条收边　35×70木龙骨　35×70木龙骨　20×40实木线条收边
35×70木龙骨
木饰面
胶合板
50×50木龙骨

1-1剖面

20×40实木线条收边　塑料贴面板　35×70木龙骨　20×40实木线条收边
木饰面
胶合板
胶合板
木龙骨

2-2剖面

40×40木龙骨　40×50木龙骨　30×40木龙骨　30×50木龙骨

40×50木龙骨　　木龙骨

4-4剖面

30×50木龙骨　40×50木龙骨　　木龙骨
成品木饰面

3-3剖面

421

柜台（三）

台
类

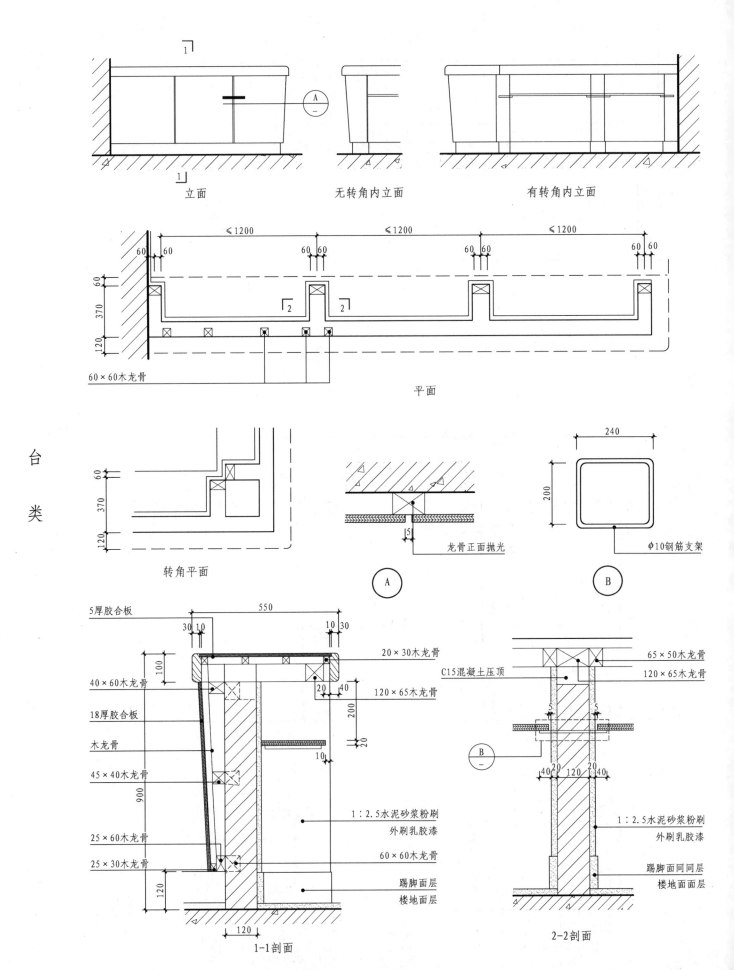

立面

无转角内立面

有转角内立面

60×60木龙骨

平面

转角平面

龙骨正面抛光

A

φ10钢筋支架

B

5厚胶合板

20×30木龙骨

40×60木龙骨

120×65木龙骨

18厚胶合板

木龙骨

45×40木龙骨

25×60木龙骨

25×30木龙骨

1:2.5水泥砂浆粉刷
外刷乳胶漆

60×60木龙骨

踢脚面层

楼地面层

1-1剖面

C15混凝土压顶

65×50木龙骨

120×65木龙骨

B

1:2.5水泥砂浆粉刷
外刷乳胶漆

踢脚面同同层

楼地面面层

2-2剖面

柜台（四）

石材台面

≤600

980
1100
120

1

外立面

②　③　④

内立面

木饰面板（清漆面或塑料贴面）

250
350

L35×4

40　≤600　≤600　≤600　≤600　42.5

35×4通长≤600

平面

L35×4角钢
预埋件焊牢

20×30木龙骨

12厚胶合板
混凝土浇筑

L35×35角钢

4-4剖面

预埋焊板

20×30木龙骨

12厚胶合板

L35×35角钢

20×35木龙骨

35
18　20

18　35
20　20

2-2剖面

预埋焊板

L35×4角钢
预埋件焊牢

20×30木龙骨

12厚胶合板

12厚胶合板

5 5 5 5
10 2 10

3-3剖面

350
32　120　166　32

石材台面

20×40木龙骨

日光灯成品灯罩

12厚胶合板

50×50×5预埋钢板
2φ8钢脚长80@≤600

L35×35角钢

石材

双向φ8@200

20×30木托条

20×35木龙骨

L35×35角钢

20×40木筋用塑料胀管
与混凝土墙固定，钉五合板

φ8@200

20
20
50
60
150
20
35
2
100
35
488
120

1-1剖面

台

类

423

柜台(五)

台类

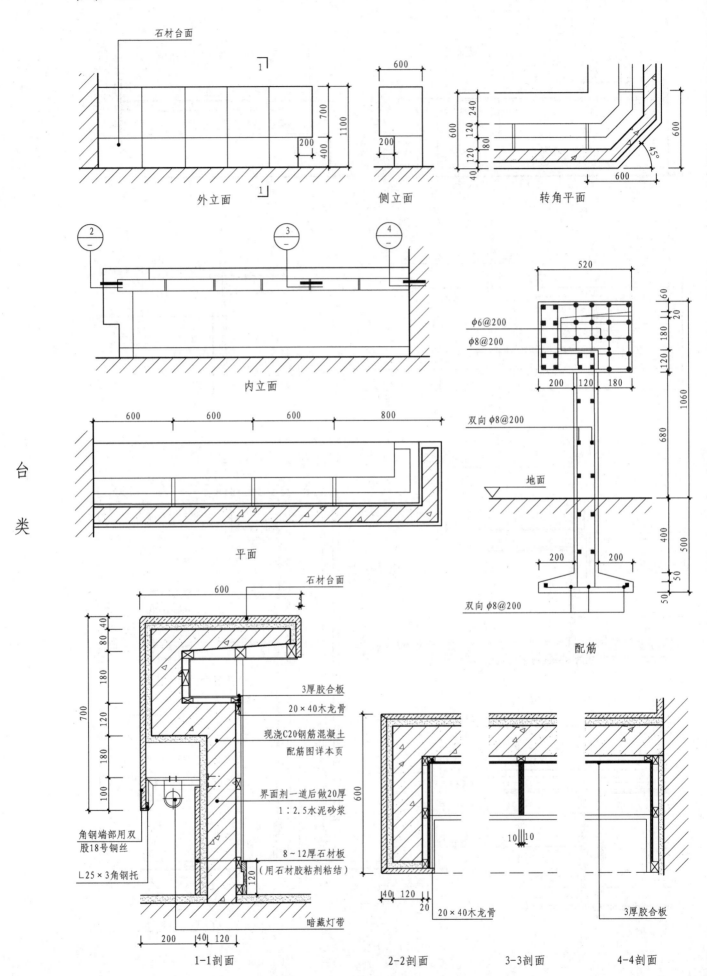

石材台面

外立面

侧立面

转角平面

内立面

平面

$\phi 6@200$
$\phi 8@200$

双向 $\phi 8@200$

地面

双向 $\phi 8@200$

配筋

石材台面

3厚胶合板
20×40木龙骨
现浇C20钢筋混凝土
配筋图详本页
界面剂一道后做20厚
1:2.5水泥砂浆
8~12厚石材板
(用石材胶粘剂粘结)

角钢端部用双
股18号铜丝
L25×3角钢托

暗藏灯带

1-1剖面

20×40木龙骨

2-2剖面

3-3剖面

3厚胶合板

4-4剖面

柜台 (六)

大理石台面　　1厚人造革面层

外立面

850
650　200
230
1100
120
300
800
1100

侧立面

200 200 100 230 120 100　100
15　15

转角平面

大理石台面　　1厚人造革面层

内立面

人造革面

≤800　≤800　≤800　215
15　15
15　15　15　15　15　15
100　200
230
650
100 120
100

硬木镶边　　石材台面

平面

台

类

20厚石材台面（用石材粘剂粘贴）

20厚1：2.5水泥砂浆

钢筋混凝土

20×40木龙骨
40　30
5厚胶合板
5　5
120

3-3剖面

650　200
100 100 120 230 100
60 40 40
R40
35 35 35
R10
套丝扣拧螺母
刮腻子抹平
25×25木龙骨
25×30木龙骨
105
20
170
30
305
1100
3
15厚聚氨
酯泡沫塑料
1厚人造革面层
750
305
4
20×30木龙骨
5
20 20
20
120　120　120
120
120

1-1剖面

120
20×40木龙骨
20×40木龙骨
5　5
20 40
40
5厚胶合板
5 120 5

4-4剖面

120
5　5
20×40木龙骨
40
20
40

5-5剖面

40×40实木线条

2厚钢板　　φ3钉孔

20×30木龙骨

2-2剖面
5 20
15
5
1/4圆木压条
R=29留方洞
10

7.6
7　7
4
27
4
19
8
35
4
4 12 4
20

A

425

柜台（七）

台
类

木制台面
人造革面层
木饰面

600
5
220
755
1100
120

正立面

侧立面

木制台面

310
110
600

人造革面层

平面

170　120　200　110
600
110　170
120
110　200

转角平面

人造革面层　**木饰面**　**木制台面**

285

立面

预埋φ12长180开脚螺栓　石棉板　硬木台面

225
40　5
40
140
40

25　60　20　25
130

40　70　3　172　5　20　120　20　105　20　20

40厚泡沫塑料外包人造革面用皮革

反光罩

20×40通长龙骨
5厚胶合板

φ8@200双向

钻孔用塑料胀管
固定木龙骨

5厚胶合板　镜面玻璃柜台　20厚1：2.5水泥砂浆

实木线条

5
20
5

20厚1：2.5水泥砂浆

150

300　300
φ8@200

3-3剖面　2-2剖面　1-1剖面

426

橱柜

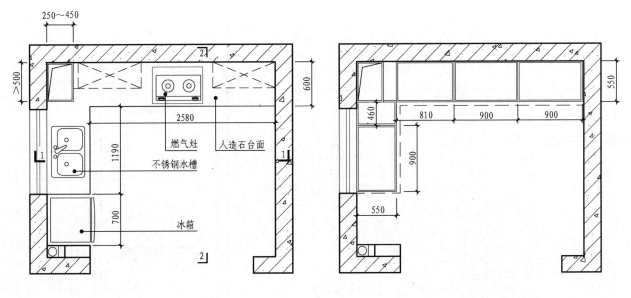

橱柜（一）平面

橱柜(一)低柜拼装示意

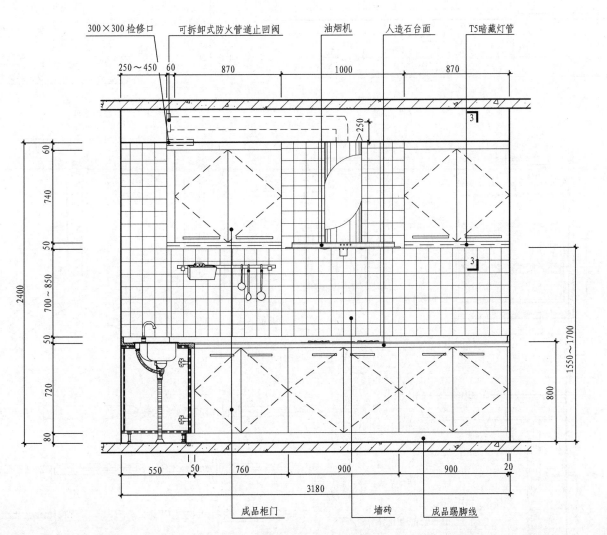

橱柜（一）1-1剖立面

427

橱柜(一)剖立面及吊柜安装

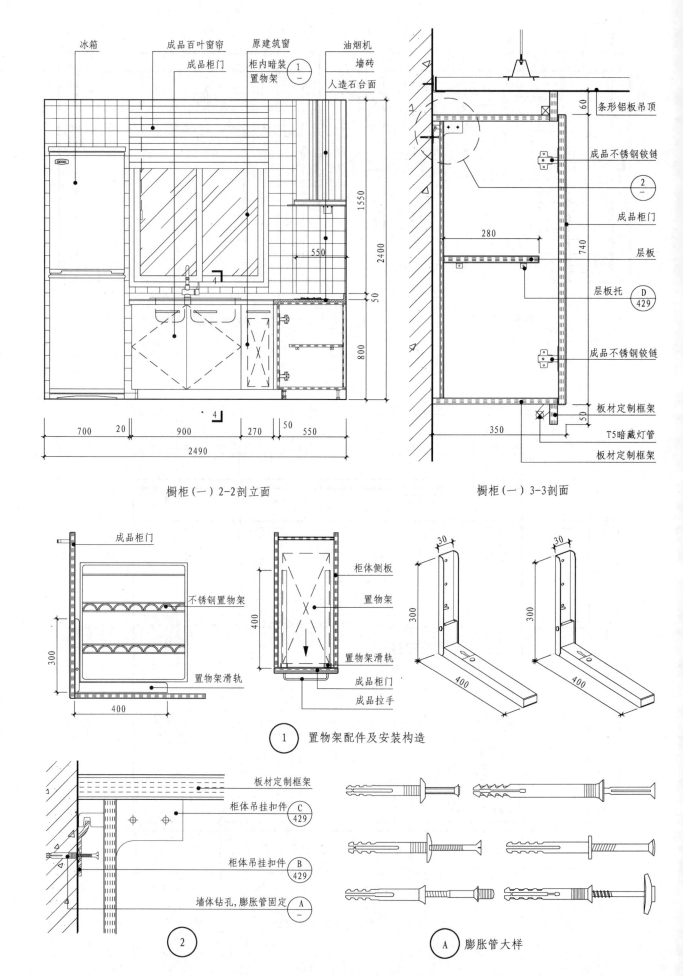

冰箱
成品百叶窗帘
成品柜门
原建筑窗
柜内暗装置物架 ①／—
油烟机
墙砖
人造石台面

1550
2400
550
50
800

700　20　900　270　50　550
2490

橱柜(一) 2-2剖立面

条形铝板吊顶
60
成品不锈钢铰链
② ／—
成品柜门
740
层板
层板托 D／429
成品不锈钢铰链
板材定制框架
50
T5暗藏灯管
板材定制框架
280
350

橱柜(一) 3-3剖面

厨
房

成品柜门
不锈钢置物架
置物架滑轨
300
400

柜体侧板
置物架
置物架滑轨
成品柜门
成品拉手
400
400

30　30
300　300
400　400

① 置物架配件及安装构造

板材定制框架
柜体吊挂扣件 C／429
柜体吊挂扣件 B／429
墙体钻孔,膨胀管固定 A／—

②

Ⓐ 膨胀管大样

428

吊柜安装配件、水槽安装构造及台面做法

侧板

木层板

成品层板托

φ5圆孔

背板

侧板

顶板

背板

$\begin{array}{c}\text{B}\end{array}$ 吊挂扣件

$\begin{array}{c}\text{C}\end{array}$ 吊挂扣件

$\begin{array}{c}\text{D}\end{array}$ 层板托扣件

厨房

防霉密封胶

人造石台面

板材定制框架

成品不锈钢铰链

框架底板

面覆防水锡纸

橱柜（一）4-4剖面

人造石台面

防水三聚氰胺板柜体

$\begin{array}{c}1\end{array}$ 橱柜台面做法（一）

人造石台面

防水三聚氰胺板柜体

$\begin{array}{c}2\end{array}$ 橱柜台面做法（二）

人造石台面

防水三聚氰胺板柜体

$\begin{array}{c}3\end{array}$ 橱柜台面做法（三）

不锈钢水槽

橡胶软垫

防霉密封胶

人造石台面
按水槽模板开孔

橱柜基层板
按水槽模板开孔

$\begin{array}{c}4\end{array}$ 水槽安装构造

429

厨

房

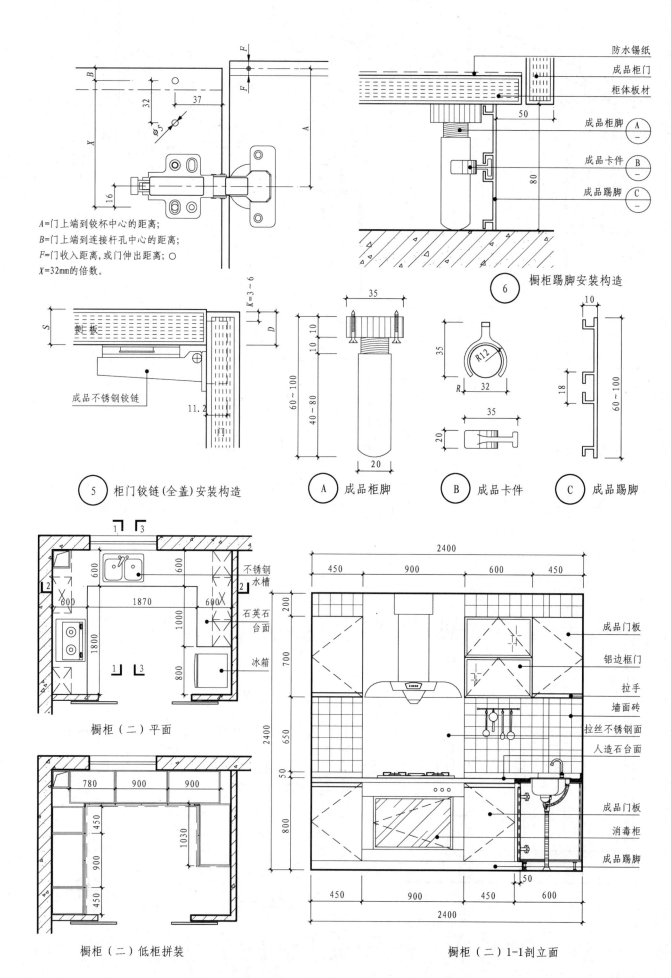

A＝门上端到铰杯中心的距离；
B＝门上端到连接杆孔中心的距离；
F＝门收入距离，或门伸出距离；○
X＝32mm的倍数。

⑥ 橱柜踢脚安装构造

成品不锈钢铰链

⑤ 柜门铰链(全盖)安装构造

Ⓐ 成品柜脚　　Ⓑ 成品卡件　　Ⓒ 成品踢脚

防水锡纸
成品柜门
柜体板材
成品柜脚 Ⓐ
成品卡件 Ⓑ
成品踢脚 Ⓒ

不锈钢水槽
石英石台面
冰箱

橱柜（二）平面

橱柜（二）低柜拼装

成品门板
铝边框门
拉手
墙面砖
拉丝不锈钢面
人造石台面
成品门板
消毒柜
成品踢脚

橱柜（二）1-1剖立面

橱柜（二）剖立面

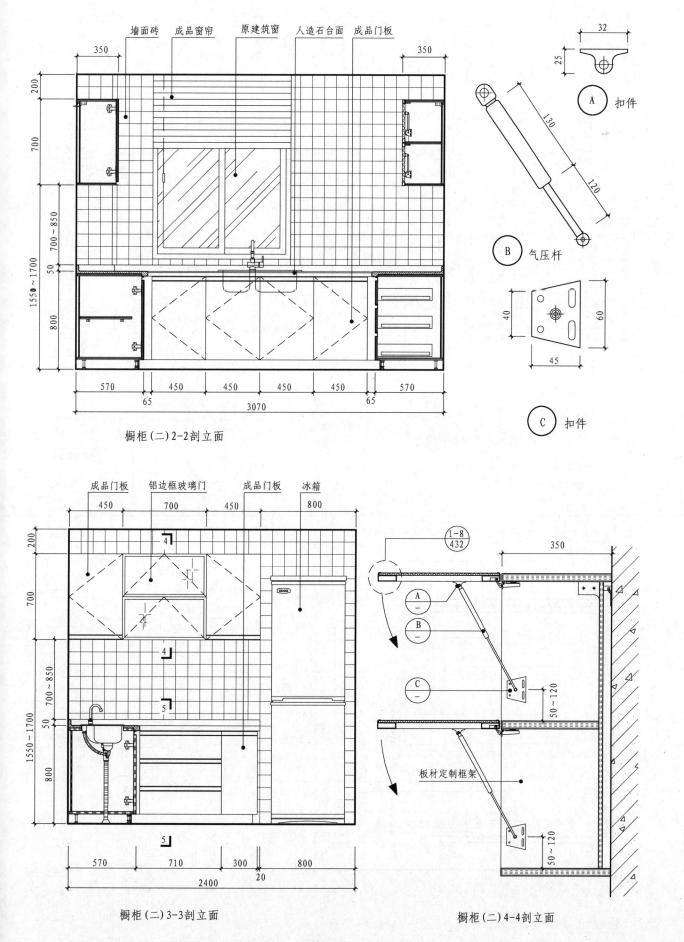

墙面砖　成品窗帘　原建筑窗　人造石台面　成品门板

350　　　　　　　　　　　　　　　350

200

700

700～850

1555~1700

50

800

570　　450　　450　　450　　450　　570

65　　　　　　　　　　　　　65

3070

橱柜（二）2-2剖立面

32

25

A　扣件

130

120

B　气压杆

40　　60

45

C　扣件

厨

房

成品门板　铝边框玻璃门　成品门板　冰箱

450　　700　　450　　800

200

700

700～850

1555~1700

50

800

4

4

5

5

570　　710　　300　　800

20

2400

橱柜（二）3-3剖立面

1~8
432

A
—

B
—

C
—

350

50～120

板材定制框架

50～120

橱柜（二）4-4剖立面

431

橱柜

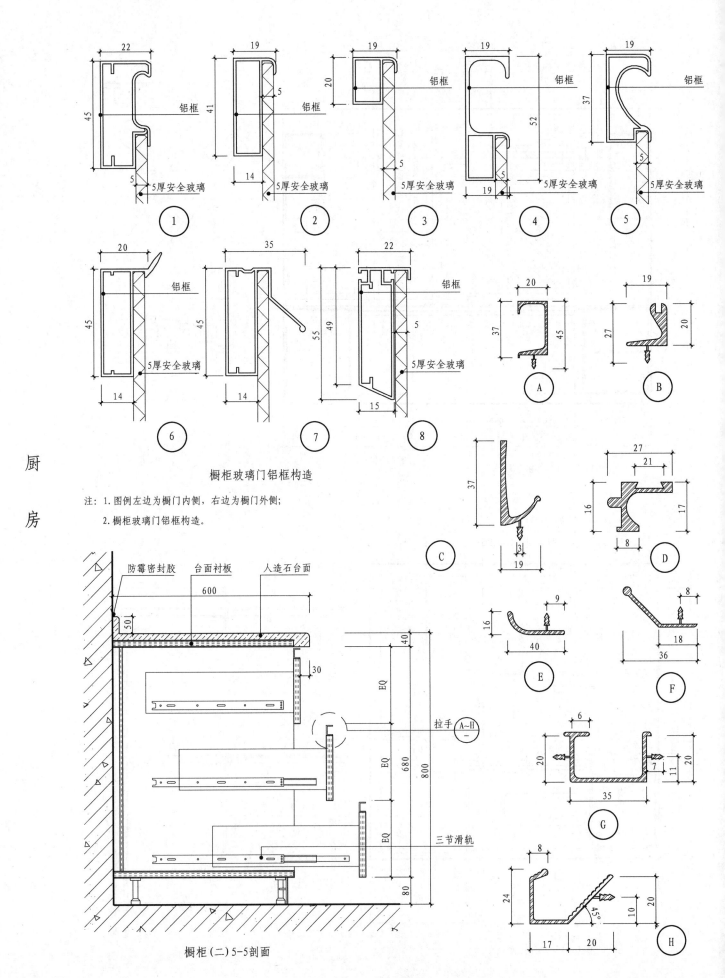

铝框

5厚安全玻璃

① ② ③ ④ ⑤

⑥ ⑦ ⑧

橱柜玻璃门铝框构造

注：1. 图例左边为橱门内侧，右边为橱门外侧；
　　2. 橱柜玻璃门铝框构造。

厨

房

防霉密封胶　台面衬板　人造石台面

拉手 A~H

三节滑轨

A B C D E F G H

橱柜(二)5-5剖面

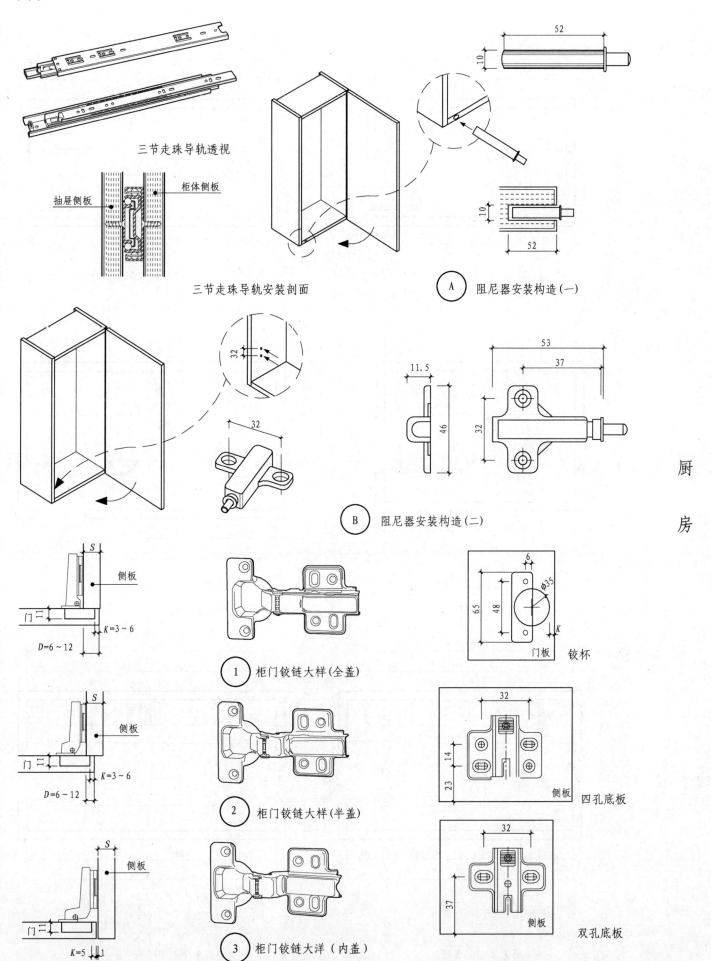

三节走珠导轨透视

抽屉侧板 柜体侧板

三节走珠导轨安装剖面

52

10

10

52

A 阻尼器安装构造(一)

32

32

53

37

11.5

46

32

B 阻尼器安装构造(二)

厨
房

S

侧板

门

K=3~6

D=6~12

1 柜门铰链大样(全盖)

门板 铰杯

6

Ø35

65

48

K

S

侧板

门

K=3~6

D=6~12

2 柜门铰链大样(半盖)

32

14

23

侧板 四孔底板

S

侧板

门

K=5 1

3 柜门铰链大洋（内盖）

32

37

侧板 双孔底板

住宅厨房平面

厨

房

注: 此平面长度适用于2700~3300。

住宅厨房（一）平面

注: 此平面长度适用于3500~4100，宽度适用于1500~1700。

住宅厨房（二）平面

注: 此平面长度适用于2700~3300。

住宅厨房（三）平面

注: 此平面长度适用于3500~4100。

住宅厨房（四）平面

注: 此平面长度适用于3200~3600。

住宅厨房（五）平面

注: 此平面长度适用于3500~4100。

住宅厨房（六）平面

住宅厨房平面

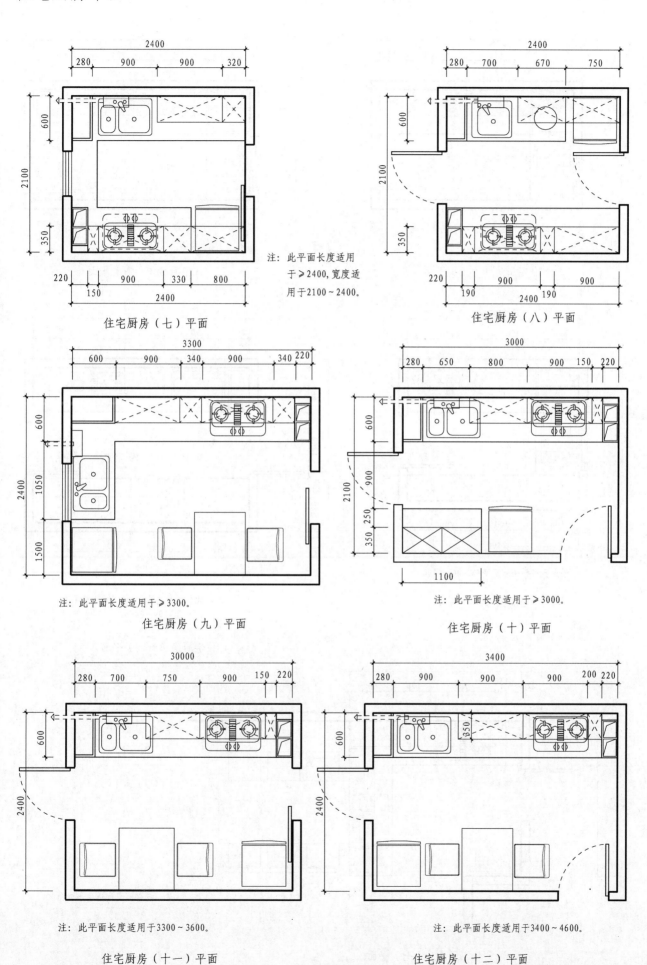

2400
280 900 900 320
600
2100
350
220 150 900 330 800
2400

注：此平面长度适用于≥2400, 宽度适用于2100~2400。

住宅厨房（七）平面

2400
280 700 670 750
600
2100
350
220 190 900 190 900
2400

住宅厨房（八）平面

3300
600 900 340 900 340 220
600
2400
1050
1500

注：此平面长度适用于≥3300。

住宅厨房（九）平面

3000
280 650 800 900 150 220
600
2100
900
350 250
1100

注：此平面长度适用于≥3000。

住宅厨房（十）平面

30000
280 700 750 900 150 220
600
2400

注：此平面长度适用于3300~3600。

住宅厨房（十一）平面

3400
280 900 900 900 200 220
600
350
2400

注：此平面长度适用于3400~4600。

住宅厨房（十二）平面

厨
房

435

住宅厨房平面

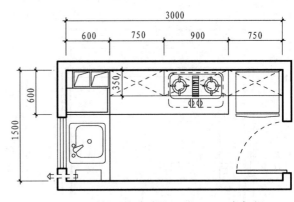

注：此平面长度适用于≥2700，宽度适用于1500～1700。

住宅厨房（十三）平面

注：此平面长度适用于3000～3300，宽度适用于1500～1700。

住宅厨房（十四）平面

厨

房

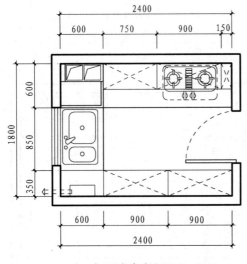

注：此平面长度适用于2400～2700。

住宅厨房（十五）平面

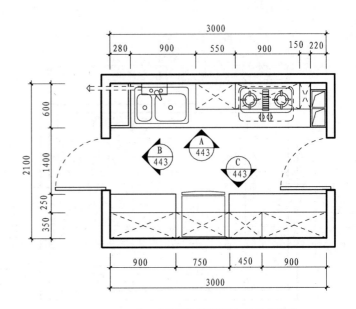

注：此平面长度适用于≥3000，宽度适用于2100～2400。

住宅厨房（十六）平面

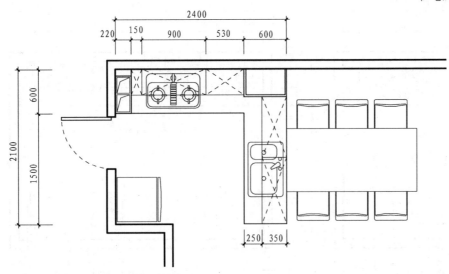

注：此平面宽度适用于≥2100。

住宅厨房（十七）平面

住宅厨房平面

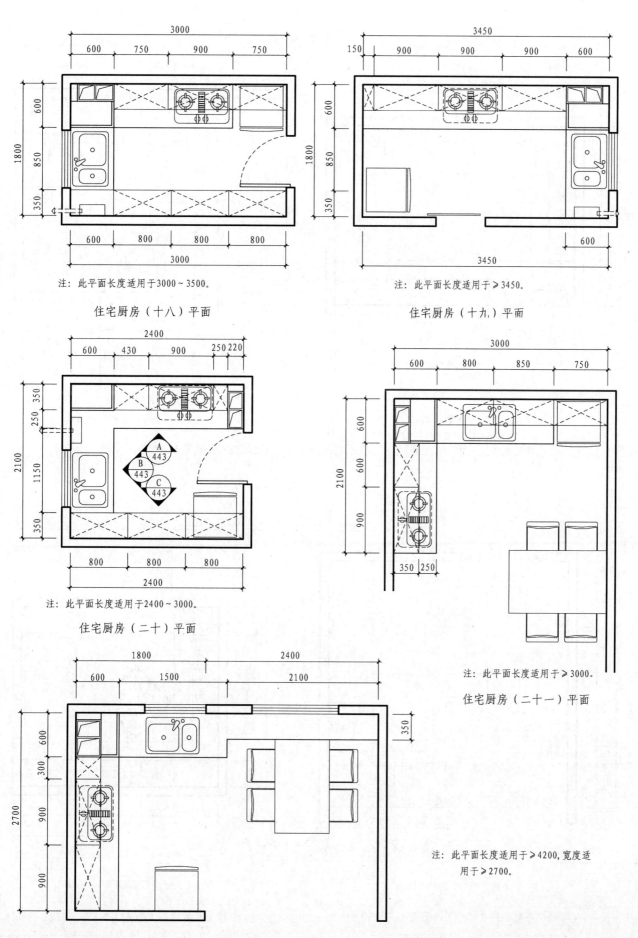

注：此平面长度适用于3000～3500。

住宅厨房（十八）平面

注：此平面长度适用于≥3450。

住宅厨房（十九）平面

注：此平面长度适用于2400～3000。

住宅厨房（二十）平面

注：此平面长度适用于≥3000。

住宅厨房（二十一）平面

注：此平面长度适用于≥4200，宽度适用于≥2700。

住宅厨房（二十二）平面

厨房

住宅厨房平面

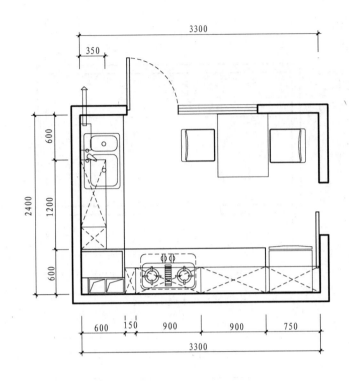

注: 此平面长度适用于≥3300。

住宅厨房（二十三）平面

注: 此平面长度适用于≥2700。

住宅厨房（二十四）平面

厨

房

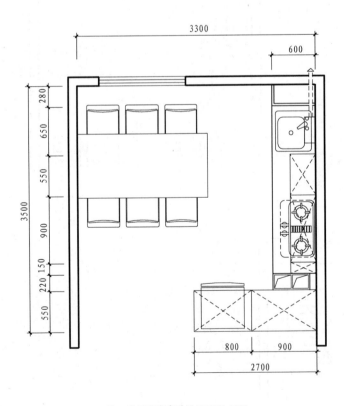

注: 此平面宽度适用于3500~3800。

住宅厨房（二十五）平面

注: 此平面长度适用于2700~3000。

住宅厨房（二十六）平面

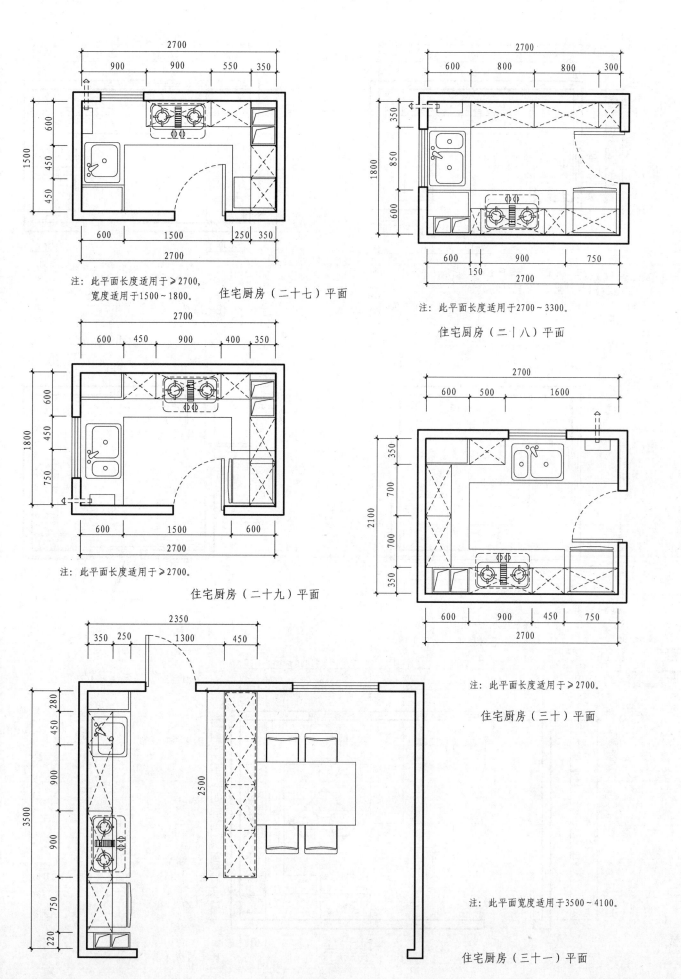

注：此平面长度适用于≥2700，
宽度适用于1500~1800。　住宅厨房（二十七）平面

注：此平面长度适用于2700~3300。

住宅厨房（二十八）平面

注：此平面长度适用于≥2700。

住宅厨房（二十九）平面

注：此平面长度适用于≥2700。

住宅厨房（三十）平面

注：此平面宽度适用于3500~4100。

住宅厨房（三十一）平面

厨

房

住宅厨房平面

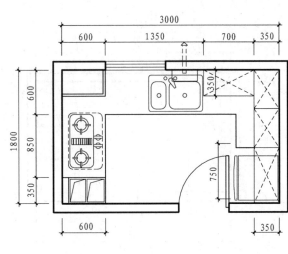

注：此平面长度适用于≥2700；
宽度适用于1500~1800。

住宅厨房（三十二）平面

注：此平面长度适用于≥3000。

住宅厨房（三十三）平面

厨

房

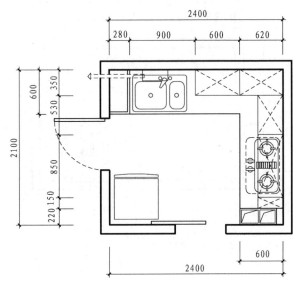

注：此平面长度适用于≥2400；
宽度适用于2100~2400。

住宅厨房（三十四）平面

注：此平面长度适用于2400~3000；
宽度适用于2100~2400。

住宅厨房（三十五）平面

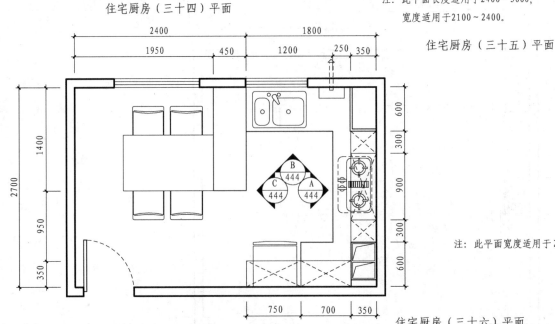

注：此平面宽度适用于≥2700。

住宅厨房（三十六）平面

住宅厨房平面

注: 此平面长度适用于≥2700。　住宅厨房（三十七）平面

注: 此平面长度适用于3000～3600。

住宅厨房（三十八）平面

注: 此平面长度适用于≥2800。　住宅厨房（三十九）平面

简餐桌

注: 此平面长度适用于3000～3600。

住宅厨房（四十）平面

厨

房

注: 此平面长度适用于3000～3600。

住宅厨房（四十一）平面

441

住宅厨房立面

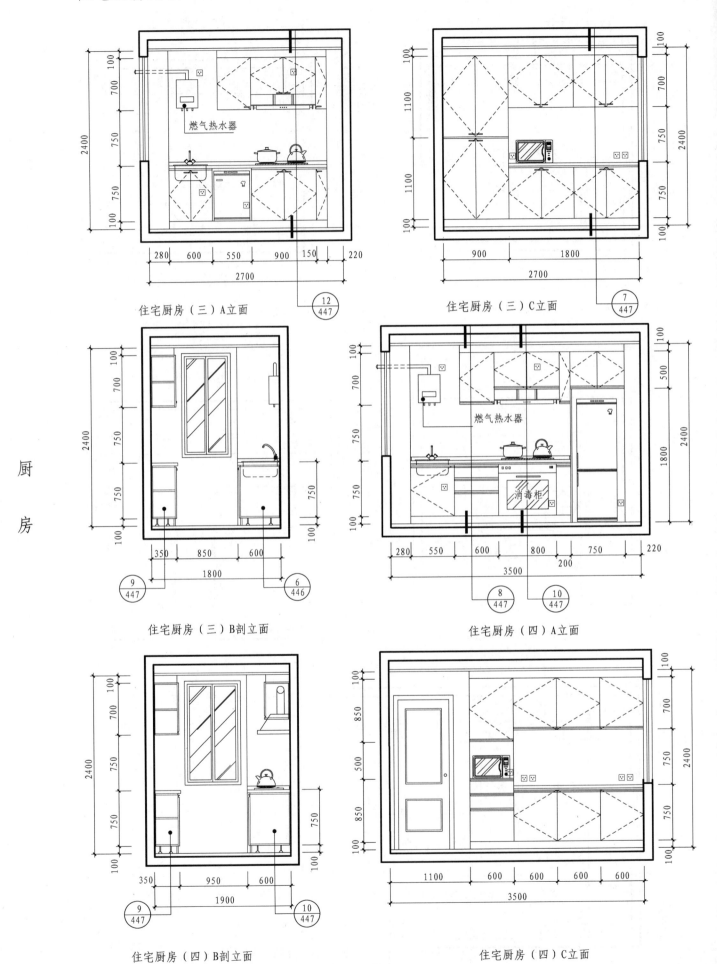

厨
房

住宅厨房（三）A立面

⑫
447

住宅厨房（三）C立面

⑦
447

住宅厨房（三）B剖立面

⑨
447

⑥
446

住宅厨房（四）A立面

⑧
447

⑩
447

住宅厨房（四）B剖立面

⑨
447

⑩
447

住宅厨房（四）C立面

燃气热水器

燃气热水器

消毒柜

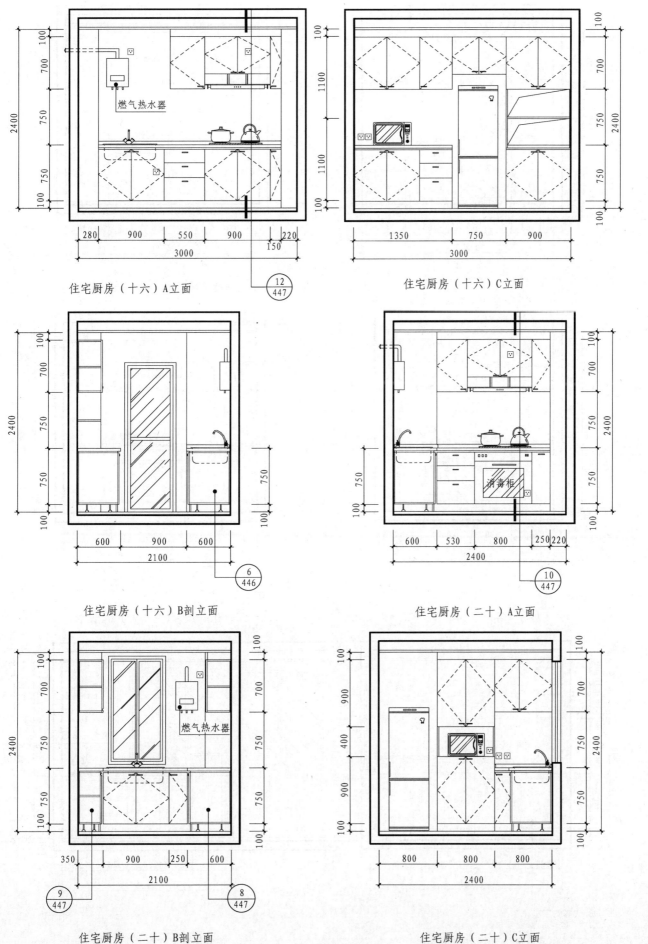

燃气热水器

住宅厨房（十六）A立面

住宅厨房（十六）C立面

住宅厨房（十六）B剖立面

消毒柜

住宅厨房（二十）A立面

燃气热水器

住宅厨房（二十）B剖立面

住宅厨房（二十）C立面

厨房

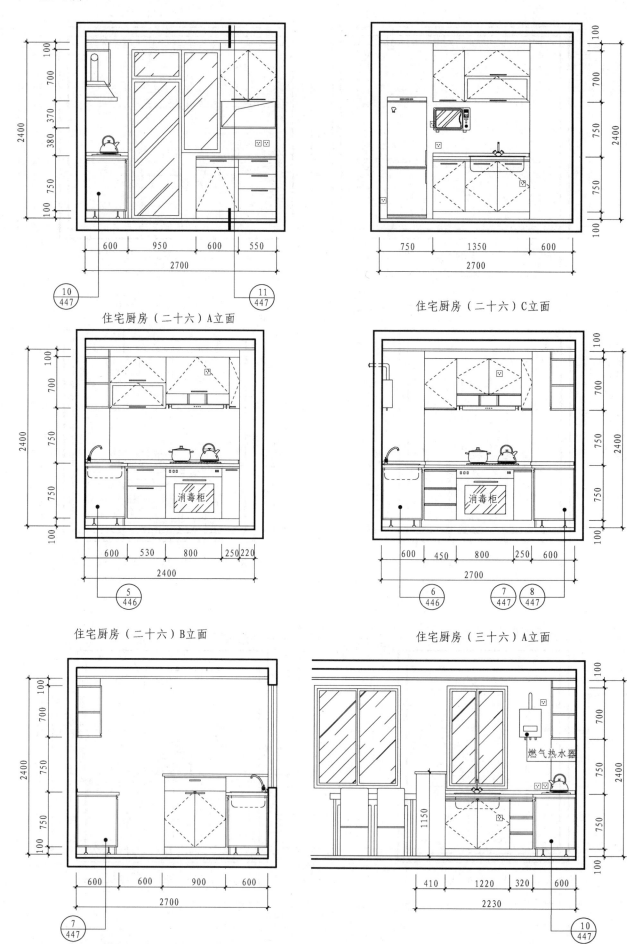

住宅厨房立面

厨房

住宅厨房（二十六）A立面

住宅厨房（二十六）C立面

住宅厨房（二十六）B立面

住宅厨房（三十六）A立面

住宅厨房（三十六）C剖立面

住宅厨房（三十六）B立面

消毒柜

燃气热水器

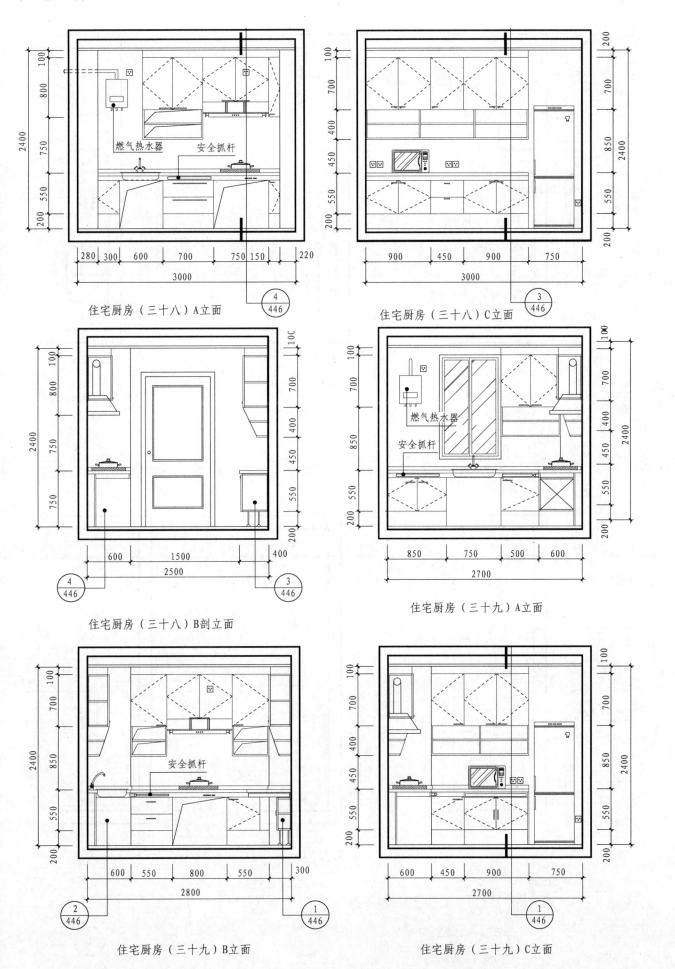

住宅厨房立面

燃气热水器　安全抓杆

住宅厨房（三十八）A立面

住宅厨房（三十八）C立面

住宅厨房（三十八）B剖立面

燃气热水器

安全抓杆

住宅厨房（三十九）A立面

安全抓杆

住宅厨房（三十九）B立面

住宅厨房（三十九）C立面

厨

房

住宅厨房剖面

预埋木砖 100
20
700
预埋木砖
250
400
灯具
150
拉出后可作操作台
450
20
550
抽屉轨道
200
200
580

注：此剖面尺寸适用于
轮椅使用者。

(1)

预埋木砖 100
20
700
预埋木砖
250
850
150
嵌入式水槽
550
20
安全拉手
200
管线区
150
580

注：此剖面尺寸适用于
轮椅使用者。

(2)

预埋木砖 100
20
700
250
400
灯具
150
450
550
200
400

注：此剖面尺寸适用于
轮椅使用者。

(3)

厨

房

预埋木砖 100
R90
侧板预留洞
185
800
预埋木砖
油烟机
750
2000
嵌入式燃气灶
100
安全抓杆
20
750
管线区
100
580

注：此剖面尺寸适用于
轮椅使用者。

(4)

预埋木砖 100
玻璃上翻门
成品配件
700
750
挡水板
嵌入式水槽
20
拉手
750(700)
踢脚板
100(150)
100 430 20
50
600

注：此剖面尺寸适用于
老人或拐杖使用者。

(5)

钢制膨胀螺栓
挡水板
嵌入式水槽
20
250
嵌入式拉手
550(500)
踢脚板
管线区 100(150)
100 430 20
50
600

(6)

住宅厨房剖面

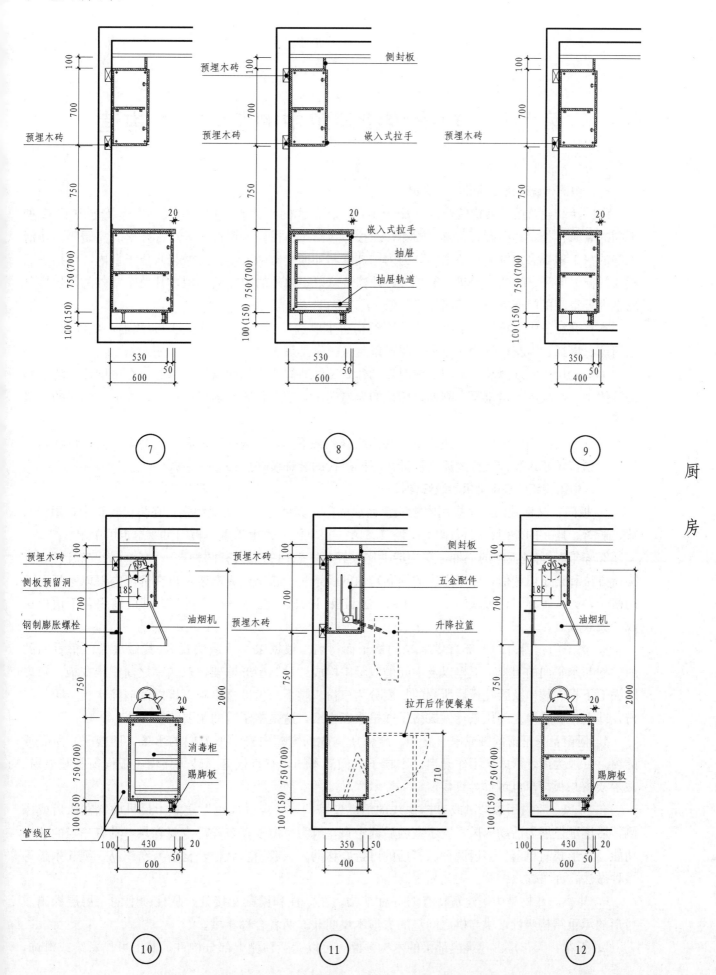

图 7

- 预埋木砖
- 20
- 530
- 600
- 50
- 100
- 700
- 750
- 750(700)
- 100(150)

图 8

- 预埋木砖
- 侧封板
- 嵌入式拉手
- 嵌入式拉手
- 抽屉
- 抽屉轨道
- 20
- 530
- 600
- 50
- 100
- 700
- 750
- 750(700)
- 100(150)

图 9

- 预埋木砖
- 20
- 350
- 400
- 50
- 100
- 700
- 750
- 750(700)
- 100(150)

厨
房

图 10

- 预埋木砖
- 侧板预留洞
- 钢制膨胀螺栓
- 油烟机
- 消毒柜
- 踢脚板
- 管线区
- R90
- 185
- 20
- 100
- 700
- 750
- 2000
- 750(700)
- 100(150)
- 100
- 430
- 600
- 50
- 20

图 11

- 预埋木砖
- 侧封板
- 五金配件
- 升降拉篮
- 预埋木砖
- 拉开后作便餐桌
- 100
- 700
- 750
- 750(700)
- 100(150)
- 710
- 350
- 400
- 50

图 12

- 预埋木砖
- 油烟机
- 踢脚板
- R90
- 185
- 20
- 100
- 700
- 750
- 2000
- 750(700)
- 100(150)
- 100
- 430
- 600
- 50
- 20

447

第九章 中国传统建筑中的装饰装修构造

一、中国传统建筑装饰装修的概况

中国传统建筑中的装饰装修内容极为丰富。在宋代的《营造法式》中仅小木作就记载了42种不同的装修种类，其中有门、窗、楼梯、地板、木格栅、栏杆、栅栏、天花、挂落、凳橱等，在清工部的《工程做法则例》又把木作分为内檐装修和外檐装修两大类。内檐装修位于室内，包括护墙板、门窗、屏风、隔断、天花、藻井等，外檐装修以室内外的门窗为界限，凡位于室外的，包括分隔室内外空间的门窗本身，都属外檐装修。

本章介绍的中国传统建筑中装饰装修的构造主要选择当今在仿古建筑中常用的一些装修构造。如门窗、屏风、天花、隔栅、斗拱、花罩以及各类家具等。

中国的历史源远流长，不同历史时期的建筑装饰装修有不同的风格。例如：在中国传统建筑装饰装修中，汉代的风格雄厚、刚劲，唐代的风格端庄、丰满，宋代的风格简约、秀丽，清代的风格雍容、富贵等。

尽管不同时期的中国传统建筑中的装饰装修风格不同，但构造原理和方法基本相同，设计师可根据中国传统建筑装饰装修的原理设计出不同时代的装饰装修风格。

二、中国传统建筑中常用的装修构件

1. 板门：又称版门，是指用木板实拼而成的门，其体量大，防卫性强。在传统建筑中常用作宫殿、衙署、庙宇的外门，门板厚达1.4～4.8寸，很坚固，也很笨重。板门可双扇也可单扇。

2. 软门：它是板门的一种，在构造上比较轻巧，软门的形式有两种：一种就称为"软门"，其构造方法和格子门相似，即用周边的桯和身内的横条——腰串构成框架，再在框架内镶以木板而不用格子；另一种称"合板软门"，其构造方法和板门相似，也是一种实拼门，即门扇用若干块板拼成一大块板。

3. 格子门：因门的上部有供采光的格子而得名。根据宋《营造法式》，其做法为以垂直向的肘、桯与水平向的上桯、下桯以及中间的双腰串构成"目"字形框架，双腰串之间镶腰花板。每扇除去上下桯、腰串及腰花板后所剩的长度分为三份，腰下一份即腰串和下桯之间嵌障水板，腰上二份，即上桯和腰串之间用条径做成格子或格眼以糊纸，这是格子门的主要特征。

4. 槅窗：它是窗的额或串、立颊、腰串所构成的窗框内安上下方向的木条（即棂子）所做成的窗。一般为固定形式，不作开启。因棂子的做法不同，有直棂窗、破子棂窗、板棂窗和睒电窗。破子棂窗与板棂窗也可称为直棂窗。

5. 屏风：室内用来挡风或遮挡视线的活动壁障，取"屏其风也"之意。最早放置在床后或床侧，后逐渐发展为活动屏风。置于室内后部中央，成为室内家具布置得主要背景，具有一定的装饰功能。其形式有单扇、多扇两种。多扇的可折叠移动。一般用木做框，框心有纺织品、纸、木板等多种做法，亦可饰以书画、工艺品等。

6. 斗拱：斗拱是中国建筑特有的一种结构。在立柱和横梁交接处，从柱顶上的一层层探出成弓形的承重结构叫拱，拱与拱之间垫的方形木块叫斗。两者合称斗拱。

7. 天花：天花是古建筑内部梁的木构顶棚，可以遮蔽顶棚上部分构件。其上可作彩绘或雕饰，有防尘与装饰的作用。古称"承尘"或"仰尘"，宋称平棊或平闇，明代始称天花。平棊是一种有较大方格或长方格式样的天花板，用木雕花纹贴于板上作为装饰，并施以彩画。

三、中国传统建筑中常用的家具构造

中国传统建筑中常用的家具作为社会物质文化的一部分，是中华民族经济和文化发展的产物。它在人们日常生活中既满足物质需要，同时也满足人们的审美要求，它既是物质产品，又是一种艺术创作。

家具的鲜明特点在于它的移动性，随着人们的活动而经常变动位置，要求家具达到一定程度的坚固性。家具的坚固除材料本身所具有的特定条件外，主要在于合理的榫卯。

中国家具的构造是十分科学的，归纳起来有：格角榫、棕角榫、明榫、闷榫、通榫、半榫、抱肩榫、托角榫、长短榫、勾挂榫、燕尾榫、穿带榫、夹头榫、削丁榫、穿楔、挂楔、走马楔、盖头楔等。中国传统建筑装饰装修中的榫卯结构的构造形式多样、工艺精致，对现代建筑构造及家具的构造设计施工都有很重要的借鉴价值。

优美的线脚是形成中国传统家具风格的条件。家具线脚种类多用自由曲线，这些线脚不同于建筑线脚，它是经过具有高度智慧的匠师们在传统技术上提炼而成的。既简洁又柔和，既流畅又有劲，对增进中国传统家具的风貌起到很大的作用。

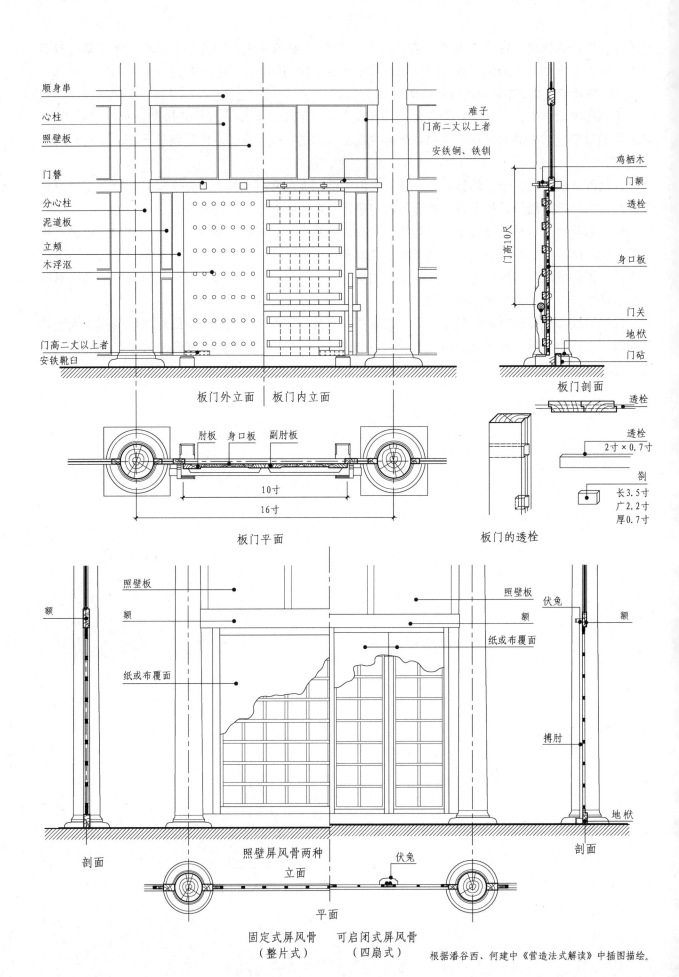

中国传统建筑

板门外立面 | 板门内立面

顺身串
心柱
照壁板
门簪
分心柱
泥道板
立颊
木浮沤

门高二丈以上者
安铁靴臼

难子
门高二丈以上者
安铁锏、铁钏

板门剖面

鸡栖木
门额
透栓
门高10尺
身口板
门关
地栿
门砧

肘板　身口板　副肘板
10寸
16寸

板门平面

透栓
透栓
2寸×0.7寸
剳
长3.5寸
广2.2寸
厚0.7寸

板门的透栓

照壁板
额
额
纸或布覆面
纸或布覆面

照壁板
额
纸或布覆面
伏兔
额
搏肘
地栿

剖面
剖面

伏兔
照壁屏风骨两种
立面
平面

固定式屏风骨　　可启闭式屏风骨
（整片式）　　　（四扇式）　　根据潘谷西、何建中《营造法式解读》中插图描绘。

450

软门与棂窗

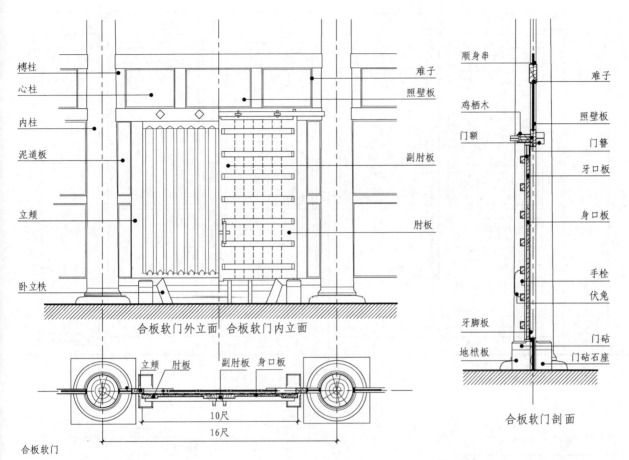

合板软门外立面　合板软门内立面

合板软门

合板软门剖面

中国传统建筑

合板软门

　　构造方法和板门相似，也是一种实拼门，即门扇用若干块板拼成一大块板。门板周边不用框架，外侧板缝加牙头护缝，用肘板和连接木板，不用透栓。与板门不同之处在于门高最大限于十三尺，而且板较薄。身口板厚度比板门减1/4，肘板与副的用料也略小。

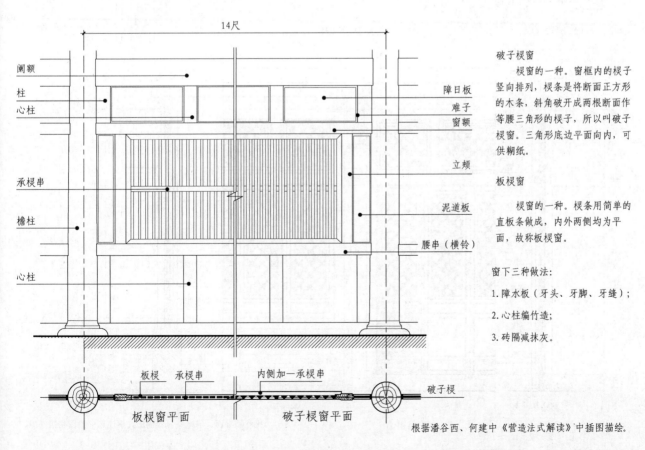

破子棂窗

　　棂窗的一种。窗框内的棂子竖向排列，棂条是将断面正方形的木条，斜角破成两根断面作等腰三角形的棂子，所以叫破子棂窗。三角形底边平面向内，可供糊纸。

板棂窗

　　棂窗的一种。棂条用简单的直板条做成，内外两侧均为平面，故称板棂窗。

窗下三种做法：

1. 障水板（牙头、牙脚、牙缝）；

2. 心柱编竹造；

3. 砖隔减抹灰。

根据潘谷西、何建中《营造法式解读》中插图描绘。

格子门

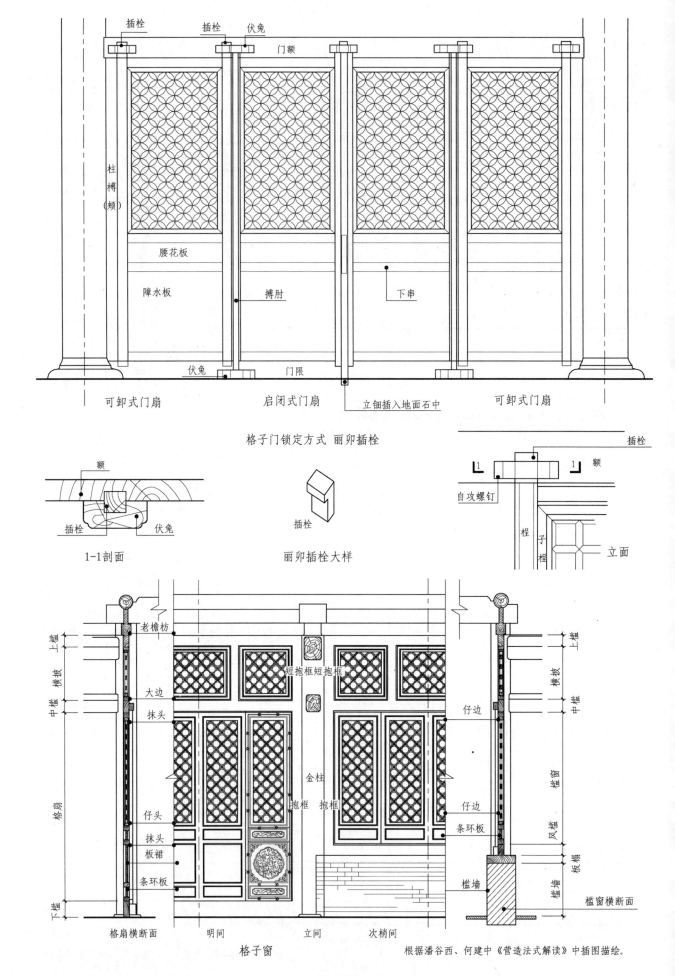

插栓　插栓　伏兔　门额

柱樽（颊）

腰花板

障水板　搏肘　下串

可卸式门扇　启闭式门扇　立钿插入地面石中　可卸式门扇

伏兔　门限

中国传统建筑

格子门锁定方式　丽卯插栓

额

插栓　伏兔

1-1剖面

插栓

丽卯插栓大样

插栓

额

自攻螺钉

桯　子桯　立面

上槛　横披　中槛　格扇　下槛

老檐枋

短抱框短抱框

大边　抹头

金柱

抱框　抱框

仔头　抹头　板裙　条环板

仔边　仔边　条环板　槛墙

上槛　横披　中槛　槛窗　风槛　板槛　槛墙　槛窗横断面

格扇横断面　明间　立间　次梢间　格子窗

根据潘谷西、何建中《营造法式解读》中插图描绘。

452

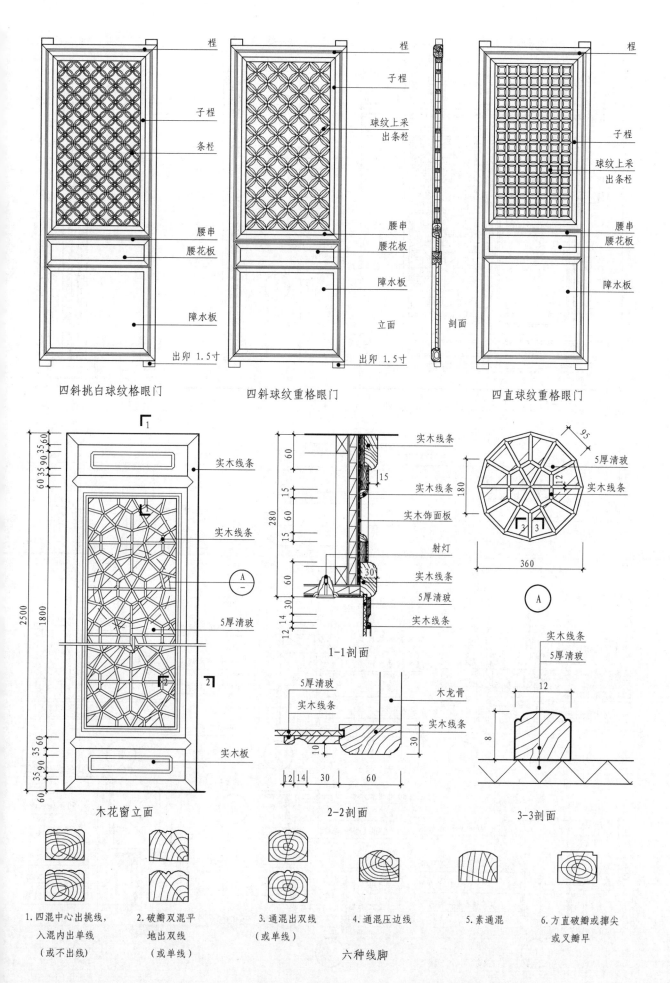

四斜挑白球纹格眼门

四斜球纹重格眼门

四直球纹重格眼门

木花窗立面

1-1剖面

2-2剖面

3-3剖面

1.四混中心出挑线，入混内出单线（或不出线）

2.破瓣双混平地出双线（或单线）

3.通混出双线（或单线）

4.通混压边线

5.素通混

6.方直破瓣或撺尖或叉瓣早

六种线脚

中国传统建筑

中式屏风

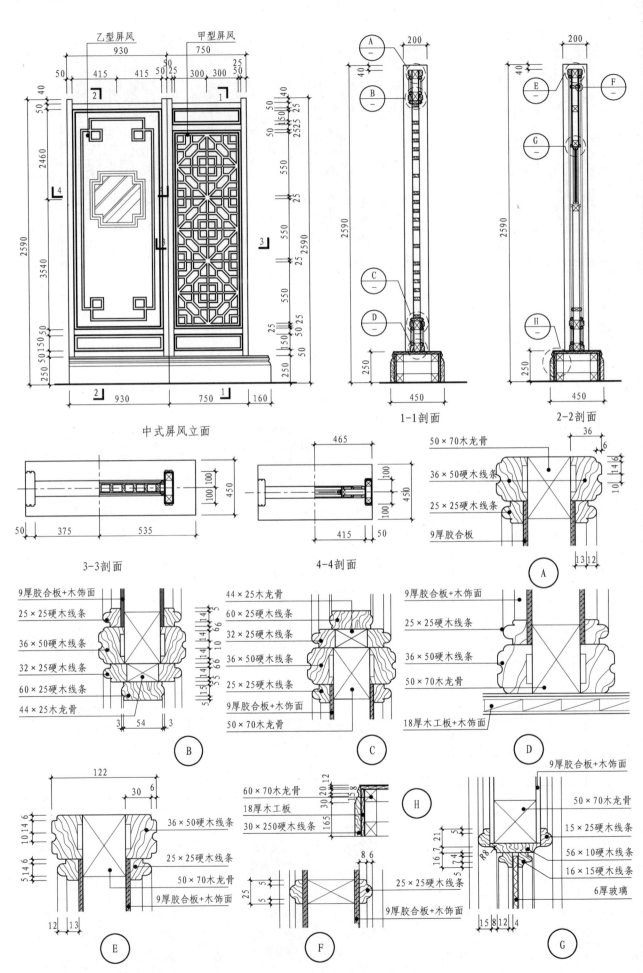

乙型屏风   甲型屏风

中式屏风立面

1-1剖面

2-2剖面

3-3剖面

4-4剖面

A

B

C

D

E

F

G

H

天花板（藻井）

天花（藻井）

　　斗八藻井由方井、八角井、斗八三层组成。以算桯方构成方形框架，即方井，其上施斗栱；在方井铺作之上用随瓣方抹角勒作八角，上施斗栱，即八角井；八角井铺作之上为随瓣方，上以八根同心辐射栱起的阳马（角梁）"斗"成形状略似八角形的"帽子"，故此称为斗八。

　　小斗八藻井则只有八角井与斗八两层，即在算桯方上直接抹角勒作八角形，成为八角井，上施斗栱；上再以八根阳马构成斗八。

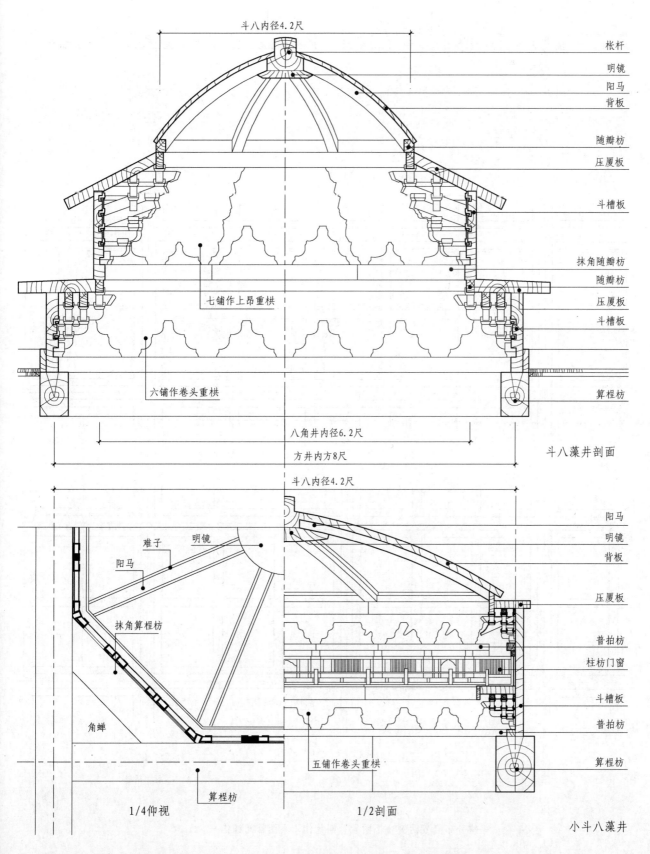

斗八内径4.2尺

	桅杆
	明镜
	阳马
	背板
	随瓣枋
	压厦板
	斗槽板
	抹角随瓣枋
	随瓣枋
	压厦板
	斗槽板
	算桯枋

七铺作上昂重栱

六铺作卷头重栱

八角井内径6.2尺

方井内方8尺

斗八藻井剖面

中国传统建筑

斗八内径4.2尺

难子　　明镜

阳马

抹角算桯枋

角蝉

算桯枋

1/4仰视

五铺作卷头重栱

1/2剖面

阳马
明镜
背板
压厦板
普拍枋
柱枋门窗
斗槽板
普拍枋
算桯枋

小斗八藻井

455

天花板（平棋）

　　天花板是古建筑内部梁下的木构顶棚,可以遮蔽梁上部分。其上可作彩绘或雕饰，有防尘与装饰的作用。古称"承尘"或"仰尘"，宋称平棊或平闇，明代始称天花。平棋是一种有较大方格或长方格样式的天花板，用木雕纹贴上板上作为装饰，并施以彩画。

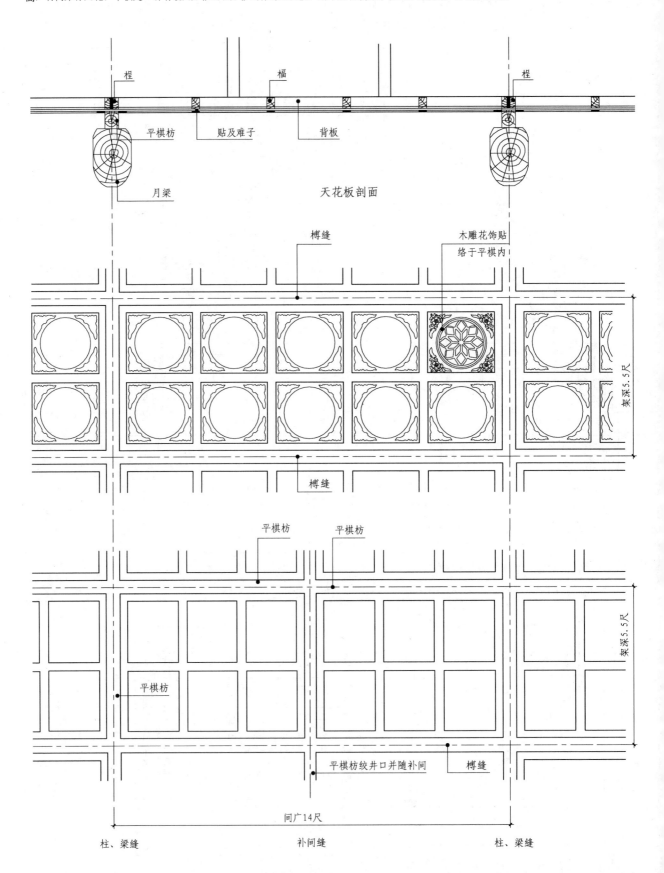

平棋分布隔截两例（上图无补间铺作，下图补间铺作一朵）

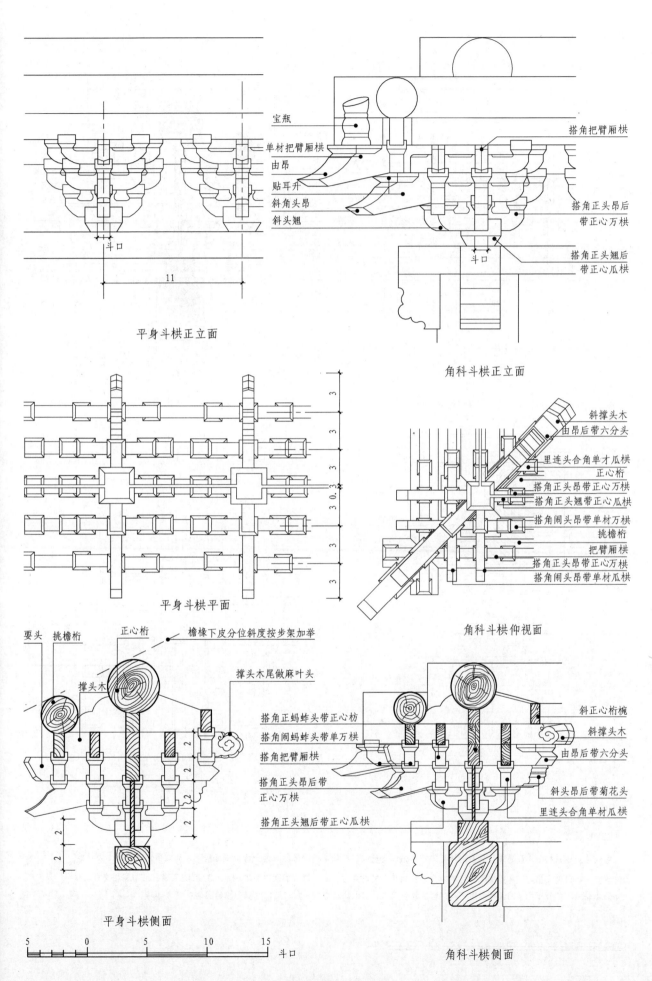

宝瓶
单材把臂厢栱
由昂
贴耳升
斜角头昂
斜头翘

斗口

11

平身斗栱正立面

搭角把臂厢栱

搭角正头昂后
带正心万栱

搭角正头翘后
带正心瓜栱

斗口

角科斗栱正立面

3
3
3
3 0.3
3
3

平身斗栱平面

斜撑头木
由昂后带六分头
里连头合角单才瓜栱
正心桁
搭角正头昂带正心万栱
搭角正头翘带正心瓜栱
搭角闹头昂带单材万栱
挑檐桁
把臂厢栱
搭角正头昂带正心万栱
搭角闹头昂带单材瓜栱

角科斗栱仰视面

要头　挑檐桁　正心桁
撑头木
檐椽下皮分位斜度按步架加举
撑头木尾做麻叶头

2
2
2
2
2
2

搭角正蚂蚱头带正心枋
搭角闹蚂蚱头带单万栱
搭角把臂厢栱
搭角正头昂后带
正心万栱
搭角正头翘后带正心瓜栱

斜正心桁椀
斜撑头木
由昂后带六分头
斜头昂后带菊花头
里连头合角单材瓜栱

平身斗栱侧面

5　　0　　　5　　　10　　　15
斗口

角科斗栱侧面

中国传统建筑

457

柱头斗栱

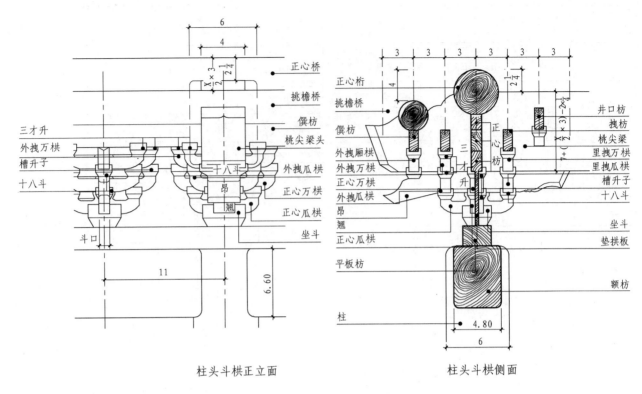

柱头斗栱正立面

柱头斗栱侧面

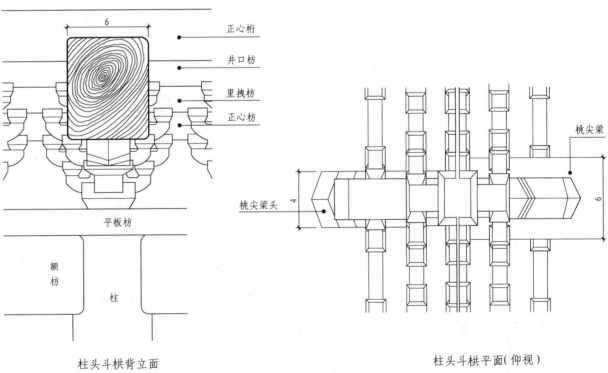

柱头斗栱背立面

柱头斗栱平面(仰视)

斗栱

　　中国传统建筑构架中最显著且独有的特征便是屋顶与立柱间过渡的斗栱。椽出为檐，檐承于檐桁上，为求檐伸出深远，故用重叠的曲木-翘-向外支出，以承挑檐桁。为求减少桁与翘相交处的剪力，故在翘上加横的曲木-栱。在栱之两端或栱与翘相交处，用斗形木块-斗-垫托于上下两层栱或翘之间。这多数曲木与斗形木块结合在一起，用以支撑伸出的檐者，谓之斗栱。

中式花罩

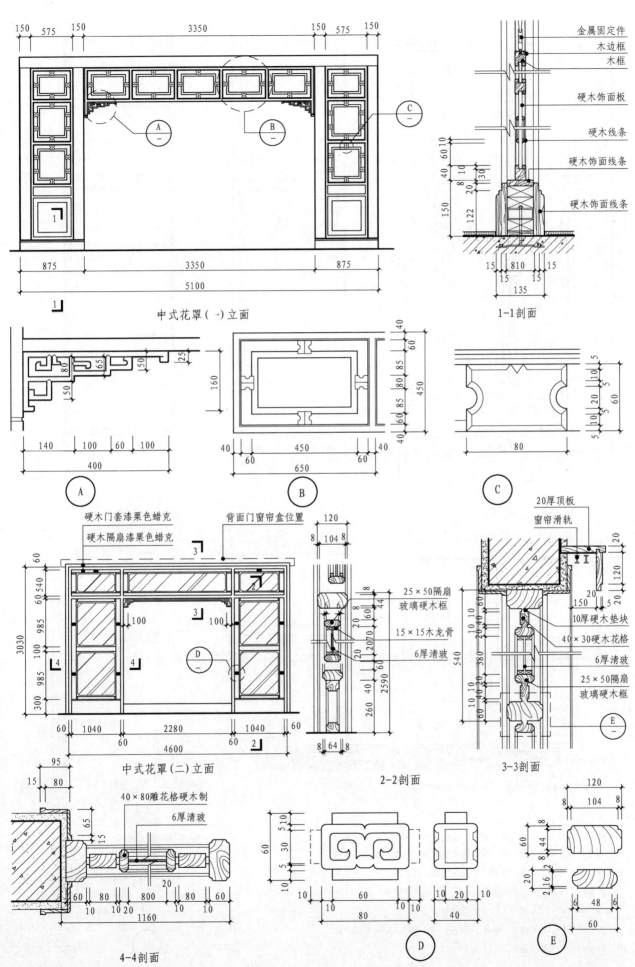

金属固定件
木边框
木框
硬木饰面板
硬木线条
硬木饰面线条
硬木饰面线条

中式花罩（一）立面

1-1剖面

A

B

C

硬木门套漆栗色蜡克
硬木隔扇漆栗色蜡克
背面门窗帘盒位置

20厚顶板
窗帘滑轨

25×50隔扇玻璃硬木框
15×15木龙骨
6厚清玻

10厚硬木垫块
40×30硬木花格
6厚清玻
25×50隔扇玻璃硬木框

中式花罩（二）立面

2-2剖面

3-3剖面

E

40×80雕花格硬木制
6厚清玻

4-4剖面

D

中国传统建筑

459

竖柜

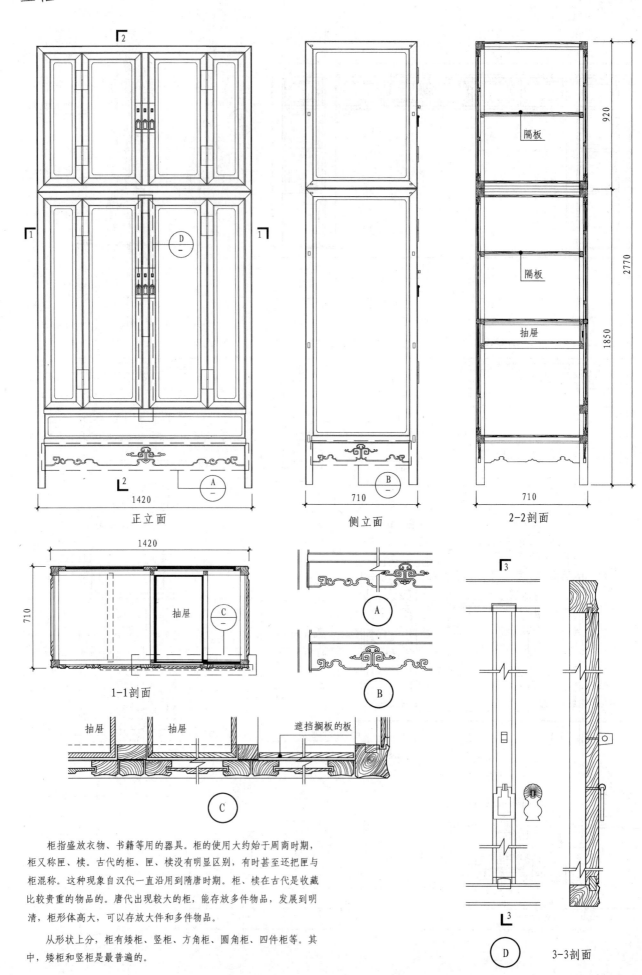

正立面　　　　　　側立面　　　　　2-2剖面

1420　　　　　　710　　　　　710

1-1剖面

隔板

隔板

抽屉

抽屉　　抽屉

710

抽屉

遮挡搁板的板

A

B

C

D　　　3-3剖面

　　柜指盛放衣物、书籍等用的器具。柜的使用大约始于周商时期，柜又称匣、椟。古代的柜、匣、椟没有明显区别，有时甚至还把匣与柜混称。这种现象自汉代一直沿用到隋唐时期。柜、椟在古代是收藏比较贵重的物品的。唐代出现较大的柜，能存放多件物品，发展到明清，柜形体高大，可以存放大件和多件物品。

　　从形状上分，柜有矮柜、竖柜、方角柜、圆角柜、四件柜等。其中，矮柜和竖柜是最普遍的。

竖柜、圈椅

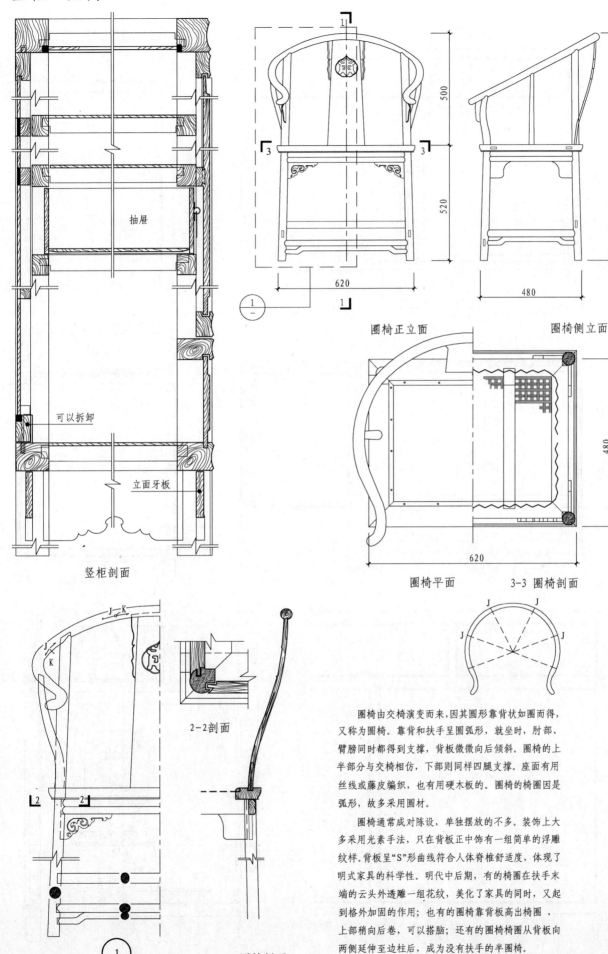

抽屉

可以拆卸

立面牙板

竖柜剖面

圈椅正立面

圈椅侧立面

500

520

620

480

1020

圈椅平面

3-3 圈椅剖面

J K

J

K

2-2剖面

2 2

①

1-1 圈椅剖面

圈椅由交椅演变而来，因其圆形靠背状如圈而得，又称为圆椅。靠背和扶手呈圆弧形，就坐时，肘部、臂膀同时都得到支撑，背板微微向后倾斜。圈椅的上半部分与交椅相仿，下部则同样四腿支撑。座面有用丝线或藤皮编织，也有用硬木板的。圈椅的椅圈因是弧形，故多采用圆材。

圈椅通常成对陈设，单独摆放的不多。装饰上大多采用光素手法，只在背板正中饰有一组简单的浮雕纹样。背板呈"S"形曲线符合人体脊椎舒适度，体现了明式家具的科学性。明代中后期，有的椅圈在扶手末端的云头外透雕一组花纹，美化了家具的同时，又起到格外加固的作用；也有的圈椅靠背板高出椅圈，上部稍向后卷，可以搭脑；还有的圈椅椅圈从背板向两侧延伸至边柱后，成为没有扶手的半圈椅。

根据杨耀《明式家具研究》中插图描绘。

三屉矮柜

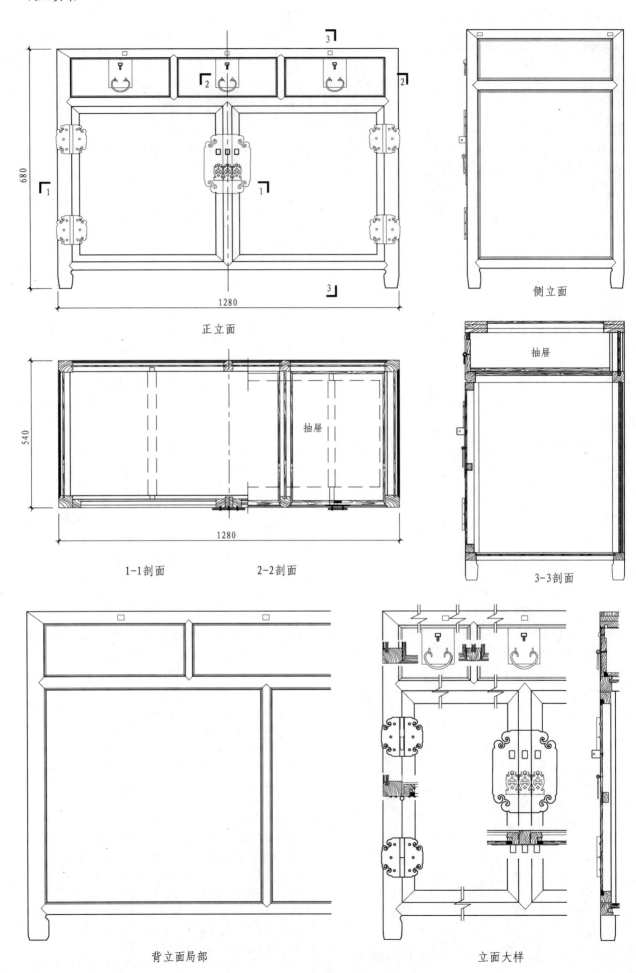

680

1280

正立面

侧立面

540

1280

1-1剖面　　　　2-2剖面

抽屉

抽屉

3-3剖面

背立面局部

立面大样

几

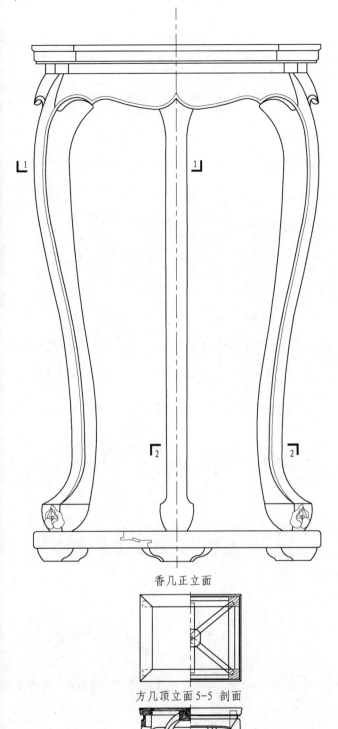

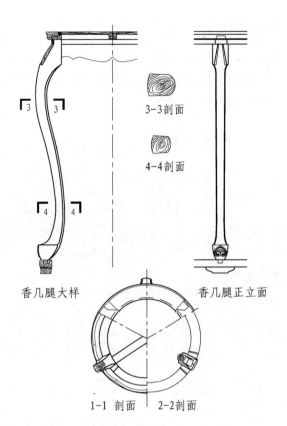

3-3剖面

4-4剖面

香几腿大样　　　　香几腿正立面

1-1 剖面 | 2-2剖面

香几的式样多，有高矮之别，并且不专为焚香，也可别用，如摆放各式陈设、古玩之类，以供赏玩。香几的形制以束腰做法居多，腿足较高，多为三弯式，自束腰下开始向外彭出，拱肩最宽处较几面外沿还要多出许多，足下带托泥，整体外观呈花瓶式。

香几正立面

方几顶立面5-5 剖面

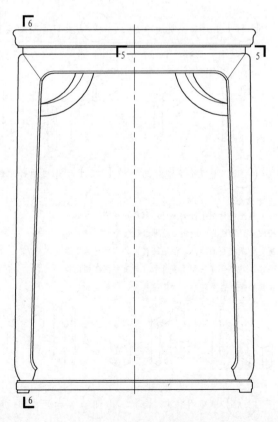

6-6 剖面 方几侧立面

几在古代有两种用途，一种是在人们席地而坐时供依靠用；一种是供搁置物体的支物几。几的形制可分为二足几、三足几、平面几、弧形几、H形几、曲形几。其中方几是最普及的。

方几正立面

榫卯的类型及接合方式

榫接合的名称及榫的形状

　　木家具都是由若干零部件按照一定的接合方式装配而成的，其常用的接合方式有榫接合、胶接合、木螺钉接合、钉接合和连接件接合等。采用的接合方式是否正确对木工家具的美观、强度和加工过程都有直接影响。

　　榫接合是指榫头嵌入榫眼或榫槽的接合，接合时通常都要施胶。榫头的基本形状有直角榫、燕尾榫、插入榫与椭圆榫等四种类型。其他形式的榫头都是由此演变而来的。

直角接合

　　多采用整体平榫，也有用插入圆榫接合的。

① 单面切肩榫　② 开口贯通单榫　③ 开口贯通双榫　④ 开口不贯通双榫

⑤ 半开口不贯通单榫　⑥ 开口不贯通单榫　⑦ 闭口不贯通纵向双榫　⑧ 闭口不贯通双榫

⑨ 闭口不贯通纵向双榫　⑩ 半开口贯通单榫　⑪ 开口贯通单榫　⑫ 带斜棱的开口贯通榫

斜角接合

　　这是将两根接合的方材端部榫肩切成45°的斜面或单肩切成45°的斜面后再进行接合的。它可以避免直角接合的缺点，使不易装饰的方材端部不致外露，其接合方法如下图所示。与直角接合相比较，斜角接合的强度较小，加工较复杂，但能美观。

⑬ 开口不贯通燕尾榫　⑭ 圆榫

Ⓐ 单肩斜角榫　Ⓑ 斜角开口贯通单榫　Ⓒ 斜角闭口贯通单榫　Ⓓ 斜角插入圆榫

根据许柏鸣《家具设计》中插图描绘

中国传统建筑

464

榫卯的接合方式

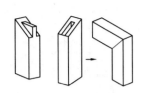 　 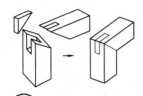 　 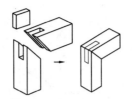 　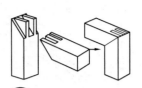

Ⓔ 双肩斜角暗榫　　Ⓕ 斜角插入三角榫　　Ⓖ 斜角插入方榫　　Ⓗ 斜角开口贯通双榫

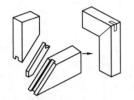 　 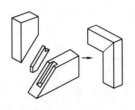 　 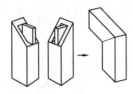 　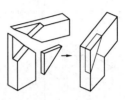

Ⓙ 斜角插入不贯通榫　Ⓚ 斜角插入贯通榫　Ⓛ 双肩斜角交叉胶榫　Ⓜ 三角贴合榫

木框中档接合

　　它包括各类框架的横档、立档、椅子和桌子的牵脚档等。其常用的接合方法如下图所示。

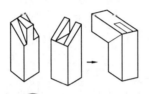 　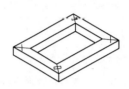

Ⓝ 斜角燕尾贯通与不贯通榫　　Ⓟ 元宝榫或波纹金属片

 　 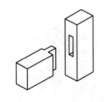 　 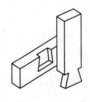 　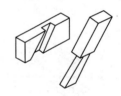

① 张紧的直角贯通单榫　② 直角不贯通单榫　③ 不贯通燕尾榫　④ 斜口燕尾榫

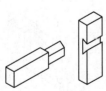 　 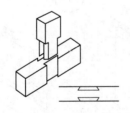 　 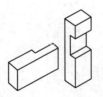 　

⑤ 贯通燕尾榫　　⑥ 贯通双燕尾榫　　⑦ 单肩榫　　⑧ 插入圆榫

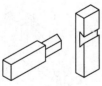 　 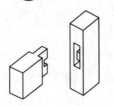 　 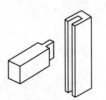 　

⑨ 直角双榫　　⑩ 直角纵向双榫　　⑪ 直角槽榫　　⑫ 格角榫

中国传统建筑

根据许柏鸣《家具设计》中插图描绘

465

榫卯的接合方式

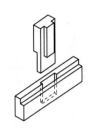
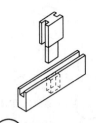
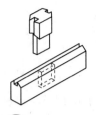
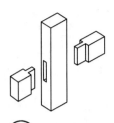

⑬ 带企口的直角贯通榫　⑭ 带槽口的直角贯通榫　⑮ 带线型的直角贯通榫　⑯ 分段对接平榫

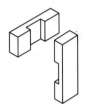
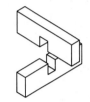

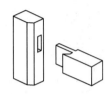

⑰ 横向垂直扣榫　⑱ 纵向垂直扣榫　⑲ 带斜口的直角单榫　⑳ 带插肩的直角榫

木框嵌板结构

　　在安装木框的同时或在安装木框之后，将人造板或拼板嵌入木框中间，起封闭与隔离作用的这种结构称为木框嵌板结构。

　　嵌板的装配方式有裁口法和槽榫法两类，如下图所示。

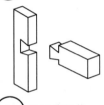
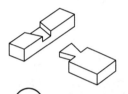

㉑ 开口燕尾榫　㉒ 贯通嵌入燕尾榫

裁口法

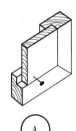
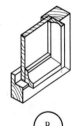
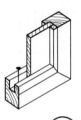
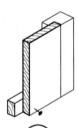

Ⓐ　　　　Ⓑ　　　　Ⓒ　　　　Ⓓ

槽榫法

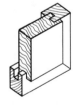
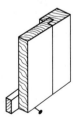
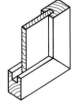
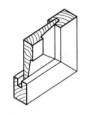

Ⓔ　　　Ⓕ　　　Ⓖ　　　Ⓗ　　　Ⓙ

箱框结构

　　箱框是由四块以上的板材构成的框体，其常用的接合方法有直角多榫、燕尾多榫、直角槽榫、插入榫、钉接合和金属连接件等接合方式，如下图所示。

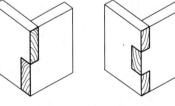
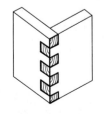

直角箱榫

根据许柏鸣《家具设计》中插图描绘

中国传统建筑

箱框及面板结构

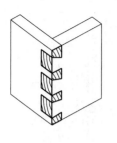 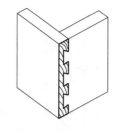 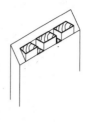

燕尾箱榫

暗槽榫

面板结构

　　面板在凭倚类家具中占有重要的位置，是一个主要的部件。它不但要求表面平整，而且要具有良好的工艺性，在结构上要求在受力情况下不产生变形。选用的材料经涂饰和表面处理后，有一定的耐水、耐热和耐腐蚀等性能，以适应不同场合的使用要求。

　　面板通常多采用木材，如实木拼板、细木工板、空心覆面板、刨花板、多层胶合板等，还有传统的榫槽嵌板和适于小型桌（台）的活动芯面板。面板结构如图所示。也有金属、塑料、玻璃、大理石、陶瓷、织物等制成的台面。

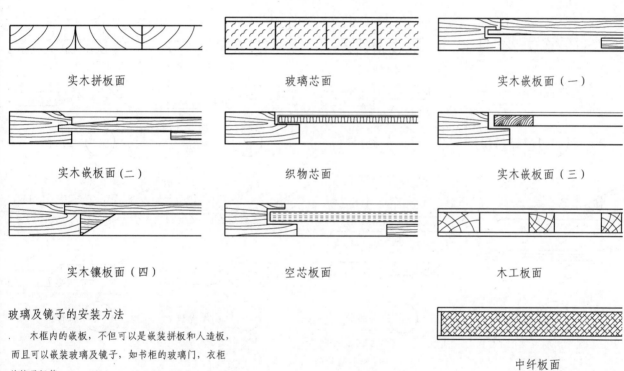

实木拼板面　　　　玻璃芯面　　　　实木嵌板面（一）

实木嵌板面（二）　　　织物芯面　　　　实木嵌板面（三）

实木镶板面（四）　　　空芯板面　　　　木工板面

中纤板面

玻璃及镜子的安装方法

　　木框内的嵌板，不但可以是嵌装拼板和人造板，而且可以嵌装玻璃及镜子，如书柜的玻璃门，衣柜的镜子门等。

镜子装在木框内　　　　　　玻璃装在木框的铲口内

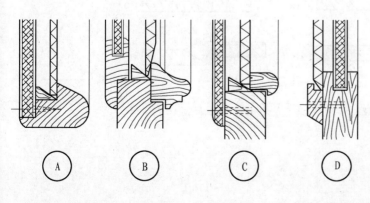 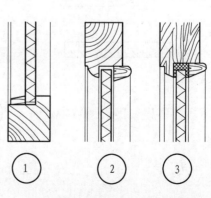

Ⓐ　　　Ⓑ　　　Ⓒ　　　Ⓓ　　　①　　　②　　　③

根据许柏鸣《家具设计》中插图描绘

中国传统建筑

箱框及面板结构

镜子或玻璃装在板件上

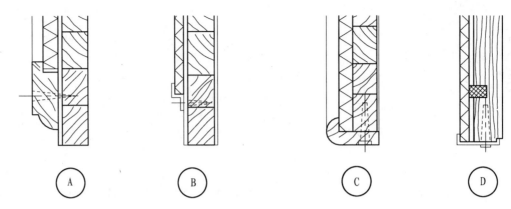

拼板的接合方法

　　拼板的接合方法有平拼、搭口拼、企口拼、齿形拼、插入榫拼等，如下图所示。

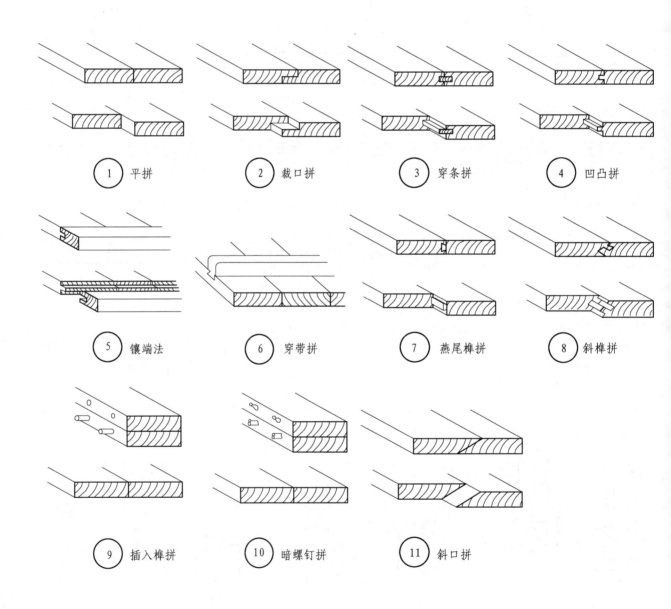

① 平拼　　② 裁口拼　　③ 穿条拼　　④ 凹凸拼

⑤ 镶端法　　⑥ 穿带拼　　⑦ 燕尾榫拼　　⑧ 斜榫拼

⑨ 插入榫拼　　⑩ 暗螺钉拼　　⑪ 斜口拼

根据许柏鸣《家具设计》中插图描绘

中国传统建筑

第十章　西方古典建筑中的装饰装修构造

西方古典建筑是指产生于希腊古典时期，以古典美学为设计思想，以古典柱式为主要特征，以石材为主要材料的建筑，希腊古典建筑是西方古典建筑的种子。古罗马建筑在继承古希腊建筑的基础上进行了发展。文艺复兴以后，欧洲建筑又在古希腊、古罗马的建筑基础上有了明显的改变，随后又产生了新古典主义以及巴洛克和洛可可建筑。数千年来西方古典建筑的风格样式和装饰装修的形式一直影响着世界的建筑样式和装饰装修文化。

古典建筑中的装饰装修包含了装修构件雕刻和绘画，其中最具特征的是古典建筑柱式。它们是表述古典建筑样式、人文思想、时代特征和审美倾向的主要因素。

本章根据当代建筑装饰装修的需要，主要介绍古典建筑样式特征和建筑装饰装修细部的做法。

古典建筑柱式是指由梁与柱组成的梁柱结构形式，由檐部与柱子两部分组成。柱式以柱身底径为基本模数，与各局部形成一定的比例关系，从而建立了一种法式。这种法式又直接影响了古典建筑的形式。如果说，古典建筑需要一种理性的规则，需要局部和整体之间以及局部与局部之间有系统的、正确的、整体比例的关系，那么柱式正好是度量各种关系的最佳因素。另外古典柱式也是构成古典建筑的最基本的要素，它是表现古典建筑风格样式特征的最重要的载体。

古希腊建筑的柱式主要有三种，分别是：形成于希腊半岛的多立克柱式和形成于小亚细亚的爱奥尼柱式，以及公元前科林新柱式。这三种柱式，从整体风格到细部处理都有明显的特征。古代罗马人继承了古希腊的建筑遗产，并对其柱式进行了改良和发展，他们完善了科林斯柱式，改造了多立克柱式，继承了爱奥尼柱式，创造了混合式，发展了罗马原有的塔司干柱式，如此形成了古罗马五柱式。古希腊的三柱式和古罗马的五柱式共同构成西方古典建筑柱式。

文艺复兴以后对古典柱式的运用出现了两种倾向：一种是严格遵守古典法式的作风；另一种是对其进行改造、创新的作风。这两种作风在相当长的时期内或是交替或是并行发展着，它们对后世运用古典柱式都有较大的影响。

古典建筑柱式有规范的形式和特征。古希腊柱式的柱身、檐部、基座以及柱间距均以柱身的底直径为模数而构成一定的比例关系。多立克柱式、爱奥尼柱式和科林新柱式也各有特点。多立克柱式表现了雄健刚劲，爱奥尼柱式表现了柔美典雅，科林斯柱式表现了华丽秀美。

古希腊时期典型的多利克柱式、爱奥尼柱式和科林斯柱式的不同特点主要区分如下：

多立克柱式：柱高约为底径的4～6倍；比例雄壮，柱身的收分和卷杀比较明显，感觉刚劲；柱身上有20个凹槽，凹槽呈棱角；眼部高度为柱高的1/3，造型方正；柱头是简练的倒立圆锥；没有柱础，台基为三层朴实台阶，檐部用高浮雕强调其体积感。

爱奥尼柱式：柱身是底径的9～10倍，其比例修长；柱身的收分和卷杀不明显，感觉柔和；柱身上有24个槽，每段槽位一小段圆弧、檐部高度为柱高的1/4，造型轻盈；柱头是流畅的卷涡雕刻；柱础和台基的上下均有丰富的线脚。

科林斯柱式：各部分造型与爱奥尼柱式相似，其不同点是科林斯柱头为毛茛叶雕刻，爱奥尼柱头为卷涡雕刻。

混合式柱式：是当时最华丽的柱式。它是将爱奥尼式的柱头和科林斯式的柱头组合，柱头的下部为科林斯柱头的两排小叶子花饰，上部为爱奥尼柱头的螺旋式卷涡，最上部大多为单层柱顶板。柱身上有 24 个凹槽，槽与槽之间设夹条。檐部由额枋、檐壁和檐口三部分组成。额枋由两层长方形条石组成，第二层上设有。两排装饰花纹。檐壁的下部为圆弧曲面，檐口为逐层外挑的三层，各层之间设有装饰带。混合式柱式的基座由基帽、座身、座基组成。混合式柱式的各部分比例与科林斯柱式一致，柱身至基座间的式样也相同。

　　塔斯干柱式：是造型最简练、感觉最浑厚的柱式。它的柱身无槽，柱高为底径的 7 倍，柱身自 1/3 高以上开始收分，柱上径为底径的 4/5。柱头高为 1 母度，并横向划分成高度相同的三部分，分别为与柱身连接的柱劲、1/4 圆的小方线脚、柱头垫石。柱础高度与柱半径相等，分别由下部方形平面的方板、上部圆形平面的圆线脚以及由下向上过渡的部分组成。其檐部由平面的石材额枋、无装饰物的檐壁、1/4 圆和垂直线组成的檐口三部分组成。基座由下部方形的座基、中部的座身、上部带有装饰线的座帽组成。其中座基与座帽高度均为 1/2 母度。

古希腊多立克柱式

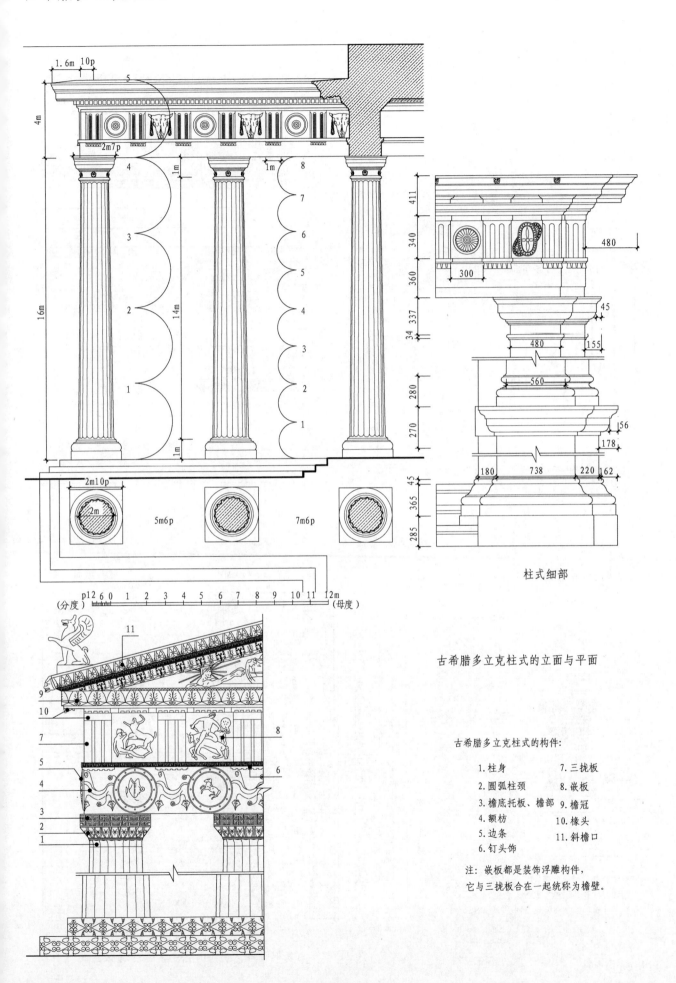

柱式细部

古希腊多立克柱式的立面与平面

古希腊多立克柱式的构件:

1. 柱身	7. 三拢板
2. 圆弧柱颈	8. 嵌板
3. 檐底托板、檐部	9. 檐冠
4. 额枋	10. 椽头
5. 边条	11. 斜檐口
6. 钉头饰	

注: 嵌板都是装饰浮雕构件,
它与三拢板合在一起统称为檐壁。

471

古希腊爱奥尼柱式与科林斯柱式

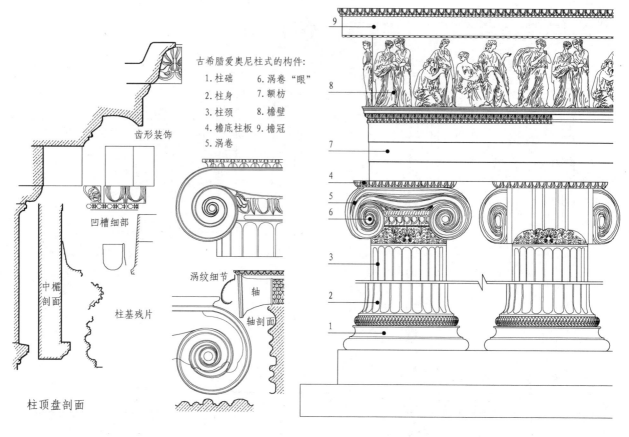

古希腊爱奥尼柱式的构件：

1. 柱础   6. 涡卷 "眼"
2. 柱身   7. 额枋
3. 柱颈   8. 檐壁
4. 檐底柱板   9. 檐冠
5. 涡卷

齿形装饰

凹槽细部

涡纹细节

轴

轴剖面

中楣剖面

柱基残片

柱顶盘剖面

纵剖面

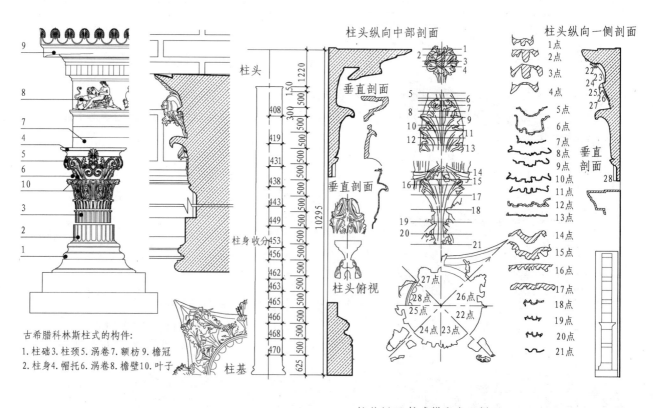

古希腊科林斯柱式的构件：

1. 柱础 3. 柱颈 5. 涡卷 7. 额枋 9. 檐冠
2. 柱身 4. 帽托 6. 涡卷 8. 檐壁 10. 叶子

柱头

柱身收分

柱基

柱头纵向中部剖面

垂直剖面

垂直剖面

柱头俯视

柱头纵向一侧剖面

1点
2点
3点
4点
5点
6点
7点
8点
9点
10点
11点
12点
13点
14点
15点
16点
17点
18点
19点
20点
21点

垂直剖面

27点 26点
28点 25点 22点
24点 23点

柱基剖面 柱式横向水平剖面   墙体剖面

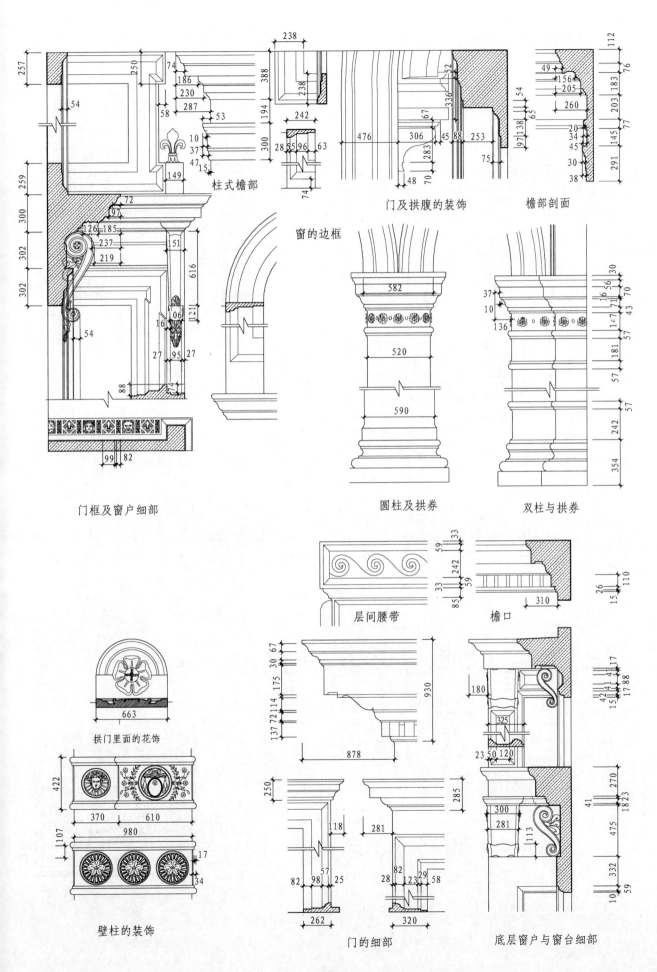

柱式檐部

门及拱腹的装饰

檐部剖面

窗的边框

门框及窗户细部

圆柱及拱券

双柱与拱券

层间腰带

檐口

拱门里面的花饰

壁柱的装饰

门的细部

底层窗户与窗台细部

西方古典建筑

古希腊建筑细部

在古希腊建筑中除了以上三种柱式外，还有人像柱，它以女子雕像柱代替爱奥尼柱，如伊瑞克先神庙中就以女像柱代替爱奥尼柱，其造型柔和、秀丽，而宙斯神庙中则以亚特兰大男像作多立克柱，造型刚毅、雄壮。

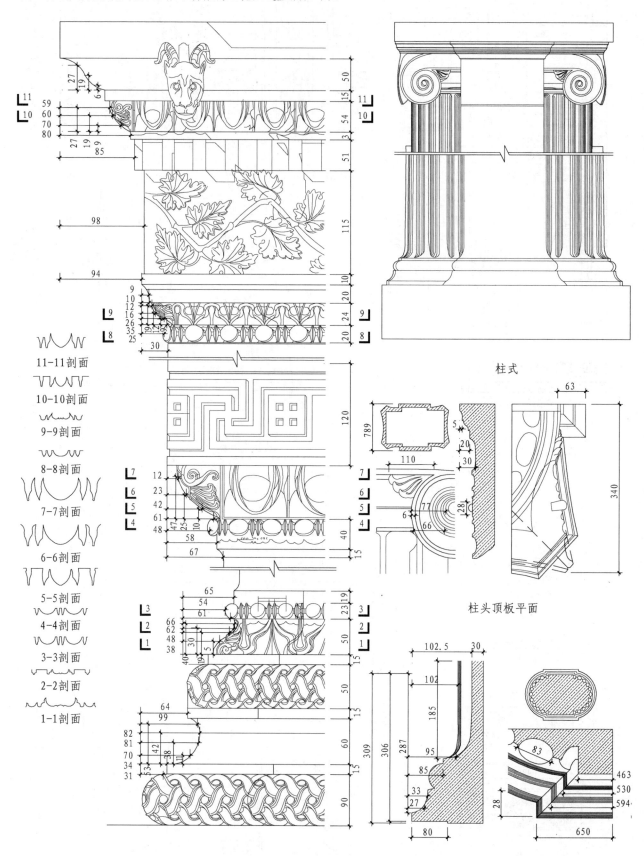

11-11剖面

10-10剖面

9-9剖面

8-8剖面

7-7剖面

6-6剖面

5-5剖面

4-4剖面

3-3剖面

2-2剖面

1-1剖面

柱式

柱头顶板平面

柱式细部

基座细部

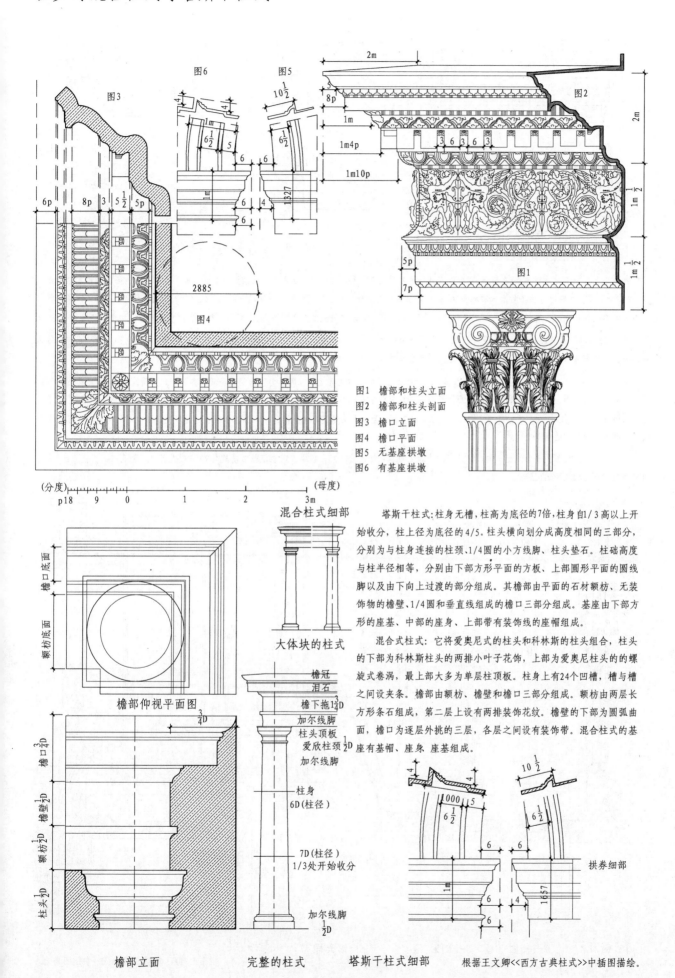

图3　图6　图5

2m

图2

图1　檐部和柱头立面
图2　檐部和柱头剖面
图3　檐口立面
图4　檐口平面
图5　无基座拱墩
图6　有基座拱墩

（分度）　　　　　　　　　　　　　（母度）
p18　9　0　　1　　2　　3m

混合柱式细部

大体块的柱式

檐部仰视平面图

檐冠
泪石
檐下拖 1¼D
加尔线脚
柱头顶板
爱欣柱颈 ½D
加尔线脚

柱身
6D（柱径）

7D（柱径）
1/3处开始收分

加尔线脚
½D

檐部立面　　完整的柱式　　塔斯干柱式细部

拱券细部

塔斯干柱式：柱身无槽，柱高为底径的7倍，柱身自1/3高以上开始收分，柱上径为底径的4/5。柱头横向划分成高度相同的三部分，分别与与柱身连接的柱颈、1/4圆的小方线脚、柱头垫石。柱础高度与柱半径相等，分别由下部方形平面的方板、上部圆形平面的圆线脚以及由下向上过渡的部分组成。其檐部由平面的石材额枋、无装饰物的檐壁、1/4圆和垂直线组成的檐口三部分组成。基座由下部方形的座基、中部的座身、上部带有装饰线的座帽组成。

混合式柱式：它将爱奥尼式的柱头和科林斯的柱头组合，柱头的下部为科林斯柱头的两排小叶子花饰，上部为爱奥尼柱头的的螺旋式卷涡，最上部大多为单层柱顶板。柱身上有24个凹槽，槽与槽之间设有夹条。檐部由额枋、檐壁和檐口三部分组成。额枋由两层长方形条石组成，第二层上设有两排装饰花纹。檐壁的下部为圆弧曲面，檐口为逐层外挑的三层，各层之间设有装饰带。混合式柱式的基座有基帽、座身、座基组成。

根据王文卿《西方古典柱式》中插图描绘。

古罗马风格的栏杆与门窗

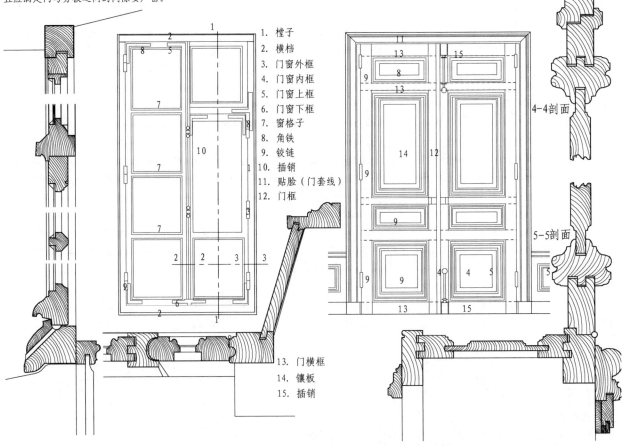

栏杆与壁柱细部

拱券细部

古罗马人吸取了古希腊经验,在建筑、室内和家具设计方面获得了长足的进步,是西方室内装饰传统直观而具体的来源。高度的技术性和组织性是古罗马建造活动的特点.古罗马人成功地实现了拱券体系组合的多种可能性和应用于大型建筑物创造巨大空间的能力;简单而宏伟的体量经常与精美的古典柱式和细部相结合;古罗马人还开创了曲线空间、大跨空间和多轴线复杂空间概念。古罗马共和时代,艺术风格以朴素、严谨为主。公元31年帝政时代以后,为了迎合统治阶级奢华的生活,艺术风格也随之改变。装饰上追求华丽,造型上讲究威严。装饰题材以动物、人物、怪兽等为主,装饰纹样有莲蕾纹、涡卷纹、棕榈纹等,雕刻方式喜用浮雕。

券是用砖石、有时也用木结构做成跨越洞口的一种弧形结构。它主要依靠轴向压力支承竖向荷载。券是一种平面的弧形结构,多用砖石做成,常见的为半圆券。在西方古典建筑中半圆形券的中央设有券顶石。拱的技术使古罗马建筑从形制、造型上产生了远远超过前人的成就。古罗马人通过拱券技术的改造,改变了建筑的结构形式和立面造型,成为古罗马建筑的重要标志。拱券技术被视为古罗马建筑中最具特色和最显著的成就,对欧洲古典建筑的示范性极大。

开门是家具中沿着垂直轴线启闭的门。开门的装配主要靠铰链连接,其安装要求门能沿轴自由旋转90°以上,并且不影响门的内抽屉的拉出,且应满足门与旁板之间的间隙要严密。

西方古典建筑

1. 梃子
2. 横档
3. 门窗外框
4. 门窗内框
5. 门窗上框
6. 门窗下框
7. 窗格子
8. 角铁
9. 铰链
10. 插销
11. 贴脸(门套线)
12. 门框

4-4剖面

5-5剖面

13. 门横框
14. 镶板
15. 插销

1-1剖面　　2-2剖面　　3-3剖面　　门窗大样

根据王文卿《〈西方古典柱式〉》中插图描绘。

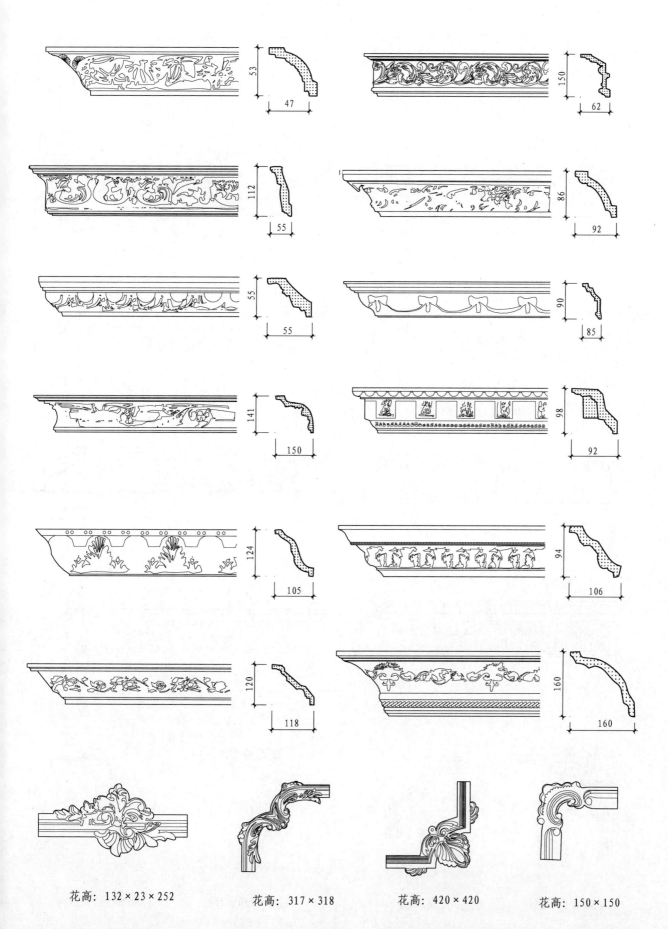

花高：132×23×252

花高：317×318

花高：420×420

花高：150×150

西方古典建筑

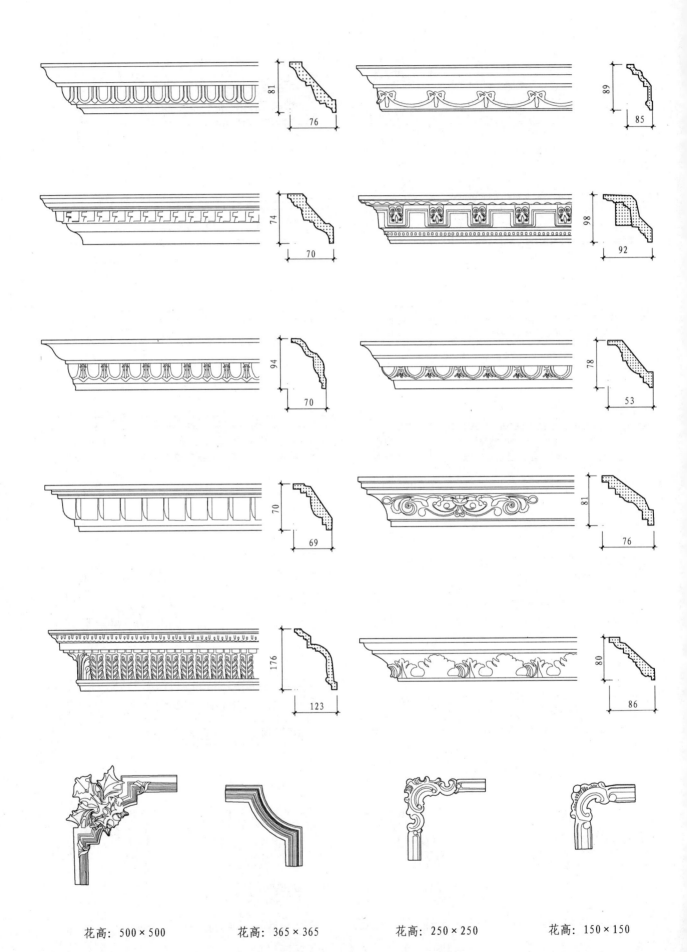

花高：500×500　　　　花高：365×365　　　　花高：250×250　　　　花高：150×150

主 要 参 考 文 献

[1] 高祥生编. 装饰构造图集[M]. 南京：江苏科学技术出版社，2005

[2] 高祥生编著. 西方古典建筑样式[M]. 南京：江苏科学技术出版社，2003

[3] 王文卿编著. 西方古典柱式[M]. 南京：东南大学出版社，2001

[4] 梁思成编著. 清式营造则例[M]. 北京：清华大学出版社，2006

[5] 潘谷西、何建中编著. 营造法式解读[M]. 南京：东南大学出版社，2005

[6] 杨耀编著. 明式家具研究[M]. 北京：中国建筑工业出版社，2002

[7] 许柏鸣编著. 家具设计[M]. 北京：中国轻工业出版社，2008

[8] 康海飞编. 室内设计资料图集. 北京：中国建筑工业出版社，2009

[9] 中国建筑标准设计研究院编. 工程做法（2008 年建筑结构合订本）（国家建筑标准设计图集 J909、G120），2008

[10] 中国建筑标准设计研究院编. 公共建筑卫生间（国家建筑标准设计图集 02J915），2008

[11] 中国建筑标准设计研究院编. 住宅卫生间（国家建筑标准设计图集 01SJ914），2009

[12] 中国建筑标准设计研究院编. 轻钢龙骨布面石膏板、布面洁净板隔墙及吊顶（国家建筑标准设计图集 07SJ507），2007

[13] 中国建筑标准设计研究院编. 建筑隔声与吸声构造（国家建筑标准设计图集 08J931），2008

[14] 中国建筑标准设计研究院编. 住宅厨房（国家建筑标准设计图集 01SJ913），2001

[15] 中国建筑标准设计研究院编. 内装修（2003 年合订本）（国家建筑标准设计图集 J502-1～3），2003

[16] 江苏省工程建设标准定额站编. 室内装饰吊顶（苏 J/T13-2005）. 北京：中国建筑工业出版社，2005

[17] 东南大学建筑学院等编. 住房室内装修构造（苏 J41-2010）. 南京：江苏科学技术出版社，2010

[18] 东南大学建筑学院等编. 室内照明装饰构造（苏 J34-2009）. 南京：江苏科学技术出版社，2009

[19] 东南大学建筑学院等编. 建筑墙体、柱子装饰构造图集（苏 J/T29-2007）. 北京：中国建筑工业出版社，2007

[20] 东南大学建筑学院等编. 江苏省工程建设标准——建筑装饰装修制图标准（DGJ32/J 20-2006），2006